Rheinland-Pfalz

Bigalke | Köhler

Mathematik

Gymnasiale Oberstufe

Lineare Gleichungssysteme, Vektoren, Matrizen, Geraden und Ebenen im Raum, Stochastik

Grundfach

Band 2

Herausgegeben von
Dr. Anton Bigalke   Dr. Norbert Köhler

Erarbeitet von
Dr. Anton Bigalke
Dr. Norbert Köhler
Dr. Gabriele Ledworuski
Dr. Horst Kuschnerow
Dr. Jürgen Wolff

unter Mitarbeit der Verlagsredaktion und Beratung von
Hellen Ossmann, Bingen

Cornelsen

Bigalke | Köhler
Mathematik

Redaktion: Dr. Jürgen Wolff
Layout: Klein und Halm Grafikdesign, Berlin
Bildrecherche: Dieter Ruhmke

Grafik: Dr. Anton Bigalke, Waldmichelbach; Wolfgang Mattern, Bochum (172-1, 172-2, 173-1, 173-2)
Illustration: Detlev Schüler †, Berlin; Gudrun Lenz, Berlin (228-1, 276-1)
Umschlaggestaltung: Klein und Halm Grafikdesign, Hans Herschelmann, Berlin
Technische Umsetzung: CMS – Cross Media Solutions GmbH, Würzburg

www.cornelsen.de

Die Webseiten Dritter, deren Internetadressen in diesem Lehrwerk angegeben sind, wurden vor Drucklegung sorgfältig geprüft. Der Verlag übernimmt keine Gewähr für die Aktualität und den Inhalt dieser Seiten oder solcher, die mit ihnen verlinkt sind.

1. Auflage, 4. Druck 2024

Alle Drucke dieser Auflage sind inhaltlich unverändert
und können im Unterricht nebeneinander verwendet werden.

© 2016 Cornelsen Schulverlag GmbH, Berlin
© 2018 Cornelsen Verlag GmbH, Mecklenburgische Str. 53, 14197 Berlin

Das Werk und seine Teile sind urheberrechtlich geschützt.
Jede Nutzung in anderen als den gesetzlich zugelassenen Fällen bedarf der
vorherigen schriftlichen Einwilligung des Verlages.
Hinweis zu §§ 60a, 60b UrhG: Weder das Werk noch seine Teile dürfen ohne eine
solche Einwilligung an Schulen oder in Unterrichts- und Lehrmedien (§ 60b Abs. 3 UrhG)
vervielfältigt, insbesondere kopiert oder eingescannt, verbreitet oder in ein Netzwerk
eingestellt oder sonst öffentlich zugänglich gemacht oder wiedergegeben werden.
Dies gilt auch für Intranets von Schulen und anderen Bildungseinrichtungen.
Der Anbieter behält sich eine Nutzung der Inhalte für Text und Data Mining im Sinne
§ 44b UrhG ausdrücklich vor.

Druck: Livonia Print, Riga

ISBN 978-3-06-004702-4 (Schülerbuch)
ISBN 978-3-06-040464-3 (E-Book)

PEFC zertifiziert
Dieses Produkt stammt aus nachhaltig
bewirtschafteten Wäldern und kontrollierten
Quellen.
www.pefc.de

Inhalt

☐ Wiederholung
■ Basis
◪ Basis/Erweiterung
☐ Vertiefung

Vorwort 4

I. Lineare Gleichungssysteme
☐ 1. Grundlagen............... 10
◪ 2. Das Lösungsverfahren von Gauß 16
◪ 3. Lösbarkeitsuntersuchungen ... 19

II. Vektoren
■ 1. Punkte eines Raumes im Koordinatensystem......... 30
■ 2. Begriff des Vektors......... 33
◪ 3. Rechnen mit Vektoren 40
■ 4. Skalarprodukt............. 58
◪ 5. Winkelberechnungen 62

III. Matrizen
■ 1. Matrix-Begriff und Matrizenrechnung................ 72
◪ 2. Matrizen zur Beschreibung geometrischer Abbildungen... 82
◪ 3. Teilebedarfsrechnung........ 88
◪ 4. Zustandsänderungen 94
◪ 5. Populationswachstum 101
☐ 6. Rechnereinsatz............. 105

IV. Geraden
■ 1. Geraden in der Ebene und im Raum................ 112
◪ 2. Lagebeziehungen........... 118
◪ 3. Spurpunkte mit Anwendungen. 128

V. Ebenen
■ 1. Ebenengleichungen......... 140
◪ 2. Lagebeziehungen........... 150

VI. Winkel und Abstände
■ 1. Schnittwinkel.............. 180
☐ 2. Exkurs: Abstandsberechnungen 186
◪ 3. Untersuchung geometrischer Objekte im Raum.......... 201

VII. Wahrscheinlichkeitsrechnung
■ 1. Grundbegriffe der Wahrscheinlichkeitsrechnung.......... 218
■ 2. Mehrstufige Zufallsversuche / Baumdiagramme 231
☐ 3. Exkurs: Kombinatorische Abzählverfahren............ 237
◪ 4. Bedingte Wahrscheinlichkeiten / Unabhängigkeit 246
■ 5. Vierfeldertafeln 253

VIII. Binomialverteilung
■ 1. Diskrete Zufallsgrößen....... 262
■ 2. Bernoulli-Ketten und Binomialverteilung 265
■ 3. Eigenschaften von Binomialverteilungen 270
◪ 4. Anwendungen und Tabellen der Binomialverteilung 275
◪ 5. Normalverteilung.......... 295

IX. Schätzen von Wahrscheinlichkeiten
◪ 1. σ-Umgebungen des Erwartungswertes........... 308
◪ 2. $\frac{\sigma}{n}$-Umgebungen der Trefferwahrscheinlichkeit 315
◪ 3. Konfidenzintervalle 318

X. Testen von Hypothesen
◪ 1. Alternativtest 328
◪ 2. Signifikanztest 335

Testlösungen 347
Stichwortverzeichnis............ 356
Bildnachweis 360

Vorwort

Lehrplan
In diesem Buch wird der Lehrplan Mathematik für das Grundfach in der gymnasialen Oberstufe (Mainzer Studienstufe) konsequent umgesetzt und eine intensive Vorbereitung der Schülerinnen und Schüler auf das Abitur gewährleistet.

Der modulare Aufbau des Buches und der einzelnen Kapitel ermöglichen dem Lehrer individuelle Schwerpunktsetzungen. Die Lernenden können sich aufgrund des beispielbezogenen und selbsterklärenden Konzeptes problemlos orientieren und zielgerichtet vorbereiten.

Druckformat
Das Buch besitzt ein weitgehend zweispaltiges Druckformat, was die Übersichtlichkeit deutlich erhöht und die Lesbarkeit erleichtert.
Lehrtexte und Lösungsstrukturen sind auf der linken Seitenhälfte angeordnet, während Beweisdetails, Rechnungen und Skizzen in der Regel rechts platziert sind.

Beispiele
Wichtige Methoden und Begriffe werden auf der Basis anwendungsnaher, vollständig durchgerechneter Beispiele eingeführt, die das Verständnis des klar strukturierten Lehrtextes instruktiv unterstützen. Diese Beispiele können auf vielfältige Weise als Grundlage des Unterrichtsgesprächs eingesetzt werden. Im Folgenden werden einige Möglichkeiten skizziert:

- Die Aufgabenstellung eines Beispiels wird problemorientiert vorgetragen. Die Lösung wird im Unterrichtsgespräch, in Partner- oder in Stillarbeit entwickelt, wobei die Schülerbücher geschlossen bleiben. Im Anschluss kann die erarbeitete Lösung mit der im Buch dargestellten Lösung verglichen werden.

- Die Schülerinnen und Schüler lesen ein Beispiel und die zugehörige Musterlösung. Anschließend bearbeiten sie eine an das Beispiel anschließende Übung in Einzel- oder Partnerarbeit. Diese Vorgehensweise ist auch für Hausaufgaben gut geeignet.

- Ein Schüler wird beauftragt, ein Beispiel zu Hause durchzuarbeiten und als Kurzreferat zur Einführung eines neuen Begriffs oder Rechenverfahrens im Unterricht vorzutragen.

Übungen
Im Anschluss an die durchgerechneten Beispiele werden exakt passende Übungen angeboten.

- Diese Übungsaufgaben können mit Vorrang in Stillarbeitsphasen eingesetzt werden. Dabei können die Lernenden sich am vorangegangenen Unterrichtsgespräch orientieren.

- Eine weitere Möglichkeit: Die Lernenden erhalten den Auftrag, eine Übung zu lösen, wobei sie mit dem Lehrbuch arbeiten sollen, indem sie sich am Lehrtext oder an den Musterlösungen der Beispiele orientieren, die vor der Übung angeordnet sind.

- Weitere Übungsaufgaben auf zusammenfassenden Übungsseiten finden sich am Ende der meisten Abschnitte. Sie sind für Hausaufgaben, Wiederholungen und Vertiefungen geeignet.

- Zahlreiche Übungen besitzen Anwendungsbezügen und erfordern Modellierungen. Man beachte, dass die Behandlung von Anwendungsaufgaben zeitaufwendig ist.

Vorwort

Überblick, Test und mathematische Streifzüge
An jedem Kapitelende sind in einem Überblick die wichtigsten mathematischen Regeln, Formeln und Verfahren des Kapitels in knapper Form zusammengefasst.
Auf der letzten Kapitelseite findet man einen Test, der Aufgaben zum Standardstoff des Kapitels beinhaltet. So kann der Lernerfolg überprüft oder vertieft werden. Der Test kann auch zur Selbstkontrolle verwendet werden. Die Lösungen findet man im Buch ab Seite 347.
Jedes Kapitel enthält mindestens einen „Mathematischen Streifzug", der besonders interessierten Schülerinnen und Schülern Vertiefungsmöglichkeiten bietet.

Gesamtkonzeption
Die beiden Grundfachbände sind so angelegt, dass die Ziele und Inhalte des Lehrplans abgedeckt werden. Dabei sollen die Lernenden die drei klassischen Tragpfeiler der Mathematik, die Analysis, die Lineare Algebra/Analytische Geometrie und die Stochastik in der für die Mathematik typischen klaren Fachsystematik kennenlernen.
Band 1 enthält die Analysis. Der vorliegende Band 2 beinhaltet die Themenfelder Lineare Gleichungssysteme, Vektoren, Matrizen, Geraden und Ebenen im Raum, Wahrscheinlichkeitsrechnung, Binomialverteilung, Schätzen von Wahrscheinlichkeiten, Testen von Hypothesen.
Das Buch deckt für das Gebiet Lineare Algebra/Analytische Geometrie (bzw. Stochastik) jeweils beide Wahlpflichtgebiete *(A1) Matrizen in praktischen Anwendungen* und *(A2) Geraden und Ebenen im Raum* (bzw. *(B1) Schätzen von Wahrscheinlichkeiten* und *(B2) Testen von Hypothesen*) ab. Wenn im Inhaltsverzeichnis ein Inhalt z. B. als Basis gekennzeichnet ist, kann sich das ggf. auch nur auf eines der beiden Wahlpflichtgebiete beziehen.
Beispiel: II. 3. Rechnen mit Vektoren ist Basis für beide Wahlpflichtgebiete A1 und A2, aber II. 4. Skalarprodukt ist Basis nur für das Wahlpflichtgebiet A2.

Im Folgenden werden Hinweise für die einzelnen Kapitel gegeben.

I. Lineare Gleichungssysteme
Dieses Kapitel bildet den Auftakt zur Linearen Alghebra/Analytischen Geometrie. In diesen Gebieten treten lineare Gleichungssysteme (LGS) am laufenden Band auf. Sie müssen systematisch zunächst sicher manuell gelöst werden können, bevor später TR/Computer eingesetzt werden.
Im ersten Abschnitt „Grundlagen" werden Begriffe und Schreibweisen geklärt und die aus der Sekundarstufe I bekannten Lösungsverfahren wiederholt.
Im zweiten Abschnitt „Das Lösungsverfahren von Gauß" werden die beiden Grundideen von Gauß (Dreieckssystem, Rückwärtseinsetzung) vermittelt.
Im dritten Abschnitt geht es um „Lösbarkeitsuntersuchungen" sowie unter- und überbestimmte Gleichungssysteme.
Ein mathematischer Streifzug eröffnet Verbindungen zu chemischen Reaktionsgleichungen.

II. Vektoren
Zunächst wird im Abschnitt 1 die Beschreibung von Punkten in der Ebene und im Raum durch Koordinaten entwickelt.
In Abschnitt 2 werden Vektoren als Pfeilklassen und als Spaltenvektoren behandelt. Dabei erfolgt eine schrittweise Erweiterung vom ebenen auf das räumliche Koordinatensystem.
In Abschnitt 3 werden die Rechengesetze für Vektoren behandelt. Hier sollte man verstärkt Wert auf Anschaulichkeit legen, um die Anwendung der wichtigsten Gesetze sicher zu verankern. In

diesem Abschnitt werden als Erweiterung die sehr abstrakten Begriffe der linearen Abhängigkeit und der linearen Unabhängigkeit behandelt. Man sollte sich hier auf die grundlegenden Techniken konzentrieren.

Der vierte Abschnitt „Skalarprodukt" ist für die praktische Arbeit besonders wichtig. Zunächst werden die Kosinusform und die Koordinatenform des Skalarprodukts eingeführt. Beide müssen manuell beherrscht werden.

Mit dem Skalarprodukt können Berechnungen von Winkeln zwischen Vektoren und zwischen Geraden und Ebenen durchgeführt werden. Zum Pflichtprogramm im Wahlpflichtgebiet A2 gehört auch das Orthogonalitätskriterium für Vektoren und die Bestimmung von Normalenvektoren.

Als weitere Anwendungen des Skalarprodukts wird die physikalische Arbeit angesprochen.

Abschließend werden Beweise zu elementargeometrischen Sätzen in einem mathematischen Streifzug behandelt.

III. Matrizen

Nach der Einführung des Matrixbegriffs und den grundlegenden Rechengesetzen für Matrizen wird zunächst die Bestimmung der inversen Matrix und das Lösen linearer Gleichungssysteme mit Matrizen beschrieben.

Anschließend wird die Anwendung von Matrizen bei geometrischen Abbildungen dargestellt, wobei insbesondere Abbildungen aus dem Geometrieunterricht der Sekundarstufe I einbezogen werden.

In den folgenden Abschnitten werden mehrstufige Prozesse, Grenzmatrizen sowie Fixvektoren behandelt. Anhand von Sachzusammenhängen werden entsprechende Modelle aufgestellt, untersucht und interpretiert.

Der mathematische Streifzug zum Thema „Chiffrieren" enthält spannende Aspekte.

IV. Geraden

Im ersten Abschnitt „Geraden in der Ebene und im Raum" werden die vektorielle Parametergleichung und die Zweipunktegleichung einer Geraden eingeführt. Dabei sollte man besonderen Wert legen auf die Vermittlung der anschaulichen Bedeutung des Geradenparameters, mit dessen Hilfe man sich auf der Geraden orientieren und auch Teile einer Geraden wie z. B. eine Strecke beschreiben kann.

Der zweite Abschnitt „Lagebeziehungen" stellt das Zentrum des Kapitels dar. Es geht um die Lagebeziehungen Punkt-Gerade, Punkt-Strecke und Gerade-Gerade. Die Lagebeziehungsuntersuchungen sollten zuerst sicher manuell ausgeführt werden können, bevor auf die zeitsparende Untersuchung mit einem Computer/TR übergegangen wird.

Als Anwendungen werden Aufgabenstellungen mit geometrischen Körpern sowie Flugbahnaufgaben angeboten, auch mit Geschwindigkeitsaspekten.

Geradenscharen bieten die Möglichkeit, den Einfluss von Parametern zu studieren. Spurpunkte von Geraden, Schattenbildungen und Spiegelungen stellen interessante Anwendungen dar.

V. Ebenen

Im ersten Abschnitt „Ebenengleichungen" werden alle drei Arten von Ebenengleichungen entwickelt. Die vielen Vorteile der Koordinatenform werden ebenso herausgestellt wie die zusätzlichen Orientierungsmöglichkeiten, welche sich bei Verwendung der Parameterform ergeben.

Auch hier sollte wie bei den Geraden die Bedeutung der beiden Ebenenparameter veranschaulicht werden. Durch sie wird im Zusammenspiel mit den beiden Richtungsvektoren ein auf der Ebene liegendes Koordinatensystem definiert. Mit Hilfe der Parameter kann man feststellen, in welchem Bereich der Ebene man sich gerade bewegt.

Den Kapitelschwerpunkt bildet der zweite Abschnitt über „Lagebeziehungen". Punkt-Ebene, Gerade-Ebene, Punkt-Dreieck sowie Gerade-Dreieck und Ebene-Ebene stehen auf dem Programm. Hierzu gibt es eine große Auswahl an Aufgaben in Anwendungszusammenhängen, wobei es um Konstellationen in geometrischen Figuren und Körpern, aber auch um Sichtlinien, Flugbahnen und Bohrtunnel geht.

VI. Winkel und Abstände

In diesem Kapitel werden in kompakter Form im ersten Abschnitt Winkelprobleme (Gerade-Gerade, Gerade-Ebene und Ebene-Ebene) behandelt.

Im zweiten Abschnitt werden alle Abstandsprobleme im Raum angesprochen (Punkt-Ebene, Ebene-Ebene, Gerade-Ebene, Punkt-Gerade, Gerade-Gerade bei Parallelität und bei Windschiefheit). Neben den Abstandsformeln werden meistens auch operative Verfahren behandelt, die das Verständnis erhöhen und die Berechnung der Lotfußpunkte gestatten.

Im dritten Abschnitt geht es dann um besonders wichtige Aufgabentypen, nämlich um die Untersuchung geometrischer Objekte im Raum (Quader, Pyramiden etc.) und um die Untersuchung von Bewegungen im Raum (Flugbahnen, Ballschüsse etc.), wobei alle vorher erlernten Methoden im Zusammenspiel zum Einsatz kommen.

VII. Wahrscheinlichkeitsrechnung

Dies ist in eingen Teilen ein Wiederholungskapitel und behandelt Grundbegriffe der Stochastik, Ergebnisse und Ereignisse, relative Häufigkeit und Wahrscheinlichkeit, Rechenregeln für Wahrscheinlichkeiten, Laplace-Wahrscheinlichkeiten, Zufallsgrößen und ihre Wahrscheinlichkeitsverteilungen, Simulationen von Zufallsexperimenten, mehrstufige Zufallsversuche, Baumdiagramme Abzählverfahren, geordnete/ungeordnete Stichproben, Lottomodell und Fächermodell, bedingte Wahrscheinlichkeiten, Unabhängigkeit und Vierfeldertafel, alles in knapper Form.

Der Streifzug zum „berüchtigten" Ziegenproblem bietet einen interessanten Abschluss.

VIII. Binomialverteilung

Dieses ist das zentrale Kapitel der Stochastik im Kurs. Am Beispiel der Binomialverteilung wird die Arbeitsweise der beurteilenden Statistik exemplarisch verdeutlicht. Nach der Einführung des Begriffs der Bernoulli-Kette wird die Formel von Bernoulli entwickelt und manuell angewandt. Die Eigenschaften der Binomialverteilung werden behandelt (Diagramme, Kenngrößen, Erwartungswert und Standardabweichung). Die Sigmaregeln werden entwickelt und angewandt.

In den Anwendungen spielt die kumulierte Binomialverteilung die größte Rolle. Die erforderlichen Berechnungen werden traditionell mit statistischen Tabellen vorgenommen, können aber mit Taschenrechnern/Computern direkt durchgeführt werden. Am Kapitelende findet man einen Streifzug zum Galton-Brett.

Abschließend wird die Normalverteilung als Approximation der Binomialverteilung eingeführt. Dabei wird der in der Mathematik so bedeutsame Standardisierungsprozess behandelt, der zur genialen Tabelle der Standardnormalverteilung von de Moivre und Gauß führt und Vorbild für viele ähnliche Standardisierungsprozesse ist. Er gehört zur mathematischen Allgemeinbildung.

IX. Schätzen von Wahrscheinlichkeiten

In diesem Kapitel werden auf der Grundlage der Binomialverteilung erste Schätzverfahren erklärt und erprobt. Empfehlenswert ist eine Behandlung von σ-Umgebungen des Erwartungswertes, da hier die Begriffe und Methoden besonders anschaulich erfasst werden können. Die Untersuchungen von σ/n-Umgebungen der Trefferwahrscheinlichkeit sollte entsprechend kurz gestaltet werden. Für die Praxis wichtig ist der Abschnitt über Konfidenzintervalle, da hier exemplarisch gezeigt werden kann, wie aus empirischen Untersuchungen Schätzungen für unbekannte Wahrscheinlichkeiten gewonnen werden können. Auf der nun erarbeiteten Grundlagen wird abschließend das Bernoulli'sche Gesetz der großen Zahlen in einem mathematischen Streifzug für den Fall binomialverteilten Zufallsgrößen begründet.

X. Testen von Hypothesen

Die Lernenden sollen anhand diesen Kapitels die Einsicht gewinnen, dass Hypothesen, welche durch die Erhebung von Stichproben aufgestellt werden, Fehleinschätzungen darstellen können. Man sollte zunächst den Alternativtest behandeln. Dieser Test ist einfacher zu verstehen als der Signifikanztest und alle wichtigen Begrifflichkeiten (statistische Gesamtheit, Nullhypothese und Alternativhypothese, Stichprobe, Prüfgröße, Entscheidungsregel, kritische Zahl, Annahmebereich und Verwerfungsbereich, Fehler 1. und 2. Art) lassen sich an einfachen Alternativbeispielen besonders leicht erarbeiten. Anwendungsorientierte Probleme sollten hier im Zentrum des Unterrichts stehen.

Anschließend wird der Signifikanztest behandelt. Er ist zwar etwas schwieriger, dafür aber noch praxisbezogener als der Alternativtest. Hier sollte man die vielen Übungsmöglichkeiten intensiv nutzen. Die Übungen sprechen verschiedene Anwendungsgebiete an. Ein mathematischer Streifzug zum sequentiellen Wald'schen Quotiententest rundet das Kapitel ab.

I. Lineare Gleichungssysteme

1. Grundlagen

A. Der Begriff des linearen Gleichungssystems

Lineare Gleichungssysteme besitzen in vielen Bereichen der Mathematik und bei der Lösung naturwissenschaftlicher, technischer und wirtschaftlicher Problemstellungen eine große Bedeutung.
Das wichtigste Lösungsverfahren für lineare Gleichungssysteme ist sehr systematisch aufgebaut, so dass es mit Hilfe von Computern und Taschenrechnern automatisiert werden kann.

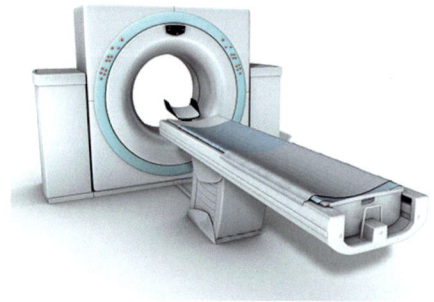

Die Computertomographie ist nur mit Hilfe der Mathematik möglich. Denn die dabei erzeugten Schnittbilder des menschlichen Körpers entstehen nicht optisch, sondern werden aus Messergebnissen mit Hilfe der Computerlösung großer linearer Gleichungssysteme erzeugt.

In diesem ersten Abschnitt wiederholen wir die bereits bekannten Grundlagen beim Lösen linearer Gleichungssysteme, wobei die Beispiele auf den folgenden Seiten sich auf zwei Gleichungen mit zwei Variablen beschränken.

Ein lineares Gleichungssystem (*LGS*) besteht aus einer Anzahl linearer Gleichungen. Nebenstehend ist ein lineares Gleichungssystem mit vier Gleichungen und drei Variablen x, y, z dargestellt. Man spricht hier von einem (4; 3)-LGS.
Die Darstellung ist in der sogenannten *Normalform* gegeben: Die variablen Terme stehen auf der linken Seite, die konstanten Terme bilden die rechte Seite.

Rechts ist die Normalform eines allgemeinen (m; n)-LGS dargestellt.
Die n Variablen lauten $x_1, x_2, ..., x_n$.
Die konstanten Terme auf der rechten Seite der Gleichungen lauten $b_1, b_2, ..., b_m$.
a_{ij} bezeichnet den Koeffizienten auf der linken Seite des LGS, der in der i-ten Gleichung als Faktor vor der Variablen x_j steht.
Eine Lösung des LGS gibt man oft als geordnete Kombination an, d. h. als *n-Tupel* $(x_1; x_2; ...; x_n)$ (vgl. Beispiel).

Ein (4; 3)-LGS in Normalform:

$$3x + 2y - 2z = 1$$
$$2x + 3y + 2z = 14$$
$$4x - 2y + 3z = -9$$
$$5x + 4y - 4z = 1$$

Koeffizienten der linken Seite — Koeffizienten der rechten Seite

Die Normalform eines (m; n)-LGS:

$$a_{11}x_1 + a_{12}x_2 + ... + a_{1n}x_n = b_1$$
$$a_{21}x_1 + a_{22}x_2 + ... + a_{2n}x_n = b_2$$
$$\vdots$$
$$a_{m1}x_1 + a_{m2}x_2 + ... + a_{mn}x_n = b_m$$

B. Gleichsetzungs-, Einsetzungs- und Additionsverfahren

In den Klassenstufen 9 und 10 wurden bereits lineare Gleichungssysteme mit zwei Gleichungen und zwei Variablen gelöst. Wir wiederholen im Folgenden die drei bekannten Verfahren: Gleichsetzungs-, Einsetzungs- und Additionsverfahren.

Die in den folgenden Beispielen betrachteten Gleichungssysteme können zwar mit jedem der drei Verfahren bearbeitet werden, wenn man entsprechende Umformungen anstellt. Bei der Auswahl des Lösungsverfahrens nutzen wir die Struktur des gegebenen Gleichungssystems aus.

LGS 1:

I	$2x - 4y = 2$
II	$5x + 3y = 18$

LGS 2:

I	$y = 2x - 2$
II	$y = -3x + 13$

LGS 3:

I	$7x - 2y = 32$
II	$y = 2x - 10$

Wir wollen mit dem einfachsten Verfahren beginnen, mit dem *Gleichsetzungsverfahren*. Bei dem LGS 1 müssten dazu zunächst beide Gleichungen entweder nach x oder nach y aufgelöst werden. Dagegen hat LGS 2 bereits die geforderte Gestalt, denn beide Gleichungen des Systems sind bereits nach derselben Variablen y aufgelöst.

▶ **Beispiel: Gleichsetzungsverfahren**
Lösen Sie das lineare Gleichungssystem mit dem Gleichsetzungsverfahren.

I	$y = 2x - 2$
II	$y = -3x + 13$

Lösung:
Gleichsetzen der beiden rechten Seiten führt auf eine Gleichung, die nur noch die Variable x enthält. Diese lösen wir in gewohnter Weise. Der Zahlenwert 2 wird schließlich für x in Gleichung I eingesetzt.

$2x - 2 = -3x + 13$ $\quad |+3x; +2$
$5x = 15$ $\quad |:5$
$x = 3$
$y = 2 \cdot 3 - 2$
$y = 4$

▶ Lösungsmenge: $L = \{(3; 4)\}$

Für das LGS 3 bietet sich das *Einsetzungsverfahren* an.

▶ **Beispiel: Einsetzungsverfahren**
Lösen Sie das lineare Gleichungssystem mit dem Einsetzungsverfahren.

I	$7x - 2y = 32$
II	$y = 2x - 10$

Lösung:
Einsetzen der rechten Seiten von Gleichung II für y in Gleichung I führt auf eine Gleichung, die nur noch die Variable x enthält, nach der nun aufgelöst wird. Die Lösung 4 wird schließlich für x in Gleichung II eingesetzt.

$7x - 2(2x - 10) = 32$
$7x - 4x + 20 = 32$ $\quad |-20$
$3x = 12$ $\quad |:3$
$x = 4$
$y = 2 \cdot 4 - 10$
$y = -2$

▶ Lösungsmenge: $L = \{(4; -2)\}$

Das LGS 1 kann natürlich auch mit den obigen Verfahren gelöst werden, indem man zunächst entweder beide Gleichungen nach derselben Variablen auflöst und das Gleichsetzungsverfahren anwendet oder eine der beiden Gleichungen nach einer Variablen auflöst und das Einsetzungsverfahren wählt. Aufgrund der Gestalt von LGS 1 bietet sich aber das *Additionsverfahren* an.

▶ **Beispiel: Additionsverfahren**
Lösen Sie das nebenstehende lineare Gleichungssystem.

$$\text{I} \quad 2x - 4y = 2$$
$$\text{II} \quad 5x + 3y = 18$$

Lösung:
Wir verwenden das sogenannte Additionsverfahren. Zunächst multiplizieren wir Gleichung I mit −5 und Gleichung II mit 2, sodass die Koeffizienten der Variablen x den gleichen Betrag, aber verschiedene Vorzeichen erhalten.

$$\text{I} \quad 2x - 4y = 2 \quad \rightarrow (-5) \cdot \text{I}$$
$$\text{II} \quad 5x + 3y = 18 \quad \rightarrow 2 \cdot \text{II}$$

So entsteht ein neues Gleichungssystem. Es ist zum Ursprungssystem äquivalent, d.h. lösungsgleich.

$$\text{I} \quad -10x + 20y = -10$$
$$\text{II} \quad 10x + 6y = 36 \quad \rightarrow \text{I} + \text{II}$$

Nun addieren wir Gleichung I zu Gleichung II. Bei diesem Additionsvorgang wird die Variable x eliminiert. Das entstehende Gleichungssystem ist wiederum äquivalent zum vorhergehenden.

$$\text{I} \quad -10x + 20y = -10$$
$$\text{II} \quad 26y = 26$$

Gleichung II enthält nun nur noch eine Variable, nämlich y. Auflösen der Gleichung nach y liefert y = 1 als Lösungswert.

Aus II folgt $y = 1$.

▶ Setzen wir dieses Teilresultat in Gleichung I ein, so folgt x = 3.

Einsetzen in I liefert: $x = 3$
Lösungsmenge: $L = \{(3; 1)\}$

Die Lösungsverfahren für lineare Gleichungssysteme beruhen darauf, dass die Anzahl der Variablen pro Gleichung durch Umformungen schrittweise reduziert wird, bis nur noch eine Variable übrig bleibt.
Die verwendeten Umformungen dürfen die Lösungsmenge des Gleichungssystems nicht verändern. Umformungen mit dieser Eigenschaft werden als *Äquivalenzumformungen* bezeichnet.
Die drei wesentlichen Äquivalenzumformungen sind nebenstehend aufgeführt.

Äquivalenzumformungen eines Gleichungssystems

Die Lösungsmenge eines linearen Gleichungssystems ändert sich nicht, wenn

(1) 2 Gleichungen vertauscht werden,

(2) eine Gleichung mit einer reellen Zahl k ≠ 0 multipliziert wird,

(3) eine Gleichung zu einer anderen Gleichung addiert wird.

Zur Pfeilschreibweise: A → B bedeutet: A wird durch B ersetzt.

Übung 1
Lösen Sie die linearen Gleichungssysteme rechnerisch.

a) $2x - 3y = 5$
   $3x + 4y = 16$

b) $6x - 4y = -2$
   $4x + 3y = 10$

c) $\frac{1}{2}x - 2y = 1$
   $3x + 4y = 14$

d) $5x = y - 3$
   $2y = 7 + 9x$

Übung 2
Lösen Sie die linearen Gleichungssysteme zeichnerisch.

a) $3x + 2y = 12$
   $4x - 2y = 2$

b) $2x - 3y = -9$
   $4x + 6y = -6$

C. Die Anzahl der Lösungen eines Gleichungssystems mit zwei Variablen

Die Gesamtheit der Lösungen (x; y) jeder einzelnen Gleichung eines (2; 2)-LGS bildet eine Gerade im $\mathbb{R}^2$. Damit kann die Frage nach der Anzahl der Lösungen eines (2; 2)-LGS in sehr anschaulicher Weise beantwortet werden.

Die Lösungen eines solchen Gleichungssystems sind die Koordinaten der gemeinsamen Punkte der den Gleichungen zugeordneten Geraden. Geraden haben entweder keine gemeinsamen Punkte oder sie haben genau einen gemeinsamen Punkt oder sie haben unendlich viele gemeinsame Punkte.

Entsprechend ist ein lineares Gleichungssystem entweder *unlösbar* oder es ist *eindeutig lösbar* oder es hat *unendlich viele Lösungen*, ist also *nicht eindeutig lösbar*.

Dies gilt nicht nur für Gleichungssysteme mit zwei Variablen, sondern für alle lineare Gleichungssysteme.

I $2x - 2y = -2$ II $-3x + 3y = 6$	I $2x - y = 2$ II $3x + 3y = 12$	I $8x + 4y = 16$ II $-6x - 3y = -12$
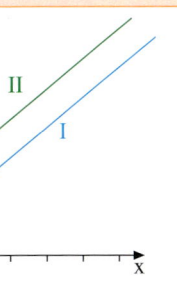	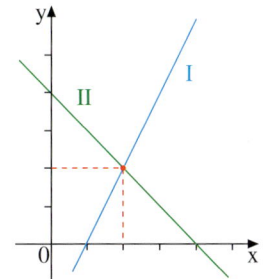	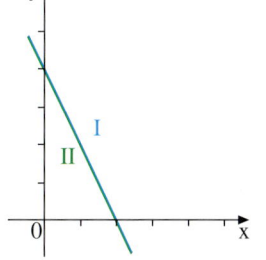
Die Geraden sind parallel. Sie haben keine gemeinsamen Punkte.	Die Geraden schneiden sich in einem Punkt.	Die Geraden sind identisch. Sie haben unendlich viele gemeinsame Punkte.
Das Gleichungssystem ist unlösbar.	**Das Gleichungssystem hat genau eine Lösung.**	**Das Gleichungssystem hat unendlich viele Lösungen.**

Auch mit Hilfe des Additionsverfahrens kann man erkennen, welcher der drei bezüglich der Lösbarkeit möglichen Fälle vorliegt. Den Fall der eindeutigen Lösbarkeit haben wir bereits geübt (vgl. Seite 12). Die restlichen Fälle behandeln wir nun exemplarisch.

▶ **Beispiel:** Untersuchen Sie die Gleichungssysteme mit Hilfe des Additionsverfahrens auf Lösbarkeit.

a) $2x - 2y = -3$
   $-3x + 3y = 9$

b) $8x + 4y = 16$
   $-6x - 3y = -12$

Lösung zu a:

I $\quad 2x - 2y = -3 \quad \rightarrow 3 \cdot I$
II $\quad -3x + 3y = 9 \quad \rightarrow 2 \cdot II$

I $\quad 6x - 6y = -9$
II $\quad -6x + 6y = 18 \quad \rightarrow I + II$

I $\quad 6x - 6y = -9$
II $\quad 0x + 0y = 9$

Die Äquivalenzumformungen führen auf ein Gleichungssystem, dessen Gleichung II für kein Paar x, y lösbar ist, da sie $0 = 9$ lautet.
Sie stellt einen Widerspruch in sich dar.

Da eine Gleichung des Systems keine Lösung besitzt, hat das Gleichungssystem als Ganzes erst recht keine Lösungen. Man spricht von einem unlösbaren Gleichungssystem. Die Lösungsmenge des Systems ist die leere Menge:
$L = \{\ \}$.
▶

Lösung zu b:

I $\quad 8x + 4y = 16 \quad \rightarrow 3 \cdot I$
II $\quad -6x - 3y = -12 \quad \rightarrow 4 \cdot II$

I $\quad 24x + 12y = 48$
II $\quad -24x - 12y = -48 \quad \rightarrow I + II$

I $\quad 24x + 12y = 48$
II $\quad 0x + 0y = 0$

Die Umformungen führen auf ein äquivalentes System, dessen Gleichung II für alle Paare x, y trivialerweise erfüllt ist, da sie $0 = 0$ lautet. Sie kann also auch weggelassen werden.

In der verbleibenden Gleichung I kann eine der Variablen frei gewählt werden. Sei etwa $x = c$ ($c \in \mathbb{R}$).
Dann folgt $y = -2c + 4$. Für jeden Wert des Parameters c ergibt sich eine Lösung. Man spricht von einer einparametrigen unendlichen Lösungsmenge:
$L = \{(c;\ -2c + 4);\ c \in \mathbb{R}\}$.

Übung 3
Untersuchen Sie das Gleichungssystem auf Lösbarkeit. Geben Sie die Lösungsmenge an.

a) $8x - 3y = 11$
   $5x + 2y = 34$

b) $3x + 2y = 13$
   $2x - 5y = -4$

c) $8x - 6y = 2$
   $2x + 3y = 2$

d) $-4x + 14y = 6$
   $6x - 21y = 8$

e) $12x + 16y = 28$
   $15x + 20y = 35$

f) $3x - 4y = 14$
   $2x + 3y = -2$
   $x + 10y = -18$

g) $4x - 2y = 8$
   $3x + y = 11$
   $6x - 8y = 1$

h) $3x - 6y = 9$
   $-2x + 4y = -6$
   $x - 2y = 3$

Übung 4
Für welche Werte des Parameters $a \in \mathbb{R}$ liegt eindeutige Lösbarkeit vor?

a) $2x - 5y = 9$
   $4x + ay = 5$

b) $3x + 4y = 7$
   $2x - 6y = a + 12$

c) $ax + 2y = 5$
   $8x + ay = 10$

d) $ax - 2y = a$
   $2x - ay = 2$

Übungen

5. Lösen Sie das lineare Gleichungssystem mit Hilfe des Additionsverfahrens.
   a) $2x - 3y = 5$
      $3x + 2y = 1$
   b) $-3x + 4y = -1$
      $4x - 2y = 8$
   c) $1{,}2x - 0{,}5y = 5$
      $3{,}4x - 1{,}5y = 14$

   d) $2 - 2x = 2y - 4$
      $6x - 4 = 6y + 2$
   e) $y - 3x - 3 = 2y$
      $4 - 4x + y = 8 - 3y$
   f) $13 - x + 4y = 0$
      $24 - 2(x - y) = 10$

6. Untersuchen Sie das LGS auf Lösbarkeit. Bestimmen Sie die Lösungsmenge.
   a) $x - \frac{1}{3}y = 3$
      $x + 2y = -4$
   b) $2x + 4y = -4$
      $-0{,}5x - y = 1$
   c) $-6x + 3y = 3$
      $4x - 2y = 2$

   d) $-2x + 6y = -2$
      $x - 3y = 1$
   e) $3x - 3y = 0$
      $6x + 3y = 18$
      $-2x + 4y = 4$
   f) $-2x + y = -1$
      $4x + 2y = -10$
      $-6x + 3y = -2$

7. Für welche Werte des Parameters $a \in \mathbb{R}$ liegt eindeutige Lösbarkeit vor?
   a) $3x - 5y = 4$
      $ax + 10y = 5$
   b) $4x - 2y = a$
      $3x + 4y = 7$
   c) $ax + 3y = 8$
      $3x + ay = 4$

8. Eine zweistellige Zahl ist siebenmal so groß wie ihre Quersumme. Vertauscht man die beiden Ziffern, so erhält man eine um 27 kleinere Zahl. Wie heißt diese zweistellige Zahl?

9. Aus 6 Liter blauer Farbe und 10 Liter gelber Farbe sollen zwei grüne Farbmischungen hergestellt werden. Die Mischung „Hellgrün" besteht zu 30% aus blauer und zu 70% aus gelber Farbe, während die Mischung „Dunkelgrün" zu 60% aus blauer und zu 40% aus gelber Farbe besteht. Wie groß sind die Mengen hellgrüner bzw. dunkelgrüner Farbe, die sich aufgrund dieser Mischungsverhältnisse ergeben?

10. Wie alt sind Max und Moritz jetzt?

2. Das Lösungsverfahren von Gauß

Carl Friedrich Gauß (1777–1855) war ein deutscher Mathematiker und Astronom, der sich bereits in frühester Jugend durch überragende Intelligenz auszeichnete. Fast 50 Jahre lang war er als Mathematikprofessor an der Uni Göttingen tätig. Neben der Mathematik beschäftigte er sich vor allem mit der Astronomie. Durch eine neue Berechnung der Umlaufbahnen von Himmelskörpern konnte der 1801 entdeckte und gleich wieder aus dem Blick verlorene Planet Ceres wieder aufgefunden werden. Hierbei entwickelte er auch das nach ihm benannte Lösungsverfahren für Gleichungssysteme, das er 1809 in seinem Buch „Theoria motus corporum coelestium" (Theorie der Bewegung der Himmelskörper) veröffentlichte.

A. Dreieckssysteme

▶ **Beispiel:** Das gegebene Gleichungssystem hat eine besondere Gestalt, denn die von null verschiedenen Koeffizienten sind in Gestalt eines Dreiecks angeordnet.
Lösen Sie dieses Dreieckssystem.

Ein Dreieckssystem

$$\begin{array}{rrrrr} \text{I} & 3x - 2y + 4z & = 11 \\ \text{II} & 4y + 2z & = 14 \\ \text{III} & 5z & = 15 \end{array}$$

Lösung:
Dreieckssysteme sind wegen ihrer besonderen Gestalt sehr einfach zu lösen:

1. Wir lösen Gleichung III nach z auf und erhalten z = 3.

2. Dieses Ergebnis setzen wir in Gleichung II ein, die sodann nach y aufgelöst werden kann. Wir erhalten y = 2.

3. Nun setzen wir z = 3 und y = 2 in Gleichung I ein, die anschließend nach x aufgelöst werden kann: x = 1.

Resultat: Das gegebene Dreieckssystem ist *eindeutig lösbar*.
▶ Die Lösung ist (1; 2; 3).

Lösen eines Dreieckssystems durch *Rückeinsetzung*:

Auflösen von III nach z: $5z = 15$
                              $z = 3$

Einsetzen in II: $4y + 2z = 14$
Auflösen nach y: $4y + 6 = 14$
                              $4y = 8$
                              $y = 2$

Einsetzen in I: $3x - 2y + 4z = 11$
Auflösen $3x - 4 + 12 = 11$
nach x: $3x = 3$
                              $x = 1$

Lösungsmenge: L = {(1; 2; 3)}

B. Der Gauß'sche Algorithmus

Im Folgenden zeigen wir das besonders systematische Verfahren zur Lösung linearer Gleichungssysteme von Gauß, das als Gauß'scher Algorithmus oder als Gauß'sches Eliminationsverfahren bezeichnet wird. Wegen seiner algorithmischen Struktur ist es hervorragend für die numerische Bearbeitung mittels Computer geeignet.

Die Grundidee von Gauß war sehr einfach: Mit Hilfe von Äquivalenzumformungen (vgl. S. 12) wird das lineare Gleichungssystem in ein Dreieckssystem umgewandelt. Dieses wird anschließend durch „Rückeinsetzung" gelöst.

▶ **Beispiel:** Formen Sie das lineare Gleichungssystem (LGS) in ein Dreieckssystem um und lösen Sie dieses.

$$\begin{aligned} \text{I} \quad & 3x + 3y + 2z = 5 \\ \text{II} \quad & 2x + 4y + 3z = 4 \\ \text{III} \quad & -5x + 2y + 4z = -9 \end{aligned}$$

Lösung:
Die außerhalb des blauen Dreiecks stehenden Terme stören auf dem Weg zum Dreieckssystem. Sie sollen durch Äquivalenzumformungen schrittweise eliminiert werden.
Als Darstellungsmittel verwenden wir den Umformungspfeil, der angibt, wodurch die Gleichung ersetzt wird, von welcher dieser Pfeil ausgeht.

1. Wir eliminieren die Variable x aus den Gleichungen II und III.
   Wir erreichen dies, indem wir zu geeigneten Vielfachen dieser Gleichung geeignete Vielfache von Gleichung I addieren oder subtrahieren.

2. Wir eliminieren die Variable y aus der Gleichung III des neu entstandenen Systems in entsprechender Weise.

3. Es ist nun wieder ein Dreieckssystem entstanden, das wir leicht durch „Rückeinsetzung" lösen können.

▶ Resultat: $L = \{(1; 2; -2)\}$

Umformen des LGS:

$$\begin{aligned} \text{I} \quad & 3x + 3y + 2z = 5 & & \text{1. Elimination von x} \\ \text{II} \quad & 2x + 4y + 3z = 4 & & \to 3 \cdot \text{II} - 2 \cdot \text{I} \\ \text{III} \quad & -5x + 2y + 4z = -9 & & \to 3 \cdot \text{III} + 5 \cdot \text{I} \end{aligned}$$

$$\begin{aligned} \text{I} \quad & 3x + 3y + 2z = 5 & & \text{2. Elimination von y} \\ \text{II} \quad & 6y + 5z = 2 & & \\ \text{III} \quad & 21y + 22z = -2 & & \to 2 \cdot \text{III} - 7 \cdot \text{II} \end{aligned}$$

$$\begin{aligned} \text{I} \quad & 3x + 3y + 2z = 5 & & \text{Dreiecks-} \\ \text{II} \quad & 6y + 5z = 2 & & \text{system} \\ \text{III} \quad & 9z = -18 \end{aligned}$$

Auflösen von III nach z: 3. Lösen durch
$$9z = -18 \quad \text{Rück-}$$
$$z = -2 \quad \text{einsetzung}$$

Einsetzen in II, Auflösen nach y:
$$6y + 5z = 2$$
$$6y - 10 = 2$$
$$y = 2$$

Einsetzen in I, Auflösen nach x:
$$3x + 3y + 2z = 5$$
$$3x + 6 - 4 = 5$$
$$x = 1$$

In entsprechender Weise lassen sich auch lineare Gleichungssysteme mit größerer Anzahl von Gleichungen und Variablen lösen. Es kommt darauf an, die störenden Terme in systematischer Weise, z. B. spaltenweise, zu eliminieren, sodass eine *Dreiecksform* bzw. *Stufenform* entsteht.

Übungen

1. Lösen Sie das LGS. Formen Sie das LGS ggf. zunächst in ein Dreieckssystem um.

a) $2x + 4y - z = -13$
$2y - 2z = -12$
$3z = 9$

b) $2x + 4y - 3z = 3$
$-6y + 5z = 7$
$2z = 4$

c) $3x - 2y + 2z = 6$
$2x - z = 2$
$-3x = -6$

d) $x - 3y + 5z = -2$
$y + 2z = 8$
$y + z = 6$

e) $x + y + 4z = 10$
$2y - 5z = -14$
$y + 3z = 4$

f) $2x + 2y - z = 8$
$-2x + y + 2z = 3$
$4z = 8$

2. Lösen Sie das LGS mit Hilfe des Gauß'schen Algorithmus.

a) $4x - 2y + 2z = 2$
$-2x + 3y - 2z = 0$
$3x - 5y + z = -7$

b) $x + 2y - 2z = -4$
$2x + y + z = 3$
$3x + 2y + z = 4$

c) $2x + 2y - 3z = -7$
$-x - 2y - 2z = 3$
$4x + y - 2z = -1$

d) $2x + y - z = 6$
$5x - 5y + 2z = 6$
$3x + 2y - 3z = 0$

e) $x - 2y + z = 0$
$3y + z = 9$
$2x + y = 4$

f) $2x + 2y + 3z = -2$
$x + z = -1$
$y + 2z = -3$

3. Lösen Sie das LGS mit Hilfe des Gauß'schen Algorithmus. Bringen Sie das LGS zunächst auf Normalform. (Erzeugen Sie zweckmäßigerweise auch ganzzahlige Koeffizienten.)

a) $2y = 4 - z$
$3z = x - 10$
$9 + z = x + y$

b) $2y - 5 = z + 2x$
$-2z = x - 2y$
$4x = y - 10$

c) $3z = 2y + 7$
$x - 4 = y + z$
$2x + 2y = x - 1$

d) $\frac{1}{4}x - \frac{1}{2}y + \frac{3}{4}z = 4$
$\frac{3}{2}x - \frac{2}{3}y - \frac{1}{2}z = -2$
$\phantom{\frac{3}{2}x -}y - \frac{1}{2}z = 2$

e) $-0{,}2x + 1{,}5y + 0{,}4z = -9$
$1{,}1x \phantom{+ 1{,}5y} + 2{,}2z = 8{,}8$
$0{,}8x - 0{,}2y \phantom{+ 2{,}2z}= 4{,}4$

f) $\frac{1}{2}x + \frac{1}{5}y + \frac{2}{3}z = 7$
$\frac{3}{8}x + \frac{1}{10}y + \frac{1}{12}z = \frac{5}{2}$
$4{,}5x - 0{,}5y + \frac{1}{3}z = 17{,}5$

4. Eine dreistellige natürliche Zahl hat die Quersumme 14. Liest man die Zahl von hinten nach vorn und subtrahiert 22, so erhält man eine doppelt so große Zahl. Die mittlere Ziffer ist die Summe der beiden äußeren Ziffern. Wie heißt die Zahl?

5. Eine Parabel zweiten Grades besitzt bei $x = 1$ eine Nullstelle und im Punkt $P(2|6)$ die Steigung 8. Bestimmen Sie die Gleichung der Parabel.

6. Neben den linearen Gleichungssystemen gibt es auch nichtlineare Gleichungssysteme. Bei solchen Systemen funktioniert der Gauß'sche Algorithmus nicht. Man verwendet das Einsetzungsverfahren oder Näherungsverfahren. Lösen Sie das nichtlineare System.

a) $2x + 3y = 16$
$x^2 + y^2 = 29$

b) $x^2 + y^2 + z^2 = 14$
$x + y = 3$
$x^2 + z^2 = 10$

3. Lösbarkeitsuntersuchungen

A. Unlösbare und nicht eindeutig lösbare LGS

Wir untersuchen nun mit dem Gauß'schen Algorithmus lineare Gleichungssysteme, die keine Lösung besitzen bzw. die unendlich viele Lösungen haben.

▶ **Beispiel:** Untersuchen Sie das LGS mit Hilfe des Gauß'schen Algorithmus auf Lösbarkeit.

a) $x + 2y - z = 3$
$2x - y + 2z = 8$
$3x + 11y - 7z = 6$

b) $2x + y - 4z = 1$
$3x + 2y - 7z = 1$
$4x - 3y + 2z = 7$

Lösung zu a:

I	$x + 2y - z = 3$	
II	$2x - y + 2z = 8$	$\to$ II $- 2 \cdot$ I
III	$3x + 11y - 7z = 6$	$\to$ III $- 3 \cdot$ I

I	$x + 2y - z = 3$	
II	$-5y + 4z = 2$	
III	$5y - 4z = -3$	$\to$ III $+$ II

I	$x + 2y - z = 3$
II	$5y - 4z = -2$
III	$0 = -1$

↑ Widerspruchszeile

Gleichung III des Dreieckssystems wird als *Widerspruchszeile* bezeichnet. Sie ist unlösbar ($0x + 0y + 0z = -1$ ist für **kein** Tripel $(x; y; z)$ erfüllt).

Damit ist das Dreieckssystem als Ganzes unlösbar.
Es folgt: Das ursprüngliche LGS ist ebenfalls *unlösbar*, die Lösungsmenge ist daher leer: $L = \{\}$.

Die Unlösbarkeit eines LGS wird nach Anwendung des Gauß'schen Algorithmus stets auf diese Weise offenbar:

▶ Wenigstens in einer Gleichung des resultierenden Dreieckssystems tritt ein offensichtlicher Widerspruch auf.

Lösung zu b:

I	$2x + y - 4z = 1$	
II	$3x + 2y - 7z = 1$	$\to 2 \cdot$ II $- 3 \cdot$ I
III	$4x - 3y + 2z = 7$	$\to$ III $- 2 \cdot$ I

I	$2x + y - 4z = 1$	
II	$y - 2z = -1$	
III	$-5y + 10z = 5$	$\to$ III $+ 5 \cdot$ II

I	$2x + y - 4z = 1$
II	$y - 2z = -1$
III	$0 = 0$

↑ Nullzeile

Gleichung III des Gleichungssystems wird als *Nullzeile* bezeichnet. Sie ist für jedes Tripel $(x; y; z)$ erfüllt, stellt keine Einschränkung dar und könnte daher auch weggelassen werden.

Es verbleiben 2 Gleichungen mit 3 Variablen, von denen daher eine Variable frei wählbar ist. Wir setzen für diese „überzählige" Variable einen Parameter ein.

Wählen wir $z = c$ $(c \in \mathbb{R})$,
so folgt aus II $y = 2c - 1$
und dann aus I $x = c + 1$.

Wir erhalten für jeden Wert des freien Parameters c genau ein Lösungstripel $(x; y; z)$. Das Gleichungssystem hat eine *einparametrige unendliche Lösungsmenge*:
$L = \{(c + 1; 2c - 1; c); c \in \mathbb{R}\}$.

Übung 1
Untersuchen Sie das LGS auf Lösbarkeit. Bestimmen Sie die Lösungsmenge.

a) $2x + 2y + 2z = 6$
$2x + y - z = 2$
$4x + 3y + z = 8$

b) $3x + 5y - 2z = 10$
$2x + 8y - 5z = 6$
$4x + 2y + z = 8$

c) $4x - 3y - 5z = 9$
$2x + 5y - 9z = 11$
$6x - 11y - z = 7$

B. Unter- und überbestimmte LGS

Alle bisher durchgeführten Überlegungen zur Lösbarkeit bezogen sich auf den Sonderfall, dass die Anzahl der Gleichungen mit der Anzahl der Variablen übereinstimmt. Im Folgenden zeigen wir exemplarisch, dass sie jedoch sinngemäß für jedes beliebige LGS gelten.

Enthält ein LGS weniger Gleichungen als Variablen, so reichen die Informationen für eine eindeutige Lösung nicht aus, d.h., es ist *unterbestimmt*. Enthält ein LGS hingegen mehr Gleichungen als Variablen, so würden für eine eindeutige Lösung bereits weniger Gleichungen genügen. In diesem Fall ist das LGS *überbestimmt*. Wir zeigen die Vorgehensweisen bei derartigen LGS an zwei Beispielen.

▶ **Beispiel:** Untersuchen Sie das LGS auf Lösbarkeit.

a) $x + y = 1$
$2x - y = 8$
$x - 2y = 5$

b) $x - 2y + z + t = 1$
$-2x + 5y - 4z + 2t = -2$

Lösung zu a:

I $\quad x + y = 1$
II $\quad 2x - y = 8 \quad \to (-2) \cdot I + II$
III $\quad x - 2y = 5 \quad \to I - III$

I $\quad x + y = 1$
II $\quad -3y = 6$
III $\quad 3y = -4 \quad \to II + III$

I $\quad x + y = 1$
II $\quad -3y = 6$
III $\quad 0 = 2 \qquad$ Widerspruch

Wendet man den Gauß'schen Algorithmus an, erhält man die obige *Stufenform*. Da die Gleichung III einen Widerspruch enthält, ist das gesamte LGS unlösbar, obwohl das Teilsystem aus den ersten beiden Gleichungen eine eindeutige Lösung ($x = 3$; $y = -2$) besitzt. Diese erfüllt jedoch die Gleichung III nicht. Somit erhalten wir als Resultat:
▶ $L = \{\ \}$.

Lösung zu b:

I $\quad x - 2y + z + t = 1$
II $\quad -2x + 5y - 4z + 2t = -2 \quad \to 2 \cdot I + II$

I $\quad x - 2y + z + t = 1$
II $\quad y - 2z + 4t = 0$

Das LGS ist *unterbestimmt*. Da die Anwendung des Gauß'schen Algorithmus auf keinen Widerspruch führt, besitzt das LGS unendlich viele Lösungen. Da das LGS in *Stufenform* nur 2 Gleichungen, aber 4 Variablen enthält, ersetzen wir die „überzähligen" Variablen durch Parameter. Hier können sogar 2 Variablen frei gewählt werden.
Wählen wir $z = c$ und $t = d$ ($c, d \in \mathbb{R}$), so folgt aus II $y = 2c - 4d$ und dann aus I $x = 1 + 3c - 9d$.
Das Gleichungssystem hat eine *zweiparametrige unendliche Lösungsmenge*:
$L = \{(1 + 3c - 9d;\ 2c - 4d;\ c;\ d);\ c, d \in \mathbb{R}\}$.

3. Lösbarkeitsuntersuchungen

Übung 2
Untersuchen Sie das LGS auf Lösbarkeit. Bestimmen Sie die Lösungsmenge.

a) $\quad 3x - 3y = 0$
$\quad\quad 6x + 3y = 18$
$\quad\quad -2x + 4y = 4$

b) $\quad -2x + y = -1$
$\quad\quad 4x + 2y = -10$
$\quad\quad -6x + 3y = -2$

c) $\quad 2x - 2y = 14$
$\quad\quad 3x + 6y = 3$
$\quad\quad 4x - 12y = 44$

d) $\quad 3x - 4y + z = 5$
$\quad\quad 2x - y - z = 0$
$\quad\quad 4x - 2y - z = 12$
$\quad\quad x - y + z = 10$

e) $\quad x + z = -1$
$\quad\quad y + z = 4$
$\quad\quad x + y = 5$
$\quad\quad x + y + z = 4$

f) $\quad 4x + y - 2z + t = 1$
$\quad\quad 2x + y + 3z - 2t = 3$

g) $\quad 3x + 2y + z = 5$
$\quad\quad -6x - 4y - 2z = 8$

h) $\quad 2x + 3z + 2t = 4$
$\quad\quad y + 3z + 2t = 4$

i) $\quad 2x - 4y + 2z = 6$
$\quad\quad x - 8y + 4z = 12$
$\quad\quad -x + 2y - z = -3$

Die Lösbarkeitsuntersuchungen haben gezeigt, dass Nullzeilen (triviale Zeilen) noch nichts über die Lösbarkeit des gesamten LGS aussagen, während aus einer Widerspruchszeile sofort die Unlösbarkeit des gesamten LGS folgt. Wir können zusammenfassend folgendes Lösungsschema zum Gauß'schen Algorithmus angeben:

1.	LGS in die **Normalform** überführen, **ganzzahlige** Koeffizienten erzeugen, sofern möglich.		
2.	**Gauß'schen Algorithmus** auf das LGS anwenden. Es entsteht eine **Dreiecks-** bzw. **Stufenform**.		
3.	Prüfen, welche der folgenden Eigenschaften das aus 2. resultierende LGS besitzt.		
	Widerspruch	\multicolumn{2}{c}{Es existiert **kein Widerspruch**.}	
	Wenigstens eine Gleichung stellt einen offensichtlichen **Widerspruch** dar.	Die **Anzahl der Variablen ist gleich der Anzahl der nichttrivialen Zeilen.**	Es gibt **mehr Variable als nichttriviale Zeilen.**
4.	⬇ Das LGS ist **unlösbar**.	⬇ Das LGS ist **eindeutig lösbar**.	⬇ Das LGS hat **unendlich viele Lösungen**.
		Die einzige Lösung wird durch „**Rückeinsetzung**" **aus dem Stufenform-LGS bestimmt**.	Die freien Parameter werden festgelegt. Die Parameterdarstellung der Lösungsmenge wird bestimmt.

C. Lösbarkeitsuntersuchungen mit Taschenrechner/Computer

Bei linearen Gleichungssystemen mit bis zu drei Gleichungen und Unbekannten ist die manuelle Lösung mit dem Gaußschen Algorithmus angemessen, auch um die Prinzipien zu verinnerlichen. Bei Systemen mit drei oder mehr Gleichungen spart der Einsatz eines Taschenrechners/Computers Zeit. Der verwendete Rechner erlaubt die direkte Eingabe mit folgender Tastenfolge:
`menu` 3 : Algebra > 2 : System linearer Gleichungen lösen ... .

▶ **Beispiel: (4; 4)-LGS**
Lösen Sie das nebenstehende lineare Gleichungssystem mit einem TR/Computer.

$$x - 2y + z + 2t = 8$$
$$2x + 3y - 2z + 3t = 14$$
$$4x - y + 3z - t = 7$$
$$3x + 2y - 4z + 5t = 15$$

Lösung:
Man wählt im Calculator-Fenster die oben beschriebenen Optionen. Danach setzt man die Anzahl der Gleichungen auf 4 und gibt als Variablen x, y, z und t ein.
Anschließend werden die vier Gleichungen eingegeben. Die Lösung wird danach direkt
▶ angezeigt: x = 1, y = 2, z = 3, t = 4.

▶ **Beispiel: Lösbarkeitsuntersuchung**
Untersuchen Sie die linearen Gleichungssysteme mit dem TR auf Lösbarkeit.

$$x + y + z = 4 \qquad 2x + y + z = 4$$
$$3x + 2y + z = 9 \qquad x - y + 2z = 8$$
$$x - y - 3z = -2 \qquad 7x + 5y + 2z = 6$$

Lösung:
Die Gleichungssysteme werden wie im obigen Beispiel eingegeben. In beiden Fällen muss die Lösung aber interpretiert werden.

Beim linken System hat der Rechner die Variable z frei gewählt und $z = c_1$ gesetzt. In Abhängigkeit von c_1 sind dann auch die weiteren Variablen $x = c_1 + 1$ und $y = 3 - 2c_1$ eindeutig bestimmt. Das LGS hat eine einparametrige unendliche Lösungsmenge:
$L = \{(c_1 + 1;\ 3 - 2c_1;\ c_1);\ c_1 \in \mathbb{R}\}$.

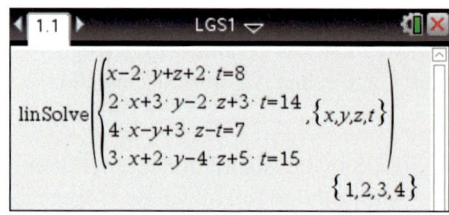

Beim rechten System bedeutet die Ausgabe „Keine Lösung gefunden", dass sich die Gleichungen des LGS widersprechen und
▶ es daher unlösbar ist.

3. Lösbarkeitsuntersuchungen

Übung 3 Lösung eines LGS mit dem TR.
Prüfen Sie das LGS mit Hilfe des TR auf Lösbarkeit. Geben Sie die Lösungsmenge an.

a) $3x + 2y - 2z = 0$
$2x - y + z = 7$
$x - 3y + 2z = 6$

b) $x - 2y - z = 2$
$2x - 2y + 2z = 2$
$4x - 6y = 6$

c) $x - 2y + 5z = 9$
$3x + y + z = 13$
$2x + 3y - 4z = 6$

d) $2x - y + z = -4$
$3x - 2y + 3z = 1$
$x + 2y - 2z = -7$

e) $-2x + y - z = 2$
$-3x - 3y + 2z = 1$
$5x + 2y - z = -4$

f) $2x - y + z = -5$
$3x - 2y + 2z = -11$
$-3x + y - z = 4$

Auch unterbestimmte LGS (mehr Variable als Gleichungen) bzw. überbestimmte LGS (mehr Gleichungen als Variable) lassen sich mit der direkten Methode lösen.

▶ **Beispiel: Ein unterbestimmtes und ein überbestimmtes LGS**
Lösen Sie das lineare Gleichungssystem mit dem TR.

a) $x + 2y + z = 6$
$2x - y + 2z = 7$

b) $x + 2y - z = 8$
$2x - y + 2z = 0$
$2x + 2y - 3z = 7$
$x - 2y + z = -6$

Lösung zu a
Das System ist unterbestimmt, da es weniger Gleichungen als Variablen hat. Mit dem TR lässt sich ein solches LGS ohne weitere Umschweife genauso lösen wie in den weiter oben behandelten „Normalfällen". Wir erhalten als Resultat die unendliche Lösungsmenge
$L = \{(-c_1 + 4;\ 1;\ c_1),\ c_1 \in \mathbb{R}\}$.

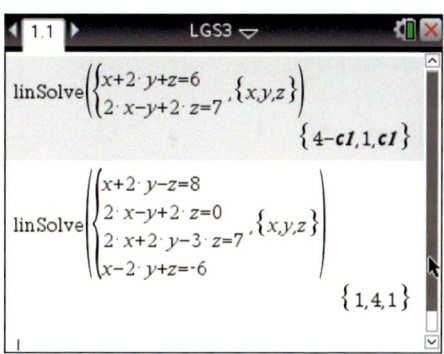

Lösung zu b
Auch dieses überbestimmte LGS lässt sich problemlos behandeln.
Es besitzt eine eindeutige Lösung
▶ $L = \{(1;\ 4;\ 1)\}$.

Übung 4 Unter- und überbestimmte LGS
Lösen Sie die linearen Gleichungssysteme mit dem TR/Computer.

a) $2x + y - z = 2$
$3x + 2y - 2z = 2$

b) $x + 2y + z = 6$
$2x + 3y - 3z = 5$

c) $x - y - z = 6$
$2x - 2y = 2z + 5$

d) $x - 2y + z = 0$
$-x + y - 2z = -1$
$y + z = 1$
$x - 3y = -1$

e) $x - y + 3z = 2$
$3x - 2y - z = -1$
$x + 4y = 14$
$2x - y + z = 8$

f) $x - 2y + z = 8$
$2x + 2y - z = 1$
$3y - 2z = -8$

Übungen

5. Lösen Sie das LGS. Geben Sie die Lösungsmenge an.

a) $\begin{aligned} 2x - y + 6z &= 5 \\ 2y - 3z &= 10 \\ 4z &= 8 \end{aligned}$

b) $\begin{aligned} 3x + y + 7z &= 2 \\ y + 2z &= 1 \\ 3y + 5z &= 4 \end{aligned}$

c) $\begin{aligned} 3x - y + z &= 3 \\ 2y - 2z &= 0 \\ -5x + z &= -2 \end{aligned}$

d) $\begin{aligned} x + 2y - z &= -3 \\ 2x + 4y - 2z &= -1 \\ 3x + y + 5z &= 6 \end{aligned}$

e) $\begin{aligned} -2x + 2y - 4z &= -2 \\ x + 3z &= 0 \\ x - y + 2z &= 1 \end{aligned}$

f) $\begin{aligned} x + y + z &= 5 \\ x - y + z &= 1 \\ -2x - 3z &= -3 \end{aligned}$

6. Untersuchen Sie das LGS auf Lösbarkeit. Bestimmen Sie die Lösungsmenge.

a) $\begin{aligned} 3x - 8y - 5z &= 0 \\ 2x - 2y + z &= -1 \\ x + 4y + 7z &= 2 \end{aligned}$

b) $\begin{aligned} 2x - 2y - 3z &= -1 \\ -2y + z &= -3 \\ -x + y - 3z &= -4 \end{aligned}$

c) $\begin{aligned} 4x - y + 2z &= 6 \\ x + 2y - z &= 6 \\ 6x + 3y &= 18 \end{aligned}$

d) $\begin{aligned} 2x - 3y - 8z &= 8 \\ 6y + 4z &= -8 \\ 6x + 8y - 8z &= 6 \end{aligned}$

e) $\begin{aligned} 3x - y + 2z &= 4 \\ 4x - 6y + 4z &= 10 \\ -x - 2y &= 1 \end{aligned}$

f) $\begin{aligned} 3x - 4y + z &= 5 \\ 2x - y - z &= 0 \\ 4x - 2y - 2z &= 12 \end{aligned}$

7. Untersuchen Sie das LGS auf Lösbarkeit. Bestimmen Sie die Lösungsmenge.

a) $\begin{aligned} x_1 + x_4 &= 2 \\ x_2 + x_3 &= -3 \\ x_4 - x_1 &= x_3 \\ x_4 - x_2 &= 1 \end{aligned}$

b) $\begin{aligned} x_1 + x_3 &= 1 \\ x_2 - x_3 &= 0 \\ x_1 + x_2 + x_3 - x_4 &= 1 \\ x_2 - x_4 &= 0 \end{aligned}$

c) $\begin{aligned} x_1 + x_3 &= x_2 \\ x_2 + x_5 &= x_4 \\ x_5 - x_3 &= 0 \\ x_4 - x_2 &= x_3 \\ x_4 - x_1 &= x_3 + x_5 \end{aligned}$

8. Robert, Alfons und Edel finden einen Sack voller Münzen. Es sind 3 große, 16 mittlere und 40 kleine Münzen im Gesamtwert von 30 €. Die Münzen werden gerecht aufgeteilt. Robert erhält 2 große und 30 kleine Münzen, Alfons erhält 8 mittlere und 10 kleine Münzen. Den Rest erhält Edel. Wie groß sind die einzelnen Münzwerte?

9. Im Garten sitzen Schnecken, Raben und Katzen. Großvater zählt die Köpfe und die Füße der Tiere. Er kommt auf insgesamt 39 Köpfe und 57 Füße. Die Raben haben zusammen 6 Füße mehr als die Katzen. Wie viele Katzen sind es?

I. Lineare Gleichungssysteme

Überblick

Lösungen eines linearen Gleichungssystems:
Eine Lösung eines (m, n)-LGS gibt man als n-Tupel $(x_1; x_2; \ldots; x_n)$ an.

Äquivalenzumformungen eines lin. Gleichungssystems:
Die Lösungsmenge eines LGS ändert sich nicht, wenn
(1) zwei Gleichungen vertauscht werden,
(2) eine Gleichung mit einer reellen Zahl $k \neq 0$ multipliziert wird,
(3) eine Gleichung zu einer anderen Gleichung addiert wird.

Anzahl der Lösungen eines lin. Gleichungssystems:
Es können drei Fälle eintreten:
Fall 1: Das LGS ist unlösbar.
Fall 2: Das LGS hat genau eine Lösung.
Fall 3: Das LGS hat unendlich viele Lösungen.

Der Gauß'sche Algorithmus:
Man bringt das LGS mit Hilfe des Additionsverfahrens in ein Dreieckssystem. Anschließend bestimmt man die Lösungsmenge.
Fall 1: Wenigstens eine Gleichung stellt einen Widerspruch dar.
  Dann ist das LGS unlösbar.
Fall 2: Die Anzahl der Variablen ist gleich der Anzahl der nichttrivialen Zeilen.
  Dann ist das LGS eindeutig lösbar.
Fall 3: Es gibt mehr Variable als nichttriviale Zeilen.
  Dann hat das LGS unendlich viele Lösungen.
  Es werden die freien Parameter festgelegt. Die Lösungsmenge wird mit Hilfe dieser Parameter dargestellt.

Unterbestimmtes LGS:
Das LGS hat mehr Variable als Gleichungen.
Wenn das Gauß'sche Eliminationsverfahren zu keinem Widerspruch führt, hat das LGS unendlich viele Lösungen.

Überbestimmtes LGS:
Das LGS hat mehr Gleichungen als Variable.
Ergibt sich ein Widerspruch, so ist das LGS unlösbar.
Gibt es genau eine Lösung, so muss diese für alle Gleichungen gelten.
Gibt es keinen Widerspruch und hat das LGS mehr Variable als nicht-triviale Gleichungen, so hat das LGS unendlich viele Lösungen.

Chemische Reaktionsgleichungen

Dem italienischen Chemiker SOBRERO gelang im Jahre 1846 die Herstellung der hochexplosiven Flüssigkeit *Nitroglycerin* ($C_3H_5N_3O_9$). Schon durch kleine mechanische Erschütterungen wurde die Explosion ausgelöst, was die praktische Anwendbarkeit als Sprengstoff stark einschränkte.

Alfred NOBEL (1833–1896) hatte die Idee, dieses Sprengöl in porösem Kieselgut aufzusaugen, sodass ein erschütterungsfester, transportabler, kontrolliert zündbarer Sprengstoff entstand, der den Namen *Dynamit* erhielt.

$$H_2C\!-\!O\!-\!NO_2$$
$$|$$
$$HC\!-\!O\!-\!NO_2$$
$$|$$
$$H_2C\!-\!O\!-\!NO_2$$

Nitroglycerin

Chemische Reaktionen lassen sich durch **Reaktionsgleichungen** beschreiben. Dabei muss berücksichtigt werden, dass bei allen chemischen Reaktionen die Gesamtmasse aller Stoffe unverändert bleibt. Vor und nach der Reaktion müssen also gleich viele Atome desselben Elements vorhanden sein. Beim Aufstellen chemischer Reaktionsgleichungen müssen die Koeffizienten vor den an der Reaktion beteiligten Stoffen (Molekülen) bestimmt werden. Wir zeigen dies im folgenden Beispiel.

Bestimmung einer chemischen Reaktionsgleichung

Bei der Explosion von *Nitroglycerin* ($C_3H_5N_3O_9$) entstehen unter Hitzeentwicklung die Gase Kohlendioxid (CO_2), Wasserdampf (H_2O), Stickstoff (N_2) und Sauerstoff (O_2). Bestimmen Sie die chemische Reaktionsgleichung für den Explosionsvorgang.

Lösung:
Wir verwenden den nebenstehenden Ansatz für die Reaktionsgleichung. Die Koeffizienten $x_1, \ldots, x_5$ geben die Anzahl der Moleküle an. Man verwendet in der chemischen Reaktionsgleichung möglichst kleine natürliche Zahlen $x_1, \ldots, x_5$, für die die chemische Reaktion möglich ist.
Da vor und nach der Reaktion von jedem Element gleich viele Atome vorhanden sein müssen, erhalten wir für jedes Element eine Gleichung.

Ansatz:
$$x_1 \cdot C_3H_5N_3O_9 \rightarrow$$
$$x_2 \cdot CO_2 + x_3 \cdot H_2O + x_4 \cdot N_2 + x_5 \cdot O_2$$

Für C: $3x_1 = x_2$

Für H: $5x_1 = 2x_3$

Für N: $3x_1 = 2x_4$

Für O: $9x_1 = 2x_2 + x_3 + 2x_5$

Somit ergibt sich ein LGS aus 4 Gleichungen mit 5 Variablen, das wir zunächst in Normalform umstellen und dann mit Hilfe des Gauß'schen Algorithmus auf Stufenform bringen.

Das LGS besitzt unendlich viele Lösungen, eine Variable ist frei wählbar.

Wir wählen $x_5 = c \in \mathbb{R}$.
Nun bestimmen wir durch Rückeinsetzung die Lösungsmenge.

Für die chemische Reaktionsgleichung ist nun die kleinste positive Zahl c gesucht, für die sich eine Lösung ergibt, die nur aus natürlichen Zahlen besteht. Diese erhalten wir in diesem Fall für c = 1.

$$\begin{array}{llr}
\text{I} & 3x_1 - x_2 & = 0 \\
\text{II} & 5x_1 - 2x_3 & = 0 \\
\text{III} & 3x_1 - 2x_4 & = 0 \\
\text{IV} & 9x_1 - 2x_2 - x_3 - 2x_5 & = 0 \\
\hline
\text{I} & 3x_1 - x_2 & = 0 \\
\text{II} & 5x_2 - 6x_3 & = 0 \\
\text{III} & -6x_3 + 10x_4 & = 0 \\
\text{IV} & -2x_4 + 12x_5 & = 0
\end{array}$$

$L = \{(4c;\, 12c;\, 10c;\, 6c;\, c);\ c \in \mathbb{R}\}$

Für c = 1: (4; 12; 10; 6; 1)

Reaktionsgleichung:
$4\,C_3H_5N_3O_9 \rightarrow 12\,CO_2 + 10\,H_2O + 6\,N_2 + O_2$

Übungen

Übung 1
Ermitteln Sie für die folgenden chemischen Reaktionen die Koeffizienten.

a) $x_1\,CuO + x_2\,C \rightarrow x_3\,Cu + x_4\,CO_2$ (Gewinnung von Kupfer aus Kupferoxid)

b) $x_1\,FeS_2 + x_2\,O_2 \rightarrow x_3\,SO_2 + x_4\,Fe_2O_3$ (Entstehung von Schwefeldioxid aus Pyrit)

c) $x_1\,P_4O_{10} + x_2\,H_2O \rightarrow x_3\,H_3PO_4$ (Entstehung von Phosphorsäure)

d) $x_1\,C_6H_{12}O_6 \rightarrow x_2\,C_2H_5OH + x_3\,CO_2$ (alkoholische Gärung)

e) $x_1\,KMnO_4 + x_2\,HCl \rightarrow x_3\,MnCl_2 + x_4\,Cl_2 + x_5\,H_2O + x_6\,KCl$ (Herstellung von Chlorgas)

Übung 2
Die Bildung von *Tropfsteinhöhlen* lässt sich im Wesentlichen auf folgende chemische Reaktionen zurückführen:
Wasser (H_2O) und Kohlendioxid (CO_2) haben im Verlaufe von Jahrtausenden den Kalkstein ($CaCO_3$ Calciumcarbonat) gelöst. Bei der chemischen Reaktion entstehen zunächst Ca- und HCO_3-Ionen, die sich dann zu wasserlöslichem Calciumhydrogencarbonat ($Ca(HCO_3)_2$) verbinden. Die Rückreaktion (Entzug von CO_2) führt wieder zu unlöslichem $CaCO_3$ und damit zur Tropfsteinbildung.
Bestimmen Sie die Reaktionsgleichung für die Anfangsreaktion.

Test

Lineare Gleichungssysteme

1. Untersuchen Sie das Gleichungssystem auf Lösbarkeit und bestimmen Sie gegebenenfalls die Lösung.
   a) $3x - y + 2z = 1$
      $-x + 2y - 3z = -7$
      $2x - 3y + 4z = 7$
   b) $x + y + 2z = 5$
      $3x - 2y + z = 0$
      $x + 6y + 7z = 18$
   c) $x + y + 2z = 5$
      $2x - y + 3z = 3$
      $4x + y + 7z = 13$

2. Untersuchen Sie das LGS auf Lösbarkeit und geben Sie die Lösungsmenge an.
   a) $2x - 2y = 10 - 2z$
      $4z - 4x = 2 - 6y$
      $z = 3x - 4y - 4$
      $5 - z = x - y$
   b) $x + y + z = 9$
      $-2x + y + 2z = 12$

3. Untersuchen Sie, für welche Werte der Parameter a und b das LGS keine, genau eine oder unendlich viele Lösungen hat. Geben Sie die Lösungsmenge an.
   a) $x + 3ay = b$
      $2x + 6y = 10$
   b) $x + 3y - 2z = 1$
      $2x + 5y - z = 1$
      $3x + ay + 3z = a$

4. Auf dem Geflügelmarkt werden an einem Stand Gänse für 5 Taler, Enten für 3 Taler und Küken zu je dreien für einen Taler angeboten. Der Standbetreiber hat insgesamt 100 Tiere und hat sich 100 Taler als Gesamteinnahme errechnet, wenn er alle Tiere verkaufen kann.
   Wie viele Gänse, Enten und Küken hatte er zunächst?

5. Eine dreistellige natürliche Zahl hat die Quersumme 16. Die Summe der ersten beiden Ziffern ist um 2 größer als die letzte Ziffer. Addiert man zum Doppelten der mittleren Ziffer die erste Ziffer, so erhält man das Doppelte der letzten Ziffer. Wie heißt die Zahl?

6. Ein pharmazeutischer Betrieb verwendet als Basis für Knoblauchpräparate Ölauszüge aus drei Knoblauchsorten A, B und C, die die Hauptwirkstoffe K und G des Knoblauchs in unterschiedlichen Konzentrationen enthalten:
   A: 3% K, 9% G,
   B: 5% K, 10% G,
   C: 13% K, 4% G.
   Welche Mengen von jeder Sorte benötigt man für die Herstellung von 100 g eines Präparates, das 5 g von K und 9 g von G enthalten soll?

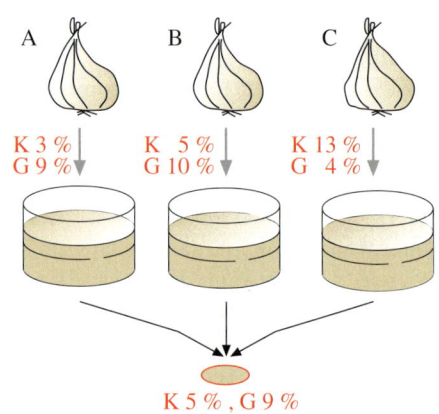

Lösungen: S. 347

II. Vektoren

1. Punkte eines Raumes im Koordinatensystem

Im Folgenden wird das räumliche kartesische Koordinatensystem eingeführt. Dabei wird analog zum bereits bekannten ebenen kartesischen Koordinatensystem vorgegangen.

A. Punkte in der Ebene

Man kann Punkte in der Ebene durch Koordinaten in einem zweidimensionalen kartesischen Koordinatensystem darstellen.

Der Abstand $d(A; B) = |AB|$ der Punkte $A(a_1|a_2)$ und $B(b_1|b_2)$ wird mit Hilfe des Satzes von Pythagoras errechnet.

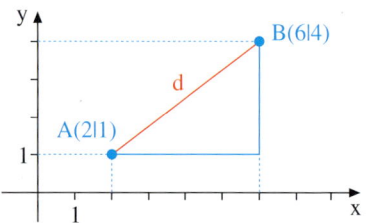

> **Die Abstandsformel in der Ebene**
> Die Punkte $A(a_1|a_2)$ und $B(b_1|b_2)$ besitzen den Abstand
> $d(A; B) = \sqrt{(b_1 - a_1)^2 + (b_2 - a_2)^2}$.

$$\begin{aligned} d(A; B) &= \sqrt{(b_1 - a_1)^2 + (b_2 - a_2)^2} \\ &= \sqrt{(6 - 2)^2 + (4 - 1)^2} \\ &= \sqrt{4^2 + 3^2} \\ &= \sqrt{25} \\ &= 5 \end{aligned}$$

B. Koordinaten im Raum

Punkte und geometrische Figuren im Anschauungsraum werden im *dreidimensionalen kartesischen Koordinatensystem*[1] dargestellt. Ein solches System wird in der Regel als *Schrägbild* gezeichnet.
y-Achse und z-Achse werden auf dem Zeichenblatt rechtwinklig zueinander dargestellt, während die x-Achse in einem Winkel von 135° zu diesen beiden Achsen gezeichnet wird, um einen räumlichen Eindruck zu erzeugen, der durch die Verkürzung der Einheit auf der x-Achse mit dem Faktor $\frac{1}{\sqrt{2}}$ noch realistischer wird.

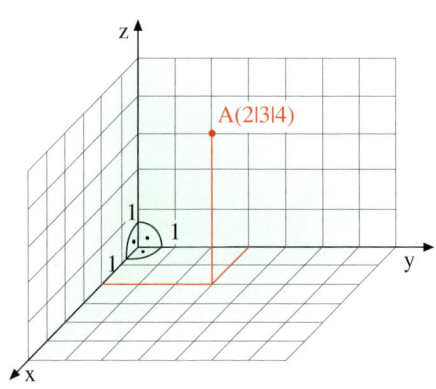

Solche Koordinatensysteme lassen sich auf Karopapier besonders gut darstellen. Die Lage von Punkten wird durch Koordinaten angegeben. Beispielsweise bezeichnet $A(2|3|4)$ einen Punkt mit dem Namen A, dessen x-Koordinate 2 beträgt, während die y-Koordinate den Wert 3 und die z-Koordinate den Wert 4 hat.

---

[1] Das kartesische Koordinatensystem wurde nach dem französischen Mathematiker René Descartes (lat. Cartesius) benannt, dem Begründer der analytischen Geometrie.

1. Punkte eines Raumes im Koordinatensystem

Der *Abstand von zwei Punkten* im Raum $A(a_1|a_2|a_3)$ und $B(b_1|b_2|b_3)$ wird mit dem Symbol $d(A; B)$ bezeichnet. Man kann ihn mit Hilfe der folgenden Formel bestimmen, die auf zweifacher Anwendung des Satzes von Pythagoras beruht.

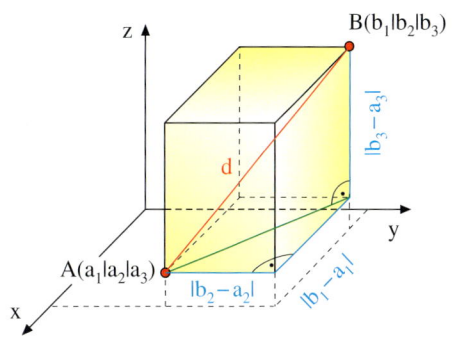

Die Abstandsformel im Raum
Die Punkte $A(a_1|a_2|a_3)$ und $B(b_1|b_2|b_3)$ haben den Abstand
$$d(A; B) = \sqrt{(b_1 - a_1)^2 + (b_2 - a_2)^2 + (b_3 - a_3)^2}.$$

▶ **Beispiel: Koordinaten im Raum**
Die Graphik zeigt die Planskizze eines Gebäudes. Der Ursprung des Koordinatensystems liegt wie eingezeichnet in der Hausecke unten links. Das Haus ist 9 m hoch.
Bestimmen Sie die Koordinaten der Punkte A, B, C, D, E und F.

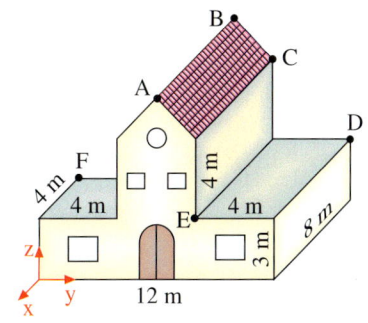

Lösung:
$A(0|6|9)$, $B(-8|6|9)$, $C(-8|8|7)$,
▶ $D(-8|12|3)$, $E(0|8|3)$, $F(-4|0|3)$

▶ **Beispiel: Gleichschenkligkeit**
Gegeben ist ein Dreieck ABC im Raum mit den Ecken $A(1|-1|-2)$, $B(5|7|6)$ und $C(3|1|4)$.
Ist das Dreieck gleichschenklig?
Welchen Umfang hat das Dreieck?

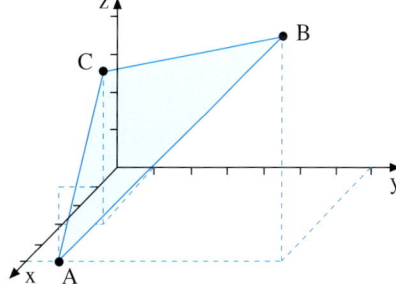

Lösung:
Wir errechnen die Abstände (Seitenlängen) mit Hilfe der Abstandsformel für Punkte im Raum.
$d(A; B) = \sqrt{(5-1)^2 + (7-(-1))^2 + (6-(-2))^2} = \sqrt{16 + 64 + 64} = \sqrt{144} = 12$
Analog erhalten wir $d(A; C) = \sqrt{4 + 4 + 36} = \sqrt{44} \approx 6{,}63$; $d(B; C) = \sqrt{4 + 36 + 4} = \sqrt{44} \approx 6{,}63$.
▶ Das Dreieck ist also gleichschenklig. Die Maßzahl des Umfangs ist ungefähr 25,26.

Übungen

1. Gegeben ist ein Dreieck ABC mit den Eckpunkten A(1|3|2), B(3|2|4) und C(−1|1|3).
 a) Zeichnen Sie ein räumliches kartesisches Koordinatensystem. Tragen Sie die Punkte A, B und C ein und zeichnen Sie das Dreieck ABC.
 b) Weisen Sie rechnerisch nach, dass das Dreieck ABC gleichschenklig ist.

2. Ein Würfel besitzt als Grundfläche das Quadrat ABCD und als Deckfläche das Quadrat EFGH.
Dabei gelte: A(3|2|1), B(3|6|1), G(−1|6|5).
 a) Zeichnen Sie in ein räumliches Koordinatensystem ein Schrägbild des Würfels.
 b) Bestimmen Sie die Koordinaten von C, D, E, F und H.
 c) Wie lauten die Koordinaten des Mittelpunktes der Seitenfläche BCGF?
 d) Wie lauten die Koordinaten des Würfelmittelpunktes?
 e) Wie lang ist eine Raumdiagonale des Würfels?

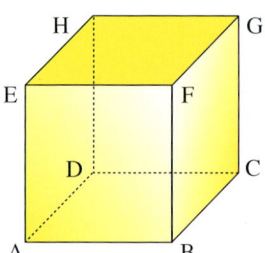

3. Gegeben sind die Punkte A(5|6|1), B(2|6|1), C(0|2|1), D(3|2|1) und S(2|4|5). Das Viereck ABCD ist die Grundfläche einer Pyramide mit der Spitze S.
 a) Zeichnen Sie die Pyramide in ein kartesisches räumliches Koordinatensystem ein (Schrägbild).
 b) Welche Länge besitzt die Seitenkante AS?
 c) Welcher Punkt F ist der Höhenfußpunkt der Pyramide? Wie hoch ist die Pyramide?

4. Ein Würfel ABCDEFGH hat die Eckpunkte A(2|3|5) und G(x|7|13).
Wie muss x gewählt werden, wenn die Diagonale AG die Länge 12 besitzen soll?

5. Der Punkt A(3|0|1) wird an einem Punkt P gespiegelt.
A′(3|6|3) ist der Spiegelpunkt von A.
 a) Wie lauten die Koordinaten von P?
 b) Spiegeln Sie den Punkt B(0|0|4) ebenfalls an P und stellen Sie beide Spiegelungen im Schrägbild dar.

6. Gegeben ist das abgebildete Schrägbild eines Hauses.
 a) Bestimmen Sie die Koordinaten der Punkte B, C, D, E, F, H und I.
 b) Das Dach soll eingedeckt werden. Welchen Inhalt hat die Dachfläche?
 c) Das Haus soll verputzt werden. Wie groß ist die zu verputzende Außenfläche des Hauses?
 d) Welches Volumen hat das Haus?
 e) Zwischen welchen der eingetragenen Punkte des Hauses liegt die längste Strecke? Wie lang ist diese Strecke?

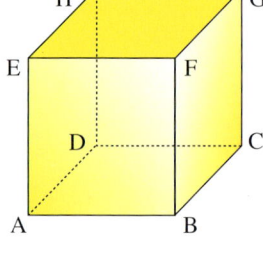

2. Begriff des Vektors

A. Vektoren als Pfeilklassen

Bei Ornamenten und Parkettierungen entsteht die Regelmäßigkeit oft durch *Parallelverschiebungen* einer Figur, wie auch bei dem abgebildeten Pflaster.

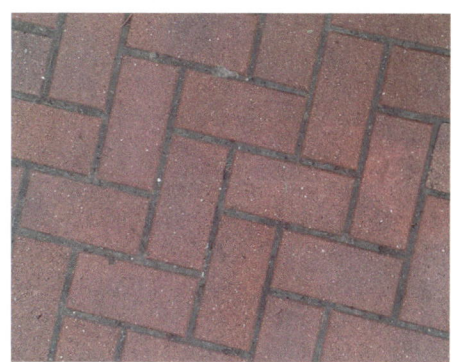

Eine Parallelverschiebung kann man durch einen Verschiebungspfeil oder durch einen beliebigen Punkt A_1 und dessen Bildpunkt A_2 kennzeichnen.

Bei einer Seglerflotte, die innerhalb eines gewissen Zeitraumes unter dem Einfluss des Windes abtreibt, werden alle Schiffe in gleicher Weise verschoben.
Die Verschiebung wird schon durch jeden einzelnen der gleich gerichteten und gleich langen Pfeile $\overrightarrow{A_1A_2}$, $\overrightarrow{B_1B_2}$, $\overrightarrow{C_1C_2}$ eindeutig festgelegt.

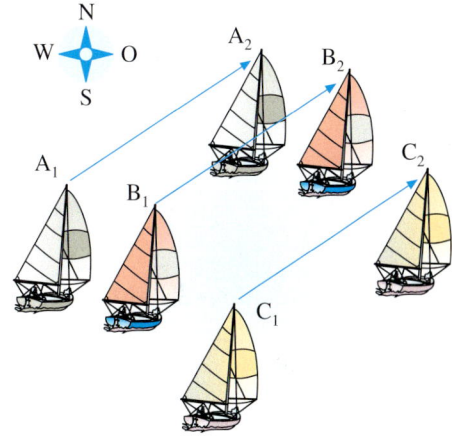

> Wir fassen daher alle Pfeile der Ebene (des Raumes), die gleiche Länge, gleiche Richtung und gleichen Richtungssinn haben, zu einer Klasse zusammen. Eine solche Pfeilklasse bezeichnen wir als einen *Vektor* in der Ebene (im Raum).

Vektoren stellen wir symbolisch durch Kleinbuchstaben dar, die mit einem Pfeil versehen sind: $\vec{a}$, $\vec{b}$, $\vec{c}$, … .
Jeder Vektor ist schon durch einen einzigen seiner Pfeile festgelegt.
Daher bezeichnen wir beispielsweise den Vektor $\vec{a}$ aus nebenstehendem Bild auch als Vektor $\overrightarrow{P_1P_2}$. Eine vektorielle Größe ist also durch eine Richtung, einen Richtungssinn und eine Länge gekennzeichnet, im Gegensatz zu einer reellen Zahl, einer sog. skalaren Größe.

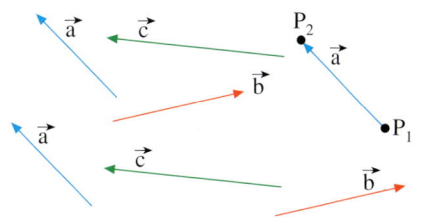

Übung 1

Welche der auf dem Quader eingezeichneten Pfeile gehören zum Vektor $\vec{a}$?

a) $\vec{a} = \overrightarrow{AB}$ b) $\vec{a} = \overrightarrow{EH}$ c) $\vec{a} = \overrightarrow{DH}$
d) $\vec{a} = \overrightarrow{CD}$ e) $\vec{a} = \overrightarrow{HG}$ f) $\vec{a} = \overrightarrow{AH}$

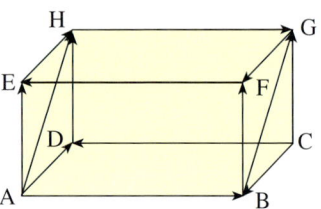

B. Spaltenschreibweise von Vektoren/Koordinaten eines Vektors

Im Koordinatensystem können Vektoren besonders einfach dargestellt werden, indem man ihre Verschiebungsanteile in Richtung der Koordinatenachsen erfasst. Man verwendet dazu die sogenannte *Spaltenschreibweise von Vektoren*.

Rechts ist ein Vektor $\vec{v}$ dargestellt, der eine Verschiebung um +4 in Richtung der positiven x-Achse und eine Verschiebung um +2 in Richtung der positiven y-Achse bewirkt.

Man schreibt $\vec{v} = \binom{4}{2}$ und bezeichnet $\vec{v}$ als einen Vektor mit den Koordinaten 4 und 2.

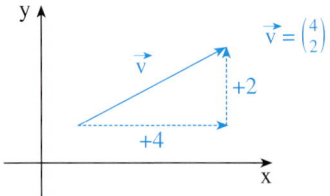

Vektoren in der Ebene	Vektoren im Raum
$\vec{v} = \binom{v_1}{v_2}$	$\vec{v} = \begin{pmatrix} v_1 \\ v_2 \\ v_3 \end{pmatrix}$

v_1, v_2 bzw. v_1, v_2 und v_3 heißen Koordinaten von $\vec{v}$. Sie stellen die Verschiebungsanteile des Vektors $\vec{v}$ in Richtung der Koordinatenachsen dar.

Übung 2

Der in der Übung 1 dargestellte Quader habe die Maße 6 × 4 × 3 (Tiefe × Breite × Höhe). Der Koordinatenursprung liege im Punkt D. Die Koordinatenachsen seien parallel zu den Quaderkanten.
Stellen Sie den Vektor dar.

a) $\overrightarrow{CB}$ b) $\overrightarrow{BC}$ c) $\overrightarrow{AE}$
d) $\overrightarrow{AH}$ e) $\overrightarrow{BH}$ f) $\overrightarrow{BG}$
g) $\overrightarrow{DG}$ h) $\overrightarrow{DC}$ i) $\overrightarrow{AC}$

Übung 3

Dargestellt ist eine regelmäßige Pyramide mit der Höhe 6. Stellen Sie die eingezeichneten Vektoren in Spaltenform dar.

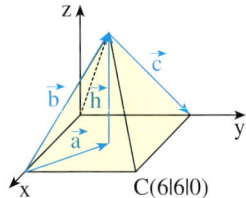

C(6|6|0)

2. Begriff des Vektors

Sind von einem Vektor $\vec{v}$ Anfangspunkt P und Endpunkt Q eines seiner Pfeile bekannt, so lässt sich $\vec{v}$ besonders leicht darstellen.

Man errechnet dann einfach die *Koordinatendifferenzen* von Endpunkt und Anfangspunkt, um die Koordinaten des Vektors zu bestimmen. Im Beispiel rechts gilt also:

$\vec{v} = \overrightarrow{PQ} = \begin{pmatrix} 7-2 \\ 1-4 \end{pmatrix} = \begin{pmatrix} 5 \\ -3 \end{pmatrix}$

Analog kann man im Raum vorgehen, um den Vektor $\overrightarrow{PQ}$ zu bestimmen, wenn P und Q bekannt sind.

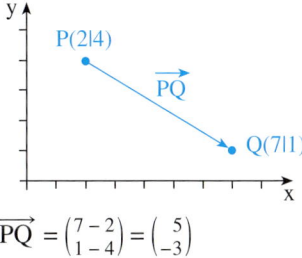

$\overrightarrow{PQ} = \begin{pmatrix} 7-2 \\ 1-4 \end{pmatrix} = \begin{pmatrix} 5 \\ -3 \end{pmatrix}$

Der Vektor $\overrightarrow{PQ}$

Ebene: $P(p_1|p_2)$, $Q(q_1|q_2)$

$\overrightarrow{PQ} = \begin{pmatrix} q_1 - p_1 \\ q_2 - p_2 \end{pmatrix}$

Raum: $P(p_1|p_2|p_3)$, $Q(q_1|q_2|q_3)$

$\overrightarrow{PQ} = \begin{pmatrix} q_1 - p_1 \\ q_2 - p_2 \\ q_3 - p_3 \end{pmatrix}$

Übung 4
Bestimmen Sie die Koordinaten von $\overrightarrow{PQ}$.
a) $P(2|1)$
   $Q(6|4)$
b) $P(2|-3)$
   $Q(-2|1)$
c) $P(1|2|-3)$
   $Q(5|6|1)$
d) $P(-4|-3|5)$
   $Q(2|3|-1)$
e) $P(3|4|7)$
   $Q(2|6|2)$
f) $P(1|4|a)$
   $Q(a|-3|2a+1)$

Übung 5
Eine dreiseitige Pyramide hat die Grundfläche ABC mit $A(1|-1|-2)$, $B(5|3|-2)$, $C(-1|6|-2)$ und die Spitze $S(2|3|4)$.
a) Zeichnen Sie die Pyramide.
b) Bestimmen Sie die Vektoren der Seitenkanten $\overrightarrow{AB}$, $\overrightarrow{AC}$ und $\overrightarrow{AS}$.
c) M sei der Mittelpunkt der Kante $\overline{AB}$. Wie lautet der Vektor $\overrightarrow{AM}$?

C. Der Ortsvektor $\overrightarrow{OP}$ eines Punktes

Auch die Lage von Punkten im Koordinatensystem lässt sich vektoriell erfassen. Dazu verwendet man den Pfeil $\overrightarrow{OP}$, der vom Ursprung O des Koordinatensystems auf den gewünschten Punkt P zeigt. Dieser Vektor heißt *Ortsvektor* von P. Seine Koordinaten entsprechen exakt den Koordinaten des Punktes P. Man geht in der Ebene und im Raum analog vor.

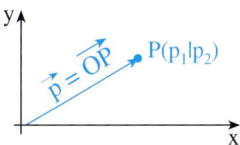

$\vec{p} = \overrightarrow{OP} = \begin{pmatrix} p_1 \\ p_2 \end{pmatrix}$ bzw. $\vec{p} = \overrightarrow{OP} = \begin{pmatrix} p_1 \\ p_2 \\ p_3 \end{pmatrix}$

D. Der Betrag eines Vektors

Jeder Pfeil in einem ebenen Koordinatensystem hat eine Länge, die sich mit Hilfe des Satzes von Pythagoras errechnen lässt.

Alle Pfeile eines Vektors $\vec{a}$ haben die gleiche Länge. Man bezeichnet diese Länge als *Betrag des Vektors* und verwendet die Schreibweise $|\vec{a}|$.

Länge eines Pfeils in der Ebene:

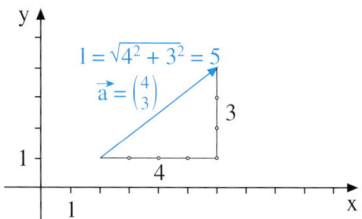

Betrag eines Vektors in der Ebene:
$$\left|\binom{4}{3}\right| = \sqrt{4^2 + 3^2} = \sqrt{25} = 5$$

Betrag eines Vektors im Raum
$$\left|\begin{pmatrix}1\\2\\5\end{pmatrix}\right| = \sqrt{1^2 + 2^2 + 5^2} = \sqrt{30} \approx 5{,}48$$

Definition: Der Betrag eines Vektors
Der Betrag $|\vec{a}|$ eines Vektors ist die Länge eines seiner Pfeile.

Betrag eines Vektors in der Ebene:

$\vec{a} = \binom{a_1}{a_2} \Rightarrow |\vec{a}| = \sqrt{a_1^2 + a_2^2}$

Betrag eines Vektors im Raum:

$\vec{a} = \begin{pmatrix}a_1\\a_2\\a_3\end{pmatrix} \Rightarrow |\vec{a}| = \sqrt{a_1^2 + a_2^2 + a_3^2}$

▶ **Beispiel: Betrag eines Vektors**
Bestimmen Sie $|\vec{a}|$.
a) $\vec{a} = \binom{2}{4}$ b) $\vec{a} = \binom{a}{-3}$
c) $\vec{a} = \begin{pmatrix}2\\3\\6\end{pmatrix}$ d) $\vec{a} = \begin{pmatrix}-3\\0\\4\end{pmatrix}$

Lösung:
a) $|\vec{a}| = \sqrt{2^2 + 4^2} = \sqrt{20} \approx 4{,}48$
b) $|\vec{a}| = \sqrt{a^2 + (-3)^2} = \sqrt{a^2 + 9}$
c) $|\vec{a}| = \sqrt{2^2 + 3^2 + 6^2} = \sqrt{49} = 7$
d) $|\vec{a}| = \sqrt{(-3)^2 + 0^2 + 4^2} = \sqrt{25} = 5$

Übung 6
Bestimmen Sie den Betrag des gegebenen Vektors.

a) $\binom{1}{a}$ b) $\binom{5}{12}$ c) $\binom{-3}{-5}$ d) $\begin{pmatrix}5\\-2\\12\end{pmatrix}$ e) $\begin{pmatrix}4\\6\\12\end{pmatrix}$ f) $\begin{pmatrix}3a\\0\\4a\end{pmatrix}$

Übung 7
Stellen Sie fest, für welche $t \in \mathbb{R}$ die folgenden Bedingungen gelten.

a) $\vec{a} = \binom{t}{2t}$, $|\vec{a}| = 1$ b) $\vec{a} = \binom{2}{t}$, $|\vec{a}| = t + 1$ c) $\vec{a} = \begin{pmatrix}-2t\\t\\2t\end{pmatrix}$, $|\vec{a}| = 5$

E. Geometrische Anwendungen

Mit Hilfe von Vektoren kann man geometrische Objekte erfassen, z. B. Seitenkanten und Diagonalen von Körpern. Man kann geometrische Operationen durchführen, beispielsweise Spiegelungen. Wir behandeln hierzu exemplarisch zwei Aufgaben.

▶ **Beispiel: Diagonalen in einem Körper**
Ermitteln Sie die Koordinatendarstellung der Vektoren $\overrightarrow{AK}$, $\overrightarrow{BL}$ und $\overrightarrow{CM}$.
Bestimmen Sie außerdem die Länge der Diagonalen $\overline{CM}$.

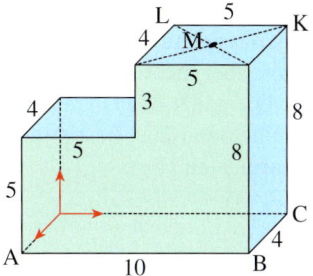

Lösung:
Wir verwenden ein Koordinatensystem, dessen Achsen parallel zu den Kanten des Körpers verlaufen.
Dann können wir die achsenparallelen Verschiebungsanteile der gesuchten Vektoren aus der Figur direkt ablesen. Damit erhalten
▶ wir die rechts aufgeführten Resultate.

$$\overrightarrow{AK} = \begin{pmatrix} -4 \\ 10 \\ 8 \end{pmatrix}, \overrightarrow{BL} = \begin{pmatrix} -4 \\ -5 \\ 8 \end{pmatrix}, \overrightarrow{CM} = \begin{pmatrix} 2 \\ -2,5 \\ 8 \end{pmatrix}$$

$$|\overrightarrow{CM}| = \sqrt{2^2 + (-2,5)^2 + 8^2} \approx 8,62$$

▶ **Beispiel: Spiegelung eines Punktes**
Der Punkt A(2|2|4) wird am Punkt P(4|6|3) gespiegelt. Auf diese Weise entsteht der Spiegelpunkt A′. Bestimmen Sie die Koordinaten von A′.

Lösung:
Wir bestimmen den Vektor $\vec{v} = \overrightarrow{AP}$, der den Punkt A in den Punkt P verschiebt.
Er lautet $\overrightarrow{AP} = \begin{pmatrix} 4-2 \\ 6-2 \\ 3-4 \end{pmatrix} = \begin{pmatrix} 2 \\ 4 \\ -1 \end{pmatrix}$.
Diesen Vektor können wir verwenden, um den Punkt P nach A′ zu verschieben.
Daher gilt für den Punkt A′:
▶ A′(4 + 2|6 + 4|3 − 1) = A′(6|10|2).

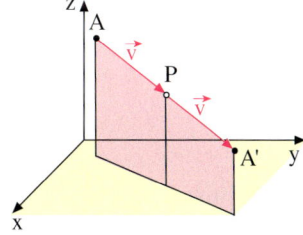

Übung 8
Ein achsenparalleler Quader ABCDEFGH ist durch die Angabe der drei Punkte B(2|4|0), C(−2|4|0), H(−2|0|3) gegeben. Bestimmen Sie die restlichen Punkte, zeichnen Sie ein Schrägbild des Quaders und berechnen Sie die Länge der Raumdiagonale $\overline{BH}$ des Quaders.

Übung 9
Gegeben ist das Raumdreieck ABC mit A(4|−2|2), B(0|2|2) und C(2|−1|4). Stellen Sie die Seitenkanten des Dreiecks als Vektoren dar. Berechnen Sie den Umfang des Dreiecks. Spiegeln Sie jeden der Punkte A, B und C am Punkt P(4|4|3). Fertigen Sie ein Schrägbild des Dreiecks ABC und des Bilddreiecks A′B′C′ an.

Mit Hilfe von Vektoren kann man Nachweise führen, die sonst schwierig wären, vor allem bei geometrischen Figuren im dreidimensionalen Raum.

▶ **Beispiel: Dreieck/Parallelogramm**
Gegeben ist das Dreieck ABC mit den Eckpunkten A(6|2|1), B(4|8|−2) und C(0|5|3) (siehe Abb.).
a) Zeigen Sie, dass das Dreieck gleichschenklig ist, aber nicht gleichseitig.
b) Der Punkt D ergänzt das Dreieck zu einem Parallelogramm. Bestimmen Sie die Koordinaten von D.

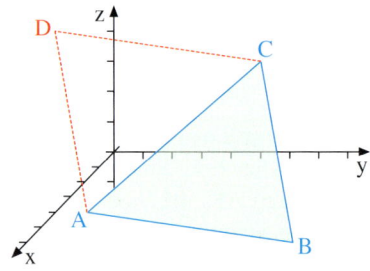

Lösung zu a:
Wir bestimmen die Beträge der drei Seitenvektoren und vergleichen diese.

Das Dreieck ist gleichschenklig, da die Vektoren $\vec{AB}$ und $\vec{AC}$ gleich lang sind. Es ist nicht gleichseitig, da $\vec{BC}$ länger ist. Ein direktes Abmessen im Schrägbild ist wegen der Verzerrung nicht sinnvoll und führt zu falschen Ergebnissen.

$$\vec{AB} = \begin{pmatrix} 4-6 \\ 8-2 \\ -2-1 \end{pmatrix} = \begin{pmatrix} -2 \\ 6 \\ -3 \end{pmatrix} \Rightarrow |\vec{AB}| = 7$$

$$\vec{AC} = \begin{pmatrix} 0-6 \\ 5-2 \\ 3-1 \end{pmatrix} = \begin{pmatrix} -6 \\ 3 \\ 2 \end{pmatrix} \Rightarrow |\vec{AC}| = 7$$

$$\vec{BC} = \begin{pmatrix} 0-4 \\ 5-8 \\ 3+2 \end{pmatrix} = \begin{pmatrix} -4 \\ -3 \\ 5 \end{pmatrix} \Rightarrow |\vec{BC}| \approx 7{,}1$$

Lösung zu b:
Die Koordinaten des Punktes D erhalten wir durch eine Parallelverschiebung des Punktes A mit dem Vektor $\vec{BC}$.

▶ Resultat: D(2|−1|6)

$$A(6|2|1) \xrightarrow[\text{Verschiebung}]{\begin{pmatrix}-4\\-3\\5\end{pmatrix}} D(2|-1|6)$$

Übung 10
Ein Viereck ABCD ist genau dann ein Parallelogramm, wenn die Vektorgleichungen $\vec{AB} = \vec{DC}$ und $\vec{AD} = \vec{BC}$ gelten. Begründen Sie diese Aussage anschaulich anhand einer Skizze. Prüfen Sie, ob die folgenden Vierecke Parallelogramme sind. Fertigen Sie jeweils eine Zeichnung an und rechnen Sie anschließend.

a) A(−2|1)
B(4|−1)
C(7|2)
D(1|4)

b) A(2|1)
B(5|2)
C(5|5)
D(2|4)

c) A(0|0|3)
B(7|6|5)
C(11|7|5)
D(4|4|3)

d) A(10|10|5)
B(6|17|7)
C(1|10|9)
D(5|3|7)

Übung 11
Das Viereck ABCD ist ein Parallelogramm. Es gilt A(0|3|1), B(6|5|7) und C(4|1|3). Bestimmen Sie die Koordinaten von D. Handelt es sich um einen Rhombus?

Übungen

12. Der abgebildete Körper setzt sich aus drei gleich großen Würfeln zusammen.
a) Welche der eingezeichneten Pfeile gehören zum gleichen Vektor?
b) Begründen Sie, weshalb die Pfeile $\overrightarrow{JH}$, $\overrightarrow{KL}$ und $\overrightarrow{GL}$ nicht zu dem gleichen Vektor gehören, obwohl sie parallel zueinander sind.

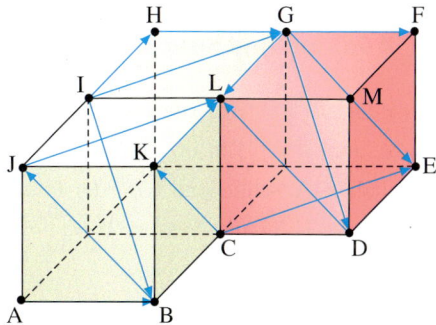

13. Die Pfeile $\overrightarrow{AB}$ und $\overrightarrow{CD}$ sollen zum gleichen Vektor gehören. Bestimmen Sie die Koordinaten des jeweils fehlenden Punktes.
a) A(−3|4), B(5|−7), D(8|11)
b) A(3|2), C(8|−7), D(11|15)
c) B(3|8), C(3|−2), D(8|5)
d) A(3|a), B(2|b), C(4|3)
e) A(−3|5|−2), C(1|−4|2), D(3|3|3)
f) A(3|3|4), B(−1|4|0), D(2|1|8)
g) A(1|8|−7), B(0|0|0), D(3|3|7)
h) A(a|a|a), B(a + 1|a + 2|3), D(a|2|a − 1)

14. Bestimmen Sie die Koordinatendarstellung des Vektors $\vec{a} = \overrightarrow{PQ}$.
a) P(2|4) Q(3|8)
b) P(−3|5) Q(7|−2)
c) P(1|a) Q(3|2a + 1)
d) P(4|4|−2) Q(1|5|5)
e) P(1|−3|7) Q(4|0|−3)

15. Der Vektor $\vec{a} = \begin{pmatrix} -1 \\ 2 \\ -3 \end{pmatrix}$ verschiebt den Punkt P in den Punkt Q. Bestimmen Sie P bzw. Q.

a) P(3|2|1)
b) Q(0|0|0)
c) P(3|−2|4)
d) Q(1|0|2)
e) P(4|−3|0)
f) P(0|0|0)
g) P(1|a|1)
h) Q(a|3|0)
i) $Q(q_1|q_2|q_3)$
j) $P(p_1|p_2|p_3)$

16. Der abgebildete Quader habe die Maße 4 × 2 × 2. Bestimmen Sie die Koordinatendarstellung zu allen angegebenen Vektoren sowie ihre Beträge.
$\overrightarrow{AB}$, $\overrightarrow{AD}$, $\overrightarrow{AE}$, $\overrightarrow{AF}$, $\overrightarrow{AG}$, $\overrightarrow{AH}$, $\overrightarrow{BC}$,
$\overrightarrow{BH}$, $\overrightarrow{CD}$, $\overrightarrow{CH}$, $\overrightarrow{DA}$, $\overrightarrow{DB}$, $\overrightarrow{DC}$, $\overrightarrow{EB}$,
$\overrightarrow{EC}$, $\overrightarrow{ED}$, $\overrightarrow{EG}$, $\overrightarrow{FD}$, $\overrightarrow{FG}$, $\overrightarrow{FH}$, $\overrightarrow{HG}$.

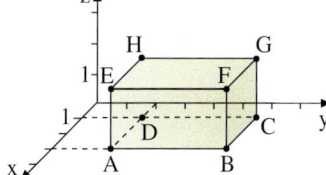

17. a) Bestimmen Sie die Beträge der Vektoren $\begin{pmatrix} 4 \\ 1 \\ 8 \end{pmatrix}$, $\begin{pmatrix} 32 \\ 8 \\ 1 \end{pmatrix}$, $\begin{pmatrix} 2 \\ -6 \\ 5 \end{pmatrix}$, $\begin{pmatrix} 0 \\ -15 \\ -20 \end{pmatrix}$.

b) Für welchen Wert von a hat der Vektor $\begin{pmatrix} 2a \\ 2 \\ 5 \end{pmatrix}$ den Betrag 15?

3. Rechnen mit Vektoren

A. Addition und Subtraktion von Vektoren

Der Punkt P(1|1) wird zunächst mit Hilfe des Vektors $\vec{a} = \begin{pmatrix} 4 \\ 1 \end{pmatrix}$ in den Punkt Q(5|2) verschoben. Anschließend wird der Punkt Q(5|2) mit Hilfe des Vektors $\vec{b} = \begin{pmatrix} 2 \\ 3 \end{pmatrix}$ in den Punkt R(7|5) verschoben.

Offensichtlich kann man mit Hilfe des Vektors $\vec{c} = \begin{pmatrix} 6 \\ 4 \end{pmatrix}$ eine direkte Verschiebung des Punktes P in den Punkt R erzielen.

In diesem Sinne kann der Vektor $\vec{c}$ als Summe der Vektoren $\vec{a}$ und $\vec{b}$ betrachtet werden.

$\begin{pmatrix} 4 \\ 1 \end{pmatrix} + \begin{pmatrix} 2 \\ 3 \end{pmatrix} = \begin{pmatrix} 6 \\ 4 \end{pmatrix}$

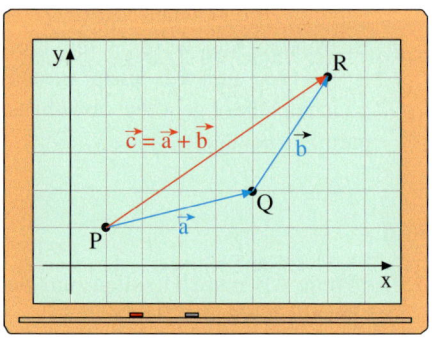

Addition von Vektoren:

$P(1|1) \xrightarrow{\begin{pmatrix} 4 \\ 1 \end{pmatrix}} Q(5|2) \xrightarrow{\begin{pmatrix} 2 \\ 3 \end{pmatrix}} R(7|5)$

$\begin{pmatrix} 6 \\ 4 \end{pmatrix}$

Definition: Unter der *Summe* zweier Vektoren $\vec{a}$, $\vec{b}$ versteht man den Vektor, der entsteht, wenn man die einander entsprechenden Koordinaten von $\vec{a}$ und $\vec{b}$ addiert:

Addition in der Ebene:

$\vec{a} + \vec{b} = \begin{pmatrix} a_1 \\ a_2 \end{pmatrix} + \begin{pmatrix} b_1 \\ b_2 \end{pmatrix} = \begin{pmatrix} a_1 + b_1 \\ a_2 + b_2 \end{pmatrix}$

Addition im Raum:

$\vec{a} + \vec{b} = \begin{pmatrix} a_1 \\ a_2 \\ a_3 \end{pmatrix} + \begin{pmatrix} b_1 \\ b_2 \\ b_3 \end{pmatrix} = \begin{pmatrix} a_1 + b_1 \\ a_2 + b_2 \\ a_3 + b_3 \end{pmatrix}$

Geometrisch lässt sich die Addition zweier Vektoren mit Hilfe von Pfeilrepräsentanten nach der folgenden Dreiecksregel ausführen.

Dreiecksregel
Addition durch Aneinanderlegen
Ist $\vec{a} = \overrightarrow{PQ}$ und $\vec{b} = \overrightarrow{QR}$, so ist die Summe $\vec{a} + \vec{b}$ der Vektor $\overrightarrow{PR}$.

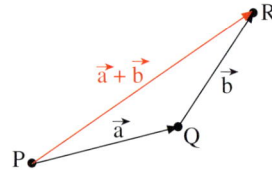

Offensichtlich spielt die Reihenfolge bei der Hintereinanderausführung von Parallelverschiebungen keine Rolle, da die resultierende Verschiebung in x-, y- bzw. z-Richtung gleich bleibt. Die Addition von Vektoren ist also *kommutativ*. Hieraus ergibt sich eine weitere geometrische Deutung des Summenvektors, die sog. *Parallelogrammregel*.

Parallelogrammregel
Der Summenvektor $\vec{a} + \vec{b}$ lässt sich als Diagonalenvektor in dem durch $\vec{a}$ und $\vec{b}$ aufgespannten Parallelogramm darstellen.

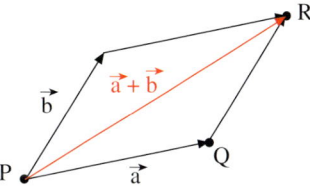

Übung 1
Berechnen Sie die Summe der beiden Vektoren, sofern dies möglich ist.

a) $\binom{2}{3}, \binom{3}{-4}$ b) $\begin{pmatrix}2\\1\\3\end{pmatrix}, \begin{pmatrix}3\\-4\\1\end{pmatrix}$ c) $\begin{pmatrix}3\\-3\\2\end{pmatrix}, \begin{pmatrix}-3\\3\\-2\end{pmatrix}$ d) $\begin{pmatrix}4\\0\\2\end{pmatrix}, \begin{pmatrix}0\\0\\0\end{pmatrix}$ e) $\begin{pmatrix}2\\3\\1\end{pmatrix}, \binom{3}{-4}$

Übung 2
Bestimmen Sie zeichnerisch und rechnerisch die angegebene Summe.
a) $\vec{u} + \vec{v}$ b) $\vec{u} + \vec{w}$ c) $\vec{v} + \vec{w}$
d) $(\vec{u} + \vec{v}) + \vec{w}$ e) $\vec{v} + \vec{u}$
f) $\vec{u} + (\vec{v} + \vec{w})$ g) $\vec{u} + \vec{u}$

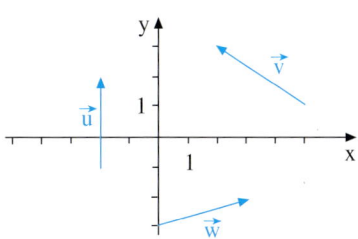

Übung 3
Was fällt Ihnen auf, wenn Sie die Resultate von Übung 2a) und 2e) bzw. von 2d) und 2f) vergleichen?

Neben dem Kommutativgesetz gelten bei der Addition von Vektoren auch noch einige weitere Rechengesetze, die Rechnungen erheblich erleichtern können, wie das Assoziativgesetz.

Satz: $\vec{a}$, $\vec{b}$ und $\vec{c}$ seien Vektoren in der Ebene bzw. im Raum. Dann gilt:
$\vec{a} + \vec{b} = \vec{b} + \vec{a}$ **Kommutativgesetz**
$(\vec{a} + \vec{b}) + \vec{c} = \vec{a} + (\vec{b} + \vec{c})$ **Assoziativgesetz**

Die folgenden, mit Hilfe der Definition der Summe zweier Vektoren trivial zu beweisenden Sätze führen auf die wichtigen Begriffe „Nullvektor" und „Gegenvektoren".

Satz: Es gibt sowohl in der Ebene als auch im Raum genau einen Vektor $\vec{0}$, für den gilt:
$\vec{a} + \vec{0} = \vec{a}$ für alle Vektoren $\vec{a}$. Er heißt *Nullvektor*.

Nullvektor in der Ebene $\vec{0} = \binom{0}{0}$ Nullvektor in Raum $\vec{0} = \begin{pmatrix}0\\0\\0\end{pmatrix}$

Satz: Zu jedem Vektor $\vec{a}$ der Ebene bzw. des Raumes gibt es genau einen Vektor $-\vec{a}$, sodass gilt:
$\vec{a} + (-\vec{a}) = \vec{0}$.
$\vec{a}$ und $-\vec{a}$ heißen *Gegenvektoren*.
$\begin{pmatrix}a_1\\a_2\end{pmatrix} + \begin{pmatrix}-a_1\\-a_2\end{pmatrix} = \begin{pmatrix}0\\0\end{pmatrix}$ $\begin{pmatrix}a_1\\a_2\\a_3\end{pmatrix} + \begin{pmatrix}-a_1\\-a_2\\-a_3\end{pmatrix} = \begin{pmatrix}0\\0\\0\end{pmatrix}$

Gegenvektoren

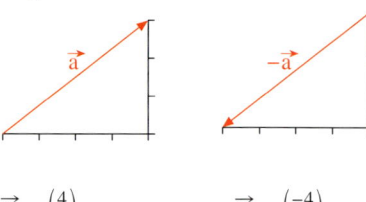

$\vec{a} = \begin{pmatrix}4\\3\end{pmatrix}$ $-\vec{a} = \begin{pmatrix}-4\\-3\end{pmatrix}$

Geometrisch bedeutet $(-\vec{a})$ diejenige Parallelverschiebung, die eine Verschiebung mittels $\vec{a}$ bei der Hintereinanderausführung wieder rückgängig macht.
Mit Hilfe des Begriffs der Gegenvektoren lässt sich die Subtraktion von Vektoren definieren.

Definition: Die Differenz $\vec{a} - \vec{b}$ zweier Vektoren $\vec{a}$ und $\vec{b}$ sei gegeben durch:
$$\vec{a} - \vec{b} = \vec{a} + (-\vec{b}).$$

Beispiel:
$\begin{pmatrix}1\\4\\5\end{pmatrix} - \begin{pmatrix}3\\1\\3\end{pmatrix} = \begin{pmatrix}1\\4\\5\end{pmatrix} + \begin{pmatrix}-3\\-1\\-3\end{pmatrix} = \begin{pmatrix}-2\\3\\2\end{pmatrix}$

Geometrisch kann man die Differenz der Vektoren $\vec{a}$ und $\vec{b}$ ähnlich wie deren Summe als Diagonalenvektor in dem von $\vec{a}$ und $\vec{b}$ aufgespannten Parallelogramm interpretieren.
Wegen $\vec{a} - \vec{b} = \vec{a} + (-\vec{b})$ wird diese Differenz durch den Pfeil repräsentiert, der von der Pfeilspitze eines Repräsentanten des Vektors $\vec{b}$ zur Pfeilspitze des Repräsentanten von $\vec{a}$ geht, der den gleichen Anfangspunkt wie der Repräsentant von $\vec{b}$ hat.

Parallelogrammregel für die Subtraktion

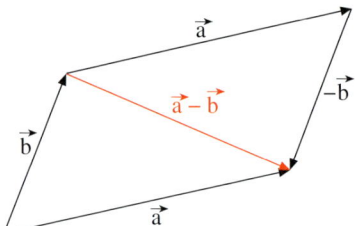

Übung 4
Gegeben sind die Vektoren $\vec{a} = \begin{pmatrix}2\\1\\3\end{pmatrix}$, $\vec{b} = \begin{pmatrix}-1\\4\\2\end{pmatrix}$, $\vec{c} = \begin{pmatrix}3\\1\\5\end{pmatrix}$, $\vec{d} = \begin{pmatrix}0\\0\\1\end{pmatrix}$, $\vec{e} = \begin{pmatrix}2\\4\end{pmatrix}$, $\vec{f} = \begin{pmatrix}1\\-5\end{pmatrix}$.

Berechnen Sie den angegebenen Vektorterm, sofern dies möglich ist.
a) $\vec{a} - \vec{b}$ b) $\vec{c} - \vec{d}$ c) $\vec{e} - \vec{f}$ d) $\vec{a} - \vec{b} - \vec{c}$ e) $\vec{a} - \vec{e}$
f) $\vec{a} + \vec{c} - \vec{d}$ g) $\vec{d} + \vec{d} - \vec{b} + \vec{a} - \vec{c} - \vec{b}$ h) $\vec{0} - \vec{a}$ i) $\vec{a} - \vec{a}$

Übung 5
Bestimmen Sie den Vektor $\vec{x}$.
a) $\begin{pmatrix}5\\3\end{pmatrix} + \vec{x} = \begin{pmatrix}8\\7\end{pmatrix}$ b) $\begin{pmatrix}2\\5\end{pmatrix} + \begin{pmatrix}1\\4\end{pmatrix} - \begin{pmatrix}3\\1\end{pmatrix} = \begin{pmatrix}2\\4\end{pmatrix} - \begin{pmatrix}8\\2\end{pmatrix} + \vec{x}$ c) $\begin{pmatrix}3\\5\end{pmatrix} + \begin{pmatrix}2\\1\end{pmatrix} - \begin{pmatrix}3\\5\end{pmatrix} = \begin{pmatrix}1\\4\end{pmatrix} + \vec{x} - \begin{pmatrix}2\\5\end{pmatrix}$

d) $\begin{pmatrix}3\\3\\2\end{pmatrix} + \vec{x} = \begin{pmatrix}1\\4\\1\end{pmatrix}$ e) $\begin{pmatrix}3\\2\\1\end{pmatrix} + \vec{x} - \begin{pmatrix}1\\1\\3\end{pmatrix} + \begin{pmatrix}2\\4\\5\end{pmatrix} = \begin{pmatrix}2\\3\\5\end{pmatrix}$ f) $\begin{pmatrix}1\\4\\-1\end{pmatrix} + \begin{pmatrix}-8\\-5\\-2\end{pmatrix} = \begin{pmatrix}2\\1\\3\end{pmatrix} + \begin{pmatrix}0{,}5\\1\\2\end{pmatrix} + \vec{x} - \begin{pmatrix}3\\4\\-1\end{pmatrix}$

B. Skalare Multiplikation

Die nebenstehend durchgeführte zeichnerische Konstruktion (Addition durch Aneinanderlegen) legt es nahe, die Summe $\vec{a} + \vec{a} + \vec{a}$ als *Vielfaches* von $\vec{a}$ aufzufassen. Man schreibt daher:

$$3 \cdot \vec{a} = \vec{a} + \vec{a} + \vec{a}.$$

Rechnerisch ergibt sich mit Hilfe koordinatenweiser Addition für $\vec{a} = \begin{pmatrix} a_1 \\ a_2 \end{pmatrix}$:

$$3 \cdot \begin{pmatrix} a_1 \\ a_2 \end{pmatrix} = \begin{pmatrix} a_1 \\ a_2 \end{pmatrix} + \begin{pmatrix} a_1 \\ a_2 \end{pmatrix} + \begin{pmatrix} a_1 \\ a_2 \end{pmatrix} = \begin{pmatrix} 3a_1 \\ 3a_2 \end{pmatrix}.$$

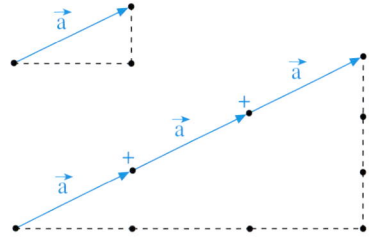

Diese koordinatenweise Vervielfachung eines Vektors lässt sich sogar auf beliebige reelle Vervielfältigungsfaktoren ausdehnen, z. B. $2{,}5 \cdot \begin{pmatrix} a_1 \\ a_2 \end{pmatrix} = \begin{pmatrix} 2{,}5\,a_1 \\ 2{,}5\,a_2 \end{pmatrix}$.

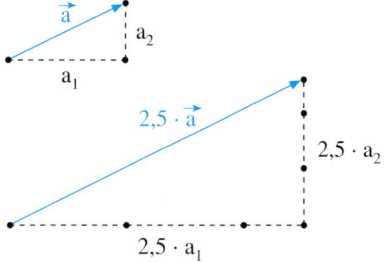

Definition: Ein Vektor wird mit einer reellen Zahl s (einem sog. Skalar) multipliziert, indem jede seiner Koordinaten mit s multipliziert wird.

In der Ebene: $s \cdot \begin{pmatrix} a_1 \\ a_2 \end{pmatrix} = \begin{pmatrix} s \cdot a_1 \\ s \cdot a_2 \end{pmatrix}$ | **Im Raum:** $s \cdot \begin{pmatrix} a_1 \\ a_2 \\ a_3 \end{pmatrix} = \begin{pmatrix} s \cdot a_1 \\ s \cdot a_2 \\ s \cdot a_3 \end{pmatrix}$

Für die skalare Multiplikation gelten folgende Rechengesetze:

Satz: r und s seien reelle Zahlen, $\vec{a}$ und $\vec{b}$ Vektoren. Dann gelten folgende Regeln:

(I) $r \cdot (\vec{a} + \vec{b}) = r \cdot \vec{a} + r \cdot \vec{b}$ (II) $(r + s) \cdot \vec{a} = r \cdot \vec{a} + s \cdot \vec{a}$ (III) $(r \cdot s)\,\vec{a} = r \cdot (s \cdot \vec{a})$
 Distributivgesetz   Distributivgesetz

Wir beschränken uns auf den Beweis zu (I) für Vektoren im Raum.

$$r\left(\begin{pmatrix} a_1 \\ a_2 \\ a_3 \end{pmatrix} + \begin{pmatrix} b_1 \\ b_2 \\ b_3 \end{pmatrix}\right) = r\begin{pmatrix} a_1 + b_1 \\ a_2 + b_2 \\ a_3 + b_3 \end{pmatrix} = \begin{pmatrix} r(a_1 + b_1) \\ r(a_2 + b_2) \\ r(a_3 + b_3) \end{pmatrix} = \begin{pmatrix} ra_1 + rb_1 \\ ra_2 + rb_2 \\ ra_3 + rb_3 \end{pmatrix} = \begin{pmatrix} ra_1 \\ ra_2 \\ ra_3 \end{pmatrix} + \begin{pmatrix} rb_1 \\ rb_2 \\ rb_3 \end{pmatrix} = r\begin{pmatrix} a_1 \\ a_2 \\ a_3 \end{pmatrix} + r\begin{pmatrix} b_1 \\ b_2 \\ b_3 \end{pmatrix}$$

Übung 6
Beweisen Sie (II) des obigen Satzes sowohl für Vektoren in der Ebene als auch für Vektoren im Raum.

Übungen

7. Vereinfachen Sie den Term zu einem einzigen Vektor.

a) $5 \cdot \begin{pmatrix} 1{,}2 \\ 0{,}6 \\ 3{,}4 \end{pmatrix}$
b) $5 \cdot \begin{pmatrix} 3 \\ 2 \\ 1 \end{pmatrix} + 3 \cdot \begin{pmatrix} -1 \\ 0 \\ 2 \end{pmatrix}$
c) $3 \cdot \begin{pmatrix} 8 \\ -1 \\ 0 \end{pmatrix} + 2 \cdot \begin{pmatrix} -10 \\ 1 \\ 2 \end{pmatrix} - 2 \cdot \begin{pmatrix} 2 \\ 0{,}5 \\ 2 \end{pmatrix}$

8. Stellen Sie den gegebenen Vektor in der Form $r\vec{a}$ dar, wobei $\vec{a}$ nur ganzzahlige Koordinaten besitzen soll und r eine reelle Zahl ist.

a) $\begin{pmatrix} 0{,}5 \\ 1{,}5 \\ -1{,}5 \end{pmatrix}$
b) $\begin{pmatrix} 3{,}5 \\ 1 \\ 2{,}5 \end{pmatrix}$
c) $\begin{pmatrix} 0{,}25 \\ 0{,}5 \\ -2 \end{pmatrix}$
d) $\begin{pmatrix} 1 \\ 0{,}4 \\ 0{,}6 \end{pmatrix}$
e) $\begin{pmatrix} 0{,}5 \\ -0{,}25 \\ 0{,}125 \end{pmatrix}$
f) $\begin{pmatrix} 1{,}5 \\ 3 \\ 0{,}75 \end{pmatrix}$

9. Bestimmen Sie das Ergebnis des gegebenen Rechenausdrucks als Vektor in Koordinatenschreibweise.

a) $-\vec{a} + \vec{e}$
b) $\vec{d} - \vec{b}$
c) $3\vec{a} + 2\vec{c} + \vec{d}$
d) $2(\vec{a} + \vec{b}) - (\vec{a} - \vec{c}) - 2\vec{b}$
e) $\frac{1}{2}\vec{c} + \frac{1}{4}\vec{b} - \vec{a}$
f) $\vec{a} + \vec{b} + \vec{c} - \vec{d} + 3\vec{f}$

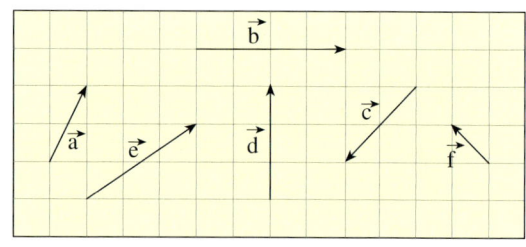

10. Vereinfachen Sie den Term so weit wie möglich.

a) $3\vec{a} + 5\vec{a} - 7\vec{a} - (-2\vec{a}) - \vec{a}$
b) $\vec{a} - 4(\vec{b} - \vec{a}) - 2\vec{c} + 2(\vec{b} + \vec{c})$
c) $2(\vec{a} + 4(\vec{b} - \vec{a})) + 2(\vec{c} + \vec{a}) - 6\vec{b}$
d) $2(\vec{a} - \vec{c}) + 0{,}5(\vec{c} - \vec{b}) + 1{,}5(\vec{b} + \vec{c}) - \vec{a}$
e) $-(\vec{a} - 2\vec{b} - (7\vec{a} - (-2) \cdot (-\vec{a}))) - (\vec{a} - (-\vec{b}))$
f) $\vec{c} - (\vec{a} - 2\vec{b} + (7\vec{c} - (4\vec{b} - 2\vec{c})) - 2\vec{c})$
g) $(4\vec{b} - \vec{a} - (-2\vec{b})) \cdot 3 - 3(-4\vec{a} - (\vec{b} - \vec{a}) \cdot (-1))$
h) $5\vec{b} - (\vec{a} - 4\vec{b} + 3(\vec{a} - 7\vec{b})) \cdot (-2) - 5(-9\vec{b} + 1{,}6\vec{a})$

11. Berechnen Sie den Wert der Variablen u, sofern eine Lösung existiert.

a) $u \cdot \begin{pmatrix} 3 \\ 5 \\ 1 \end{pmatrix} = \begin{pmatrix} 1 \\ 2 \\ 1 \end{pmatrix} - \begin{pmatrix} 7 \\ 12 \\ -1 \end{pmatrix}$
b) $\begin{pmatrix} 20 \\ 4 \\ -14 \end{pmatrix} = u \cdot \begin{pmatrix} 12 \\ 4 \\ 4 \end{pmatrix} - 2u \cdot \begin{pmatrix} 1 \\ 1 \\ 3 \end{pmatrix}$
c) $\begin{pmatrix} 4 \\ u \\ 2 \end{pmatrix} + 2 \begin{pmatrix} 1 \\ 2 \\ 3 \end{pmatrix} = \begin{pmatrix} u \\ 10 \\ u+2 \end{pmatrix}$
d) $u \cdot \begin{pmatrix} u+1 \\ 5 \\ -1 \end{pmatrix} = u \cdot \begin{pmatrix} 1 \\ 2 \\ -2 \end{pmatrix} - 3 \begin{pmatrix} 3 \\ 3 \\ 1 \end{pmatrix} + \begin{pmatrix} 6u \\ 18 \\ 2u \end{pmatrix}$

12. Prüfen Sie, ob die angegebene Gleichung richtig ist.

a) $\vec{a} + 2\vec{b} = 3\vec{d} - 2\vec{c}$
b) $\vec{a} - \vec{c} = \vec{d} - 3\vec{c}$
c) $\vec{a} - \vec{b} = -\frac{1}{2}\vec{c}$
d) $2\vec{d} - (\vec{c} - \vec{a}) = \vec{0}$
e) $\vec{a} + 2\vec{d} = 2\vec{b} + \vec{d}$

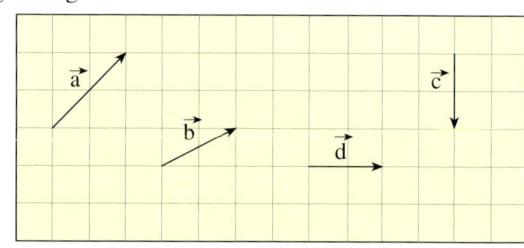

C. Kombination von Rechenoperationen/Vektorzüge

Die Addition bzw. Subtraktion und die skalare Multiplikation von mehr als zwei Vektoren kann mit Hilfe von sogenannten Vektorzügen vereinfacht und sehr effizient durchgeführt werden.

▶ **Beispiel: Addition durch Vektorzug**
Gegeben sind die rechts dargestellten Vektoren $\vec{a}$, $\vec{b}$ und $\vec{c}$.
Konstruieren Sie zeichnerisch den Vektor $\vec{x} = \vec{a} + 2\vec{b} + 1{,}5\vec{c}$. Führen Sie eine rechnerische Ergebniskontrolle durch.

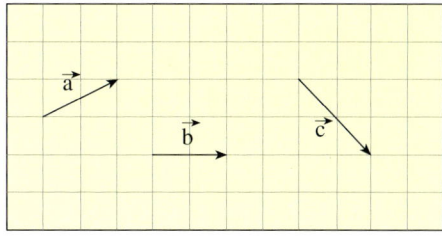

Lösung:
Wir setzen die Vektoren $\vec{a}$, $2\vec{b}$ und $1{,}5\vec{c}$ wie abgebildet aneinander.

Es entsteht ein *Vektorzug*.

Der gesuchte Vektor führt vom Anfang zum Ende des Vektorzugs. Er bewirkt die gleiche Verschiebung wie die drei Einzelvektoren insgesamt, ist also deren Summe.

Rechnerisch erhalten wir das gleiche Resultat, indem wir $\vec{a}$, $\vec{b}$ und $\vec{c}$ in Spalten-
▶ schreibweise darstellen.

Zeichnerische Lösung:

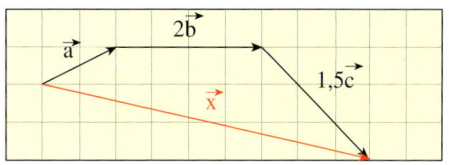

Rechnerische Lösung:
$\vec{x} = \vec{a} + 2\vec{b} + 1{,}5\vec{c}$
$= \binom{2}{1} + 2\binom{2}{0} + 1{,}5\binom{2}{-2} = \binom{9}{-2}$

▶ **Beispiel: Drittelung einer Strecke**
Gegeben ist die Strecke $\overline{AB}$ mit den Endpunkten $A(2|4)$ und $B(8|1)$. Punkt C teilt die Strecke im Verhältnis 2:1.
Bestimmen Sie die Koordinaten von C.

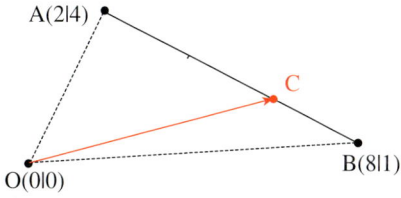

Lösung:
Der Ortsvektor $\overrightarrow{OC}$ des gesuchten Punktes C lässt sich durch den Vektorzug $\overrightarrow{OA} + \frac{2}{3}\overrightarrow{AB}$ darstellen, wie dies aus der Skizze zu erkennen ist.
Die rechts aufgeführte Rechnung führt auf
▶ das Resultat $C(6|2)$.

Berechnung des Ortsvektors von C:
$\overrightarrow{OC} = \overrightarrow{OA} + \overrightarrow{AC}$
$= \overrightarrow{OA} + \frac{2}{3}\overrightarrow{AB}$
$= \binom{2}{4} + \frac{2}{3}\binom{6}{-3} = \binom{6}{2}$

Übung 13
Bestimmen Sie durch Zeichnung und Rechnung die Vektoren $\vec{x} = \vec{a} + 2\vec{b}$, $\vec{y} = \vec{a} + \vec{b} - \vec{c}$ und $\vec{z} = \vec{a} - 0{,}5\vec{b} + 2\vec{c}$.

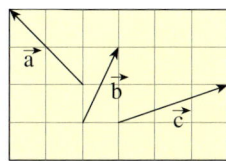

Geometrische Figuren können oft durch einige wenige ausgewählte Vektoren festgelegt bzw. aufgespannt werden. Weitere in den Figuren auftretende Vektoren können dann mit Hilfe der ausgewählten Vektoren als Vektorzug dargestellt werden.

▶ **Beispiel: Vektoren im Trapez**
Ein Trapez wird durch die Vektoren $\vec{a}$ und $\vec{b}$ aufgespannt. Die Decklinie des Trapezes ist halb so lang wie die Grundlinie.
Stellen Sie die Vektoren $\overrightarrow{AC}$ und $\overrightarrow{BC}$ mit Hilfe der Vektoren $\vec{a}$ und $\vec{b}$ dar.

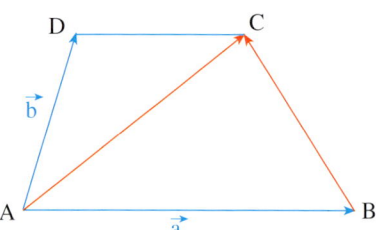

Lösung:
Wir arbeiten zur Darstellung mit Vektorzügen, die $\vec{a}$ und $\vec{b}$ enthalten. Dabei beachten wir, dass $\overrightarrow{DC} = \frac{1}{2}\vec{a}$ gilt, denn $\overrightarrow{DC}$ ist parallel zu $\vec{a}$ und halb so lang.
Die Rechenwege und Resultate sind rechts
▶ aufgeführt.

$$\overrightarrow{AC} = \overrightarrow{AD} + \overrightarrow{DC}$$
$$= \vec{b} + \tfrac{1}{2}\vec{a}$$
$$\overrightarrow{BC} = \overrightarrow{BA} + \overrightarrow{AD} + \overrightarrow{DC} = -\vec{a} + \vec{b} + \tfrac{1}{2}\vec{a}$$
$$= \vec{b} - \tfrac{1}{2}\vec{a}$$

Übung 14
Der abgebildete Quader wird durch die Vektoren $\vec{a}$, $\vec{b}$ und $\vec{c}$ aufgespannt. Der Vektor $\vec{x}$ verbindet die Mittelpunkte M und N zweier Quaderkanten.
Stellen Sie den Vektor $\vec{x}$ mit Hilfe der aufspannenden Vektoren $\vec{a}$, $\vec{b}$ und $\vec{c}$ dar.

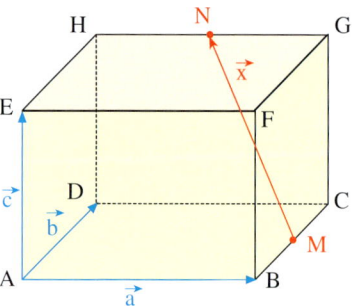

Übung 15
Die Vektoren $\vec{a}$, $\vec{b}$ und $\vec{c}$ definieren ein Sechseck. Stellen Sie die Transversalenvektoren $\overrightarrow{AE}$, $\overrightarrow{DA}$ und $\overrightarrow{CF}$ mit Hilfe von $\vec{a}$, $\vec{b}$ und $\vec{c}$ dar.

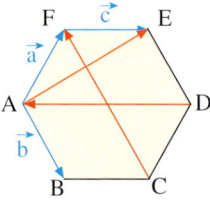

Übung 16
Eine gerade Pyramide hat eine quadratische Grundfläche ABCD und die Spitze S. Sie wird von den Vektoren $\vec{a}$, $\vec{b}$ und $\vec{h}$ wie abgebildet aufgespannt. Stellen Sie die Seitenkantenvektoren $\overrightarrow{AS}$, $\overrightarrow{BS}$, $\overrightarrow{CS}$ und $\overrightarrow{DS}$ mit Hilfe von $\vec{a}$, $\vec{b}$ und $\vec{h}$ dar.

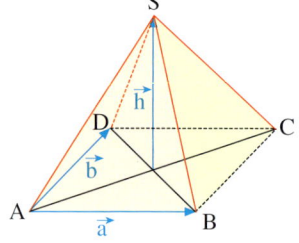

D. Linearkombination von Vektoren

Sind zwei Vektoren $\vec{a}$ und $\vec{b}$ gegeben, lassen sich weitere Vektoren $\vec{x}$ der Form $r \cdot \vec{a} + s \cdot \vec{b}$ aus den gegebenen Vektoren $\vec{a}$ und $\vec{b}$ erzeugen. Eine solche Summe nennt man *Linearkombination* von $\vec{a}$ und $\vec{b}$. Man kann den Begriff folgendermaßen verallgemeinern.

Definition: Eine Summe der Form $r_1 \cdot \vec{a}_1 + r_2 \cdot \vec{a}_2 + \ldots + r_n \cdot \vec{a}_n$ ($r_i \in \mathbb{R}$) nennt man *Linearkombination* der Vektoren $\vec{a}_1, \vec{a}_2, \ldots, \vec{a}_n$.

▶ **Beispiel: Darstellung eines Vektors als Linearkombination (LK)**
Gegeben sind die Vektoren $\vec{a} = \begin{pmatrix} 2 \\ 1 \\ 1 \end{pmatrix}$, $\vec{b} = \begin{pmatrix} 1 \\ 1 \\ 2 \end{pmatrix}$ sowie $\vec{c} = \begin{pmatrix} 3 \\ 1 \\ 0 \end{pmatrix}$ und $\vec{d} = \begin{pmatrix} 3 \\ 1 \\ 2 \end{pmatrix}$.

a) Zeigen Sie, dass $\vec{c}$ als LK von $\vec{a}$ und $\vec{b}$ dargestellt werden kann.

b) Zeigen Sie, dass $\vec{d}$ **nicht** als LK von $\vec{a}$ und $\vec{b}$ dargestellt werden kann.

Wir versuchen, die Vektoren $\vec{c}$ bzw. $\vec{d}$ als Linearkombination von $\vec{a}$ und $\vec{b}$ darzustellen. Dies führt jeweils auf ein lineares Gleichungssystem mit 3 Gleichungen und 2 Variablen. Wenn es lösbar ist, ist die gesuchte Darstellung gefunden, andernfalls ist sie nicht möglich.

Lösung zu a:

Ansatz: $\begin{pmatrix} 3 \\ 1 \\ 0 \end{pmatrix} = r \cdot \begin{pmatrix} 2 \\ 1 \\ 1 \end{pmatrix} + s \cdot \begin{pmatrix} 1 \\ 1 \\ 2 \end{pmatrix}$

Gl.-system: I $2r + s = 3$
II $r + s = 1$
III $r + 2s = 0$

Lösungsversuch: IV   I–II: $r = 2$
V   IV in I: $s = -1$

Überprüfung: IV, V in III: $0 = 0$ ist wahr

Ergebnis:

$r = 2$, $s = -1$

$\vec{c}$ ist als Linearkombination von $\vec{a}$ und $\vec{b}$
▶ darstellbar: $\vec{c} = 2\vec{a} - \vec{b}$.

Lösung zu b:

Ansatz: $\begin{pmatrix} 3 \\ 1 \\ 2 \end{pmatrix} = r \cdot \begin{pmatrix} 2 \\ 1 \\ 1 \end{pmatrix} + s \cdot \begin{pmatrix} 1 \\ 1 \\ 2 \end{pmatrix}$

Gl.-system: I $2r + s = 3$
II $r + s = 1$
III $r + 2s = 2$

Lösungsversuch: IV   I–II: $r = 2$
V   IV in I: $s = -1$

Überprüfung: IV, V in III: $0 = 2$ ist falsch

Ergebnis:

Das Gleichungssystem ist unlösbar.

$\vec{d}$ ist **nicht** als Linearkombination von $\vec{a}$ und $\vec{b}$ darstellbar.

Übung 17
Überprüfen Sie, ob die Vektoren $\vec{c} = \begin{pmatrix} 6 \\ 4 \\ 1 \end{pmatrix}$ bzw. $\vec{d} = \begin{pmatrix} 2 \\ 3 \\ 4 \end{pmatrix}$ als Linearkombination der Vektoren $\vec{a} = \begin{pmatrix} 2 \\ 1 \\ -1 \end{pmatrix}$ und $\vec{b} = \begin{pmatrix} 2 \\ 2 \\ 3 \end{pmatrix}$ dargestellt werden können.

Übungen

18. Stellen Sie den angegebenen Vektor als Linearkombination der Vektoren $\vec{a}$, $\vec{b}$ und $\vec{c}$ dar.
$\vec{a} = \overrightarrow{AB}$, $\vec{b} = \overrightarrow{AD}$, $\vec{c} = \overrightarrow{MS}$
a) $\overrightarrow{AS}$ b) $\overrightarrow{BS}$
c) $\overrightarrow{SC}$ d) $\overrightarrow{BD}$

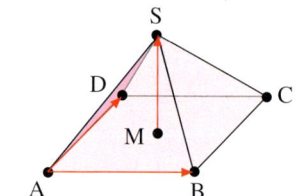

19. Stellen Sie den angegebenen Vektor als Linearkombination von $\vec{a}$, $\vec{b}$ und $\vec{c}$ dar.
$\vec{a} = \overrightarrow{AB}$, $\vec{b} = \overrightarrow{AD}$, $\vec{c} = \overrightarrow{AE}$
a) $\overrightarrow{AM}$ b) $\overrightarrow{BM}$
c) $\overrightarrow{GN}$ d) $\overrightarrow{FD}$ bzw. $\overrightarrow{EC}$

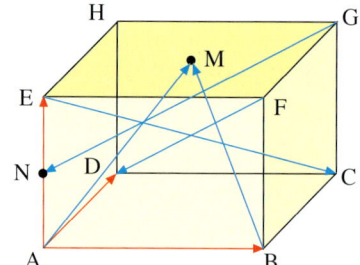

20. Stellen Sie den angegebenen Vektor als Linearkombination von $\vec{a}$, $\vec{b}$ und $\vec{c}$ dar.
$\vec{a} = \overrightarrow{AB}$, $\vec{b} = \overrightarrow{AD}$, $\vec{c} = \overrightarrow{AH}$
a) $\overrightarrow{AE}$ b) $\overrightarrow{AF}$
c) $\overrightarrow{HS}$ d) $\overrightarrow{TG}$
F und G sind Seitenmitten.

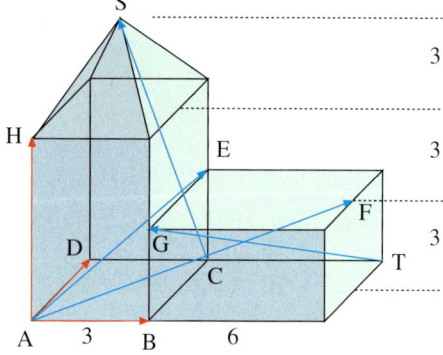

21. Rechts ist ein regelmäßiges zweidimensionales Sechseck abgebildet.
a) Stellen Sie die Vektoren $\vec{c}$, $\vec{d}$ und $\vec{e}$ als Linearkombination der Vektoren $\vec{a}$ und $\vec{b}$ dar.
b) Stellen Sie den Vektor $\overrightarrow{PQ}$ als Linearkombination von $\vec{a}$ und $\vec{b}$ dar.

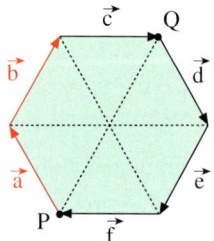

22. Gegeben sind die Vektoren $\vec{a} = \begin{pmatrix} 1 \\ 0 \\ 1 \end{pmatrix}$, $\vec{b} = \begin{pmatrix} 0 \\ 1 \\ 1 \end{pmatrix}$ und $\vec{c} = \begin{pmatrix} 1 \\ 1 \\ 1 \end{pmatrix}$ sowie $\vec{d} = \begin{pmatrix} 2 \\ 1 \\ 4 \end{pmatrix}$ und $\vec{e} = \begin{pmatrix} -2 \\ 0 \\ -3 \end{pmatrix}$.
Stellen Sie die Vektoren $\vec{d}$ und $\vec{e}$ als Linearkombination der Vektoren $\vec{a}$, $\vec{b}$ und $\vec{c}$ dar.

E. Exkurs: Lineare Abhängigkeit und lineare Unabhängigkeit von Vektoren

Durch eine Linearkombination gegebener Vektoren ergibt sich ein neuer Vektor. Wir befassen uns nun mit dem Problem, ob und wie ein gegebener Vektor aus einem oder mehreren anderen Vektoren linear kombiniert werden kann. Der Einfachheit halber betrachten wir zunächst nur Vektoren in der Ebene und gehen von sehr einfachen Beispielen aus.

> **Beispiel:**
> Gegeben sind die Vektoren $\vec{a} = \binom{2}{4}$ und $\vec{b} = \binom{-3}{-6}$. Wie kann man $\vec{a}$ durch $\vec{b}$ darstellen?

Lösung:
Es gilt: $-3 \cdot \left(-\frac{2}{3}\right) = 2$. Multipliziert man also die erste Koordinate von $\vec{b}$ mit $-\frac{2}{3}$, so erhält man die erste Koordinate von $\vec{a}$. Da auch $-6 \cdot \left(-\frac{2}{3}\right) = 4$ gilt, ergibt sich die nebenstehende Darstellung.

Es gilt die Darstellung:
$-\frac{2}{3} \cdot \vec{b} = -\frac{2}{3} \cdot \binom{-3}{-6} = \binom{2}{4} = \vec{a}$,
also $\vec{a} = -\frac{2}{3} \cdot \vec{b}$.

Aus der so gewonnenen Darstellung $\vec{a} = -\frac{2}{3} \cdot \vec{b}$ folgt unmittelbar die Beziehung $3\vec{a} + 2\vec{b} = \vec{0}$.
Es gibt also zwei von null verschiedene Zahlen r und s, nämlich r = 3 und s = 2, sodass gilt:
▶ $r \cdot \vec{a} + s \cdot \vec{b} = \vec{0}$.

Gibt es also eine Darstellung der Form $r \cdot \vec{a} + s \cdot \vec{b} = \vec{0}$ mit $r, s \neq 0$, so kann stets $\vec{a}$ durch $\vec{b}$ und ebenso $\vec{b}$ durch $\vec{a}$ ausgedrückt werden: $\vec{a} = \left(-\frac{s}{r}\right) \cdot \vec{b}$ und $\vec{b} = \left(-\frac{r}{s}\right) \cdot \vec{a}$.

Man sagt: Die Vektoren $\vec{a}$ und $\vec{b}$ sind *linear abhängig*, wenn es reelle Zahlen r und s gibt, von denen wenigstens eine ungleich 0 ist, sodass gilt: $r \cdot \vec{a} + s \cdot \vec{b} = \vec{0}$.

Wir betrachten ein weiteres Beispiel.

> **Beispiel:**
> Man bestimme alle reellen Zahlen r und s, sodass gilt: $r \cdot \binom{1}{2} + s \cdot \binom{2}{3} = \binom{0}{0}$.

Lösung:
Die Vektorgleichung $r \cdot \binom{1}{2} + s \cdot \binom{2}{3} = \binom{0}{0}$ führt auf das nebenstehende lineare Gleichungssystem. Das LGS enthält auf der rechten Seite nur Nullen; man spricht von einem *homogenen* LGS. Das Gauß'sche Eliminationsverfahren ergibt nur die sog. *triviale Lösung* r = s = 0.

I $r + 2s = 0$
II $2r + 3s = 0$
III $r + 2s = 0$
IV: II − 2 · I $-s = 0$
⇒   r = 0   und   s = 0

Das Ergebnis bedeutet: Aus $r \cdot \binom{1}{2} + s \cdot \binom{2}{3} = \vec{0}$ folgt r = s = 0. Daraus folgt unmittelbar, dass man
▶ die beiden Vektoren $\binom{1}{2}$ und $\binom{2}{3}$ nicht durcheinander ausdrücken kann.

Man sagt: Die Vektoren $\vec{a}$ und $\vec{b}$ sind *linear unabhängig*, wenn die Vektorgleichung $r \cdot \vec{a} + s \cdot \vec{b} = \vec{0}$ nur die triviale Lösung r = s = 0 hat.

Übung 23

Die vorstehenden Beispiele zeigen: Zwei zweidimensionale Vektoren $\vec{a}$ und $\vec{b}$ können linear unabhängig oder linear abhängig sein. Begründen Sie, dass drei zweidimensionale Vektoren $\vec{a}$, $\vec{b}$, $\vec{c}$ stets linear abhängig sind, dass es also stets drei reelle Zahlen r, s, t gibt, die nicht alle null sind, sodass gilt: $r \cdot \vec{a} + s \cdot \vec{b} + t \cdot \vec{c} = \vec{0}$.

Im Folgenden werden die Begriffe der linearen Abhängigkeit und der linearen Unabhängigkeit auf dreidimensionale Vektoren erweitert.

Kriterium zur linearen Abhängigkeit:
Drei Vektoren $\vec{a}$, $\vec{b}$ und $\vec{c}$ sind genau dann linear abhängig, wenn es drei reelle Zahlen r, s, t gibt, die nicht alle null sind, sodass gilt: $r \cdot \vec{a} + s \cdot \vec{b} + t \cdot \vec{c} = \vec{0}$.

Kriterium zur linearen Unabhängigkeit:
Drei Vektoren $\vec{a}$, $\vec{b}$, $\vec{c}$ sind genau dann linear unabhängig, wenn die Gleichung $r \cdot \vec{a} + s \cdot \vec{b} + t \cdot \vec{c} = \vec{0}$ nur die triviale Lösung r = s = t = 0 hat.

Im folgenden Beispiel wird die Leistungsfähigkeit der Kriterien exemplarisch dargestellt.

▶ **Beispiel: Lineare Abhängigkeit bzw. Unabhängigkeit**
Untersuchen Sie, ob die Vektoren linear abhängig oder linear unabhängig sind.

a) $\vec{a} = \begin{pmatrix} 2 \\ 1 \\ 0 \end{pmatrix}$, $\vec{b} = \begin{pmatrix} 0 \\ 1 \\ 0 \end{pmatrix}$, $\vec{c} = \begin{pmatrix} 1 \\ 1 \\ 1 \end{pmatrix}$
b) $\vec{a} = \begin{pmatrix} 2 \\ 1 \\ 0 \end{pmatrix}$, $\vec{b} = \begin{pmatrix} 3 \\ 1 \\ -1 \end{pmatrix}$, $\vec{c} = \begin{pmatrix} 1 \\ 1 \\ 1 \end{pmatrix}$

Lösung zu a:

Ansatz: $r \begin{pmatrix} 2 \\ 1 \\ 0 \end{pmatrix} + s \begin{pmatrix} 0 \\ 1 \\ 0 \end{pmatrix} + t \begin{pmatrix} 1 \\ 1 \\ 1 \end{pmatrix} = \begin{pmatrix} 0 \\ 0 \\ 0 \end{pmatrix}$

I $2r \qquad + t = 0$
II $\quad r + s + t = 0$
III $\qquad\qquad t = 0$

Aus III folgt t = 0. Aus I folgt damit r = 0. Nun folgt aus II auch noch s = 0. Insgesamt r = s = t = 0
▶ Die Vektoren sind also linear unabhängig.

Lösung zu b:

Ansatz: $r \begin{pmatrix} 2 \\ 1 \\ 0 \end{pmatrix} + s \begin{pmatrix} 3 \\ 1 \\ -1 \end{pmatrix} + t \begin{pmatrix} 1 \\ 1 \\ 1 \end{pmatrix} = \begin{pmatrix} 0 \\ 0 \\ 0 \end{pmatrix}$

I $2r + 3s + t = 0$
II $\quad r + \;\; s + t = 0$
III $\qquad - s + t = 0$

I − 2 · II: s − t = 0; entspricht III
Daher: t = 1 frei wählen
$\Rightarrow s = 1 \Rightarrow r = -2$
Die Vektoren sind also linear abhängig.

Übung 24

Sind die Vektoren linear abhängig oder linear unabhängig?

a) $\begin{pmatrix} 1 \\ 7 \\ 2 \end{pmatrix}, \begin{pmatrix} 1 \\ 2 \\ 2 \end{pmatrix}, \begin{pmatrix} 2 \\ -1 \\ 1 \end{pmatrix}$
b) $\begin{pmatrix} 1 \\ 0 \\ 0 \end{pmatrix}, \begin{pmatrix} 0 \\ 1 \\ 0 \end{pmatrix}, \begin{pmatrix} 2 \\ 1 \\ 2 \end{pmatrix}$
c) $\begin{pmatrix} 2 \\ 2 \\ 4 \end{pmatrix}, \begin{pmatrix} 4 \\ 6 \\ 5 \end{pmatrix}, \begin{pmatrix} 1 \\ 2 \\ 2 \end{pmatrix}$

3. Rechnen mit Vektoren

Sind nur zwei Vektoren zu untersuchen, so ist es nicht erforderlich, ein LGS zu betrachten.

> **Beispiel: Untersuchung von zwei Vektoren auf lineare Unabhängigkeit**
> Untersuchen Sie die Vektoren. a) $\vec{a} = \begin{pmatrix} 6 \\ 5 \\ 3 \end{pmatrix}, \vec{b} = \begin{pmatrix} 2 \\ 4 \\ 1 \end{pmatrix}$ b) $\vec{a} = \begin{pmatrix} 4 \\ -12 \\ 8 \end{pmatrix}, \vec{b} = \begin{pmatrix} 3 \\ -9 \\ 6 \end{pmatrix}$

Lösung zu a:
Wir suchen ein $r \in \mathbb{R}$ so, dass $\vec{a} = r \cdot \vec{b}$.
Für die x-Koordinaten gilt: $6 = 3 \cdot 2$; also kommt nur $r = 3$ infrage. Wegen

$r \cdot \vec{b} = 3 \cdot \begin{pmatrix} 2 \\ 4 \\ 1 \end{pmatrix} = \begin{pmatrix} 6 \\ 12 \\ 3 \end{pmatrix} \neq \begin{pmatrix} 6 \\ 5 \\ 3 \end{pmatrix} = \vec{a}$

▶ sind $\vec{a}$ und $\vec{b}$ linear unabhängig.

Lösung zu b:
Wir suchen ein $r \in \mathbb{R}$ so, dass $\vec{a} = r \cdot \vec{b}$.
Für die x-Koordinaten gilt: $4 = \frac{4}{3} \cdot 3$; also kommt nur $r = \frac{4}{3}$ infrage. Wegen

$r \cdot \vec{b} = \frac{4}{3} \cdot \begin{pmatrix} 3 \\ -9 \\ 6 \end{pmatrix} = \begin{pmatrix} 4 \\ -12 \\ 8 \end{pmatrix} = \begin{pmatrix} 4 \\ -12 \\ 8 \end{pmatrix} = \vec{a}$

sind $\vec{a}$ und $\vec{b}$ linear abhängig.

Übung 25
Sind die Vektoren linear abhängig oder linear unabhängig? a) $\begin{pmatrix} -1 \\ 3 \\ -2 \end{pmatrix}, \begin{pmatrix} 4 \\ -12 \\ 8 \end{pmatrix}$ b) $\begin{pmatrix} 4 \\ -3 \\ 1 \end{pmatrix}, \begin{pmatrix} 8 \\ -6 \\ 4 \end{pmatrix}$ c) $\begin{pmatrix} 2{,}5 \\ 2{,}4 \\ 0{,}1 \end{pmatrix}, \begin{pmatrix} 7{,}5 \\ 7{,}2 \\ -0{,}3 \end{pmatrix}$

Übung 26
Für welchen Wert von u sind $\vec{a} = \begin{pmatrix} 3 \\ 2 \end{pmatrix}$ und $\vec{b} = \begin{pmatrix} 5 \\ 1+u \end{pmatrix}$ linear abhängig?

Übung 27
Vervollständigen Sie den Lückentext.
a) Drei Vektoren im Raum sind linear ...., wenn sie nicht alle in einer Ebene liegen.
b) Zwei Vektoren in der Ebene/im Raum sind linear ...., wenn sie parallel zueinander sind.
c) Zwei Vektoren erkennt man als linear abhängig, wenn der eine Vektor ein .... des anderen ist.
d) Man benötigt ...... linear .... Vektoren, um jeden beliebigen Vektor des Raumes durch Linearkombination zu erzeugen.
e) Man benötigt ...... linear .... Vektoren, um jeden beliebigen Vektor der Ebene zu erzeugen.
f) Drei Vektoren in der Ebene bzw. vier Vektoren im Raum sind stets linear ....
g) In der Ebene können maximal ...... Vektoren, im Raum maximal ...... Vektoren linear unabhängig sein.
h) „Sind von drei Vektoren im Raum jeweils zwei paarweise linear unabhängig, so sind die drei Vektoren linear unabhängig." ist eine .... Aussage.
i) „Sind von drei Vektoren bereits zwei Vektoren linear abhängig, dann sind die drei Vektoren linear abhängig." ist eine .... Aussage.

F. Untersuchung von Figuren und Körpern

Mit Hilfe von Vektoren kann sowohl die Länge von Strecken ermittelt als auch die Parallelität von Strecken nachgewiesen werden. Daher sind Vektoren gut geeignet, Eigenschaften von Figuren in der Ebene und von Körpern im Raum nachzuweisen.

> **Beispiel: Klassifizierung eines Vierecks**
> Das Viereck ABCD hat die Eckpunkte A(1|3|6), B(3|7|3), C(8|7|5) und D(6|3|8). Ermitteln Sie, welche besondere Art von Viereck vorliegt.

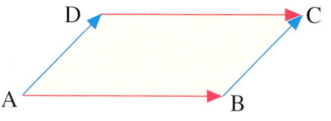

Lösung:
Zunächst bestimmen wir die Seitenvektoren $\vec{AB}$, $\vec{BC}$, $\vec{AD}$ und $\vec{DC}$ des Vierecks. Die Vektoren $\vec{AB}$ und $\vec{DC}$ sowie die Vektoren $\vec{BC}$ und $\vec{AD}$ sind parallel. Das Viereck ABCD ist daher ein Parallelogramm.

Seitenvektoren des Vierecks:
$$\vec{AB} = \begin{pmatrix} 2 \\ 4 \\ -3 \end{pmatrix} = \vec{DC}, \quad \vec{BC} = \begin{pmatrix} 5 \\ 0 \\ 2 \end{pmatrix} = \vec{AD}$$

Als nächstes werden die Seitenlängen untersucht. Dabei zeigt sich, dass alle Seiten die gleiche Länge $\sqrt{29}$ haben. Daher ist das Viereck ABCD sogar ein Rhombus.

Seitenlängen des Vierecks:
$|AB| = \sqrt{4 + 16 + 9} = \sqrt{29} = |DC|$
$|BC| = \sqrt{25 + 0 + 4} = \sqrt{29} = |AD|$

Abschließend werden die Diagonalenvektoren $\vec{AC}$ und $\vec{BD}$ betrachtet. Da ihre Längen nicht übereinstimmen, ist das Viereck ABCD kein Quadrat.

Diagonalen des Vierecks:
$$\vec{AC} = \begin{pmatrix} 7 \\ 4 \\ -1 \end{pmatrix}, \quad \vec{BD} = \begin{pmatrix} 3 \\ -4 \\ 5 \end{pmatrix}$$
$|AC| = \sqrt{66}, \quad |BD| = \sqrt{50}$

Übung 28
a) Zeigen Sie, dass das Viereck ABCD mit A(1|−2|4), B(5|2|0), C(9|3|0) und D(7|1|2) ein Trapez ist.
b) Zeigen Sie: ABCD mit A(−3|1|2), B(1|6|4), C(4|8|1) und D(0|3|−1) ist ein Parallelogramm.
c) Gegeben ist das Dreieck ABC mit A(−3|1|2), B(1|3|4) und C(3|5|8). Gesucht ist ein Punkt D, der das Dreieck ABC zu einem Parallelogramm ABCD ergänzt.

Übung 29
a) Weisen Sie nach, dass das Dreieck ABC mit A(1|4|2), B(3|2|4) und C(6|5|1) gleichschenklig ist.
b) Welche Koordinaten hat der Mittelpunkt der Seite AB?
c) Bestimmen Sie die Winkelgrößen des Dreiecks ABC.

Übung 30
a) Zeigen Sie mit Hilfe der Umkehrung des Satzes von Pythagoras, dass das Dreieck ABC mit A(1|4|2), B(3|2|4) und C(5|6|6) rechtwinklig ist.
b) Zeigen Sie, dass das Viereck ABCD mit A(1|4|2), B(3|2|4) und C(9|5|1) und D(7|7|−1) ein Rechteck ist, d.h. ein Parallelogramm mit rechten Winkeln.

Beispiel: Längen und Winkel in einer Pyramide

Eine Pyramide ist im Lauf der Jahrtausende im Sand etwas abgekippt. Das Viereck ABCD mit A(13|0|0), B(13|12|5), C(0|12|5) und D(0|0|0) ist die Grundfläche der Pyramide. Die Spitze ist S(6,5|1|14,5), 1 LE = 10 m.

a) Zeigen Sie: Die Grundfläche ist ein Quadrat.
b) Wie lautet der Mittelpunkt M des Quadrats? Welche Höhe hat die Pyramide?
c) Welchen Winkel bildet die Kante AS mit der Grundfläche der Pyramide?

Lösung zu a:
Wir überprüfen die Seitenlängen und Diagonalen im Viereck ABCD, denn beim Quadrat sind typischerweise die vier Seiten gleich und die beiden Diagonalen ebenfalls. Wir bestimmen also die vier Seitenvektoren der Grundfläche und berechnen ihren Betrag. Sie sind alle gleich lang.
Das Gleiche gilt für die beiden Diagonalenvektoren. Damit ist klar: Die Grundfläche ABCD ist ein Quadrat.

Seitenlängen ders Grundfläche:
$$\overrightarrow{AB} = \begin{pmatrix} 0 \\ 12 \\ 5 \end{pmatrix} = \overrightarrow{DC}, \quad \overrightarrow{AD} = \begin{pmatrix} -13 \\ 0 \\ 0 \end{pmatrix} = \overrightarrow{BC}$$
$$|\overrightarrow{AB}| = |\overrightarrow{DC}| = \sqrt{0^2 + 12^2 + 5^2} = 13$$
$$|\overrightarrow{AD}| = |\overrightarrow{BC}| = \sqrt{13^2 + 0^2 + 0^2} = 13$$

Diagonalenlängen der Grundfläche:
$$\overrightarrow{AC} = \begin{pmatrix} -13 \\ 12 \\ 5 \end{pmatrix} \quad \overrightarrow{BD} = \begin{pmatrix} -13 \\ -12 \\ -5 \end{pmatrix}$$
$$|AC| = |BD| = \sqrt{338}$$

Lösung zu b:
Den Ortsvektor des Punktes M erhält man, indem man zum Ortsvektor $\overrightarrow{O}$ des Ursprungs die Hälfte des Diagonalenvektors $\overrightarrow{DB}$ addiert.
Ergebnis: M(6,5|6|2,5).
Der Höhenvektor $\overrightarrow{MS}$ hat den Betrag $|\overrightarrow{MS}| = \sqrt{0^2 + (-5)^2 + 12^2} = 13$. Dies ist die Höhe der Pyramide.

Ortsvektor des Mittelpunktes M, Höhenvektor $\overrightarrow{MS}$:
$$\overrightarrow{OM} = \tfrac{1}{2}\overrightarrow{DB} = \tfrac{1}{2}\begin{pmatrix} 13 \\ 12 \\ 5 \end{pmatrix} = \begin{pmatrix} 6,5 \\ 6 \\ 2,5 \end{pmatrix}$$
$$\overrightarrow{MS} = \overrightarrow{OS} - \overrightarrow{OM} = \begin{pmatrix} 0 \\ -5 \\ 12 \end{pmatrix}$$

Lösung zu c:
Der Winkel α zwischen der Seitenkante AS und der Grundfläche ABCD entspricht dem Winkel zwischen der Seitenkante AS und der Strecke AM.
Der Kantenvektor $\overrightarrow{AS}$ hat den Betrag $|\overrightarrow{AS}| = \sqrt{(-6,5)^2 + 1^2 + 14,5^2} \approx 15{,}92$.

Wir kennen nun die Längen von Gegenkathete MS und Hypotenuse AS im rechtwinkligen Dreieck AMS und können somit den Winkel α = 54,7° berechnen.

Winkel α:

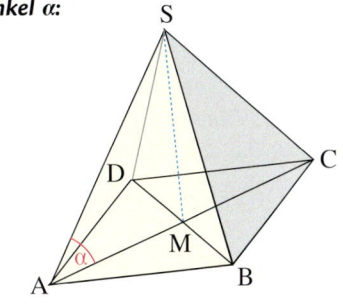

$$\sin\alpha = \frac{GK}{HYP} = \frac{|MS|}{|AS|} = \frac{13}{15{,}92} \approx 0{,}8166$$
$$\Rightarrow \alpha \approx 54{,}7°$$

G. Anwendungen der Vektorrechnung in Physik und Technik

Das Rechnen mit Vektoren hat praktische Anwendungsbezüge. Vektoren sind gut geeignet, gerichtete Größen wie Kräfte und Geschwindigkeiten zu modellieren. Wir behandeln exemplarisch zwei einfache Beispiele.

▶ **Beispiel: Die resultierende Kraft**
Ein Lastkahn K wird von zwei Schleppern auf See wie abgebildet gezogen. Schlepper A zieht mit einer Kraft von 10 kN in Richtung N60°O. Schlepper B zieht mit 15 kN in Richtung S80°O. Wie groß ist die resultierende Zugkraft? In welche Richtung bewegt sich die Formation insgesamt?

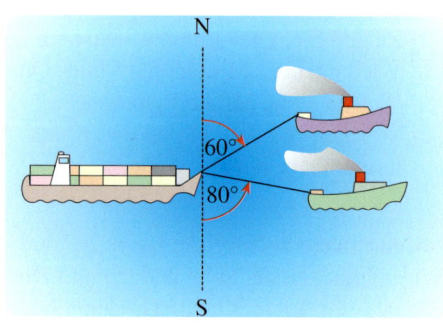

Lösung:
Wir zeichnen die beiden Zugkräfte $\vec{F}_1$ und $\vec{F}_2$ maßstäblich (z. B. 1 kN = 1 cm), bilden ihre vektorielle Summe $\vec{F}$ (Resultierende) und messen deren Betrag und Richtung. Wir erhalten eine Kraft von $|\vec{F}| = 23{,}5$ kN
▶ in Richtung N84°O.

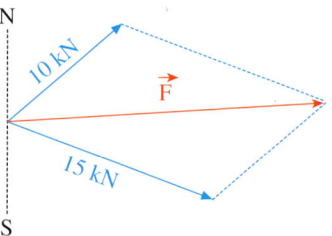

▶ **Beispiel: Die wahre Geschwindigkeit**
Ein Hubschrauber X bewegt sich mit einer Geschwindigkeit von 300 km/h relativ zur Luft. Der Pilot hat Kurs N50°O eingestellt, als Wind mit 100 km/h in Richtung N20°W aufkommt. Bestimmen Sie den wahren Kurs und die wahre Geschwindigkeit des Hubschraubers.

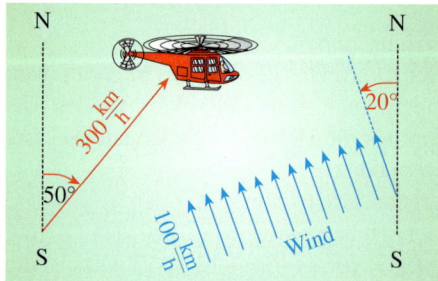

Lösung:
Wir addieren die beiden Geschwindigkeiten $\vec{v}_X$ und $\vec{v}_W$ mit Hilfe einer maßstäblichen Zeichnung (z. B. 100 km/h = 2 cm) und erhalten als Resultat, dass sich das Flugzeug mit einer Geschwindigkeit von ca. 350 km/h relativ zum Boden in Richtung N34°O bewegt. Der Wind erhöht also die
▶ Geschwindigkeit und verändert den Kurs.

Übung 31
Drei Pferde ziehen wie abgebildet nach rechts, zwei Stiere ziehen nach links. Ein Stier ist doppelt so stark wie ein Pferd. Wer gewinnt den Kampf?

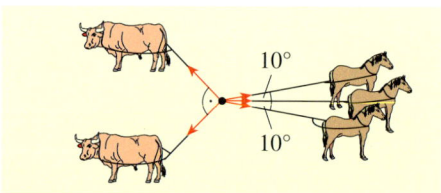

Die Angabe N60°O bedeutet: Das Objekt bewegt sich nach Norden mit einer Abweichung von 60° nach Osten.

3. Rechnen mit Vektoren

Im Folgenden ist im Gegensatz zu den vorhergehenden Beispielen die resultierende Kraft gegeben. Gesucht sind nun Komponenten dieser Kraft in bestimmte vorgegebene Richtungen.

▶ **Beispiel: Antriebskraft am Hang**
Welche Antriebskraft muss ein 1200 kg schweres Auto mindestens aufbringen, um einen 15° steilen Hang hinauffahren zu können?

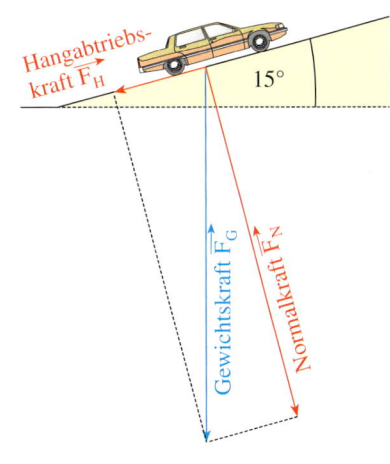

Lösung:
Wir fertigen eine Zeichnung an. Die Gewichtskraft des Autos beträgt ca. 12 000 N. Sie zeigt senkrecht nach unten. Wir zerlegen sie additiv in eine zum Hang senkrechte Normalkraft und eine zum Hang parallele Hangabtriebskraft $\vec{F}_H$.
Maßstäbliches Ausmessen ergibt die Beträge $|\vec{F}_N| = 11\,600\,\text{N}$ und $|\vec{F}_H| = 3100\,\text{N}$. Die Antriebskraft des Autos muss nur den Hangabtrieb ausgleichen, d.h. sie muss
▶ mindestens 3100 N betragen.

▶ **Beispiel: Seilkräfte**
Zwei Kräne heben ein 10 000 kg schweres Bauteil mit Hilfe von Drahtseilen. Wie groß sind die Seilkräfte?

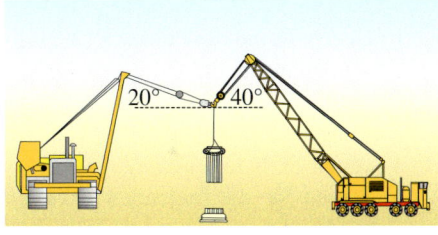

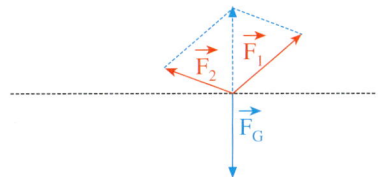

Lösung:
Die Gewichtskraft beträgt ca. 100 000 N. Sie muss durch eine gleich große, nach oben gerichtete Gegenkraft ausgeglichen werden. Mit Hilfe eines Parallelogramms konstruieren wir zwei längs der Seile wirkende Kräfte, deren resultierende Summe genau diese Gegenkraft ergibt.
Durch maßstäbliches Zeichnen und Ablesen erhalten wir $|\vec{F}_1| = 108\,500\,\text{N}$ und
▶ $|\vec{F}_2| = 88\,500\,\text{N}$.

Übung 32
Ein Gärtner schiebt einen Rasenmäher wie abgebildet auf einer ebenen Wiese. Er muss eine Schubkraft von 200 N in Richtung der Schubstange aufbringen. Welche Antriebskraft müsste ein gleich schwerer motorisierter Rasenmäher besitzen, um die gleiche Wirkung zu erzielen?

Übungen

33. a) Bestimmen Sie den Abstand der Punkte A und B.
A(3|1) und B(6|5), A(1|2|3) und B(3|5|9), A(−1|2|0) und B(1|6|4)
b) Wie muss a gewählt werden, damit A(2|1|2) und B(3|a|10) den Abstand 9 besitzen?

34. Gegeben sind die Punkte A(0|4|2), B(6|4|2), C(10|8|2), D(4|8|2) und S(5|6|8). Sie bilden eine Pyramide mit der Grundfläche ABCD und der Spitze S.
a) Zeichnen Sie ein Schrägbild der Pyramide. Bestimmen Sie den Fußpunkt F der Höhe.
b) Zeigen Sie, dass ABCD ein Parallelogramm ist. Bestimmen Sie das Pyramidenvolumen.

35. Das abgebildete Objekt besteht aus Quadern der Größe 8 × 4 × 4 und 4 × 2 × 2. Stellen Sie die folgenden Vektoren als Spaltenvektoren dar.
$\overrightarrow{AB}$, $\overrightarrow{AC}$, $\overrightarrow{BC}$, $\overrightarrow{CJ}$, $\overrightarrow{IJ}$, $\overrightarrow{AE}$, $\overrightarrow{JM}$, $\overrightarrow{ED}$
$\overrightarrow{LM}$, $\overrightarrow{GM}$, $\overrightarrow{AG}$, $\overrightarrow{HB}$, $\overrightarrow{AM}$, $\overrightarrow{GJ}$, $\overrightarrow{GI}$

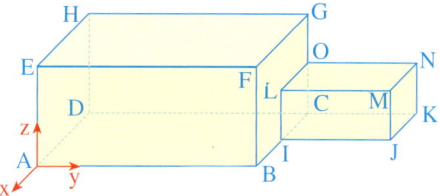

36. a) Gegeben sind die Spaltenvektoren $\vec{a} = \begin{pmatrix} 4 \\ 4 \\ 3 \end{pmatrix}$, $\vec{b} = \begin{pmatrix} 0 \\ 1 \\ 4 \end{pmatrix}$ und $\vec{c} = \begin{pmatrix} 6 \\ 0 \\ 5 \end{pmatrix}$.
Bestimmen Sie den Betrag von $\vec{x}$.
$\vec{x} = \vec{a}$, $\vec{x} = \vec{b} - \vec{c}$, $\vec{x} = \vec{a} + 2\vec{b}$, $\vec{x} = \vec{b} - 2\vec{a} + \vec{c}$, $\vec{x} = \vec{a} + \vec{b} + \vec{c}$, $\vec{x} = 2\vec{a} - \vec{b} - 2\vec{c}$
b) Gegeben sind die Punkte P(2|2|1), Q(5|10|15), R(3|a|0), S(4|6|5). Wie muss a gewählt werden, wenn die Differenz der Vektoren $\overrightarrow{PQ}$ und $\overrightarrow{RS}$ den Betrag 11 besitzen soll?

37. Das abgebildete Viereck wird von den Vektoren $\vec{a}$, $\vec{b}$ und $\vec{c}$ aufgespannt.
a) Stellen Sie die folgenden Vektoren mit Hilfe von $\vec{a}$, $\vec{b}$ und $\vec{c}$ dar.
$\overrightarrow{DA}$, $\overrightarrow{DB}$, $\overrightarrow{AC}$, $\overrightarrow{DC}$, $\overrightarrow{CB}$, $\overrightarrow{BD}$
b) Es sei A(4|0|0), B(2|4|2), C(0|2|3) und D(4|−6|−1). Bestimmen Sie den Umfang des Vierecks und begründen Sie, dass es ein Trapez ist.

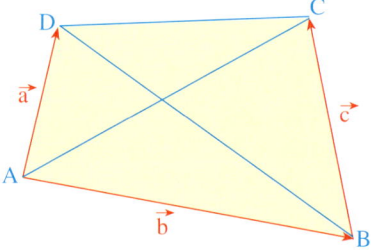

38. Ein Dreieck ABC kann durch Hinzunahme eines weiteren Punktes D zu einem Parallelogramm ergänzt werden. Es gibt stets drei Möglichkeiten für die Konstruktion eines solchen Punktes D. Bestimmen Sie diese Möglichkeiten für folgende Dreiecke:
a) A(2|4), B(8|3), C(4|6)
Lösen Sie die Aufgabe im Koordinatensystem zeichnerisch.
b) A(4|6|3), B(2|8|5), C(0|0|4)
Lösen Sie die Aufgabe rechnerisch mit Hilfe von Spaltenvektoren.

3. Rechnen mit Vektoren

39. a) Stellen Sie den Vektor $\vec{x}$ als Linearkombination der Vektoren $\begin{pmatrix}2\\0\\1\end{pmatrix}$, $\begin{pmatrix}1\\1\\1\end{pmatrix}$ und $\begin{pmatrix}0\\1\\-1\end{pmatrix}$ dar.

$\vec{x} = \begin{pmatrix}5\\0\\4\end{pmatrix}$, $\vec{x} = \begin{pmatrix}1\\2\\0\end{pmatrix}$, $\vec{x} = \begin{pmatrix}0\\0\\0\end{pmatrix}$

b) Untersuchen Sie, ob $\vec{x} = \begin{pmatrix}1\\0\\1\end{pmatrix}$ als Linearkombination von $\begin{pmatrix}0\\1\\1\end{pmatrix}$, $\begin{pmatrix}2\\3\\3\end{pmatrix}$ und $\begin{pmatrix}1\\1\\1\end{pmatrix}$ darstellbar ist.

c) Sind die Vektoren $\begin{pmatrix}1\\2\\-1\end{pmatrix}$, $\begin{pmatrix}1\\0\\3\end{pmatrix}$, $\begin{pmatrix}3\\2\\5\end{pmatrix}$ bzw. $\begin{pmatrix}1\\2\\-1\end{pmatrix}$, $\begin{pmatrix}1\\0\\1\end{pmatrix}$, $\begin{pmatrix}2\\4\\1\end{pmatrix}$ linear unabhängig?

40. Ein Gasballon mit einem Gewicht von 5000 N ist wie abgebildet an einem Seil befestigt. Das Gas erzeugt eine Auftriebskraft von 10 000 N. Durch Seitenwind wird der Ballon um 15° aus der Vertikalen gedrängt. Mit welcher Kraft wirkt der Wind auf den Ballon? Wie groß ist die Kraft im Halteseil? Zeichnen Sie zur Lösung der Aufgabe ein Kräftediagramm.

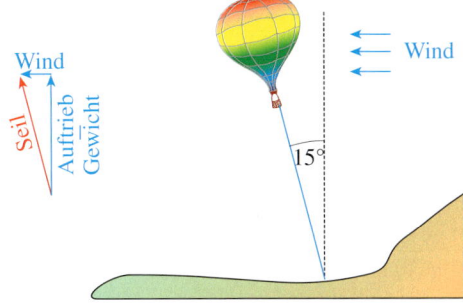

41. Abgebildet ist der Erfinder der Vektorrechnung Hermann Günther Grassmann (1809–1877), ein Gymnasiallehrer aus Stettin. Das Bild hat eine Masse von 5 kg. Welche Zugkräfte wirken in den beiden Schnüren, an denen das Bild hängt?

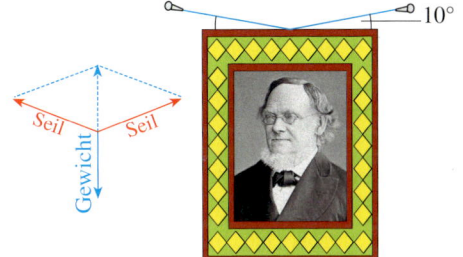

42. Ein Fluss hat eine Strömungsgeschwindigkeit von 15 km/h. Ein Motorboot hat in stehendem Wasser eine Höchstgeschwindigkeit von 40 km/h. Der Steuermann überquert den Fluss, indem er sein Boot wie abgebildet auf 45° nach Norden stellt.
Durch die Strömung werden Geschwindigkeit und Richtung verändert.
Ermitteln Sie zeichnerisch die wahre Geschwindigkeit und die wahre Richtung des Bootes.

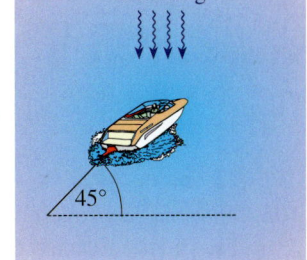

4. Skalarprodukt

A. Definition des Skalarproduktes

Ein Wagen wird gleichmäßig von einem Pferd über einen Sandweg gezogen. Dabei wird eine Kraft in Richtung der Deichsel aufgebracht, die sich durch den Kraftvektor $\vec{F}$ darstellen lässt.
Der zurückgelegte Weg lässt sich ebenfalls vektoriell durch den Wegvektor $\vec{s}$ darstellen. Beide seien im Winkel γ gegeneinander geneigt.

Die hierbei verrichtete Arbeit W errechnet sich als Produkt aus Kraft und Weg, genauer gesagt als Produkt aus Kraft in Wegrichtung F_s und Weglänge s.
F_s lässt sich im rechtwinkligen Dreieck mit Hilfe des Kosinus darstellen als $|\vec{F}| \cdot \cos\gamma$, und s lässt sich darstellen als Betrag des Vektors $\vec{s}$, d.h. als $|\vec{s}|$. Dies führt auf die Formel $W = |\vec{F}| \cdot |\vec{s}| \cdot \cos\gamma$, deren rechte Seite eine gewisse Art von Produkt der Vektoren $\vec{F}$ und $\vec{s}$ darstellt.

Das Ergebnis dieses Produktes ist die Arbeit W, die kein Vektor, sondern eine reine Zahlengröße ist. In der Physik bezeichnet man eine Zahlengröße auch als Skalar und deshalb nennt man das Produkt $|\vec{F}| \cdot |\vec{s}| \cdot \cos\gamma$ auch *Skalarprodukt* der Vektoren $\vec{F}$ und $\vec{s}$. Man verwendet für den Term $|\vec{F}| \cdot |\vec{s}| \cdot \cos\gamma$ die symbolische Schreibweise $\vec{F} \cdot \vec{s}$.

„Arbeit = Kraft · Weg"

Arbeit = $\underset{\text{Wegrichtung}}{\text{Kraft in}}$ · Weglänge

$W = F_s \cdot s$

$W = |\vec{F}| \cdot \cos\gamma \cdot |\vec{s}|$

$W = |\vec{F}| \cdot |\vec{s}| \cdot \cos\gamma$

> **Das Skalarprodukt (Kosinusform)**
>
>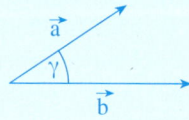
>
> $\vec{a}$ und $\vec{b}$ seien zwei Vektoren und γ der Winkel zwischen diesen Vektoren ($0° \leq \gamma \leq 180°$).
> Dann bezeichnet man den Ausdruck
> $$\vec{a} \cdot \vec{b} = |\vec{a}| \cdot |\vec{b}| \cdot \cos\gamma$$
> als *Skalarprodukt* von $\vec{a}$ und $\vec{b}$.

Übung 1
Bestimmen Sie das Skalarprodukt der Vektoren $\vec{a}$ und $\vec{b}$. Messen Sie die benötigten Längen und Winkel aus oder errechnen Sie diese mit dem Satz des Pythagoras und Trigonometrie.

a)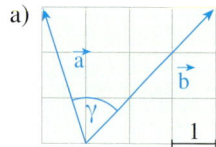

b)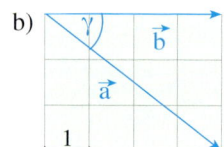

c) $\vec{a} = \begin{pmatrix} -3 \\ 5 \end{pmatrix}, \vec{b} = \begin{pmatrix} 5 \\ 6 \end{pmatrix}$

d) $\vec{a} = \begin{pmatrix} 4 \\ 2 \end{pmatrix}, \vec{b} = \begin{pmatrix} 4 \\ 6 \end{pmatrix}$

4. Skalarprodukt

Ziel der folgenden Überlegungen ist die Gewinnung einer vektor- und winkelfreien Darstellung des Skalarproduktes von Spaltenvektoren.

Wir betrachten zwei Vektoren $\vec{a}$ und $\vec{b}$, die ein Dreieck aufspannen, wie abgebildet. In einem allgemeinen Dreieck gilt der Kosinussatz der Trigonometrie, von dem unsere Rechnung ausgeht:

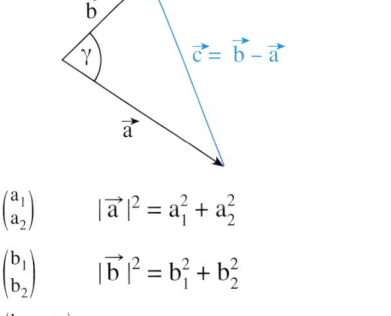

$c^2 = a^2 + b^2 - 2 \cdot a \cdot b \cdot \cos\gamma$ Kosinussatz
$|\vec{c}|^2 = |\vec{a}|^2 + |\vec{b}|^2 - 2 \cdot |\vec{a}| \cdot |\vec{b}| \cdot \cos\gamma$
$|\vec{c}|^2 = |\vec{a}|^2 + |\vec{b}|^2 - 2 \cdot \vec{a} \cdot \vec{b}$ Def. des Skalarproduktes
$2 \cdot \vec{a} \cdot \vec{b} = |\vec{a}|^2 + |\vec{b}|^2 - |\vec{c}|^2$ Umformung

$\vec{a} = \begin{pmatrix} a_1 \\ a_2 \end{pmatrix}$ $|\vec{a}|^2 = a_1^2 + a_2^2$

$\vec{b} = \begin{pmatrix} b_1 \\ b_2 \end{pmatrix}$ $|\vec{b}|^2 = b_1^2 + b_2^2$

$\vec{c} = \begin{pmatrix} b_1 - a_1 \\ b_2 - a_2 \end{pmatrix}$ $|\vec{c}|^2 = (b_1 - a_1)^2 + (b_2 - a_2)^2$

Durch Einsetzen der rechts aufgeführten Darstellungen für die Beträge der Vektoren $\vec{a}$, $\vec{b}$ und $\vec{c}$ folgt:

$2 \cdot \vec{a} \cdot \vec{b} = a_1^2 + a_2^2 + b_1^2 + b_2^2 - (b_1 - a_1)^2 - (b_2 - a_2)^2$

$2 \cdot \vec{a} \cdot \vec{b} = 2a_1b_1 + 2a_2b_2$

$\vec{a} \cdot \vec{b} = a_1b_1 + a_2b_2$

Analog ergibt sich für dreidimensionale Vektoren die Formel

$\vec{a} \cdot \vec{b} = a_1b_1 + a_2b_2 + a_3b_3$.

Das Skalarprodukt von Vektoren lässt sich also als Produktsumme von Koordinaten darstellen.

Das Skalarprodukt (Koordinatenform)

$\vec{a} \cdot \vec{b} = \begin{pmatrix} a_1 \\ a_2 \end{pmatrix} \cdot \begin{pmatrix} b_1 \\ b_2 \end{pmatrix} = a_1b_1 + a_2b_2$

$\vec{a} \cdot \vec{b} = \begin{pmatrix} a_1 \\ a_2 \\ a_3 \end{pmatrix} \cdot \begin{pmatrix} b_1 \\ b_2 \\ b_3 \end{pmatrix} = a_1b_1 + a_2b_2 + a_3b_3$

Beispiele: $\vec{a} = \begin{pmatrix} 1 \\ 2 \end{pmatrix}$, $\vec{b} = \begin{pmatrix} 3 \\ 2 \end{pmatrix}$ $\Rightarrow$ $\vec{a} \cdot \vec{b} = \begin{pmatrix} 1 \\ 2 \end{pmatrix} \cdot \begin{pmatrix} 3 \\ 2 \end{pmatrix} = 1 \cdot 3 + 2 \cdot 2 = 7$

$\vec{a} = \begin{pmatrix} 1 \\ 2 \\ 1 \end{pmatrix}$, $\vec{b} = \begin{pmatrix} 2 \\ 3 \\ -4 \end{pmatrix}$ $\Rightarrow$ $\vec{a} \cdot \vec{b} = \begin{pmatrix} 1 \\ 2 \\ 1 \end{pmatrix} \cdot \begin{pmatrix} 2 \\ 3 \\ -4 \end{pmatrix} = 1 \cdot 2 + 2 \cdot 3 + 1 \cdot (-4) = 4$

$\vec{a} = \begin{pmatrix} 2 \\ -1 \\ 4 \end{pmatrix}$, $\vec{b} = \begin{pmatrix} 3 \\ -2 \\ -2 \end{pmatrix}$ $\Rightarrow$ $\vec{a} \cdot \vec{b} = \begin{pmatrix} 2 \\ -1 \\ 4 \end{pmatrix} \cdot \begin{pmatrix} 3 \\ -2 \\ -2 \end{pmatrix} = 2 \cdot 3 + (-1) \cdot (-2) + 4 \cdot (-2) = 0$

Im Folgenden werden wir sehen, dass viele Probleme durch Anwendung des Skalarproduktes vereinfacht gelöst werden können. Oft benötigt man dabei beide Darstellungen des Skalarproduktes, die winkelbezogene Form $\vec{a} \cdot \vec{b} = |\vec{a}| \cdot |\vec{b}| \cdot \cos\gamma$ sowie die koordinatenbezogenen Formen $\vec{a} \cdot \vec{b} = a_1b_1 + a_2b_2$ bzw. $\vec{a} \cdot \vec{b} = a_1b_1 + a_2b_2 + a_3b_3$.

Übungen

2. Berechnen Sie in den abgebildeten Figuren das Skalarprodukt $\vec{a} \cdot \vec{b}$.
  a) Verwenden Sie die Kosinusform des Skalarproduktes. Die benötigten Längen und Winkel können mit dem Geodreieck gemessen werden.
  b) Verwenden Sie die Koordinatenform des Skalarproduktes.

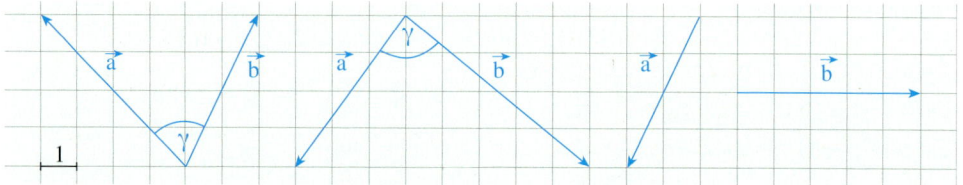

3. Berechnen Sie die angegebenen Skalarprodukte.

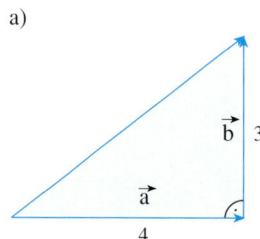
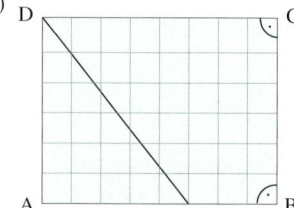
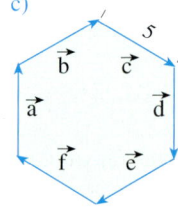

a) $\vec{a} \cdot \vec{b}, \vec{a} \cdot \vec{c}, \vec{b} \cdot \vec{c}$

b) $\overrightarrow{DA} \cdot \overrightarrow{DF}, \overrightarrow{FB} \cdot \overrightarrow{FD}, \overrightarrow{AF} \cdot \overrightarrow{AD}, \overrightarrow{DC} \cdot \overrightarrow{DF}$

c) $\vec{a} \cdot \vec{b}, \vec{a} \cdot \vec{c}, \vec{a} \cdot \vec{d},$
$(\vec{a} + \vec{b}) \cdot \vec{c},$
$(\vec{a} + \vec{b} + \vec{c}) \cdot (\vec{d} + \vec{e} + \vec{f})$

4. Errechnen Sie die folgenden Skalarprodukte.

a) $\begin{pmatrix} 8 \\ -1 \\ 2 \end{pmatrix} \cdot \begin{pmatrix} 0 \\ 4 \\ 1 \end{pmatrix}$
b) $\begin{pmatrix} 2a \\ a \\ 1 \end{pmatrix} \cdot \begin{pmatrix} a \\ -a \\ a \end{pmatrix}$
c) $\begin{pmatrix} a \\ b \\ a \end{pmatrix} \cdot \begin{pmatrix} b \\ -a \\ 0 \end{pmatrix}$
d) $\begin{pmatrix} 4 \\ 2 \\ 1 \end{pmatrix} \cdot \begin{pmatrix} 8 \\ 3a \\ 3 \end{pmatrix} + \begin{pmatrix} 12 \\ -a \\ 2a \end{pmatrix} \cdot \begin{pmatrix} -3 \\ 2 \\ -2 \end{pmatrix}$

5. Wie muss a gewählt werden, wenn die folgenden Gleichungen gelten sollen?

a) $\begin{pmatrix} a \\ 2 \\ 4 \end{pmatrix} \cdot \begin{pmatrix} 2a \\ 1 \\ a \end{pmatrix} = 0$
b) $\begin{pmatrix} 1 \\ 2 \\ 1 \end{pmatrix} \cdot \begin{pmatrix} a \\ 2a \\ a \end{pmatrix} = 1$
c) $\begin{pmatrix} a-1 \\ 1 \\ 2 \end{pmatrix} \cdot \left(\begin{pmatrix} 1 \\ 1 \\ 2 \end{pmatrix} + \begin{pmatrix} 1 \\ 2 \\ a \end{pmatrix} \right) = 6$

6. Die Abbildung zeigt eine quadratische Pyramide mit den Seitenlängen $\overline{AB} = 6$, $\overline{BC} = 6$ sowie der Höhe h = 3.
  a) Berechnen Sie die Skalarprodukte $\overrightarrow{SB} \cdot \overrightarrow{SC}$, $\overrightarrow{AD} \cdot \overrightarrow{DC}$, $\overrightarrow{AC} \cdot \overrightarrow{BD}$, $\overrightarrow{BA} \cdot \overrightarrow{BS}$.
  b) Errechnen Sie das Skalarprodukt $\overrightarrow{SA} \cdot \overrightarrow{SB}$ mit der Koordinatenform. Errechnen Sie die Längen $\overline{SA}$ und $\overline{SB}$. Können Sie nun den Winkel $\alpha = \sphericalangle ASB$ bestimmen?

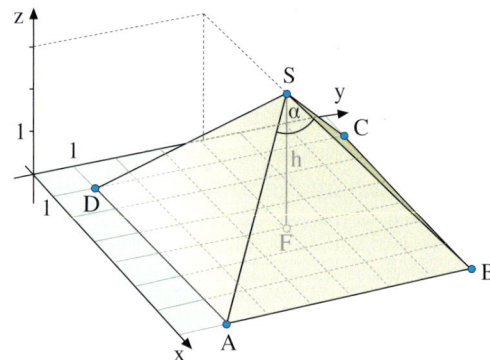

B. Rechengesetze für das Skalarprodukt

Für das Skalarprodukt von Vektoren gelten einige Rechengesetze, die wir nun auflisten und gelegentlich anwenden werden, vor allem bei theoretischen Herleitungen.

Rechengesetze für das Skalarprodukt

$\vec{a} \cdot \vec{b} = \vec{b} \cdot \vec{a}$ Kommutativgesetz

$(r\vec{a}) \cdot \vec{b} = r(\vec{a} \cdot \vec{b})$ für $r \in \mathbb{R}$

$(\vec{a} + \vec{b}) \cdot \vec{c} = \vec{a} \cdot \vec{c} + \vec{b} \cdot \vec{c}$ Distributivgesetz

$\vec{a}^2 = \vec{a} \cdot \vec{a} > 0$ für $\vec{a} \neq \vec{0}$

$\vec{a}^2 = \vec{a} \cdot \vec{a} = 0$ für $\vec{a} = \vec{0}$

Exemplarischer Beweis des Kommutativgesetzes:

1. Methode: Kosinusform des SP

$\vec{a} \cdot \vec{b} = |\vec{a}| \cdot |\vec{b}| \cdot \cos\gamma = |\vec{b}| \cdot |\vec{a}| \cdot \cos\gamma = \vec{b} \cdot \vec{a}$

2. Methode: Koordinatenform des SP

$\vec{a} \cdot \vec{b} = \begin{pmatrix} a_1 \\ a_2 \\ a_3 \end{pmatrix} \cdot \begin{pmatrix} b_1 \\ b_2 \\ b_3 \end{pmatrix} = a_1 b_1 + a_2 b_2 + a_3 b_3$

$= b_1 a_1 + b_2 a_2 + b_3 a_3 = \begin{pmatrix} b_1 \\ b_2 \\ b_3 \end{pmatrix} \cdot \begin{pmatrix} a_1 \\ a_2 \\ a_3 \end{pmatrix} = \vec{b} \cdot \vec{a}$

Rechts sind exemplarisch zwei Beweise für das Kommutativgesetz aufgeführt. Analog lassen sich die übrigen Gesetze beweisen.

Darüber hinaus gelten weitere Rechenregeln für das Skalarprodukt, die sich aber alle aus den obigen grundlegenden Rechengesetzen sowie der Definition des Skalarproduktes herleiten lassen, wie z. B. die binomischen Formeln (vgl. Übung 9). Andere „wohlvertraute" Rechenregeln wie z. B. das Assoziativgesetz gelten für das Skalarprodukt nicht.

Übung 7
Beweisen Sie das Rechengesetz $(r\vec{a}) \cdot \vec{b} = r(\vec{a} \cdot \vec{b})$ für $r \in \mathbb{R}$ auf zwei Arten.

Übung 8
Zeigen Sie anhand eines Gegenbeispiels, dass das „Assoziativgesetz" für das Skalarprodukt nicht gilt. Widerlegen Sie also $\vec{a} \cdot (\vec{b} \cdot \vec{c}) = (\vec{a} \cdot \vec{b}) \cdot \vec{c}$.

Übung 9
Weisen Sie nur mit Hilfe der obigen Rechengesetze die Gültigkeit folgender Formeln nach.
a) $(\vec{a} + \vec{b})^2 = \vec{a}^2 + 2\vec{a}\vec{b} + \vec{b}^2$ b) $(\vec{a} + \vec{b}) \cdot (\vec{a} - \vec{b}) = \vec{a}^2 - \vec{b}^2$

Übung 10
Widerlegen Sie folgende „Rechenregeln", die beim Zahlenrechnen eine große Rolle spielen.
a) $(\vec{a} \cdot \vec{b})^2 = \vec{a}^2 \cdot \vec{b}^2$ b) $\vec{a} \cdot \vec{b} = \vec{0} \Rightarrow \vec{a} = \vec{0}$ oder $\vec{b} = \vec{0}$

Übung 11
Zeigen Sie:
a) Sind zwei Vektoren gleich, so sind auch ihre Skalarprodukte mit einem 3. Vektor gleich.
b) Aus Skalarprodukten von Vektoren darf man im Allgemeinen nicht kürzen.
   (Aus $\vec{x} \cdot \vec{c} = \vec{y} \cdot \vec{c}$ folgt nicht zwingend $\vec{x} = \vec{y}$.)

5. Winkelberechnungen

A. Der Winkel zwischen zwei Vektoren

Mit Hilfe des Skalarproduktes zweier Vektoren können sowohl *Längen* als auch *Winkel* auf vektorieller Basis gemessen werden. Die Grundlage bilden hierbei die beiden folgenden Sätze.

Bildet man das Skalarprodukt eines Vektors mit sich selbst, so erhält man das Quadrat des Betrages des Vektors:

$$\vec{a} \cdot \vec{a} = |\vec{a}| \cdot |\vec{a}| \cdot \cos 0° = |\vec{a}|^2.$$

> **Der Betrag eines Vektors**
> Für den Betrag (die Länge) eines Vektors $\vec{a}$ gilt die Formel
> $$|\vec{a}|^2 = \vec{a} \cdot \vec{a} \quad \text{bzw.} \quad |\vec{a}| = \sqrt{\vec{a} \cdot \vec{a}}.$$

Beispielsweise hat der Vektor $\vec{a} = \begin{pmatrix} 2 \\ 6 \\ -3 \end{pmatrix}$ die Länge 7, denn es gilt:

$$|\vec{a}|^2 = \vec{a} \cdot \vec{a} = \begin{pmatrix} 2 \\ 6 \\ -3 \end{pmatrix} \cdot \begin{pmatrix} 2 \\ 6 \\ -3 \end{pmatrix} = 4 + 36 + 9 = 49 \Rightarrow |\vec{a}| = \sqrt{49} = 7.$$

Zwei Vektoren $\vec{a}$ und $\vec{b}$ bilden stets zwei Winkel. Der kleinere der beiden Winkel wird als *Winkel zwischen den Vektoren* bezeichnet. Er kann mittels Skalarprodukt berechnet werden. Löst man die Skalarproduktgleichung $\vec{a} \cdot \vec{b} = |\vec{a}| \cdot |\vec{b}| \cdot \cos \gamma$ nach $\cos \gamma$ auf, so erhält man die sogenannte *Kosinusformel*, die zur Winkelberechnung verwendet wird.

> **Die Kosinusformel**
> $\vec{a}$ und $\vec{b}$ seien vom Nullvektor verschiedene Vektoren und γ sei der Winkel zwischen ihnen. Dann gilt:
> $$\cos \gamma = \frac{\vec{a} \cdot \vec{b}}{|\vec{a}| \cdot |\vec{b}|}.$$

▶ **Beispiel: Winkel zwischen zwei Vektoren**
Errechnen Sie den Winkel zwischen den Vektoren $\vec{a} = \begin{pmatrix} 4 \\ 5 \\ 3 \end{pmatrix}$ und $\vec{b} = \begin{pmatrix} 7 \\ 5 \\ 1 \end{pmatrix}$.

Lösung:
Wir errechnen zunächst die Beträge von $\vec{a}$ und $\vec{b}$: $|\vec{a}| = \sqrt{\vec{a} \cdot \vec{a}} = \sqrt{50}$, $|\vec{b}| = \sqrt{75}$.

Nun wenden wir die Kosinusformel an:
$$\cos \gamma = \frac{\vec{a} \cdot \vec{b}}{|\vec{a}| \cdot |\vec{b}|} = \frac{56}{\sqrt{50} \cdot \sqrt{75}} \approx 0{,}9145.$$

Mit dem Taschenrechner ($\cos^{-1}$-Taste) folgt
▶ $\gamma \approx 23{,}87°$.

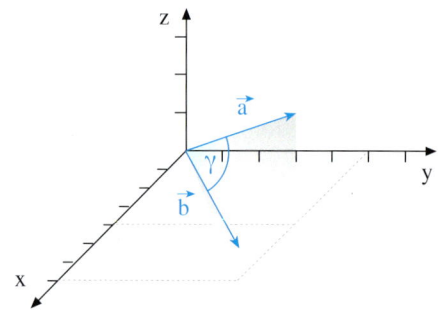

5. Winkelberechnungen

▶ **Beispiel: Winkel im Dreieck**
Gegeben sei das Dreieck mit den Ecken P(5|5|1), Q(6|1|2), R(1|0|4). Bestimmen Sie die Größe des Innenwinkels γ am Punkt R des Dreiecks.

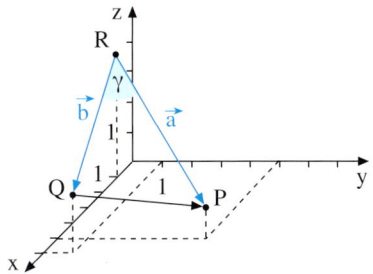

Lösung:
Wir stellen die beiden Dreiecksseiten, die am Winkel γ anliegen, zunächst durch die Vektoren $\vec{a} = \overrightarrow{RP}$ und $\vec{b} = \overrightarrow{RQ}$ dar.

γ lässt sich als Winkel zwischen diesen Vektoren $\vec{a}$ und $\vec{b}$ auffassen.
Nun können wir mit Hilfe der Kosinusformel den Kosinus des Winkels γ bestimmen. Wir erhalten $\cos \gamma \approx 0{,}8004$.

▶ Hieraus folgt unmittelbar $\gamma \approx 36{,}83°$

$$\vec{a} = \overrightarrow{RP} = \overrightarrow{OP} - \overrightarrow{OR} = \begin{pmatrix} 5 \\ 5 \\ 1 \end{pmatrix} - \begin{pmatrix} 1 \\ 0 \\ 4 \end{pmatrix} = \begin{pmatrix} 4 \\ 5 \\ -3 \end{pmatrix}$$

$$\vec{b} = \overrightarrow{RQ} = \overrightarrow{OQ} - \overrightarrow{OR} = \begin{pmatrix} 6 \\ 1 \\ 2 \end{pmatrix} - \begin{pmatrix} 1 \\ 0 \\ 4 \end{pmatrix} = \begin{pmatrix} 5 \\ 1 \\ -2 \end{pmatrix}$$

$$\cos \gamma = \frac{\vec{a} \cdot \vec{b}}{|\vec{a}| \cdot |\vec{b}|} = \frac{20 + 5 + 6}{\sqrt{50} \cdot \sqrt{30}} \approx 0{,}8004$$

$\gamma \approx 36{,}83°$.

Übung 1
Bestimmen Sie die Größe des Winkels zwischen den Vektoren $\vec{a}$ und $\vec{b}$.

a) $\vec{a} = \begin{pmatrix} 3 \\ 1 \end{pmatrix}$, $\vec{b} = \begin{pmatrix} 3 \\ -3 \end{pmatrix}$
b) $\vec{a} = \begin{pmatrix} 1 \\ 2 \\ -3 \end{pmatrix}$, $\vec{b} = \begin{pmatrix} -2 \\ -4 \\ 0 \end{pmatrix}$
c) $\vec{a} = \begin{pmatrix} 4 \\ 3 \\ 4 \end{pmatrix}$, $\vec{b} = \begin{pmatrix} 2 \\ -4 \\ 1 \end{pmatrix}$

Übung 2
Bestimmen Sie die Größe des Winkels α mit Hilfe von Vektoren.

a)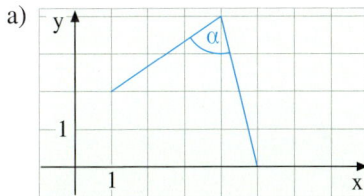

b)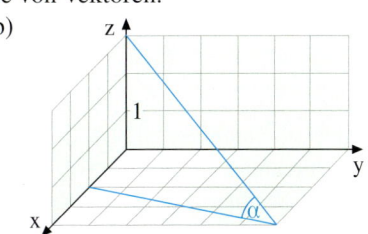

Übung 3
Bestimmen Sie alle Winkel im Dreieck PQR.
a) P(3|4), Q(6|3), R(3|0)
b) P(3|4|1), Q(6|3|2), R(3|0|3)
c) P(6|3|8), Q(7|4|3), R(4|4|2)
d) P(1|2|2), Q(3|4|2), R(2|3|2 + √3)

Übung 4
Gegeben sind die Vektoren $\vec{a} = \begin{pmatrix} 4 \\ 4 \\ 2 \end{pmatrix}$ und $\vec{b} = \begin{pmatrix} 6 \\ 0 \\ z \end{pmatrix}$. Wie muss die Koordinate z gewählt werden, damit der Winkel zwischen $\vec{a}$ und $\vec{b}$ eine Größe von 45° hat?

B. Zueinander orthogonale Vektoren

Zwei Vektoren $\vec{a}$ und $\vec{b}$ ($\vec{a}, \vec{b} \neq \vec{0}$) werden als *zueinander orthogonale Vektoren* bezeichnet, wenn sie senkrecht aufeinander stehen. Man verwendet hierfür die symbolische Schreibweise $\vec{a} \perp \vec{b}$.
Mit Hilfe des Skalarproduktes kann man besonders einfach überprüfen, ob zwei Vektoren orthogonal sind. Das Skalarprodukt der Vektoren ist dann nämlich gleich null, weil für $\gamma = 90°$ gilt:
$\vec{a} \cdot \vec{b} = |\vec{a}| \cdot |\vec{b}| \cdot \cos 90°$
$\phantom{\vec{a} \cdot \vec{b}} = |\vec{a}| \cdot |\vec{b}| \cdot 0 = 0$.

Orthogonalitätskriterium
Zwei Vektoren $\vec{a}$ und $\vec{b}$ ($\vec{a}, \vec{b} \neq \vec{0}$) sind genau dann orthogonal (senkrecht), wenn ihr Skalarprodukt null ist.

$$\vec{a} \perp \vec{b} \Leftrightarrow \vec{a} \cdot \vec{b} = 0$$

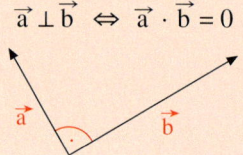

▶ **Beispiel: Orthogonale Vektoren**
Prüfen Sie, ob zwei der drei Vektoren orthogonal sind.
$\vec{a} = \begin{pmatrix} 1 \\ 2 \\ 4 \end{pmatrix}$, $\vec{b} = \begin{pmatrix} 1 \\ 2 \\ -1 \end{pmatrix}$, $\vec{c} = \begin{pmatrix} 8 \\ 2 \\ -3 \end{pmatrix}$

Lösung:
$\vec{a} \cdot \vec{b} = 1 \Rightarrow \vec{a}, \vec{b}$ sind nicht orthogonal.
$\vec{a} \cdot \vec{c} = 0 \Rightarrow \vec{a}, \vec{c}$ sind orthogonal.
$\vec{b} \cdot \vec{c} = 15 \Rightarrow \vec{b}, \vec{c}$ sind nicht orthogonal.

▶ **Beispiel: Rechtwinkliges Dreieck**
Prüfen Sie, ob das Dreieck mit den Eckpunkten A(0|0|4), B(2|2|2), C(0|3|1) rechtwinklig ist (Schrägbild anfertigen).

Lösung:
Im Schrägbild ist die Rechtwinkligkeit des Dreiecks nicht erkennbar.
Bilden wir jedoch rechnerisch die Seitenvektoren und berechnen dann deren Skalarprodukte, so stellt sich heraus, dass das
▶ Dreieck bei B rechtwinklig ist.

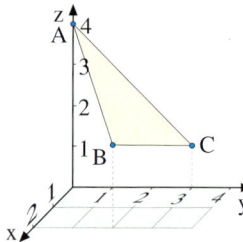

$\vec{AB} = \begin{pmatrix} 2 \\ 2 \\ -2 \end{pmatrix}$, $\vec{AC} = \begin{pmatrix} 0 \\ 3 \\ -3 \end{pmatrix}$, $\vec{BC} = \begin{pmatrix} -2 \\ 1 \\ -1 \end{pmatrix}$

$\vec{AB} \cdot \vec{AC} = 12$, $\vec{BA} \cdot \vec{BC} = 0$, $\vec{CB} \cdot \vec{CA} = 6$

▶ **Beispiel: Termvereinfachung**
Gegeben sind zwei Vektoren $\vec{a}$ und $\vec{b}$ mit den Eigenschaften $|\vec{a}| = 2$, $|\vec{b}| = 1$ und $\vec{a} \perp \vec{b}$. Vereinfachen Sie den Term $(\vec{a} + \vec{b}) \cdot (2\vec{a} - 3\vec{b})$.

Lösung:
$(\vec{a} + \vec{b}) \cdot (2\vec{a} - 3\vec{b}) =$
$= 2\vec{a}^2 - 3\vec{a} \cdot \vec{b} + 2\vec{b} \cdot \vec{a} - 3\vec{b}^2$
$= 2\vec{a}^2 - \vec{a} \cdot \vec{b} - 3\vec{b}^2$
$= 2 \cdot 4 - 0 - 3 \cdot 1$
$= 5$

5. Winkelberechnungen

Das Skalarprodukt wird häufig zur Bestimmung eines *Normalenvektors* verwendet. Das ist ein Vektor, der auf zwei gegebenen Vektoren bzw. auf der von diesen Vektoren aufgespannten Fläche senkrecht steht.

▶ **Beispiel: Normalenvektor**
Gegeben sind die abgebildeten Vektoren $\vec{a}$ und $\vec{b}$.
Gesucht ist ein Vektor $\vec{x}$, der sowohl auf $\vec{a}$ als auch auf $\vec{b}$ senkrecht steht.

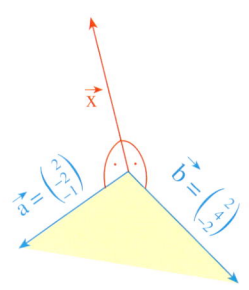

Lösung:
Wir verwenden den Ansatz $\vec{x} = \begin{pmatrix} x \\ y \\ z \end{pmatrix}$.

Da $\vec{a}$ und $\vec{b}$ orthogonal zu $\vec{x}$ sein sollen, müssen die Bedingungen $\vec{a} \cdot \vec{x} = 0$ und $\vec{b} \cdot \vec{x} = 0$ gelten.
Durch Einsetzen von Vektoren erhalten wir ein lineares Gleichungssystem mit zwei Gleichungen in drei Variablen.
Der Wert einer Variablen kann also frei gewählt werden (hier z. B. y = 1).
Die Werte der beiden anderen Variablen werden dann durch sukzessive Rückeinsetzung gewonnen.

Resultat: z. B. $\vec{x} = \begin{pmatrix} 4 \\ 1 \\ 6 \end{pmatrix}$

Orthogonalitätsbedingungen:

$\vec{a} \cdot \vec{x} = 0$: $\begin{pmatrix} 2 \\ -2 \\ -1 \end{pmatrix} \cdot \begin{pmatrix} x \\ y \\ z \end{pmatrix} = 0$

$\vec{b} \cdot \vec{x} = 0$: $\begin{pmatrix} 2 \\ 4 \\ -2 \end{pmatrix} \cdot \begin{pmatrix} x \\ y \\ z \end{pmatrix} = 0$

lineares Gleichungssystem:
I: $2x - 2y - z = 0$
II: $2x + 4y - 2z = 0$

Lösung des Gleichungssystems:
III = II − I: $6y - z = 0$
y = 1 (frei gewählt)
z = 6 (durch Rückeinsetzung in III)
x = 4 (durch Rückeinsetzung in I)

Übung 5
Suchen Sie unter den gegebenen Vektoren alle Paare orthogonaler Vektoren.

$\vec{a} = \begin{pmatrix} 3 \\ 2 \\ 0 \end{pmatrix}$ $\vec{b} = \begin{pmatrix} 0 \\ 4 \\ 2 \end{pmatrix}$ $\vec{c} = \begin{pmatrix} 2 \\ -3 \\ 6 \end{pmatrix}$ $\vec{d} = \begin{pmatrix} 4 \\ 1 \\ 1 \end{pmatrix}$ $\vec{e} = \begin{pmatrix} 1 \\ a \\ 1 \end{pmatrix}$ $\vec{f} = \begin{pmatrix} -a \\ 2a \\ 0 \end{pmatrix}$

Übung 6
Untersuchen Sie, ob das Dreieck ABC rechtwinklig ist.
a) A(2|2|0), B(1|4|2), C(−1|4|0,5)
b) A(5|1|2), B(2|4|2), C(−1|1|2)
c) A(3|4|−1), B(5|5|1), C(3|7|2)
d) A(2|1|0), B(3|3|2), C(a|0|−1)

Übung 7
Gesucht ist jeweils ein Vektor $\vec{x}$, der sowohl zu $\vec{a}$ als auch zu $\vec{b}$ orthogonal ist.

a) $\vec{a} = \begin{pmatrix} 1 \\ 1 \\ -1 \end{pmatrix}$, $\vec{b} = \begin{pmatrix} 3 \\ 3 \\ 2 \end{pmatrix}$
b) $\vec{a} = \begin{pmatrix} 2 \\ 3 \\ 1 \end{pmatrix}$, $\vec{b} = \begin{pmatrix} -2 \\ 3 \\ 3 \end{pmatrix}$
c) $\vec{a} = \begin{pmatrix} 4 \\ 5 \\ -3 \end{pmatrix}$, $\vec{b} = \begin{pmatrix} 2 \\ 5 \\ 1 \end{pmatrix}$

C. Die physikalische Arbeit

Abschließend wenden wir das Skalarprodukt zur Berechnung der physikalischen Arbeit entsprechend den Ausführungen zu dessen Einführung auf Seite 58 an.

▶ **Beispiel:** Ein Wagen wird auf ebener Strecke 250 Meter weit gezogen, wobei die Deichsel in einem Winkel von 30° gegen die Horizontale geneigt ist.
In Richtung der Deichsel wird mit einer Kraft von 150 N gezogen.
Welche Arbeit wird dabei verrichtet?

Lösung:
Arbeit = Kraft · Weg
▶ $W = \vec{F} \cdot \vec{s} = |\vec{F}| \cdot |\vec{s}| \cdot \cos 30° = 150\,N \cdot 250\,m \cdot \frac{\sqrt{3}}{2} \approx 32\,476\,Nm$

▶ **Beispiel:** Ein UFO bewegt sich unter dem Einfluss seiner drei Antriebsdüsen und des Windes vom Punkt A(10|10|20) zum Punkt B(800|200|500).
Welche Arbeit wird dabei von den Düsen verrichtet, wenn diese Kräfte $\vec{F}_1 = \begin{pmatrix} 100 \\ 100 \\ 2000 \end{pmatrix}$, $\vec{F}_2 = \begin{pmatrix} 200 \\ 300 \\ 2000 \end{pmatrix}$, $\vec{F}_3 = \begin{pmatrix} 100 \\ 200 \\ 2000 \end{pmatrix}$ bewirken?

Lösung:
Wir bestimmen zunächst durch Addition von $\vec{F}_1$, $\vec{F}_2$ und $\vec{F}_3$ die resultierende Gesamtkraft $\vec{F}$ sowie durch Subtraktion der Ortsvektoren von B und A den Wegvektor $\vec{s}$: $\vec{F} = \begin{pmatrix} 400 \\ 600 \\ 6000 \end{pmatrix}$, $\vec{s} = \begin{pmatrix} 790 \\ 190 \\ 480 \end{pmatrix}$.

▶ Nun bilden wir das Skalarprodukt und erhalten als Resultat: $W = \vec{F} \cdot \vec{s} = 3\,310\,000\,Nm$.

Übung 8

Ein Segelboot wird so gesteuert, dass der Wind mit einem Winkel von 40° zur Fahrtrichtung einfällt.
Der Wind übt auf das Segel eine Kraft von 2500 N aus.
Wie groß ist die vom Wind nach einer Fahrtstrecke von 10 km am Boot verrichtete Arbeit?

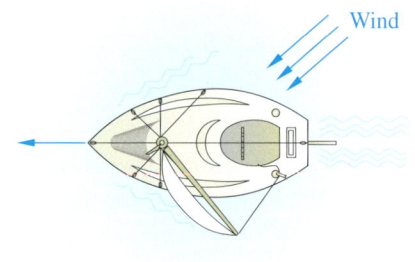

II. Vektoren

Überblick

Der Abstand von zwei Punkten
Ebene: Abstand von $A(a_1|a_2)$ und $B(b_1|b_2)$: $\quad d(A; B) = \sqrt{(b_1 - a_1)^2 + (b_2 - a_2)^2}$
Raum: Abstand von $A(a_1|a_2|a_3)$ und $B(b_1|b_2|b_3)$: $d(A; B) = \sqrt{(b_1 - a_1)^2 + (b_2 - a_2)^2 + (b_3 - a_3)^2}$

Der Betrag eines Vektors
Der Betrag eines Vektors ist die Länge eines seiner Pfeile.

Ebene: $\vec{a} = \begin{pmatrix} a_1 \\ a_2 \end{pmatrix} \Rightarrow |\vec{a}| = \sqrt{a_1^2 + a_2^2}$ $\qquad$ **Raum:** $\vec{a} = \begin{pmatrix} a_1 \\ a_2 \\ a_3 \end{pmatrix} \Rightarrow |\vec{a}| = \sqrt{a_1^2 + a_2^2 + a_3^2}$

Summe zweier Vektoren
Unter der Summe zweier Vektoren $\vec{a}$, $\vec{b}$ versteht man den Vektor, der entsteht, wenn man die einander entsprechenden Koordinaten von $\vec{a}$ und $\vec{b}$ addiert:

Ebene: $\vec{a} + \vec{b} = \begin{pmatrix} a_1 \\ a_2 \end{pmatrix} + \begin{pmatrix} b_1 \\ b_2 \end{pmatrix} = \begin{pmatrix} a_1 + b_1 \\ a_2 + b_2 \end{pmatrix}$ $\qquad$ **Raum:** $\vec{a} + \vec{b} = \begin{pmatrix} a_1 \\ a_2 \\ a_3 \end{pmatrix} + \begin{pmatrix} b_1 \\ b_2 \\ b_3 \end{pmatrix} = \begin{pmatrix} a_1 + b_1 \\ a_2 + b_2 \\ a_3 + b_3 \end{pmatrix}$

Vielfaches eines Vektors
Ein Vektor wird mit einer reellen Zahl s (einem sog. Skalar) multipliziert, indem jede seiner Koordinaten mit s multipliziert wird.

Ebene: $s \cdot \vec{a} = s \cdot \begin{pmatrix} a_1 \\ a_2 \end{pmatrix} = \begin{pmatrix} s \cdot a_1 \\ s \cdot a_2 \end{pmatrix}$ $\qquad$ **Raum:** $s \cdot \vec{a} = s \cdot \begin{pmatrix} a_1 \\ a_2 \\ a_3 \end{pmatrix} = \begin{pmatrix} s \cdot a_1 \\ s \cdot a_2 \\ s \cdot a_3 \end{pmatrix}$

Differenz zweier Vektoren
Die Differenz zweier Vektoren $\vec{a}$, $\vec{b}$ ist gegeben durch die Summe von $\vec{a}$ und dem Vektor $-\vec{b}$:
$\vec{a} - \vec{b} = \vec{a} + (-\vec{b})$.

Linearkombination von Vektoren
Eine Summe der Form $r_1 \cdot \vec{a}_1 + r_2 \cdot \vec{a}_2 + \ldots + r_n \cdot \vec{a}_n$ ($r_i \in \mathbb{R}$) wird als Linearkombination der Vektoren $\vec{a}_1, \vec{a}_2, \ldots, \vec{a}_n$ bezeichnet.

Kriterium zur Linearen Unabhängigkeit
Drei Vektoren $\vec{a}$, $\vec{b}$ und $\vec{c}$ sind genau dann linear unabhängig, wenn die Gleichung
$r \cdot \vec{a}, + s \cdot \vec{b} + t \cdot \vec{c} = \vec{0}$ nur die triviale Lösung $r = s = t = 0$ hat.

Skalarprodukt: $\qquad$ *Kosinusformel:* $\quad \vec{a} \cdot \vec{b} = |\vec{a}| \cdot |\vec{b}| \cdot \cos\gamma \quad (0° < \gamma < 180°)$

$\qquad\qquad\qquad\qquad\qquad$ *Koordinatenform:* $\vec{a} \cdot \vec{b} = \begin{pmatrix} a_1 \\ a_2 \end{pmatrix} \cdot \begin{pmatrix} b_1 \\ b_2 \end{pmatrix} = a_1 b_1 + a_2 b_2$

$\qquad\qquad\qquad\qquad\qquad\qquad\qquad\quad \vec{a} \cdot \vec{b} = \begin{pmatrix} a_1 \\ a_2 \\ a_3 \end{pmatrix} \cdot \begin{pmatrix} b_1 \\ b_2 \\ b_3 \end{pmatrix} = a_1 b_1 + a_2 b_2 + a_3 b_3$

Der Betrag eines Vektors: $\qquad$ Für den Betrag (die Länge) eines Vektors $\vec{a}$ gilt die Formel
$\qquad\qquad\qquad\qquad\qquad\qquad |\vec{a}|^2 = \vec{a} \cdot \vec{a}$ bzw. $|\vec{a}| = \sqrt{\vec{a} \cdot \vec{a}}$.

Orthogonale Vektoren: $\qquad \vec{a} \perp \vec{b} \quad \Leftrightarrow \quad \vec{a} \cdot \vec{b} = 0$

Elementargeometrische Beweise mit dem Skalarprodukt

Das Skalarprodukt wird häufig für Winkelberechnungen verwendet. Aber es kann auch zum Nachweis elementargeometrischer Eigenschaften und Sätze eingesetzt werden, die mit Orthogonalität zu tun haben, was im Folgenden angesprochen wird.

Beweis des Höhensatzes

Gegeben sei ein rechtwinkliges Dreieck ABC mit der Höhe h und den Hypotenusenabschnitten p und q.

Beweisen Sie: $h^2 = p \cdot q$.

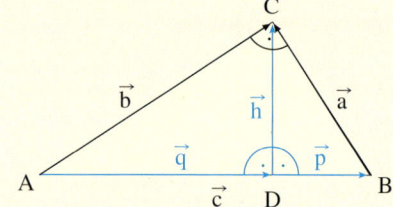

Lösung:
Wir belegen zunächst die Seiten, Höhe und die Hypotenusenabschnitte mit Vektoren, wie abgebildet. Dann nehmen wir alle Voraussetzungen in eine Sammlung auf zum Zweck des späteren Gebrauchs. Schließlich weisen wir durch eine Kettenrechnung $h^2 = p \cdot q$ nach.

Beweis:

$$
\begin{aligned}
h^2 &= |\vec{h}|^2 = \vec{h} \cdot \vec{h} && \text{Rechengesetz} \\
&= (\vec{b} - \vec{q}) \cdot \vec{h} && \text{nach (3)} \\
&= \vec{b} \cdot \vec{h} - \vec{q} \cdot \vec{h} && \text{Rechengesetz} \\
&= \vec{b} \cdot \vec{h} && \text{nach (8)} \\
&= \vec{b} \cdot (\vec{a} + \vec{p}) && \text{nach (4)} \\
&= \vec{b} \cdot \vec{a} + \vec{b} \cdot \vec{p} && \text{Rechengesetz} \\
&= \vec{b} \cdot \vec{p} && \text{nach (5)} \\
&= (\vec{q} + \vec{h}) \cdot \vec{p} && \text{nach (3)} \\
&= \vec{q} \cdot \vec{p} + \vec{h} \cdot \vec{p} && \text{Rechengesetz} \\
&= \vec{q} \cdot \vec{p} && \text{nach (7)} \\
&= |\vec{q}| \cdot |\vec{p}| \cdot \cos 0° && \text{Definition des SP} \\
&= |\vec{q}| \cdot |\vec{p}| && \text{da } \cos 0° = 1 \text{ ist} \\
&= p \cdot q
\end{aligned}
$$

Vektorbelegungen:

$\vec{a} = \overrightarrow{BC}$, $\vec{b} = \overrightarrow{AC}$, $\vec{c} = \overrightarrow{AB}$, $\vec{h} = \overrightarrow{DC}$, $\vec{q} = \overrightarrow{AD}$, $\vec{p} = \overrightarrow{DB}$

Sammlung der Voraussetzungen:

(1) $\vec{c} = \vec{q} + \vec{p}$
(2) $\vec{c} = \vec{b} - \vec{a}$
(3) $\vec{h} = \vec{b} - \vec{q}$
(4) $\vec{h} = \vec{a} + \vec{p}$
(5) $\vec{a} \perp \vec{b}$, d.h. $\vec{a} \cdot \vec{b} = 0$
(6) $\vec{h} \perp \vec{c}$, d.h. $\vec{h} \cdot \vec{c} = 0$
(7) $\vec{h} \perp \vec{p}$, d.h. $\vec{h} \cdot \vec{p} = 0$
(8) $\vec{h} \perp \vec{q}$, d.h. $\vec{h} \cdot \vec{q} = 0$

Übungen

1. Kathetensatz
Im rechtwinkligen Dreieck gelten die Beziehungen $a^2 = p \cdot c$ und $b^2 = q \cdot c$. Beweisen Sie diese mit Hilfe des Skalarproduktes. Gehen Sie ähnlich vor wie im obigen Beispiel.

2. Alternativer Beweis des Höhensatzes
Erläutern Sie den folgenden Kurzbeweis des Höhensatzes schrittweise (siehe Zeichnung oben):
$0 = \vec{a} \cdot \vec{b} = (\vec{h} - \vec{p}) \cdot (\vec{q} + \vec{h}) = \vec{h} \cdot \vec{q} + \vec{h} \cdot \vec{h} - \vec{p} \cdot \vec{q} - \vec{p} \cdot \vec{h} = \vec{h} \cdot \vec{h} - \vec{p} \cdot \vec{q} = h^2 - p \cdot q$

Elementargeometrische Beweise mit dem Skalarprodukt

3. Diagonalen einer Raute
Zeigen Sie mit Hilfe des Skalarproduktes, dass die Diagonalen einer Raute senkrecht aufeinander stehen.

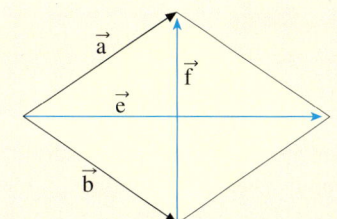

4. Beweisen Sie die Umkehrung der Aussage aus Übung 3:
Stehen in einem Parallelogramm die Diagonalen senkrecht aufeinander, ist es eine Raute.

5. Beweisen Sie:
Ein Rechteck ist genau dann ein Quadrat, wenn seine Diagonalen senkrecht aufeinander stehen.

6. Satz des Pythagoras
Beweisen Sie:
a) In einem rechtwinkligen Dreieck mit der Hypotenuse c und den Katheten a und b gilt: $a^2 + b^2 = c^2$.
b) Gilt in einem Dreieck mit den Seiten a, b und c die Gleichung $a^2 + b^2 = c^2$, so ist das Dreieck rechtwinklig.

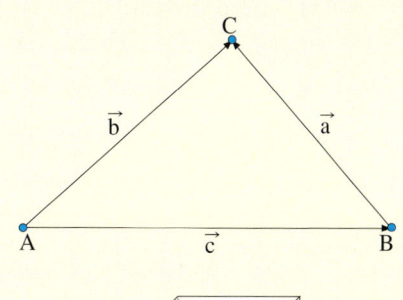

7. Senkrechte Strecken im Quader
Zeigen Sie, dass in einem Quader mit quadratischer Grundfläche die Grundflächendiagonale e und die Raumdiagonale f senkrecht zueinander stehen.

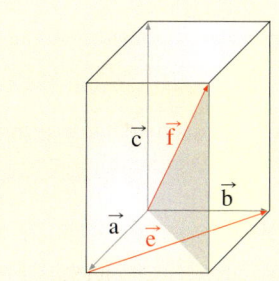

8. Quadrate im Parallelogramm
Beweisen Sie: In einem Parallelogramm ist die Summe der Diagonalenquadrate ebenso groß wie die Summe der Seitenquadrate (siehe Abbildung).

Seitenquadrate: Diagonalenquadrate:

9. Satz des Thales
Der Satz des Thales besagt: Liegt ein Punkt C auf dem Kreis mit dem Durchmesser $\overline{AB}$, so hat das Dreieck ABC bei C einen rechten Winkel.
Beweisen Sie diese Aussage. Verwenden Sie die abgebildete Beweisfigur. Berechnen Sie dazu $\vec{a} \cdot \vec{b}$.

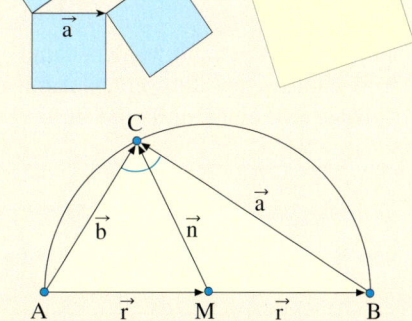

Test

Vektoren

1. Stellen Sie die abgebildeten Vektoren als Vektoren in Koordinatenform dar. Bestimmen Sie anschließend das Ergebnis der folgenden Rechenausdrücke.
   a) $\vec{a} + \vec{b} + \vec{d}$
   b) $\frac{1}{2}\vec{a} - 2(\vec{b} - 2\vec{d})$
   c) $\vec{a} + 2\vec{b} - 4\vec{c} + \vec{d}$

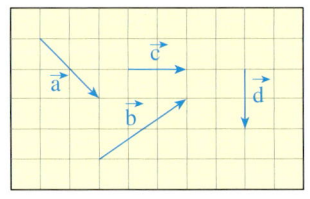

2. a) Stellen Sie den Vektor $\begin{pmatrix} 6 \\ -2 \\ -1 \end{pmatrix}$ als Linearkombination von $\begin{pmatrix} 3 \\ 1 \\ 2 \end{pmatrix}$ und $\begin{pmatrix} 2 \\ 2 \\ 3 \end{pmatrix}$ dar.
   b) Untersuchen Sie, ob die Vektoren $\begin{pmatrix} 2 \\ 1 \\ -3 \end{pmatrix}$, $\begin{pmatrix} 1 \\ 2 \\ 4 \end{pmatrix}$ und $\begin{pmatrix} 5 \\ 4 \\ 1 \end{pmatrix}$ linear unabhängig sind.

3. Gegeben ist das Dreieck ABC mit A(6|7|9), B(4|4|3) und C(2|10|6).
   a) Zeigen Sie, dass das Dreieck gleichschenklig ist. Ist es sogar gleichseitig?
   b) Fertigen Sie ein Schrägbild des Dreiecks an.
   c) Gesucht ist ein weiterer Punkt D, so dass das Viereck ABCD ein Parallelogramm ist.

4. Vom abgebildeten Quader (Länge 8, Breite 4, Höhe 4) wurde ein Eckteil abgetrennt.
   a) Gesucht sind die Innenwinkel und der Flächeninhalt der Schnittfläche ABC.
   b) Welches Volumen hat das abgetrennte Eckstück?

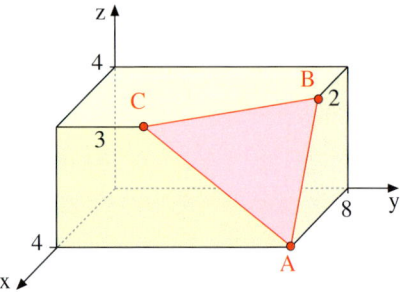

5. a) Prüfen Sie, ob das Dreieck ABC mit A(3|0|0), B(5|4|1) und C(0|6|3) rechtwinklig ist.
   b) Bestimmen Sie einen Normalenvektor zum Dreieck ABC.

6. Gegeben sind die Vektoren $\vec{a}_t = \begin{pmatrix} 3 \\ 4 \\ t \end{pmatrix}$, $\vec{b} = \begin{pmatrix} 2 \\ -2 \\ 1 \end{pmatrix}$, $\vec{c} = \begin{pmatrix} 0 \\ 0 \\ 1 \end{pmatrix}$, $t > 0$.
   a) Wie muss t gewählt werden, damit $\vec{a}_t \perp \vec{b}$ gilt?
   b) Wie muss t gewählt werden, damit $\vec{a}_t$ und $\vec{c}$ einen Winkel von 45° bilden?
   c) Bilden Sie einen zu $\vec{a}_1$ und zu $\vec{b}$ orthogonalen Vektor.

Lösungen: S. 347

III. Matrizen

1. Matrix-Begriff und Matrizenrechnung

A. Der Begriff der Matrix

*Der in Russland geborene Mathematiker **Wassily Leontief** (1905–1999) studierte Philosophie, Soziologie und Wirtschaftswissenschaften. Nach einer Assistenz am Institut für Weltwirtschaft in Kiel (1927/28) und Promotion in Berlin (1928) wanderte er 1931 in die Vereinigten Staaten aus. Dort entwickelte er die Input-Output-Analyse, mit der die Verknüpfungen in einer Volkswirtschaft durch sog. Input-Output-Tabellen beschrieben werden können. 1973 wurde Leontief dafür mit dem Nobelpreis für Wirtschaftswissenschaften geehrt.*

Rechteckige Tabellen, sog. Matrizen (Singular: Matrix), mit denen wirtschaftliche, technische und andere Prozesse erfasst werden können, sollen im Folgenden behandelt werden.

Beispiel: Entfernungsmatrix

Die rechts dargestellte Entfernungstabelle enthält in übersichtlicher Weise die Entfernungsinformationen zu vier großen Städten. Verzichtet man auf die Angabe der Start- und Zielstädte, so vereinfacht sich die Tabelle auf ein rechteckiges Zahlenschema A, das man als *Matrix* bezeichnet.

Die Matrix A besteht in diesem Beispiel aus vier Zeilen (horizontal) und vier Spalten (vertikal) mit insgesamt sechzehn Elementen (Zellen). Man spricht hier von einer quadratischen 4×4-Matrix.

Die einzelnen Elemente der Matrix A werden mit a_{ij} bezeichnet. Der erste Index i gibt die Zeile an, in der das Element steht, der zweite Index j gibt die Spalte an. In diesem Beispiel dient die Matrix nur als besonders übersichtliches und auf das Wesentliche reduziertes Darstellungselement. Gerechnet wird damit noch nicht.

VON \ NACH	Berlin	Hamburg	Hannover	München
Berlin	0	292	282	586
Hamburg	292	0	164	776
Hannover	282	164	0	638
München	586	776	638	0

$$A = \begin{pmatrix} 0 & 292 & 282 & 586 \\ 292 & 0 & 164 & 776 \\ 282 & 164 & 0 & 638 \\ 586 & 776 & 638 & 0 \end{pmatrix}$$

a_{ij}: Element in Zeile i, Spalte j

im Beispiel: $a_{23} = 164$

Definition III.1: Der Begriff der Matrix

Eine rechteckige Zahlentabelle der rechts dargestellten Form wird als Matrix A mit m Zeilen und n Spalten bezeichnet. Man spricht dann auch von einer m×n-Matrix. Kurzschreibweise:
$A = (a_{ij})$ mit $i = 1, …, m$ und $j = 1, …, n$.
Ist m = n, so bezeichnet man A als quadratische Matrix.

$$A = \begin{pmatrix} a_{11} & a_{12} & \cdots & a_{1n} \\ a_{21} & a_{22} & \cdots & a_{2n} \\ \vdots & \vdots & \vdots & \vdots \\ a_{m1} & a_{m2} & \cdots & a_{mn} \end{pmatrix}$$

(a_{ij}): Kurzschreibweise für A

a_{ij}: Element in Zeile i und Spalte j

1. Matrix-Begriff und Matrizenrechnung

B. Die Addition von Matrizen

Beispiel: Absatzmatrix
Ein Unternehmen stellt an zwei Fabrikationsorten U und V Bagger her. Es liefert die Maschinen nach Frankreich (F), Italien (I) und Holland (H).
Die monatlichen Absatzzahlen können als Tabellen bzw. Matrizen dargestellt werden. In diesem Beispiel kann man im Gegensatz zum ersten Beispiel mit den Matrizen rechnen. So erhält man z. B. durch elementeweise Addition der Matrizen für Januar und Februar den Gesamtabsatz für die beiden Monate.

Januar

	F	H	I
U	6	3	2
V	8	2	4

Februar

	F	H	I
U	5	3	4
V	7	5	2

$$A = \begin{pmatrix} 6 & 3 & 2 \\ 8 & 2 & 4 \end{pmatrix} \qquad B = \begin{pmatrix} 5 & 3 & 4 \\ 7 & 5 & 2 \end{pmatrix}$$

$$A + B = \begin{pmatrix} 6 & 3 & 2 \\ 8 & 2 & 4 \end{pmatrix} + \begin{pmatrix} 5 & 3 & 4 \\ 7 & 5 & 2 \end{pmatrix} = \begin{pmatrix} 11 & 6 & 6 \\ 15 & 7 & 6 \end{pmatrix}$$

Definition III.2: Addition von Matrizen
Man kann Matrizen addieren, wenn sie vom gleichen Typ sind, d. h. wenn sowohl ihre Zeilenzahl als auch ihre Spaltenzahl übereinstimmen.
Man addiert zwei Matrizen A und B elementeweise.

$A = (a_{ij})$ und $B = (b_{ij})$ seien m × n-Matrizen. Dann gilt für ihre Summe:

$$A + B = (a_{ij} + b_{ij})$$

Addiert man die gleiche Matrix mehrfach, so kommt es zu einer *Vervielfachung* der Matrix. Man spricht auch von der Multiplikation der Matrix mit einem *Skalar*.

Vervielfachung:

$$A = \begin{pmatrix} 6 & 3 & 2 \\ 8 & 2 & 4 \end{pmatrix} \Rightarrow 3A = \begin{pmatrix} 18 & 9 & 6 \\ 24 & 6 & 12 \end{pmatrix}$$

Matrizen gleichen Typs (Gleiche Spalten- und Zeilenzahl) kann man voneinander subtrahieren.

Subtraktion:

$$\begin{pmatrix} 8 & 5 & 4 \\ 5 & 4 & 7 \end{pmatrix} - \begin{pmatrix} 2 & 2 & 5 \\ 2 & 4 & 2 \end{pmatrix} = \begin{pmatrix} 6 & 3 & -1 \\ 3 & 0 & 5 \end{pmatrix}$$

Die *Nullmatrix* entsteht, wenn man eine Matrix von sich selbst subtrahiert. Sie enthält nur Nullen.

Nullmatrix:

$$O = \begin{pmatrix} 0 & 0 & 0 \\ 0 & 0 & 0 \end{pmatrix}$$

Übung 1 Addition
Gegeben sind die Matrizen A und B. Berechnen Sie die Matrix X, welche die gegebene Gleichung erfüllt:
a) $X = 3A + B$ c) $X + 0{,}5A = B + 2X$
b) $2X + 4A = -B$ d) $A - B - 0{,}5X = O$

(I) $A = \begin{pmatrix} -2 & 4 & 2 \\ 8 & 2 & 4 \end{pmatrix} \quad B = \begin{pmatrix} 6 & 2 & -2 \\ 8 & 4 & 0 \end{pmatrix}$

(II) $A = \begin{pmatrix} 1 & 2 & 0 \\ 2 & 3 & 0 \\ 3 & 4 & 1 \end{pmatrix} \quad B = \begin{pmatrix} -3 & 2 & 0 \\ 2 & -1 & 0 \\ 1 & -2 & 1 \end{pmatrix}$

C. Die Multiplikation von Matrizen

Beispiel: Berechnung des Umsatzes

Ein Computerhändler führt drei Modelle eines bekannten Herstellers, einen PC, einen Laptop und ein Tablet. Die Stückzahlen, die er in den Monaten Januar bis März absetzt, können der abgebildeten Tabelle entnommen werden die auch als Absatzmatrix A interpretiert werden kann.

Die Verkaufspreise lauten:
PC: 400 €
Laptop: 950 €
Tablet: 550 €

Man kann die Umsätze des Händlers für das erste Quartal berechnen, indem man die abgesetzten Stückzahlen mit den zugehörigen Preisen multipliziert und aufaddiert.

Berechnung der Umsätze:

Jan : $8 \cdot 400 + 14 \cdot 950 + 11 \cdot 550 = 22\,550$
Feb: $6 \cdot 400 + 9 \cdot 950 + 18 \cdot 550 = 20\,850$
Mrz: $11 \cdot 400 + 12 \cdot 950 + 7 \cdot 550 = 19\,650$

Interpretieren wir die monatlichen Absätze als Zeilenvektoren der Absatzmatrix A und fassen die Verkaufspreise in einem Preisvektor zusammen, so läßt sich der Umsatz im Januar als das Skalarprodukt des Absatzvektors für Januar mit dem Preisvektor interpretieren und berechnen.

Absatzvektoren   **Preisvektor**

$\vec{j} = (8\ \ 14\ \ 11)$
$\vec{f} = (6\ \ \ 9\ \ 18)$ $\vec{p} = \begin{pmatrix} 400 \\ 950 \\ 550 \end{pmatrix}$
$\vec{m} = (11\ \ 12\ \ \ 7)$

Der Februarumsatz ergibt sich analog durch Multiplikation des Zeilenvektors der zweiten Zeile der Absatzmatrix mit dem Preisvektor. Der Märzumsatz ist das Skalarprodukt des Zeilenvektors der dritten Zeile der Absatzmatrix mit dem Preisvektor.

Umsatz für Januar:

$\vec{j} \cdot \vec{p} = (8\ 14\ 11) \cdot \begin{pmatrix} 400 \\ 950 \\ 550 \end{pmatrix}$
$= 8 \cdot 400 + 14 \cdot 950 + 11 \cdot 550$
$= 22\,550$

Insgesamt kann man feststellen: Wenn man die Matrix A zeilenweise mit dem Preisvektor multipliziert, so erhält man den Umsatzvektor des ersten Quartals.

Verallgemeinerung: Eine Matrix lässt sich zeilenweise mit einem Spaltenvektor multiplizieren, dessen Zeilenzahl der Spaltenzahl der Matrix A entspricht. Das Ergebnis der Multiplikation ist wieder ein Spaltenvektor.

Umsätze im ersten Quartal:

$A \cdot \vec{p} = \begin{pmatrix} 8 & 14 & 11 \\ 6 & 9 & 18 \\ 11 & 12 & 7 \end{pmatrix} \cdot \begin{pmatrix} 400 \\ 950 \\ 550 \end{pmatrix}$

$= \begin{pmatrix} 8 \cdot 400 + 14 \cdot 950 + 11 \cdot 550 \\ 6 \cdot 400 + 9 \cdot 950 + 18 \cdot 550 \\ 11 \cdot 400 + 12 \cdot 950 + 7 \cdot 550 \end{pmatrix}$

$= \begin{pmatrix} 22\,550 \\ 20\,850 \\ 19\,650 \end{pmatrix}$

1. Matrix-Begriff und Matrizenrechnung

Nun ist es nur noch ein kleiner Schritt, der zur Multiplikation zweier vollständiger Matrizen führt. Die Zeilen der Matrix A lassen sich mit den Spalten einer Matrix B multiplizieren, wenn die Zeilen von A die gleiche Länge haben wie die Spalten von B. Die Spaltenzahl der Matrix A muss also gleich der Zeilenzahl der Matrix B sein.

> **Definition III.3: Multiplikation von Matrizen**
>
> Man kann zwei Matrizen A und B nur dann multiplizieren, wenn gilt:
> *Spaltenzahl von A = Zeilenzahl von B*
> Das Produkt der m×n-Matrix A mit der n×k-Matrix B ist eine m×k-Matrix C.
> Das Element c_{ij} der Matrix C ist das Skalarprodukt des i-ten Zeilenvektors der Matrix A mit dem j-ten Spaltenvektor von B (siehe Merkschema rechts).
>
> A sei eine m×n-Matrix.
> B sei eine n×k-Matrix.
> Es sei $C = A \cdot B$.
> Dann gelte:
>
> $$c_{ij} = (a_{i1} \ldots a_{in}) \cdot \begin{pmatrix} b_{1j} \\ \vdots \\ b_{nj} \end{pmatrix} = a_{i1}b_{1j} + \ldots + a_{in}b_{nj}$$

▶ **Beispiel: Produkt von Matrizen**
Gegeben sind die Matrizen A und B. Berechnen Sie das Produkt $C = A \cdot B$.

$$A = \begin{pmatrix} 2 & 4 & 3 \\ 1 & 2 & 5 \end{pmatrix} \qquad B = \begin{pmatrix} 2 & -1 \\ 3 & 2 \\ -2 & 4 \end{pmatrix}$$

Lösung:
Die Spaltenzahl von A ist gleich der Zeilenzahl von B. Daher ist die Multiplikation durchführbar.
Die Multiplikation der 3×2-Matrix A mit der 2×3-Matrix B führt auf eine 2×2-Matrix C.
c_{11} erhält man durch das Skalarprodukt der ersten Zeile von A mit der ersten Spalte von B.
c_{12} ergibt sich durch Multiplikation der ersten Zeile von A mit der zweiten Spalte von B.
Analog ergeben sich c_{21} und c_{22} durch Multiplikation der zweiten Zeile von A mit der
▶ ersten bzw. der zweiten Spalte von B.

$c_{11} = a_{11} \cdot b_{11} + a_{12} \cdot b_{21} + a_{13} \cdot b_{31}$
$\quad = 2 \cdot 2 + 4 \cdot 3 + 3 \cdot (-2) = 10$

$c_{12} = a_{11} \cdot b_{12} + a_{12} \cdot b_{22} + a_{13} \cdot b_{32}$
$\quad = 2 \cdot (-1) + 4 \cdot 2 + 3 \cdot (4) = 18$

$c_{21} = a_{21} \cdot b_{11} + a_{22} \cdot b_{21} + a_{23} \cdot b_{31}$
$\quad = 1 \cdot 2 + 2 \cdot 3 + 5 \cdot (-2) = -2$

$c_{22} = a_{21} \cdot b_{12} + a_{22} \cdot b_{22} + a_{23} \cdot b_{32}$
$\quad = 1 \cdot (-1) + 2 \cdot 2 + 5 \cdot (4) = 23$

$$C = A \cdot B = \begin{pmatrix} 10 & 18 \\ -2 & 23 \end{pmatrix}$$

Übung 2 Multiplikationen
Gegeben seien die Matrizen A, B, C sowie der Vektor $\vec{v}$.
a) Berechnen Sie $A \cdot B$ und $A \cdot C$.
b) Ist $B \cdot A$ oder $B \cdot C$ berechenbar?
c) Berechnen Sie $A \cdot \vec{v}$ und $C \cdot \vec{v}$.

$$A = \begin{pmatrix} 2 & 3 & -1 \\ 4 & -2 & 1 \end{pmatrix} \qquad B = \begin{pmatrix} 1 & 2 & -2 & 3 \\ -1 & 3 & 2 & 0 \\ 2 & 0 & 4 & 1 \end{pmatrix}$$

$$C = \begin{pmatrix} 1 & 2 & 0 \\ 2 & 3 & 0 \\ 3 & 4 & 1 \end{pmatrix} \qquad \vec{v} = \begin{pmatrix} 1 \\ 2 \\ 3 \end{pmatrix}$$

In den folgenden Abschnitten werden wir oft Potenzen von Matrizen verwenden. Die k-te Potenz A^k (k > 0) einer Matrix A wird durch k sukzessive Multiplikationsschritte gewonnen. Das geht natürlich nur, wenn A eine quadratische Matrix ist.

Die Potenzen einer Matrix A
$A^1 = A$
$A^2 = A \cdot A$
$A^3 = A^2 \cdot A$
...

▶ **Beispiel: Matrixpotenzen**
Berechnen Sie manuell die Potenzen A^2 und A^3 der Matrix A.

$A = \begin{pmatrix} 2 & 1 \\ -3 & 4 \end{pmatrix}$

Lösung:
Zur Berechnung von A^2 berechnen wir das Produkt $A \cdot A$.
Das geht nur, wenn die Spaltenzahl der ersten Matrix gleich der Zeilenzahl der zweiten Matrix ist. Also muss die Spaltenzahl von A gleich der Zeilenzahl von A sein. Potenzieren kann man also nur quadratischen Matrizen.

Berechnung von A^2

$A^2 = A \cdot A$
$= \begin{pmatrix} 2 & 1 \\ -3 & 4 \end{pmatrix} \cdot \begin{pmatrix} 2 & 1 \\ -3 & 4 \end{pmatrix}$
$= \begin{pmatrix} 2 \cdot 2 + 1 \cdot (-3) & 2 \cdot 1 + 1 \cdot 4 \\ (-3) \cdot 2 + 4 \cdot (-3) & (-3) \cdot 1 + 4 \cdot 4 \end{pmatrix}$
$= \begin{pmatrix} 1 & 6 \\ -18 & 13 \end{pmatrix}$

Diese Bedingung ist hier erfüllt und die Detailrechnung ist rechts dargestellt.

Berechnung von A^3

Da wir nun die Potenz A^2 kennen, können wir die Potenz A^3 als Produkt $A^2 \cdot A$ berechnen. Rechnung und Ergebnis sind ebenfalls rechts dargestellt.

$A^3 = A^2 \cdot A$
$= \begin{pmatrix} 1 & 6 \\ -18 & 13 \end{pmatrix} \cdot \begin{pmatrix} 2 & 1 \\ -3 & 4 \end{pmatrix}$
$= \begin{pmatrix} 1 \cdot 2 + 6 \cdot (-3) & 1 \cdot 1 + 6 \cdot 4 \\ (-18) \cdot 2 + 13 \cdot (-3) & (-18) \cdot 1 + 13 \cdot 4 \end{pmatrix}$
$= \begin{pmatrix} -16 & 25 \\ -75 & 34 \end{pmatrix}$

Für die Potenz A^k sind k − 1 Multiplikationen nötig, aufwendig und fehlerträchtig. Daher berechnet man Matrixpotenzen in der Regel mit einem TR oder einem Computer, der diese in einem Schritt ausrechnen kann. Rechts ist eine solche Berechnung
▶ dargestellt.

Berechnung von A^3 mit einem TR

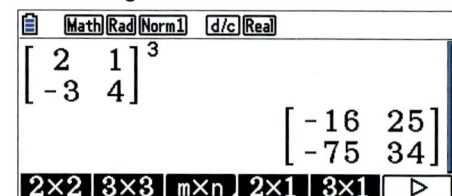

▶ **Übung 3 Manuelles Potenzieren**
Berechnen Sie die Matrixpotenz manuell.

a) A^2, A^3 für $A = \begin{pmatrix} -1 & 3 \\ 2 & -2 \end{pmatrix}$

b) A^2 für $A = \begin{pmatrix} 0,4 & 0,8 \\ 0,6 & 0,2 \end{pmatrix}$

▶ **Übung 4 Potenzieren mit einem TR**
Berechnen Sie die Matrixpotenz mit TR.

a) A^2, A^3, A^{10} für $A = \begin{pmatrix} 0,9 & 0,7 \\ 0,1 & 0,3 \end{pmatrix}$

b) A^2, A^3, A^{10} für $A = \begin{pmatrix} 0,2 & 0,5 & 0,6 \\ 0,4 & 0,3 & 0,2 \\ 0,4 & 0,2 & 0,2 \end{pmatrix}$

1. Matrix-Begriff und Matrizenrechnung

Übungen

5. Addition/Subtraktion
Gegeben sind die Matrizen A und B.
Berechnen Sie die folgenden Terme.

a) $A + B$ b) $A - 2 \cdot B$
c) $3 \cdot A + 4 \cdot B$ d) $3 \cdot (2 \cdot A - B)$

$$A = \begin{pmatrix} 3 & -4 & 2 \\ -1 & 5 & 8 \\ 7 & 3 & 6 \end{pmatrix}, \quad B = \begin{pmatrix} -1 & 5 & 3 \\ 9 & -7 & 6 \\ 4 & 2 & 8 \end{pmatrix}$$

6. Multiplikation Matrix/Vektor
Gegeben sind die Matrix A und der Vektor $\vec{v}$. Gesucht sind die folgenden Terme.

a) $A \cdot \vec{v}$ b) $2A \cdot (-\vec{v})$
c) $A \cdot (-2\vec{v})$ d) $6A \cdot \left(\frac{1}{3}\vec{v}\right)$

$$A = \begin{pmatrix} 2 & 1 & -6 \\ 8 & -4 & 3 \\ -9 & 5 & -2 \end{pmatrix}, \quad \vec{v} = \begin{pmatrix} 4 \\ -2 \\ 3 \end{pmatrix}$$

7. Matrizenmultiplikation ohne Computer/TR
Berechnen Sie die folgenden Matrizenprodukte.

a) $A \cdot B$ b) A^2
c) B^2 d) $(A + B) \cdot A$

$$A = \begin{pmatrix} 1 & 3 & 0 \\ -2 & 0 & 5 \\ 4 & 6 & 0 \end{pmatrix}, \quad B = \begin{pmatrix} 6 & 0 & -4 \\ -2 & 3 & 5 \\ 0 & 1 & 4 \end{pmatrix}$$

8. Matrizenmultiplikation mit dem Computer/TR
Berechnen Sie die Matrizenprodukte mit dem TR.

a) $A \cdot B$ b) $A^2 \cdot B^2$
c) $(A \cdot B)^2$ d) $(2 \cdot A - B) \cdot A^3$

$$A = \begin{pmatrix} 1 & 4 & 2 \\ -3 & 5 & 1 \\ 6 & -2 & 3 \end{pmatrix}, \quad B = \begin{pmatrix} 2 & -1 & 5 \\ 6 & 3 & -6 \\ 4 & -5 & 1 \end{pmatrix}$$

9. Kommutativ- und Distributivgesetz
Untersuchen Sie, ob für die Matrizenmultiplikation das Kommutativgesetz $A \cdot B = B \cdot A$ bzw. das Distributivgesetz $A \cdot (B + C) = A \cdot B + A \cdot C$ gilt.

$$A = \begin{pmatrix} 1 & 4 & -3 \\ 5 & 2 & 1 \\ 6 & -7 & 2 \end{pmatrix}, \quad B = \begin{pmatrix} 5 & 2 & 6 \\ -4 & 3 & 1 \\ 2 & 4 & 5 \end{pmatrix}$$

$$C = \begin{pmatrix} 9 & 2 & -5 \\ 3 & 4 & 6 \\ -1 & 5 & 3 \end{pmatrix}$$

10. Potenzen von Matrizen
Berechnen Sie mit Hilfe eines Computers/TR die folgenden Terme.

a) A^4 b) B^3
c) $(A + B)^3$ d) $A^2 \cdot B^3$
e) A^{125} f) A^{126}
g) C^3 h) C^{100}
i) $A \cdot D$ j) D^5

$$A = \begin{pmatrix} 1 & 0 & 2 \\ 3 & -4 & 1 \\ 6 & 5 & 3 \end{pmatrix}, \quad B = \begin{pmatrix} 3 & 2 & -1 \\ 6 & 1 & 4 \\ 5 & -3 & 8 \end{pmatrix}$$

$$C = \begin{pmatrix} 0{,}1 & 0{,}2 & 0{,}5 \\ 0{,}7 & 0{,}5 & 0{,}3 \\ 0{,}2 & 0{,}3 & 0{,}2 \end{pmatrix}, \quad D = \begin{pmatrix} 1 & 0 & 0 \\ 0 & 1 & 0 \\ 0 & 0 & 1 \end{pmatrix}$$

D. Die inverse Matrix

Quadratische Matrizen lassen sich addieren, multiplizieren und potenzieren.

Es gibt ein neutrales Element der Addition, die **Nullmatrix O**, sowie zu jeder Matrix A ein additives Inverses −A, für das gilt A + (−A) = O.

Quadratische Matrizen

$$A = \begin{pmatrix} a_{11} & \cdots & a_{1n} \\ \vdots & & \vdots \\ a_{n1} & \cdots & a_{nn} \end{pmatrix} \quad O = \begin{pmatrix} 0 & \cdots & 0 \\ \vdots & & \vdots \\ 0 & \cdots & 0 \end{pmatrix}$$

n × n-Matrix   Nullmatrix

Es gibt auch ein neutrales Element der Multiplikation, die **Einheitsmatrix E**, die in der Hauptdiagonalen mit Einsen und sonst nur mit Nullen besetzt ist. In manchen Fällen existiert zur Matrix A auch ein inverses Elerment A^{-1} der Multiplikation.

$$-A = \begin{pmatrix} -a_{11} & \cdots & -a_{1n} \\ \vdots & & \vdots \\ -a_{n1} & \cdots & -a_{nn} \end{pmatrix} \quad E = \begin{pmatrix} 1 & \cdots & 0 \\ \vdots & 1 & \vdots \\ 0 & \cdots & 1 \end{pmatrix}$$

additive Inverse −A   Einheitsmatrix

> **Definition III.4: Inverse Matrix A^{-1}**
> Die zu A bezüglich der Multiplikation inverse Matrix wird mit A^{-1} bezeichnet. Es gilt $A \cdot A^{-1} = E$ und $A^{-1} \cdot A = E$.

$$A \cdot A^{-1} = E$$

Matrix · inverse Matrix = Einheitsmatrix

Elementare Berechnung der inversen Matrix A^{-1}

▶ **Beispiel: Inverse Matrix A^{-1}**
Gegeben ist die Matrix A. Gesucht ist die inverse Matrix A^{-1} von A.

$$A = \begin{pmatrix} 2 & 3 \\ 1 & 1 \end{pmatrix}$$

Lösung:
Wir verwenden für die inverse Matrix A^{-1} einen Ansatz mit den vier Variablen a, b, c und d als Elementen.

Ansatz:

$$\begin{pmatrix} 2 & 3 \\ 1 & 1 \end{pmatrix} \cdot \begin{pmatrix} a & b \\ c & d \end{pmatrix} = \begin{pmatrix} 1 & 0 \\ 0 & 1 \end{pmatrix}$$

$$A \cdot A^{-1} = E$$

Die Gleichung $A \cdot A^{-1} = E$ führt nach Durchführung der Multiplikation auf ein lineares 4 × 4-Gleichungssystem.

Lineares 4 × 4-Gleichungssystem:
I   2a + 3c = 1
II: 2b + 3d = 0
III: a + c = 0
IV: b + d = 1

Dieses lässt sich in zwei 2 × 2-Systeme aufspalten, die getrennt gelöst werden können, simultan sozusagen.

Aufspalten in zwei 2 × 2-Systeme:
I: 2a + 3c = 1   II: 2b + 3d = 0
III: a + c = 0   IV: b + d = 1
    a = −1, c = 1   b = 3, d = −2

Die Lösungen lauten a = −1, b = 3; c = 1 und d = −2.

Die zu A inverse Matrix lautet also:

▶ $$A^{-1} = \begin{pmatrix} -1 & 3 \\ 1 & -2 \end{pmatrix}$$

1. Matrix-Begriff und Matrizenrechnung

Bestimmung der inversen Matrix analog zum Gaußschen Algorithmus

Im obigen Beispiel wurde die inverse Matrix einer 2 × 2-Matrix A mit einem sehr elementaren Ansatz bestimmt. Dabei wurde ein 4 × 4-Gleichungssystem gelöst, das sich in zwei einfachere 2 × 2-Systeme zerlegen ließ. Wir können diese beiden Systeme auch simultan lösen und auf diese Weise die inverse Matrix A^{-1} effizienter bestimmen. Wir gehen dabei schrittweise vor, wobei das Verfahren dem Gaußschen Algorithmus ähnelt und aus Zeilenoperationen besteht.

Schritt 1: Erweiterung der Matrix A
Wir erweitern die Matrix A um die Einheitsmatrix E, die wir rechts neben A schreiben, getrennt durch einen vertikalen Strich.

Bestimmung von A^{-1}

I. $\begin{pmatrix} 2 & 9 & | & 1 & 0 \\ 1 & 4 & | & 0 & 1 \end{pmatrix}$ → I − 2 · II
II.
   A   E

Schritt 2: Zeilenoperationen
Nun wenden wir mehrfach Zeilenoperationen an, deren Ziel es ist, auf der linken Seite die Einheitsmatrix E zu erzeugen. Hierzu müssen zunächst die nicht in der Hauptdiagonalen stehenden Elemente auf null gebracht werden. Anschließend werden die Hauptdiagonalelemente auf eins gebracht.

I. $\begin{pmatrix} 2 & 9 & | & 1 & 0 \\ 0 & 1 & | & 1 & -2 \end{pmatrix}$ → I − 9 · II
II.

I. $\begin{pmatrix} 2 & 0 & | & -8 & 18 \\ 0 & 1 & | & 1 & -2 \end{pmatrix}$ → I : 2
II.

I. $\begin{pmatrix} 1 & 0 & | & -4 & 9 \\ 0 & 1 & | & 1 & -2 \end{pmatrix}$
II.
   E A^{-1}

Schritt 3: Inverse A^{-1}
Nun steht links die Einheitsmatrix E. Rechts ist automatisch die Inverse A^{-1} entstanden, die wir nur noch abzulesen brauchen.

Übung 11 Inverse Matrix
Bestimmen Sie die zu A inverse Matrix A^{-1} wie oben mit der Gaußschen Vorgehensweise.

a) $A = \begin{pmatrix} 3 & 8 \\ 1 & 3 \end{pmatrix}$ b) $A = \begin{pmatrix} 1 & -2 & 0 \\ -2 & 3 & -1 \\ 1 & 3 & 6 \end{pmatrix}$ c) $A = \begin{pmatrix} 1 & 0 & 8 \\ 1 & 2 & 8 \\ 1 & 4 & 4 \end{pmatrix}$ d) $A = \begin{pmatrix} 1 & 0 & 1 \\ 1 & 1 & 0 \\ 0 & 1 & 0 \end{pmatrix}$

Bestimmung der inversen Matrix mit einem Rechner

Besonders einfach kann die inverse Matrix mit einem Computer/TR, mit einem CAS oder mit einem der zahlreichen Programme zur Matrizenrechnung im Internet bestimmt werden, sofern sie existiert.

▶ **Beispiel: Inversenberechnung mit Computer/TR**
Gesucht ist die Inverse der Matrix A.

$A = \begin{pmatrix} 1 & 2 & 1 \\ 2 & 3 & 2 \\ 2 & 1 & 1 \end{pmatrix}$

Lösungsbeispiele:

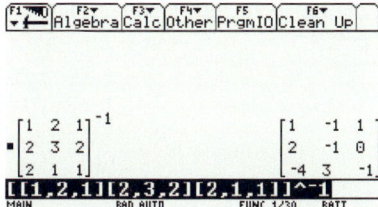

E. Das Lösen linearer Gleichungssysteme mit Matrizen

Lineare Gleichungssysteme lassen sich mit Hilfe der Matrizenrechnung darstellen und eindeutig lösen, falls ihre Koeffizientenmatrix A eine Inverse besitzt.

> **Beispiel: Lösung eines LGS mit Hilfe der Matrizenrechnung**
> Lösen Sie das lineare Gleichungssystem, indem Sie es als Matrizengleichung darstellen und diese Gleichung durch Inversenbestimmung lösen.
>
> $3x + 5x + z = 0$
> $2x + 4y + 5z = 8$
> $x + 2y + 2z = 3$

Lösung:
Das lineare Gleichungssystem lässt sich mit Hilfe seiner Koeffizientenmatrix A wie rechts aufgeführt als Matrizengleichung der Form $A \cdot \vec{x} = \vec{b}$ darstellen, wobei $\vec{b}$ der Vektor der rechten Seite des Systems ist.

1. Darstellung des LGS mit Matrizen

$$\begin{pmatrix} 3 & 5 & 1 \\ 2 & 4 & 5 \\ 1 & 2 & 2 \end{pmatrix} \cdot \begin{pmatrix} x \\ y \\ z \end{pmatrix} = \begin{pmatrix} 0 \\ 8 \\ 3 \end{pmatrix}$$

$$A \quad \cdot \vec{x} = \vec{b}$$

Mit Hilfe einer Methode zur Inversenbestimmung (manuelle Rechnung oder GTR oder CAS) bestimmen wir die inverse Matrix, sofern sie existiert. Nur dann funktioniert dieses Verfahren zum Lösen von Gleichungen.

2. Berechnung der inversen Matrix A^{-1}

$$A^{-1} = \begin{pmatrix} 2 & 8 & -21 \\ -1 & -5 & 13 \\ 0 & 1 & -2 \end{pmatrix}$$

Um die Matrizengleichung $A \cdot \vec{x} = \vec{b}$ nach der Lösungsvariablen $\vec{x}$ aufzulösen, multiplizieren wir die Gleichung zunächst von links mit A^{-1}. Wir erhalten die Gleichung $A^{-1} \cdot A \cdot \vec{x} = A^{-1} \cdot \vec{b}$, also $E \cdot \vec{x} = A^{-1} \cdot \vec{b}$, d.h. $\vec{x} = A^{-1} \cdot \vec{b}$.

3. Lösung des LGS

$A \cdot \vec{x} = \vec{b}$ von links mit A^{-1} multiplizieren

$\vec{x} = A^{-1} \cdot \vec{b}$

Durch Einsetzen von A^{-1} und $\vec{b}$ sowie Ausführung der Multiplikation erhalten wir die
▶ Lösung $x = 1, y = -1, z = 2$.

$$\vec{x} = \begin{pmatrix} 2 & 8 & -21 \\ -1 & -5 & 13 \\ 0 & 1 & -2 \end{pmatrix} \cdot \begin{pmatrix} 0 \\ 8 \\ 3 \end{pmatrix} = \begin{pmatrix} 1 \\ -1 \\ 2 \end{pmatrix}$$

$x = 1, \quad y = -1, \quad z = 2$

Übung 12   Lineare Gleichungssysteme
Die folgenden linearen Gleichungssysteme sind eindeutig lösbar. Bestimmen Sie die Lösung mit Hilfe der Matrizenrechnung.

a) $x - 2y = 0$
   $-x + 3y = -1$

b) $2x + y + z = 12$
   $x + y + 2z = 13$
   $3x + 2y + 2z = 21$

c) $3x + 2y + 6z = 1$
   $x + y + 3z = -1$
   $-3x - 2y - 5z = -3$

1. Matrix-Begriff und Matrizenrechnung

Übungen

13. Inverse Matrizen
Untersuchen Sie, ob die Matrizen A, B und C zueinander invers sind.

a) $A = \begin{pmatrix} 1 & 1 \\ 3 & 4 \end{pmatrix}$, $B = \begin{pmatrix} -1 & 4 \\ 1 & -3 \end{pmatrix}$, $C = \begin{pmatrix} 4 & -1 \\ -3 & 1 \end{pmatrix}$

b) $A = \begin{pmatrix} -1 & -1 & -2 \\ 4 & 1 & 4 \\ 2 & -2 & -1 \end{pmatrix}$, $B = \begin{pmatrix} 7 & 3 & -2 \\ 12 & 5 & -4 \\ -10 & -4 & 3 \end{pmatrix}$

14. Bestimmung der Inversen
Berechnen Sie die Inverse von A manuell mit dem Ansatz $A^{-1} = \begin{pmatrix} a & b \\ c & d \end{pmatrix}$

a) $A = \begin{pmatrix} 1 & 1 \\ 3 & 4 \end{pmatrix}$ b) $A = \begin{pmatrix} 0 & 1 \\ 1 & 0 \end{pmatrix}$ c) $A = \begin{pmatrix} 1 & 1 \\ 1 & 1 \end{pmatrix}$

15. Inverse Matrix nach Gauß
Berechnen Sie die inverse Matrix A^{-1}
I: nach dem Gaußschen Verfahren mit der um die Einheitsmatrix erweiterten Matrix A (s. S. 79).
II: Mit Computer/TR.

a) $A = \begin{pmatrix} 2 & 3 \\ 1 & 1 \end{pmatrix}$ b) $A = \begin{pmatrix} 1 & -1 & 0 \\ -2 & 3 & -1 \\ 1 & 3 & 6 \end{pmatrix}$

16. Richtig oder Falsch?
a) Nur quadratische Matrizen können eine Inverse besitzen.
b) Jede quadratische Matrix besitzt eine Inverse.
c) Keine Matrix kann zwei verschiedene Inverse besitzen.
d) Die Inverse der Inversen einer Matrix ist die Matrix selbst.
e) Eine Matrix kann nicht Inverse von sich selbst sein.

17. Beweis
A und B seien Matrizen mit den Inversen A^{-1} und B^{-1}.
Beweisen Sie Aussagen a) und b).

a) $(A \cdot B)^{-1} = B^{-1} \cdot A^{-1}$

b) $(A^{-1})^{-1} = A$

18. LGS
Stellen Sie das lineare Gleichungssystem als Matrizengleichung dar und lösen Sie diese mit Hilfe der Inversen der Koeffizientenmatrix A.

System a)
$x + z = 1$
$-2x + 5y - 4z = 1$
$5x + 8y + 2z = 12$

System b)
$2x + y + z = 1$
$3y - z = 2$
$5x + 5y + 2z = 3$

19. Historisches Gleichungssystem
Aus „Vollständige Anleitung zur Algebra" von Leonhard Euler (1707–1783):
Zwei Personen sind 29 Rubel schuldig; nun hat zwar jeder Geld, doch nicht so viel, dass er diese gemeinsame Schuld allein bezahlen könnte; drum sagt der Erste zum anderen: Gibst du mir zwei Drittel deines Geldes, so kann ich die Schuld allein bezahlen. Der andere antwortet dagegen: Gibst du mir drei Viertel deines Geldes, so kann ich die Schuld allein bezahlen. Wie viel Geld hat jeder?

2. Matrizen zur Beschreibung geometrischer Abbildungen

Mit Hilfe von computergraphischen Darstellungen werden in eindrucksvoller Weise Flugsimulationsprogramme und technische Konstruktionsprogramme gestaltet, aber auch medizinische Bildgebungsverfahren und computeranimierte Filmszenen.

Hierbei werden mit Hilfe geometrischer Abbildungen räumliche Objekte erzeugt, gedreht, gestreckt, gespiegelt und auf die Bildschirmebene projiziert.

Diese geometrischen Abbildungen werden durch mathematische Operationen realisiert, speziell durch Vektor- und Matrizenoperationen, die auf modernen Computern mit hoher Geschwindigkeit ausgeführt werden können.

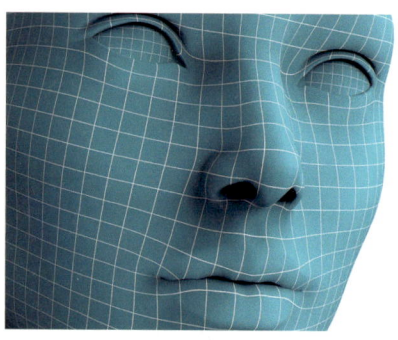

Im Folgenden betrachten wir nur Abbildungen in den zwei- bzw. dreidimensionalen Punkträumen $\mathbb{R}^2$ bzw. $\mathbb{R}^3$. Wir entwickeln den Begriff der *linearen Abbildung* der Anschaulichkeit halber an einfachen Beispielen.

Orthogonale Spiegelung an der x-Achse

Jedem Punkt P(x|y) der Ebene wird als Bild sein Spiegelpunkt P′(x′|y′) bei *Spiegelung an der x-Achse* zugeordnet.
Diese Abbildung lässt sich durch zwei Abbildungsgleichungen erfassen, die angeben, wie die Koordinaten x′ und y′ des Bildpunktes aus den Koordinaten x und y des Originalpunktes erzeugt werden.

Man kann diesen Vorgang auch durch ein *Gleichungssystem* erfassen.

Das Gleichungssystem wiederum lässt sich mit Hilfe seiner Koeffizientenmatrix wie aufgeführt in Matrizenform $\vec{x}' = A \cdot \vec{x}$ darstellen. Hierbei sind die Vektoren $\vec{x}$ bzw. $\vec{x}'$ die Ortsvektoren der Punkte P bzw. P′.

Die Koeffizientenmatrix A wird als *Abbildungsmatrix* bezeichnet.

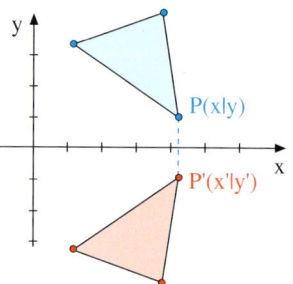

Abbildungsgleichungen:
 x′ = x
 y′ = −y
Gleichungssystem der Abbildung:
 x′ = 1 · x + 0 · y
 y′ = 0 · x − 1 · y
Matrizendarstellung der Abbildung:
$$\begin{pmatrix} x' \\ y' \end{pmatrix} = \begin{pmatrix} 1 & 0 \\ 0 & -1 \end{pmatrix} \cdot \begin{pmatrix} x \\ y \end{pmatrix}$$
 $\vec{x}'$ = A · $\vec{x}$

2. Matrizen zur Beschreibung geometrischer Abbildungen

Drehung um den Ursprung

Als zweites Beispiel betrachten wir nun eine Abbildung, die jeden Punkt $P(x|y)$ der Ebene im mathematisch positiven Sinne um den Winkel φ um den Ursprung dreht.

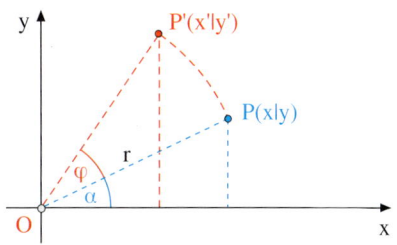

α sei der Winkel zwischen der x-Achse und der Strecke $\overline{OP}$.
r sei die Länge der Strecke $\overline{OP}$.

Damit lassen sich die Punktkoordinaten x, y bzw. x', y' durch die nebenstehenden Gleichungen (1) bzw. (2) darstellen. Die Gleichungen (2) lassen sich mit Hilfe der Additionstheoreme zu (3) umformen.
Durch Einsetzen von (1) in (3) erhalten wir die Abbildungsgleichungen (4).

Die Matrizendarstellung enthält eine nur vom Winkel φ abhängige Matrix A, welche man als eine *Drehmatrix* bezeichnet. Durch Multiplikation mit dieser Matrix kann man also Punkte um den Ursprung drehen.

(1) $x = r \cdot \cos\alpha$
$y = r \cdot \sin\alpha$

(2) $x' = r \cdot \cos(\alpha + \varphi)$
$y' = r \cdot \sin(\alpha + \varphi)$

(3) $x' = r \cdot \cos\alpha \cdot \cos\varphi - r \cdot \sin\alpha \cdot \sin\varphi$
$y' = r \cdot \sin\alpha \cdot \cos\varphi + r \cdot \cos\alpha \cdot \sin\varphi$

(4) $x' = \cos\varphi \cdot x - \sin\varphi \cdot y$
$y' = \sin\varphi \cdot x + \cos\varphi \cdot y$

(5) $\vec{x}' = \underbrace{\begin{pmatrix} \cos\alpha & -\sin\varphi \\ \sin\varphi & \cos\varphi \end{pmatrix}}_{\text{Drehmatrix}} \cdot \vec{x}$

Zentrische Streckung

Rechts ist eine zentrische Streckung dargestellt. Jeder Punkt $P(x|y)$ wird vom Ursprung aus mit dem Streckfaktor 2 gestreckt.
Die Abbildungsgleichungen lauten hierbei $x' = 2x$ und $y' = 2y$, woraus sich $A = \begin{pmatrix} 2 & 0 \\ 0 & 2 \end{pmatrix}$ als Abbildungsmatrix ergibt.
Wie verhält sich der Flächeninhalt des roten Dreiecks zu dem des blauen Dreiecks?

Die zentrische Streckung lässt sich auch im dreidimensionalen Raum analog darstellen. Die Abbildungsmatrix würde dann
$A = \begin{pmatrix} 2 & 0 & 0 \\ 0 & 2 & 0 \\ 0 & 0 & 2 \end{pmatrix}$ lauten.

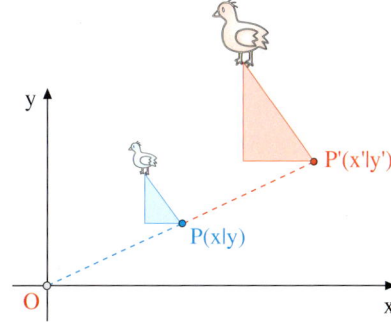

Abbildungsgleichungen:
$x' = 2 \cdot x$
$y' = 2 \cdot y$
Matrizendarstellung:
$\vec{x}' = \begin{pmatrix} 2 & 0 \\ 0 & 2 \end{pmatrix} \cdot \vec{x}$

Projektion auf eine Gerade

Für die Abbildung räumlicher Szenarien auf Bildschirme werden Projektionen verwendet. Rechts ist ein einfaches Beispiel für eine Projektion dargestellt. Eine Strecke $\overline{AB}$ im ersten Quadranten wird auf die y-Achse projiziert, wobei die Projektionsrichtung durch den Vektor $\vec{m} = \begin{pmatrix} -2 \\ -1 \end{pmatrix}$ gegeben ist.

Bei der Projektion eines beliebigen Punktes P(x|y) hat längs dieser Projektionsrichtung auf die y-Achse wandert P auf der Geraden g: $\vec{x} = \begin{pmatrix} x \\ y \end{pmatrix} + r \begin{pmatrix} -2 \\ -1 \end{pmatrix}$ in Richtung der y-Achse.

P' ergibt sich als Schnittpunkt der Geraden g mit der y-Achse, d.h. r = 0,5 und P'(0|y – 0,5 x).
Hieraus ergeben sich die rechts dargestellten Abbildungsgleichungen.

Durch Berechnung der Bilder A' und B' der Streckenendpunkte A und B erhalten wir die Bildstrecke $\overline{A'B'}$.

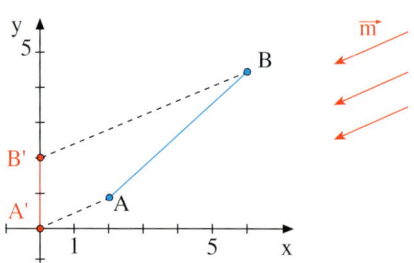

Abbildungsgleichungen:
x' = 0
y' = y – 0,5 x

Matrixdarstellung:
$\vec{x}' = \begin{pmatrix} 0 & 0 \\ -0{,}5 & 1 \end{pmatrix} \cdot \vec{x}$

Bild der Strecke $\overline{AB}$:
A(2|1) → A'(0|0)
B(6|5) → B'(0|2)

Die Verkettung von Abbildungen

Führt man hintereinander zwei Abbildungen mit den Matrizen A_1 und A_2 aus, so erhält man eine Gesamtabbildung, deren Matrix A das Produkt $A_2 \cdot A_1$ ist.

Rechts ist ein Beispiel aufgeführt:
Ein Dreieck wurde zunächst mit dem Faktor 3 gestreckt und anschließend um 90° im positiven Sinn um den Ursprung gedreht.
Die beteiligten Abbildungsmatrizen sind:

$\begin{pmatrix} 3 & 0 \\ 0 & 3 \end{pmatrix}$ Streckmatrix, Faktor 3

$\begin{pmatrix} \cos 90° & -\sin 90° \\ \sin 90° & \cos 90° \end{pmatrix} = \begin{pmatrix} 0 & -1 \\ 1 & 0 \end{pmatrix}$ Drehmatrix, $\varphi = 90°$

Die Gesamtbildung hat die Matrix $\begin{pmatrix} 0 & -3 \\ 1 & 0 \end{pmatrix}$.

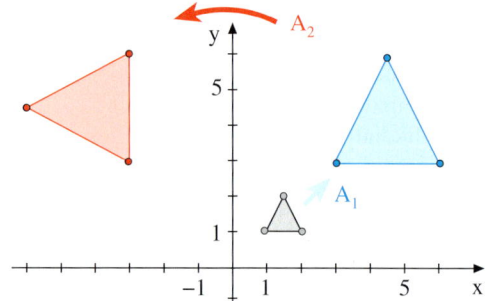

Streckung und Drehung eines Dreiecks

$\underbrace{\begin{pmatrix} 0 & -1 \\ 1 & 0 \end{pmatrix}}_{A_2} \cdot \underbrace{\begin{pmatrix} 3 & 0 \\ 0 & 3 \end{pmatrix}}_{A_1} = \underbrace{\begin{pmatrix} 0 & -3 \\ 3 & 0 \end{pmatrix}}_{A}$

Abbildungen im $\mathbb{R}^3$

Bisher wurden nur Beispiele für Abbildungen im $\mathbb{R}^2$ betrachtet. Im dreidimensionalen Raum geht man analog vor. Wir betrachten als Beispiele eine Spiegelung und eine Projektion.

Spiegelung an der x-z-Ebene:

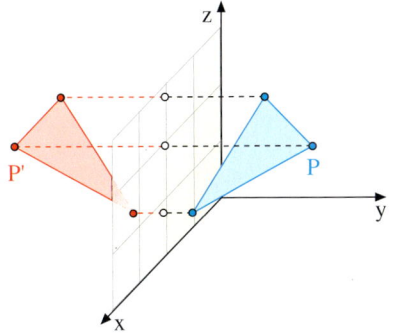

Senkrechte Projektion auf die x-y-Ebene:

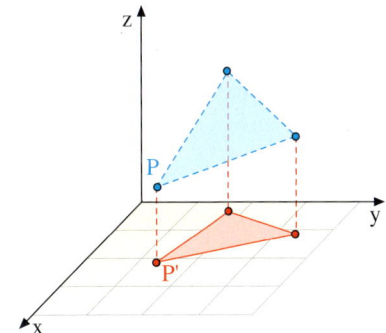

Bei dieser Spiegelung bleiben x-Koordinate und z-Koordinate erhalten. Die y-Koordinate erfährt lediglich eine Vorzeichenumkehr.
Die Abbildungsgleichungen lauten daher:

$$x' = x, \; y' = -y, \; z' = z:$$

Die Matrixdarstellung der Abbildung ist:

$$\vec{x}' = \begin{pmatrix} 1 & 0 & 0 \\ 0 & -1 & 0 \\ 0 & 0 & 1 \end{pmatrix} \cdot \vec{x}$$

Bei dieser senkrechten Projektion bleiben x-Koordinate und y-Koordinate erhalten. Die z-Koordinate wird auf null gesetzt.

Die Abbildungsgleichungen lauten also:

$$x' = x, \; y' = y, \; z' = 0:$$

Die Matrixdarstellung der Abbildung ist:

$$\vec{x}' = \begin{pmatrix} 1 & 0 & 0 \\ 0 & 1 & 0 \\ 0 & 0 & 0 \end{pmatrix} \cdot \vec{x}$$

Wir fassen nun zusammen: In allen oben angesprochenen Beispielen geometrischer Abbildungen waren die Abbildungsgleichungen lineare Gleichungen. Der Ortsvektor $\vec{x}'$ des Bildpunktes P' ließ sich in allen Fällen aus dem Ortsvektor $\vec{x}$ des Originalpunktes P durch Multiplikation mit einer Matrix erzeugen. Man bezeichnet Abbildungen dieser Art als *lineare Abbildungen*.

> **Definition III.5: Lineare Abbildung**
> Eine Zuordnung f: $\mathbb{R}^2 \to \mathbb{R}^2$ ($\mathbb{R}^3 \to \mathbb{R}^3$) wird als *lineare Abbildung* bezeichnet, wenn sie folgende Bedingungen erfüllt:
> (1) f ordnet jedem Punkt P der Ebene $\mathbb{R}^2$ (des Raumes $\mathbb{R}^3$) einen Punkt P' der Ebene $\mathbb{R}^2$ (des Raumes $\mathbb{R}^3$) zu.
> (2) Es gibt eine 2 × 2 (3 × 3-)Matrix A, sodass für die Ortsvektoren $\vec{x}$ von P und $\vec{x}'$ von P' die Gleichung $\vec{x}' = A \cdot \vec{x}$ gilt.
> A wird als *Abbildungsmatrix* der linearen Abbildung f bezeichnet.

Übungen

1. Die lineare Abbildung f: $\mathbb{R}^2 \to \mathbb{R}^2$ sei eine orthogonale Spiegelung an der y-Achse.
   a) Wie lauten die Abbildungsgleichungen bzw. die Abbildungsmatrix?
   b) Bestimmen Sie das Spiegelbild des Dreiecks ABC mit A(2|3), B(4|0), C(6|4).

2. Gegeben sei eine lineare Abbildung f: $\mathbb{R}^2 \to \mathbb{R}^2$ durch $\vec{x}' = \begin{pmatrix} 0 & 1 \\ 1 & 0 \end{pmatrix} \cdot \vec{x}$.
   a) Bilden Sie das Dreieck ABC mit A(2|1), B(3|0), C(4|4) ab. Fertigen Sie eine Skizze an.
   b) Begründen Sie, dass die Abbildung eine Spiegelung bewirkt. Um welche Spiegelung handelt es sich?

3. Betrachtet wird die lineare Abbildung der Drehung um den Ursprung im mathematisch positiven Sinne um den Winkel φ.
   a) Wie lautet die Drehmatrix für φ = 90°, φ = 180°, φ = 45°, φ = 30°?
   b) Auf welchen Vektor wird der Vektor $\vec{x} = \begin{pmatrix} 2 \\ 4 \end{pmatrix}$ durch eine 30°-Drehung abgebildet?
   c) Berechnen Sie das Bild der Strecke $\overline{AB}$ mit A(2|1) und B(4|2) bei einer 120°-Drehung.

4. Eine lineare Abbildung soll eine orthogonale Projektion von Punkten auf die Winkelhalbierende des 1. und 3. Quadranten bewirken.

   a) Wie lautet die Abbildungsmatrix?
   b) Bestimmen Sie das Bild der Strecke $\overline{AB}$ mit A(1|3) und B(6|5).

   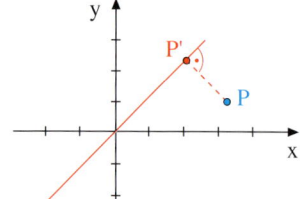

   Hinweis: P' ist der Schnittpunkt der Winkelhalbierenden mit einer zu ihr senkrechten Geraden durch P.

5. Das Dreieck ABC mit A(1|2), B(3|3) und C(2|4) soll im mathematisch positiven Sinn um 45° um den Ursprung gedreht werden und anschließend vom Ursprung aus mit dem Faktor 2 zentrisch gestreckt werden.
   a) Wie lautet die Matrixdarstellung der gesamten linearen Abbildung?
   b) Berechnen Sie die Eckpunkte des Bilddreiecks.

6. Die lineare Abbildung f: $\mathbb{R}^3 \to \mathbb{R}^3$ sei eine orthogonale Spiegelung an der x-z-Ebene.
   a) Wie lautet die Abbildungsmatrix?
   b) Bestimmen Sie das Bild der Geraden g: $\vec{x} = \begin{pmatrix} 2 \\ 2 \\ 3 \end{pmatrix} + r \begin{pmatrix} 1 \\ 1 \\ -1 \end{pmatrix}$.

7. Welche anschauliche Bedeutung hat die lineare Abbildung f: $\mathbb{R}^3 \to \mathbb{R}^3$, deren Abbildungsmatrix A rechts steht? $A = \begin{pmatrix} -1 & 0 & 0 \\ 0 & -1 & 0 \\ 0 & 0 & -1 \end{pmatrix}$

8. Betrachtet wird eine lineare Abbildung f: $\mathbb{R}^3 \to \mathbb{R}^3$, welche Raumobjekte zunächst orthogonal in die x-y-Ebene projiziert und sie sodann am Ursprung spiegelt.
   a) Wie lautet die Abbildungsmatrix der Gesamtabbildung?
   b) Wie lautet das Bild der Strecke $\overline{AB}$ mit A(2|4|2), B(4|2|6)?

2. Matrizen zur Beschreibung geometrischer Abbildungen

9. Gegeben sei die lineare Abbildung f: $\mathbb{R}^2 \to \mathbb{R}^2$ durch $\vec{x}' = \begin{pmatrix} 3 & 0 \\ 0 & 2 \end{pmatrix} \cdot \vec{x}$.
Untersuchen Sie die geometrische Wirkung der Abbildung, indem Sie das Einheitsquadrat ABCD mit A(1|2), B(2|2), C(2|3), D(1|3) abbilden und eine Skizze anfertigen.

10. Zeigen Sie, dass die lineare Abbildung mit der Matrix $A = \begin{pmatrix} 1 & 3 \\ 0 & 0 \end{pmatrix}$ eine Projektion auf eine Koordinatenachse bewirkt. Um welche Achse handelt es sich?
Geben Sie die Projektionsrichtung durch einen Vektor an.

11. Gesucht sind die Abbildungsmatrizen für folgende lineare Abbildungen f: $\mathbb{R}^2 \to \mathbb{R}^2$
  a) Spiegelung an der Geraden y = −x
  b) Spiegelung an der Geraden y = 3x
  c) Spiegelung an der Geraden $y = -\frac{1}{2}x$
  d) 135°-Drehung um den Ursprung
  e) Projektion parallel zur x-Achse auf die Gerade y = −x
  f) Projektion parallel zur Winkelhalbierenden y = x auf die y-Achse

Hinweis zu 11 a, b, c: Stellen Sie zunächst die Gleichung einer zur gegebenen Spiegelgeraden orthogonalen Gerade durch den Punkt P(x|y) auf. Errechnen Sie anschließend den Schnittpunkt S der beiden Geraden. Bestimmen Sie hiervon ausgehend den Spiegelpunkt P'(x'|y').

12. Untersuchen Sie die geometrische Wirkung der linearen Abbildung f: $\mathbb{R}^3 \to \mathbb{R}^3$ mit den rechts aufgeführten Abbildungsmatrizen.
Welche geometrische Wirkung besitzt die Abbildungsmatrix C = A · B?

$A = \begin{pmatrix} -1 & 0 & 0 \\ 0 & 1 & 0 \\ 0 & 0 & 1 \end{pmatrix}$, $B = \begin{pmatrix} 1 & 0 & 0 \\ 0 & -1 & 0 \\ 0 & 0 & 1 \end{pmatrix}$

13. Ordnen Sie der linearen Abbildung f: $\mathbb{R}^2 \to \mathbb{R}^2$ die passende Abbildungsmatrix zu.

$A = \begin{pmatrix} 1 & 0 \\ 0 & -1 \end{pmatrix}$, $B = \begin{pmatrix} 0 & 1 \\ 1 & 0 \end{pmatrix}$, $C = \begin{pmatrix} 0 & -1 \\ 1 & 0 \end{pmatrix}$

$D = \begin{pmatrix} -1 & 0 \\ 0 & 1 \end{pmatrix}$, $E = \begin{pmatrix} -1 & 0 \\ 0 & -1 \end{pmatrix}$, $F = \begin{pmatrix} 0 & 0 \\ 0 & 1 \end{pmatrix}$

$G = \begin{pmatrix} a & 0 \\ 0 & a \end{pmatrix}$, $H = \begin{pmatrix} 1 & 0 \\ 0 & 1 \end{pmatrix}$, $I = \begin{pmatrix} 1 & 0 \\ 0 & 0 \end{pmatrix}$

  I. Spiegelung an der Geraden y = x
  II. Spiegelung an der x-Achse
  III. Orthogonale Projektion auf die x-Achse
  IV. Zentrische Streckung mit dem Faktor a
  V. Spiegelung an der y-Achse
  VI. Identische Abbildung
  VII. Punktspiegelung am Ursprung
  VIII. Orthogonale Projektion auf die y-Achse
  IX. 90°-Drehung um den Ursprung

14. Betrachtet wird eine Abbildung f: $\mathbb{R}^2 \to \mathbb{R}^2$ welche eine orthogonale Spiegelung an der Geraden $y = \frac{1}{2}x - 1$ bewirkt.
  a) Stellen Sie die Abbildungsgleichungen auf. Gehen Sie ähnlich wie bei 11 a, b, c vor.
  b) Bestimmen Sie das Bild des Rechtecks ABCD mit A(1|2), B(2|2), C(2|4), D(1|4).
  c) Begründen Sie, weshalb hier keine lineare Abbildung vorliegt.

3. Teilebedarfsrechnung

A. Teilebedarfsermittlung bei mehrstufigem Produktionsprozess

In einem zweistufigen Produktionsprozess werden in der ersten Stufe aus den Rohstoffen R_1 und R_2 die Zwischenprodukte Z_1, Z_2 und Z_3 erzeugt. In der zweiten Produktionsstufe werden die Zwischenprodukte zu den Endprodukten E_1 und E_2 weiterverarbeitet.

Rohstoffe
R_1, R_2

Zwischenprodukte
Z_1, Z_2, Z_3

Endprodukte
E_1, E_2

Man kann den Produktionsprozess als Graph mit Pfeilen darstellen, zu einer übersichtlichen Tabelle verkürzen oder zu einer Matrix zusammenstellen, mit der sogar gerechnet werden kann.

▶ **Beispiel: Zweistufiger Produktionsprozess**
In einer Fabrik werden aus gläsernen Rohkugeln und goldenen Streifen drei Sorten von geschmückten Kugeln erzeugt, die dann in zwei verschiedene Verpackungen kommen.
Der Graph beschreibt die Materialverflechtung. Er gibt an, welcher Materialbedarf für ein Zwischenprodukt oder für ein Endprodukt anfällt.
a) Stellen Sie den Materialbedarf für beide Produktionsstufen als Stücklistentabelle bzw. als Matrix dar.
b) Berechnen Sie den Rohstoffbedarf der Endprodukte.

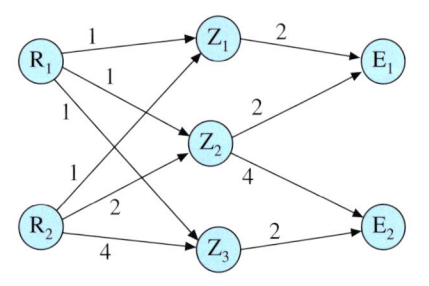

Lösung zu a)
Die erste Tabelle gibt den Rohstoffbedarf der Zwischenprodukte wieder. Die Matrix A enthält diese Information ebenfalls.

Die zweite Tabelle gibt den Bedarf an Zwischenprodukten für die Endprodukte wieder. Die Matrix B enthält diese Informationen der zweiten Produktionsstufe.

1. Tabellen und Matrizen

1. Stufe

	Z_1	Z_2	Z_3
R_1	1	1	1
R_2	1	2	4

$$A = \begin{pmatrix} 1 & 1 & 1 \\ 1 & 2 & 4 \end{pmatrix}$$

2. Stufe

	E_1	E_2
Z_1	2	0
Z_2	2	4
Z_3	0	2

$$B = \begin{pmatrix} 2 & 0 \\ 2 & 4 \\ 0 & 2 \end{pmatrix}$$

3. Teilebedarfsrechnung

▶ **Lösung zu b)**
Gesucht ist eine Tabelle oder eine Matrix C, die den Zusammenhang zwischen den Endprodukten und den Rohstoffen herstellt.

Für ein Teil E_1 benötigt man:
Zwei Teile Z_1 mit jeweils einem Teil R_1,
zwei Teile Z_2 mit jeweils einem Teil R_1,
null Teile Z_3 mit jeweils einem Teil R_1.

Der von E_1 ausgehende Bedarf am Rohstoff R_1 beträgt also:
$1 \cdot 2 + 1 \cdot 2 + 1 \cdot 0 = 4$
$\quad |\quad\quad |\quad\quad |$
$\ Z_1\quad Z_2\quad Z_3$

Dieser Ausdruck ist aber gerade das Produkt des ersten Zeilenvektors von A mit dem ersten Spaltenvektor von B.

Offenbar ist die gesuchte Matrix C einfach das Produkt der Matrizen A und B.

Die rechts dargestellte Tabelle gibt den Rohstoffbedarf der Endprodukte direkt
▶ wieder.

2. Rohstoffbedarf der Endprodukte

gesucht:

	E_1	E_2
R_1	c_{11}	c_{12}
R_2	c_{21}	c_{22}

$C = \begin{pmatrix} c_{11} & c_{12} \\ c_{21} & c_{22} \end{pmatrix}$

Bedarf an R_1 für ein Teil E_1:
$c_{11} = 1 \cdot 2 + 1 \cdot 2 + 1 \cdot 0 = 4$

Bedarf an R_1 für ein Teil E_2:
$c_{12} = 1 \cdot 0 + 1 \cdot 4 + 1 \cdot 2 = 6$

Bedarf an R_2 für ein Teil E_1:
$c_{21} = 1 \cdot 2 + 2 \cdot 2 + 4 \cdot 0 = 6$

Bedarf an R_2 für ein Teil E_2:
$c_{22} = 1 \cdot 0 + 2 \cdot 4 + 4 \cdot 2 = 16$

$C = A \cdot B = \begin{pmatrix} 1 & 1 & 1 \\ 1 & 2 & 4 \end{pmatrix} \cdot \begin{pmatrix} 2 & 0 \\ 2 & 4 \\ 0 & 2 \end{pmatrix} = \begin{pmatrix} 4 & 6 \\ 6 & 16 \end{pmatrix}$

	E_1	E_2
R_1	4	6
R_2	6	16

▶ **Beispiel: Zweistufiger Produktionsprozess (Fortsetzung)**
Welcher Rohstoffbedarf entsteht bei dem Produktionsprozess aus dem vorigen Beispiel, wenn ein Auftrag über 150 Packungen E_1 und 200 Packungen E_2 eingeht?

Lösung
Wir multiplizieren die Rohstoffmatrix C aus der Lösung des vorhergehenden Beispiels mit den Auftragsvektor $\vec{b}$ und erhalten den Rohstoffvektor $\vec{r}$.
Resultat: Für die Bestellung braucht man
▶ 1800 Kugeln (R_1) und 4100 Bänder (R_2).

Berechnung des Rohstoffvektors:

$\vec{r} = C \cdot \vec{b} = \begin{pmatrix} 4 & 6 \\ 6 & 16 \end{pmatrix} \cdot \begin{pmatrix} 150 \\ 200 \end{pmatrix} = \begin{pmatrix} 1800 \\ 4100 \end{pmatrix}$

Übung 1
Stellen Sie die Stufen des Produktionsprozesses durch Matrizen A und B dar.
Wie lautet die Matrix C, die den Rohstoffbedarf der Endprodukte beschreibt?
Welcher Rohstoffbedarf wird durch eine Bestellung von 180 Teilen E_1 und 300 Teilen E_2 und null Teilen E_3 verursacht?

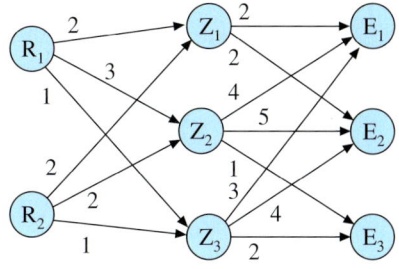

A. Teilebedarfsermittlung mit der Direktbedarfsmatrix

Im vorhergehenden Abschnitt waren die Stufen eines Produktionsprozesses streng voneinander getrennt und konnten jeweils durch eine zugehörige Teilebedarfsmatrix erfasst werden. Kommt es auch innerhalb einer Stufe zu Materialverflechtungen oder überspringen diese eine Stufe, so werden alle Verflechtungen in der sogenannten Direktbedarfsmatrix festgehalten.

▶ **Beispiel: Direktbedarfsmatrix**
Der Materialverflechtungsgraph beschreibt einen zweistufigen Produktionsprozess.
a) Stellen Sie die Direktbedarfsmatrix D auf.
b) Berechnen Sie den Rohstoffbedarf für je ein Stück Z_1, Z_2, E_1, E_2.
c) Welchen Rohstoffaufwand erfordert ein Auftrag über 20 E_1 und 10 E_2 sowie die Ersatzteile 4 Z_1 und 2 Z_2?

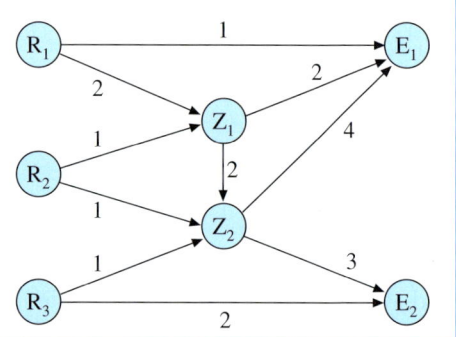

Lösung zu a)
Der Materialverflechtungsgraph – auch als *Gozintograph* bezeichnet – enthält nun auch Querverbindungen und stufenüberspringende Verbindungen. Wir können ihn nur noch in einer Tabelle bzw. Matrix erfassen, die alle Produkte sowohl als Eingänge als auch als Ausgänge enthält. Dies ist die sog. *Direktbedarfsmatrix* D.

Lösung zu b)
Diese Aufgabe lösen wir ganz elementar auf die folgende etwas umständliche, aber leicht zu verstehende Weise.
Wir gehen von den unteren Produktionsstufen aus und arbeiten uns dann hoch.

Wir entnehmen aus Spalte 3, woraus Z_1 gebaut wird, nämlich aus zwei Teilen R_1 und einem Teil R_2. Also $Z_1 = 2\,R_1 + R_2$.
Analog folgt aus Spalte 4, dass zunächst $Z_2 = 2\,Z_1 + R_2 + R_3$ gilt: Setzen wir hier $Z_1 = 2\,R_1 + R_2$ ein, so erhalten wir als Resultat $Z_2 = 4\,R_1 + 3\,R_2 + R_3$.

Ebenso ergeben sich die Resultate für den Rohstoffbedarf für jeweils ein Teil von E_1 bzw. E_2.

Direktbedarfsmatrix D

von \ nach	E_1	E_2	Z_1	Z_2	R_1	R_2	R_3
E_1	0	0	0	0	0	0	0
E_2	0	0	0	0	0	0	0
Z_1	2	0	0	2	0	0	0
Z_2	4	3	0	0	0	0	0
R_1	1	0	2	0	0	0	0
R_2	0	0	1	1	0	0	0
R_3	0	2	0	1	0	0	0

Rohstoffbedarf für Z_1, Z_2, E_1 und E_2

$Z_1 = 2\,R_1 + R_2$ \hfill (Spalte 3)
$Z_2 = 2\,Z_1 + R_2 + R_3$ \hfill (Spalte 4)
$ = 2\,(2\,R_1 + R_2) + R_2 + R_3$
$ = 4\,R_1 + 3\,R_2 + R_3$

$E_1 = 2\,Z_1 + 4\,Z_2 + R_1$ \hfill (Spalte 1)
$ = 2\,(2\,R_1 + R_2) + 4\,(4\,R_1 + 3\,R_2 + R_3) + R_1$
$ = 21\,R_1 + 14\,R_2 + 4\,R_3$

$E_2 = 3\,Z_2 + 2\,R_3$ \hfill (Spalte 2)
$ = 3\,(4\,R_1 + 3\,R_2 + R_3) + 2\,R_3$
$ = 12\,R_1 + 9\,R_2 + 5\,R_3$.

3. Teilebedarfsrechnung

▶ **Lösung zu c)**
Der Rohstoffbedarf für den gesamten Auftrag ist nun leicht zu kalkulieren, indem wir die Rohstoffmengen für jeweils ein Bestellteil mit der zugehörigen Bestellmenge multiplizieren.
▶ **Resultat:** 556 R_1, 380 R_2 und 132 R_3

Rohstoffbedarf für den Auftrag

$20 \cdot E_1 = 20 \cdot (21\,R_1 + 14\,R_2 + 4\,R_3)$
$10 \cdot E_2 = 10 \cdot (12\,R_1 + 9\,R_2 + 5\,R_3)$
$4 \cdot Z_1 = 4 \cdot (2\,R_1 + 1\,R_2)$
$2 \cdot Z_2 = 2 \cdot (4\,R_1 + 3\,R_2 + 1\,R_3)$

Auftrag: $556\,R_1 + 380\,R_2 + 132\,R_3$

Möchte man Teil c der vorhergehenden Aufgabe mit Hilfe der Matrizenrechnung lösen, so benötigt man folgenden Satz, den wir hier ohne Beweis zitieren und anwenden*.

Satz III.1: Bedarfsermittlung mit Hilfe der Gesamtbedarfsmatrix
D sei die **Direktbedarfsmatrix** eines Produktionsprozesses. a sei der **Auftragsvektor.**
Dann bezeichnet man die Matrix $(E - D)^{-1}$ als *Gesamtbedarfsmatrix* des Prozesses.
Der sog. *Produktionsvektor* $\vec{p}$ lässt sich dann nach folgender Formel berechnen:

$$\vec{p} = (E - D)^{-1} \cdot \vec{a}$$

Produktions-   Einheits-   Direktbedarfs-   Auftragsvektor   matrix   matrix   vektor

---

Im obigen Beispiel erhalten wir Folgendes:

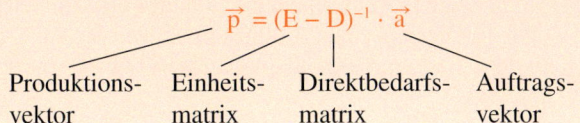

Dies bedeutet: Bei einem Auftrag von 20 E_1, 10 E_2, 4 Z_1 und 2 Z_2 entstehen im Produktionsverlauf 268 Z_1 und 112 Z_2 als Zwischenprodukte aus den Rohstoffen 556 R_1, 380 R_2, 132 R_3.

Übung 2

Der abgebildete Graph beschreibt einen zweistufigen Produktionsprozess.
a) Wie lautet die Direktbedarfsmatrix D?
b) Berechnen Sie den Rohstoffbedarf für jeweils eine Einheit der Zwischen- und der Endprodukte.
c) Ein Auftrag lautet über 20 Einheiten E_1 und 15 Einheiten E_2. Welcher Rohstoffbedarf besteht?
d) Lösen Sie c) mit Hilfe der Gesamtbedarfsmatrix nach Satz III.1.

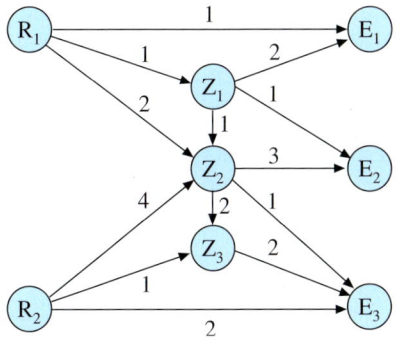

---
* Hier ist der Einsatz eines Rechners angemessen, da eine große Matrix invertiert wird.

Übungen

3. Zweistufiger Produktionsprozess

Der abgebildete Graph mit seinen schwarzen Pfeilen gehört zu einen Produktionsprozess mit zwei Stufen.

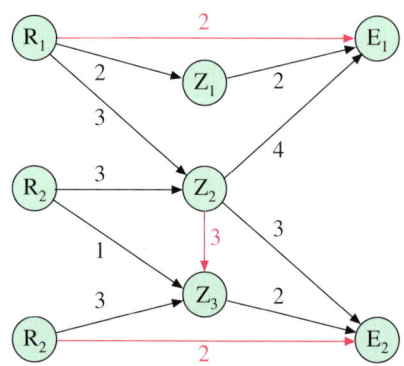

a) Bestimmen Sie die Bedarfsmatrizen A und B der beiden Stufen. Berechnen Sie das Produkt C = AB. Welche Bedeutung hat C?

b) Welche Rohstoffe benötigt man für einen Auftrag über 20 Einheiten von E_1 und 30 Einheiten von E_2?

c) Direktbedarfsmatrix: Ein verbessertes Produkt erfordert zusätzlich für eine Einheit E_1 zwei Einheiten R_1, für eine Einheit E_2 zwei Einheiten R_3 und für eine Einheit Z_3 drei Einheiten Z_2 (rote Pfeile im Graphen). Lösen Sie nun Aufgabe b). Stellen Sie die Direktbedarfsmatrix D auf und wenden Sie Satz III.1 an (Gesamtbedarfsmatrix: $(E-D)^{-1}$).

4. Rasenmischung

Ein Hersteller von Rasensamen verwendet die Rasensorten Maxima (M), Borneo (B) und Greystone (G). Durch Mischung stellt er die Rasensorten Tiergarten, Stadion und Steppe her, jeweils in 1-kg-Packungen verpackt. Den aufgedruckten Mischungstabellen kann man entnehmen, dass die Tiergartenmischung zu je 30% aus den Sorten Maxima und Borneo sowie zu 40% aus der Sorte Greystone (R_3) besteht, während Stadion und Steppe die gleichen Sorten im Verhältnis 20:30:50 bzw. 25:15:60

enthalten. Für die Auslieferung an die Großhändler werden jeweils 20 Packungen gebündelt verpackt. Es gibt drei Bündelungen I, II und III. Sie enthalten:
I: 20-mal Tiergarten, II: 20-mal Stadion, III: jeweils 10-mal Stadion und 10-mal Steppe.

a) Zeichnen Sie den Graphen für diesen zweistufigen Produktionsprozess.
b) Ein Gartenmarkt bestellt 40 Einheiten I, 20 Einheiten II und 20 Einheiten III. Welche Mengen der Grundsorten muss der Hersteller hierfür bereitstellen?
c) Der Hersteller bezieht die Grundsorten zu 2 Euro (Maxima), 3 Euro (Borneo) bzw. 4 Euro (Greystone). Welche Rohstoffkosten hat er für die Bestellung aus b)?
d) Ein Großhändler rechnet für die kommende Saison mit einer Nachfrage von ca. 80-mal Tiergarten, 60-mal Steppe und 20-mal Stadion. Wie muss seine Bestellliste für die Einheiten I, II und III aussehen?

5. Pralinenstrauß

Ein Produzent stellt aus vier Rohstoffen (R_1: Schokolade, R_2: Nüsse, R_3: Marzipan, R_4: Zucker) fünf Pralinensorten $P_1, \ldots, P_5$ her, die er in zwei Pralinensträußen A und B anbietet.

Die Rezepturen der fünf Sorten sind rechts unten angegeben (R_1 bis R_5: Rohstoffe in g pro Praline).

Die beiden Pralinensträuße enthalten:
Strauß A: P_1: 2, P_2: 5, P_3: –, P_4: –, P_5: 3
Strauß B: P_1: 5, P_2: 2, P_3: 3, P_4: 6, P_5: 4.

a) Berechnen Sie den Rohstoffbedarf der einzelnen Sträuße.

b) Drei Kunden bestellen zum Valentinstag:
   Kunde 1: A: 400, B: 300
   Kunde 2: A: 600, B: 800
   Kunde 3: A: 200, B: 550
   Berechnen Sie den Rohstoffbedarf für jede der drei Lieferungen.

Erste Produktionsstufe
P_1: R_1: 3, R_2: 2, R_3: 5, R_4: 2
P_2: R_1: 7, R_2: 6, R_3: 0, R_4: 3
P_3: R_1: 2, R_2: 0, R_3: 8, R_4: 1
P_4: R_1: 5, R_2: 4, R_3: 0, R_4: 0
P_5: R_1: 9, R_2: 0, R_3: 0, R_4: 4

Zweite Produktionsstufe
E_1: P_1: 2, P_2: 5, P_3: 0, P_4: 0, P_5: 3
E_2: P_1: 5, P_2: 2, P_3: 3, P_4: 6, P_5: 4

c) Aus den Pralinensträußen werden Paletten für Supermärkte zusammengestellt. Palettenart T_1 enthält 60 A und 40 B. Palette T_2 besteht aus 30 A und 70 B. Ein Großhändler bestellt 50 Paletten T_1 und 80 Paletten T_2. Welche Rohstoffmengen müssen für den Auftrag bereitgestellt werden?

6. Regenbogenfisch

Der abgebildete Graph beschreibt einen zweistufigen Produktionsprozess zur Herstellung eines Regenbogenfisches (E_1) und eines Stachelfisches (E_2). Die Rohstoffe sind Chemikalien, die Zwischenprodukte daraus hergestellte Kunststoffe.

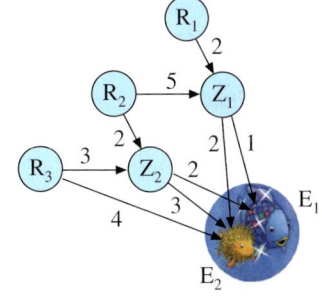

a) Welcher Rohstoffbedarf besteht für die Produktion jeweils eines der beiden Fische bzw. für einen Auftrag über 100 Regenbogenfische und 50 Stachelfische?

b) Die Rohstoffe sind kurzfristig ausgegangen. Der Hersteller kauft daher die Zwischenprodukte vorübergehend bei einem Konkurrenten ein. Dabei hat er Zusatzkosten von 0,1 € pro verbrauchter Rohstoffeinheit. Welche Kosten verursacht eine Lieferung von 2000 Einheiten von Z_1 und 3000 Einheiten von Z_2?

c) In welchem Verhältnis zueinander müssen die Einheiten von Z_2 und Z_1 stehen, wenn daraus jeweils eine Einheit der Endprodukte E_1 und E_2 hergestellt werden soll? (Kontrollergebnis: $Z_2 : Z_1 = 5 : 3$)

d) Die Rohstoffe sind chemisch sehr instabil. 1000 Einheiten von R_1, 4000 Einheiten von R_2 und 2500 Einheiten von R_3 lagern schon länger und sollen schnell zu den Zwischenprodukten Z_1 und Z_2 verarbeitet werden. Wie viele Einheiten von Z_1 und Z_2 lassen sich aus dem Rohstoffvorrat produzieren? Welcher nicht verbrauchte Restbestand an Rohstoffen verbleibt?

4. Zustandsänderungen

A. Die Übergangsmatrix

Das Übergangsverhalten von Käufern, die einem Produkt treu bleiben, zur Konkurrenz wechseln oder zu Nichtkäufern werden, ist Gegenstand der Wissbegier der Marktforschungsinstitute, die hierzu allerlei Umfragen vornehmen. Man hofft, mit Hilfe des erfragten und hoffentlich relativ konstanten Übergangsverhaltens die Marktentwicklung prognostizieren zu können.

> **Beispiel: Marktübergangsmatrix**
> Zwei monatlich erscheinende Magazine S und F konkurrieren um die Gunst der Leser und der Nichtleser N. Im Januar lauten die Markanteile:
> S: 60%   F: 20%   N: 20%
>
> Das Übergangsverhalten der Verbraucher geht aus der Graphik hervor. Welche Marktanteile werden voraussichtlich in drei Monaten vorliegen?

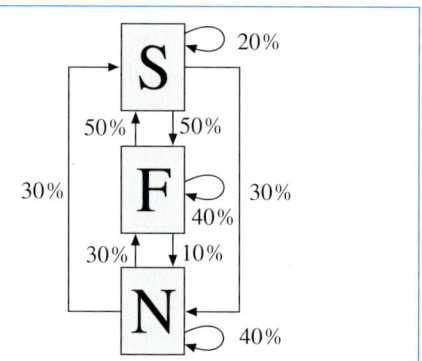

Lösung:
Die Daten des *Übergangsgraphen* übertragen wir in eine übersichtliche Tabelle. Durch das Weglassen der Tabelleneingänge erhalten wir die *Übergangsmatrix* M.
Die Anfangsmarktanteile zu Beginn des Monats Januar halten wir in dem Anfangs- oder *Startvektor* $\vec{a}$ mit den Koordinaten 60, 20, 20 fest.

Die Marktanteile nach einem Monat sind:
S = 0,2 · 60 + 0,5 · 20 + 0,3 · 20 = 28
F = 0,5 · 60 + 0,4 · 20 + 0,3 · 20 = 44
N = 0,3 · 60 + 0,1 · 20 + 0,4 · 20 = 28

Dieser neue Zustand wird also durch den *Zustandsvektor* $\vec{x}$ mit den Koordinaten 28, 44, 28 erfasst.

Man erkennt, dass jeder neue Zustandsvektor durch Multiplikation des aktuellen Zustandsvektors mit der Übergangsmatrix M zustandekommt. Nach drei Monaten gilt:
▶ S: 34,4%   F: 41,2%   N: 24,4%

Übergangsmatrix*:

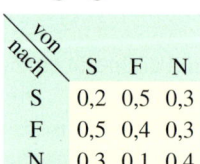

$$M = \begin{pmatrix} 0,2 & 0,5 & 0,3 \\ 0,5 & 0,4 & 0,3 \\ 0,3 & 0,1 & 0,4 \end{pmatrix}$$

Marktanteile im Januar:
(Startvektor)

$$\vec{a} = \begin{pmatrix} 60 \\ 20 \\ 20 \end{pmatrix}$$

Marktanteile im Februar:

$$\begin{pmatrix} 0,2 & 0,5 & 0,3 \\ 0,5 & 0,4 & 0,3 \\ 0,3 & 0,1 & 0,4 \end{pmatrix} \cdot \begin{pmatrix} 60 \\ 20 \\ 20 \end{pmatrix} = \begin{pmatrix} 28 \\ 44 \\ 28 \end{pmatrix}$$

Marktanteile im März:

$$\begin{pmatrix} 0,2 & 0,5 & 0,3 \\ 0,5 & 0,4 & 0,3 \\ 0,3 & 0,1 & 0,4 \end{pmatrix} \cdot \begin{pmatrix} 28 \\ 44 \\ 28 \end{pmatrix} = \begin{pmatrix} 36 \\ 40 \\ 24 \end{pmatrix}$$

Marktanteile im April:

$$\begin{pmatrix} 0,2 & 0,5 & 0,3 \\ 0,5 & 0,4 & 0,3 \\ 0,3 & 0,1 & 0,4 \end{pmatrix} \cdot \begin{pmatrix} 36 \\ 40 \\ 24 \end{pmatrix} = \begin{pmatrix} 34,4 \\ 41,2 \\ 24,4 \end{pmatrix}$$

Resultat:
S: 34,4%   F: 41,2%   N: 24,4%

---

* Die Spalteneingänge der Übergangsmatrix enthalten die Ausgangslage (von), die Zeileneingänge die Endlage (nach).

Interpretation: Das Magazin F gewinnt zunächst Marktanteile, das Magazin S verliert Anteile.

Allerdings pendelt sich der Markt bei gleichbleibendem Übergangsverhalten langfristig auf einen *stationären Gleichgewichtszustand* mit stabilen Marktanteilen ein. Diese fixen Marktanteile kann man näherungsweise berechnen, indem man das Verfahren aus dem Beispiel mehrfach anwendet (Verwendung von TR oder CAS oder Tabellenkalkulation ist zu empfehlen).
Aber es gibt auch ein theoretisches Verfahren zur Berechnung der stabilen Marktanteile.

▶ **Beispiel: Stabile Markanteile**
Die Marktanteile der Magazine aus dem vorhergehenden Beispiel pendeln sich langfristig auf feste, fixierte Werte ein. Berechnen Sie diese Anteile.

Lösung:
Der Vektor mit den Koordinaten x, y, z sei der noch unbekannte Zustandsvektor der stabilen Marktanteile. Dann muss offenbar gelten: $A \cdot \vec{x} = \vec{x}$.

Diese Bedingung führt auf ein lineares Gleichungssystem mit den Gleichungen I, II und III. Versucht man, es zu lösen, erkennt man, dass es unterbestimmt ist.

Aber es gibt noch eine weitere, versteckte Gleichung IV: Die Summe der drei Marktanteile x, y und z ist 100%. Diese füllt die Informationslücke.

Wir ersetzen nun Gleichung III, deren Information offensichtlich in den Informationen der Gleichungen I und II schon enthalten ist, durch Gleichung IV.

Das neue Gleichungssystem ist lösbar. Die Lösung liefert die stabilen Marktanteile x = 34,7%, y = 41,1% und z = 24,2%, die ▶ einen stationären Zustand darstellen.

Bedingung für stabile Marktanteile

$$\begin{pmatrix} 0{,}2 & 0{,}5 & 0{,}3 \\ 0{,}5 & 0{,}4 & 0{,}3 \\ 0{,}3 & 0{,}1 & 0{,}4 \end{pmatrix} \cdot \begin{pmatrix} x \\ y \\ z \end{pmatrix} = \begin{pmatrix} x \\ y \\ z \end{pmatrix}$$

Lineares Gleichungssystem
 I: $0{,}2x + 0{,}5y + 0{,}3z = x$
 II: $0{,}5x + 0{,}4y + 0{,}3z = y$
 III: $0{,}3x + 0{,}1y + 0{,}4z = z$
 IV: $x + y + z = 1$

Vereinfachtes Gleichungssystem
 $10 \cdot$ I: $-8x + 5y + 3z = 0$
 $10 \cdot$ II: $5x - 6y + 3z = 0$
 IV : $x + y + z = 1$

Lösung des Gleichungssystems
x = 34,7%, y = 41,1%, z = 24,2%

Marktgleichgewicht/stabile Anteile
Magazin S: 34,7%
Magazin F: 41,1%
Nichtleser: 24,2%

Übung 1
Die Tabelle zeigt das Übergangsverhalten der Käufer von Mineralwasser.
a) Berechnen Sie die Marktanteile nach vier Monaten.
b) Welche stabilen Marktanteile bilden sich langfristig aus?

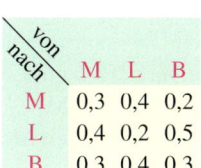

Marktanteile zu Beginn:
Minerva: 50%
Lullus: 20%
Bonifatius: 30%

B. Fixvektoren und Grenzmatrizen

Im vorhergehenden Abschnitt wurde ein Übergangsprozess untersucht. Der Anfangszustand wurde durch einen Anfangsvektor $\vec{a}$ erfasst. Der Übergang wurde durch die Übergangsmatrix M beschrieben und führte zu einem Folgezustand $\vec{b}$. Bei vielfacher Wiederholung des Übergangs strebten die Folgezustände gegen einen stabilen stationären Zustand, den Grenzzustand. Wir verallgemeinern diese Beobachtungen:

Verlauf eines Übergangsprozesses

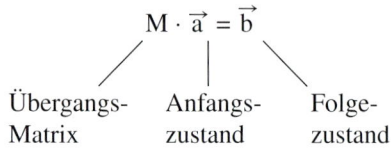

Grenzzustand
$M^n \cdot \vec{a} \to \vec{g}$ für $n \to \infty$

Definition III.6: Fixvektor

Ein Zustandsvektor $\vec{x}$ heißt Fixvektor der Übergangsmatrix M, wenn $M \cdot \vec{x} = \vec{x}$ gilt. Der Vektor wird also durch Multiplikation mit M nicht verändert.

Fixvektor $\vec{x}$:
$M \cdot \vec{x} = \vec{x}$

Bei einer Übergangsmatrix M sind die Elemente Zahlen zwischen 0 und 1, und die Summe der Zahlen in einer Spalte ist jeweils 1, da es sich um relative Häufigkeiten bzw. Wahrscheinlichkeiten handelt. Eine solche Matrix bezeichnet man als eine stochastische Matrix. Für *stochastische Matrizen* gilt ein wichtiger Satz:

Stochastische 3×3-Matrix

NACH $\begin{pmatrix} a_{11} & a_{12} & a_{13} \\ a_{21} & a_{22} & a_{23} \\ a_{31} & a_{32} & a_{33} \end{pmatrix}$
$\overline{1}\ \overline{1}\ \overline{1}$

VON

$0 \leq a_{ij} \leq 1$
Spaltensummen jeweils gleich 1

Satz III.2: Grenzmatrix

Sei $M = (a_{ij})$ eine stochastische Matrix. Gilt $a_{ij} > 0$ für alle Elemente von M, oder gilt dies für eine beliebige ihrer Potenzen M^k, dann folgt:
1. Es gibt genau einen Fixvektor $\vec{x}$ von M.
2. Die Matrixpotenzen $M, M^2, M^3, \ldots$ streben mit wachsendem Exponenten gegen die sog. *Grenzmatrix* M^∞. Jede Spalte der Grenzmatrix M^∞ ist mit dem Fixvektor $\vec{x}$ identisch.
3. Die Folgezustände $M \cdot \vec{a}, M^2 \cdot \vec{a}, M^3 \cdot \vec{a}, \ldots$ streben für jeden Startzustand $\vec{a}$ mit anwachsendem Exponenten gegen den Fixvektor $\vec{x}$. Es gilt also $M^\infty \cdot \vec{a} = \vec{x}$.

▶ **Beispiel**
Die Abbildung zeigt den Übergangsgraphen eines Prozesses.
a) Bestimmen Sie die Übergangsmatrix M.
b) Wie lautet der Fixvektor $\vec{x}$ von M?
c) Berechnen Sie die Matrixpotenzen M^2, M^3 und M^4.
d) Wie lautet die Grenzmatrix M^∞?
e) Nennen Sie eine Interpretation für den Prozess.

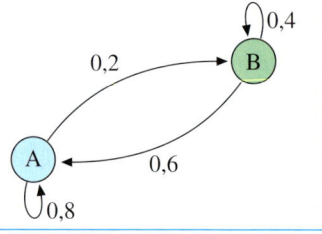

Lösung zu a):
Die Daten des *Übergangsgraphen* übertragen wir zunächst in eine Tabelle. Durch das Weglassen der Tabelleneingänge erhalten wir die Übergangsmatrix M.

Übergangsmatrix:

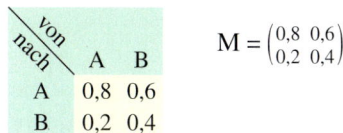

$$M = \begin{pmatrix} 0{,}8 & 0{,}6 \\ 0{,}2 & 0{,}4 \end{pmatrix}$$

Lösung zu b):
Der Fixvektor $\vec{x}$ erfüllt die Matrixgleichung $M \cdot \vec{x} = \vec{x}$. Daraus ergeben sich die Gleichungen I und II, die aber zur eindeutigen Lösung nicht ausreichen, wie wir schon wissen. Erst die Hinzunahme der Zusatzinformation, dass die Summe der Marktanteile stets 1 ergibt, liefert Gleichung III. Nun können wir Gleichung II weglassen und das System aus I und III lösen.
Resultat: Der Fixvektor $\vec{x}$ hat die Koordinaten $x = 0{,}75$ und $y = 0{,}25$.

Fixvektor:

$M \cdot \vec{x} = \vec{x}$

$$\begin{pmatrix} 0{,}8 & 0{,}6 \\ 0{,}2 & 0{,}4 \end{pmatrix} \cdot \begin{pmatrix} x \\ y \end{pmatrix} = \begin{pmatrix} x \\ y \end{pmatrix}$$

I: $0{,}8x + 0{,}6y = x$
II: $0{,}2x + 0{,}4y = y$
III: $x + y = 1$

Lösung: $x = 0{,}75$, $y = 0{,}25$ $\vec{x} = \begin{pmatrix} 0{,}75 \\ 0{,}25 \end{pmatrix}$

Lösung zu c):
Durch Matrizenmultiplikation erhalten wir die gesuchten Potenzen.
Für die Berechnung noch wesentlich höherer Potenzen wäre ein Rechner oder ein Programm hilfreich.

Matrixpotenzen:

$M^2 = \begin{pmatrix} 0{,}76 & 0{,}72 \\ 0{,}24 & 0{,}28 \end{pmatrix}$ $M^3 = \begin{pmatrix} 0{,}752 & 0{,}744 \\ 0{,}248 & 0{,}256 \end{pmatrix}$

$M^4 = \begin{pmatrix} 0{,}7504 & 0{,}7488 \\ 0{,}2496 & 0{,}2512 \end{pmatrix}$

Lösung zu d):
Die Grenzmatrix können wir näherungsweise durch die Berechnung weiterer noch höherer Potenzen von M bestimmen. Aber einfacher geht es nach Satz III.2. Die Spalten der Grenzmatrix entsprechen alle dem Fixvektor.

Grenzmatrix:

$\vec{x} = \begin{pmatrix} 0{,}75 \\ 0{,}25 \end{pmatrix} \Rightarrow M^{\infty} = \lim_{n \to \infty} M^n = \begin{pmatrix} 0{,}75 & 0{,}75 \\ 0{,}25 & 0{,}25 \end{pmatrix}$

Lösung zu e):
Es könnte sich um das Übergangsverhalten der Käufer zweier konkurrierender marktbeherrschender Produkte A und B handeln. Unabhängig von den anfänglichen Marktanteilen würden sich die
▶ Marktanteile bei konstantem Übergangsverhalten auf 75 % für A und 25 % für B einpendeln.

Übung 2
Die Abbildung zeigt den Übergangsgraphen eines Prozesses.
a) Bestimmen Sie die Übergangsmatrix M.
b) Wie lautet der Fixvektor $\vec{x}$ von M?
c) Berechnen Sie die Matrixpotenzen M^2, M^3 und M^4.
d) Wie lautet die Grenzmatrix M^{∞}?

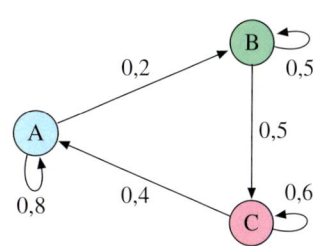

Übungen

3. Idyll
In einem Naturschutzgebiet gibt es Teile, die mit Wiese, Gestrüpp und Sumpf bedeckt sind. Jährlich geht ein Teil des Wiesenlandes in Gestrüpp über, Sumpf wird zu Wiese usw. Die Tabelle zeigt die jährlichen Übergangswahrscheinlichkeiten.

a) Begründen Sie: Die Übergangsmatrix M ist eine stochastische Matrix.

b) Die Startanteile lauten:
W: 60%, G: 30%, S: 10%
Welche Anteile findet man nach einem Jahr, nach zwei Jahren, nach fünf Jahren?

von → nach ↓	W	G	S
W	0,7	0,2	0,2
G	0,2	0,8	0,0
S	0,1	0,0	0,8

c) Welche Anteile sind langfristig zu erwarten, wenn die Übergänge konstant bleiben?

d) Durch Mähen der Wiesen wird der Übergang zu Gestrüpp auf 10% verringert. Durch Bewässerungsmaßnahmen wird das Umwandeln des Sumpfes in Wiese ebenfalls auf 10% verringert. Wie entwickelt sich das Gebiet nun nach 5 Jahren bzw. nach 10 Jahren bzw. langfristig? Interpretieren Sie das Ergebnis anschaulich.

4. Banken
Drei Bankhäuser konkurrieren um ihre Kunden. Der Übergangsgraph zeigt die jährlichen Kundenströme.

a) Stellen Sie die Übergangstabelle und die Übergangsmatrix M auf.

b) Die aktuellen Marktanteile lauten:
DD: 43%, DB: 22%, BE: 35%
Wie lauten die Anteile in einem Jahr, in drei Jahren, in 5 Jahren? Welche Vermutung liegt nahe?

c) Wie lauten die stabilen Anteile, auf die sich der Markt langfristig einpegelt?

d) Wie würde sich das Ergebnis von c) ändern, wenn es der BE durch Sofortmaßnahmen gelänge, ihre Kundenabgänge jeweils zu halbieren?

e) Wie lauteten die Anteile vor einem Jahr? Hinweis: Berechnen Sie hierzu die Inverse M^{-1} der Übergangsmatrix M.

f) Die BE geht pleite. Dadurch steigen die Marktanteile von DD und DB auf 60% bzw 40%. Die Markentreue der Kunden von DD und DB bleibt unverändert. Lösen Sie die Fragestellungen a) bis c) nun für die neue Konstellation.

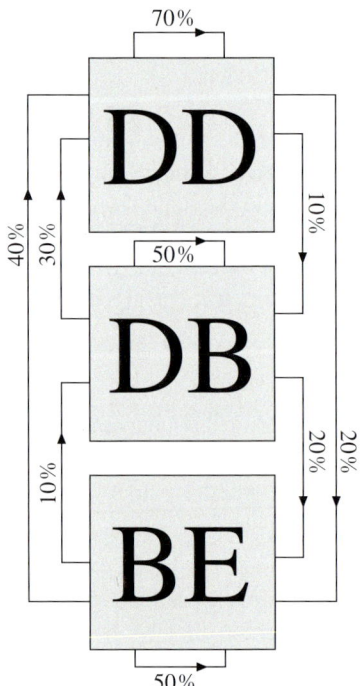

4. Zustandsänderungen

5. Restaurant

Das Restaurant LaFille verliert monatlich 30% der Stammkunden an das Restaurant McHunger. 70% der Kunden bleiben.
Umgekehrt verliert McHunger 20% an Lafille, 80% bleiben.
a) Lafille hat aktuell 60 Stammgäste, McHunger 40. Wie lauten die Gästeanteile im Folgemonat? Welche Aufteilung ergibt sich langfristig?
b) Sechs Monater später eröffnet das Restaurant PizAria in der Nähe. Es nimmt den Alteingesessenen jeweils 10 Prozentpunkte ihrer Stammgäste aus deren Bleiberquote. PizAria hält 60% seiner Gäste, verliert aber 10% an LaFille und 30% an McHunger. Welche Verteilung ergibt sich nun langfristig? Wer ist von der Neueröffnung stärker betroffen?

6. Farbwechsel

In der Landwirtschaftlichen Versuchsanstalt Eichhof werden auf einem Feld rote, gelbe und blaue Blumen gezüchtet (R, G, B), die eine erstaunliche Eigenschaft haben. Sie können bei jedem Generationenwechsel ihre Farbe wechseln. Eine Auszählung ergibt, dass der Farbwechsel nach der abgebildeten Tabelle erfolgt.

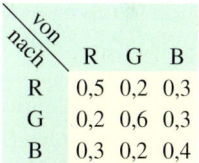

von nach	R	G	B
R	0,5	0,2	0,3
G	0,2	0,6	0,3
B	0,3	0,2	0,4

a) Erläutern Sie das Übergangsverhalten. Stellen Sie die Übergangsmatrix M auf. Welche Eigenschaften hat eine stochastische Matrix? Begründen Sie, dass M eine solche Matrix ist.
b) Anfangs lag folgende Verteilung vor:
R: 50%, G: 30%, B: 20%
Berechnen Sie die Verteilung in den beiden Folgegenerationen.
c) Welche Verteilung der Farben R, G, B stellt sich langfristig ein? (Hinweis: Berechnen Sie den Fixvektor von M)
d) In einer Generation gilt:
Rot: 35%, Gelb: 35%, Blau: 30%.
Welche Verteilung lag in der vorherigen Generation vor? (Hinweis: Berechnen Sie die inverse Matrix M^{-1}).
e) Nach einiger Zeit ändern die gelben Blumen plötzlich ihr Übergangsverhalten. Sie behalten beim Generationenwechsel ihre Farbe nur noch in 20% der Fälle. Zur roten Farbe wechseln sie überhaupt nicht mehr. Stellen Sie die neue Übergangsmatrix N auf. Ist die Befürchtung gerechtfertigt, dass die gelben Blumen ganz vom Feld verschwinden könnten?

7. Umfüllen

In einem Behälter C befindet sich 1 Liter Cola, in einem zweiten Behälter E 1 Liter Eiswasser. Aus C werden 30% des Inhalts in Glas I gegossen. Aus E werden 50% des Inhalts in Glas II gefüllt. Anschließend wird Glas I in die Eiswasserflasche und Glas II in die Colaflasche gegossen. Dann wird der Prozess wiederholt.

a) Zeichnen Sie den Übergangsgraphen für die Volumina von C und E. Wie lautet die Übergangsmatrix A?
b) Welche Füllmenge hat Behälter C nach der ersten, der zweiten und der dritten Wiederholung?
c) Welcher Füllmenge nähert sich Behälter C langfristig?
d) Wie hoch ist die Colamenge in Behälter C nach der ersten bzw. nach der zweiten Wiederholung? Welche Colamenge stellt sich langfristig in Behälter C ein?

8. Robinsons Insel

Robinson Crusoe – der legendäre Schiffbrüchige – soll auf der Insel Tierra gestrandet sein. Dort gibt es nur zwei Wetterlagen, entweder Sonnenschein (S) oder Regen (R).

Es gibt auch nur zwei Wetterregeln. Ist es an einem Tag sonnig, so ist es mit 70% Wahrscheinlichkeit auch am nächsten Tag sonnig. Ist es aber an einem Tag regnerisch, so ist es mit 60% Wahrscheinlichkeit auch am nächsten Tag regnerisch.

a) Zeichnen Sie den Übergangsgraphen für das Wetter auf Tierra. Stellen Sie die Übergangsmatrix A auf. Begründen sie, dass A eine stochastische Matrix ist.
b) Es ist heute schön. Mit welcher Wahrscheinlichkeit ist es dann auch übermorgen schön? Mit welcher Wahrscheinlichkeit ist es exakt eine Woche später schön?
c) Wie verteilen sich die Sonnentage und die Regentage langfristig? Berechnen Sie hierzu den Fixvektor von A.
d) Wie lautet die Grenzmatrix von A?
e) Auf einer anderen Insel gelten folgende Regeln: (I) Der Übergang von schönem auf schlechtes Wetter sei genauso wahrscheinlich wie der Übergang von schlechtem auf schönes Wetter. (II) Ist es heute schön, so ist es in zwei Tagen mit einer Wahrscheinlichkeit von 68% wieder schön. Wie groß sind die Übergangswahrscheinlichkeiten auf dieser Insel?

Hinweis: Verwenden Sie als Zustandsvektor für das Wetter den Vektor $\vec{v} = \binom{s}{r}$, wobei s die Wahrscheinlichkeit für schönes Wetter an diesem Tag und r die Wahrscheinlichkeit für schlechtes Wetter ist.

5. Populationswachstum

A. Zyklische Prozesse

Die Entwicklung von Populationen, die mehrere Entwicklungsstadien aufweisen, kann im Modell ebenfalls mit Übergangsmatrizen erfasst werden. Allerdings handelt es sich wegen der zusätzlich einfließenden Reproduktionsvorgänge nicht mehr um stochastische Matrizen mit Fixvektoren. Anstelle eines stabilen Gleichgewichtes kommt es zu zyklischen Schwankungen.

> **Beispiel: Wüstenspringmaus**
> Bei einer Untersuchung der Wüstenspringmaus werden junge (J), erwachsene (E) und alte Tiere (A) unterschieden.
> Am Ende einer Entwicklungsperiode werden 50% der Jungtiere zu erwachsenen Tieren, 50% sterben. Erwachsene Tiere werden zu 80% zu alten Tieren, 20% sterben. Alle Alttiere sterben. Die erwachsenen Tiere haben eine Reproduktionsrate von 200%, die für neue Jungtiere sorgt.
>
>
>
> a) Zeichnen Sie den Übergangsgraphen, stellen Sie die Übergangsmatrix M auf. Begründen Sie, dass M keine stochastische Matrix ist.
> b) Wie entwickelt sich der Bestand im Laufe von drei Jahren, wenn der Anfangsbestand gegeben ist durch den Startvektor mit den Koordinaten Junge = 40, Erwachsene = 100, Alte = 20? Welche Beobachtung ergibt sich insgesamt?

Lösung zu a):
Die Übergangsmatrix ist *keine stochastische Matrix*, weil die Spaltensummen nicht gleich 1 sind. Dies liegt einerseits daran, daß die Gruppe der nicht mehr lebenden Tiere fehlt, andererseits an der Reproduktionsrate, die mit 2 beim Übergang von E zu J erscheint.

Übergangsmatrix und Startvektor:

von\nach	J	E	A
J	0	2	0
E	0,5	0	0
A	0	0,8	0

$$M = \begin{pmatrix} 0 & 2 & 0 \\ 0,5 & 0 & 0 \\ 0 & 0,8 & 0 \end{pmatrix}$$

$$\vec{a} = \begin{pmatrix} 40 \\ 100 \\ 20 \end{pmatrix}$$

Lösung zu b):
Wir wenden die Matrizen M, M^2 und M^3 der Reihe nach auf den Startvektor $\vec{a}$ des Bestandes an, der die Koordinaten 40, 100, 20 hat. Da $M^3 = M$ gilt, kommt es zur Wiederholung von Zuständen.
Es ist ein *zyklischer Prozess* entstanden. Nach einer, drei, fünf Perioden bzw. nach zwei, vier, sechs Perioden liegt jeweils der gleiche Zustand vor.

Bestandsentwicklung:

$$M^2 = \begin{pmatrix} 1 & 0 & 0 \\ 0 & 1 & 0 \\ 0,4 & 0 & 0 \end{pmatrix}, \quad M^3 = \begin{pmatrix} 0 & 2 & 0 \\ 0,5 & 0 & 0 \\ 0 & 0,8 & 0 \end{pmatrix}$$

$$M \cdot \vec{a} = \begin{pmatrix} 200 \\ 20 \\ 80 \end{pmatrix}, \quad M^2 \cdot \vec{a} = \begin{pmatrix} 40 \\ 100 \\ 16 \end{pmatrix}, \quad M^3 \cdot \vec{a} = \begin{pmatrix} 200 \\ 20 \\ 80 \end{pmatrix}$$

Zyklischer Prozess der Länge 2 (Es gilt: $M = M^3 = M^5 = \ldots$ sowie $M^2 = M^4 = M^6 = \ldots$)

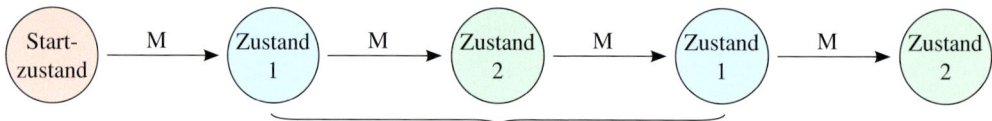

Zyklus der Länge 2

Unter welchen Bedingungen wird ein Prozess eigentlich zyklisch? Wir klären diese Frage exemplarisch an der Matrix des vorhergehenden Beispiels.

▶ **Beispiel: Bedingung für einen Zyklus**
Die Matrix M stellt eine Verallgemeinerung der Übergangsmatrix aus dem vorhergehenden Beispiel dar. Welche Bedingung müssen a, b und c erfüllen, damit M einen Zyklus der Länge 2 besitzt?

$$M = \begin{pmatrix} 0 & a & 0 \\ b & 0 & 0 \\ 0 & c & 0 \end{pmatrix}$$

Lösung:
Für einen Zyklus der Länge 2 muss gelten: $M^3 = M$. Dies führt auf die Gleichungen $a^2b = a$, $ab^2 = b$ und $abc = c$.

Alle drei Gleichungen führen auf $a \cdot b = 1$. Dies ist die Bedingung für einen Zyklus der Länge 2. Im vorigen Beispiel war die Bedingung mit $a = 2$ und $b = 0{,}5$ erfüllt.

Potenzen von M

$$M^2 = \begin{pmatrix} ab & 0 & 0 \\ 0 & ab & 0 \\ bc & 0 & 0 \end{pmatrix} \qquad M^3 = \begin{pmatrix} 0 & a^2b & 0 \\ ab^2 & 0 & 0 \\ 0 & abc & 0 \end{pmatrix}$$

Bedingung für den Zyklus

$$\begin{pmatrix} 0 & a^2b & 0 \\ ab^2 & 0 & 0 \\ 0 & abc & 0 \end{pmatrix} = \begin{pmatrix} 0 & a & 0 \\ b & 0 & 0 \\ 0 & c & 0 \end{pmatrix} \Rightarrow \begin{matrix} a^2b = a \\ ab^2 = b \\ abc = c \end{matrix} \Rightarrow ab = 1$$

B. Prozesse ohne stabilen Zyklus

Was geschehen kann, wenn die Bedingungen für einen stabilen zyklischen Prozess nicht vorliegen, zeigen die folgenden Zusatzaufgaben zu unserem Musterbeispiel.

▶ **Beispiel: Instabile Entwicklung**
Die Wüstenspringmäuse aus dem obigen Beispiel werden in einem Tierpark gehalten. Aufgrund des Fehlens natürlicher Feinde erreichen alle erwachsenen Tiere das Alttierstadium und 60% der Jungtiere das Erwachsenenstadium. Allerdings sinkt die Reproduktionsquote der erwachsenen Tiere aufgrund der künstlichen, stressbeladenen Umgebung auf 150%. Wie verläuft die Populationsentwicklung nun? Wie würde sie verlaufen, wenn man die Überlebensrate der Jungtiere auf 80% erhöhen könnte?

Lösung:
Hier gilt mit Bezug auf die oben betrachtete allgemeinere Übergangsmatrix $a = 1{,}5$, $b = 0{,}6$ und $c = 1$. Die Bedingung für einen zyklischen Prozess wird unterschritten. Es gilt $a \cdot b = 0{,}9 < 1$.

Übergangsmatrix

$$M = \begin{pmatrix} 0 & 1{,}5 & 0 \\ 0{,}6 & 0 & 0 \\ 0 & 1 & 0 \end{pmatrix}$$

Bilden wir die Potenzen von M, so erkennen wir, dass die Elemente von M mit steigendem Exponenten unter zyklischen instabilen Schwankungen kleiner werden.

Potenzen von M

$$M^2 = \begin{pmatrix} 0,9 & 0 & 0 \\ 0 & 0,9 & 0 \\ 0,6 & 0 & 0 \end{pmatrix} \quad M^3 = \begin{pmatrix} 0 & 1,35 & 0 \\ 0,54 & 0 & 0 \\ 0 & 0,9 & 0 \end{pmatrix}$$

$$M^4 = \begin{pmatrix} 0,81 & 0 & 0 \\ 0 & 0,81 & 0 \\ 0,54 & 0 & 0 \end{pmatrix} \quad M^5 = \begin{pmatrix} 0 & 1,215 & 0 \\ 0,486 & 0 & 0 \\ 0 & 0,81 & 0 \end{pmatrix}$$

Für die Population bedeutet dies, dass der Bestand langsam schrumpft und die Kolonie schließlich sogar ausstirbt.

Populationsentwicklung: a = 1,5, b = 0,6

$$\begin{pmatrix} 40 \\ 100 \\ 20 \end{pmatrix} \to \begin{pmatrix} 150 \\ 24 \\ 100 \end{pmatrix} \to \begin{pmatrix} 36 \\ 90 \\ 24 \end{pmatrix} \to \begin{pmatrix} 135 \\ 21,6 \\ 90 \end{pmatrix} \to \begin{pmatrix} 32,4 \\ 81 \\ 21,6 \end{pmatrix}$$
$$\overline{160} \qquad \overline{274} \qquad \overline{150} \qquad \overline{247} \qquad \overline{135}$$

Durch eine verbesserte Gesundheitspflege für die Jungtiere könnte man die Steuergröße wieder auf den für stabiles zyklisches Wachstum nötigen Wert von 1 anheben. Ein Wert von b = 0,8 führt sogar darüber hinaus und verursacht eine unter instabilen zyklischen Schwankungen ablaufende Bevölkerungserhöhung.

Populationsentwicklung: a = 1,5, b = 0,8

$$\begin{pmatrix} 40 \\ 100 \\ 20 \end{pmatrix} \to \begin{pmatrix} 150 \\ 32 \\ 100 \end{pmatrix} \to \begin{pmatrix} 48 \\ 120 \\ 32 \end{pmatrix} \to \begin{pmatrix} 180 \\ 38,4 \\ 120 \end{pmatrix} \to \begin{pmatrix} 57,6 \\ 144 \\ 38,4 \end{pmatrix}$$
$$\overline{160} \qquad \overline{282} \qquad \overline{200} \qquad \overline{338} \qquad \overline{240}$$

Nun soll noch die Frage geklärt werden, wie man überschießendes Wachstum in den Griff bekommt. Hierzu muss die Population regelmäßig verringert werden.

Beispiel: Korrektur eines instabilen Prozesses

Das Populationswachstum der Wüstenspringmäuse aus den obigen Bespielen droht aufgrund der guten Pflege außer Kontrolle zu geraten. Es wird durch die Matrix M beschrieben. Wie kann man das Wachstum dennoch in Grenzen halten?

$$M = \begin{pmatrix} 0 & 1,5 & 0 \\ 0,8 & 0 & 0 \\ 0 & 1 & 0 \end{pmatrix}$$

Lösung:
Aus der vorhergehenden Aufgabe ist schon bekannt, daß die Übergangsmatrix M zu steigenden Populationszahlen führt.
Die Zooleitung beschließt, pro Entwicklungsperiode einen bestimmten Anteil der Population an Tierfreunde zu verkaufen.
Von jeder der drei Teilpopulationen werden 10% verkauft, 90% bleiben erhalten.
Nun wird die Populationsentwicklung beschrieben durch die Matrix N = 0,9 M. Für diese gilt a · b < 1, so dass schwach fallendes Wachstum entsteht. Dies kann dadurch korrigiert werden, dass gelegentlich der Verkauf reduziert wird.

Revidierte Übergangsmatrix

$$N = M \cdot 0,9 = \begin{pmatrix} 0 & 1,35 & 0 \\ 0,72 & 0 & 0 \\ 0 & 0,9 & 0 \end{pmatrix}$$

$a \cdot b = 1,35 \cdot 0,72 = 0,972 < 1$

Populationsentwicklung:

$$\begin{pmatrix} 40 \\ 100 \\ 20 \end{pmatrix} \to \begin{pmatrix} 135 \\ 28,8 \\ 90 \end{pmatrix} \to \begin{pmatrix} 38,9 \\ 97,2 \\ 25,9 \end{pmatrix} \to \begin{pmatrix} 131 \\ 28 \\ 87,5 \end{pmatrix} \to \begin{pmatrix} 37,8 \\ 94,5 \\ 25,2 \end{pmatrix}$$

Beurteilung:
Es liegt eine schwach fallende, nahezu zyklische Entwicklung vor. Zykluslänge: 2

Übungen

1. Prüfen Sie, ob die Matrix M einen stabilen zyklischen Prozess darstellt.

   a) $M = \begin{pmatrix} 0 & 0{,}5 & 0 \\ 2 & 0 & 0 \\ 0 & 0 & 1 \end{pmatrix}$
   b) $M = \begin{pmatrix} 0 & 0{,}1 & 0 \\ 0 & 0 & 0 \\ 5 & 0 & 2 \end{pmatrix}$
   c) $M = \begin{pmatrix} 0 & 4 & 0 & 0 \\ 0{,}25 & 0 & 0 & 0 \\ 0 & 0 & c & 0 \\ 0 & 0 & 0 & 0 \end{pmatrix}$
   d) $M = \begin{pmatrix} 0 & 0{,}5 & 0 & 0 \\ 2 & 0 & 0 & 0 \\ 0 & 0 & 2 & 0 \\ 0 & 0 & 0 & 0 \end{pmatrix}$

2. Untersuchen Sie, welche Bedingungen a, b, c und d erfüllen müssen, damit die Matrix M einen stabilen zyklischen Prozess der Länge 2 darstellt.

   a) $M = \begin{pmatrix} 0 & a & 0 \\ b & 0 & 0 \\ 0 & 0 & c \end{pmatrix}$
   b) $M = \begin{pmatrix} 0 & 0 & a \\ b & 0 & 0 \\ 0 & c & 0 \end{pmatrix}$
   c) $M = \begin{pmatrix} a & 0 & 0 & 0 \\ 0 & 0 & b & 0 \\ 0 & c & 0 & 0 \\ 0 & 0 & 0 & d \end{pmatrix}$
   d) $M = \begin{pmatrix} 0 & a & 0 & 0 \\ b & 0 & 0 & 0 \\ 0 & 0 & 0 & c \\ 0 & 0 & d & 0 \end{pmatrix}$

3. Die Entwicklung einer Schmetterlingsart: Aus den gelegten Eiern entwickeln sich zunächst Raupen, die nach Verpuppung zu Schmetterlingen werden, die wiederum Eier legen. Innerhalb eines Monats entwickeln sich 10% der Eier zu Raupen, welche sich wiederum im Folgemonat zu 25% zu Schmetterlingen entwickeln (die anderen Anteile sterben oder werden gefressen). Ein Schmetterling legt ca. 60 Eier.

   a) Stellen Sie Übergangsgraphen und Übergangsmatrix dar.
   b) Zu Beginn sind 160 Eier, 80 Raupen und 10 Schmetterlinge vorhanden. Untersuchen Sie die Entwicklung der Population für die nächsten vier Monate.
   c) Untersuchen Sie, ob bei einer anderen Anzahl von Eiern, die ein Schmetterling ablegt, ein stabiler Zyklus entstehen kann, der sich regelmäßig wiederholt. Verwenden Sie das Matrixmodell aus Übung 2b.

4. Ein Froschweibchen legt durchschnittlich 2500 Eier und stirbt danach. Hieraus entwickeln sich zu 2% Kaulquappen der 1. Art. Diese entwickeln sich zu 20% weiter zu Kaulquappen der 2. Art, indem ihnen Extremitäten wachsen und sie sich auf das Leben außerhalb des Wassers vorbereiten. Aus ihnen entwickeln sich zu 10% wieder Froschweibchen.

   a) Stellen Sie das Entwicklungsverhalten der Weibchenpopulation durch einen Graphen, eine Tabelle und eine Matrix dar.
   b) Berechnen Sie die Entwicklung über zwei Zeitperioden, wenn zu Beobachtungsbeginn 20 Froschweibchen, 5000 Eier, 1000 Kaulquappen der 1. Art und 250 Kaulquappen der 2. Art vorhanden sind.
   c) Zeigen Sie, dass ein zyklischer Prozess der Länge 4 vorliegt.
   d) Wie verändert sich der Prozess, wenn nur 2000 Eier gelegt werden?
   e) Wir verallgemeinern nun: Ein Froschweibchen legt a Eier. Die Variablen b, c und d sind die drei Übergangswahrscheinlichkeiten Ei → Kaulquappe 1. Art → Kaulquappe 2. Art → Weibchen.
   Welche Bedingung müssen die vier Variablen erfüllen, damit ein zyklischer Prozess der Länge 4 entsteht?

6. Rechnereinsatz

Computer-Algebra-Systeme (CAS), die inzwischen auch auf einigen Taschenrechnern verfügbar sind, sind in der Lage, die wichtigsten Rechenoperationen für Matrizen auszuführen. Um die Programme und Geräte logisch fehlerfrei anwenden zu können, muss man die Prinzipien der Matrizenrechnung gut verstanden haben. Wir führen einige Rechnungen exemplarisch durch.

Beispiel: Multiplikation von Matrizen

Man gibt die Matrizen A und B ein und multipliziert sie, indem man den Term A*B bildet. Ist die Multiplikation nicht möglich, weil die hierfür notwendige Bedingung *„Spaltenzahl von A = Zeilenzahl von B"* nicht erfüllt ist, wird ein Fehler angezeigt.
Analog erfolgt die **Potenzierung** einer Matrix.

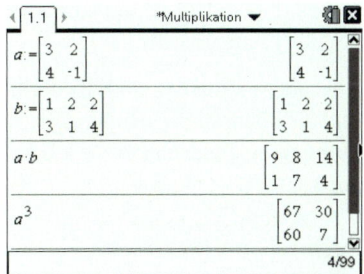

Beispiel: Berechnung der inversen Matrix

Man gibt die Matrix A direkt ein. Dann gibt man den Term A^{-1} ein und drückt die Eingabetaste des Rechners, worauf das Ergebnis angezeigt wird, falls die Invertierung überhaupt möglich ist.
Analog geht man bei Verwendung von Computer-CAS-Systemen vor. Anstelle der Eingabetaste klickt man dort auf das Vereinfachungssymbol.

Beispiel: Lösung einer Matrizengleichung

Die Matrizengleichung $A \cdot \vec{v} = \vec{b}$ mit $A = \begin{pmatrix} 2 & 3 \\ 3 & 2 \end{pmatrix}$, $\vec{v} = \begin{pmatrix} x \\ y \end{pmatrix}$ und $\vec{b} = \begin{pmatrix} 1 \\ 4 \end{pmatrix}$ soll gelöst werden. Wir geben A und $\vec{b}$ ein und berechnen $\vec{v} = A^{-1} \cdot \vec{b}$.
Das Ergebnis ist: $x = 2$, $y = -1$, d.h. $\vec{v} = \begin{pmatrix} 2 \\ -1 \end{pmatrix}$.

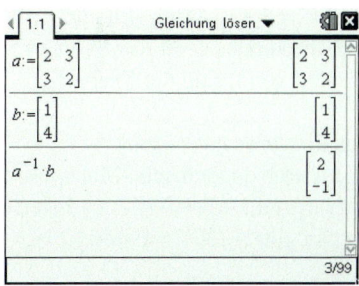

Beispiel: Berechnung eines Fixvektors

Hier muß die Matrizengleichung $A \cdot \vec{v} = \vec{v}$ gelten, die auf zwei lineare Gleichungen führt. Außerdem muß die dritte lineare Gleichung $x + y = 1$ gelten, da $\vec{v}$ ein Zustandsvektor sein soll.
Wir lösen ein Gleichungssystem mit drei Gleichungen und zwei Unbekannten.
Resultat: $x = 0{,}25$, $y = 0{,}75$, d.h. $\vec{v} = \begin{pmatrix} 0{,}25 \\ 0{,}75 \end{pmatrix}$.

$A = \begin{pmatrix} 0{,}4 & 0{,}2 \\ 0{,}6 & 0{,}8 \end{pmatrix}$

$\vec{v} := \begin{pmatrix} x \\ y \end{pmatrix}$

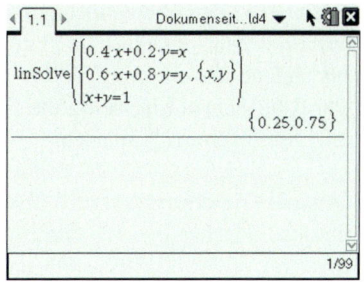

Überblick

Begriff der Matrix
Eine $m \times n$-Matrix $A = (a_{ij})$ ist ein rechteckiges Zahlenschema mit m Zeilen und n Spalten.

Ihre Elemente werden mit a_{ij} bezeichnet. Dabei gibt i die Zeile und j die Spalte an, in der das Element steht.

Besondere Matrizen sind die Nullmatrix O und die quadratische Einheitsmatrix E_n der Ordnung n, die auch kurz mit E bezeichnet wird.

$$\text{Spalte j} \downarrow$$

$$A = (a_{ij}) = \begin{pmatrix} a_{11} & \cdot & a_{1j} & \cdot & a_{1n} \\ \cdot & & \cdot & & \cdot \\ a_{i1} & \cdot & a_{ij} & \cdot & a_{in} \\ \cdot & & \cdot & & \cdot \\ a_{m1} & \cdot & a_{mj} & \cdot & a_{mn} \end{pmatrix} \leftarrow \text{Zeile i}$$

$$O = \begin{pmatrix} 0 & \cdots & 0 \\ \vdots & & \vdots \\ 0 & \cdots & 0 \end{pmatrix} \quad E = E_n = \begin{pmatrix} 1 & \cdots & 0 \\ \vdots & 1 & \vdots \\ 0 & \cdots & 1 \end{pmatrix}$$

Rechnen mit Matrizen
Matrizen gleicher Ordnung (übereinstimmende Zeilenzahlen und Spaltenzahlen) kann man addieren und subtrahieren. Dies geschieht elementeweise.

Addition
$$\begin{pmatrix} 1 & 1 & 2 \\ 2 & 2 & 3 \end{pmatrix} + \begin{pmatrix} 2 & 2 & 5 \\ 4 & 4 & 6 \end{pmatrix} = \begin{pmatrix} 3 & 3 & 7 \\ 6 & 6 & 9 \end{pmatrix}$$

Man kann eine Matrix mit einer Zahl multiplizieren. Dies geschieht elementeweise.

Vervielfachung
$$3 \cdot \begin{pmatrix} 1 & 1 & 2 \\ 2 & 2 & 3 \end{pmatrix} = \begin{pmatrix} 3 & 3 & 6 \\ 6 & 6 & 9 \end{pmatrix}$$

Matrizen kann man multiplizieren, wenn die Spaltenzahl der ersten Matrix mit der Zeilenzahl der zweiten Matrix übereinstimmt.
Sei $C = A \cdot B$. Dann gilt: Das Element c_{ij} des Produktes C ist das Skalarprodukt der Zeile i von A und der Spalte j von B.

Multiplikation
$$\begin{pmatrix} 1 & 1 & 2 \\ 2 & 2 & 3 \end{pmatrix} \cdot \begin{pmatrix} 4 & 6 & 4 & 5 \\ 4 & 6 & 7 & 5 \\ 5 & 7 & 8 & 6 \end{pmatrix} = \begin{pmatrix} 18 & 26 & 27 & 22 \\ 31 & 45 & 46 & 38 \end{pmatrix}$$

$(2 \times 3) \cdot (3 \times 4) = (2 \times 4)$

Die inverse Matrix A^{-1}
Ist A eine quadratische Matrix, so bezeichnet man die Matrix A^{-1} als Inverse von A, wenn gilt: $A \cdot A^{-1} = E$ und $A^{-1} \cdot A = E$

$$\begin{pmatrix} a & b & | & 1 & 0 \\ c & d & | & 0 & 1 \end{pmatrix} \xrightarrow[\text{operationen}]{\text{Zeilen-}} \begin{pmatrix} 1 & 0 & | & u & v \\ 0 & 1 & | & w & x \end{pmatrix}$$

$\quad$ A $\quad$ E $\qquad\qquad\qquad$ E $\quad$ A^{-1}

Verfahren zur Berechnung der Inversen:
Die inverse Matrix berechnet man, sofern sie existiert, mit folgendem, rechts oben symbolisierten Verfahren: Man erweitert die Matrix A rechtsseitig um die Einheitsmatrix E. Dann formt man das entstandene Erweiterungsgebilde nur mit erlaubten Gaußschen Zeilenoperationen so um, dass Schritt für Schritt linksseitig die Einheitsmatrix E entsteht. Ist dies gelungen, kann man rechtsseitig die Inverse A^{-1} ablesen.

Lineares Gleichungssystem und Matrizen
Ein quadratisches lineares Gleichungssystem kann vektoriell dargestellt und gelöst werden, falls seine Koeffizientenmatrix A eine Inverse besitzt.

Lineares Gleichungssystem
in Matrix-Vektor-Form: $A \cdot \vec{x} = \vec{b}$

Lösungsvektor: $\quad \vec{x} = A^{-1} \cdot \vec{b}$

III. Matrizen

Matrizen zur Beschreibung geometrischer Abbildungen
Eine Zuordnung f: $\mathbb{R}^2 \mapsto \mathbb{R}^2$ ($\mathbb{R}^3 \mapsto \mathbb{R}^3$) wird als **lineare Abbildung** bezeichnet, wenn sie folgende Bedingungen erfüllt:
(1) f ordnet jedem Punkt P der Ebene $\mathbb{R}^2$ (des Raumes $\mathbb{R}^3$) einen Punkt P' der Ebene $\mathbb{R}^2$ (des Raumes $\mathbb{R}^3$) zu.
(2) Es gibt eine 2 × 2 (3 × 3) **Abbildungsmatrix** A, sodass für die Ortsvektoren x von P und x' von P' die Gleichung x' = A · x gilt.

Teilebedarfsrechnung

Mehrstufiger Produktionsprozess mit streng getrennten Produktionsstufen:
Jedes Produkt einer Stufe wird ausschließlich aus Produkten der unmittelbar vorhergehenden Stufe zusammengesetzt. Der Produktionsvektor kann durch Multiplikation des Auftragsvektors $\vec{a}$ mit den Bedarfsmatrizen der einzelnen Stufen gewonnen werden.

Zweistufiger Produktionsprozess

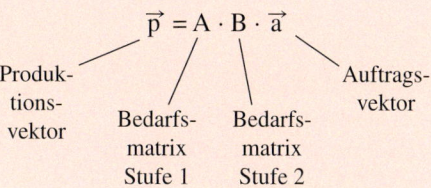

Mehrstufiger Produktionsprozess mit komplex verflochtenen Produktionsstufen:
Sind die Produktionsstufen nicht streng getrennt, so stellt man alle Materialverflechtungen in der **Direktbedarfsmatrix** D zusammen. Der Produktionsvektor $\vec{p}$ ergibt sich durch Multiplikation $\vec{a}$ des Auftragsvektors mit der sog. **Gesamtbedarfsmatrix** $(E-D)^{-1}$.

Direktbedarfsmatrix/Gesamtbedarfsmatrix

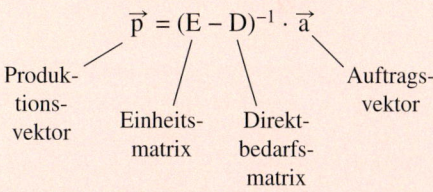

Übergangsmatrizen
Die **Übergangsmatrix M** gibt an, mit welcher Wahrscheinlichkeit von einem Zustand in einen anderen Zustand gewechselt wird.
Sie ist eine **stochastische Matrix**, d.h.:
Ihre Elemente sind Zahlen zwischen 0 und 1.
Ihre Spaltensummen sind 1.
Multipliziert man den Vektor $\vec{v}_0$ des aktuellen Zustands mit der Übergangsmatrix M, so erhält man den Vektor $\vec{v}$ des Folgezustands.
Ein Zustandsvektor $\vec{x}$ heißt **Fixvektor** der Übergangsmatrix M, wenn Multiplikation mit M ihn nicht verändert.
Die Matrixpotenzen M, M^2, M^3 … einer stochastischen Matrix streben mit wachsendem Exponenten gegen die Grenzmatrix M^∞. Deren Spalten sind alle gleich, sie sind mit dem Fixvektor identisch.

Übergangsmatrix/Zustandsvektor

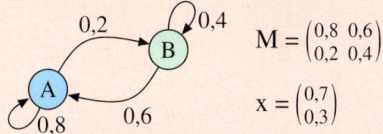

$M = \begin{pmatrix} 0{,}8 & 0{,}6 \\ 0{,}2 & 0{,}4 \end{pmatrix}$

$x = \begin{pmatrix} 0{,}7 \\ 0{,}3 \end{pmatrix}$

Zustand und Folgezustand
$M \cdot \vec{v}_0 = \vec{v}$

Fixvektor von M
$M \cdot \vec{x} = \vec{x}$
Die Koordinaten von $\vec{x}$ sind nicht negativ.
Koordinatensumme von $\vec{x}$ ist 1.

Grenzmatrix:
$$\lim_{n \to 0} M^n = M^\infty$$

Zyklische Prozesse
Bei zyklischen Prozessen ist die Übergangsmatrix M in der Regel keine stochastische Matrix. Bei einem zyklischen Prozess der Länge 2 gilt z. B. $M^3 = M$. Näheres: S. 101 f.

Chiffrieren

1. Der Caesar-Code

Schon im alten Rom wurden wichtige Nachrichten verschlüsselt. Die Cäsaren-Verschlüsselung ordnet jedem Buchstabe des Alphabets eindeutig einen anderen Buchstaben zu, beispielsweise so:

A B C D E F G H I … S T U V W X Y Z
U V W X Y Z A B C … M N O P Q R S T

Das Wort MATHEMATIK wird so zu GUNBYCUNCE. Sicher ist dieses Verfahren nicht, da zwei verschiedene Buchstaben nicht den gleichen Chiffre haben können. Aufgrund der Tatsache, dass die Häufigkeit des Vorkommens der einzelnen Buchstaben in deutschen Texten bekannt ist, kann ein so verschlüsselter Text leicht entziffert werden.

2. Verschlüsseln mit Matrizen

Mit Hilfe der Matrizenmultiplikation kann man Texte so verschlüsseln, dass verschiedene Buchstaben den gleichen Chiffre oder gleiche Buchstaben verschiedene Chiffren haben können, sodass die unerwünschte Entschlüsselung über die Häufigkeit der Buchstaben nicht mehr funktioniert. Dechiffriert wird bei diesem Verfahren mit Hilfe der inversen Matrix.

Wir beschreiben nun, wie man das Wort MATHEMATIK chiffriert und wieder dechiffriert.

Schritt 1: Die Buchstaben werden in Zahlen umgewandelt
Jedem Buchstaben von A bis Z wird eine Zahl von 1 bis 26 zugeordnet, dem Leerzeichen 27.

A	B	C	D	E	F	G	H	I	J	K	L	M	N	O	P	Q	R	S	T	U	V	W	X	Y	Z	leer
1	2	3	4	5	6	7	8	9	10	11	12	13	14	15	16	17	18	19	20	21	22	23	24	25	26	27

Das Wort MATHEMATIK wird zur Zahlenfolge 13-1-20-8-5-13-1-20-9-11.

Schritt 2: Die Zahlen werden in einer Matrix A abgelegt
Die Zahlenfolge wird in eine Matrix A mit mindestens zwei Zeilen übertragen. Die zehn Zahlen des Beispiels passen z. B. in eine 2 × 5-Matrix.

$$A = \begin{pmatrix} 13 & 1 & 20 & 8 & 5 \\ 13 & 1 & 20 & 9 & 11 \end{pmatrix}$$

Schritt 3: Die Matrix A wird durch Multiplikation mit einer Matrix C chiffriert
A wird durch linksseitige Multiplikation mit einer quadratischen Matrix C in eine Matrix B chiffriert: C · A = B. C muss eine quadratische 2 × 2-Matrix mit ganzzahligen Elementen sein, die eine Inverse mit ebenfalls ganzzahligen Elementen besitzt. Wir verwenden z. B.

$$C = \begin{pmatrix} 1 & 1 \\ 3 & 2 \end{pmatrix}.$$

Chiffrieren

$$\begin{pmatrix} 1 & 1 \\ 3 & 2 \end{pmatrix} \cdot \begin{pmatrix} 13 & 1 & 20 & 8 & 5 \\ 13 & 1 & 20 & 9 & 11 \end{pmatrix} = \begin{pmatrix} 26 & 2 & 40 & 17 & 16 \\ 65 & 5 & 100 & 42 & 37 \end{pmatrix}$$
$$C \quad \cdot \quad A \quad = \quad B$$

Chiffrierungs-   zu verschlüsselnde   verschlüsselte
matrix C   Matrix A   Matrix B

Schritt 4: Dechiffrierung der Matrix B

Nun übermittelt der Absender die Matrix B an den Empfänger. Der Empfänger muss außerdem im Besitz der Chiffrierungsmatrix C sein. Er berechnet – z. B. mit dem GTR – die sogenannte *inverse Matrix* C^{-1} der Chiffrierungsmatrix C. Diese Matrix C^{-1} macht die Operationen von C wieder rückgängig, wenn man damit den Chiffre B multipliziert. So erhält der Empfänger die Matrix A zurück und wandelt die Zahlen wieder in Buchstaben um.

$$\begin{pmatrix} -2 & 1 \\ 3 & -1 \end{pmatrix} \cdot \begin{pmatrix} 26 & 2 & 40 & 17 & 16 \\ 65 & 5 & 100 & 42 & 37 \end{pmatrix} = \begin{pmatrix} 13 & 1 & 20 & 8 & 5 \\ 13 & 1 & 20 & 9 & 11 \end{pmatrix}$$
$$C^{-1} \quad \cdot \quad B \quad = \quad A$$

13-1-20-8-5-13-1-20-9-11 = M A T H E M A T I K

Übungen

Übung 1   Chiffrieren

Die Nachricht MICHAEL JACKSON LEBT soll mit der Matrix C chiffriert und wieder dechiffriert werden. Führen Sie den Auftrag schrittweise durch.

$C = \begin{pmatrix} 5 & 2 \\ 3 & 1 \end{pmatrix}$

Übung 2   Augenblick

Bei einer Verschlüsselung wird das Alphabet wie oben in Zahlen umgewandelt* (A = 1, B = 2, C = 3 usw.) und die Matrix C zum Chiffrieren verwendet.

$C = \begin{pmatrix} 4 & 3 \\ 1 & 1 \end{pmatrix}$ $D = \begin{pmatrix} 4 & 2 \\ 6 & 3 \end{pmatrix}$ $E = \begin{pmatrix} 1 & 1 \\ 1 & -1 \end{pmatrix}$

a) Chiffrieren Sie das Wort AUGENBLICK.
b) Bestimmen Sie die Matrix C^{-1}.
c) Welche Bedeutung hat die Nachricht
    92-98-99-98-74-47-63-28-31-26-26-23-13-18
d) Sind die Matrizen D bzw. E ebenfalls geeignet?

Übung 3   Rätsel

Der englische Geheimdienst MI6 sendete den unten aufgeführten Zahlencode. Es ist bekannt, dass zum Verschlüsseln Matrix C oder Matrix D verwendet wurde.

$C = \begin{pmatrix} 2 & 3 \\ 3 & 5 \end{pmatrix}$ $D = \begin{pmatrix} 6 & 2 \\ 3 & 1 \end{pmatrix}$

Welche Matrix wurde verwendet?
Wie lautet die Nachricht? Was bedeutet sie?
Welcher Zusammenhang besteht zu der Abbildung?

    44-27-11-61-100-57-78-45-49-53-25-
    73-41-18-97-160-88-124-72-77-86-38

---
* Übungen 1–3: A = 1, B = 2, …, Z = 26, Leerzeichen = 27.

Test

Matrizen

1. Matrizenrechnung

Führen Sie für die Matrizen A, B und C die angegebene Rechenoperationen aus bzw. bestimmen Sie X.

$A = \begin{pmatrix} 2 & 1 & 3 \\ 1 & -4 & 2 \end{pmatrix}$ $B = \begin{pmatrix} 1 & 2 \\ 3 & -1 \\ 2 & 4 \end{pmatrix}$ $C = \begin{pmatrix} 1 & -2 & 3 \\ 3 & 2 & 5 \end{pmatrix}$

a) $A + C$ b) $A + 2(C - A)$
c) $A \cdot B$ d) $-C + 2X = X - 3A$

2. Matrizenrechnung

a) Welche Bedingung muss erfüllt sein, damit man das Produkt AB zweier Matrizen A und B bilden kann?
b) Wie ist die Inverse A^{-1} einer quadratischen Matrix A definiert?
c) Welche beiden Bedingungen muss eine stochastische Matrix erfüllen?
d) Was versteht man unter einem Fixvektor der Matrix A?
e) Richtig oder falsch: Eine quadratische Matrix kann man potenzieren.
f) Richtig oder falsch: Matrizen kann man nur dann multiplizieren, wenn die Anzahl ihrer Zeilen und Spalten übereinstimmt.

3. Inverse Matrix

Berechnen Sie die Inverse A^{-1} der Matrix A.   a) $A = \begin{pmatrix} 1 & 2 \\ 2 & 5 \end{pmatrix}$ b) $A = \begin{pmatrix} 4 & 3 & 1 \\ 1 & 1 & 0 \\ 3 & 2 & 0 \end{pmatrix}$

4. Übergangsverhalten

Eine Bank gründet in Deutschland, Frankreich und Italien jeweils eine Niederlassung. Zum Gründungszeitpunkt werden in den Niederlassungen nur Angehörige der jeweiligen Nationalität eingestellt. Danach kommt es zu Personalwanderungen zwischen den Niederlassungen, die durch den Übergangsgraphen beschrieben werden.

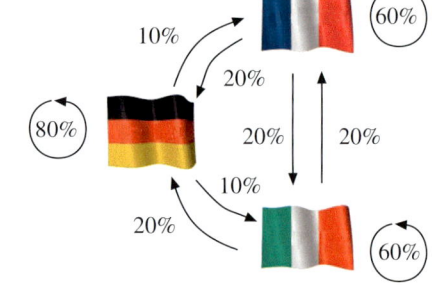

a) Stellen Sie die Übergangstabelle und die Übergangsmatrix M auf.
b) Zum Gründungszeitpunkt stellen die deutsche Niederlassung 40%, die französische Niederlassung 40% und die italienische Niederlassung 20% der Beschäftigten.
   Welche Veränderungen treten in den beiden ersten Jahren auf?
   Stabilisieren sich die Beschäftigtenanteile langfristig (Hinweis: Fixvektor)?
c) In einem Jahr liegen folgende Beschäftigtenzahlen vor: Deutschland: 2392, Frankreich: 1336, Italien: 1272. Wie lauten die Zahlen im Vorjahr? $M^{-1} = \frac{1}{12}\begin{pmatrix} 16 & -4 & -4 \\ -2 & 23 & -7 \\ -2 & -7 & 23 \end{pmatrix}$
   Hinweis: Zeigen Sie zunächst, daß die rechts aufgeführte Matrix M^{-1} die Inverse von M ist.
d) Wie viele Deutsche arbeiten nach einem Jahr bzw. nach zwei Jahren in der italienischen Niederlassung, wenn es beim Start 2000 waren? Wie viele werden es langfristig sein?

Lösungen: S. 349

IV. Geraden

IV. Geraden

1. Geraden in der Ebene und im Raum

Die **analytische Geometrie** befasst sich mit der Beschreibung und Berechnung von Körpern mit Hilfe von **Punkten**, **Geraden** (bzw. Strecken) und **Ebenen** (bzw. geradlinig begrenzten ebenen Flächen). Im dreidimensionalen Anschauungsraum können Punkte durch ihre drei Koordinaten oder ihren Ortsvektor beschrieben werden. Geraden können besonders einfach mit Hilfe von Vektoren dargestellt werden. Diese Darstellung ist auch in der zweidimensionalen Zeichenebene möglich. Bisher wurden Geraden in der Ebene durch lineare Funktionsgleichungen erfasst.

A. Geraden in der Ebene

Geraden im zweidimensionalen Anschauungsraum können zunächst mit einer vektorfreien *Koordinatengleichung* erfasst werden.

▶ **Beispiel: Koordinatengleichung einer Geraden im $\mathbb{R}^2$**
Die Gerade g durch die Punkte A(2|4) und B(4|3) soll durch eine vektorfreie Koordinatengleichung der Gestalt $y = mx + n$ bzw. $ax + by = c$ erfasst werden.
Stellen Sie diese Gleichung auf.

Lösung:
Wir setzen die Koordinaten der Punkte A(2|4) und B(4|3) in den Ansatz $y = mx + n$ ein und erhalten folgende Gleichungen:
I: $2m + n = 4$
II: $4m + n = 3$
Durch die Subtraktion I – II eliminieren wir n und erhalten $-2m = 1$, d.h. $m = -\frac{1}{2}$.
Durch Rückeinsetzung in I folgt $n = 5$.
Die Geradengleichung lautet daher:
▶ $y = -\frac{1}{2}x + 5$ bzw. $x + 2y = 10$.

Koordinatengleichung einer Geraden im $\mathbb{R}^2$

Eine Gerade im zweidimensionalen Anschauungsraum kann durch folgende Gleichungen erfasst werden:

Funktionsgleichung: $\quad y = mx + n$
Koordinatengleichung: $\quad ax + by = c$

Übung 1
Bestimmen Sie eine Koordinatengleichung der Geraden g durch die Punkte A und B und skizzieren Sie die Gerade in einem Koordinatensystem.
a) A(–1|2), B(5|5)   b) A(4|–5), B(–2|5)   c) A(2|3), B(6|3)

Die Koordinatengleichung einer Geraden im $\mathbb{R}^2$ kann man in einer speziellen Form darstellen, bei welcher die rechte Seite auf den Wert 1 normiert ist (vgl. rechts).
Die Nennerzahlen der linken Seite geben dann exakt die beiden Achsenabschnitte der Geraden an. Daher spricht man von der *Achsenabschnittsgleichung* der Geraden. Mit ihrer Hilfe kann man eine sehr übersichtliche Skizze der Geraden anfertigen.

Achsenabschnittsgleichung einer Geraden im $\mathbb{R}^2$

Eine Gerade im $\mathbb{R}^2$, die nicht achsenparallel verläuft, kann durch die sog. **Achsenabschnittsgleichung** $\frac{x}{a} + \frac{y}{b} = 1$ dargestellt werden. Dabei gilt:
a ist der x-Achsenabschnitt von g,
b ist der y-Achsenabschnitt von g.

▶ **Beispiel: Achsenabschnittsgleichung einer Geraden im $\mathbb{R}^2$**
Stellen Sie die Achsenabschnittsgleichung der Geraden durch die Punkte A(2|2) und B(8|−1) auf und skizzieren Sie die Gerade.

Lösung:
Wir verwenden den Ansatz $y = mx + n$. Er führt analog zum Beispiel auf Seite 188 zu der Geradengleichung $y = -\frac{1}{2}x + 3$.
Diese formen wir um zur Koordinatenform $x + 2y = 6$ und normieren schließlich zur Achsenabschnittsform $\frac{x}{6} + \frac{y}{3} = 1$.
Dieser können wir sofort die Achsenabschnitte a = 6 und b = 3 entnehmen.

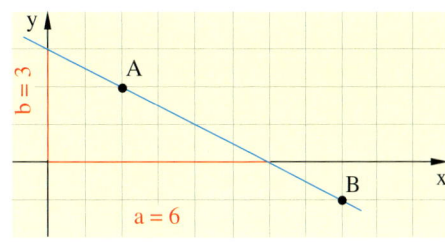

Übung 2
Bestimmen Sie die Achsenabschnittsgleichung der Geraden g mit der Funktionsgleichung $y = -\frac{2}{5}x + 2$ und fertigen Sie eine Skizze an.

Die Lage einer Geraden g in der Ebene kann durch die Angabe eines Geradenpunktes A sowie durch die Richtung der Geraden eindeutig erfasst werden.
Wird der Punkt A durch seinen Ortsvektor, den sog. *Stützvektor* $\vec{a}$, beschrieben und die Richtung der Geraden durch den *Richtungsvektor* $\vec{m}$, so ist $\vec{x} = \vec{a} + r \cdot \vec{m}$ für jedes $r \in \mathbb{R}$ Ortvektor eines Punktes X von g.

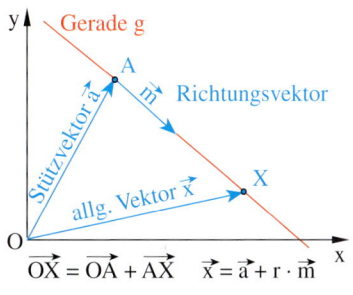

▶ **Beispiel: Vektorielle Parametergleichung einer Geraden im $\mathbb{R}^2$**
Die Gerade g durch die Punkte A(2|4) und B(4|3) soll durch eine vektorielle Parametergleichung dargestellt werden. Stellen Sie diese auf.

Lösung:
Ein Stützvektor von g ist der Ortsvektor des Punktes A, also $\vec{a} = \binom{2}{4}$.
Ein Richtungsvektor von g ergibt sich als Differenz der Ortsvektoren von B und A:
$\vec{m} = \vec{b} - \vec{a} = \binom{4}{3} - \binom{2}{4} = \binom{2}{-1}$.
Als *Punktrichtungsgleichung* ergibt sich:
g: $\vec{x} = \binom{2}{4} + r \cdot \binom{2}{-1}$.
Als *Zweipunktegleichung* sei notiert:
▶ g: $\vec{x} = \binom{2}{4} + r \cdot \left(\binom{4}{3} - \binom{2}{4}\right)$.

Vektorielle Parametergleichung einer Geraden im $\mathbb{R}^2$

g: $\vec{x} = \vec{a} + r \cdot \vec{m}$ $(r \in \mathbb{R})$
g: $\vec{x} = \vec{a} + r \cdot (\vec{b} - \vec{a})$ $(r \in \mathbb{R})$

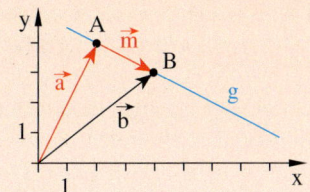

Übung 3
Bestimmen Sie eine vektorielle Parametergleichung der Geraden g durch die Punkte A und B.
a) A(−1|2), B(5|5)   b) A(4|−5), B(−2|5)   c) A(2|3), B(6|3)

Abschließend soll die Aufgabe betrachtet werden, wie aus einer gegebenen vektoriellen Parametergleichung einer Geraden g des $\mathbb{R}^2$ eine Koordinatengleichung von g bestimmt werden kann.

▶ **Beispiel: Umrechnung Parametergleichung → Koordinatengleichung**
Bestimmen Sie eine Koordinatengleichung der Geraden g: $\vec{x} = \binom{2}{8} + r \cdot \binom{2}{6}$.

Lösung:
Wir setzen die Geradengleichung in der Form $y = mx + n$ an. Da die Gerade mit dem Richtungsvektor $\vec{m} = \binom{m_1}{m_2}$ offenbar die Steigung $m = \frac{m_2}{m_1}$ hat, erhalten wir:

$m = \frac{6}{2} = 3$.

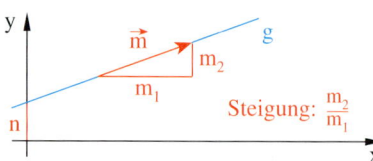

Da der Stützvektor einen Punkt der Geraden beschreibt, setzen wir dessen Koordinaten in den vereinfachten Ansatz ein und errechnen daraus n.

Vereinfachter Ansatz:
$y = 3x + n$

Einsetzen des Punktes P(2|8):
$8 = 3 \cdot 2 + n \Rightarrow n = 2$

Koordinatengleichung:
$y = 3x + 2$ bzw. $3x − y = −2$

▶ Als Resultat erhalten wir $3x − y = −2$.

Der umgekehrte Weg, nämlich die Gewinnung einer Parameter- aus einer Koordinatengleichung, ist noch einfacher: Für die Gerade $g(x) = mx + n$ gilt offensichtlich:
$\vec{m} = \binom{1}{m}$ ist ein Richtungsvektor und $\vec{p} = \binom{0}{n}$ ist der Ortsvektor eines Geradenpunktes.
Damit ist durch $\vec{x} = \binom{0}{n} + r \cdot \binom{1}{m}$ ($r \in \mathbb{R}$) eine Parametergleichung von g bestimmt.

B. Die vektorielle Parametergleichung einer Geraden

Die Lage einer Geraden im dreidimensionalen Anschauungsraum kann wie in der Ebene durch die Angabe eines Geradenpunktes A sowie der Richtung der Geraden eindeutig erfasst werden.

Die Lage des Punktes A kann durch seinen Ortsvektor $\vec{a} = \overrightarrow{OA}$ festgelegt werden, den man als *Stützvektor* der Geraden bezeichnet.
Die Richtung der Geraden lässt sich durch einen zur Geraden parallelen Vektor $\vec{m}$ erfassen, den man als *Richtungsvektor* der Geraden bezeichnet.

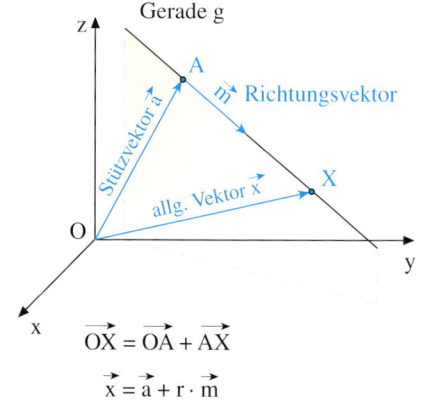

1. Geraden in der Ebene und im Raum

Jeder beliebige Geradenpunkt X lässt sich mit Hilfe des Stützvektors $\vec{a}$ und des Richtungsvektors $\vec{m}$ erfassen.
Für den Ortsvektor $\vec{x}$ von X gilt nämlich:

$$\vec{x} = \overrightarrow{OX}$$
$$= \overrightarrow{OA} + \overrightarrow{AX}$$
$$= \vec{a} + r \cdot \vec{m} \quad (r \in \mathbb{R}),$$

denn $\overrightarrow{AX}$ ist ein reelles Vielfaches von $\vec{m}$.
Jedem Geradenpunkt X entspricht eindeutig ein Parameterwert r.

> **Die vektorielle Parametergleichung einer Geraden**
>
> Eine Gerade mit dem Stützvektor $\vec{a}$ und dem Richtungsvektor $\vec{m} \neq \vec{0}$ hat die Gleichung
>
> $$g: \vec{x} = \vec{a} + r \cdot \vec{m} \quad (r \in \mathbb{R}).$$
>
> r heißt *Geradenparameter*.

Mit Hilfe der Parametergleichung einer Geraden kann man zahlreiche Problemstellungen relativ einfach lösen.

▶ **Beispiel: Schrägbild**

Gegeben ist die Gerade g: $\vec{x} = \begin{pmatrix} 1 \\ 2 \\ 3 \end{pmatrix} + r \begin{pmatrix} 2 \\ 3 \\ -1 \end{pmatrix}$.

Zeichnen Sie die Gerade als Schrägbild. Stellen Sie fest, welche Geradenpunkte den Parameterwerten r = 0, r = –0,5 und r = 1 entsprechen.

Lösung:
Wir zeichnen den Stützpunkt A(1|2|3) oder den Stützvektor $\vec{a}$ ein. Im Stützpunkt legen wir den Richtungsvektor $\vec{m}$ an.

Für r = 0 erhalten wir den Stützpunkt A(1|2|3). Für r = –0,5 erhalten wir den Geradenpunkt B(0|0,5|3,5), der „vor" dem Stützpunkt liegt. Für r = 1 erhalten wir den Punkt C(3|5|2), der am Ende des eingezeichneten Richtungspfeils liegt.

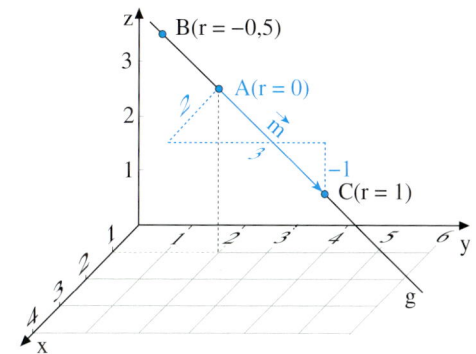

▶ **Beispiel: Geradenparameter**

Gegeben ist die Gerade g: $\vec{x} = \begin{pmatrix} 1 \\ 2 \\ 3 \end{pmatrix} + r \begin{pmatrix} 2 \\ 3 \\ -1 \end{pmatrix}$.

a) Welche Werte des Parameters r gehören zu den Geradenpunkten P(2|3,5|2,5) und Q(5|8|1)?
b) Begründen Sie, weshalb der Punkt R(3|5|1) nicht auf der Geraden liegt.

Lösung zu a:
Für r = 0,5 ergibt sich der Geradenpunkt P(2|3,5|2,5).
Für r = 2 ergibt sich der Geradenpunkt Q(5|8|1).

Lösung zu b:
Die x-Koordinate des Punktes R erfordert r = 1, ebenso die y-Koordinate.
Die z-Koordinate erfordert r = 2. Beides ist nicht vereinbar. Der Punkt R liegt nicht auf der Geraden g.

Übung 1
Zeichnen Sie die Gerade g: $\vec{x} = \begin{pmatrix} -2 \\ 3 \\ 1 \end{pmatrix} + r \begin{pmatrix} 3 \\ 3 \\ 1 \end{pmatrix}$ im Schrägbild.

Überprüfen Sie, ob die Punkte $P(4|9|3)$, $Q(1|6|4)$ und $R(-5|0|0)$ auf der Geraden g liegen. Beschreiben Sie ggf. ihre Lage auf der Geraden anschaulich.

Übung 2
Zeichnen Sie die Gerade und beschreiben Sie die spezielle Lage dieser im kartesischen Koordinatensystem.

a) $g_1: \vec{x} = \begin{pmatrix} 1 \\ 1 \\ 2 \end{pmatrix} + r \begin{pmatrix} 0 \\ 1 \\ 0 \end{pmatrix}$
b) $g_2: \vec{x} = \begin{pmatrix} 0 \\ 2 \\ 0 \end{pmatrix} + r \begin{pmatrix} 0 \\ 0 \\ 1 \end{pmatrix}$
c) $g_3: \vec{x} = \begin{pmatrix} 0 \\ 0 \\ 0 \end{pmatrix} + r \begin{pmatrix} 1 \\ 1 \end{pmatrix}$
d) $g_4: \vec{x} = \begin{pmatrix} 3 \\ 0 \end{pmatrix} + r \begin{pmatrix} -1 \\ 0 \end{pmatrix}$

C. Die Zweipunktegleichung einer Geraden

In der Praxis ist eine Gerade meistens durch zwei feste Punkte A und B gegeben, deren Ortsvektoren $\vec{a}$ bzw. $\vec{b}$ sind.

In diesem Fall kann man die vektorielle Geradengleichung sehr einfach aufstellen. Als Stützvektor verwendet man den Ortsvektor eines der beiden Punkte, also z. B. $\vec{a}$. Der Verbindungsvektor $\vec{m} = \overrightarrow{AB}$ der beiden Punkte dient als Richtungsvektor.

Da $\vec{m} = \overrightarrow{AB}$ sich als Differenz $\vec{b} - \vec{a}$ der beiden Ortsvektoren von B und A darstellen lässt, erhält man die rechts aufgeführte vektorielle *Zweipunktegleichung* der Geraden.

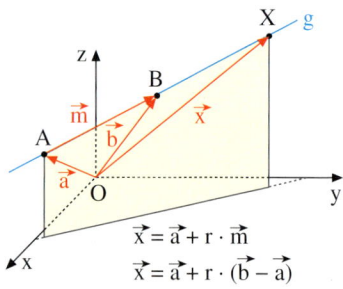

$\vec{x} = \vec{a} + r \cdot \vec{m}$
$\vec{x} = \vec{a} + r \cdot (\vec{b} - \vec{a})$

Die Zweipunktegleichung
Die Gerade g durch die Punkte A und B mit den Ortsvektoren $\vec{a}$ und $\vec{b}$ hat die Gleichung
$g: \vec{x} = \vec{a} + r \cdot (\vec{b} - \vec{a})$ $(r \in \mathbb{R})$.

Beispielsweise hat die Gerade g durch die Punkte $A(1|2|1)$ und $B(3|4|3)$ die Zweipunktegleichung $g: \vec{x} = \begin{pmatrix} 1 \\ 2 \\ 1 \end{pmatrix} + r \left(\begin{pmatrix} 3 \\ 4 \\ 3 \end{pmatrix} - \begin{pmatrix} 1 \\ 2 \\ 1 \end{pmatrix} \right)$, die zur Parametergleichung $g: \vec{x} = \begin{pmatrix} 1 \\ 2 \\ 1 \end{pmatrix} + r \begin{pmatrix} 2 \\ 2 \\ 2 \end{pmatrix}$ vereinfacht werden kann.

Übung 3
Bestimmen Sie die Gleichung der Geraden g durch die Punkte A und B.

a) $A(3|3)$, $B(2|1)$
b) $A(-3|1|0)$, $B(4|0|2)$
c) $A(-3|2|1)$, $B(4|1|7)$

Übung 4
a) Bestimmen Sie die Gleichung der Parallelen zur y-Achse durch den Punkt $P(3|2|0)$.
b) Bestimmen Sie die Gleichung einer Ursprungsgeraden durch den Punkt $P(a|2a|-a)$.

1. Geraden in der Ebene und im Raum

Übungen

5. Zeichnen Sie die Gerade g durch den Punkt A(2|6|4) mit dem Richtungsvektor $\vec{m} = \begin{pmatrix} 3 \\ -2 \\ 2 \end{pmatrix}$ in ein räumliches Koordinatensystem ein.

6. Gesucht ist eine vektorielle Gleichung der Geraden durch die Punkte A und B.
  a) A(1|2|0)   b) A(−3|2|1)   c) A(3|3|−4)   d) A(a_1|a_2|a_3)
     B(3|−4|0)   B(3|1|2)   B(2|1|3)   B(b_1|b_2|b_3)

7. Untersuchen Sie, ob der Punkt P auf der Geraden liegt, die durch A und B geht.
  a) A(3|2|0)   b) A(2|7|0)   c) A(1|4|3)   d) A(1|1|1)
     B(−1|4|0)   B(5|4|0)   B(3|2|4)   B(3|4|1)
     P(1|3|0)   P(8|3|0)   P(7|−2|6)   P(0|0|0)

8. Ordnen Sie den abgebildeten Geraden die zugehörigen vektoriellen Gleichungen zu.

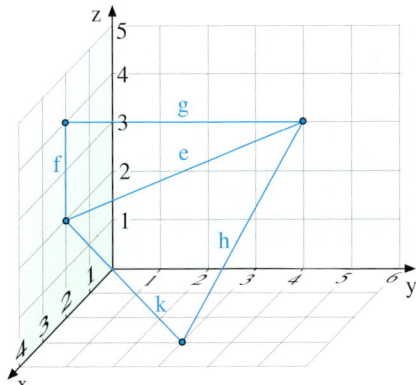
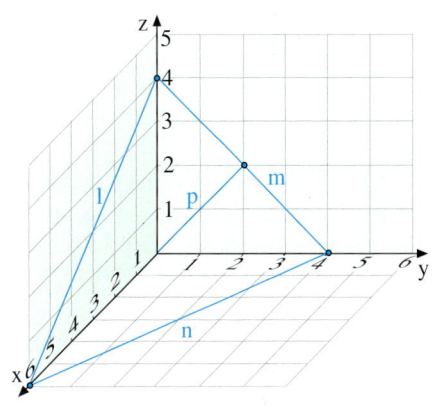

I: $\vec{x} = \begin{pmatrix} 0 \\ 0 \\ 4 \end{pmatrix} + r \begin{pmatrix} 6 \\ 0 \\ -4 \end{pmatrix}$ II: $\vec{x} = \begin{pmatrix} 2 \\ 0 \\ 2 \end{pmatrix} + r \begin{pmatrix} 1 \\ 3 \\ -2 \end{pmatrix}$ III: $\vec{x} = \begin{pmatrix} 6 \\ 0 \\ 0 \end{pmatrix} + r \begin{pmatrix} -6 \\ 4 \\ 0 \end{pmatrix}$

IV: $\vec{x} = \begin{pmatrix} 2 \\ 0 \\ 4 \end{pmatrix} + r \begin{pmatrix} -2 \\ 4 \\ -1 \end{pmatrix}$ V: $\vec{x} = \begin{pmatrix} 0 \\ 0 \\ 0 \end{pmatrix} + r \begin{pmatrix} 0 \\ 1 \\ 1 \end{pmatrix}$ VI: $\vec{x} = \begin{pmatrix} 3 \\ 3 \\ 0 \end{pmatrix} + r \begin{pmatrix} -3 \\ 1 \\ 3 \end{pmatrix}$

VII: $\vec{x} = \begin{pmatrix} 2 \\ 0 \\ 2 \end{pmatrix} + r \begin{pmatrix} 0 \\ 0 \\ 2 \end{pmatrix}$ VIII: $\vec{x} = \begin{pmatrix} 2 \\ 0 \\ 2 \end{pmatrix} + r \begin{pmatrix} -2 \\ 4 \\ 1 \end{pmatrix}$ IX: $\vec{x} = \begin{pmatrix} 0 \\ 4 \\ 0 \end{pmatrix} + r \begin{pmatrix} 0 \\ -4 \\ 4 \end{pmatrix}$

9. a) Gesucht ist die Gleichung einer zur y-Achse parallelen Geraden g, die durch den Punkt A(3|2|0) geht.
  b) Gesucht ist die Gleichung einer Ursprungsgeraden durch den Punkt P(2|4|−2).
  c) Gesucht ist die vektorielle Gleichung der Winkelhalbierenden der x-z-Ebene.

2. Lagebeziehungen

A. Gegenseitige Lage Punkt/Gerade und Punkt/Strecke

Mit Hilfe der Parametergleichung einer Geraden lässt sich einfach überprüfen, ob ein gegebener Punkt auf der Geraden liegt und an welcher Stelle der Geraden er gegebenenfalls liegt.

▶ **Beispiel:** Gegeben sei die Gerade g durch $A(3|2|3)$ und $B(1|6|5)$. Weisen Sie nach, dass der Punkt $P(2|4|4)$ auf der Geraden g liegt.

Prüfen Sie außerdem, ob der Punkt P auf der Strecke $\overline{AB}$ liegt.

Lösung:

Mit der Zweipunkteform erhalten wir die Parametergleichung von g.

Parametergleichung von g:

$$g: \vec{x} = \begin{pmatrix} 3 \\ 2 \\ 3 \end{pmatrix} + r \begin{pmatrix} -2 \\ 4 \\ 2 \end{pmatrix}, r \in \mathbb{R}$$

Wir führen die Punktprobe für den Punkt P durch, indem wir seinen Ortsvektor in die Geradengleichung einsetzen.
Sie ist erfüllt für den Parameterwert $r = 0{,}5$.
Also liegt der Punkt P auf der Geraden g.

Punktprobe für P:

$$\begin{pmatrix} 2 \\ 4 \\ 4 \end{pmatrix} = \begin{pmatrix} 3 \\ 2 \\ 3 \end{pmatrix} + r \begin{pmatrix} -2 \\ 4 \\ 2 \end{pmatrix} \text{ gilt für } r = 0{,}5$$

⇒ P liegt auf g.

Nun führen wir einen Parametervergleich durch. Die Streckenendpunkte A und B besitzen die Parameterwerte $r = 0$ und $r = 1$. Der Parameterwert von $P(r = 0{,}5)$ liegt zwischen diesen Werten. Also liegt der Punkt P auf der Strecke $\overline{AB}$, und zwar genau
▶ auf der Mitte der Strecke.

Parametervergleich:
A: $r = 0$
B: $r = 1$
P: $r = 0{,}5$

⇒ P liegt auf $\overline{AB}$.

Rechts sind die Ergebnisse zeichnerisch dargestellt.
Das Bild macht deutlich, dass durch den Geradenparameter auf der Geraden ein *internes Koordinatensystem* festgelegt wird, anhand dessen man sich orientieren kann.

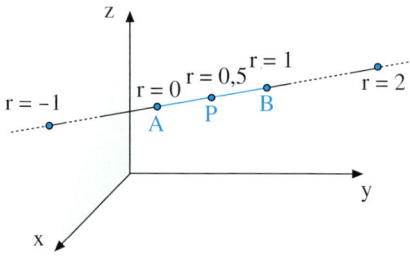

Übung 1
a) Prüfen Sie, ob die Punkte $P(0|0|6)$, $Q(3|3|3)$, $R(3|4|3)$ auf der Geraden g durch $A(2|2|4)$ und $B(4|4|2)$ oder sogar auf der Strecke $\overline{AB}$ liegen.
b) Für welchen Wert von t liegt $P(4+t|5t|t)$ auf der Geraden g durch $A(2|2|4)$ und $B(4|4|2)$?

B. Gegenseitige Lage von zwei Geraden im Raum

Zwischen zwei Geraden im Raum sind drei charakteristische Lagebeziehungen möglich. Sie können parallel sein (Unterfälle echt parallel bzw. identisch), sie können sich in einem Punkt schneiden oder sie sind windschief. Als *windschief* bezeichnet man zwei Geraden, die weder parallel sind noch sich schneiden.

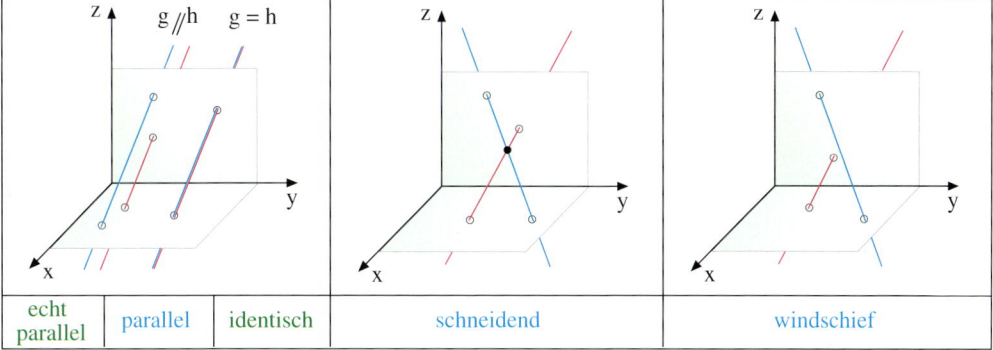

| echt parallel | parallel | identisch | schneidend | windschief |

Zeichnerisch lässt sich die gegenseitige Lage von zwei Geraden im Raum oft nur schwer einschätzen, aber mit Hilfe der Geradengleichungen ist die rechnerische Überprüfung möglich.

Untersuchungsschema für die Lage von zwei Raumgeraden:
g: $\vec{x}_g = \vec{a} + r \cdot \vec{m}_g$ und h: $\vec{x}_h = \vec{b} + s \cdot \vec{m}_h$ seien die Gleichungen von zwei Raumgeraden. Anhand der beiden Richtungsvektoren kann man überprüfen, ob g und h parallel sind. Dann sind ihre Richtungsvektoren nämlich linear abhängig. Ist dies nicht der Fall, dann setzt man die beiden Geradenvektoren $\vec{x}_g$ und $\vec{x}_h$ gleich. Ist das zugehörige Gleichungssystem eindeutig lösbar, schneiden sich g und h in einem Punkt S. Andernfalls sind g und h windschief.

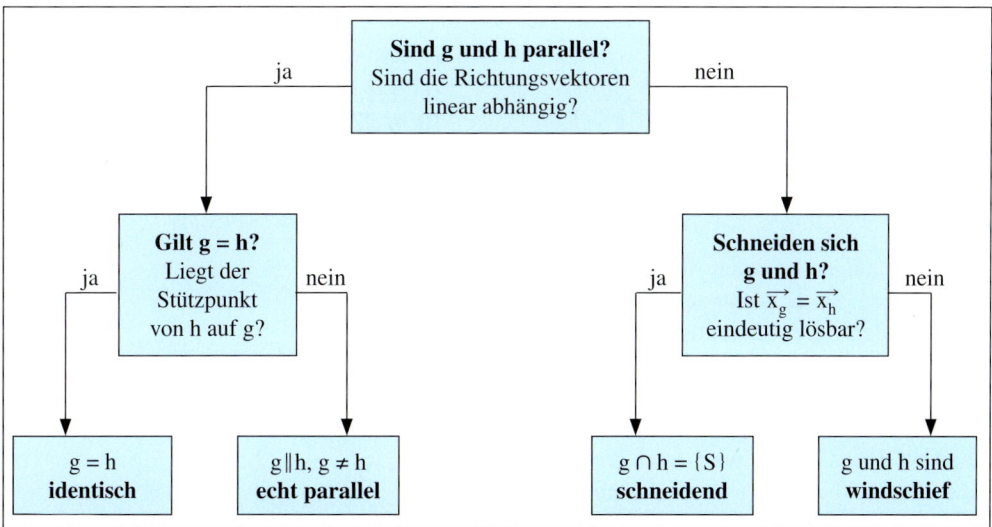

Beispiel: Parallele Geraden

Gegeben sind die Geraden g: $\vec{x} = \begin{pmatrix} 3 \\ 0 \\ 1 \end{pmatrix} + r \begin{pmatrix} -3 \\ 6 \\ 3 \end{pmatrix}$ und h: $\vec{x} = \begin{pmatrix} 0 \\ 12 \\ 4 \end{pmatrix} + s \begin{pmatrix} 4 \\ -8 \\ -4 \end{pmatrix}$.

Welche relative Lage zueinander nehmen die Geraden g und h ein?

Lösung:
Die Richtungsvektoren $\vec{m}_g$ und $\vec{m}_h$ der Geraden sind kollinear. $\vec{m}_h$ ist ein Vielfaches von $\vec{m}_g$. Es gilt nämlich $\vec{m}_h = -\frac{4}{3} \cdot \vec{m}_g$. Die Geraden sind also parallel.
Eine Punktprobe zeigt, dass der Stützpunkt P(0|12|4) von h nicht auf g liegt. Also sind die Geraden nicht identisch, sondern echt parallel.

Parallelitätsuntersuchung:

$\vec{m}_h = \begin{pmatrix} 4 \\ -8 \\ -4 \end{pmatrix} = -\frac{4}{3} \cdot \begin{pmatrix} -3 \\ 6 \\ 3 \end{pmatrix} = -\frac{4}{3} \cdot \vec{m}_g$

Punktprobe:

$0 = 3 - 3r \quad r = 1$
$12 = 0 + 6r \Rightarrow r = 2 \Rightarrow$ Wid.
$4 = 1 + 3r \quad r = 1$

Beispiel: Schneidende Geraden

Die Gerade g verläuft durch die Punkte P(0|0|6) und Q(8|12|2). Die Gerade h geht durch A(4|0|2) und B(4|12|6). Untersuchen Sie die relative Lage von g und h. Skizzieren Sie die Situation.

Lösung:
Wir stellen zunächst die vektoriellen Parametergleichungen von g und h auf, indem wir die Zweipunkteform anwenden.

Nun betrachten wir die Richtungsvektoren. Man erkennt auf den ersten Blick ohne Rechnung, dass sie nicht kollinear sind. Daher sind g und h weder parallel noch identisch.

Wir setzen nun die allgemeinen Geradenvektoren von g und h gleich, d. h. $\vec{x}_g = \vec{x}_h$. Daraus ergibt sich ein Gleichungssystem mit drei Gleichungen und zwei Variablen r und s.

Das Gleichungssystem hat die eindeutige Lösung $r = \frac{1}{2}$, $s = \frac{1}{2}$. Daher schneiden sich die Geraden. Der Schnittpunkt lautet S(4|6|4).

Durch die Verwendung von stützenden Ebenen für die Geraden wird deren graphischer Verlauf besonders deutlich und die räumliche Übersicht erhöht.

1. Winkel:

g: $\vec{x}_g = \begin{pmatrix} 0 \\ 0 \\ 6 \end{pmatrix} + r \begin{pmatrix} 8 \\ 12 \\ -4 \end{pmatrix}$

h: $\vec{x}_h = \begin{pmatrix} 4 \\ 0 \\ 2 \end{pmatrix} + s \begin{pmatrix} 0 \\ 12 \\ 4 \end{pmatrix}$

Schnittuntersuchung:

$\begin{pmatrix} 0 \\ 0 \\ 6 \end{pmatrix} + r \begin{pmatrix} 8 \\ 12 \\ -4 \end{pmatrix} = \begin{pmatrix} 4 \\ 0 \\ 2 \end{pmatrix} + s \begin{pmatrix} 0 \\ 12 \\ 4 \end{pmatrix}$

I $8r = 4$
II $12r = 12s$
III $6 - 4r = 2 + 4s$

aus I: $r = \frac{1}{2}$

in II: $s = \frac{1}{2} \Rightarrow S(4|6|4)$

in III: $4 = 4$

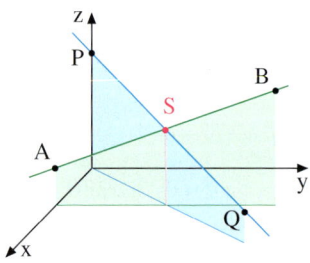

2. Lagebeziehungen

> **Beispiel: Windschiefe Geraden**
> Untersuchen Sie die relative Lage von g: $\vec{x} = \begin{pmatrix} 2 \\ 0 \\ 0 \end{pmatrix} + r \begin{pmatrix} 1 \\ 1 \\ -2 \end{pmatrix}$ und h: $\vec{x} = \begin{pmatrix} 1 \\ 0 \\ 0 \end{pmatrix} + s \begin{pmatrix} 2 \\ 2 \\ -3 \end{pmatrix}$.

Lösung:
g und h sind nicht parallel, da ihre Richtungsvektoren nicht kollinear sind, was man durch einfaches Hinsehen erkennen kann.

Wir führen durch Gleichsetzen der rechten Seiten der beiden Geradengleichungen eine Schnittuntersuchung durch, die auf einen Widerspruch führt. Das zugeordnete Gleichungssystem ist unlösbar. Die Geraden schneiden sich also nicht, es verbleibt nur noch eine Möglichkeit:
▶ Die Geraden g und h sind windschief.

Schnittuntersuchung:

$$\begin{pmatrix} 2 \\ 0 \\ 0 \end{pmatrix} + r \begin{pmatrix} 1 \\ 1 \\ -2 \end{pmatrix} = \begin{pmatrix} 1 \\ 0 \\ 0 \end{pmatrix} + s \begin{pmatrix} 2 \\ 2 \\ -3 \end{pmatrix}$$

I $\quad 2 + r = 1 + 2s$
II $\quad\quad r = \quad\;\; 2s$
III $\quad -2r = -3s$

I–II: $2 = 1$ Widerspruch

$\Rightarrow$ g und h sind windschief

Übung 2
Gesucht ist die relative Lage von g und h.

a) g: $\vec{x} = \begin{pmatrix} 0 \\ 1 \\ 2 \end{pmatrix} + r \begin{pmatrix} 2 \\ 1 \\ -3 \end{pmatrix}$, h: $\vec{x} = \begin{pmatrix} -2 \\ -2 \\ 7 \end{pmatrix} + s \begin{pmatrix} -2 \\ 1 \\ 1 \end{pmatrix}$

b) g: $\vec{x} = \begin{pmatrix} 1 \\ 1 \\ 2 \end{pmatrix} + r \begin{pmatrix} 1 \\ -2 \\ 2 \end{pmatrix}$, h: $\vec{x} = \begin{pmatrix} -1 \\ 2 \\ 1 \end{pmatrix} + s \begin{pmatrix} -2 \\ 4 \\ -4 \end{pmatrix}$

c) g: $\vec{x} = \begin{pmatrix} 3 \\ 0 \\ 1 \end{pmatrix} + r \begin{pmatrix} 1 \\ 1 \\ -2 \end{pmatrix}$, h: $\vec{x} = \begin{pmatrix} 0 \\ 2 \\ 0 \end{pmatrix} + s \begin{pmatrix} 2 \\ 1 \\ 1 \end{pmatrix}$

d) g: $\vec{x} = \begin{pmatrix} 2 \\ 0 \\ 1 \end{pmatrix} + r \begin{pmatrix} 2 \\ 1 \\ -1 \end{pmatrix}$, h: $\vec{x} = \begin{pmatrix} 0 \\ 2 \\ -4 \end{pmatrix} + s \begin{pmatrix} 2 \\ 0 \\ 1 \end{pmatrix}$

Übung 3 Parallele Geraden
Welche der Geraden sind parallel, welche schneiden sich?

g: $\vec{x} = \begin{pmatrix} 1 \\ 0 \\ 2 \end{pmatrix} + r \begin{pmatrix} 2 \\ -1 \\ 1 \end{pmatrix}$

h: $\vec{x} = \begin{pmatrix} 5 \\ -3 \\ 2 \end{pmatrix} + s \begin{pmatrix} -2 \\ 3 \\ 3 \end{pmatrix}$

Gerade u durch $C(2|-2|3)$ und $D(-2|0|1)$,

Gerade v durch $E(2|0|0)$ und $F(0|3|3)$.

Übung 4
Ein Raum ist 8 m tief, 6 m breit und 4 m hoch.
a) Wie lauten die vektoriellen Geradengleichungen der Raumdiagonalen g_{AG} und g_{BH}?
b) Untersuchen Sie, welche relative Lage g_{AG} und g_{BH} zueinander einnehmen.
c) M ist der Mittelpunkt der rechten Wand BCGF.
Welche Lage nehmen die Geraden h_{AM} und g_{BH} zueinander ein?

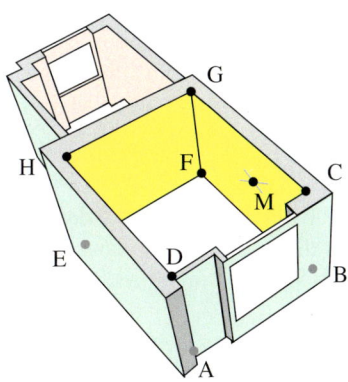

Übungen

5. Ein Bogenschütze zielt vom Punkt P(0|0|15) in Richtung des Vektors $\vec{v}$, um eine der drei im Bergland aufgestellten Scheiben zu treffen.
1 LE = 1 dm

a) Welche Scheibe trifft er? Wie lang ist die Flugbahn? Welche Geschwindigkeit hat der Pfeil, wenn der Flug eine Sekunde dauert?

b) In welche Richtung $\vec{w}$ muss der Schütze zielen, um die Elchscheibe zu treffen?

Bär(−155|465|85)
Wolf(−155|465|92,5) $\vec{v} = \begin{pmatrix} -1 \\ 3 \\ 0,5 \end{pmatrix}$
Elch(−160|640|95)

6. Ein Drahtseilartist plant, mit einem Motorrad vom Startpunkt A(20|20|0) auf den Turm der Stadtkirche zum Punkt B(220|420|80) zu fahren (1 LE = 1 m). Das Fahrseil soll durch drei senkrechte Masten mit den Spitzen S_1(70|120|20), S_2(120|220|30) und S_3(170|300|60) gestützt werden.

a) Sind die Masten als Stützen geeignet? Können Sie ggf. durch Kürzen oder Verlängern passend gemacht werden?

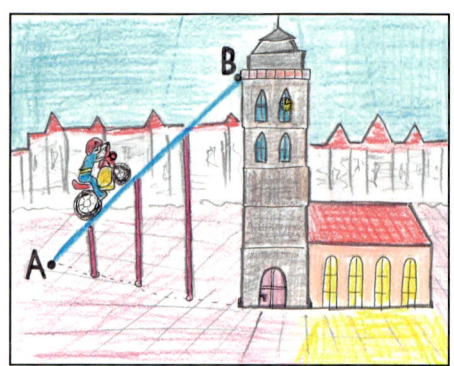

b) Wie lange dauert der Stunt, wenn das Motorrad mit 20 km/h fährt?

c) Unter welchem Winkel steigt das Fahrseil an?

7. An den Positionen M und N befinden sich zwei Wasserspeicher. Ein Überlaufkanal k führt von M nach A. Vom Oberflächenpunkt T wird eine Belüftungsbohrung b in Richtung des Vektors $\vec{v}$ vorgetrieben. Außerdem ist eine Versorgungsleitung g vom Oberflächenpunkt E, der senkrecht über M liegt, zum Speicher N geplant.
1 LE = 100 m

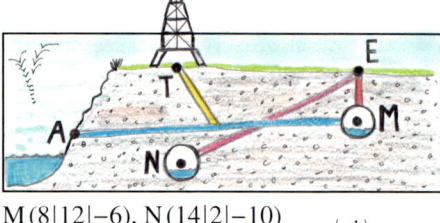

M(8|12|−6), N(14|2|−10)
A(11|0|−9), T(8|2|0) $\vec{v} = \begin{pmatrix} 1 \\ 1 \\ -4 \end{pmatrix}$

Trifft die Belüftungsbohrung b den Überlaufkanal k? Wie lang muss der Bohrer sein? Zeigen Sie, dass die Versorgungsleitung g weder k noch b trifft. Wie lange dauert das Bohren von g bei einem Vortrieb von 20 cm/min?

2. Lagebeziehungen

Mit Hilfe der Lagebeziehungsuntersuchung für Geraden im Raum können einfache Anwendungsprobleme modellhaft gelöst werden, z. B. Flugbahnprobleme.

> **Beispiel: Flugbahnen**
> Der Rettungshubschrauber Alpha startet um 10:00 Uhr vom Stützpunkt Amadinda A(10|6|0).
> Er fliegt geradlinig mit einer Geschwindigkeit von 300 km/h zum Gipfel des Mount Devil D(4|−3|3), wo sich der Unfall ereignet hat. Die Koordinaten sind in Kilometern angegeben.
> Zeitgleich hebt der Hubschrauber Beta von der Spitze des Bergs Tarawangsa T(7|−8|3) ab, um Touristen nach B(4|16|0) zurückzubringen. Seine Geschwindigkeit beträgt 350 km/h.
>
>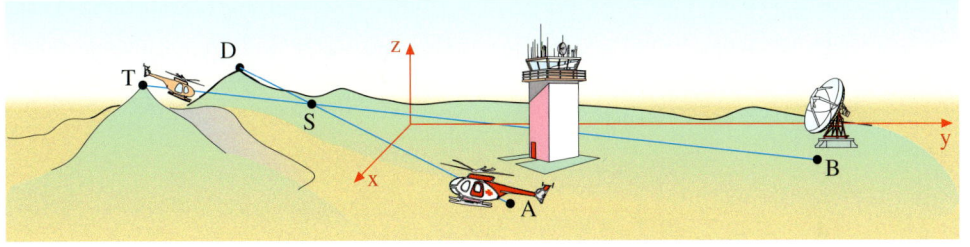
>
> a) Zeigen Sie, dass die beiden Hubschrauber sich auf Kollisionskurs befinden.
> b) Untersuchen Sie, ob die Hubschrauber tatsächlich kollidieren.

Lösung zu a:
Wir stellen die Flugbahngleichungen mit Hilfe der Zweipunkteform auf.
Anschließend untersuchen wir, ob die beiden Bahnen sich schneiden.
Wir erhalten einen Schnittpunkt S(6|0|2).
Die Hubschrauber befinden sich also auf Kollisionskurs.

Lösung zu b:
Wir errechnen zunächst die Länge der Flugstrecken der Hubschrauber bis zum Schnittpunkt, d. h. die Beträge der beiden Vektoren $\overrightarrow{AS}$ und $\overrightarrow{TS}$.
Dividieren wir diese Strecken durch die zugehörigen Hubschraubergeschwindigkeiten, so erhalten wir die Flugzeiten bis zum Schnittpunkt in Stunden, die wir in Minuten umrechnen.
Hubschrauber Alpha ist 0,11 Minuten später am möglichen Kollisionspunkt als Hubschrauber Beta. Dieser ist dann schon ca. 640 m weitergeflogen. Es kommt daher nicht zu einer Kollision.

Gleichungen der Flugbahnen:

$$\alpha: \vec{x} = \begin{pmatrix} 10 \\ 6 \\ 0 \end{pmatrix} + r \begin{pmatrix} -6 \\ -9 \\ 3 \end{pmatrix}$$

$$\beta: \vec{x} = \begin{pmatrix} 7 \\ -8 \\ 3 \end{pmatrix} + s \begin{pmatrix} -3 \\ 24 \\ -3 \end{pmatrix}$$

Schnittpunkt der Flugbahnen:
Für $r = \frac{2}{3}$ und $s = \frac{1}{3}$ ergibt sich der Schnittpunkt S(6|0|2).

Flugstrecken bis zum Schnittpunkt:

$$|\overrightarrow{AS}| = \left|\begin{pmatrix} -4 \\ -6 \\ 2 \end{pmatrix}\right| = \sqrt{56} \approx 7{,}48 \text{ km}$$

$$|\overrightarrow{TS}| = \left|\begin{pmatrix} -1 \\ 8 \\ -1 \end{pmatrix}\right| = \sqrt{66} \approx 8{,}12 \text{ km}$$

Flugzeiten bis zum Schnittpunkt:

$t_{Alpha} = \frac{7{,}48}{300}$ h $\approx 0{,}025$ h $\approx 1{,}50$ min

$t_{Beta} = \frac{8{,}12}{350}$ h $\approx 0{,}023$ h $\approx 1{,}39$ min

Übungen

8. Prüfen Sie, ob die Punkte P und Q auf der Geraden g durch A und B liegen.
   a) A(0|0|5)   P(3|6|2)   b) A(6|3|0)   P(2|5|4)
     B(1|2|4)   Q(4|8|0)   B(0|6|6)   Q(4|2|4)

9. Das Schrägbild zeigt eine Gerade g durch die Punkte A und B sowie zwei weitere Punkte P und Q, die auf g zu liegen scheinen. Ist dies tatsächlich der Fall?

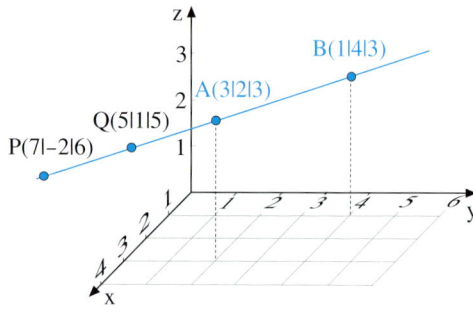

10. Untersuchen Sie, ob der Punkt P auf der Strecke $\overline{AB}$ liegt.
   a) A(2|1|4)   b) A(−2|4|5)   c) A(3|0|7)   d) A(2|1|3)
     B(5|7|1)   B(2|8|9)   B(4|1|6)   B(6|7|1)
     P(3|3|3)   P(0|6|7)   P(7|4|3)   P(4|3|1)

11. Gegeben sei ein Dreieck ABC mit den Eckpunkten A(0|6|6), B(0|6|3) und C(3|3|0) sowie die Punkte P(2|2|2), Q(2|4|1) und R(2|5,5|4,5).
Fertigen Sie ein Schrägbild an und überprüfen Sie rechnerisch, welche der Punkte P, Q und R auf den Seiten des Dreiecks liegen.

12. Welche der folgenden sechs Geraden sind parallel zueinander, welche sind sogar identisch?

g: $\vec{x} = \begin{pmatrix} 1 \\ 2 \\ -4 \end{pmatrix} + r \begin{pmatrix} 8 \\ -4 \\ 2 \end{pmatrix}$ h: $\vec{x} = \begin{pmatrix} 1 \\ 2 \\ -4 \end{pmatrix} + r \begin{pmatrix} 2 \\ -1 \\ 1 \end{pmatrix}$ k: $\vec{x} = \begin{pmatrix} 5 \\ 0 \\ -5 \end{pmatrix} + r \begin{pmatrix} 4 \\ -2 \\ 1 \end{pmatrix}$

u: Gerade durch A(1|2|−6) und B(9|−2|−4)   v: $\vec{x} = \begin{pmatrix} -3 \\ 4 \\ -5 \end{pmatrix} + r \begin{pmatrix} -2 \\ 1 \\ -0{,}5 \end{pmatrix}$ w: Gerade durch A(6|−1|−1) und B(2|1|−3)

13. Gegeben sind die Gerade g durch A und B sowie die Gerade h durch C und D.
Zeigen Sie, dass die Geraden sich schneiden, und berechnen Sie den Schnittpunkt S.
   a) A(3|1|2), B(5|3|4)   b) A(1|0|0), B(1|1|1)   c) A(4|1|5), B(6|0|6)
     C(2|1|1), D(3|3|2)   C(2|4|5), D(3|6|8)   C(1|2|3), D(−2|5|3)

14. Zeigen Sie, dass die Geraden g und h windschief sind.

a) g: $\vec{x} = \begin{pmatrix} 1 \\ 0 \\ 1 \end{pmatrix} + r \begin{pmatrix} 1 \\ -1 \\ 0 \end{pmatrix}$ b) g: $\vec{x} = \begin{pmatrix} 1 \\ 1 \\ -1 \end{pmatrix} + r \begin{pmatrix} 1 \\ 2 \\ 1 \end{pmatrix}$ c) g: $\vec{x} = \begin{pmatrix} 1 \\ -1 \\ 2 \end{pmatrix} + r \begin{pmatrix} 2 \\ 2 \\ 1 \end{pmatrix}$

    h: $\vec{x} = \begin{pmatrix} 0 \\ 1 \\ 0 \end{pmatrix} + s \begin{pmatrix} 0 \\ 1 \\ 1 \end{pmatrix}$ h: $\vec{x} = \begin{pmatrix} 0 \\ 1 \\ 1 \end{pmatrix} + s \begin{pmatrix} 1 \\ 1 \\ 1 \end{pmatrix}$ h: $\vec{x} = \begin{pmatrix} 3 \\ -3 \\ 0 \end{pmatrix} + s \begin{pmatrix} 0 \\ 3 \\ 1 \end{pmatrix}$

15. Die Geraden g, h und k schneiden sich in den Eckpunkten eines Dreiecks ABC. Bestimmen Sie die Eckpunkte A, B und C.

g: $\vec{x} = \begin{pmatrix} 0 \\ -3 \\ 3 \end{pmatrix} + r \begin{pmatrix} 1 \\ 3 \\ -1 \end{pmatrix}$
h: $\vec{x} = \begin{pmatrix} -1 \\ 6 \\ 10 \end{pmatrix} + s \begin{pmatrix} -1 \\ 3 \\ 4 \end{pmatrix}$
k: $\vec{x} = \begin{pmatrix} 3 \\ 6 \\ 0 \end{pmatrix} + t \begin{pmatrix} 1 \\ 1 \\ -2 \end{pmatrix}$

16. Untersuchen Sie, welche Lagebeziehung zwischen der Geraden g durch A und B und der Geraden h durch C und D besteht. Berechnen Sie gegebenenfalls den Schnittpunkt.
a) A(−1|1|1), B(1|1|−1) C(1|1|1), D(0|1|2)
b) A(4|2|1), B(0|4|3) C(1|2|1), D(3|4|3)
c) A(2|0|4), B(4|2|3) C(6|4|2), D(10|8|0)

17. Überprüfen Sie, ob die eingezeichneten Geraden sich schneiden, und berechnen Sie gegebenenfalls den Schnittpunkt.

a)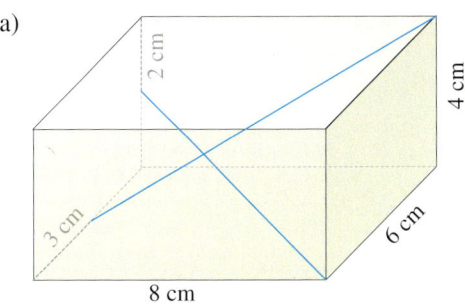

b)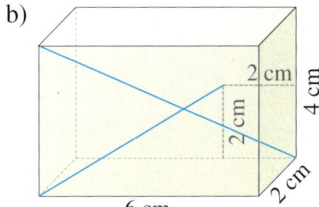

18. Vier Punkte bilden ein Viereck, wenn die Diagonalen AC und BD sich schneiden. Prüfen Sie, ob die Punkte A, B, C, D ein Viereck bilden.
a) A(3|1|2), B(6|2|2), C(5|9|4), D(1|4|3)
b) A(4|0|0), B(4|3|1), C(0|3|4), D(4|0|3)
c) A(5|2|0), B(1|2|6), C(1|6|0), D(6|7|−2)

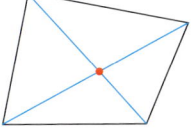
Die Diagonalen schneiden sich.

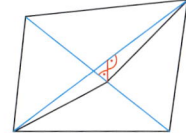
Die Diagonalen sind windschief.

19. Gegeben ist eine 6 m hohe gerade quadratische Pyramide, deren Grundflächenseiten 6 m lang sind.
Der Punkt M liegt in der Mitte der Seite $\overline{SC}$. Die Strecke $\overline{SA}$ ist dreimal so lang wie die Strecke $\overline{SN}$.
Wo schneiden sich die eingezeichneten Geraden?

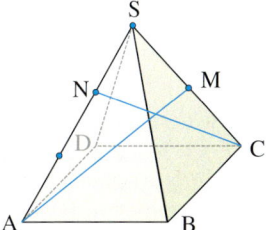

D. Exkurs: Geradenscharen

Enthält die Geradengleichung innerhalb des Stützvektors oder des Richtungsvektors eine Variable, so beschreibt die Gleichung eine ganze Schar von Geraden.

Beispiel: Parallele Geraden

Die Gleichung g_a: $\vec{x} = \begin{pmatrix} 2 \\ a \\ 0 \end{pmatrix} + r \begin{pmatrix} -1 \\ 0 \\ 2 \end{pmatrix}$
beschreibt eine Schar paralleler Geraden, denn alle Geraden g_a haben den gleichen Richtungsvektor. Sie unterscheiden sich nur in der y-Koordinate ihres Stützpunktes.

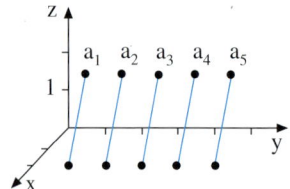

Beispiel: Gemeinsamer Stützpunkt

Die Gleichung g_a: $\vec{x} = \begin{pmatrix} 2 \\ 4 \\ 3 \end{pmatrix} + r \begin{pmatrix} -1 \\ 1 \\ 2+a \end{pmatrix}$
beschreibt eine Schar von Geraden, die alle den gleichen Stützpunkt $P(2|4|3)$ haben, um den sie sich aufgrund der veränderlichen z-Koordinate ihres Richtungsvektors drehen.

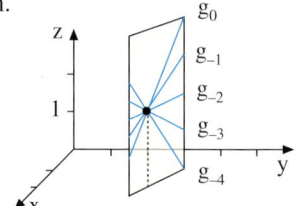

▶ ### Beispiel: Kollisionskurs

Die Flugbahnen einer Formation von Sportflugzeugen können durch die Geradenschar g_a (a = 1, 2, ..., 8) beschrieben werden. Ist eines der Flugzeuge auf direktem Kollisionskurs mit dem Segelflugzeug, dessen Flug durch die Gerade h beschrieben wird?

g_a: $\vec{x} = \begin{pmatrix} 9 \\ 2+a \\ 6 \end{pmatrix} + r \begin{pmatrix} -1 \\ 1 \\ 1 \end{pmatrix}$ h: $\vec{x} = \begin{pmatrix} 1 \\ 3 \\ 11 \end{pmatrix} + s \begin{pmatrix} 2 \\ 1 \\ -1 \end{pmatrix}$

Lösung:
Wir führen eine Schnittuntersuchung durch. Dazu setzen wir die Koordinaten von g_a und h gleich. Wir erhalten ein Gleichungssystem (drei Gleichungen, drei Variablen). Die Lösung lautet: r = 2, s = 3, a = 2. Das bedeutet: Der Flieger auf g_2 droht mit dem Flieger auf h im Punkt $S(7|6|8)$ zu kollidie-
▶ ren.

Schnittuntersuchung:
I $9 - r = 1 + 2s$
II $2 + a + r = 3 + s$
III $6 + r = 11 - s$
aus I und III: r = 2, s = 3
aus II: a = 2
⇒ g_2 schneidet h in $S(7|6|8)$.

Übung 20
Gegeben sind die Geraden g_a und h. g_a: $\vec{x} = \begin{pmatrix} 1 \\ 3 \\ 2 \end{pmatrix} + r \begin{pmatrix} -a \\ a \\ 2 \end{pmatrix}$ h: $\vec{x} = \begin{pmatrix} 0 \\ 10 \\ 6 \end{pmatrix} + s \begin{pmatrix} 1 \\ 2 \\ -1 \end{pmatrix}$.

a) Für welchen Wert von a liegt der Punkt $P(-1|5|4)$ auf g_a? Liegt $Q(11|-6|4)$ auf g_a?
b) Für welchen Wert von a schneiden sich g_a und h? Wo liegt der Schnittpunkt?
c) Für welchen Wert von a liegt g_a parallel zur z-Achse?
d) Für welchen Wert von a schneidet g_a die x-Achse? Wo liegt der Schnittpunkt?

Übungen

21. Dargestellt ist die Schar paralleler Geraden.
 a) Wie lauten die Gleichungen von g_0 und g_1?
 b) Wie lautet die allgemeine Gleichung von g_a?
 c) Welche Gerade g_a schneidet h: $\vec{x} = \begin{pmatrix} 0 \\ 6 \\ 4 \end{pmatrix} + r \begin{pmatrix} 1 \\ 6 \\ -3 \end{pmatrix}$?

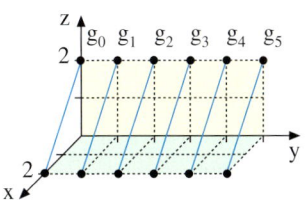

22. Bei einem Grubenunglück wird versucht, die im Schacht AB und den Hohlräumen H_1 und H_2 verschütteten Bergleute durch sechs vom Turm T(4|6|0) ausgehenden Rettungsbohrungen g_a zu erreichen.
 Daten: A(8|2|−2); B(15|16|−9)
 H_1(22|6|−14); H_2(12|16|−4)

 $g_a: \vec{x} = \begin{pmatrix} 4 \\ 6 \\ 0 \end{pmatrix} + r \begin{pmatrix} 13-a \\ a-4 \\ a-11 \end{pmatrix}$

 a = 0, 2, 4, 6, 8, 10

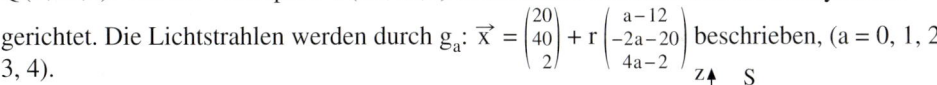

 a) Wird der Schacht AB von einer der Bohrungen getroffen? Wenn ja, wo?
 b) Werden die Hohlräume H_1 und H_2 gefunden?
 c) Führt eine der Bohrungen senkrecht nach unten?

23. Die Pyramide ABCDS hat die Koordinaten A(20|4|0), B(20|20|0), C(4|20|0), D(4|4|0) und S(12|12|16). Ihr Eingang liegt bei E(11|14|12). Eine Treppe führt von P(13|20|0) nach Q(7|17|6). Von der Turmspitze T(20|40|2) werden fünf Scheinwerfer auf die Pyramide gerichtet. Die Lichtstrahlen werden durch $g_a: \vec{x} = \begin{pmatrix} 20 \\ 40 \\ 2 \end{pmatrix} + r \begin{pmatrix} a-12 \\ -2a-20 \\ 4a-2 \end{pmatrix}$ beschrieben, (a = 0, 1, 2, 3, 4).

 a) Trifft einer der Lichtstrahlen den Eingang E?
 b) Trifft einer der Lichtstrahlen die Treppe?
 c) Ist einer der Strahlen parallel zur Seitenkante $\overline{BS}$ der Pyramide?

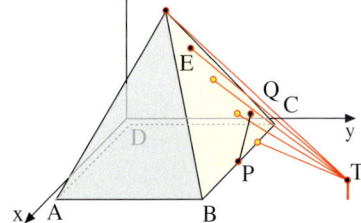

24. Gegeben sind die Punkte A(−2|−1|−1), B(2|−1|3), C(0|3|1) sowie die Geraden g_a mit der Gleichung $\vec{x} = \begin{pmatrix} 3 \\ 4 \\ a \end{pmatrix} + r \begin{pmatrix} 2 \\ -1 \\ 2 \end{pmatrix}$, $a \in \mathbb{R}$.

 a) Zeigen Sie, dass der Punkt C auf keiner der Geraden g_a liegt.
 b) Die Gerade h verläuft durch die Punkte A und C. Für welches a schneidet g_a die Gerade h in genau einem Punkt? Bestimmen Sie den Schnittpunkt S.
 c) Begründen Sie, dass die Geraden g_2 und h windschief sind.

3. Spurpunkte mit Anwendungen

In diesem Abschnitt werden als exemplarische Anwendungsbeispiele für Geraden Spurpunktprobleme behandelt.

Die Schnittpunkte einer Geraden mit den Koordinatenebenen bezeichnet man als *Spurpunkte* der Geraden.

▶ **Beispiel: Spurpunkte**

Gegeben sei g: $\vec{x} = \begin{pmatrix} 2 \\ 4 \\ 2 \end{pmatrix} + r \begin{pmatrix} 1 \\ 1 \\ -1 \end{pmatrix}$.

Bestimmen Sie die Spurpunkte der Geraden und fertigen Sie eine Skizze an.

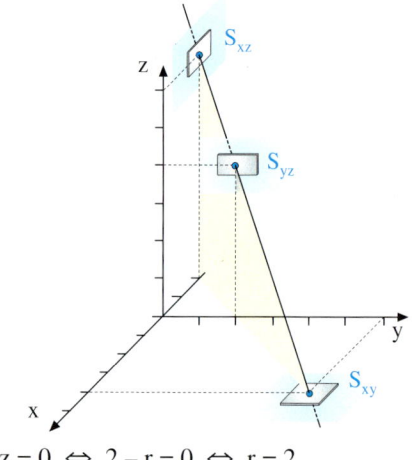

Lösung:
Der Schnittpunkt der Geraden mit der x-y-Ebene wird als Spurpunkt S_{xy} bezeichnet. Er hat die z-Koordinate $z = 0$.
Die z-Koordinate des allgemeinen Geradenpunktes beträgt $z = 2 - r$.
Setzen wir diese 0, so erhalten wir $r = 2$, was auf den Spurpunkt $S_{xy}(4|6|0)$ führt.

$z = 0 \Leftrightarrow 2 - r = 0 \Leftrightarrow r = 2$

$\vec{x} = \begin{pmatrix} 2 \\ 4 \\ 2 \end{pmatrix} + 2 \cdot \begin{pmatrix} 1 \\ 1 \\ -1 \end{pmatrix} = \begin{pmatrix} 4 \\ 6 \\ 0 \end{pmatrix}$

$S_{xy}(4|6|0)$

Analog errechnen wir die weiteren Spurpunkte, indem wir die x-Koordinate bzw. die y-Koordinate des allgemeinen Geradenpunktes null setzen.
▶ Ergebnisse: $S_{yz}(0|2|4)$, $S_{xz}(-2|0|6)$

Übung 1
Berechnen Sie die Spurpunkte der Geraden g durch A und B. Fertigen Sie eine Skizze an.
a) $A(10|6|-1)$, $B(4|2|1)$
b) $A(-2|4|9)$, $B(4|-2|3)$
c) $A(4|1|1)$, $B(-2|1|7)$
d) $A(2|4|-2)$, $B(-1|-2|4)$

Übung 2
Geben Sie die Gleichung einer Geraden g an, die nur zwei Spurpunkte bzw. nur einen Spurpunkt besitzt.

Übung 3
In welchen Punkten durchdringen die Kanten der skizzierten Pyramide den 2 m hohen Wasserspiegel?

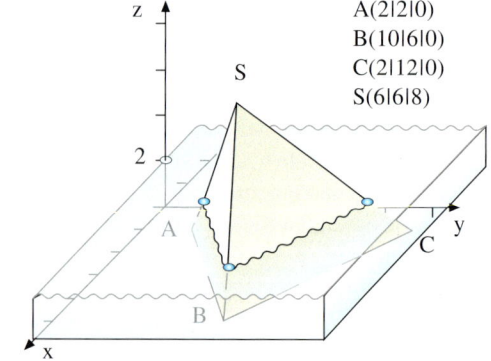

$A(2|2|0)$
$B(10|6|0)$
$C(2|12|0)$
$S(6|6|8)$

3. Spurpunkte mit Anwendungen

Im Folgenden werden Spurpunktberechnungen zur Lösung von Anwendungsaufgaben zur Lichtreflexion und zum Schattenwurf eingesetzt.

▶ **Beispiel: Lichtreflexion**
Der Verlauf eines Lichtstrahls soll verfolgt werden. Der Strahl geht vom Punkt $A(0|6|6)$ aus und läuft in Richtung des Vektors $\begin{pmatrix} 1 \\ -1 \\ -2 \end{pmatrix}$ auf die x-y-Ebene zu, an der er reflektiert wird.
Wo trifft der Strahl auf die x-y-Ebene? Wie lautet die Geradengleichung des dort reflektierten Strahles und wo trifft dieser auf die x-z-Ebene?

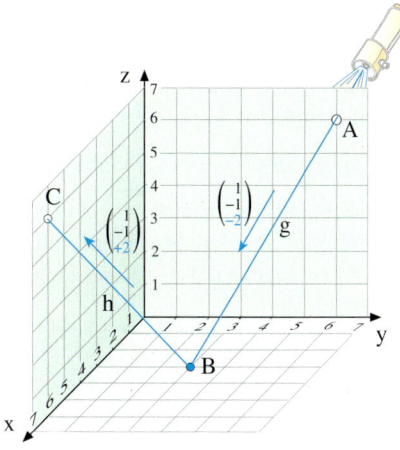

Lösung:
Wir bestimmen zunächst die Geradengleichung des von A ausgehenden Strahls g. Dessen Schnittpunkt B mit der x-y-Ebene erhalten wir durch Nullsetzen der z-Koordinate des allgemeinen Geradenpunktes von g.
Der reflektierte Strahl h geht von diesem Punkt $B(3|3|0)$ aus. Bei der Reflexion ändert sich nur diejenige Koordinate des Richtungsvektors, die senkrecht auf der Reflexionsebene steht. Diese Koordinate wechselt ihr Vorzeichen, hier also die z-Koordinate. Der Richtungsvektor von h ist daher $\begin{pmatrix} 1 \\ -1 \\ +2 \end{pmatrix}$. Nun können wir die Geradengleichung des reflektierten Strahls h aufstellen und dessen Schnittpunkt mit der x-z-Ebene berechnen. Es ist der Punkt
▶ $C(6|0|6)$.

Gleichung des Strahls g:

$$g: \vec{x} = \begin{pmatrix} 0 \\ 6 \\ 6 \end{pmatrix} + r \begin{pmatrix} 1 \\ -1 \\ -2 \end{pmatrix}$$

Schnittpunkt mit der x-y-Ebene:

$z = 0 \iff 6 - 2r = 0 \iff r = 3 \Rightarrow B(3|3|0)$

Gleichung des reflektierten Strahls h:

$$h: \vec{x} = \begin{pmatrix} 3 \\ 3 \\ 0 \end{pmatrix} + s \begin{pmatrix} 1 \\ -1 \\ +2 \end{pmatrix}$$

Schnittpunkt mit der x-z-Ebene:

$y = 0 \iff 3 - s = 0 \iff s = 3 \Rightarrow C(6|0|6)$

Übung 4
Auch beim Billardspiel kommt es zu Reflexionen der Kugel an der Bande. Auf dem abgebildeten Tisch liegt die Kugel in der Position $P(6|4)$. Sie wird geradlinig in Richtung des Vektors $\begin{pmatrix} 2 \\ 3 \end{pmatrix}$ gestoßen.
Trifft sie das Loch bei $L(14|0)$?
Lösen Sie die Aufgabe zeichnerisch und rechnerisch.

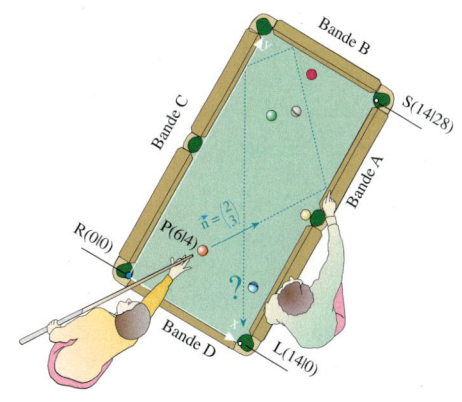

Beispiel: Schattenwurf

Im 1. Oktanden des Koordinatensystems steht die senkrechte Strecke $\overline{PQ}$ mit $P(4|3|0)$ und $Q(4|3|6)$.

In Richtung des Vektors $\begin{pmatrix} -2 \\ 1 \\ -2 \end{pmatrix}$ fällt paralleles Licht auf die Strecke.

Konstruieren Sie rechnerisch ein Schattenbild der Strecke auf den Randflächen des 1. Oktanden.

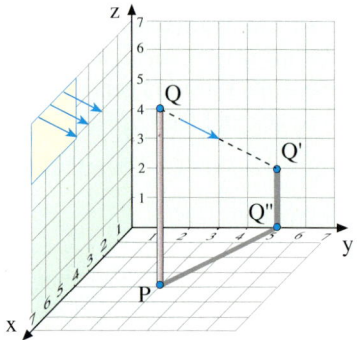

Spurpunktberechnungen können auch zur Konstruktion der Schattenbilder von Gegenständen im Raum auf die Koordinatenebenen verwendet werden.

Lösung:
Das Ergebnis ist rechts abgebildet, ein abknickender Schatten. Es wurde durch Verfolgung desjenigen Lichtstrahls g konstruiert, der durch den Punkt Q führt.

Nach dem Aufstellen der Geradengleichung von g errechnen wir den Spurpunkt Q' von g in der y-z-Ebene, denn wir vermuten, dass der Strahl g diese Ebene zuerst trifft.

Gleichung des Strahls g durch Q:

$$g: \vec{x} = \begin{pmatrix} 4 \\ 3 \\ 6 \end{pmatrix} + r \begin{pmatrix} -2 \\ 1 \\ -2 \end{pmatrix}$$

Durch Nullsetzen der x-Koordinate des allgemeinen Geradenpunktes erhalten wir $r = 2$, d.h. $Q'(0|5|2)$.

Schnittpunkt von g mit der y-z-Ebene:

$x = 0 \Leftrightarrow 4 - 2r = 0 \Leftrightarrow r = 2 \Rightarrow Q'(0|5|2)$

Der Fußpunkt des senkrechten Lotes von Q' auf die y-Achse ist $Q''(0|5|0)$.

Fußpunkt des Lotes von Q' auf die y-Achse:

$Q''(0|5|0)$

Der Schatten der Strecke $\overline{PQ}$ ist der Streckenzug PQ''Q', wie oben eingezeichnet. Es handelt sich um einen abknickenden Schatten.

Übung 5

Im mathematischen Klassenraum steht ein Schrank für die Aufbewahrung von Punkten, Strecken und Flächen. Er hat die Höhe 4 und die Breite 2. Für seine Tiefe reicht bekanntlich 0 aus.
In Richtung des Vektors $\begin{pmatrix} -1 \\ 1 \\ -1 \end{pmatrix}$ fällt paralleles Licht auf den Schrank.
Konstruieren Sie das Schattenbild des Schrankes auf dem Boden und den Wänden rechnerisch und zeichnen Sie es auf.

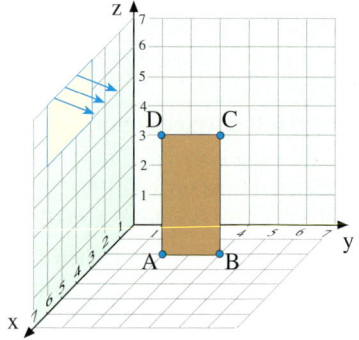

Übungen

6. Gegeben sind die Geraden g durch A(1|3|6) und B(2|4|3) sowie h: $\vec{x} = \begin{pmatrix} -1 \\ 4 \\ 6 \end{pmatrix} + s \begin{pmatrix} 2 \\ -2 \\ -2 \end{pmatrix}$

Bestimmen Sie die Spurpunkte der Geraden und zeichnen Sie ein Schrägbild.

7. Geraden können 1, 2, 3 oder unendlich viele unterschiedliche Spurpunkte besitzen. Erläutern Sie diese Tatsache und überprüfen Sie, welcher Fall bei den folgenden Geraden jeweils eintritt.

a) g: $\vec{x} = \begin{pmatrix} 3 \\ 2 \\ 2 \end{pmatrix} + r \begin{pmatrix} -1 \\ 0 \\ 2 \end{pmatrix}$ b) g: $\vec{x} = \begin{pmatrix} 1 \\ 1 \\ 4 \end{pmatrix} + r \begin{pmatrix} -1 \\ 1 \\ 2 \end{pmatrix}$ c) g: $\vec{x} = \begin{pmatrix} -3 \\ -2 \\ 2 \end{pmatrix} + r \begin{pmatrix} 1 \\ 2 \\ -2 \end{pmatrix}$

d) g: $\vec{x} = \begin{pmatrix} 2 \\ 0 \\ 1 \end{pmatrix} + r \begin{pmatrix} 1 \\ 0 \\ 2 \end{pmatrix}$ e) g: $\vec{x} = \begin{pmatrix} 2 \\ 2 \\ 3 \end{pmatrix} + r \begin{pmatrix} 0 \\ 0 \\ 2 \end{pmatrix}$ f) g: $\vec{x} = r \begin{pmatrix} 2 \\ 2 \\ 3 \end{pmatrix}$

8. In welchem Punkt trifft die vom Punkt P(2|4) in Richtung des Vektors $\begin{pmatrix} 3 \\ -1 \end{pmatrix}$ geradlinig gestoßene Billardkugel die Bande C erstmals?
Lösen Sie zeichnerisch und rechnerisch.

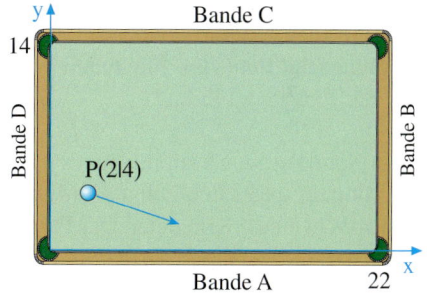

9. In Richtung des Vektors $\begin{pmatrix} -1 \\ -3 \\ 1 \end{pmatrix}$ fällt paralleles Licht.

a) Im 1. Oktanden des Koordinatensystems steht die zur x-y-Ebene senkrechte Strecke PQ mit P(4|6|0) und Q(4|6|3). Konstruieren Sie das Schattenbild der Strecke in der x-y-Ebene (zeichnerisch und rechnerisch).

b) Gegeben ist ein Rechteck ABCD mit A(4|3|0), B(2|3|0), C(2|3|3), D(4|3|3). Konstruieren Sie das Schattenbild des Rechtecks auf dem Boden und den Randflächen des 1. Oktanden (zeichnerisch und rechnerisch).

10. Im Koordinatenraum steht ein schräg nach oben geneigtes Dreieck ABC mit A(3|2|0), B(3|6|0), C(2|3|4). In Richtung des Vektors $\begin{pmatrix} -1 \\ -3 \\ -1 \end{pmatrix}$ fällt paralleles Licht auf dieses Dreieck.
Zeichnen Sie das Schattenbild des Dreiecks, wobei Sie sich an der (nicht maßstäblichen) Skizze orientieren. Berechnen Sie dann die Eckpunkte des Dreiecksschattens auf dem Boden und den Wänden des Raums.

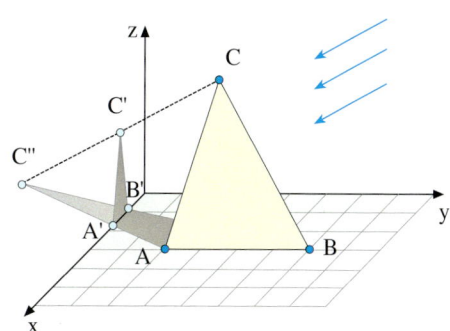

11. Flugzeug Alpha fliegt geradlinig durch die Punkte A(−8|3|2) und B(−4|−1|4). Eine Einheit im Koordinatensystem entspricht einem Kilometer. Der Flughafen F befindet sich in der x-y-Ebene.

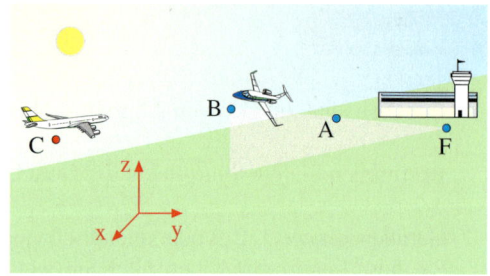

a) In welchem Punkt F ist das Flugzeug gestartet? In welchem Punkt T erreicht es seine Reiseflughöhe von 10 000 m?

b) Flugzeug Beta steuert Punkt C(10|−10|5) aus Richtung $\vec{v} = \begin{pmatrix} -2 \\ 2 \\ -1 \end{pmatrix}$ an. Zeigen Sie, dass die beiden Flugzeuge keinesfalls kollidieren können.

c) In dem Moment, an dem Flugzeug Alpha den Punkt B passiert, erreicht Flugzeug Beta den Punkt C. Wie groß ist die Entfernung der Flugzeuge zu diesem Zeitpunkt?

d) Beim Passieren von Punkt C wird Flugzeug Beta vom Tower aufgefordert, in Richtung $\vec{v} = \begin{pmatrix} -5 \\ 4 \\ -1 \end{pmatrix}$ weiterzufliegen. In 1000 m Höhe soll eine weitere Kursänderung erfolgen, die Flugzeug Beta zum Flughafen F bringt. In welche Richtung muss diese letzte Korrektur das Flugzeug führen?

12. Ein Sportflugzeug Gamma passiert um 10 Uhr den Punkt A(10|1|0,8) und 2 Minuten später den Punkt B(15|7|1). Eine Einheit im Koordinatensystem entspricht einem Kilometer. Das Flugzeug fliegt mit konstanter Geschwindigkeit.

a) Stellen Sie die Gleichung der Geraden g auf, auf der das Flugzeug Gamma fliegt. Erläutern Sie für Ihre Geradengleichung den Zusammenhang zwischen dem Geradenparameter und dem zugehörigen Zeitintervall.

b) Wo befindet sich das Flugzeug Gamma um 10:10 Uhr? Mit welcher Geschwindigkeit fliegt es? Wann erreicht das Flugzeug die Höhe von 4000 m?

c) Ein zweites Flugzeug Delta passiert um 10 Uhr den Punkt P(100|130|3,7) und eine Minute später den Punkt Q(95|121|3,6). Prüfen Sie, ob sich die beiden Flugbahnen schneiden, und untersuchen Sie, ob tatsächlich die Gefahr einer Kollision besteht.

13. Ein U-Boot beginnt eine Tauchfahrt in P(100|200|0) mit 11,1 Knoten in Richtung des Peilziels Z(500|600|−80), bis es eine Tiefe von 80 m erreicht hat.

$\left(1 \text{ Knoten} = 1 \frac{\text{Seemeile}}{\text{Stunde}} \approx 1,852 \frac{\text{km}}{\text{h}}\right)$

Anschließend wechselt es ohne Kursveränderung in eine horizontale Schleichfahrt von 11 Knoten.
Könnte es zu einer Kollision mit der Tauchkugel T kommen, die zeitgleich vom Forschungsschiff S(700|800|0) mit einer Geschwindigkeit von 0,5 m/s senkrecht sinkt?

3. Spurpunkte mit Anwendungen

14. Vom Punkt A(−7|−3|−8) ausgehend soll durch den Punkt B(−2|0|−9) ein geradliniger Stollen namens Kuckucksloch in einen Berg getrieben werden. Ebenso soll ein Stollen namens Morgenstern von Punkt C(4|−6|−6) ausgehend über den Punkt D(7|−1|−8) geradlinig gebaut werden. Eine Einheit entspricht 100 m. Die Erdoberfläche liegt in der x-y-Ebene.

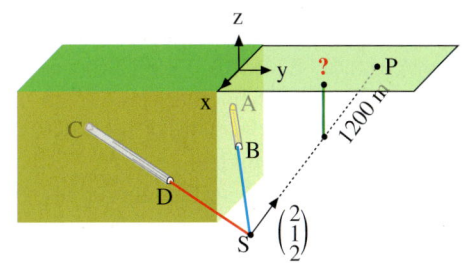

a) Prüfen Sie, ob die Ingenieure richtig gerechnet haben und die Stollen sich wie geplant in einem Punkt S treffen.
b) Im Stollen Kuckucksloch kann die Bohrung um 5 m pro Tag vorangetrieben werden. Wie hoch muss die Bohrleistung im Stollen Morgenstern durch C und D sein, damit beide Stollen am selben Tag den Vereinigungspunkt S erreichen?
c) Von Punkt S aus wird der Stollen Kuckucksloch weiter in Richtung $\begin{pmatrix}2\\1\\2\end{pmatrix}$ fortgesetzt. In welchem Punkt P erreicht der Stollen die Erdoberfläche?
d) In 1 200 m Entfernung von Punkt P auf der Strecke $\overline{SP}$ soll ein senkrechter Notausstieg gebohrt werden. An welchem Punkt der Erdoberfläche muss die Bohrung beginnen? Wie tief wird die Bohrung sein?

15. Gegeben sei eine gerade quadratische Pyramide, die 100 m breit und 50 m hoch ist.

a) Bestimmen Sie die Gleichungen der Geraden, in denen die vier Pyramidenkanten verlaufen.
b) Forscher vermuten, dass das Baumaterial über riesige Rampen, die sich längs der eingezeichneten blauen Strecken an die Pyramide lehnten, transportiert wurde.
   Die erste Rampe hat im Punkt P 10 m Höhen erreicht. Bestimmen Sie P.

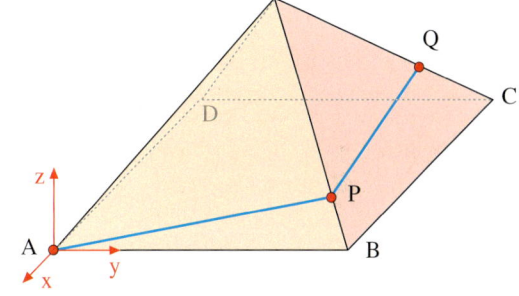

c) Die anschließende Rampe soll den gleichen Steigungswinkel besitzen.
   Bestimmen Sie die Gleichung der entsprechenden Geraden.
   In welchem Punkt Q endet diese Rampe?
   In welchem Punkt erreicht die Rampe die Höhe von 15 m?
d) In welchen Punkten durchstoßen die Pyramidenkanten eine Höhe von 20 m?
   In welcher Höhe beträgt der horizontale Querschnitt der Pyramide 25 m²?

Vom Punkt T(50|−50|100) fällt Licht in Richtung $\begin{pmatrix}-1-a\\3-a\\a-2\end{pmatrix}$.

e) Zeigen Sie, dass vom Punkt T je ein Lichtstrahl auf die Punkte B und S fällt.
f) Zeigen Sie: Jeder Punkt der Kante $\overline{BS}$ wird angestrahlt.
g) Bestimmen Sie den Schattenwurf der Kante $\overline{BS}$ in der x-y-Ebene.

16. Ein Kletterturm ist in der Form eines Pyramidenstumpfes geplant. Hierbei bilden die Ecken A(0|0|0), B(4|6|0), C(0|12|0) und D(−8|0|0) das Grundflächenviereck, während E(2|0|12), F(4|3|12), G(2|6|12) und H(−2|0|12) das Deckflächenviereck bilden.

a) Zeichnen Sie ein Schrägbild des Pyramidenstumpfes.
b) Zeichnen Sie die Grundfläche in der x-y-Ebene. Tragen Sie hierin auch die Projektion der Oberfläche ein. Klassifizieren Sie nun die vier Kletterflächen nach ihrem Schwierigkeitsgrad.
c) Zeigen Sie, dass es sich tatsächlich um eine Pyramide handelt. Überprüfen Sie hierzu die Pyramidenspitze S. Treffen sich die vier Kanten in S?
d) Bestimmen Sie zunächst das Volumen der Pyramide und dann das des Stumpfes.
e) Welche Koordinaten haben die Eckpunkte des Querschnittsvierecks in halber Höhe des Stumpfes?
f) Zeigen Sie: Die Geradenschar durch S in Richtung $\begin{pmatrix} -2-2a \\ 3a \\ 12 \end{pmatrix}$ enthält die Geraden durch die Kanten $\overline{BF}$ und $\overline{CG}$.
g) Begründen Sie, dass die Richtungsvektoren der Schar aus f komplanar sind.

17. Ein Zelt hat die Form einer geraden quadratischen Pyramide mit 8 m Breite und 3 m Höhe. Den Eingang bildet das Trapez EFGH mit $\overline{EF}$ = 4 m und G bzw. H als Mitten der Strecken $\overline{ES}$ bzw. $\overline{FS}$.

a) Wie groß ist der Eingang EFGH?
b) Ein Meter unter der Zeltspitze S befindet sich eine Lichtquelle. Durch den Eingang fällt Licht nach außen und begrenzt so eine beleuchtete Fläche. Wie groß ist sie?
c) Wie ändert sich die beleuchtete Fläche, wenn die Lichtquelle weiter nach oben bzw. weiter nach unten gebracht wird?
Welche Grenzflächen ergeben sich, wenn sich die Lichtquelle in S bzw. in 1,5 m Höhe befindet?
d) In der Mitte der hinteren Zeltkante $\overline{CD}$ ist auf einer senkrechten Stange eine Kamera angebracht. In welcher Höhe muss sie sich befinden, wenn sie die gesamte beleuchtete Fläche überwachen soll?

IV. Geraden

Überblick

Parametergleichung einer Geraden:

$g: \vec{x} = \vec{a} + r \cdot \vec{m} \quad (r \in \mathbb{R})$

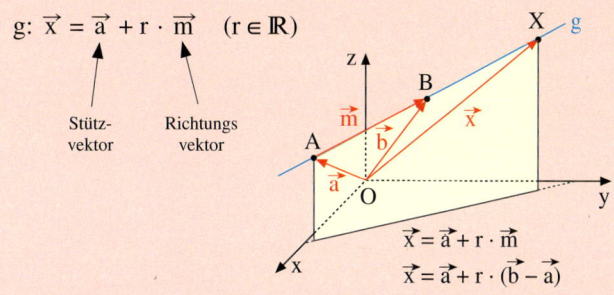

Stützvektor, Richtungsvektor

$\vec{x} = \vec{a} + r \cdot \vec{m}$
$\vec{x} = \vec{a} + r \cdot (\vec{b} - \vec{a})$

Zweipunktegleichung:

$g: \vec{x} = \vec{a} + r \cdot (\vec{b} - \vec{a}) \quad (r \in \mathbb{R})$
$\vec{a}, \vec{b}$ sind die Ortsvektoren zweier Geradenpunkte A und B.

Lagebeziehung von zwei Geraden im Raum:

Die Geraden sind entweder parallel (oder sogar identisch) oder sie schneiden sich in genau einem Punkt oder sie sind windschief.

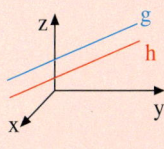

1. Fall: parallel (im Sonderfall: identisch)
Die Richtungsvektoren beider Geraden sind linear abhängig.
Liegt der Stützpunkt einer Geraden auch auf der anderen Geraden, sind die Geraden sogar identisch.

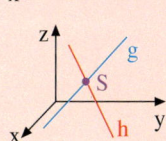

2. Fall: schneidend
Die Richtungsvektoren der Geraden sind linear unabhängig.
Man setzt die rechten Seiten der Parametergleichungen gleich und löst das entstehende eindeutig lösbare LGS.
Die Geraden schneiden sich in genau einem Punkt, wenn das LGS eindeutig lösbar ist.

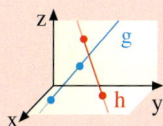

3. Fall: windschief
Die Richtungsvektoren der Geraden sind linear unabhängig.
Man setzt die rechten Seiten der Parametergleichungen gleich.
Wenn das LGS nicht lösbar ist, dann sind die Geraden windschief.

Spurpunkte einer Geraden:

Schnittpunkte der Geraden mit den Koordinatenebenen.
Bedingungen:
$S_{xy}: z = 0$
$S_{xz}: y = 0$
$S_{yz}: x = 0$

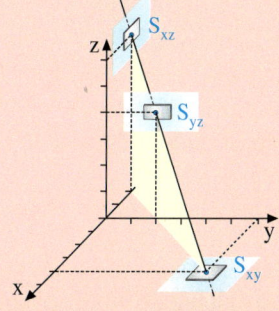

3-D-Darstellung von Geraden

Die Lagebeziehung von zwei Geraden wurde im zweiten Abschnitt rechnerisch untersucht. Im zweidimensionalen Raum kann diese Fragestellung zeichnerisch untersucht werden, im dreidimensionalen Raum ist dies mit Schwierigkeiten verbunden. Dort leisten aber 3-D-Darstellungen mit Computerprogrammen gute Dienste.

Das folgende Bild zeigt die 3-D-Darstellung einer Geraden mit einem Computerprogramm, welches im Internet als Medienelement zur Verfügung steht. Um es zu verwenden, öffnet man die Internetseite http://www.cornelsen.de/webcodes und gibt dort den Webcode MBK041914-326-1 ein.

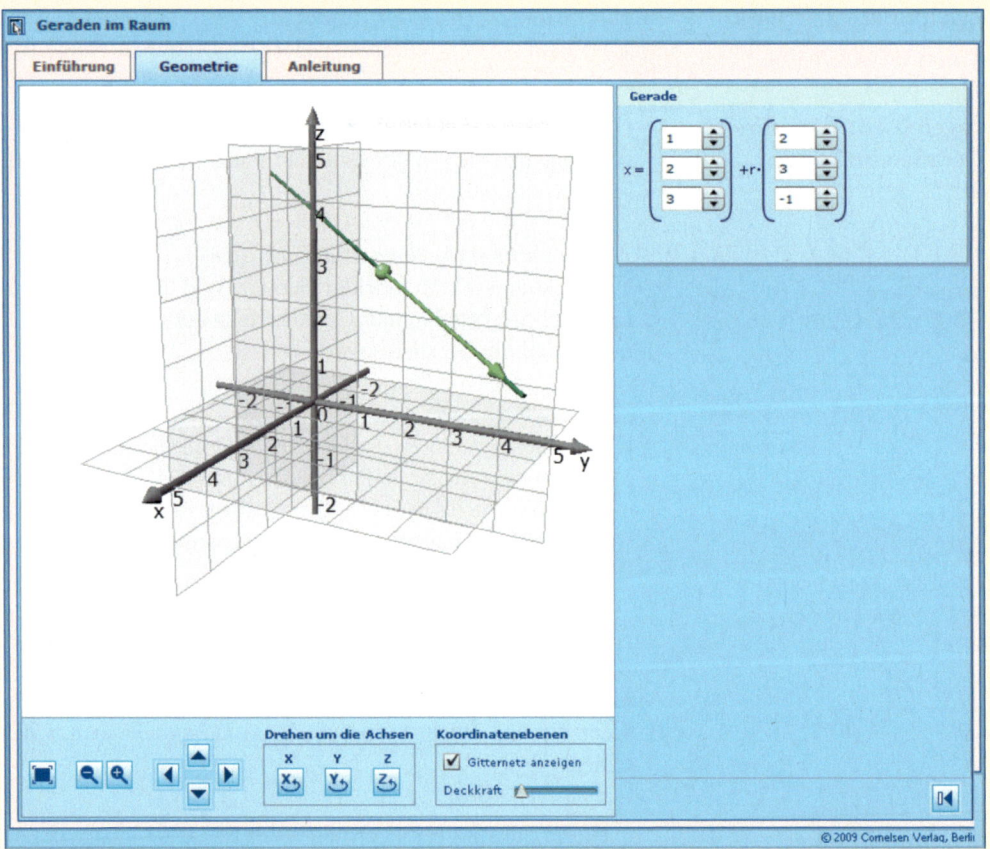

Im Fenster auf der rechten Seite erfolgt die Eingabe bzw. Änderung der Geradengleichung in Parameterform. Im linken Fenster wird die Gerade und der Punkt im räumlichen Koordinatensystem dargestellt.

Die Darstellung kann mit Hilfe der Schaltflächen unterhalb des Koordinatensystems verändert werden: Das Bild kann vergrößert und verkleinert, verschoben und gedreht werden. Auch die Darstellung der Koordinatenebenen lässt sich ändern.

3-D-Darstellung von Geraden

Das folgende Bild zeigt die 3-D-Darstellung zweier sich schneidender Geraden mit Hilfe eines weiteren Medienelements. Dieses steht auf www.cornelsen.de/webcodes unter dem Webcode MBK041914-326-2 zur Verfügung.

Die Eingabe beider Gleichungen erfolgt wieder in der vektoriellen Parameterform. Das Programm stellt die beiden Geraden im dreidimensionalen Koordinatensystem dar und gibt ihre Lagebeziehung aus. Im vorliegenden Fall schneiden sich die beiden Geraden.

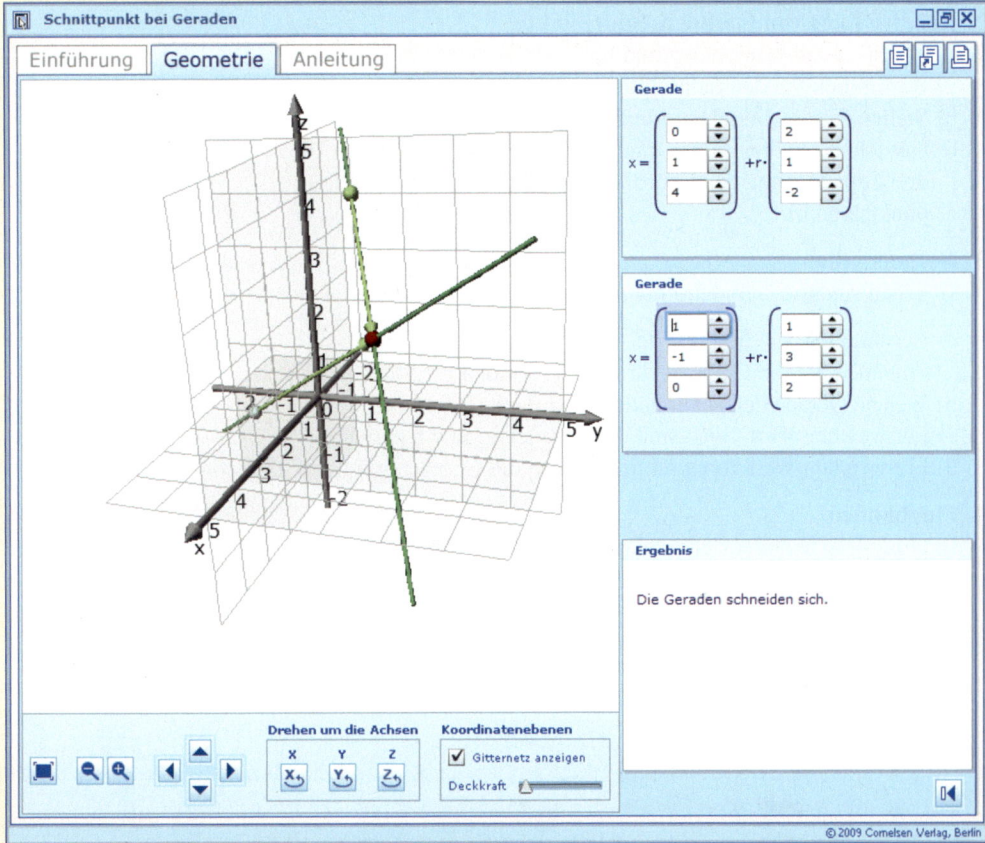

Bei Änderung der Vektoren verändert sich natürlich die Lagebeziehung, d. h., man erhält windschiefe oder parallele oder identische Geraden. Bei einer Drehung um die z-Achse wird die Lagebeziehung unmittelbar optisch deutlich.

Übungen

a) Experimentieren Sie mit dem Medienelement zur Darstellung einer Geraden im dreidimensionalen Raum.

b) Bearbeiten Sie die Übungen 2–4 von Seite 121 zur Lagebeziehung zweier Geraden im Raum mit dem entsprechenden Medienelement.

Test

Geraden

1. Geradengleichung, Punkt und Strecke
Gegeben sind die Punkte P(1|4|3), A(3|0|1) und B(0|6|4).
a) Stellen Sie eine Parametergleichung der Geraden g durch A und B auf.
b) Überprüfen Sie, ob der Punkt P auf der Strecke $\overline{AB}$ liegt.

2. Relative Lage von Geraden, Spurpunkte
Gegeben sind die Geraden g und h.
a) Bestimmen Sie den Schnittpunkt der beiden Geraden.
b) Stellen Sie die Geraden räumlich dar.
c) Gesucht sind diejenigen Punkte, in denen die Gerade h die drei Grundebenen des Koordinatensystems durchdringt (Spurpunkte von h).

$g: \vec{x} = \begin{pmatrix} 2 \\ 2 \\ 3 \end{pmatrix} + r \begin{pmatrix} 3 \\ 6 \\ 3 \end{pmatrix}$

$h: \vec{x} = \begin{pmatrix} 1 \\ 2 \\ 6 \end{pmatrix} + s \begin{pmatrix} -1 \\ -1 \\ 1 \end{pmatrix}$

3. Geradenschar
Gegeben sind die Geradenschar $g_a: \vec{x} = \begin{pmatrix} 0 \\ 0 \\ 2 \end{pmatrix} + r \begin{pmatrix} a \\ 2 \\ 2a \end{pmatrix}$ und die Gerade $h: \vec{x} = \begin{pmatrix} -1 \\ 1 \\ -2 \end{pmatrix} + s \begin{pmatrix} 2 \\ 1 \\ 3 \end{pmatrix}$.
a) Beschreiben Sie die Lage der Geraden der Schar g_a.
Zeichnen Sie die Geraden für a = −1, a = 0, a = 1 und a = 2 als Schrägbild.
b) Welche Gerade der Schar enthält den Punkt P(3|1|8)?
c) Für welchen Wert von a sind die Geraden g_a und h parallel?
d) Für welchen Wert von a schneiden sich die Geraden g_a und h? Berechnen Sie ggf. S.

4. Flugbahnen
Ein Flugzeug befindet sich mit konstanter Geschwindigkeit im Anflug auf die Landebahn. Um 16.00 Uhr hat es die Position A(4|0|6) erreicht, eine Minute später ist es an der Position B(5|3|4,5) angelangt. (Längen- und Positionsangaben in der Einheit km).

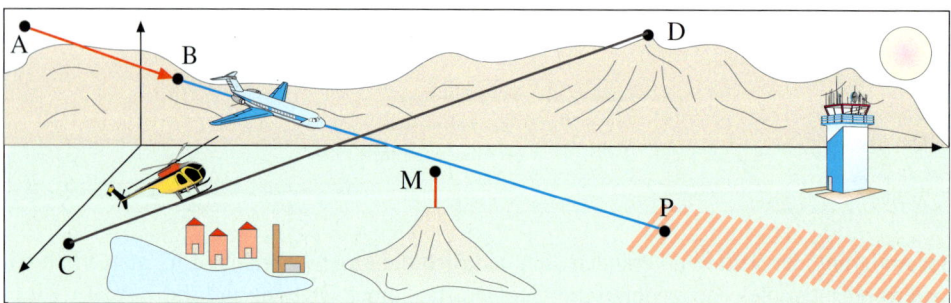

a) Wo liegt der theoretische Aufsetzpunkt P auf der Landebahn, die sich in Meereshöhe z = 0 befindet? Wie lange dauert der gesamte Anflug des Flugzeugs?
b) Das Flugzeug überfliegt den im Anflugbereich schwebenden Fesselballon mit dem Mittelpunkt M(6|6|2,9) und dem Durchmesser 20 m. Wieviel Sicherheitsabstand nach unten ist beim Überflug der Ballonposition noch vorhanden?
c) Zeitgleich mit dem Beginn des Landeanflugs in A startet ein Hubschrauber von der Ölplattform C(12|0|0) in Richtung der Bergstation D(−2|14|7). Für diesen Flug ist eine Flugzeit von exakt 5 Minuten vorgesehen. Befindet sich der Hubschrauber auf Kollisionskurs zur Bahn des Flugzeugs? Kommt es tatsächlich zur Kollision?

Lösungen: S. 350

V. Ebenen

1. Ebenengleichungen

A. Die vektorielle Parametergleichung einer Ebene

Ähnlich wie Geraden lassen sich auch Ebenen im Raum durch Vektoren rechnerisch erfassen und bearbeiten. Eine Ebene wird durch einen Punkt und zwei nicht parallele Vektoren eindeutig festgelegt.

Ist A ein bekannter Punkt der Ebene, ein sogenannter *Stützpunkt*, und sind $\vec{u}$ und $\vec{v}$ zwei nicht parallele, in der Ebene verlaufende Vektoren, sogenannte *Spannvektoren*, so lässt sich der Ortsvektor $\vec{x} = \overrightarrow{OX}$ eines beliebigen Ebenenpunktes als Summe aus dem Stützvektor $\vec{a} = \overrightarrow{OA}$ und einer Linearkombination der beiden Spannvektoren darstellen:

$$\vec{x} = \vec{a} + r \cdot \vec{u} + s \cdot \vec{v} \quad (r, s \in \mathbb{R}).$$

In der Abbildung wird dies für die durch den Rechteckausschnitt angedeutete Ebene veranschaulicht.

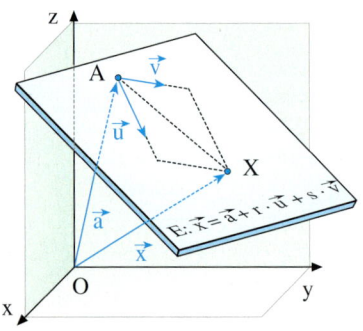

$$\overrightarrow{OX} = \overrightarrow{OA} + \overrightarrow{AX}$$
$$\vec{x} = \vec{a} + r \cdot \vec{u} + s \cdot \vec{v}$$

Man bezeichnet diese Gleichung als *Punktrichtungsgleichung* der Ebene (1 Punkt, 2 Spannvektoren) oder als *vektorielle Parametergleichung* der Ebene und verwendet eine zu vektoriellen Geradengleichungen analoge Schreibweise.

> **Vektorielle Parametergleichung einer Ebene**
> E: $\vec{x} = \vec{a} + r \cdot \vec{u} + s \cdot \vec{v} \quad (r, s \in \mathbb{R})$
> $\vec{x}$: allgemeiner Ebenenvektor
> $\vec{a}$: Stützvektor
> $\vec{u}, \vec{v}$: Spannvektoren
> r, s: Ebenenparameter

Beispiel: Für die rechts ausschnittsweise dargestellte Ebene E können wir den Punkt A(3|6|1) als Stützpunkt und $\vec{u} = \begin{pmatrix} 0 \\ -4 \\ 0 \end{pmatrix}$ sowie $\vec{v} = \begin{pmatrix} -3 \\ 0 \\ 5 \end{pmatrix}$ als Spannvektoren wählen. Eine Parametergleichung der Ebene lautet dann:

E: $\vec{x} = \begin{pmatrix} 3 \\ 6 \\ 1 \end{pmatrix} + r \cdot \begin{pmatrix} 0 \\ -4 \\ 0 \end{pmatrix} + s \cdot \begin{pmatrix} -3 \\ 0 \\ 5 \end{pmatrix} \quad (r, s \in \mathbb{R})$.

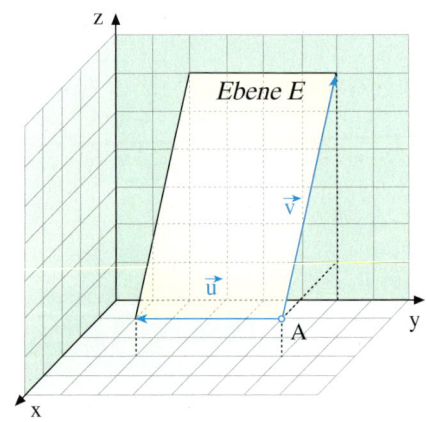

1. Ebenengleichungen

B. Die Dreipunktegleichung einer Ebene

Besonders einfach lässt sich eine Ebenengleichung aufstellen, wenn die Ebene durch drei Punkte gegeben ist, die natürlich nicht auf einer Geraden liegen dürfen.

▶ **Beispiel:** Zeichnen Sie einen Ausschnitt derjenigen Ebene E, welche die drei Punkte A(2|0|3), B(3|4|0) und C(0|3|3) enthält. Stellen Sie außerdem eine vektorielle Parametergleichung dieser Ebene auf.

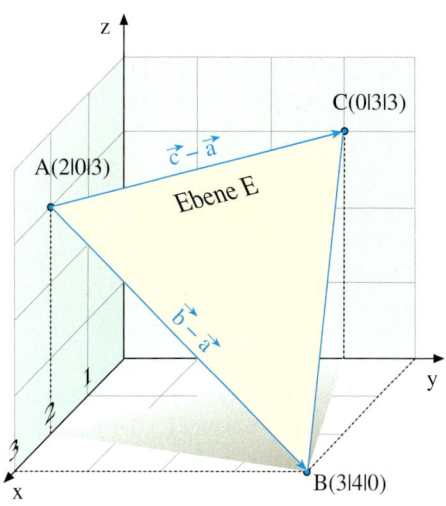

Lösung:
Der dreieckige Ebenenausschnitt ist rechts als Schrägbild dargestellt. Als Stützvektor verwenden wir den Ortsvektor des Ebenenpunktes A(2|0|3).
Als Spannvektoren verwenden wir die Differenzvektoren $\vec{b} - \vec{a}$ und $\vec{c} - \vec{a}$. Damit ergibt sich die Gleichung

E: $\vec{x} = \vec{a} + r \cdot (\vec{b} - \vec{a}) + s \cdot (\vec{c} - \vec{a})$
($r, s \in \mathbb{R}$),

die man als *Dreipunktegleichung* der Ebene bezeichnet.

In unserem Beispiel ergibt sich hiermit als zugehörige Parametergleichung:

E: $\vec{x} = \begin{pmatrix} 2 \\ 0 \\ 3 \end{pmatrix} + r \cdot \begin{pmatrix} 3-2 \\ 4-0 \\ 0-3 \end{pmatrix} + s \cdot \begin{pmatrix} 0-2 \\ 3-0 \\ 3-3 \end{pmatrix}$ ($r, s \in \mathbb{R}$),

▶ E: $\vec{x} = \begin{pmatrix} 2 \\ 0 \\ 3 \end{pmatrix} + r \cdot \begin{pmatrix} 1 \\ 4 \\ -3 \end{pmatrix} + s \cdot \begin{pmatrix} -2 \\ 3 \\ 0 \end{pmatrix}$ ($r, s \in \mathbb{R}$).

> **Dreipunktegleichung der Ebene**
>
> A, B, C seien drei nicht auf einer Geraden liegende Punkte mit den Ortsvektoren $\vec{a}$, $\vec{b}$ und $\vec{c}$.
> Dann hat die A, B und C enthaltende Ebene eine Gleichung:
>
> E: $\vec{x} = \vec{a} + r \cdot (\vec{b} - \vec{a}) + s \cdot (\vec{c} - \vec{a})$.

Übung 1
Wie lautet die Gleichung der Ebene E, welche die Punkte A, B und C enthält?
Fertigen Sie ein Schrägbild der Ebene an.

a) A(3|0|0)
B(0|4|0)
C(0|0|2)

b) A(2|0|1)
B(3|2|0)
C(0|3|2)

c) A(4|2|1)
B(3|5|1)
C(0|0|4)

Übung 2
Eine Pyramide hat als Grundfläche ein Dreieck ABC mit den Eckpunkten A(1|1|0), B(6|6|1) und C(3|6|1). Ihre Spitze ist S(2|4|4).
Zeichnen Sie ein Schrägbild der Pyramide und stellen Sie die Gleichungen der Ebenen E_1, E_2, E_3 auf, welche jeweils eine der drei Seitenflächen der Pyramide enthalten.

Übungen

3. Gesucht ist eine vektorielle Parametergleichung der abgebildeten Ebene.

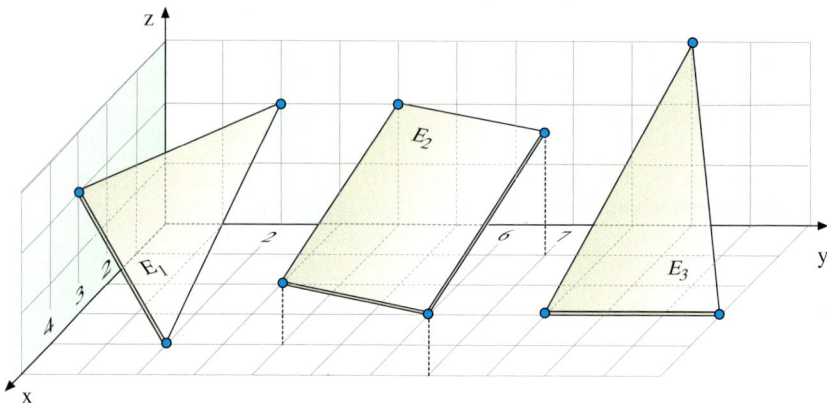

4. Geben Sie eine vektorielle Parametergleichung folgender Ebenen im Raum an.
  a) E_1 ist die x-y-Ebene, E_2 die y-z-Ebene und E_3 die x-z-Ebene.
  b) E_4 enthält den Punkt P(2|3|0) und verläuft parallel zur x-z-Ebene.
  c) E_5 enthält den Punkt P(−1|0|−1) und verläuft parallel zur x-y-Ebene.
  d) E_6 enthält die Ursprungsgerade durch B(3|1|0) und steht senkrecht auf der x-y-Ebene.
  e) E_7 enthält die Winkelhalbierende des 1. Quadranten der y-z-Ebene und steht senkrecht zur y-z-Ebene.
  f) E_8 enthält die Gerade g: $\vec{x} = \begin{pmatrix} 1 \\ -1 \\ 1 \end{pmatrix} + r \cdot \begin{pmatrix} 3 \\ 2 \\ 1 \end{pmatrix}$ sowie die Gerade h durch die Punkte A(3|2|2) und B(4|1|2).

5. Wie lautet eine Parametergleichung einer Ebene E, die die Punkte A, B und C enthält?
  a) A(1|0|1)   b) A(1|0|0)   c) A(0|0|0)   d) A(2|−1|4)
     B(2|−1|2)   B(0|1|0)   B(3|2|1)   B(6|5|12)
     C(1|1|1)   C(0|0|1)   C(1|2|1)   C(8|8|16)

6. Gegeben ist ein Würfel mit der Kantenlänge 5 in einem kartesischen Koordinatensystem.
  a) Jede Seitenfläche des Würfels liegt in einer Ebene. Geben Sie für jede dieser Ebenen eine Parametergleichung an.
  b) Die Ecken D, B, G, E bilden ein Tetraeder, dessen Seitendreiecke Ebenen aufspannen. Geben Sie für jede dieser Ebenen eine Parametergleichung an.

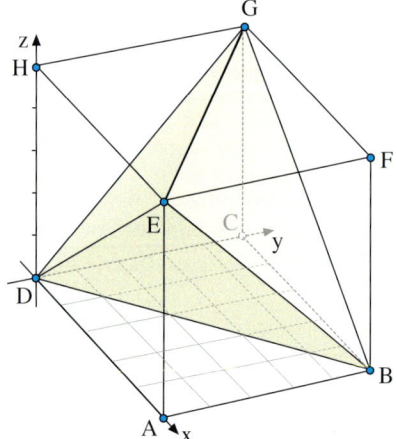

7. Durch die Punkte A, B und C sei eine Ebene mit E: $\vec{x} = \vec{a} + r(\vec{b} - \vec{a}) + s(\vec{c} - \vec{a})$ gegeben. Beschreiben Sie mit Hilfe einer Skizze die Lage der Punkte der Ebene E, für die
  a) $0 \leq r \leq 1$ und $0 \leq s \leq 1$,   b) $r + s = 1, r \geq 0, s \geq 0$,   c) $r - s = 0$ gilt.

1. Ebenengleichungen

C. Die Normalengleichung einer Ebene

Eine besonders einfache und zugleich vorteilhafte Möglichkeit zur Darstellung von Ebenen im Anschauungsraum lässt sich unter Verwendung des Skalarproduktes gewinnen.

Die Lage einer Ebene E im Raum ist durch die Angabe eines Ebenenpunktes A und eines zur Ebene senkrechten Vektors $\vec{n} \neq \vec{0}$, den man als *Normalenvektor der Ebene* bezeichnet, eindeutig festgelegt.

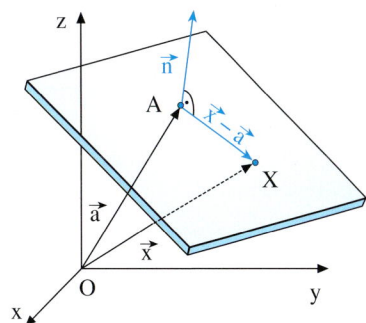

Unter diesen Voraussetzungen liegt ein Punkt X (Ortsvektor: $\vec{x}$) genau dann in der Ebene E, wenn der Vektor $\overrightarrow{AX}$ senkrecht auf dem Normalenvektor $\vec{n}$ steht, d. h., wenn die Gleichung $\overrightarrow{AX} \cdot \vec{n} = 0$ bzw. $(\vec{x} - \vec{a}) \cdot \vec{n} = 0$ gilt.

Man bezeichnet diese Art der parameterfreien Darstellung einer Ebene E unter Verwendung eines Stützvektors $\vec{a}$ und eines Normalenvektors $\vec{n}$ als *Normalenform* der Ebenengleichung oder kürzer als *Normalengleichung* der Ebene.[1]

Normalengleichung der Ebene E
$$E: (\vec{x} - \vec{a}) \cdot \vec{n} = 0 \; (\vec{n} \neq \vec{0})$$
$\qquad\qquad\uparrow \qquad\uparrow$
$\qquad$ Stützvektor   Normalenvektor

Jede Ebene E kann auf beliebig viele Arten in Normalenform dargestellt werden, da der Ortsvektor eines jeden Ebenenpunktes als Stützvektor dienen kann und da außerdem ein Normalenvektor nur bezüglich seiner Richtung, nicht jedoch bezüglich seines Betrages eindeutig festgelegt ist.

$$E: \left[\vec{x} - \begin{pmatrix} 1 \\ 3 \\ 2 \end{pmatrix}\right] \cdot \begin{pmatrix} 1 \\ 2 \\ 1 \end{pmatrix} = 0 \qquad \textit{Normalenform}$$

Abschließend sei noch bemerkt, dass die Normalengleichung einer Ebene E durch Ausmultiplikation der Klammer in eine äquivalente Darstellung umgeformt werden kann, wie dies nebenstehend exemplarisch dargestellt ist. Man spricht dann von einer *vereinfachten Normalengleichung*.

$$E: \vec{x} \cdot \begin{pmatrix} 1 \\ 2 \\ 1 \end{pmatrix} - \begin{pmatrix} 1 \\ 3 \\ 2 \end{pmatrix} \cdot \begin{pmatrix} 1 \\ 2 \\ 1 \end{pmatrix} = 0$$

$$E: \vec{x} \cdot \begin{pmatrix} 1 \\ 2 \\ 1 \end{pmatrix} = 9 \qquad \textit{vereinfachte Normalenform}$$

---
[1] Beide Begriffe werden im Folgenden synonym verwendet.

Wir wenden uns nun der Frage zu, wie man die Normalengleichung einer Ebene bestimmt. Wir gehen davon aus, dass wir entweder drei Punkte der Ebene kennen oder – was nahezu gleichbedeutend ist – dass ihre Parametergleichung gegeben ist.

> **Beispiel: Parametergleichung (drei Punkte) → Normalengleichung**
> Gesucht ist eine Normalengleichung der Ebene E durch die Punkte A(3|2|4), B(5|1|6) und C(1|4|3).

Lösung:
Wir stellen zunächst die Parametergleichung der Ebene auf.

Parametergleichung von E:

$$E: \vec{x} = \begin{pmatrix} 3 \\ 2 \\ 4 \end{pmatrix} + r \begin{pmatrix} 2 \\ -1 \\ 2 \end{pmatrix} + s \begin{pmatrix} -2 \\ 2 \\ -1 \end{pmatrix}$$

Stütz-   Richtungs-   Richtungsvektor   vektor   vektor

Den Stützvektor für die Normalengleichung können wir aus der Parametergleichung direkt übernehmen.

Die beiden Spannvektoren ermöglichen uns die Bestimmung eines Normalenvektors $\vec{n}$. Dieser muss zu beiden Richtungsvektoren senkrecht stehen.

Bestimmung eines Normalenvektors $\vec{n}$:

$$\vec{n} = \begin{pmatrix} x \\ y \\ z \end{pmatrix}, \quad \vec{n} \perp \begin{pmatrix} 2 \\ -1 \\ 2 \end{pmatrix}, \quad \vec{n} \perp \begin{pmatrix} -2 \\ 2 \\ -1 \end{pmatrix}$$

also $\begin{pmatrix} x \\ y \\ z \end{pmatrix} \cdot \begin{pmatrix} 2 \\ -1 \\ 2 \end{pmatrix} = 0, \quad \begin{pmatrix} x \\ y \\ z \end{pmatrix} \cdot \begin{pmatrix} -2 \\ 2 \\ -1 \end{pmatrix} = 0.$

Dies führt auf ein Gleichungssystem mit zwei Gleichungen für die drei Unbekannten x, y und z.

I: $2x - y + 2z = 0$
II: $-2x + 2y - z = 0$
III = I + II: $y + z = 0$

Eine Variable kann frei gewählt werden, da das System unterbestimmt ist. Wir wählen z = c. Die allgemeine Lösung des Systems lautet dann: x = −1,5 c, y = −c und z = c. Da wir nur eine Lösung benötigen, können wir c frei festlegen.
Für c = 2 erhalten wir $\vec{n} = \begin{pmatrix} -3 \\ -2 \\ 2 \end{pmatrix}$.

z wird frei gewählt: z = c
Aus III folgt dann: y = −c
Aus I folgt dann: x = −1,5 c

Setzen wir c = 2, so folgt $\vec{n} = \begin{pmatrix} -3 \\ -2 \\ 2 \end{pmatrix}$.

Nun können wir eine Normalengleichung der Ebene aufstellen.

Normalengleichung von E:

$$E: \left[\vec{x} - \begin{pmatrix} 3 \\ 2 \\ 4 \end{pmatrix} \right] \cdot \begin{pmatrix} -3 \\ -2 \\ 2 \end{pmatrix} = 0$$

Stütz-   Normalen-
vektor   vektor

▶ Resultat: $E: \left[\vec{x} - \begin{pmatrix} 3 \\ 2 \\ 4 \end{pmatrix} \right] \cdot \begin{pmatrix} -3 \\ -2 \\ 2 \end{pmatrix} = 0$

Übung 8
Stellen Sie eine Normalengleichung der Ebene E auf.
a) E geht durch die Punkte A(1|1|−3), B(0|2|2) und C(2|1|−5).
b) E hat die Parameterdarstellung $E: \vec{x} = \begin{pmatrix} 1 \\ 1 \\ 1 \end{pmatrix} + r \begin{pmatrix} -1 \\ 1 \\ 2 \end{pmatrix} + s \begin{pmatrix} 2 \\ 2 \\ 0 \end{pmatrix}$.

1. Ebenengleichungen

Wir behandeln nun die umgekehrte Fragestellung. Aus der Normalengleichung soll eine Parametergleichung gewonnen werden.

▶ **Beispiel: Normalengleichung → Parametergleichung**

Gesucht ist eine Parametergleichung der Ebene E: $\left[\vec{x} - \begin{pmatrix} 1 \\ 2 \\ 5 \end{pmatrix}\right] \cdot \begin{pmatrix} 2 \\ 3 \\ 5 \end{pmatrix} = 0$.

Lösung:
Den Stützvektor für die Parametergleichung können wir auch hier direkt aus der Normalengleichung übernehmen.

Der Normalenvektor gestattet uns in einfacher Weise – wie rechts dargestellt – die Bestimmung von zwei linear unabhängigen Spannvektoren $\vec{u}$ und $\vec{v}$.

Bestimmung der Spannvektoren:

$\begin{pmatrix} 2 \\ 3 \\ 5 \end{pmatrix} \cdot \begin{pmatrix} \\ \\ \end{pmatrix} = 0, \quad \begin{pmatrix} 2 \\ 3 \\ 5 \end{pmatrix} \cdot \begin{pmatrix} \\ \\ \end{pmatrix} = 0$

$\vec{n} \cdot \vec{u} \qquad\qquad \vec{n} \cdot \vec{v}$

$\begin{pmatrix} 2 \\ 3 \\ 5 \end{pmatrix} \cdot \begin{pmatrix} 3 \\ -2 \\ 0 \end{pmatrix} = 0, \quad \begin{pmatrix} 2 \\ 3 \\ 5 \end{pmatrix} \cdot \begin{pmatrix} 0 \\ 5 \\ -3 \end{pmatrix} = 0$

Wir setzen eine der drei gesuchten Richtungskoordinaten gleich 0 und bestimmen die beiden anderen – wie rechts farbig dargestellt – aus zwei Koordinaten des Normalenvektors.

Parametergleichung:

E: $\vec{x} = \underbrace{\begin{pmatrix} 1 \\ 2 \\ 5 \end{pmatrix}}_{\text{Stütz-vektor}} + r \underbrace{\begin{pmatrix} 3 \\ -2 \\ 0 \end{pmatrix}}_{\text{Spann-vektor}} + s \underbrace{\begin{pmatrix} 0 \\ 5 \\ -3 \end{pmatrix}}_{\text{Spann-vektor}}$

Übung 9
Jeweils zwei der folgenden Gleichungen stellen die gleiche Ebene dar. Stellen Sie die zueinander gehörenden Paare fest.

$E_1: \vec{x} = \begin{pmatrix} 0 \\ 0 \\ 3 \end{pmatrix} + r \begin{pmatrix} 1 \\ 0 \\ -2 \end{pmatrix} + s \begin{pmatrix} -1 \\ 2 \\ 6 \end{pmatrix}$

$E_2: \vec{x} = \begin{pmatrix} 1 \\ 1 \\ 3 \end{pmatrix} + r \begin{pmatrix} 1 \\ 1 \\ 5 \end{pmatrix} + s \begin{pmatrix} -2 \\ -1 \\ -6 \end{pmatrix}$

$E_3: \vec{x} = \begin{pmatrix} 4 \\ 1 \\ 1 \end{pmatrix} + r \begin{pmatrix} -1 \\ -1 \\ 1 \end{pmatrix} + s \begin{pmatrix} 7 \\ 7 \\ -1 \end{pmatrix}$

$E_4: \left[\vec{x} - \begin{pmatrix} 5 \\ 2 \\ 0 \end{pmatrix}\right] \cdot \begin{pmatrix} 1 \\ -1 \\ 0 \end{pmatrix} = 0$

$E_5: \left[\vec{x} - \begin{pmatrix} 1 \\ 1 \\ 3 \end{pmatrix}\right] \cdot \begin{pmatrix} 2 \\ -2 \\ 1 \end{pmatrix} = 0$

$E_6: \left[\vec{x} - \begin{pmatrix} 2 \\ 2 \\ 8 \end{pmatrix}\right] \cdot \begin{pmatrix} 1 \\ 4 \\ -1 \end{pmatrix} = 0$

Oft treten Ebenen in Körpern auf, z. B. als Seitenflächen. Dann stellt sich das Problem, aus der Zeichnung eine Parametergleichung oder eine Normalengleichung zu gewinnen (Übung 10).

Übung 10
Stellen Sie die Ebene durch eine geeignete Gleichung dar.

a)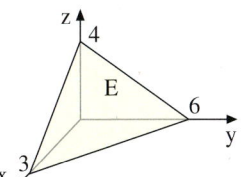

b)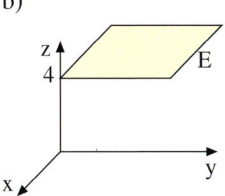

c)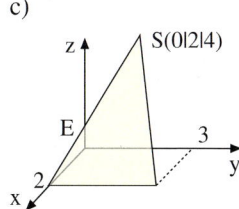

D. Die Koordinatengleichung einer Ebene

$$ax + by + cz = d$$

Eine Ebene im dreidimensionalen Anschauungsraum lässt sich stets durch eine lineare Gleichung der Form **ax + by + cz = d** darstellen, die man als *Koordinatengleichung* bezeichnet. Dabei sind die Koeffizienten a, b und c nicht gleichzeitig null, d. h. es gilt $a^2 + b^2 + c^2 > 0$. Diese Darstellung hat einige Vorteile, was wir im Verlauf des Kurses sehen werden.

Die Koordinatengleichung ist eng verwandt mit der Normalengleichung. Daher zeigen wir zunächst, wie man diese Gleichungen rechnerisch ineinander überführt.

▶ **Beispiel: Normalengleichung → Koordinatengleichung**

Bestimmen Sie eine Koordinatengleichung der Ebene E: $\left[\vec{x} - \begin{pmatrix} 1 \\ 3 \\ 2 \end{pmatrix}\right] \cdot \begin{pmatrix} 2 \\ 3 \\ 4 \end{pmatrix} = 0$.

Lösung:
Wir überführen die Normalengleichung zunächst in ihre vereinfachte Form:

$$\left[\vec{x} - \begin{pmatrix} 1 \\ 3 \\ 2 \end{pmatrix}\right] \cdot \begin{pmatrix} 2 \\ 3 \\ 4 \end{pmatrix} = 0 \Rightarrow \vec{x} \cdot \begin{pmatrix} 2 \\ 3 \\ 4 \end{pmatrix} - \begin{pmatrix} 1 \\ 3 \\ 2 \end{pmatrix} \cdot \begin{pmatrix} 2 \\ 3 \\ 4 \end{pmatrix} = 0 \Rightarrow \vec{x} \cdot \begin{pmatrix} 2 \\ 3 \\ 4 \end{pmatrix} - 19 = 0 \Rightarrow \vec{x} \cdot \begin{pmatrix} 2 \\ 3 \\ 4 \end{pmatrix} = 19$$

Nun ersetzen wir den Vektor $\vec{x}$ durch seine Spaltenkoordinatenform und multiplizieren aus:

▶ $\vec{x} \cdot \begin{pmatrix} 2 \\ 3 \\ 4 \end{pmatrix} = 19 \Rightarrow \begin{pmatrix} x \\ y \\ z \end{pmatrix} \cdot \begin{pmatrix} 2 \\ 3 \\ 4 \end{pmatrix} = 19 \Rightarrow 2x + 3y + 4z = 19$.

Wir halten folgende wichtige Beobachtung fest:

Die Koeffizienten der linken Seite der Koordinatengleichung einer Ebene sind die Koordinaten eines Normalenvektors.	E: $ax + by + cz = d \Rightarrow \vec{n} = \begin{pmatrix} a \\ b \\ c \end{pmatrix}$ ist ein Normalenvektor von E.

▶ **Beispiel: Koordinatengleichung → Normalengleichung**

Gesucht ist eine Normalengleichung der Ebene E: $2x + 3y - z = 6$.

Lösung:
Besonders leicht ist eine vereinfachte Normalengleichung zu bestimmen. Dazu stellen wir einfach die linke Seite der Koordinatengleichung als Skalarprodukt dar.

E: $2x + 3y - z = 6 \Rightarrow$ E: $\begin{pmatrix} x \\ y \\ z \end{pmatrix} \cdot \begin{pmatrix} 2 \\ 3 \\ -1 \end{pmatrix} = 6 \Rightarrow$ E: $\vec{x} \cdot \begin{pmatrix} 2 \\ 3 \\ -1 \end{pmatrix} = 6$

Eine weitere Möglichkeit: Wir entnehmen der Koordinatengleichung durch Einsetzen geeigneter Koordinaten einen Stützpunkt, z. B. A(3|0|0), sowie durch Ablesen der Koeffizienten der linken Seite einen Normalenvektor.

▶ Dann lautet eine Normalengleichung von E: $\left[\vec{x} - \begin{pmatrix} 3 \\ 0 \\ 0 \end{pmatrix}\right] \cdot \begin{pmatrix} 2 \\ 3 \\ -1 \end{pmatrix} = 0$.

1. Ebenengleichungen

Ein erster Vorteil der Koordinatenform besteht darin, dass sich die *Achsenabschnittspunkte* der Ebene aus der Koordinatenform einfacher bestimmen lassen, was wiederum die zeichnerische Darstellung der Ebene erheblich erleichtert.

> ▶ **Beispiel: Achsenabschnitte und Schrägbild**
> Gegeben sei die Ebene E mit der Koordinatengleichung E: $3x + 6y + 4z = 12$.
> Bestimmen Sie diejenigen Punkte, in welchen die Koordinatenachsen die Ebene durchstoßen, und zeichnen Sie mit Hilfe dieser Punkte ein Schrägbild der Ebene.

Lösung:
Der Achsenabschnittspunkt auf der x-Achse hat die Gestalt A(x|0|0).
Setzen wir in der Koordinatengleichung $y = 0$ und $z = 0$, so erhalten wir $3x = 12$, d. h. $x = 4$. Also ist A(4|0|0) der gesuchte Achsenabschnittspunkt auf der x-Achse.

Analog erhalten wir die beiden weiteren Achsenabschnittspunkte B(0|2|0) und C(0|0|3).

Tragen wir diese drei Punkte in ein Koordinatensystem ein, so können wir einen
▶ dreieckigen Ebenenausschnitt darstellen.

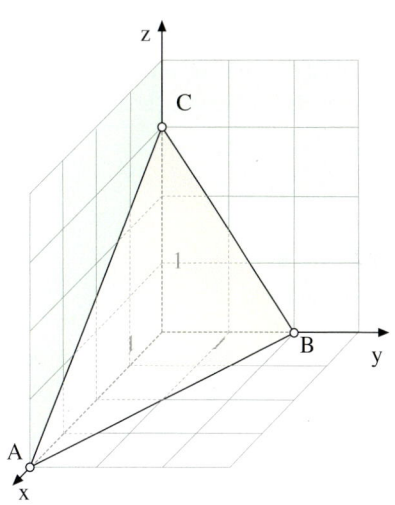

Übung 11
a) Bestimmen Sie die Achsenabschnitte der Ebene E: $4x + 6y + 6z = 24$ und zeichnen Sie ein Schrägbild der Ebene.
b) Zeichnen Sie ein Schrägbild der Ebene E: $2x + 5y + 4z = 10$.
c) Welche Achsenabschnitte besitzt die Ebene E: $2x + 4z = 8$?
   Beschreiben Sie die Lage dieser Ebene im Koordinatensystem.

Bemerkung: Fehlen in der Koordinatengleichung einer Ebene eine oder mehrere Variable, so nimmt die Ebene im Koordinatensystem eine besondere Lage ein.

Beispiel: Die Ebene E_1: $2x + 3y = 6$ hat die Achsenabschnitte $x = 3$ ($y = 0$, $z = 0$) und $y = 2$ ($x = 0$, $z = 0$).
Sie hat keinen z-Achsenabschnitt, denn sie ist parallel zur z-Achse.

Beispiel: Die Ebene E_2: $2y = 6$ hat den y-Achsenabschnitt $y = 3$.
Sie hat keinen x-Achsenabschnitt und keinen z-Achsenabschnitt; sie ist nämlich parallel zur x-Achse und zur z-Achse, also zur x-z-Ebene.

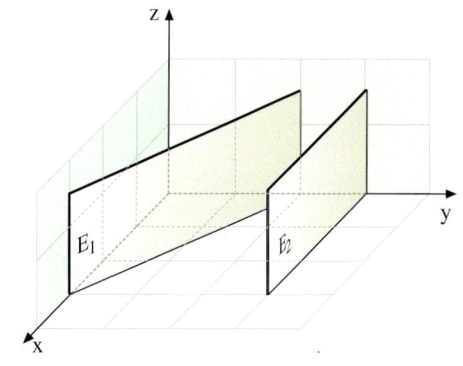

Man kann die Koordinatengleichung einer Ebene in der Regel so umformen, dass die Achsenabschnitte der Ebene direkt abgelesen werden können.

Die Achsenabschnittsgleichung

Die rechts dargestellte Koordinatengleichung wird als Achsenabschnittsgleichung bezeichnet.
$A \neq 0$ ist der x-Achsenabschnitt,
$B \neq 0$ der y-Achsenabschnitt und
$C \neq 0$ der z-Achsenabschnitt von E.

$$E: \frac{x}{A} + \frac{y}{B} + \frac{z}{C} = 1$$

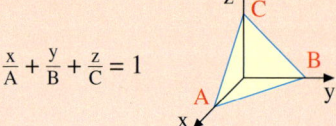

▶ Beispiel: Achsenabschnitte
Wie lauten die Achsenabschnitte der Ebene E: $4x + 2y = 12$?

Lösung:
E: $4x + 2y = 12 \quad |:12$

E: $\frac{x}{3} + \frac{y}{6} = 1$

x-Achsenabschnitt: $A = 3$
y-Achsenabschnitt: $B = 6$
z-Achsenabschnitt: Nicht vorhanden, da E parallel zur z-Achse

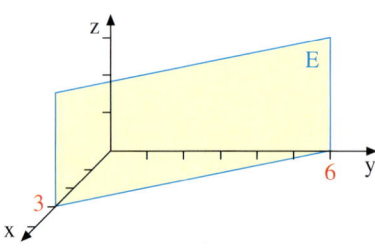

Übung 12
Bestimmen Sie eine Koordinatengleichung der abgebildeten Ebene E. Eine Einheit entspricht einer Karolänge.

a)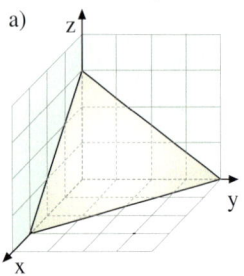

b)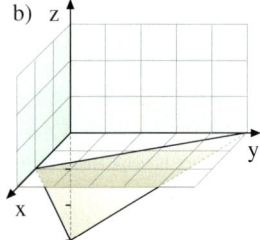

c)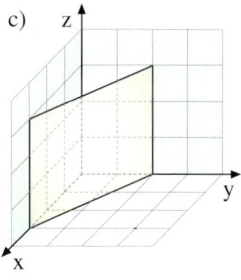

d)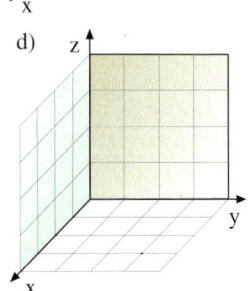

e)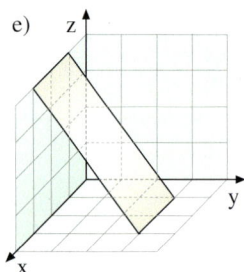

f)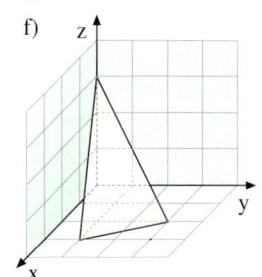

Übung 13
Bestimmen Sie die Achsenabschnitte der Ebene E und zeichnen Sie ein Schrägbild der Ebene.
a) E: $2x + 4y + z = 4$
b) E: $-3x + 4y + 8z = 12$
c) E: $-2x + y - 2z = 4$
d) E: $2y + 3z = 6$
e) E: $4x = 8$
f) E: $z = 2$

1. Ebenengleichungen

Übungen

14. Stellen Sie eine Gleichung der Ebene durch die Punkte A, B und C in Parameterform, in Normalenform und in Koordinatenform auf.
 a) A(1|2|−2), B(0|5|0), C(5|0|−2)
 b) A(2|1|1), B(4|2|2), C(3|3|4)

15. Bestimmen Sie eine Normalengleichung der Ebene E.
 a) E: $-4x + 5y + 3z = 12$
 b) E: $x + 2z = 4$
 c) E: $\vec{x} = \begin{pmatrix} 1 \\ 0 \\ 0 \end{pmatrix} + r \begin{pmatrix} 2 \\ 2 \\ -2 \end{pmatrix} + s \begin{pmatrix} 4 \\ 1 \\ -10 \end{pmatrix}$
 d) E: $\vec{x} = \begin{pmatrix} 5 \\ 2 \\ 3 \end{pmatrix} + r \begin{pmatrix} 2 \\ 3 \\ -2 \end{pmatrix} + s \begin{pmatrix} 1 \\ -1 \\ 1 \end{pmatrix}$

16. Stellen Sie eine Normalengleichung der beschriebenen Ebene E auf.
 a) E geht durch A(0|2|0), B(2|1|2), C(1|0|2).
 b) E hat die Koordinatengleichung E: $2x + y - 3z = 5$.
 c) E ist die x-y-Ebene.
 d) E ist die x-z-Ebene.
 e) E enthält die z-Achse, den Punkt P(1|1|0) und steht senkrecht auf der x-y-Ebene.

17. a) Bestimmen Sie die Achsenabschnittspunkte der Ebene E: $3x + 6y - 3z = 12$ und skizzieren Sie einen Ebenenausschnitt im Koordinatensystem.
 b) Welche Achsenabschnitte hat die Ebene E: $2x + 5y = 10$? Beschreiben Sie die Lage der Ebene im Koordinatensystem verbal und fertigen Sie anschließend ein Schrägbild an.
 c) Beschreiben Sie die Lage der Ebene E: $2z = 8$ im Koordinatensystem (mit Schrägbild).

18. Gesucht ist eine Koordinatengleichung der beschriebenen oder dargestellten Ebenen.
 a) Es handelt sich um die x-y-Ebene.
 b) Die Ebene hat die Achsenabschnitte x = 4, y = 2, z = 6.
 c) Die Ebene enthält den Punkt P(2|1|3) und ist zur y-z-Ebene parallel.
 d) Die Ebene geht durch den Punkt P(4|4|0) und ist parallel zur z-Achse. Ihr y-Achsenabschnitt beträgt y = 12.
 e) Die Ebene enthält die Punkte A(2|−1|5), B(−1|−3|9) und ist parallel zur z-Achse.

 f)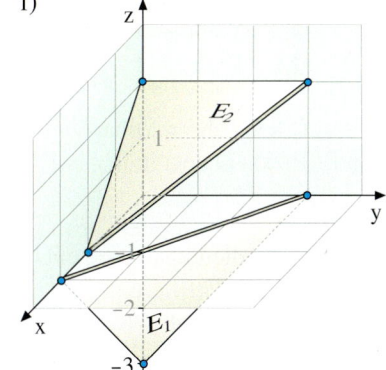

2. Lagebeziehungen

A. Die Lage von Punkt und Ebene

Die Lagebeziehung eines Punktes P zu einer Ebene E wird wie die Lagebeziehung von Punkt und Gerade durch Einsetzen des Ortsvektors $\vec{p}$ des Punktes in die Ebenengleichung geklärt.

▶ **Beispiel: Punktprobe mit der Parameterform**

Liegen $P(2|-2|-1)$ oder $Q(2|1|1)$ in der Ebene E: $\vec{x} = \begin{pmatrix} 1 \\ 0 \\ -1 \end{pmatrix} + r \cdot \begin{pmatrix} 2 \\ -1 \\ 1 \end{pmatrix} + s \cdot \begin{pmatrix} 1 \\ 1 \\ 1 \end{pmatrix}$?

Lösung:
Der Ortsvektor des Punktes wird in die Ebenengleichung eingesetzt:

$\begin{pmatrix} 2 \\ -2 \\ -1 \end{pmatrix} = \begin{pmatrix} 1 \\ 0 \\ -1 \end{pmatrix} + r \cdot \begin{pmatrix} 2 \\ -1 \\ 1 \end{pmatrix} + s \cdot \begin{pmatrix} 1 \\ 1 \\ 1 \end{pmatrix}$ $\qquad$ $\begin{pmatrix} 2 \\ 1 \\ 1 \end{pmatrix} = \begin{pmatrix} 1 \\ 0 \\ -1 \end{pmatrix} + r \cdot \begin{pmatrix} 2 \\ -1 \\ 1 \end{pmatrix} + s \cdot \begin{pmatrix} 1 \\ 1 \\ 1 \end{pmatrix}$

Durch Aufspalten der Vektorgleichung in drei Koordinaten erhalten wir ein Gleichungssystem:

I	$2r + s = 1$		I	$2r + s = 1$
II	$-r + s = -2$		II	$-r + s = 1$
III	$r + s = 0$		III	$r + s = 2$

Das Gleichungssystem mit 3 Gleichungen in 2 Variablen wird auf Lösbarkeit untersucht.

I + 2 · II: $\quad 3s = -3 \Rightarrow s = -1$ $\qquad$ I + 2 · II: $\quad 3s = 3 \Rightarrow s = 1$
in I: $\qquad 2r - 1 = 1 \Rightarrow r = 1$ $\qquad$ in I: $\qquad 2r + 1 = 1 \Rightarrow r = 0$
Probe in III: $\qquad\qquad\qquad\qquad\qquad\qquad$ Probe in III:
$\qquad 1 + (-1) = 0$ wahr $\Rightarrow$ lösbar $\qquad\qquad 0 + 1 = 2$ falsch $\Rightarrow$ unlösbar
▶ Folgerung: $P(2|-2|-1)$ liegt in E. $\qquad$ Folgerung: $Q(2|1|1)$ liegt nicht in E.

Noch einfacher geht die Punktprobe mit der Koordinatenform oder mit der Normalenform.

▶ **Beispiel: Punktprobe mit der Koordinatenform**
Liegen $P(2|-2|-1)$ oder $Q(2|1|1)$ in E: $2x + y - 3z = 5$?

Lösung:
Der Punkt $P(2|-2|-1)$ liegt in E, da Einsetzen von $x = 2$, $y = -2$ und $z = -1$ in die Koordinatengleichung auf eine wahre Aussage führt:
▶ $2 \cdot 2 + (-2) - 3 \cdot (-1) = 5$, d.h. $5 = 5$.

Der Punkt $Q(2|1|1)$ liegt nicht in E, da Einsetzen der Koordinaten $x = 2$, $y = 1$ und $z = 1$ auf eine falsche Aussage führt, nämlich auf:
$2 \cdot 2 + 1 - 3 \cdot 1 = 5$, d.h. $2 = 5$.

Beispiel: Punktprobe mit der Normalenform

Gegeben sei die Ebene E: $\left[\vec{x} - \begin{pmatrix} 1 \\ 3 \\ 2 \end{pmatrix}\right] \cdot \begin{pmatrix} 1 \\ 2 \\ 1 \end{pmatrix} = 0$.

a) Prüfen Sie, ob die Punkte A(1|4|0) und B(2|2|1) in der Ebene E liegen.
b) Für welchen Wert des Parameters t liegt der Punkt C(2|1|t) in der Ebene E?

Lösung zu a:
Wir setzen den Ortsvektor des Punktes A anstelle von $\vec{x}$ auf der linken Seite der Normalengleichung ein. Die linke Seite nimmt den Wert 0 an, wie die nebenstehende Rechnung zeigt. A liegt also in E.

$\left[\begin{pmatrix} 1 \\ 4 \\ 0 \end{pmatrix} - \begin{pmatrix} 1 \\ 3 \\ 2 \end{pmatrix}\right] \cdot \begin{pmatrix} 1 \\ 2 \\ 1 \end{pmatrix} = \begin{pmatrix} 0 \\ 1 \\ -2 \end{pmatrix} \cdot \begin{pmatrix} 1 \\ 2 \\ 1 \end{pmatrix} = 0$

$\Rightarrow A \in E$

Setzen wir dagegen den Ortsvektor von B ein, so nimmt die linke Seite den Wert $-2 \neq 0$ an. B liegt nicht in E.

$\left[\begin{pmatrix} 2 \\ 2 \\ 1 \end{pmatrix} - \begin{pmatrix} 1 \\ 3 \\ 2 \end{pmatrix}\right] \cdot \begin{pmatrix} 1 \\ 2 \\ 1 \end{pmatrix} = \begin{pmatrix} 1 \\ -1 \\ -1 \end{pmatrix} \cdot \begin{pmatrix} 1 \\ 2 \\ 1 \end{pmatrix} = -2$

$\Rightarrow B \notin E$

Lösung zu b:
Setzen wir den Ortsvektor von C in die linke Seite der Normalengleichung ein, so nimmt diese den Wert t − 5 an.
Für t = 5 wird dieser Term gleich 0, liegt also der Punkt C in dieser Ebene E.

$\left[\begin{pmatrix} 2 \\ 1 \\ t \end{pmatrix} - \begin{pmatrix} 1 \\ 3 \\ 2 \end{pmatrix}\right] \cdot \begin{pmatrix} 1 \\ 2 \\ 1 \end{pmatrix} = \begin{pmatrix} 1 \\ -2 \\ t-2 \end{pmatrix} \cdot \begin{pmatrix} 1 \\ 2 \\ 1 \end{pmatrix} = t - 5$

$C \in E \iff t - 5 = 0 \iff t = 5$

Übung 1
Untersuchen Sie, ob die Punkte in der gegebenen Ebene liegen.

a) $E_1: \vec{x} = \begin{pmatrix} 1 \\ 3 \\ -2 \end{pmatrix} + r \cdot \begin{pmatrix} -1 \\ 2 \\ 4 \end{pmatrix} + s \cdot \begin{pmatrix} 1 \\ -3 \\ -1 \end{pmatrix}$; P(−2|10|7), Q(1|1|1)

b) $E_2: 2x - y + z = 4$; P(2|1|1), Q(1|0|1)

Übung 2
Gegeben ist die Ebene E: $x - y + 2z = 5$.
a) Prüfen Sie, ob die Punkte A(4|3|2) und B(1|0|1) in E liegen.
b) Wie muss a gewählt werden, damit der Punkt P(3a|a + 1|2) in E liegt?
c) Kann der Punkt P(a|2a + 3|3 − 2a) in der Ebene E liegen?

Übung 3
Gegeben ist die Ebene E: $\left[\vec{x} - \begin{pmatrix} 2 \\ 1 \\ 1 \end{pmatrix}\right] \cdot \begin{pmatrix} 1 \\ -1 \\ 2 \end{pmatrix} = 0$.

a) Prüfen Sie, ob die Punkte A(3|2|1), B(1|4|2) und C(−1|2|3) in E liegen.
b) Für welchen Wert des Parameters a liegen die Punkte D(a|a + 3|3) bzw. F(a|2a|3) in E?
c) Geben Sie eine Koordinatengleichung von E an.
d) Geben Sie eine Parametergleichung von E an.

Man kann mit der Punktprobe auch anspruchsvollere Aufgabenstellungen lösen, z. B. die Frage, ob ein Punkt in einem Teilbereich einer Ebene liegt. Dies geht mit der Parametergleichung.

▶ **Beispiel: Lage von Punkt und Dreieck**
Die Punkte A(4|4|1), B(1|4|1) und C(0|0|5) bilden ein Dreieck im Raum.
Untersuchen Sie, ob der Punkt P(1|2|3) im Dreieck ABC liegt oder nicht.

Lösung:
Wir stellen zunächst eine Gleichung der Ebene E auf, in der das Dreieck ABC liegt. Nun prüfen wir mit der Punktprobe, ob der Punkt P in der Ebene E liegt, denn das ist notwendige Voraussetzung dafür, dass der Punkt im Dreieck ABC liegt.
Der Punkt liegt in der Ebene, da das Gleichungssystem lösbar ist mit den Parameterwerten $r = \frac{1}{3}$ und $s = \frac{1}{2}$.

Diese Zahlen zeigen auch, dass der Punkt
▶ P tatsächlich im Dreieck ABC liegt.

Lage Punkt/Dreieck
Ein Punkt P der Ebene
$$E: \vec{x} = \overrightarrow{OA} + r \cdot \overrightarrow{AB} + s \cdot \overrightarrow{AC}$$
liegt genau dann in dem durch die Vektoren $\overrightarrow{AB}$ und $\overrightarrow{AC}$ aufgespannten Dreieck, wenn die folgenden Bedingungen erfüllt sind:
(1) $0 \leq r \leq 1$,
(2) $0 \leq s \leq 1$,
(3) $0 \leq r + s \leq 1$.

Gleichung der Trägerebene E:
$$E: \vec{x} = \overrightarrow{OA} + r \cdot \overrightarrow{AB} + s \cdot \overrightarrow{AC}$$
$$E: x = \begin{pmatrix} 4 \\ 4 \\ 1 \end{pmatrix} + r \cdot \begin{pmatrix} -3 \\ 0 \\ 0 \end{pmatrix} + s \cdot \begin{pmatrix} -4 \\ -4 \\ 4 \end{pmatrix}$$

Punktprobe:
$1 = 4 - 3r - 4s$
$2 = 4 \quad\quad - 4s$
$3 = 1 \quad\quad + 4s$

Lösung:
$s = \frac{1}{2}, \quad r = \frac{1}{3}$

Interpretation:

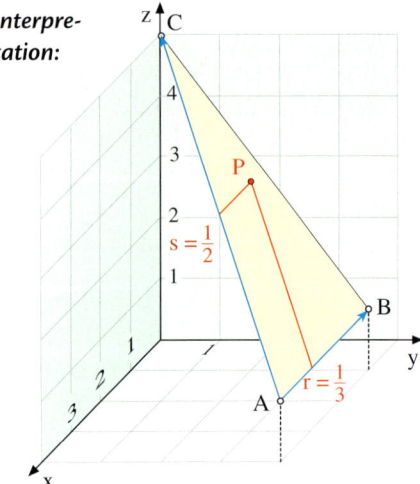

Die Zeichnung verdeutlicht diese Interpretation der Parameterwerte.

Übung 4
Gegeben sind die Punkte A(6|3|1), B(6|9|1), C(0|3|3).
Prüfen Sie, ob die Punkte P(3|5|2), Q(3|7|2), R(4|5|1) im Dreieck ABC liegen.

Übung 5
Ein Punkt P der Ebene E: $\vec{x} = \overrightarrow{OA} + r \cdot \overrightarrow{AB} + s \cdot \overrightarrow{AD}$ liegt genau dann in dem durch die Vektoren $\overrightarrow{AB}$ und $\overrightarrow{AD}$ aufgespannten Parallelogramm, wenn für seine Parameterwerte gilt: $0 \leq r \leq 1$ und $0 \leq s \leq 1$.
Gegeben sind die Punkte A(4|1|0), B(2|3|2), C(−1|3|4), D(1|1|2).
a) Zeigen Sie, dass ABCD ein Parallelogramm ist.
b) Prüfen Sie, ob die Punkte P(2|1,5|1,5) und Q(−2|4|5) im Parallelogramm ABCD liegen.

B. Die Lage von Gerade und Ebene

Es gibt drei unterschiedliche gegenseitige Lagebeziehungen zwischen einer Geraden und einer Ebene:

(A) g und E schneiden sich im Punkt S,
(B) g verläuft echt parallel zu E,
(C) g liegt ganz in E.

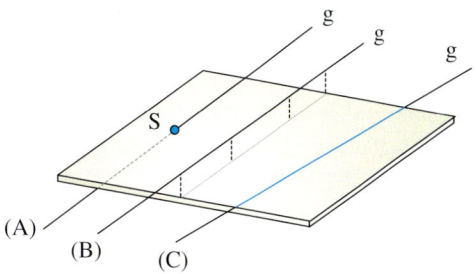

Die Überprüfung, welche Lagebeziehung im konkreten Fall vorliegt, gelingt am einfachsten, wenn man eine Parametergleichung der Geraden und eine Koordinatengleichung der Ebene verwendet.

> **Beispiel: Gerade und Ebene schneiden sich**
>
> Gegeben sind die Gerade g: $\vec{x} = \begin{pmatrix} 2 \\ 4 \\ 2 \end{pmatrix} + r \cdot \begin{pmatrix} 0 \\ 2 \\ 1 \end{pmatrix}$ und die Ebene E: $x + 2y + 3z = 9$.
>
> Zeigen Sie, dass g und E sich schneiden. Bestimmen Sie den Durchstoßpunkt S. Stellen Sie anschließend Ihre Ergebnisse in einem Schrägbild dar.

Lösung:

Der allgemeine Geradenpunkt hat die Koordinaten $x = 2$, $y = 4 + 2r$, $z = 2 + r$. Durch Einsetzen dieser Terme in die Koordinatengleichung der Ebene erhalten wir eine Bestimmungsgleichung für den Geradenparameter r, deren Auflösung den Wert $r = -1$ liefert.

1. Lageuntersuchung:

$$x + 2y + 3z = 9$$
$$2 + 2(4 + 2r) + 3(2 + r) = 9$$
$$7r + 16 = 9$$
$$7r = -7$$
$$r = -1$$

⇒ g schneidet E für $r = -1$.

Durch Rückeinsetzung von $r = -1$ in die Parametergleichung der Geraden g erhalten wir den Ortsvektor des Durchstoßpunktes $S(2|2|1)$.

2. Durchstoßpunktberechnung:

$$\vec{x} = \begin{pmatrix} 2 \\ 4 \\ 2 \end{pmatrix} + (-1) \cdot \begin{pmatrix} 0 \\ 2 \\ 1 \end{pmatrix} = \begin{pmatrix} 2 \\ 2 \\ 1 \end{pmatrix}$$

⇒ Durchstoßpunkt $S(2|2|1)$

Um die Ergebnisse graphisch darzustellen, errechnen wir zunächst die drei Achsenabschnitte der Ebene aus der Koordinatengleichung von E. Wir erhalten dann $x = 9$, $y = 4{,}5$ und $z = 3$.

Die Gerade g legen wir durch zwei ihrer Punkte fest. Hierfür bieten sich der Stützpunkt $A(2|4|2)$ (Parameterwert $r = 0$) und der Durchstoßpunkt $S(2|2|1)$ (Parameterwert $r = -1$) an.

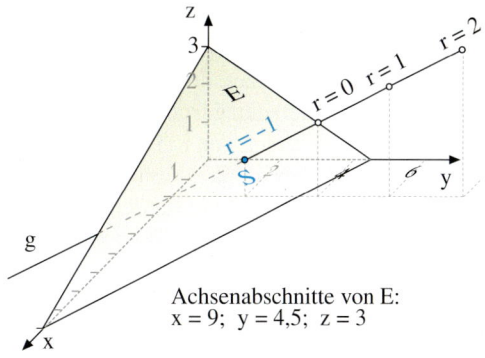

Achsenabschnitte von E:
$x = 9$; $y = 4{,}5$; $z = 3$

> **Beispiel: Gerade parallel zur Ebene/Gerade in der Ebene**
>
> Gegeben sind die Geraden $g_1: \vec{x} = \begin{pmatrix} 2 \\ 3 \\ 1 \end{pmatrix} + r \cdot \begin{pmatrix} 1 \\ 1 \\ -1 \end{pmatrix}$, $g_2: \vec{x} = \begin{pmatrix} 2 \\ 2 \\ 1 \end{pmatrix} + r \cdot \begin{pmatrix} 1 \\ 1 \\ -1 \end{pmatrix}$ sowie die Ebene
>
> E: $x + 2y + 3z = 9$. Untersuchen Sie die gegenseitige Lage von g_1 und g_2 zu E.

Lösung:

1. Lage von g_1 zu E:
Koordinaten von g_1:
$x = 2 + r$
$y = 3 + r$
$z = 1 - r$
Einsetzen in die Gleichung von E:
$\quad x \;+\; 2y \;+\; 3z \;=\; 9$
$(2 + r) + 2(3 + r) + 3(1 - r) = 9$
$\qquad\qquad\qquad\qquad 11 = 9$

2. Interpretation:
Es gibt keinen Geradenpunkt, der die Punktprobe mit der Ebenengleichung erfüllt. g und E sind *echt parallel*.

1. Lage von g_2 zu E:
Koordinaten von g_2:
$x = 2 + r$
$y = 2 + r$
$z = 1 - r$
Einsetzen in die Gleichung von E:
$\quad x \;+\; 2y \;+\; 3z \;=\; 9$
$(2 + r) + 2(2 + r) + 3(1 - r) = 9$
$\qquad\qquad\qquad\qquad 9 = 9$

2. Interpretation:
Jeder Geradenpunkt erfüllt die Punktprobe mit der Ebenengleichung. g liegt *ganz in E*.

Man kann zur Untersuchung der Lagebeziehung einer Geraden und einer Ebene auch eine Normalengleichung der Ebene statt der Koordinatengleichung verwenden. Wir zeigen dies exemplarisch.

> **Beispiel: Lagebeziehung Gerade/Ebene (Ebene in Normalenform)**
>
> Welche gegenseitige Lage besitzen g: $\vec{x} = \begin{pmatrix} 1 \\ 2 \\ 2 \end{pmatrix} + r \begin{pmatrix} 2 \\ -1 \\ 1 \end{pmatrix}$ und E: $\left[\vec{x} - \begin{pmatrix} 2 \\ 3 \\ -2 \end{pmatrix} \right] \cdot \begin{pmatrix} 1 \\ -2 \\ 1 \end{pmatrix} = 0$?

Lösung:

g ist nicht parallel zu E, da der Richtungsvektor von g und der Normalenvektor von E ein von null verschiedenes Skalarprodukt besitzen.

1. Untersuchung auf Parallelität:

$$\begin{pmatrix} 2 \\ -1 \\ 1 \end{pmatrix} \cdot \begin{pmatrix} 1 \\ -2 \\ 1 \end{pmatrix} = 5 \neq 0 \quad \Rightarrow \quad g \not\parallel E$$

Den Durchstoßpunkt von g und E bestimmen wir durch Einsetzen des allgemeinen Ortsvektors der Geraden g (rot markiert) in die Normalengleichung von E. Durch Ausrechnen des Skalarproduktes erhalten wir eine Bestimmungsgleichung für den Geradenparameter r, welche die Lösung r = −1 hat. Einsetzen dieses Parameterwertes in die Geradengleichung liefert den Durchstoßpunkt von g und E: S(−1|3|1).

2. Berechnung des Durchstoßpunktes:

$$\left[\begin{pmatrix} 1 \\ 2 \\ 2 \end{pmatrix} + r \cdot \begin{pmatrix} 2 \\ -1 \\ 1 \end{pmatrix} - \begin{pmatrix} 2 \\ 3 \\ -2 \end{pmatrix} \right] \cdot \begin{pmatrix} 1 \\ -2 \\ 1 \end{pmatrix} = 0$$

$$\Rightarrow \begin{pmatrix} 2r - 1 \\ -r - 1 \\ r + 4 \end{pmatrix} \cdot \begin{pmatrix} 1 \\ -2 \\ 1 \end{pmatrix} = 0 \Rightarrow 5r + 5 = 0, \; r = -1$$

$$\vec{x} = \begin{pmatrix} 1 \\ 2 \\ 2 \end{pmatrix} + (-1) \cdot \begin{pmatrix} 2 \\ -1 \\ 1 \end{pmatrix} = \begin{pmatrix} -1 \\ 3 \\ 1 \end{pmatrix}, \; S(-1|3|1)$$

Übung 6
Die Gerade g durch die Punkte A und B schneidet die Ebene E.
Bestimmen Sie den Schnittpunkt S. Zeichnen Sie ein Schrägbild.
a) A(5|4|3), B(7|7|5)   b) A(0|0|0), B(4|6|4)   c) A(2|0|2), B(6|4|0)

   E: $2x + 3y + 3z = 12$ E: $6x + 4y = 24$ E: $\vec{x} = \begin{pmatrix} 12 \\ 0 \\ 0 \end{pmatrix} + r \cdot \begin{pmatrix} -12 \\ 0 \\ 3 \end{pmatrix} + s \cdot \begin{pmatrix} -12 \\ 6 \\ 0 \end{pmatrix}$

Übung 7
Untersuchen Sie die gegenseitige Lage der Geraden g und der Ebene E.

a) g: $\vec{x} = \begin{pmatrix} -1 \\ 0 \\ 0 \end{pmatrix} + r \cdot \begin{pmatrix} 2 \\ 6 \\ 2 \end{pmatrix}$ b) g: $\vec{x} = \begin{pmatrix} 0 \\ 3 \\ 2 \end{pmatrix} + r \cdot \begin{pmatrix} 1 \\ -2 \\ 2 \end{pmatrix}$ c) g: $\vec{x} = \begin{pmatrix} 1 \\ 2 \\ 0 \end{pmatrix} + r \cdot \begin{pmatrix} 2 \\ 1 \\ -2 \end{pmatrix}$

   E: $2x + y + z = 4$ E: $4x + 4y + 2z = 8$ E: $2x + 2y + 3z = 6$

Übung 8
Welche gegenseitige Lage besitzen g und E_1 bzw. g und E_2?

g: $\vec{x} = \begin{pmatrix} 1 \\ 2 \\ 2 \end{pmatrix} + r \begin{pmatrix} 2 \\ -1 \\ 1 \end{pmatrix}$, E_1: $\left[\vec{x} - \begin{pmatrix} 2 \\ 2 \\ 3 \end{pmatrix} \right] \cdot \begin{pmatrix} -1 \\ -1 \\ 1 \end{pmatrix} = 0$, E_2: $\left[\vec{x} - \begin{pmatrix} 2 \\ -3 \\ 2 \end{pmatrix} \right] \cdot \begin{pmatrix} 2 \\ 2 \\ -2 \end{pmatrix} = 0$

Übung 9
Ein Würfel mit der Kantenlänge 6 liegt wie abgebildet im Koordinatensystem.
a) Wie lauten die Koordinaten der Punkte A bis H?
b) Bestimmen Sie eine Parametergleichung der Ebene E_1 durch die Punkte B, G und E.
c) Wo schneidet die Gerade g durch F und D das Dreieck EBG?
d) Schneidet die Gerade h durch C und H die Ebene E_1?

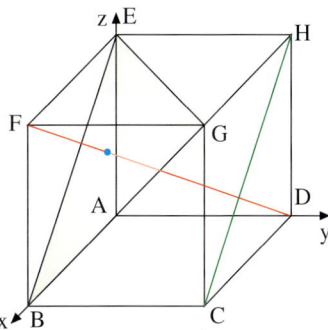

Übung 10
Ein Edelstahlblock hat die Form eines quadratischen Pyramidenstumpfes. Die Seitenlänge der Grundfläche beträgt 8 cm, diejenige der Deckfläche beträgt 4 cm, die Höhe beträgt 8 cm.

Mit einem Laserstrahl, der auf der Strecke $\overline{PQ}$ mit P(−3,5|9,5|6) und Q(−6|16|8) erzeugt wird, durchbohrt man das Werkstück. Der Koordinatenursprung liegt im Mittelpunkt der Grundfläche.
a) Wo liegen Ein- und Austrittspunkt?
b) Wie lang ist der Bohrkanal?
c) Wo wird der Block getroffen, wenn der Laser längs der Strecke $\overline{PQ}$ mit P(1|9|5) und Q(−1|15|6) erzeugt wird?

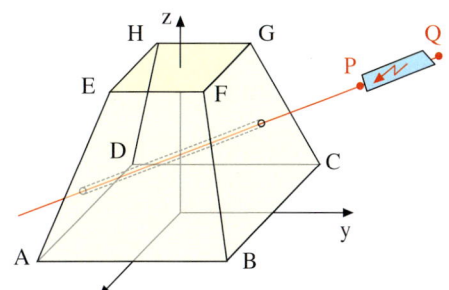

C. Die relative Lage von Gerade und Dreieck

Manchmal wird man mit der Frage konfrontiert, ob eine Gerade einen fest umschriebenen Teil einer Ebene trifft, z. B. ein Dreieck. Bei dieser Fragestellung verwendet man für Gerade und Ebene die vektoriellen Parametergleichungen.

▶ **Beispiel: Sichtlinie**
Eine Pyramide hat die Ecken A(−8|2|0), B(−4|10|0) und C(−12|8|0). Ihre Spitze liegt bei S(−8|5|6). Ein Tafelberg hat die Spitze T(−12|14|4).
Kann man die Spitze T von der Beobachtungsplattform P(0|0|0) aus sehen?

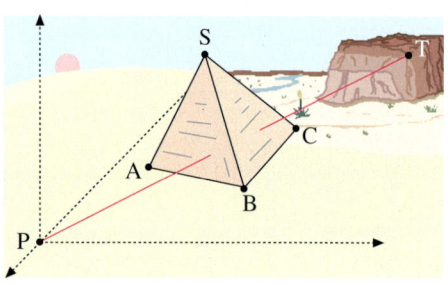

Lösung:
Die Frage ist, ob die Sichtlinie $\overline{PT}$ an der Pyramide vorbeigeht oder nicht.
Aus der Skizze oder aus einem Grundriss erkennen wir, dass sie die Pyramidenfläche ABS treffen könnte.

Gleichung von g_{PT}:

$$g_{PT}: \vec{x} = \begin{pmatrix} 0 \\ 0 \\ 0 \end{pmatrix} + r \begin{pmatrix} -12 \\ 14 \\ 4 \end{pmatrix}$$

Wir stellen die vektoriellen Parametergleichungen der Geraden g_{TP} und der Dreiecksebene E_{ABS} auf.

Gleichung von E_{ABS}:

$$E_{ABS}: \vec{x} = \begin{pmatrix} -8 \\ 2 \\ 0 \end{pmatrix} + s \begin{pmatrix} 4 \\ 8 \\ 0 \end{pmatrix} + t \begin{pmatrix} 0 \\ 3 \\ 6 \end{pmatrix}$$

Durch Gleichsetzen erhalten wir ein Gleichungssystem mit drei Variablen in drei Gleichungen.
Die Lösungen sind $r = \frac{1}{2}$, $s = \frac{1}{2}$ und $t = \frac{1}{3}$.

Gerade und Ebene schneiden sich im Punkt Q(−6|7|2).

Dieser liegt wegen $0 \leq s \leq 1$, $0 \leq t \leq 1$ und $0 \leq s + t \leq 1$ im Dreieck ABS (vgl. S. 152, Lage Punkt/Dreieck).
Daher kann von P aus die Spitze T des
▶ Tafelberges nicht gesehen werden.

Schnittuntersuchung:
I: $-12r = -8 + 4s$
II: $14r = 2 + 8s + 3t$
III: $4r = 6t$
aus III: $t = \frac{2}{3}r$
in II: II': $14r = 2 + 8s + 2r$
$\qquad\qquad 12r = 2 + 8s$
in I: $-2 - 8s = -8 + 4s$
$\qquad\qquad \Rightarrow s = \frac{1}{2}$
in II': $\qquad \Rightarrow r = \frac{1}{2}$
in III: $\qquad \Rightarrow t = \frac{1}{2}$

Durchstoßpunkt Q(−6|7|2)

Übung 11
Trifft die Gerade g: $\vec{x} = \begin{pmatrix} 2 \\ 11 \\ -1 \end{pmatrix} + r \begin{pmatrix} 1 \\ -2 \\ 1 \end{pmatrix}$ das Dreieck mit den Ecken

a) A(2|1|−1), B(8|7|2), C(6|9|7),

b) A(2|8|3), B(6|11|−2), C(2|6|5)?

D. Exkurs: Parallelität, Orthogonalität und Spiegelung

Vorteile bringt die Verwendung einer Normalenform der Ebene, wenn man Parallelität und Orthogonalität untersucht.

Anhand von Richtungsvektoren und von Normalenvektoren lassen sich die besonderen Lagen der Parallelität und der Orthogonalität von Geraden und Ebenen leicht feststellen. Wir stellen zunächst in einer Übersicht die wichtigsten Kriterien zusammen.

Parallele Geraden:
Die Richtungsvektoren sind kollinear.
Die Überprüfung erfolgt durch *Hinsehen*.

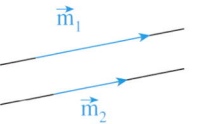　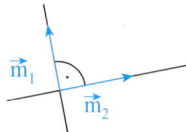

Orthogonale Geraden:
Die Richtungsvektoren sind orthogonal.
Die Überprüfung erfolgt mittels *Skalarprodukt*.

$\vec{m}_2 = r \cdot \vec{m}_1$　　$\vec{m}_1 \cdot \vec{m}_2 = 0$

Parallelität Gerade/Ebene:
Der Richtungsvektor der Geraden und der Normalenvektor der Ebene sind orthogonal.

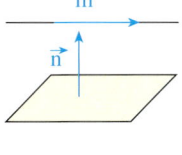　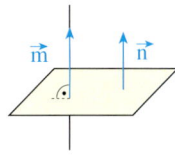

Orthogonalität Gerade/Ebene:
Der Richtungsvektor der Geraden und der Normalenvektor der Ebene sind kollinear.

$\vec{n} \cdot \vec{m} = 0$　　$\vec{m} = r \cdot \vec{n}$

Ähnlich zur Geradenspiegelung in der Ebene lässt sich im Raum eine *Spiegelung an einer Ebene* definieren. Spiegelt man einen Punkt A an einer Ebene E, so gilt für den Spiegelpunkt A', dass die Gerade durch A und A' orthogonal zur Ebene E ist und dass der Schnittpunkt F dieser Geraden mit der Ebene E die Verbindungsstrecke $\overline{AA'}$ halbiert.

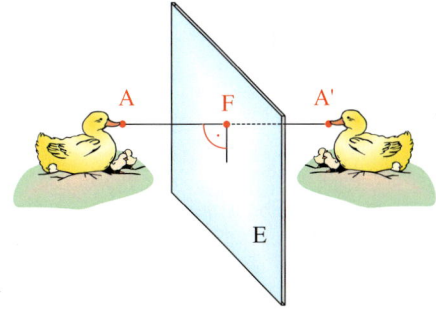

> ### Beispiel: Gerade/Ebene (Lotgerade)
>
> Gegeben sind die Ebene E: $\left[\vec{x} - \begin{pmatrix} 1 \\ 1 \\ 2 \end{pmatrix}\right] \cdot \begin{pmatrix} 1 \\ 2 \\ 3 \end{pmatrix} = 0$ sowie der Punkt A(5|4|8).
>
> a) Bestimmen Sie eine zu E orthogonale Gerade g, die den Punkt A enthält.
> b) In welchem Punkt F schneidet g die Ebene E?
> c) Der Punkt A wird an der Ebene E gespiegelt. Wie lauten die Koordinaten des Spiegelpunktes A'?

Lösung:
zu a: Als Stützpunkt der Geraden verwenden wir den Punkt A(5|4|8). Als Richtungsvektor $\vec{m}$ benötigen wir einen zum Normalenvektor $\vec{n}$ der Ebene kollinearen Vektor. Am einfachsten ist es, den Normalenvektor selbst als Richtungsvektor zu wählen, was auf die rechts dargestellte Geradengleichung führt. Die Gerade g wird als *Lotgerade* oder als *Lot* vom Punkt A auf die Ebene bezeichnet.

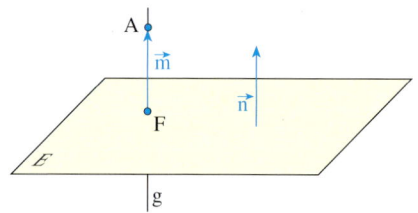

Geradengleichung der Lotgeraden:

$$g: \vec{x} = \begin{pmatrix} 5 \\ 4 \\ 8 \end{pmatrix} + r \cdot \begin{pmatrix} 1 \\ 2 \\ 3 \end{pmatrix}$$

zu b: Zur Schnittpunktberechnung setzen wir die rechte Seite der Geradengleichung für $\vec{x}$ in die Ebenengleichung ein. Durch Zusammenfassung von Vektoren und Ausmultiplizieren des Skalarproduktes erhält man r = −2 als Parameterwert des Schnittpunktes F.
Der Punkt F(3|0|2) heißt *Lotfußpunkt* des Lotes von A auf die Ebene E.

Schnittpunkt von g und E (Lotfußpunkt):

$$\left[\begin{pmatrix} 5 \\ 4 \\ 8 \end{pmatrix} + r \begin{pmatrix} 1 \\ 2 \\ 3 \end{pmatrix} - \begin{pmatrix} 1 \\ 1 \\ 2 \end{pmatrix} \right] \cdot \begin{pmatrix} 1 \\ 2 \\ 3 \end{pmatrix} = 0$$

$$\begin{pmatrix} 4+r \\ 3+2r \\ 6+3r \end{pmatrix} \cdot \begin{pmatrix} 1 \\ 2 \\ 3 \end{pmatrix} = 0$$

$$28 + 14r = 0$$
$$r = -2 \Rightarrow F(3|0|2)$$

zu c: Da der Spiegelpunkt A' auf der Lotgeraden g liegt und F die Strecke $\overline{AA'}$ halbiert, gilt für den Ortsvektor von A' die rechts dargestellte Gleichung. Einsetzen der bereits errechneten Koordinaten liefert
▶ A'(1|−4|−4).

Koordinaten des Spiegelpunktes A':

$$\overrightarrow{OA'} = \overrightarrow{OA} + 2 \cdot \overrightarrow{AF}$$

$$= \begin{pmatrix} 5 \\ 4 \\ 8 \end{pmatrix} + 2 \cdot \left[\begin{pmatrix} 3 \\ 0 \\ 2 \end{pmatrix} - \begin{pmatrix} 5 \\ 4 \\ 8 \end{pmatrix} \right] = \begin{pmatrix} 1 \\ -4 \\ -4 \end{pmatrix}$$

Übung 12
Gegeben ist E: $\vec{x} = \begin{pmatrix} 2 \\ 2 \\ 0 \end{pmatrix} + r \begin{pmatrix} -1 \\ -1 \\ 1 \end{pmatrix} + s \begin{pmatrix} -2 \\ 2 \\ 1 \end{pmatrix}$. Gesucht ist eine Gleichung der Geraden g, welche E im Stützpunkt der Ebene senkrecht schneidet.

Übung 13
Gegeben sind die Ebene E: $\left[\vec{x} - \begin{pmatrix} 2 \\ 2 \\ 1 \end{pmatrix} \right] \cdot \begin{pmatrix} 4 \\ -1 \\ -1 \end{pmatrix} = 0$ sowie der Punkt A(5|−5|1).
a) Bestimmen Sie eine zu E orthogonale Gerade g, die den Punkt A enthält.
b) Bestimmen Sie den Schnittpunkt F der Geraden g mit der Ebene E.
c) A wird an der Ebene E gespiegelt. Wie lauten die Koordinaten des Spiegelpunktes A'?

Übung 14
Der Punkt A(1|5|4) wurde durch Spiegelung an einer Ebene E auf den Punkt A'(3|2|1) abgebildet. Bestimmen Sie eine Gleichung der Ebene E.

Übungen

15. Prüfen Sie, ob die Punkte P und Q auf der Ebene E liegen.

a) $E: \vec{x} = \begin{pmatrix} 1 \\ 1 \\ 2 \end{pmatrix} + r \begin{pmatrix} 1 \\ 1 \\ -1 \end{pmatrix} + s \begin{pmatrix} 2 \\ -1 \\ 1 \end{pmatrix}$; P(1|4|−1), Q(8|−1|4)

b) $E: -4x + 2y + 2z = 8$; P(2|1|5), Q(−1|1|1)

c) E: Ebene parallel zur z-Achse durch die Punkte A(3|3|0) und B(0|6|2); P(4|2|4), Q(0|7|3)

d) P(3|1|2), Q(2|2,5|0)

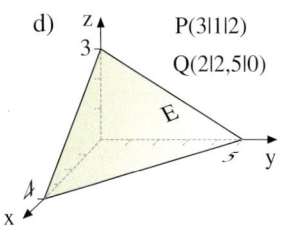

16. Gegeben sind die Punkte A(1|1|−1), B(3|5|1), C(5|5|7) und D(−1|0|−6).
a) Stellen Sie eine Gleichung der Ebene E durch die Punkte A, B und C auf.
b) Zeigen Sie, dass der Punkt D in der Ebene E liegt.
c) Untersuchen Sie, ob der Punkt F(5|6|6) im Dreieck ABC liegt.

17. Untersuchen Sie die gegenseitige Lage von g und E.

a) $g: \vec{x} = \begin{pmatrix} 10 \\ 4 \\ 8 \end{pmatrix} + r \begin{pmatrix} 3 \\ 2 \\ -1 \end{pmatrix}$

$E: 5x - 2y + z = 10$

b) $g: \vec{x} = \begin{pmatrix} -1 \\ 2 \\ -6 \end{pmatrix} + r \begin{pmatrix} 2 \\ 2 \\ 3 \end{pmatrix}$

E: A(1|0|1), B(3|1|1), C(3|−1|3)

c) g enthält P(1|1|1) und Q(5|3|−1), E geht durch A(3|3|3), B(3|0|−6), C(0|−3|−6).

d) g ist parallel zur z-Achse und enthält P(3|4|0), E hat die Achsenabschnitte x = 3, y = 3, z = 9.

e) $g: \vec{x} = \begin{pmatrix} 4 \\ 1 \\ 1 \end{pmatrix} + r \begin{pmatrix} 2 \\ 1 \\ -2 \end{pmatrix}$

$E: 2x - 2y + z = 8$

f) $g: \vec{x} = \begin{pmatrix} 0 \\ -1 \\ 8 \end{pmatrix} + r \begin{pmatrix} 1 \\ 2 \\ -2 \end{pmatrix}$

$E: 3x + 2z = 12$

g) $g: \vec{x} = \begin{pmatrix} -2 \\ 0 \\ 6 \end{pmatrix} + r \begin{pmatrix} -1 \\ 1 \\ 3 \end{pmatrix}$

$E: 3x - 3y + 2z = 6$

h) $g: \vec{x} = \begin{pmatrix} 10 \\ 5 \\ 14 \end{pmatrix} + r \begin{pmatrix} 2 \\ 1 \\ 3 \end{pmatrix}$

$E: y = 2$

i) $g: \vec{x} = \begin{pmatrix} 1 \\ 3 \\ 1 \end{pmatrix} + r \begin{pmatrix} 2 \\ 2 \\ -1 \end{pmatrix}$

$E: x + 2z = 3$

j) $g: \vec{x} = r \begin{pmatrix} 1 \\ -1 \\ 0 \end{pmatrix}$

$E: 5x - 3y - 4z = 4$

18. Vier Sterne α, β, γ, δ begrenzen einen pyramidenförmigen Raumsektor. Sie haben die Koordinaten α(4|4|8), β(0|20|0), γ(−16|16|4) und δ(−8|12|12).

a) Liegen die Sterne P(−4|6|6), Q(−3|12|8), R(−8|12|6) im Dreieck αβγ?

b) Ein Komet fliegt nahezu geradlinig durch die Punkte A(10|3|1) und B(4|7|3). Wo dringt er in den Raumsektor ein? Wo verlässt er ihn?

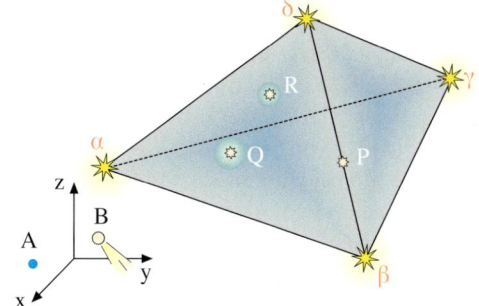

19. Prüfen Sie, ob die Gerade g das Parallelogramm ABCD schneidet.

a) g: $\vec{x} = \begin{pmatrix} 2 \\ 0 \\ 5 \end{pmatrix} + r \begin{pmatrix} 1 \\ 8 \\ -1 \end{pmatrix}$

A(0|0|0), B(6|0|0), C(6|4|2), D(0|4|2)

b) g: $\vec{x} = \begin{pmatrix} 1 \\ 1 \\ -1 \end{pmatrix} + r \begin{pmatrix} 2 \\ 1 \\ 1 \end{pmatrix}$

A(3|3|3), B(8|5|2), C(6|3|0), D(1|1|1)

20. Gegeben ist der Würfel ABCDEFGH mit der Seitenlänge 6. M sei der Mittelpunkt des Vierecks BCGF.
  a) In welchem Punkt S schneidet die Gerade g durch A und M das Dreieck BCE?
  b) In welchem Punkt T trifft die Parallele p zur Kante $\overline{AB}$ durch M das Dreieck BCE?
  c) Schneidet die Gerade h durch M und D das Dreieck?

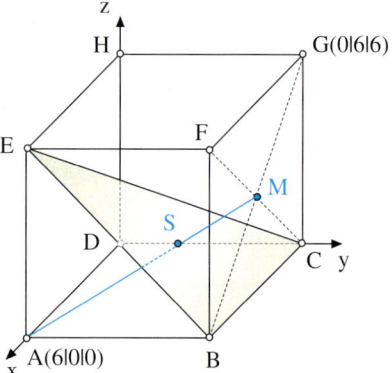

21. Gegeben ist die Pyramide mit den Ecken A(12|−3|−3), B(9|9|0), C(9|0|9) und der Spitze S(15|3|3).
  a) Bestimmen Sie die Kantenlängen.
  b) Zeigen Sie, dass sich die Kanten in der Spitze senkrecht treffen.
  c) Untersuchen Sie die Lage der Geraden g durch P(8|7|7) und Q(4|14|11) zur Pyramide. Welche Länge schneidet die Pyramide aus der Geraden g heraus?

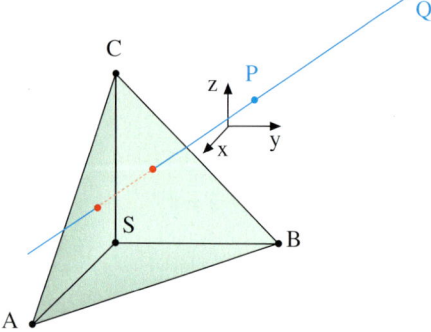

22. Gegeben ist das Polyeder ABCDEFGH mit den Ecken A(0|0|0), B(2|4|6), C(5|7|12), D(3|3|6), E(4|4|4), F(6|8|10), G(9|11|16), H(7|7|10).
  a) Zeigen Sie, dass das Polyeder ABCDEFGH ein Spat[1] ist.
  b) Liegen die Punkte P(6|7|10) und Q(4|3|6) im Spat?
  c) Bestimmen Sie den Schnittpunkt der Geraden durch A und G mit der Ebene durch B, F und H.

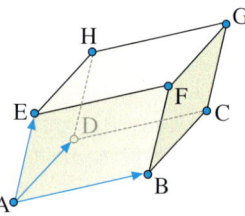

---

[1] Ein Spat ist ein von drei Vektoren aufgespanntes Polyeder. Alle Seiten sind zu den drei aufspannenden Vektoren parallel.

2. Lagebeziehungen

23. Untersuchen Sie die Gerade g und Ebene E auf Orthogonalität bzw. Parallelität.

a) $g: \vec{x} = \begin{pmatrix} 2 \\ 0 \\ 0 \end{pmatrix} + r \begin{pmatrix} 1 \\ -2 \\ 3 \end{pmatrix}$

$E: \left[\vec{x} - \begin{pmatrix} 0 \\ 4 \\ 0 \end{pmatrix}\right] \cdot \begin{pmatrix} -3 \\ 6 \\ 5 \end{pmatrix} = 0$

b) $g: \vec{x} = \begin{pmatrix} 5 \\ 1 \\ 6 \end{pmatrix} + r \begin{pmatrix} -2 \\ 1 \\ 3 \end{pmatrix}$

$E: 4x - 2y - 6z = -18$

c) $g: \vec{x} = \begin{pmatrix} -4 \\ -5 \\ 3 \end{pmatrix} + r \begin{pmatrix} 5 \\ 6 \\ -2 \end{pmatrix}$

$E: 4x - 3y + z = 5$

24. Bestimmen Sie eine Gleichung einer Geraden g, die zur Ebene E orthogonal ist und den Punkt A enthält. Berechnen Sie sodann den Schnittpunkt F von g und E (Lotfußpunkt). A wird an der Ebene E gespiegelt. Bestimmen Sie die Koordinaten des Spiegelpunktes A′.

a) $E: \vec{x} \cdot \begin{pmatrix} 3 \\ 1 \\ 4 \end{pmatrix} = 0$

$A(3|2|-6)$

b) $E: \left[\vec{x} - \begin{pmatrix} 1 \\ 1 \\ 3 \end{pmatrix}\right] \cdot \begin{pmatrix} 2 \\ -1 \\ 1 \end{pmatrix} = 0$

$A(4|0|8)$

c) $E: \vec{x} = \begin{pmatrix} 0 \\ 2 \\ 0 \end{pmatrix} + r \begin{pmatrix} 3 \\ -1 \\ 0 \end{pmatrix} + s \begin{pmatrix} 1 \\ 0 \\ 1 \end{pmatrix}$

$A(3|7|-4)$

25. Der Punkt A wurde durch Spiegelung an einer Ebene auf den Punkt A′ abgebildet. Bestimmen Sie eine Gleichung der Ebene E.

a) $A(1|0|3), A'(5|8|1)$
b) $A(2|1|-4), A'(3|3|0)$
c) $A(2|5|6), A'(0|3|1)$

26. Gegeben sind eine Gerade g und zwei nicht auf g liegende Punkte A und B. Gesucht ist:

I. ein Geradenpunkt C derart, dass das Dreieck ABC bei C rechtwinklig ist,
II. eine Gerade h, welche auf dem Dreieck ABC senkrecht steht und C enthält.

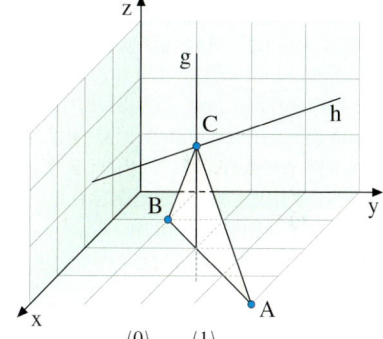

a) $g: \vec{x} = \begin{pmatrix} 2 \\ 2 \\ 0 \end{pmatrix} + r \begin{pmatrix} 0 \\ 0 \\ 2 \end{pmatrix}$; $A(4|4|0), B(1|1|0)$

b) $g: \vec{x} = \begin{pmatrix} 0 \\ 2 \\ 0 \end{pmatrix} + r \begin{pmatrix} 1 \\ 1 \\ 1 \end{pmatrix}$; $A(1|2|1), B(-1|3|7)$

27. Gegeben sind die Gerade $g: \vec{x} = \begin{pmatrix} 2 \\ 0 \\ 1 \end{pmatrix} + r \begin{pmatrix} 1 \\ -2 \\ -1 \end{pmatrix}$ und die Ebene $E: \left[\vec{x} - \begin{pmatrix} 1 \\ -2 \\ 1 \end{pmatrix}\right] \cdot \begin{pmatrix} 3 \\ 2 \\ -1 \end{pmatrix} = 0$.

a) Zeigen Sie, dass g echt parallel zu E verläuft.
b) Die Gerade g wird an der Ebene E gespiegelt. Bestimmen Sie eine Gleichung der gespiegelten Geraden g′.

28. Ein Flugzeug steuert auf die Cheops-Pyramide zu. Auf dem Radarschirm im Kontrollpunkt ist die Flugbahn durch die abgebildeten Punkte $F_1(56|-44|15)$ und $F_2(48|-36|14)$ erkennbar. Die Eckpunkte der Cheops-Pyramide sind ebenfalls auf dem Radarbild zu sehen. Kollidiert das Flugzeug bei gleichbleibendem Kurs mit der Cheops-Pyramide?
(Maßstab: 1 Einheit $\triangleq$ 10 m)

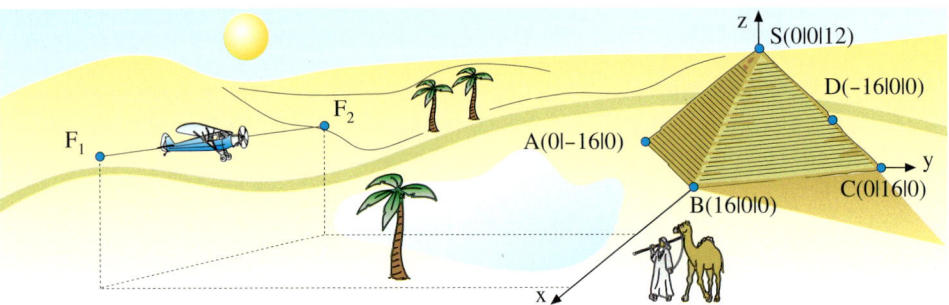

29. Ist die Bergspitze S von der Insel I bzw. vom Boot H aus zu sehen oder behindert die Pyramide die Sicht?
  a) Fertigen Sie zunächst einen Grundriss an (Aufsicht auf die x-y-Ebene).
  b) Entscheiden Sie anhand des Grundrisses, welche Pyramidenflächen die Sichtlinien unterbrechen könnten.
  c) Berechnen Sie, ob die Sichtlinien durch diese Fläche tatsächlich unterbrochen werden.
A(100|−100|20), B(20|140|20),
C(−60|−20|−20), D(0|0|80)
S(−70|−210|100), H(210|−10|0), I(130|230|0)

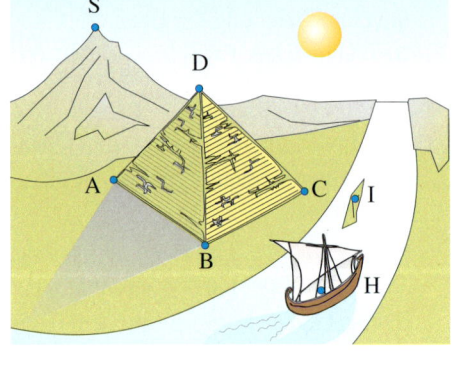

30. Gegeben ist das rechts abgebildete Haus (Maße in m).
Eine Antenne auf dem Haus hat die Eckpunkte $A(-2|2|5)$ und $B(-2|2|6)$. Fällt paralleles Licht in Richtung des Vektors $\vec{v} = \begin{pmatrix} 2 \\ 8 \\ -3 \end{pmatrix}$ auf die Antenne, so wirft diese einen Schatten auf die Dachfläche EFGH. Berechnen Sie den Schattenpunkt der Antennenspitze auf der Dachfläche EFGH sowie die Länge des Antennenschattens auf dem Dach.

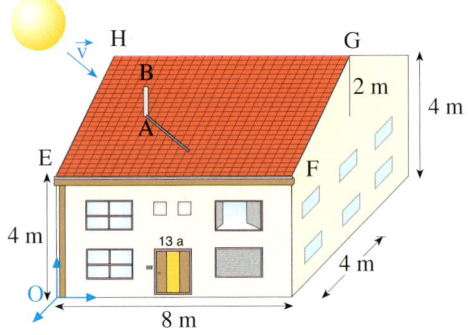

E. Die Lage von zwei Ebenen

Zwei Ebenen E und F können folgende Lagen zueinander einnehmen: Sie können sich in einer Geraden g schneiden, echt parallel zueinander verlaufen oder identisch sein.

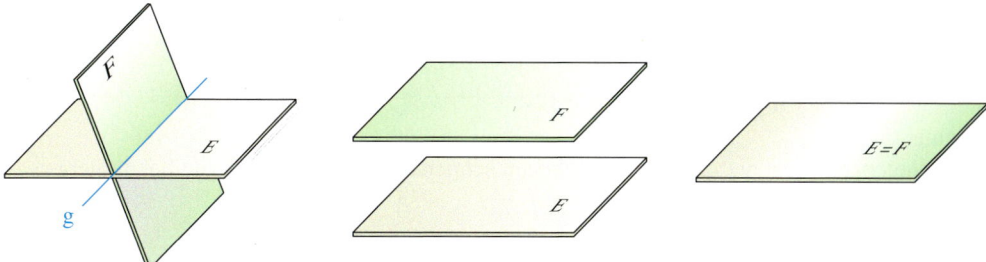

Besonders einfach lässt sich die gegenseitige Lage von Ebenen untersuchen, wenn eine der Ebenengleichungen in Koordinatenform und die andere in Parameterform vorliegt.

▶ **Beispiel: Koordinatenform/Parameterform**
Untersuchen Sie die gegenseitige Lage der Ebenen E und F. Bestimmen Sie ggf. eine Gleichung der Schnittgeraden.

$E: 4x + 3y + 6z = 36$

$F: \vec{x} = \begin{pmatrix} 0 \\ 0 \\ 3 \end{pmatrix} + r \begin{pmatrix} 3 \\ 2 \\ -1 \end{pmatrix} + s \begin{pmatrix} 3 \\ 0 \\ -1 \end{pmatrix}$

Lösung:
Wir setzen die Koordinaten der durch ihre Parametergleichung gegebenen Ebene F in die Koordinatengleichung der Ebene E ein.

Koordinaten von F:
$x = 3r + 3s$
$y = 2r$
$z = 3 - r - s$

Wir erhalten eine Gleichung mit den Parametern r und s. Diese Gleichung lösen wir nach einem Parameter auf, z. B. nach s.

Einsetzen in die Koordinatengleichung:
$4 \cdot (3r + 3s) + 3 \cdot 2r + 6 \cdot (3 - r - s) = 36$
$12r + 12s + 6r + 18 - 6r - 6s = 36$
$6s = 18 - 12r$
$s = 3 - 2r$

Das Ergebnis s = 3 − 2r setzen wir in die Parameterform von F ein, die dann nur noch den Parameter r enthält.
Durch Ausmultiplizieren und Zusammenfassen ergibt sich eine Geradengleichung.
Es handelt sich um die Gleichung der
▶ Schnittgeraden g der Ebenen E und F.

Bestimmung der Schnittgeraden g:

$g: \vec{x} = \begin{pmatrix} 0 \\ 0 \\ 3 \end{pmatrix} + r \begin{pmatrix} 3 \\ 2 \\ -1 \end{pmatrix} + (3 - 2r) \begin{pmatrix} 3 \\ 0 \\ -1 \end{pmatrix}$

$= \begin{pmatrix} 9 \\ 0 \\ 0 \end{pmatrix} + r \begin{pmatrix} -3 \\ 2 \\ 1 \end{pmatrix}$

Übung 31
Die Ebenen E und F schneiden sich. Bestimmen Sie eine Gleichung der Schnittgeraden g. Stellen Sie eine der Ebenen erforderlichenfalls in Parameterform dar. Zeichnen Sie ein Schrägbild.

a) $E: \vec{x} = \begin{pmatrix} 2 \\ 0 \\ 0 \end{pmatrix} + r \begin{pmatrix} -1 \\ 0 \\ 3 \end{pmatrix} + s \begin{pmatrix} -1 \\ 4 \\ 0 \end{pmatrix}$
   $F: 2x + y + 2z = 8$

b) E durch A(0|0|0), B(1|2|2), C(−1|0|6)
   $F: x + y + z = 5$

c) $E: x + 2y + z = 4$
   $F: x + y + z = 2$

Echt parallele oder identische Ebenen erkennt man mit dem Berechnungsverfahren aus dem vorhergehenden Beispiel ebenfalls leicht.

> **Beispiel: Parallele und identische Ebenen**
> Untersuchen Sie die gegenseitige Lage der Ebene E: $2x + 2y + z = 6$ mit den Ebenen
> F: $\vec{x} = \begin{pmatrix} 1 \\ 1 \\ 8 \end{pmatrix} + r \begin{pmatrix} -3 \\ 1 \\ 4 \end{pmatrix} + s \begin{pmatrix} 1 \\ 1 \\ -4 \end{pmatrix}$ bzw. G: $\vec{x} = \begin{pmatrix} 2 \\ 4 \\ -6 \end{pmatrix} + r \begin{pmatrix} -3 \\ 2 \\ 2 \end{pmatrix} + s \begin{pmatrix} -1 \\ -2 \\ 6 \end{pmatrix}$.

Lösung:
Wir nehmen zunächst an, dass sich die Ebenen schneiden, und versuchen, die Schnittgerade zu bestimmen.

Lage von E und F:
Wir setzen wieder die Koordinaten von F in die Gleichung von E ein:
$2(1 - 3r + s) + 2(1 + r + s) + (8 + 4r - 4s) = 6$
$2 - 6r + 2s + 2 + 2r + 2s + 8 + 4r - 4s = 6$
$\qquad 12 = 6 \quad \textit{Widerspruch}$

Nach entsprechender Vereinfachung durch Klammerauflösung und Zusammenfassung ergibt sich ein Widerspruch. Kein Punkt von F erfüllt die Gleichung von E.
▶ Die Ebenen E und F sind echt **parallel**.

Lage von E und G:
Wir setzen auch hier die Koordinaten von G in die Gleichung von E ein:
$2(2 - 3r - s) + 2(4 + 2r - 2s) + (-6 + 2r + 6s) = 6$
$4 - 6r - 2s + 8 + 4r - 4s - 6 + 2r + 6s = 6$
$\qquad 6 = 6 \quad \textit{wahre Aussage}$

Auch hier fallen alle Parameter nach Vereinfachung heraus, und übrig bleibt eine wahre Aussage. Alle Punkte von G erfüllen die Gleichung von E.
Die Ebenen E und G sind daher **identisch**.

Übung 32
Untersuchen Sie die gegenseitige Lage der Ebenen E: $3x + 6y + 4z = 36$ und F.

a) F: $\vec{x} = \begin{pmatrix} 2 \\ 0 \\ 3 \end{pmatrix} + r \begin{pmatrix} 0 \\ 2 \\ -3 \end{pmatrix} + s \begin{pmatrix} -2 \\ 3 \\ -3 \end{pmatrix}$

b) F: $\vec{x} = \begin{pmatrix} 8 \\ 0 \\ 3 \end{pmatrix} + r \begin{pmatrix} -2 \\ 3 \\ -3 \end{pmatrix} + s \begin{pmatrix} 8 \\ -2 \\ -3 \end{pmatrix}$

c) F geht durch A(4|4|0), B(0|4|3) und C(0|0|0).

d) F: $6x + 12y + 8z = 36$

e) F hat die Achsenabschnitte $x = 6$, $y = 12$ und $z = 9$.

Übung 33
Welche der Ebenen F, G und H sind echt parallel bzw. identisch zur Ebene E?

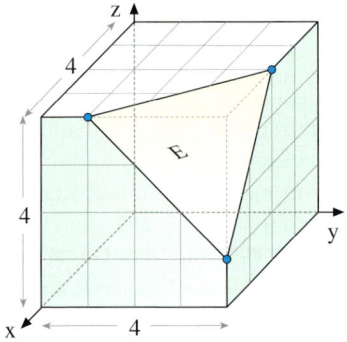

F: $\quad 2x - 6y + 5z = 0$
G: $-1{,}5x - y - z = -11$
H: $\quad 3x + 2y + 2z = 6$

2. Lagebeziehungen

Für eine Untersuchung zweier Ebenen auf Parallelität und Orthogonalität eignen sich besonders Koordinaten- bzw. Normalengleichungen.

Parallele Ebenen:
(1) Die Normalenvektoren sind kollinear.
(2) Der Normalenvektor einer Ebene ist orthogonal zu beiden Richtungsvektoren der anderen Ebene.

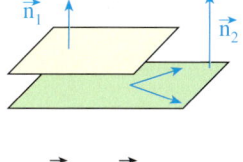

$\vec{n}_2 = r \cdot \vec{n}_1$

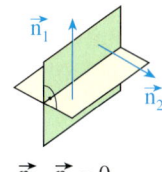

$\vec{n}_1 \cdot \vec{n}_2 = 0$

Orthogonale Ebenen:
Die Normalenvektoren sind orthogonal.

Die Untersuchung der gegenseitigen Lage von zwei Ebenen gestaltet sich relativ einfach, wenn eine Ebenengleichung in Koordinatenform und eine in Parameterform vorliegt.

> **Beispiel: Koordinatengleichung/Parametergleichung**
> Gegeben seien die Ebenen E_1: $2x + y + 3z = 6$ und E_2: $\vec{x} = \begin{pmatrix}1\\2\\1\end{pmatrix} + r\begin{pmatrix}1\\-1\\0\end{pmatrix} + s\begin{pmatrix}0\\-2\\1\end{pmatrix}$.
> Untersuchen Sie, welche Lage E_1 und E_2 relativ zueinander einnehmen.

Lösung:
Zwei Ebenen sind offenbar genau dann parallel, wenn der Normalenvektor einer der Ebenen orthogonal ist zu beiden Richtungsvektoren der zweiten Ebene.

1. Untersuchung auf Parallelität:

$\begin{pmatrix}2\\1\\3\end{pmatrix} \cdot \begin{pmatrix}1\\-1\\0\end{pmatrix} = 1 \neq 0 \Rightarrow E_1 \not\parallel E_2$

Da dies in unserem Beispiel, wie die Überprüfung mit Hilfe des Skalarproduktes ergibt, nicht der Fall ist, schneiden sich E_1 und E_2.

2. Bestimmung der Schnittgeraden:

$2x + y + 3z = 6$
$2(1+r) + (2-r-2s) + 3(1+s) = 6$
$7 + r + s = 6$
$s = -1 - r$

Zur Bestimmung der Gleichung der Schnittgeraden setzen wir die allgemeinen Koordinaten $x = 1 + r$, $y = 2 - r - 2s$ und $z = 1 + s$ von E_2 in die Ebenengleichung von E_1 ein.
Die entstandene Gleichung lösen wir nach s auf und erhalten $s = -1 - r$.

Setzen wir diesen Zusammenhang nun in die Gleichung von E_2 ein, so ergibt sich die Gleichung der Schnittgeraden g von E_1 und E_2.

$g: \vec{x} = \begin{pmatrix}1\\2\\1\end{pmatrix} + r \cdot \begin{pmatrix}1\\-1\\0\end{pmatrix} + (-1-r) \cdot \begin{pmatrix}0\\-2\\1\end{pmatrix}$

$= \begin{pmatrix}1\\2\\1\end{pmatrix} + r \cdot \begin{pmatrix}1\\-1\\0\end{pmatrix} + \begin{pmatrix}0\\2\\-1\end{pmatrix} + r \cdot \begin{pmatrix}0\\2\\-1\end{pmatrix}$

$g: \vec{x} = \begin{pmatrix}1\\4\\0\end{pmatrix} + r \cdot \begin{pmatrix}1\\1\\-1\end{pmatrix}$

Übung 34
Untersuchen Sie die gegenseitige Lage von E und E_1 bzw. von E und E_2.

E: $x + 3y + 2z = 6$, $\quad E_1: \vec{x} = \begin{pmatrix} 2 \\ 2 \\ -2 \end{pmatrix} + r \begin{pmatrix} 4 \\ -2 \\ 1 \end{pmatrix} + s \begin{pmatrix} 0 \\ 2 \\ -3 \end{pmatrix}$, $\quad E_2: \vec{x} \cdot \begin{pmatrix} 2 \\ 6 \\ 4 \end{pmatrix} = 12$

Übung 35
Bestimmen Sie eine Gleichung der Schnittgeraden g von $E_1: \left[\vec{x} - \begin{pmatrix} 2 \\ 1 \\ 1 \end{pmatrix} \right] \cdot \begin{pmatrix} 1 \\ -1 \\ -1 \end{pmatrix} = 0$ und $E_2: 2x - y - 3z = 1$.

> **Beispiel: Orthogonale Ebenen**
> Gegeben ist die Ebene $E_1: 2x - y - z = -1$. Gesucht ist eine Ebene E_2, die den Punkt A(3|1|2) enthält und orthogonal zur Ebene E_1 ist. Bestimmen Sie die Schnittgerade g der beiden Ebenen.

Lösung:
Als Stützpunkt der Ebene E_2 verwenden wir den gegebenen Ebenenpunkt A(3|1|2). Der Normalenvektor $\vec{n}_2$ von E_2 ist orthogonal zum Normalenvektor $\vec{n}_1$ von E_1.

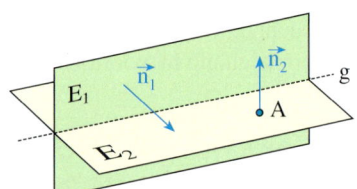

Wegen $\vec{n}_1 = \begin{pmatrix} 2 \\ -1 \\ -1 \end{pmatrix}$ können wir $\vec{n}_2 = \begin{pmatrix} 0 \\ 1 \\ -1 \end{pmatrix}$ wählen. Dann gilt $\vec{n}_1 \cdot \vec{n}_2 = 0$.

Koordinatengleichung von E_2:
$E_2: y - z = -1$

Nun können wir die rechts dargestellte Koordinatengleichung von E_2 aufstellen.

Parametergleichung von E_2:
$E_2: \vec{x} = \begin{pmatrix} 3 \\ 1 \\ 2 \end{pmatrix} + r \begin{pmatrix} 0 \\ 1 \\ 1 \end{pmatrix} + s \begin{pmatrix} 2 \\ 1 \\ 1 \end{pmatrix}$

Zur Schnittgeradenbestimmung wandeln wir die Koordinatengleichung von E_2 in eine äquivalente Parametergleichung um.

Schnittgeradenbestimmung:

Die allgemeinen Koordinaten der Parametergleichung von E_2 setzen wir in die Koordinatengleichung von E_1 ein. Durch Auflösen der entstandenen Gleichung erhalten wir die Beziehung $s = r - 2$. Setzen wir diese in die Parametergleichung von E_2 ein, so ergibt sich die Gleichung von g.

$2x - y - z = -1$
$2(3 + 2s) - (1 + r + s) - (2 + r + s) = -1$
$\qquad\qquad\qquad\qquad 3 + 2s - 2r = -1$
$\qquad\qquad\qquad\qquad\qquad\qquad s = r - 2$

$g: \vec{x} = \begin{pmatrix} -1 \\ -1 \\ 0 \end{pmatrix} + r \begin{pmatrix} 2 \\ 2 \\ 2 \end{pmatrix}$

Übung 36
Gegeben ist die Ebene $E_1: 2x + y - 2z = -2$ sowie der Punkt A(-2|1|2). Gesucht ist eine Ebene E_2, die A enthält und orthogonal zu E_1 ist. Bestimmen Sie die Gleichung der Schnittgeraden g von E_1 und E_2.

F. Spurgeraden von Ebenen

Schneidet eine Ebene E im dreidimensionalen Anschauungsraum eine der Koordinatenebenen, so bezeichnet man die Schnittgerade als *Spurgerade* von E.

Die in der Abbildung dargestellte Ebene hat drei Spurgeraden: g_{xy}, g_{xz}, g_{yz}.

Die Indizierung gibt jeweils an, in welcher Koordinatenebene die Spurgerade liegt.

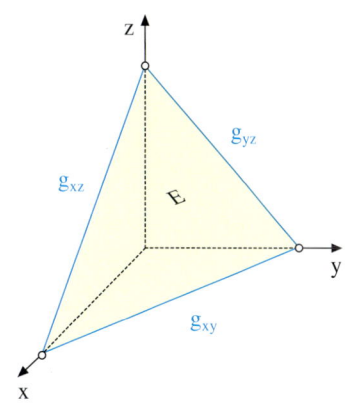

▶ **Beispiel:** Gegeben ist die Ebene E durch $A(5|-4|3)$, $B(10|8|-9)$ und $C(-5|12|-3)$.
Bestimmen Sie die Gleichung der Spurgeraden g_{xy}.

1. Gleichung der Ebene E:

$$E: \begin{pmatrix} x \\ y \\ z \end{pmatrix} = \begin{pmatrix} 5 \\ -4 \\ 3 \end{pmatrix} + r \cdot \begin{pmatrix} 5 \\ 12 \\ -12 \end{pmatrix} + s \cdot \begin{pmatrix} -10 \\ 16 \\ -6 \end{pmatrix}$$

Lösung:
Wir bestimmen zunächst die Gleichung der Ebene E.

Die Spurgerade g_{xy} besteht aus denjenigen Punkten von E, deren z-Komponente gleich null ist. Daher setzen wir in der Ebenengleichung $z = 0$.
Dies führt auf die Bedingung $s = \frac{1}{2} - 2r$.

Setzen wir diesen Zusammenhang in die Gleichung von E ein, so erhalten wir die einparametrige Geradengleichung der
▶ Spurgeraden g_{xy}.

2. Ansatz für g_{xy}: $z = 0$

$0 = 3 - 12r - 6s$
$s = \frac{1}{2} - 2r$

3. Einsetzen in die Gleichung von E:

$$g_{xy}: \vec{x} = \begin{pmatrix} 5 \\ -4 \\ 3 \end{pmatrix} + r \begin{pmatrix} 5 \\ 12 \\ -12 \end{pmatrix} + \left(\frac{1}{2} - 2r\right) \begin{pmatrix} -10 \\ 16 \\ -6 \end{pmatrix}$$

$$g_{xy}: \vec{x} = \begin{pmatrix} 5 \\ -4 \\ 3 \end{pmatrix} + r \begin{pmatrix} 5 \\ 12 \\ -12 \end{pmatrix} + \begin{pmatrix} -5 \\ 8 \\ -3 \end{pmatrix} + r \begin{pmatrix} 20 \\ -32 \\ 12 \end{pmatrix}$$

$$g_{xy}: \vec{x} = \begin{pmatrix} 0 \\ 4 \\ 0 \end{pmatrix} + r \begin{pmatrix} 25 \\ -20 \\ 0 \end{pmatrix}$$

Übung 37
a) Bestimmen Sie die Spurgeraden g_{xz} und g_{yz} der Ebene E aus dem obigen Beispiel.
b) Bestimmen Sie alle Spurgeraden von E_1 und E_2.
$$E_1: \vec{x} = \begin{pmatrix} 1 \\ 2 \\ 1 \end{pmatrix} + r \cdot \begin{pmatrix} 2 \\ -1 \\ 1 \end{pmatrix} + s \cdot \begin{pmatrix} 1 \\ 1 \\ -2 \end{pmatrix}, \quad E_2: 2x - y + 3z = 0$$
c) Eine Ebene E besitze die Spurgeraden $g_{xy}: \vec{x} = \begin{pmatrix} 1 \\ 1 \\ 0 \end{pmatrix} + r \cdot \begin{pmatrix} 1 \\ 0 \\ 0 \end{pmatrix}$ und $g_{yz}: \vec{x} = \begin{pmatrix} 0 \\ 1 \\ -1 \end{pmatrix} + s \cdot \begin{pmatrix} 0 \\ 0 \\ 3 \end{pmatrix}$.
Wie lautet die Gleichung von E? Zeigen Sie, dass E keine Spurgerade g_{xz} besitzt.

Übungen

38. Bestimmen Sie die Schnittgerade g der Ebenen E_1 und E_2.

a) $E_1: \vec{x} = \begin{pmatrix} 1 \\ 2 \\ 0 \end{pmatrix} + r \begin{pmatrix} 1 \\ 2 \\ -3 \end{pmatrix} + s \begin{pmatrix} 0 \\ -4 \\ 3 \end{pmatrix}$

$E_2: -6x + 4y + 3z = -12$

b) $E_1: \vec{x} = \begin{pmatrix} 0 \\ 1 \\ 2 \end{pmatrix} + r \begin{pmatrix} -1 \\ 1 \\ 2 \end{pmatrix} + s \begin{pmatrix} 1 \\ 2 \\ -2 \end{pmatrix}$

$E_2: 3x + y + z = 3$

c) $E_1: \vec{x} = \begin{pmatrix} 3 \\ 3 \\ 0 \end{pmatrix} + r \begin{pmatrix} 1 \\ -3 \\ 1 \end{pmatrix} + s \begin{pmatrix} -3 \\ -1 \\ 3 \end{pmatrix}$

$E_2: x + 2y = 4$

d) $E_1: \vec{x} = \begin{pmatrix} 3 \\ 0 \\ 0 \end{pmatrix} + r \begin{pmatrix} -3 \\ 0 \\ 3 \end{pmatrix} + s \begin{pmatrix} -3 \\ 6 \\ 0 \end{pmatrix}$

$E_2: 2y + z = 6$

39. Gesucht ist die Schnittgerade g von E_1 und E_2.

a) $E_1: 2x + 6y + 3z = 12$
$E_2: 2x + 2y + 2z = 8$

b) $E_1: x + 2y + 4z = 8$
$E_2: 3x - 2y = 0$

c) $E_1: \vec{x} = \begin{pmatrix} 1 \\ 2 \\ 2 \end{pmatrix} + r \begin{pmatrix} 1 \\ -1 \\ 0 \end{pmatrix} + s \begin{pmatrix} 1 \\ 0 \\ -1 \end{pmatrix}$

$E_2: \vec{x} = \begin{pmatrix} 3 \\ 4 \\ -3 \end{pmatrix} + u \begin{pmatrix} 0 \\ -1 \\ 0 \end{pmatrix} + v \begin{pmatrix} -2 \\ -3 \\ 3 \end{pmatrix}$

d) $E_1: \vec{x} = \begin{pmatrix} 4 \\ 0 \\ 0 \end{pmatrix} + r \begin{pmatrix} 0 \\ 4 \\ 0 \end{pmatrix} + s \begin{pmatrix} -4 \\ 0 \\ 3 \end{pmatrix}$

$E_2: \vec{x} = \begin{pmatrix} 0 \\ 0 \\ 0 \end{pmatrix} + u \begin{pmatrix} 4 \\ 4 \\ 0 \end{pmatrix} + v \begin{pmatrix} 0 \\ 0 \\ 3 \end{pmatrix}$

40. Auf dem abgebildeten Würfel sind zwei Ebenenausschnitte dargestellt. Zeigen Sie, dass die zugehörigen Ebenen sich schneiden. Geben Sie eine Gleichung der Schnittgeraden g an.

a)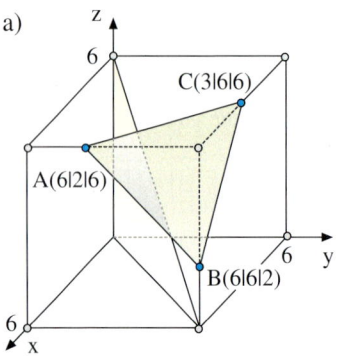

b)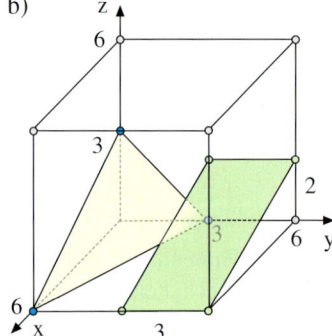

41. E_1 enthält die Geraden $g_1: \vec{x} = \begin{pmatrix} 2 \\ 0 \\ 3 \end{pmatrix} + r \begin{pmatrix} 1 \\ -1 \\ 3 \end{pmatrix}$ und $g_2: \vec{x} = \begin{pmatrix} 0 \\ 2 \\ 3 \end{pmatrix} + s \begin{pmatrix} -1 \\ 1 \\ 3 \end{pmatrix}$, die sich schneiden.

E_2 geht durch die Punkte A(2|2|0), B(0|4|6) und C(−3|7|0).

E_3 hat die Achsenabschnitte $x = 4$, $y = 4$ und $z = 6$.

a) Untersuchen Sie die gegenseitige Lage von E_1 und E_2 bzw. von E_1 und E_3.
b) Zeichnen Sie ein Schrägbild der drei Ebenen sowie der Schnittgeraden.

2. Lagebeziehungen

42. Untersuchen Sie, welche gegenseitige Lage die Ebenen E_1 und E_2 einnehmen.

a) E_1: $2x + y + z = 6$ E_2: $\vec{x} = \begin{pmatrix} -2 \\ -2 \\ 3 \end{pmatrix} + r \begin{pmatrix} 1 \\ 1 \\ 0 \end{pmatrix} + s \begin{pmatrix} 2 \\ 0 \\ -3 \end{pmatrix}$

b) E_1: $x - y + z = 2$ E_2: $\vec{x} = \begin{pmatrix} 7 \\ 1 \\ -4 \end{pmatrix} + r \begin{pmatrix} 1 \\ 1 \\ 0 \end{pmatrix} + s \begin{pmatrix} 1 \\ 0 \\ -1 \end{pmatrix}$

c) E_1: $2x - 5y - 5z = 8$ E_2: $\vec{x} = \begin{pmatrix} 0 \\ -1 \\ -1 \end{pmatrix} + r \begin{pmatrix} 5 \\ 1 \\ 1 \end{pmatrix} + s \begin{pmatrix} 5 \\ 2 \\ 0 \end{pmatrix}$

d) E_1: $4y + z = 4$
E_2: $3y + 2z = 6$

e) E_1: $x + 2y + 3z = 12$
E_2: $2x + 4y + 6z = 16$

f) E_1: $x - y - 2z = -2$
E_2: $2x - 2y - 4z = -4$

43. Bestimmen Sie die Gleichungen der Spurgeraden der Ebene E.

a) E: $\vec{x} = \begin{pmatrix} 3 \\ 0 \\ 2 \end{pmatrix} + r \begin{pmatrix} 3 \\ 4 \\ 2 \end{pmatrix} + s \begin{pmatrix} -3 \\ 0 \\ 1 \end{pmatrix}$

b) E: $\vec{x} = \begin{pmatrix} 4 \\ 3 \\ 2 \end{pmatrix} + r \begin{pmatrix} 2 \\ -1 \\ 1 \end{pmatrix} + s \begin{pmatrix} 1 \\ 2 \\ 2 \end{pmatrix}$

c) E: $-3x + 5y - z = 15$

d) E: $3y - 2z = 12$

44. Eine Ebene E besitzt die Spurgeraden g_1: $\vec{x} = \begin{pmatrix} 1 \\ 1 \\ 0 \end{pmatrix} + r \cdot \begin{pmatrix} 2 \\ 1 \\ 0 \end{pmatrix}$ und g_2: $\vec{x} = \begin{pmatrix} 2 \\ 0 \\ 1 \end{pmatrix} + s \cdot \begin{pmatrix} 3 \\ 0 \\ 1 \end{pmatrix}$.

Bestimmen Sie eine Koordinatengleichung von E sowie die Gleichung der dritten Spurgeraden.

45. Die Abbildung zeigt Ausschnitte aus zwei Ebenen E_1 und E_2.
Bestimmen Sie die Gleichung der Schnittgeraden g.
Übertragen Sie die Abbildung in Ihr Heft und zeichnen Sie diejenige Teilstrecke der Schnittgeraden g in das Schrägbild ein, die auf dem abgebildeten Ausschnitt von E_1 liegt.

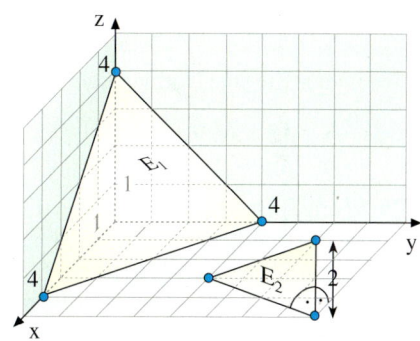

46. a) Welche gegenseitigen Lagen können drei Ebenen zueinander einnehmen?
Skizzieren Sie mindestens vier prinzipiell verschiedene Fälle.

b) Die drei Ebenen E_1, E_2, E_3 schneiden sich in einer Geraden g bzw. in einem Punkt S.
Bestimmen Sie g bzw. S.

(1) E_1: $\vec{x} = \begin{pmatrix} 3 \\ 3 \\ 1 \end{pmatrix} + r \begin{pmatrix} -3 \\ -1 \\ 1 \end{pmatrix} + s \begin{pmatrix} 3 \\ 0 \\ -1 \end{pmatrix}$, E_2: $\vec{x} = \begin{pmatrix} 6 \\ 0 \\ 0 \end{pmatrix} + u \begin{pmatrix} 0 \\ 6 \\ 1 \end{pmatrix} + v \begin{pmatrix} 6 \\ 0 \\ -1 \end{pmatrix}$, E_3: $y - 3z = 0$

(2) E_1: $x + y + z = 4$, E_2: $3x + y + 3z = 6$, E_3: $\vec{x} = \begin{pmatrix} 0 \\ 0 \\ 0 \end{pmatrix} + r \begin{pmatrix} 3 \\ 1 \\ 0 \end{pmatrix} + s \begin{pmatrix} 0 \\ 1 \\ 1 \end{pmatrix}$

47. Ein keilförmiges Kohleflöz hat nach oben und unten ebene Begrenzungsflächen E und E' zu den angrenzenden Gesteinsschichten. Bei drei Probebohrungen werden jeweils der Eintrittspunkt und der Austrittspunkt festgestellt: A(–20|30|–200), A'(–20|30|–236), B(120|180|–80), B'(120|180|–120), C(80|120|–120), C'(80|120|–160).

a) Wie lauten die Gleichungen der Begrenzungsebenen E und E'?
b) Wie lautet die Gleichung der Geraden g, in der das Kohleflöz endet?
c) Vom Punkt T(–200|200|0) wird ein Tunnel in Richtung des Vektors $\begin{pmatrix} 2 \\ -2 \\ -1 \end{pmatrix}$ vorangetrieben. Wo trifft er die Kohleschicht, wo verlässt er sie wieder, wie weit ist es vom Tunneleingang bis zur Kohleschicht?
d) Trifft eine senkrechte Bohrung, die im Punkt T(–100|450|0) beginnt, die Kohleschicht?

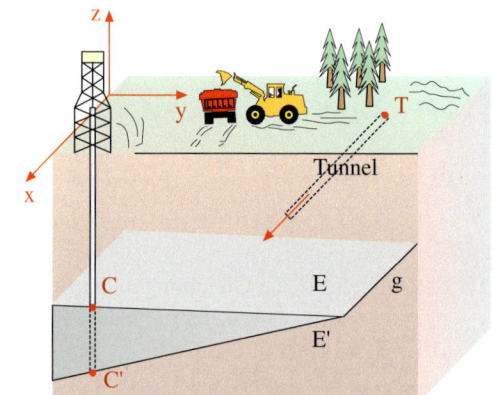

48. Finden Sie heraus, ob unter den Ebenen E_1, E_2 und E_3 Orthogonalitäten auftreten.

a) $E_1: \left[\vec{x} - \begin{pmatrix} 1 \\ 0 \\ 0 \end{pmatrix}\right] \cdot \begin{pmatrix} 1 \\ 4 \\ 2 \end{pmatrix} = 0$ $E_2: \left[\vec{x} - \begin{pmatrix} 0 \\ 1 \\ 0 \end{pmatrix}\right] \cdot \begin{pmatrix} 4 \\ -1 \\ 0 \end{pmatrix} = 0$ $E_3: \left[\vec{x} - \begin{pmatrix} 0 \\ 0 \\ 1 \end{pmatrix}\right] \cdot \begin{pmatrix} 8 \\ -3 \\ 2 \end{pmatrix} = 0$

b) $E_1: \left[\vec{x} - \begin{pmatrix} 0 \\ 1 \\ 2 \end{pmatrix}\right] \cdot \begin{pmatrix} -1 \\ 2 \\ -2 \end{pmatrix} = 0$ $E_2: \vec{x} = \begin{pmatrix} 1 \\ 1 \\ 2 \end{pmatrix} + r \begin{pmatrix} 3 \\ 1 \\ 2 \end{pmatrix} + s \begin{pmatrix} 3 \\ 3 \\ 3 \end{pmatrix}$ $E_3: 2x + 2y - 4z = 0$

49. Bestimmen Sie eine Normalengleichung der zu E parallelen Ebene F, die den Punkt A enthält.

a) $E: 2x - 3y + 2z = 12$, $A(1|2|4)$ b) $E: \vec{x} = \begin{pmatrix} 1 \\ 2 \\ 0 \end{pmatrix} + r \begin{pmatrix} 0 \\ 2 \\ 3 \end{pmatrix} + s \begin{pmatrix} -3 \\ 4 \\ 6 \end{pmatrix}$, $A(-2|6|-2)$

50. Die Ebene E ist orthogonal zur x-y-Ebene und zur x-z-Ebene und enthält A(1|2|3). Stellen Sie eine Koordinatengleichung von E auf.

51. Eine Ebene E ist orthogonal zur Ebene F: $2x - 4z = 6$. Die Gleichung g: $\vec{x} = \begin{pmatrix} 3 \\ -1 \\ 0 \end{pmatrix} + r \begin{pmatrix} -4 \\ 3 \\ -2 \end{pmatrix}$ stellt die Schnittgerade von E und F dar. Stellen Sie eine Normalengleichung von E auf.

52. Gesucht ist derjenige Parameterwert a, für den die Ebenen E_1 und E_a orthogonal sind.

a) $E_1: 2x - y + z = 6$
    $E_a: ax + 4y - 2z = 4$

b) $E_1: \vec{x} = \begin{pmatrix} 1 \\ 0 \\ 2 \end{pmatrix} + r \begin{pmatrix} 1 \\ 2 \\ 3 \end{pmatrix} + s \begin{pmatrix} 3 \\ 1 \\ -1 \end{pmatrix}$
    $E_a: x - ay + z = 3$

c) $E_1: \left[\vec{x} - \begin{pmatrix} 3 \\ -1 \\ 2 \end{pmatrix}\right] \cdot \begin{pmatrix} 1 \\ 1 \\ -1 \end{pmatrix} = 0$
    $E_a: ax + 2ay - 6z = 0$

2. Lagebeziehungen

Die Übungen dienten bisher überwiegend der Festigung einzelner Techniken der Vektorgeometrie. Die Lösung der folgenden zusammengesetzten Aufgaben dagegen erfordert stets die Verwendung mehrerer Verfahren.

53. Gegeben sind die Gerade g: $\vec{x} = \begin{pmatrix} 14 \\ -1 \\ -1 \end{pmatrix} + r \begin{pmatrix} -8 \\ 2 \\ 1 \end{pmatrix}$ und die Ebene E durch die Punkte A(−2|5|2), B(2|3|0) und C(2|−1|2).

a) Stellen Sie eine Parametergleichung und eine Koordinatengleichung der Ebene E auf.
b) Prüfen Sie, ob der Punkt P(−2|3|1) auf der Geraden g oder auf der Ebene E liegt.
c) Untersuchen Sie die gegenseitige Lage von g und E. Bestimmen Sie ggf. den Schnittpunkt S.
d) Bestimmen Sie die Schnittpunkte Q und R der Geraden g mit der x-y-Ebene bzw. der y-z-Ebene.
e) In welchen Punkten schneiden die Koordinatenachsen die Ebene E?
f) Zeichnen Sie anhand der Ergebnisse aus c), d) und e) ein Schrägbild von g und E.

54. Gegeben seien die Punkte A(0|0|0), B(8|0|0), C(8|8|0), D(0|8|0) und S(4|4|8), die Eckpunkte einer quadratischen Pyramide mit der Grundfläche ABCD und der Spitze S sind.

a) Zeichnen Sie in einem kartesischen Koordinatensystem ein Schrägbild der Pyramide.
b) Eine Gerade g schneidet die z-Achse bei z = 12 und geht durch die Spitze S der Pyramide. Wo schneidet diese Gerade g die x-y-Ebene?
c) Gegeben sei weiter die Ebene E: 2y + 5z = 24.
 Welche besondere Lage bezüglich der Koordinatenachsen hat diese Ebene E?
 Wo schneiden die Seitenkanten $\overline{AS}$, $\overline{BS}$, $\overline{CS}$ und $\overline{DS}$ der Pyramide die Ebene E?
 Zeichnen Sie die Schnittfläche der Ebene E mit der Pyramide in das Schrägbild ein und zeigen Sie, dass diese Schnittfläche ein Trapez ist.
d) In welchem Punkt T durchdringt die Höhe h der Pyramide die Schnittfläche aus c)? Zeichnen Sie auch h und T in das Schrägbild ein.

55. Gegeben ist der abgebildete Würfel mit der Seitenlänge 4.

a) In welchem Punkt S schneidet die Gerade g durch D und F die Ebene E durch die Punkte P, Q und R?
b) Die Punkte P, Q, R und F bilden die Ecken einer Pyramide. Bestimmen Sie deren Volumen.
c) In welchen Punkten durchstößt die Gerade h durch Q und R die Koordinatenebenen?
d) Bestimmen Sie die Gleichung der Schnittgeraden k der Ebene E und der Ebene F durch B, D und H.
e) Wo durchstößt die Gerade durch B und H die Ebene E?

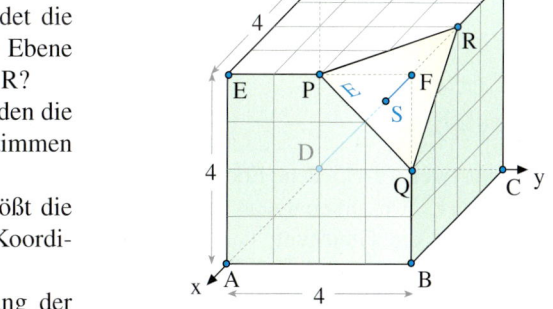

G. Drei Ebenen und das entsprechende lineare Gleichungssystem

Eine Ebene wird durch eine lineare Gleichung der Form $a_{11}x + a_{12}y + a_{13}z = b_1$ beschrieben. Sind drei lineare Gleichungen – also ein LGS – gegeben, so werden dadurch drei Ebenen festgelegt. Je nach deren Lage besitzt das LGS genau eine, unendlich viele oder keine Lösung.

Gegeben sind die Koordinatengleichungen von drei Ebenen E_1, E_2 und E_3:

E_1: $\quad x + 2y - 4z = -6$

E_2: $\quad 2x + y + 3z = 5$

E_3: $-3x + y + 6z = -2$

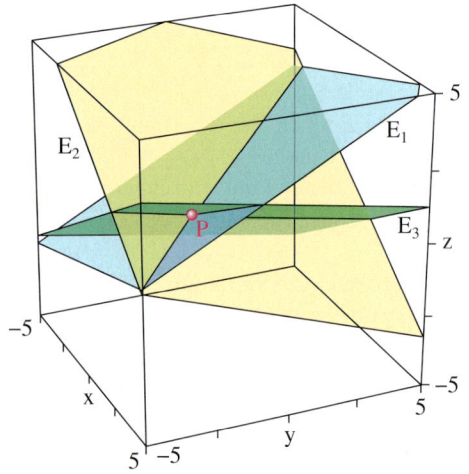

Das nebenstehenden Bild zeigt die drei Ebenen für $x, y, z \in [-5; 5]$. Sie haben nur den Punkt $P(2|-2|1)$ gemeinsam.
Löst man das entsprechende LGS, erhält man die Lösungsmenge $L = \{(2|-2|1)\}$.

Übung 56
Bestätigen Sie die Lösung des obigen LGS.

Allgemein gilt:

> Hat das aus den Koordinatengleichungen dreier Ebenen bestehende lineare Gleichungssystem **genau eine Lösung**, so haben die drei Ebenen **genau einen Punkt** gemeinsam.

Der einfachste Fall mit **unendlich vielen Lösungen** liegt vor, wenn die drei gegebenen Koordinatengleichungen ein und dieselbe Ebene bestimmen. Dann ist jeder Punkt dieser Ebene Lösung des gegebenen LGS, das eine zweiparametrige Lösungsmenge (vgl. Seite 20) besitzt.

Die Koordinatengleichungen

E_1: $\quad x + 2y - 4z = -6$

E_2: $\quad 2x + y + 3z = 5$

E_3: $-2x - 4y + 8z = 12$

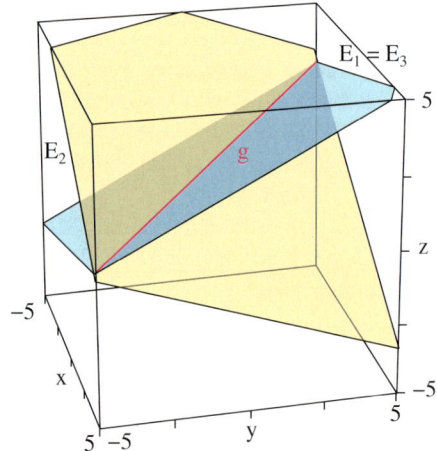

bestimmen nur zwei verschiedene Ebenen, denn es gilt $E_1 = E_3$. Das erkennt man auch unmittelbar, denn die Gleichung von E_3 entsteht aus der von E_1 durch Multiplikation mit -2. Die Ebenen E_1 und E_2 schneiden sich in der Geraden g. Das LGS besitzt eine einparametrige unendliche Lösungsmenge (vgl. Seite 19).

Übung 57
Ermitteln Sie die Lösungsmenge des obigen LGS und die Gleichung der Schnittgeraden g von E_1 und E_2.

Lagebeziehungen

Allgemein gilt:

> Hat das aus den Koordinatengleichungen dreier Ebenen bestehende lineare Gleichungssystem eine **zweiparametrige unendliche Lösung**, so sind die drei Ebenen identisch.
> Liegt eine **einparametrige unendliche Lösung** vor, so haben die drei Ebenen **genau eine Gerade** gemeinsam.

Wir verändern wieder nur die Gleichung von E_3:

$E_1: \quad x + 2y - 4z = -6$

$E_2: \quad 2x + y + 3z = 5$

$E_3: -2x - 4y + 8z = -2$

Nun sind (vgl. Abb.) die Ebenen E_1 und E_3 parallel und die Schnittmenge ist folglich leer. In der folgenden Übung soll bestätigt werden, dass die Lösungsmenge L des LGS ebenfalls leer ist.

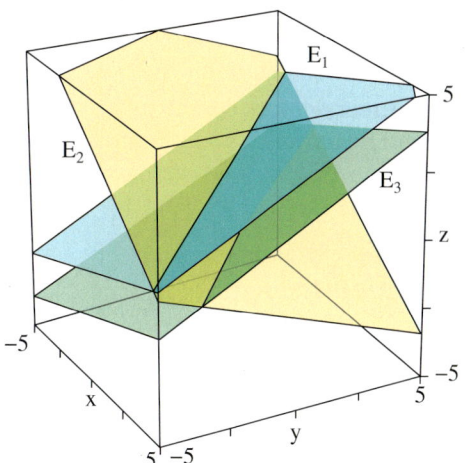

Übung 58
Bestätigen Sie: $L = \{\}$.

Schließlich wird nochmals nur die Gleichung von E_3 abgewandelt:

$E_1: \quad x + 2y - 4z = -6$

$E_2: \quad 2x + y + 3z = 5$

$E_3: -2x - 7y + 19z = 10$

Auch hier ist die Schnittmenge leer und die Bearbeitung der folgenden Übung wird zeigen, dass die Lösungsmenge L des LGS ebenfalls leer ist.
Im vorliegenden Fall sind die Schnittgeraden $g(E_1, E_2)$ und $h(E_3, E_2)$ parallel.

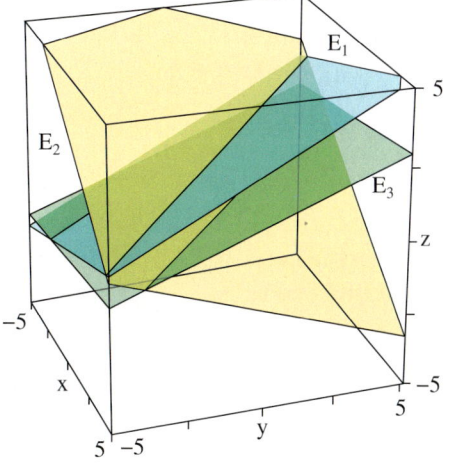

Übung 59
Bestimmen Sie die Schnittgeraden $g(E_1, E_2)$ und $h(E_3, E_2)$. Zeigen Sie: $g \parallel h$.
Bestätigen Sie: $L = \{\}$.

Allgemein gilt:

> Hat das aus den Koordinatengleichungen dreier Ebenen bestehende lineare Gleichungssystem **keine Lösung**, so sind **mindestens zwei der drei Ebenen parallel**, oder die **Schnittgeraden von zwei der drei Ebenen mit der dritten Ebene verlaufen parallel**.

Überblick

Parametergleichung einer Ebene:

E: $\vec{x} = \vec{a} + r \cdot \vec{u} + s \cdot \vec{v}$ $(r, s \in \mathbb{R})$
$\vec{a}$: Spannvektor der Ebene
$\vec{u}, \vec{v}$: Spannvektoren der Ebene
r, s: Ebenenparameter

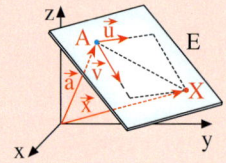

Dreipunktegleichung einer Ebene:

E: $\vec{x} = \vec{a} + r \cdot (\vec{b} - \vec{a}) + s \cdot (\vec{c} - \vec{a})$ $(r, s \in \mathbb{R})$
$\vec{a}, \vec{b}, \vec{c}$: Ortsvektoren von drei Ebenenpunkten A, B und C

Normalengleichung einer Ebene:

E: $(\vec{x} - \vec{a}) \cdot \vec{n} = 0$ $(\vec{n} \neq \vec{0})$
$\vec{a}$: Stützvektor der Ebene
$\vec{n}$: Normalenvektor der Ebene

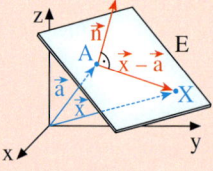

Koordinatengleichung einer Ebene:

E: $ax + by + cz = d$ $(a, b, c, d \in \mathbb{R}; a^2 + b^2 + c^2 > 0)$
$\begin{pmatrix} a \\ b \\ c \end{pmatrix}$ ist ein Normalenvektor von E.

Achsenabschnittsgleichung einer Ebene:

E: $\frac{x}{A} + \frac{y}{B} + \frac{z}{C} = 1$ $(A \neq 0, B \neq 0, C \neq 0)$

A, B und C sind die Achsenabschnitte von E.

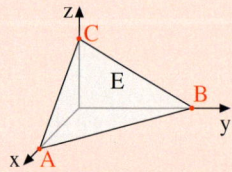

Relative Lage von Punkt und Ebene:

Ein Punkt P im Raum kann auf einer Ebene E liegen oder außerhalb der Ebene.
Zur Überprüfung verwendet man die **Punktprobe**, d. h., man setzt den Ortsvektor des Punktes oder seine Koordinaten in die Ebenengleichung ein.
Je nach verwendeter Ebenendarstellung ergibt sich eine Gleichung oder ein Gleichungssystem.
Lässt sich die Gleichung bzw. das Gleichungssystem lösen, so liegt der Punkt auf der Ebene, andernfalls nicht.

V. Ebenen

Relative Lage von Punkt und Dreieck:

Ein Punkt P liegt im Dreieck ABC, wenn er folgende Bedingungen erfüllt:
1. P liegt auf der Ebene E: $\vec{x} = \vec{a} + r \cdot (\vec{b} - \vec{a}) + s \cdot (\vec{c} - \vec{a})$.
2. Für seine Parameterwerte r und s gilt
   $0 \leq r \leq 1, 0 \leq s \leq 1, 0 \leq r + s \leq 1$.

Relative Lage von Punkt und Parallelogramm:

Ein Punkt P liegt im Parallelogramm ABCD, wenn er folgende Bedingungen erfüllt:
1. P liegt auf der Ebene E: $\vec{x} = \vec{a} + r \cdot (\vec{b} - \vec{a}) + s \cdot (\vec{d} - \vec{a})$.
2. Für seine Parameterwerte r und s gilt
   $0 \leq r \leq 1, 0 \leq s \leq 1$.

Relative Lage von Gerade und Ebene:

Ein Gerade g im Raum kann parallel zu einer Ebene E verlaufen, in der Ebene liegen oder sie in genau einem Punkt schneiden.

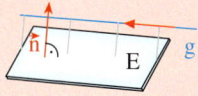

Parallelität erkennt man daran, dass der Richtungsvektor der Geraden und der Normalenvektor der Ebene orthogonal sind oder dass der Richtungsvektor der Geraden und die Richtungsvektoren der Ebene komplanar sind.

Die Gerade liegt in der Ebene, wenn sie parallel zur Ebene ist und zusätzlich ihr Stützpunkt in der Ebene liegt.

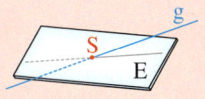

Den Schnittpunkt von g und E errechnet man am einfachsten, indem man die Ebene in Koordinatenform oder Normalenform darstellt und dann die allgemeinen Koordinaten der Geraden in die Gleichung der Ebene einsetzt (Punktprobe). (s. Seite 153)

Relative Lage von zwei Ebenen:

Zwei Ebenen E_1 und E_2 können echt parallel oder sogar identisch sein oder sich in einer Schnittgeraden g schneiden.

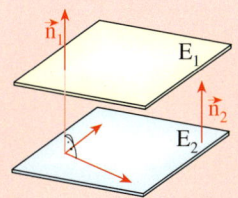

Parallelität erkennt man daran, dass die Normalenvektoren der beiden Ebenen kollinear sind oder dass der Normalenvektor der ersten Ebene orthogonal zu beiden Spannvektoren der zweiten Ebene ist.

Identische Ebenen sind daran zu erkennen, dass sie parallel sind und zusätzlich der Stützpunkt der ersten Ebene auch auf der zweiten Ebene liegt (Punktprobe).

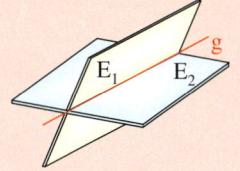

Die Schnittgerade zweier Ebenen errechnet man am einfachsten, indem man eine Ebene in Parameterform und die zweite Ebene in Koordinatenform oder Normalenform darstellt und dann die allgemeinen Koordinaten der ersten Ebene in die Gleichung der zweiten Ebene einsetzt. (s. Seite 163)

3-D-Darstellung von Ebenen

Im Abschnitt 2 wurden unter anderem die Lagebeziehungen von Gerade und Ebene, sowie von zwei Ebenen untersucht. Aus den Lösungseigenschaften der dabei entstandenen Gleichungssysteme kann man die Lagebeziehung der betrachteten geometrischen Objekte beurteilen. Eine anschauliche Vorstellung gewinnt man mit Hilfe von 3-D-Darstellungen durch Computerprogramme.

Das folgende Bild zeigt die 3-D-Darstellung einer Ebene und einer Geraden mit einem Computerprogramm, das als Medienelement im Internet verwendet werden kann. Dazu öffnet man die Internetseite http://www.cornelsen.de/webcodes/ und gibt dort den Webcode MBK041914-394-1 ein.

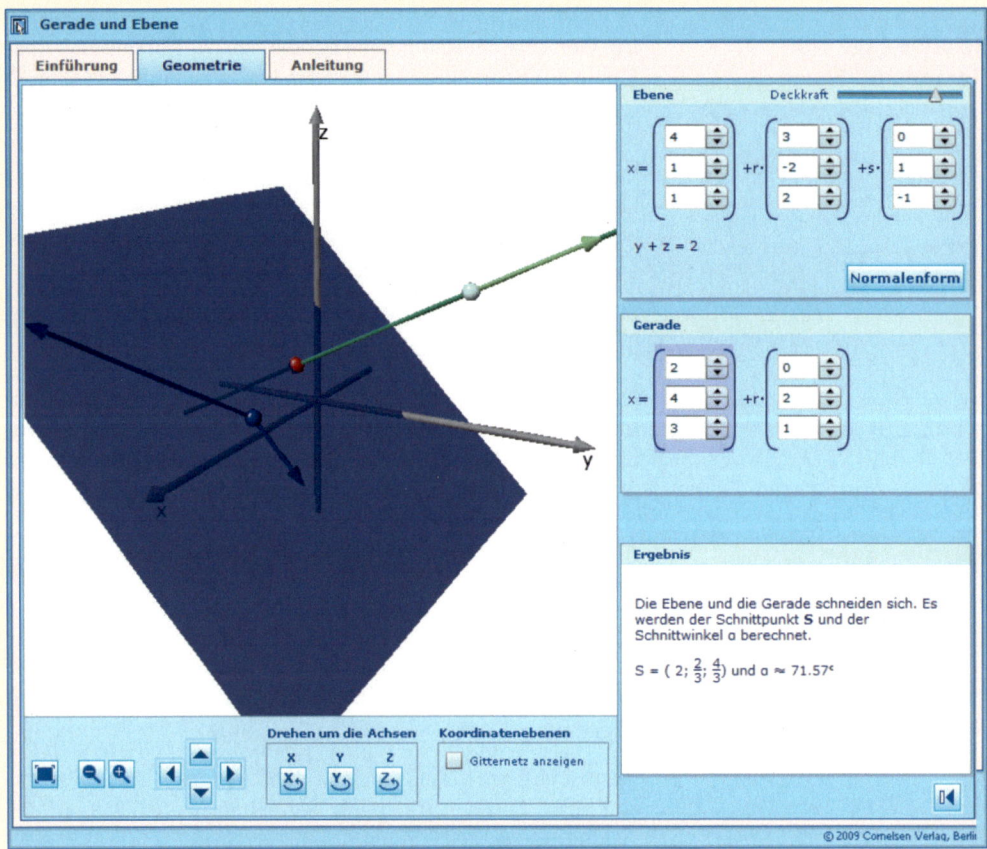

Das Programm gestattet die Eingabe der Geraden- und Ebenengleichung in Parameterform. Das Tool stellt die Objekte im räumlichen Koordinatensystem dar und gibt ihre Lagebeziehung aus. Schneiden sich Gerade und Ebene, so wird der Schnittpunkt S und der Schnittwinkel α ausgegeben. Verlaufen Ebene und Gerade parallel, wird der Abstand d berechnet und angezeigt. Die Darstellung kann verändert werden. Insbesondere lässt sich das Bild vergrößern und verkleinern, verschieben und drehen. Besonders die Drehung der z-Achse vermittelt einen anschaulichen Eindruck über die Lagebeziehung.

3-D-Darstellung von Ebenen

Es gibt auch Computerprogramme, mit denen man die Lagebeziehung zwischen Gerade und Ebene und zwischen zwei Ebenen untersuchen kann.

Das folgende Bild zeigt die 3-D-Darstellung zweier sich schneidender Ebenen mit einem Computerprogramm, das man als Medienelement auf www.cornelsen.de/webcodes mit dem Webcode MBK041914-394-2 erreicht. Zwei Ebenen können in Parameterform eingegeben werden. Das Tool zeigt beide Ebenen und gibt ihre Lagebeziehung aus. Gegebenenfalls werden Abstand, Schnittgerade und Schnittwinkel angegeben.

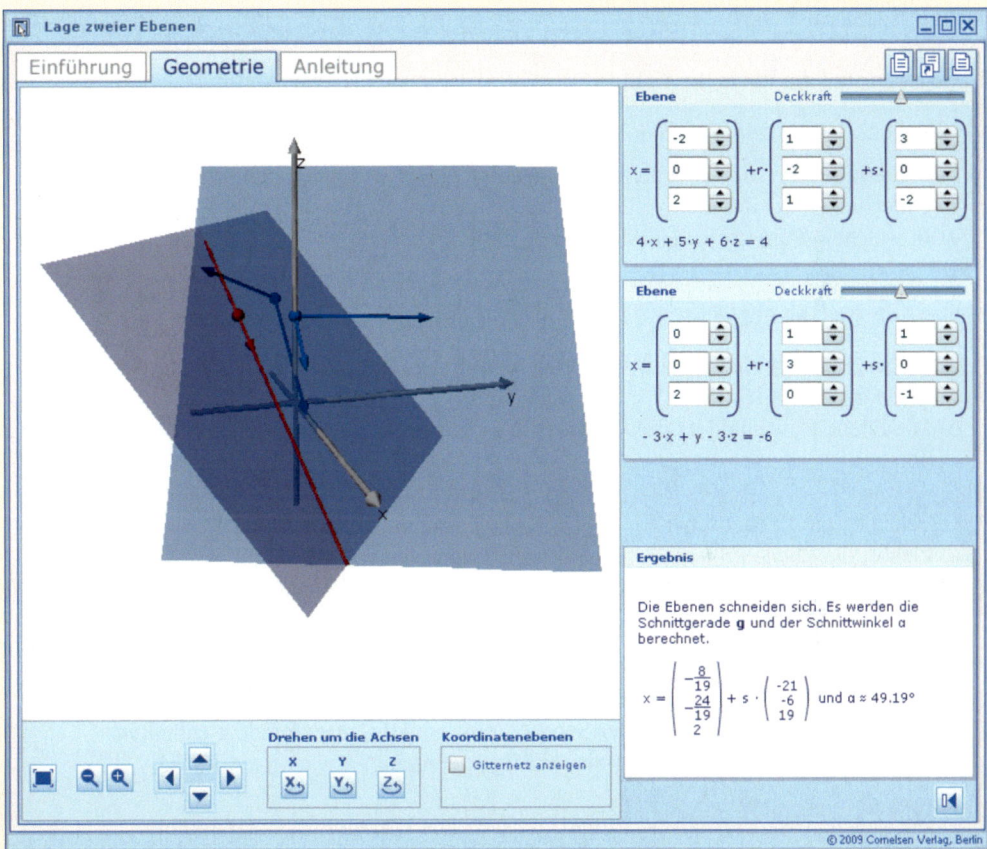

Übungen

a) Bearbeiten Sie ausgewählte Beispiele und die Übungen zur Lagebeziehung Gerade-Ebene (Seite 153 ff.) mit dem auf Seite 176 vorgestellten Medienelement. Formen Sie vorher alle Ebenengleichungen in Parameterform um.
b) Bearbeiten Sie ausgewählte Beispiele und Übungen zur Lagebeziehung von zwei Ebenen (Seite 163 ff.) mit dem oben erwähnten Medienelement. Formen Sie vorher alle Ebenengleichungen in Parameterform um.

Test

Ebenen

1. Gegeben sind die Punkte A(0|2|3), B(4|2|0) und C(2|3|0) der Ebene E.
   a) Stellen Sie eine Parameter- und eine Koordinatengleichung der Ebene E auf.
   b) Liegt der Punkt P(1|2|2,5) auf der Ebene E?
   c) Bestimmen Sie die Achsenabschnittspunkte der Ebene E und fertigen Sie eine Skizze der Ebene im Koordinatensystem an.

2. Gegeben sind die Ebene E: $\vec{x} = \begin{pmatrix} 3 \\ 2 \\ 0 \end{pmatrix} + r \begin{pmatrix} 0 \\ -2 \\ 2 \end{pmatrix} + s \begin{pmatrix} -3 \\ 0 \\ 2 \end{pmatrix}$ sowie die
   Gerade g: $\vec{x} = \begin{pmatrix} 3 \\ 2 \\ 1 \end{pmatrix} + t \begin{pmatrix} -3 \\ 2 \\ 0 \end{pmatrix}$.
   a) Stellen Sie eine Normalengleichung und eine Koordinatengleichung der Ebene E auf.
   b) Untersuchen Sie die relative Lage von E und g.
   c) In welchem Punkt schneidet die Gerade g die x-z-Ebene?

3. Gegeben sind die Ebenen E_1: $\vec{x} = \begin{pmatrix} 1 \\ 1 \\ 2 \end{pmatrix} + r \begin{pmatrix} -4 \\ 1 \\ 3 \end{pmatrix} + s \begin{pmatrix} 4 \\ 2 \\ -3 \end{pmatrix}$ und E_2: $x - 2y + z = 4$.
   a) Zeigen Sie, dass die Ebenen sich schneiden. Bestimmen Sie die Gleichung der Schnittgeraden g.
   b) Die Ebene E_1 schneidet die x-z-Ebene in einer Geraden h. Bestimmen Sie eine Gleichung von h.

4. Gegeben ist die Ebenenschar E_a: $(3 + a)x + 2y + az = 14$, $a \in \mathbb{R}$.
   a) Gehört die Ebene F: $x + y - 2z = 7$ zur Ebenenschar E_a?
   b) Welche Ebene der Schar E_a ist parallel zur x-Achse? Welche Ebene der Schar E_a geht durch den Punkt P(2|2|−1)?
   c) Zu welcher Ebene der Schar verläuft die Gerade k: $\vec{x} = \begin{pmatrix} 1 \\ 2 \\ 4 \end{pmatrix} + r \cdot \begin{pmatrix} 2 \\ 1 \\ -1 \end{pmatrix}$ parallel?
   d) Zeigen Sie, dass alle Ebenen der Schar E_a eine gemeinsame Gerade g enthalten. Bestimmen Sie eine Gleichung dieser Trägergeraden g.
   e) Für welchen Wert von a sind E_a und G: $\vec{x} = \begin{pmatrix} 3 \\ 1 \\ 0 \end{pmatrix} + r \begin{pmatrix} 2 \\ 0 \\ 1 \end{pmatrix} + s \begin{pmatrix} -2 \\ 3 \\ 2 \end{pmatrix}$ echt parallel?
   f) Untersuchen Sie die relative Lage von h: $\vec{x} = \begin{pmatrix} 3 \\ 12 \\ 7 \end{pmatrix} + t \begin{pmatrix} 2 \\ -4 \\ 2 \end{pmatrix}$ und E_a in Abhängigkeit von a.

Lösungen: S. 351

VI. Winkel und Abstände

1. Schnittwinkel

Im Anschluss an die Einführung des Skalarprodukts wurde die Kosinusformel zur Bestimmung des Winkels zwischen zwei Vektoren hergeleitet (s. S. 62).
Hiervon ausgehend lassen sich vergleichbare Formeln für den Schnittwinkel zweier Geraden bzw. einer Geraden und einer Ebene bzw. zweier Ebenen entwickeln.

A. Der Schnittwinkel von zwei Geraden

Der Schnittwinkel γ von Geraden ergibt sich als Winkel zwischen den Richtungsvektoren $\vec{m_1}$ und $\vec{m_2}$ der beiden Geraden. Das Betragszeichen im Zähler sichert, dass der Winkel stets zwischen 0° und 90° liegt.

> **Schnittwinkel Gerade/Gerade**
>
> Schneiden sich zwei Geraden g und h mit den Richtungsvektoren $\vec{m_1}$ und $\vec{m_2}$, dann gilt für ihren Schnittwinkel γ:
> $$\cos\gamma = \frac{|\vec{m_1} \cdot \vec{m_2}|}{|\vec{m_1}| \cdot |\vec{m_2}|}.$$

Übung 1
Errechnen Sie den Schnittpunkt und den Schnittwinkel der Geraden g und h.

g: $\vec{x} = \begin{pmatrix} 0 \\ 0 \\ 1 \end{pmatrix} + r \begin{pmatrix} 1 \\ 2 \\ 2 \end{pmatrix}$, h: $\vec{x} = \begin{pmatrix} 2 \\ 0 \\ 2 \end{pmatrix} + s \begin{pmatrix} -1 \\ 2 \\ 1 \end{pmatrix}$

Übung 2
Bestimmen Sie den Schnittwinkel γ der rechts dargestellten Geraden g und h.

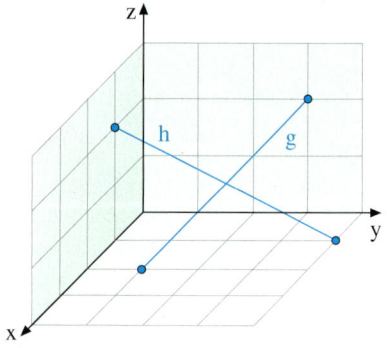

B. Der Schnittwinkel von Gerade und Ebene

Unter dem Schnittwinkel γ einer Geraden g und einer Ebene E versteht man den Winkel zwischen der Geraden g und der Geraden s, welche durch senkrechte Projektion der Geraden g auf die Ebene E entsteht. Er liegt zwischen 0° und 90°.

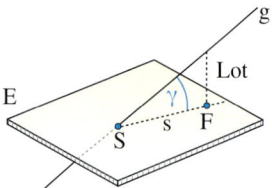

Winkel zwischen g und E

Man kann den Winkel γ bestimmen, indem man zunächst die Gleichung der Projektionsgeraden s ermittelt und anschließend den Winkel zwischen g und s errechnet. Es geht aber noch einfacher, wenn man einen Normalenvektor der Ebene verwendet, wie im Folgenden dargestellt.

1. Schnittwinkel

Wir denken uns wie rechts abgebildet eine Hilfsebene H errichtet, die g enthält und senkrecht auf E steht. Sie schneidet E in der Geraden s.
Der Schnittwinkel γ von g und E ist der Winkel zwischen g und s.
Der Winkel $90° - \gamma$ lässt sich mit der Kosinusformel als Winkel zwischen dem Richtungsvektor $\vec{m}$ von g und dem Normalenvektor $\vec{n}$ von E errechnen, da beide Vektoren ebenfalls in der Hilfsebene liegen und $\vec{n}$ senkrecht auf s steht:

$$\cos(90° - \gamma) = \frac{|\vec{m} \cdot \vec{n}|}{|\vec{m}| \cdot |\vec{n}|}.$$

Da $\cos(90° - \gamma) = \sin\gamma$ gilt, erhalten wir die rechts dargestellte Formel für den Schnittwinkel von Gerade und Ebene.

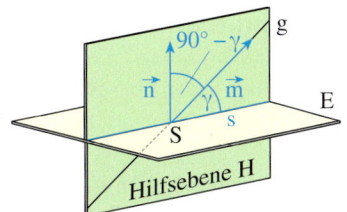

Schnittwinkel Gerade/Ebene

Die Gerade g: $\vec{x} = \vec{a} + r \cdot \vec{m}$ schneidet die Ebene E: $(\vec{x} - \vec{a}) \cdot \vec{n} = 0$.
Dann gilt für den Schnittwinkel γ von g und E die Formel

$$\sin\gamma = \frac{|\vec{m} \cdot \vec{n}|}{|\vec{m}| \cdot |\vec{n}|}.$$

▶ **Beispiel: Schnittwinkel Gerade/Ebene**

Die Gerade g durch A(2|1|3) und B(4|2|1) schneidet die Ebene E: $\left[\vec{x} - \begin{pmatrix} 3 \\ 5 \\ 1 \end{pmatrix}\right] \cdot \begin{pmatrix} 3 \\ 1 \\ 2 \end{pmatrix} = 0$.

Bestimmen Sie den Schnittpunkt S und den Schnittwinkel γ von g und E.

Lösung:
Wir bestimmen zunächst eine Parametergleichung von g und berechnen den Schnittpunkt S von g und E durch Einsetzung des allgemeinen Vektors von g in die Gleichung von E.
Resultat: S(4|2|1)

Parametergleichung von g:

g: $\vec{x} = \begin{pmatrix} 2 \\ 1 \\ 3 \end{pmatrix} + r \cdot \begin{pmatrix} 2 \\ 1 \\ -2 \end{pmatrix}$

Schnittpunkt von g und E: S(4|2|1)

Anschließend setzen wir den Richtungsvektor $\vec{m}$ von g und den Normalenvektor $\vec{n}$ von E in die Sinusformel für den Winkel zwischen Gerade und Ebene ein.
Wir erhalten $\sin\gamma \approx 0{,}2673$, woraus wir mit Hilfe des Taschenrechners das Resultat
▶ $\gamma \approx 15{,}50°$ erhalten.

Schnittwinkel von g und E:

$$\sin\gamma = \frac{|\vec{m} \cdot \vec{n}|}{|\vec{m}| \cdot |\vec{n}|} = \frac{\left|\begin{pmatrix} 2 \\ 1 \\ -2 \end{pmatrix} \cdot \begin{pmatrix} 3 \\ 1 \\ 2 \end{pmatrix}\right|}{\left|\begin{pmatrix} 2 \\ 1 \\ -2 \end{pmatrix}\right| \cdot \left|\begin{pmatrix} 3 \\ 1 \\ 2 \end{pmatrix}\right|} = \frac{3}{\sqrt{9} \cdot \sqrt{14}}$$

$\sin\gamma \approx 0{,}2673 \Rightarrow \gamma \approx 15{,}50°$

Übung 3
Bestimmen Sie den Schnittwinkel der Geraden g durch die Punkte A(1|0|−2) und B(−2|3|1) mit der Ebene E.

a) E: $\left[\vec{x} - \begin{pmatrix} 1 \\ 0 \\ 1 \end{pmatrix}\right] \cdot \begin{pmatrix} 3 \\ -2 \\ 2 \end{pmatrix} = 0$
b) E: $\vec{x} = \begin{pmatrix} 1 \\ 2 \\ 1 \end{pmatrix} + r \cdot \begin{pmatrix} 1 \\ -1 \\ 2 \end{pmatrix} + s \cdot \begin{pmatrix} -7 \\ 5 \\ 1 \end{pmatrix}$
c) E: x-y-Ebene

C. Der Schnittwinkel von zwei Ebenen

Wir untersuchen zwei Ebenen E_1 und E_2, die sich in einer Geraden s schneiden.

Dann bilden zwei Geraden g_1 und g_2, die senkrecht auf s stehen und sich wie abgebildet schneiden, den Winkel $\gamma \leq 90°$.

Man bezeichnet diesen Winkel als *Schnittwinkel der Ebenen* E_1 und E_2.

Die Normalenvektoren $\vec{n}_1$ und $\vec{n}_2$ der Ebenen E_1 und E_2 bilden miteinander exakt den gleichen Winkel, denn sie stehen jeweils senkrecht auf den Geraden g_1 und g_2, so dass sich der Winkel γ überträgt.

Daher lässt sich der Schnittwinkel γ zweier Ebenen nach der rechts aufgeführten Kosinusformel mit Hilfe der Normalenvektoren der beiden Ebenen berechnen.

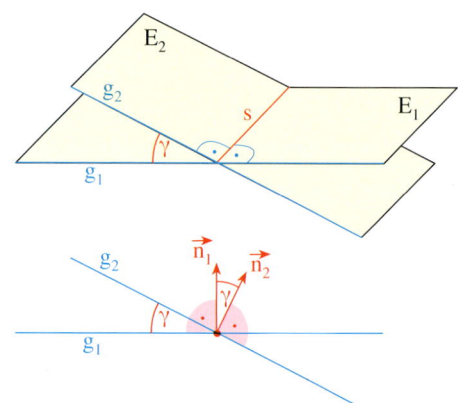

Schnittwinkel Ebene/Ebene
Schneiden sich zwei Ebenen E_1 und E_2 mit den Normalenvektoren $\vec{n}_1$ und $\vec{n}_2$, so gilt für ihren Schnittwinkel γ:
$$\cos\gamma = \frac{|\vec{n}_1 \cdot \vec{n}_2|}{|\vec{n}_1| \cdot |\vec{n}_2|}.$$

▶ **Beispiel: Schnittwinkel Ebene/Ebene**
Die Ebenen $E_1: 4x + 3y + 2z = 12$ und $E_2: \left[\vec{x} - \begin{pmatrix}0\\0\\6\end{pmatrix}\right] \cdot \begin{pmatrix}0\\3\\2\end{pmatrix} = 0$ schneiden sich. Berechnen Sie den Schnittwinkel γ.

Lösung:
Wir bestimmen zunächst Normalenvektoren von E_1 und E_2.
Die Koeffizienten in der Koordinatengleichung von E_1 (4, 3 und 2) sind die Koordinaten eines Normalenvektors von E_1. Ein Normalenvektor von E_2 kann aus der gegebenen Normalenform ebenfalls direkt entnommen werden.

▶ Mit Hilfe der Schnittwinkelformel erhalten wir $\cos\gamma \approx 0{,}6695$ und daher $\gamma \approx 47{,}97°$.

Normalenvektoren:

$\vec{n}_1 = \begin{pmatrix}4\\3\\2\end{pmatrix}, \vec{n}_2 = \begin{pmatrix}0\\3\\2\end{pmatrix}$

Schnittwinkel:

$\cos\gamma = \dfrac{|\vec{n}_1 \cdot \vec{n}_2|}{|\vec{n}_1| \cdot |\vec{n}_2|} = \dfrac{\left|\begin{pmatrix}4\\3\\2\end{pmatrix} \cdot \begin{pmatrix}0\\3\\2\end{pmatrix}\right|}{\left|\begin{pmatrix}4\\3\\2\end{pmatrix}\right| \cdot \left|\begin{pmatrix}0\\3\\2\end{pmatrix}\right|} = \dfrac{13}{\sqrt{29} \cdot \sqrt{13}}$

$\cos\gamma \approx 0{,}6695 \Rightarrow \gamma \approx 47{,}97°$

Übung 4
Gesucht sind die Schnittgerade und der Schnittwinkel der Ebenen $E_1: x + 2y + 2z = 6$ und $E_2: x - y = 0$.

1. Schnittwinkel

Übungen

5. Schnittwinkel von Vektoren
Gegeben ist eine Pyramide mit der Grundfläche ABC, der Spitze S und der Höhe 3.
a) Berechnen Sie den Winkel zwischen den Seitenkanten $\overline{AB}$ und $\overline{AS}$ sowie zwischen den Seitenkanten $\overline{AS}$ und $\overline{CS}$.
b) Welche der drei aufsteigenden Pyramidenkanten ist am steilsten?
c) Wie groß ist der Winkel zwischen der Höhe und der Seitenkante AS?

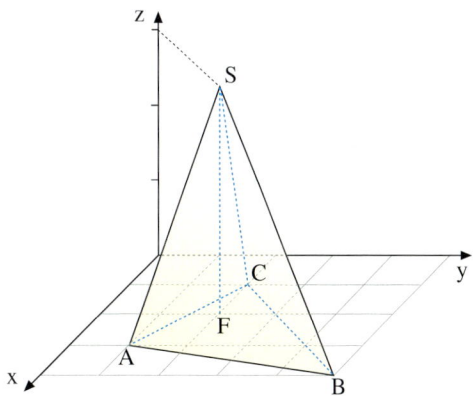

6. Schnittwinkel Gerade/Gerade
Zeigen Sie, dass die Raumgeraden g und h sich schneiden, und berechnen Sie den Schnittpunkt S und den Schnittwinkel γ.

a) g: $\vec{x} = \begin{pmatrix} 2 \\ 2 \\ 2 \end{pmatrix} + r \cdot \begin{pmatrix} 1 \\ 1 \\ -1 \end{pmatrix}$, h: $\vec{x} = \begin{pmatrix} 3 \\ 1 \\ 2 \end{pmatrix} + s \cdot \begin{pmatrix} 2 \\ 0 \\ -1 \end{pmatrix}$
b) g: $\vec{x} = \begin{pmatrix} 2 \\ 2 \\ 2 \end{pmatrix} + r \cdot \begin{pmatrix} 1 \\ 1 \\ 1 \end{pmatrix}$, h: $\vec{x} = \begin{pmatrix} 2 \\ 5 \\ 2 \end{pmatrix} + s \cdot \begin{pmatrix} 2 \\ -1 \\ 2 \end{pmatrix}$

c) g: $\vec{x} = \begin{pmatrix} 4 \\ 4 \\ 1 \end{pmatrix} + r \cdot \begin{pmatrix} 2 \\ 2 \\ -1 \end{pmatrix}$, h: $\vec{x} = \begin{pmatrix} 10 \\ 10 \\ 2 \end{pmatrix} + s \cdot \begin{pmatrix} 2 \\ 2 \\ 1 \end{pmatrix}$
d) g durch A(0|6|0), B(0|0|3)
   h durch C(4|2|0), D(2|2|1)

7. Schnittwinkel Gerade/Ebene
Die Gerade g schneidet die Ebene E. Berechnen Sie den Schnittpunkt S und den Schnittwinkel g:

a) g: $\vec{x} = \begin{pmatrix} 0 \\ 0 \\ 2 \end{pmatrix} + r \cdot \begin{pmatrix} 1 \\ 1 \\ 1 \end{pmatrix}$, E: $\left[\vec{x} - \begin{pmatrix} 2 \\ 0 \\ 3 \end{pmatrix}\right] \cdot \begin{pmatrix} 3 \\ 3 \\ 2 \end{pmatrix} = 0$

b) g: $\vec{x} = \begin{pmatrix} 0 \\ 2 \\ 4 \end{pmatrix} + r \cdot \begin{pmatrix} 1 \\ 1 \\ 2 \end{pmatrix}$, E: $-x + y + 2z = 6$

c) g: $\vec{x} = \begin{pmatrix} 2 \\ 2 \\ 1 \end{pmatrix} + r \cdot \begin{pmatrix} 1 \\ 1 \\ 1 \end{pmatrix}$, E: $\vec{x} = \begin{pmatrix} 1 \\ 0 \\ 2 \end{pmatrix} + s \begin{pmatrix} 2 \\ 0 \\ -4 \end{pmatrix} + t \begin{pmatrix} 0 \\ -1 \\ 2 \end{pmatrix}$

8. Schnittwinkel Gerade/Koordinatenebene
In welchen Punkten und unter welchen Winkeln durchdringt die Gerade g die angegebenen Koordinatenebenen? Fertigen Sie ein Schrägbild an.

a) g: $\vec{x} = \begin{pmatrix} 4 \\ 1 \\ 2 \end{pmatrix} + r \cdot \begin{pmatrix} 0 \\ 1 \\ -1 \end{pmatrix}$
E: x-y-Ebene
F: x-z-Ebene

b) g: $\vec{x} = \begin{pmatrix} 2 \\ 3 \\ 2 \end{pmatrix} + r \cdot \begin{pmatrix} -2 \\ 1 \\ 2 \end{pmatrix}$
E: x-y-Ebene
F: y-z-Ebene

c) g: $\vec{x} = \begin{pmatrix} 2 \\ 2 \\ 3 \end{pmatrix} + r \cdot \begin{pmatrix} -2 \\ 1 \\ -1 \end{pmatrix}$
E: x-z-Ebene
F: y-z-Ebene

9. Schnittwinkel Gerade/Ebene und Vektoren

Exakt in der Mitte der rechten Dachfläche der abgebildeten Halle tritt eine 12 m hohe Antenne aus, die durch einen Stahlstab fixiert wird, der 4 m unterhalb der Antennenspitze sowie in der Mitte am Dachfirst verschraubt ist.

a) Welchen Winkel bildet die Antenne mit der Dachfläche?
b) Welchen Winkel bildet der Stahlstab mit der Antenne bzw. mit der Dachfläche?

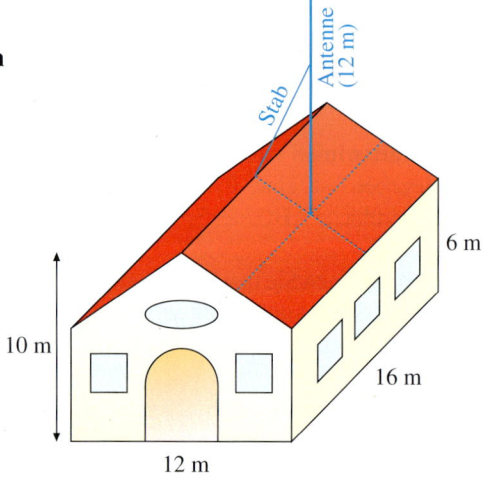

10. Schnittwinkel Ebene/Koordinatenachsen

Unter welchen Winkeln schneiden die Koordinatenachsen die Ebene E?

a) $E: \left[\vec{x} - \begin{pmatrix} 0 \\ 3 \\ 0 \end{pmatrix}\right] \cdot \begin{pmatrix} 3 \\ 2 \\ 2 \end{pmatrix} = 0$
b) $E: 2x + y + 2z = 4$
c) $E: \vec{x} = \begin{pmatrix} 2 \\ 3 \\ 0 \end{pmatrix} + r \begin{pmatrix} 1 \\ 3 \\ -4 \end{pmatrix} + s \begin{pmatrix} 2 \\ -6 \\ 8 \end{pmatrix}$

11. Schnittwinkel Ebene/Ebene

Die Ebenen E_1 und E_2 schneiden sich. Bestimmen Sie den Schnittwinkel γ.

a) $E_1: \left[\vec{x} - \begin{pmatrix} 1 \\ 0 \\ 2 \end{pmatrix}\right] \cdot \begin{pmatrix} 2 \\ -3 \\ 2 \end{pmatrix} = 0$

$E_2: \left[\vec{x} - \begin{pmatrix} 0 \\ -2 \\ 0 \end{pmatrix}\right] \cdot \begin{pmatrix} -2 \\ 1 \\ 0 \end{pmatrix} = 0$

b) $E_1: 5x + y + z = 5$
$E_2: -x + y + z = 5$

c) $E_1: 2x - y + 3z = 6$
$E_2: x - y - z = 3$

d) $E_1: 2x + z = 1$
$E_2: x - z = 0$

e) $E_1: x + y = 3$
$E_2: y = 1$

12. Schnittwinkel Ebene/Ebene

Berechnen Sie den Schnittwinkel γ der Ebenen E_1 und E_2. Bestimmen Sie zunächst Normalenvektoren beider Ebenen.

a) $E_1: \left[\vec{x} - \begin{pmatrix} 0 \\ 0 \\ 0 \end{pmatrix}\right] \cdot \begin{pmatrix} -2 \\ 3 \\ 6 \end{pmatrix} = 0$, $E_2: \vec{x} = \begin{pmatrix} 2 \\ 0 \\ 1 \end{pmatrix} + r \begin{pmatrix} 4 \\ 0 \\ -2 \end{pmatrix} + s \begin{pmatrix} 0 \\ -2 \\ 2 \end{pmatrix}$

b) $E_1: 2x - 3y + 6z = 12$, $E_2: \vec{x} = \begin{pmatrix} 0 \\ -1 \\ 7 \end{pmatrix} + r \begin{pmatrix} -2 \\ -1 \\ 4 \end{pmatrix} + s \begin{pmatrix} 0 \\ -1 \\ 3 \end{pmatrix}$

c) E_1: Ebene durch A(4|2|0), B(8|0|0), C(4|0|0,5) E_2: y-z-Koordinatenebene

13. Schnittwinkel Ebene/Ebene und Koordinatenachse/Ebenenschar

Gegeben ist die Ebenenschar $E_a: \left[\vec{x} - \begin{pmatrix} 2a-1 \\ 0 \\ 0 \end{pmatrix}\right] \cdot \begin{pmatrix} 1 \\ a-1 \\ a+1 \end{pmatrix} = 0$ mit $a \in \mathbb{R}$.

a) Zeigen Sie, dass sich die Ebenen E_0 und E_1 der gegebenen Schar schneiden. Bestimmen Sie die Schnittgerade g und den Schnittwinkel γ.
b) Welche Ebene der Schar E_a wird von der y-Achse unter einem Winkel von 45° geschnitten?

1. Schnittwinkel

14. Winkel am Hausdach

Das Dach eines Doppelhauses hat vier Ebenen: E_1 (Hauptdach, sichtbar), E_2 (Hauptdach, nicht sichtbar), E_3 (Gaubendach, sichtbar), E_4 (Gaubendach, nicht sichtbar).

a) Ordnen Sie zunächst allen auf der Zeichnung erkennbaren Haus- und Dachecken Punkte zu und bestimmen Sie Parameter- und Normalengleichungen der Ebenen E_1 bis E_3.
b) Welchen Winkel bildet die Dachfläche E_1 mit dem Dachboden?
c) Welches Dach ist steiler, das Hauptdach oder das Gaubendach?
d) Welchen Winkel bilden E_1 und E_2 am First? Welchen Winkel bilden E_1 und E_3 in der Dachkehle?
e) Wie lautet die Gleichung der Kehlgeraden g von E_1 und E_3? Wie lang ist die Kehlstrecke? Unter welchem Winkel mündet die Kehlstrecke in die Regenrinne?

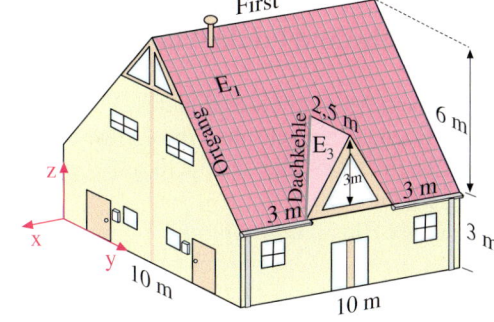

f) Sonnenlicht in Richtung des Vektors $\vec{v} = \begin{pmatrix} -1 \\ 1 \\ -2 \end{pmatrix}$ erzeugt einen Schatten des 1 m hohen Lüftungsrohres mit der Spitze $S(-2|6|8,8)$, dessen Abstand zum Dachfirst 1 m und zum Ortgang 2 m beträgt. Welchen Winkel bildet das Lüftungsrohr mit seinem Schatten?

15. Lichtzerlegung am Prisma

Ein Prisma hat die Form einer geraden quadratischen Pyramide (Grundkantenlänge 10 cm, Höhe 20 cm). Der Höhenfußpunkt ist Koordinatenursprung. Im Punkt $L(0|-15|8)$ wird ein Strahl w weißen Lichtes erzeugt, der das Prisma im Punkt $U(0|-2,5|10)$ trifft. Das Licht wird dort in seine Spektralfarben aufgefächert. Der grüne Teilstrahl g wird in U gebrochen, verlässt das Prisma im Punkt $V(0|3|8)$, wird dort wieder gebrochen und trifft den Boden im Punkt $W(0|13|0)$.

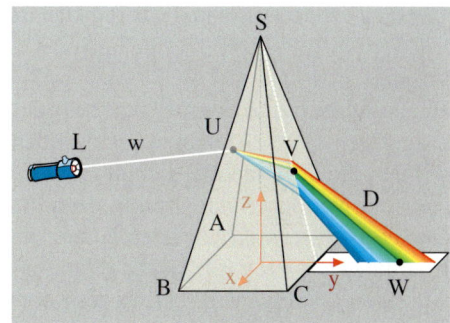

a) Unter welchem Winkel trifft der weiße Lichtstrahl w die Ebene ABS des Prismas?
b) Um welchen Winkel verändert der weiße Strahl w beim Übergang in den grünen Strahl g die Richtung? Welche weitere Richtungsveränderung erfährt der grüne Strahl beim Austritt aus dem Prisma?
c) Unter welchem Winkel schneidet der grüne Spektralstrahl g die Höhe der Pyramide?
d) In welchem Winkel zueinander stehen die Pyramidenseiten BCS und CDS?

16. Parameteraufgabe

Gegeben sind die Ebene E: $2x + y + 2z = 6$ und die Geradenschar g_a: $\vec{x} = \begin{pmatrix} 1 \\ 2 \\ 1 \end{pmatrix} + r \begin{pmatrix} 1 \\ -1 \\ a \end{pmatrix}$.

a) Unter welchem Winkel schneiden sich E und g_2?
b) Wie muss a gewählt werden, damit E und g_a sich unter einem Winkel von 45° schneiden?
c) Für welchen Wert von a sind E und g_a parallel bzw. orthogonal zueinander?

2. Exkurs: Abstandsberechnungen

Im Folgenden werden Verfahren zur Bestimmung von Abständen behandelt. Es geht dabei um den Abstand von Punkten, Ebenen und Geraden.

A. Der Abstand Punkt/Ebene (Lotfußpunktverfahren)

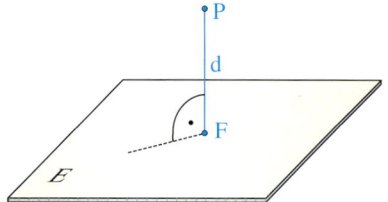

Unter dem Abstand eines Punktes P von einer Ebene E versteht man die Länge d der Lotstrecke $\overline{PF}$, die senkrecht auf der Ebene steht.
Der Punkt F heißt *Lotfußpunkt*.

Zur Abstandsberechnung kann man das sogenannte *Lotfußpunktverfahren* verwenden. Dabei stellt man eine Lotgerade g auf, die senkrecht zur Ebene E steht und den Punkt P enthält. Man errechnet ihren Schnittpunkt F mit der Ebene E, den sogenannten Lotfußpunkt F. Der gesuchte Abstand d von Punkt und Ebene ergibt sich dann als Abstand der beiden Punkte P und F.

▶ **Beispiel: Lotfußpunktverfahren**
  Gesucht ist der Abstand d des Punktes P(4|4|5) von der Ebene E: $x + y + 2z = 6$.

Lösung:
Wir bestimmen zunächst die Gleichung der Lotgeraden g. Als Stützpunkt verwenden wir den Punkt P und als Richtungsvektor dient der Normalenvektor von E, denn die Gerade g soll senkrecht zu E verlaufen. Die Koordinaten x = 1, y = 1, z = 2 des Normalenvektors können hier direkt aus der Koordinatenform von E abgelesen werden.

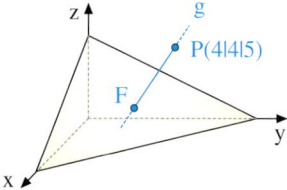

1. Lotgerade g: $g: \vec{x} = \begin{pmatrix} 4 \\ 4 \\ 5 \end{pmatrix} + r \begin{pmatrix} 1 \\ 1 \\ 2 \end{pmatrix}$

Nun wird durch Einsetzen der Koordinaten von g in die Gleichung von E der Schnittpunkt F berechnet.
Resultat: F(2|2|1)

2. Schnittpunkt von g und E:
$(4 + r) + (4 + r) + 2(5 + 2r) = 6$
$18 + 6r = 6$
$r = -2$, F(2|2|1)

Schließlich errechnen wir den Abstand der beiden Punkte P und F nach der wohlbekannten Abstandsformel.
Resultat: Der Punkt P und die Ebene E
▶ haben den Abstand $d = \sqrt{24} \approx 4{,}90$.

3. Abstand von P und F:
$d = |\overline{PF}| = \sqrt{(2-4)^2 + (2-4)^2 + (1-5)^2}$
$d = \sqrt{24} \approx 4{,}90$

Übung 1
Bestimmen Sie den Abstand des Punktes P von der Ebene E.
a) E: $4x - 4y + 2z = 16$, P(5|−5|6)   b) E: $-4x + 5y + z = 10$, P(−3|7|5)

B. Der Abstand Punkt/Ebene (Hesse'sche Normalenform)

Neben dem Lotfußpunktverfahren gibt es ein weiteres Verfahren zur Berechnung des Abstandes Punkt/Ebene, welches letztendlich schneller geht.

Dabei wird eine besondere Form der Ebenengleichung verwendet, die man nach dem deutschen Mathematiker *Ludwig Otto Hesse* (1811–1874) als *Hesse'sche Normalenform* bezeichnet.

Es handelt sich hierbei um eine Normalengleichung der Ebene, in der ein Normalenvektor $\vec{n}_0$ verwendet wird, der normiert ist, d.h. die Länge $|\vec{n}_0| = 1$ besitzt.
Man spricht von einem *Normaleneinheitsvektor*.

Die Hesse'sche Normalenform

$$E: (\vec{x} - \vec{a}) \cdot \vec{n}_0 = 0$$

$\vec{x}$: allg. Ortsvektor der Ebene
$\vec{a}$: Ortsvektor eines Ebenenpunktes
$\vec{n}_0$: Normalenvektor mit $|\vec{n}_0| = 1$

▶ **Beispiel: Hesse'sche Normalenform (HNF)**
Bestimmen Sie eine Hesse'sche Normalenform der Ebene E: $\left[\vec{x} - \begin{pmatrix}1\\0\\2\end{pmatrix}\right] \cdot \begin{pmatrix}1\\2\\3\end{pmatrix} = 0$.

Lösung:
Die Ebene ist schon in Normalenform gegeben. Wir müssen also lediglich ihren Normalenvektor $\vec{n}$ normieren.
Hierzu dividieren wir den Vektor $\vec{n}$ durch seinen Betrag $|\vec{n}| = \sqrt{14}$.
Wir erhalten den rechts aufgeführten Normaleneinheitsvektor $\vec{n}_0$.

Betrag des Normalenvektors:

$$\vec{n} = \begin{pmatrix}1\\2\\3\end{pmatrix} \Rightarrow |\vec{n}| = \sqrt{1^2 + 2^2 + 3^2} = \sqrt{14}$$

Normaleneinheitsvektor:

$$\vec{n}_0 = \frac{\vec{n}}{|\vec{n}|} = \begin{pmatrix}1/\sqrt{14}\\2/\sqrt{14}\\3/\sqrt{14}\end{pmatrix}$$

Ersetzen wir nun in der gewöhnlichen Normalenform der Ebenengleichung den Vektor $\vec{n}$ durch $\vec{n}_0$, so erhalten wir die
▶ Hesse'sche Normalenform.

Hesse'sche Normalenform von E:

$$E: \left[\vec{x} - \begin{pmatrix}1\\0\\2\end{pmatrix}\right] \cdot \begin{pmatrix}1/\sqrt{14}\\2/\sqrt{14}\\3/\sqrt{14}\end{pmatrix} = 0$$

Übung 2
Bestimmen Sie eine Hesse'sche Normalenform der Ebene E.

a) E: $\left[\vec{x} - \begin{pmatrix}1\\0\\3\end{pmatrix}\right] \cdot \begin{pmatrix}1\\2\\2\end{pmatrix} = 0$

b) E: $2x + y - z = 6$

c) E: $\vec{x} = \begin{pmatrix}1\\4\\3\end{pmatrix} + r\begin{pmatrix}-3\\3\\4\end{pmatrix} + s\begin{pmatrix}12\\5\\1\end{pmatrix}$

Die Bedeutung der Hesse'schen Normalengleichung für Abstandsberechnungen ergibt sich aus folgender Tatsache:

Ersetzt man den allgemeinen Ortsvektor $\vec{x}$ auf der linken Seite einer Hesse'schen Normalengleichung der Ebene E durch den Ortsvektor $\vec{p}$ eines Punktes P, so erhält man, abgesehen vom Vorzeichen, den Abstand des Punktes P von der Ebene E.

> **Abstandsformel (Punkt/Ebene)**
>
> $E: (\vec{x} - \vec{a}) \cdot \vec{n}_0 = 0$ sei eine Hesse'sche Normalengleichung der Ebene E. Dann gilt für den Abstand d eines beliebigen Punktes P mit dem Ortsvektor $\vec{p}$ von der Ebene E:
>
> $d = d(P, E) = |(\vec{p} - \vec{a}) \cdot \vec{n}_0|$.

▶ **Beispiel: Abstand Punkt/Ebene**

Gesucht ist der Abstand des Punktes P(4|4|5) von der Ebene: $\left[\vec{x} - \begin{pmatrix} 2 \\ 2 \\ 1 \end{pmatrix}\right] \cdot \begin{pmatrix} 1 \\ 1 \\ 2 \end{pmatrix} = 0$.

Lösung
Wir stellen zunächst eine Hesse'sche Normalengleichung von E auf, indem wir einen Normaleneinheitsvektor errechnen.

Hesse'sche Normalenform von E:

$$E: \left[\vec{x} - \begin{pmatrix} 2 \\ 2 \\ 1 \end{pmatrix}\right] \cdot \begin{pmatrix} 1/\sqrt{6} \\ 1/\sqrt{6} \\ 2/\sqrt{6} \end{pmatrix} = 0$$

Anschließend ersetzen wir im linksseitigen Term der Gleichung $\vec{x}$ durch den Ortsvektor von P(4|4|5).
Wir errechnen das sich ergebende Skalarprodukt und bilden hiervon den Betrag.
Das Resultat 4,90 ist der gesuchte Abstand
▶ von P und E.

Abstand von P und E:

$$d = \left| \left[\begin{pmatrix} 4 \\ 4 \\ 5 \end{pmatrix} - \begin{pmatrix} 2 \\ 2 \\ 1 \end{pmatrix} \right] \cdot \begin{pmatrix} 1/\sqrt{6} \\ 1/\sqrt{6} \\ 2/\sqrt{6} \end{pmatrix} \right|$$

$$= \left| \begin{pmatrix} 2 \\ 2 \\ 4 \end{pmatrix} \cdot \begin{pmatrix} 1/\sqrt{6} \\ 1/\sqrt{6} \\ 2/\sqrt{6} \end{pmatrix} \right| = \frac{12}{\sqrt{6}} \approx 4{,}90$$

Begründung der Abstandsformel:
P sei ein Punkt, der auf derjenigen Seite der Ebene E liegt, nach der $\vec{n}_0$ zeigt.
Dann gilt folgende Rechnung:

$(\vec{p} - \vec{a}) \cdot \vec{n}_0 = \overrightarrow{AP} \cdot \vec{n}_0 = (\overrightarrow{AF} + \overrightarrow{FP}) \cdot \vec{n}_0$
$= \overrightarrow{AF} \cdot \vec{n}_0 + \overrightarrow{FP} \cdot \vec{n}_0$
$= |\overrightarrow{AF}| \cdot |\vec{n}_0| \cdot \cos 90° + |\overrightarrow{FP}| \cdot |\vec{n}_0| \cdot \cos 0°$
$= |\overrightarrow{FP}| = d$

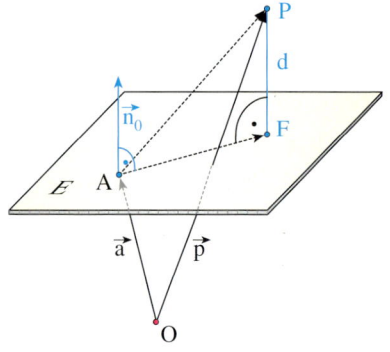

Liegt P auf der anderen Seite von E, so ergibt sich $(\vec{p} - \vec{a}) \cdot \vec{n}_0 = -d$.
Insgesamt: $d = |(\vec{p} - \vec{a}) \cdot \vec{n}_0|$.

C. Anwendungen der Abstandsformel Punkt/Ebene

▶ **Beispiel: Höhe einer Pyramide**

Welche Höhe hat die abgebildete Pyramide mit der Grundfläche ABC und der Spitze S?
Welches Volumen hat die Pyramide?

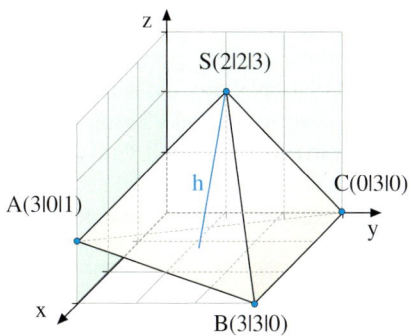

Lösung:
Die Höhe h ist der Abstand des Punktes S zu derjenigen Ebene E, welche A, B und C enthält.
Wir bestimmen zunächst eine Parametergleichung von E, wandeln diese in eine Normalengleichung um und stellen durch Normierung von $\vec{n}$ schließlich deren Hesse'sche Normalengleichung auf.

Durch Einsetzung des Ortsvektors der Pyramidenspitze S in die linke Seite der Hesse'schen Normalengleichung errechnen wir den Abstand h von S und E.
Resultat: h ≈ 2,53 LE

Parametergleichung von E:

$$E: \vec{x} = \begin{pmatrix} 3 \\ 0 \\ 1 \end{pmatrix} + r \begin{pmatrix} 0 \\ 3 \\ -1 \end{pmatrix} + s \begin{pmatrix} -3 \\ 3 \\ -1 \end{pmatrix}$$

Hesse'sche Normalengleichung:

$$E: \left[\vec{x} - \begin{pmatrix} 3 \\ 0 \\ 1 \end{pmatrix}\right] \cdot \begin{pmatrix} 0 \\ 1/\sqrt{10} \\ 3/\sqrt{10} \end{pmatrix} = 0$$

Abstand von S und E:

$$h = \left|\left[\begin{pmatrix} 2 \\ 2 \\ 3 \end{pmatrix} - \begin{pmatrix} 3 \\ 0 \\ 1 \end{pmatrix}\right] \cdot \begin{pmatrix} 0 \\ 1/\sqrt{10} \\ 3/\sqrt{10} \end{pmatrix}\right| = \frac{8}{\sqrt{10}} \approx 2{,}53$$

Zur Berechnung des Pyramidenvolumens benötigen wir den Flächeninhalt A des Grundflächendreiecks ABC. Wir wenden die Formel für den Flächeninhalt des Dreiecks an. Dabei können wir die Richtungsvektoren der Parametergleichung von E als aufspannende Vektoren des Dreiecks verwenden.
Der Flächeninhalt beträgt A ≈ 4,74 FE.
▶ Das Volumen der Pyramide ist V = 4 VE.

Flächeninhalt von ABC:

$$A = \frac{1}{2} \cdot \sqrt{\begin{pmatrix} 0 \\ 3 \\ -1 \end{pmatrix}^2 \cdot \begin{pmatrix} -3 \\ 3 \\ -1 \end{pmatrix}^2 - \left(\begin{pmatrix} 0 \\ 3 \\ -1 \end{pmatrix} \cdot \begin{pmatrix} -3 \\ 3 \\ -1 \end{pmatrix}\right)^2}$$

$$= \frac{1}{2} \cdot \sqrt{10 \cdot 19 - 10^2} = \frac{1}{2} \cdot \sqrt{90} \approx 4{,}74$$

Volumen der Pyramide:

$$V = \frac{1}{3} \cdot A \cdot h = \frac{1}{3} \cdot \frac{1}{2} \sqrt{90} \cdot \frac{8}{\sqrt{10}} = 4$$

Übung 3

Von einem Würfel mit der Seitenlänge von 4 m wurde eine Ecke wie dargestellt abgeschnitten.

a) Welche Höhe hat die Pyramide über der Schnittfläche?
b) Wie groß ist das Restvolumen des Würfels?
c) In welchem Punkt schneidet die Würfeldiagonale das blaue Dreieck?

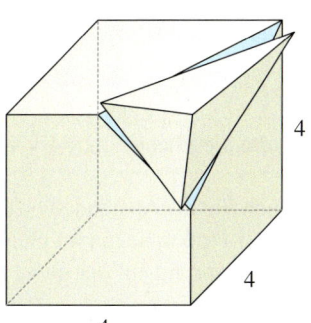

Eine Ebene teilt den dreidimensionalen Anschauungsraum in zwei Hälften. Da ein Normalenvektor der Ebene stets in einen der beiden *Halbräume* zeigt, kann man diese voneinander unterscheiden.
Dies ist der Grund dafür, dass man mithilfe der Abstandsformel Punkt/Ebene feststellen kann, ob zwei gegebene Punkte P und Q bezüglich einer Ebene E im gleichen oder in verschiedenen Halbräumen liegen.

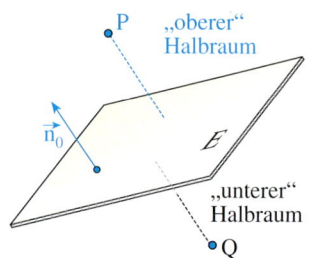

▶ **Beispiel: Halbräume**
Gegeben sind die Ebene E: $3x - 4y + 4z = 12$ sowie die Punkte $P(0|0|1)$ und $Q(3|-1|1)$.
Bestimmen Sie die Abstände von P und Q zu E und stellen Sie fest, ob P und Q auf der „gleichen Seite" von E liegen. Welcher Punkt liegt näher an E?

Lösung:
Der Koordinatengleichung von E können wir durch Einsetzen ($x = 0$, $y = 0 \Rightarrow z = 3$) einen Punkt und anhand der Koeffizienten ($3x - 4y + 4z$) einen Normalenvektor entnehmen, woraus wir die Hesse'sche Normalengleichung erstellen.

Nun setzen wir die Ortsvektoren der Punkte P und Q in die linke Seite der HNF ein, ohne allerdings deren Betrag zu bilden. Wir erhalten für P den Wert $-1{,}25$ und für Q den Wert $0{,}78$.

Das bedeutet:
Q liegt wegen des positiven Vorzeichens in demjenigen Halbraum bezüglich E, in den der Normalenvektor zeigt, wenn sein Fußpunkt auf E angenommen wird.
P liegt wegen des negativen Vorzeichens im anderen Halbraum.
Die Abstände zu E sind $1{,}25$ bzw. $0{,}78$.
▶ Q liegt näher an E als P.

1. Hessesche Normalengleichung von E:

$$E: \left[\vec{x} - \begin{pmatrix} 0 \\ 0 \\ 3 \end{pmatrix}\right] \cdot \begin{pmatrix} 3/\sqrt{41} \\ -4/\sqrt{41} \\ 4/\sqrt{41} \end{pmatrix} = 0$$

2. Abstandsberechnung:

$$P: \left[\begin{pmatrix} 0 \\ 0 \\ 1 \end{pmatrix} - \begin{pmatrix} 0 \\ 0 \\ 3 \end{pmatrix}\right] \cdot \begin{pmatrix} 3/\sqrt{41} \\ -4/\sqrt{41} \\ 4/\sqrt{41} \end{pmatrix} = -\frac{8}{\sqrt{41}} \approx -1{,}25$$

$$Q: \left[\begin{pmatrix} 3 \\ -1 \\ 1 \end{pmatrix} - \begin{pmatrix} 0 \\ 0 \\ 3 \end{pmatrix}\right] \cdot \begin{pmatrix} 3/\sqrt{41} \\ -4/\sqrt{41} \\ 4/\sqrt{41} \end{pmatrix} = \frac{5}{\sqrt{41}} \approx +0{,}78$$

3. Interpretation:

P und Q liegen auf unterschiedlichen Seiten von E.
Abstand von P zu E: $d(P, E) = 1{,}25$
Abstand von Q zu E: $d(Q, E) = 0{,}78$
Q liegt näher an E als P.

Übung 4
Gegeben sind die Ebene E: $2x + y + z = 4$ sowie die Punkte $P(0|1|2)$, $Q(-1|2|5)$, $R(1|1|1)$ und $T(1|3|2)$.
a) Berechnen Sie die Abstände von P, Q, R und T zu E.
b) Welche der Punkte liegen im gleichen Halbraum bezüglich E?
c) Liegt der Ursprung auf der gleichen Seite der Ebene wie der Punkt $P(0|1|2)$?

Übungen

5. Lotfußpunktverfahren
Bestimmen Sie den Abstand des Punktes P zur Ebene E mit Hilfe des Lotfußpunktverfahrens.
a) E: $x + 2y + 2z = 10$, P(4|6|6)
b) E: $3x + 4y = 2$, P(9|0|2)
c) E: $2x - 3y - 6z = -4$, P(6|-1|-5)
d) E: $\vec{x} = \begin{pmatrix} 0 \\ 6 \\ 6 \end{pmatrix} + r \begin{pmatrix} 1 \\ 3 \\ 2 \end{pmatrix} + s \begin{pmatrix} 0 \\ 6 \\ 4 \end{pmatrix}$, P(2|7|-2)

6. Hesse'sche Normalengleichung (HNF)
Bestimmen Sie eine Hesse'sche Normalengleichung der Ebene E durch die Punkte A, B, C.
a) A(1|1|3)
   B(2|-1|5)
   C(0|1|5)
b) A(3|4|-1)
   B(6|2|1)
   C(0|5|-1)
c) A(7|3|2)
   B(11|1|2)
   C(9|1|3)

7. Abstandsformel (HNF)
Stellen Sie zunächst eine Hesse'sche Normalengleichung der Ebene E auf. Berechnen Sie anschließend den Abstand von P und Q von der Ebene E mit Hilfe der Abstandsformel.

a) E: $6x + 3y + 2z = 22$
   P(7|5|7), Q(6|1|2)

b) E: $x - 2y + 2z = 8$
   P(7|1|6), Q(2|-4|8)

c) E: $2x + 3y + 6z = 12$
   P(4|3|5), Q(2|1|-6)

d) E: $\left[\vec{x} - \begin{pmatrix} 6 \\ -2 \\ 2 \end{pmatrix}\right] \cdot \begin{pmatrix} 3 \\ 4 \\ 0 \end{pmatrix} = 0$ P(4|4|4)
   Q(4|-0,5|1)

e) E: $\vec{x} = \begin{pmatrix} 2 \\ 2 \\ 0 \end{pmatrix} + r \begin{pmatrix} 3 \\ -2 \\ 0 \end{pmatrix} + s \begin{pmatrix} 2 \\ 2 \\ -15 \end{pmatrix}$ P(7|11|5)
   Q(5|-7|1)

f) E: $\vec{x} = \begin{pmatrix} 3 \\ 2 \\ -2 \end{pmatrix} + r \begin{pmatrix} 1 \\ 1 \\ 0 \end{pmatrix} + s \begin{pmatrix} 12 \\ -5 \\ -6 \end{pmatrix}$ P(17|5|12)
   Q(5|5|-24)

8. Pyramidenhöhe
Gegeben ist die abgebildete Pyramide mit der Grundfläche ABCD und der Spitze S.
a) Welche Höhe hat die Pyramide?
b) Welches Volumen hat die Pyramide?
c) Bestimmen Sie den Fußpunkt F der Pyramidenhöhe.

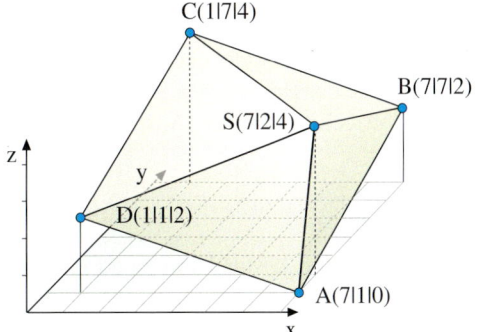

9. Relative Lage (Halbräume)
Gegeben sind die Ebene E sowie die Punkte P und Q.
Untersuchen Sie, ob P und Q im gleichen Halbraum bezüglich der Ebene E liegen.
Liegt einer der beiden Punkte P und Q im gleichen Halbraum wie der Ursprung?
a) E: $2x - 2y + z = 7$
   P(2|10|1), Q(4|4|3)
b) E: $6x - 2y + 3z = 12$
   P(-1|-2|6), Q(2|1|2)

D. Abstand einer Geraden bzw. Ebene zu einer parallelen Ebene

Verläuft eine Ebene F parallel zur Ebene E, so kann man den Abstand d(F, E) errechnen, indem man den Abstand irgendeines Punktes der Ebene F zur Ebene E errechnet mit Hilfe des Lotfußpunktverfahrens oder der Abstandsformel.
Völlig analog kann der Abstand d(g, E) einer Geraden g von einer parallelen Ebene E als Abstand irgendeines Geradenpunktes zur Ebene E gedeutet werden.

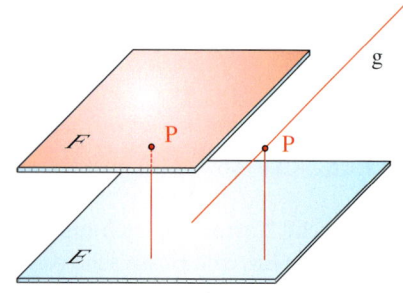

> **Beispiel: Abstand Gerade/Ebene**
> Bestimmen Sie den Abstand der Geraden g: $\vec{x} = \begin{pmatrix} 3 \\ 3 \\ 4 \end{pmatrix} + r \begin{pmatrix} -2 \\ -1 \\ 2 \end{pmatrix}$ von der Ebene
> E: x + 2y + 2z = 8.

Lösung:

Wir prüfen zunächst die Parallelität von der Geraden und der Ebene nach, indem wir das Skalarprodukt aus dem Richtungsvektor von g und dem Normalenvektor von E bilden. Es ist null.

Parallelitätsprüfung:
$$\begin{pmatrix} -2 \\ -1 \\ 2 \end{pmatrix} \cdot \begin{pmatrix} 1 \\ 2 \\ 2 \end{pmatrix} = -2 - 2 + 4 = 0$$

Anschließend stellen wir eine Hesse'sche Normalengleichung von E auf.

Hesse'sche Normalengleichung:
$$E: \left[\vec{x} - \begin{pmatrix} 0 \\ 0 \\ 4 \end{pmatrix} \right] \cdot \begin{pmatrix} 1/3 \\ 2/3 \\ 2/3 \end{pmatrix} = 0$$

Durch Einsetzen des Stützvektors von g in die linke Seite der Hesse'schen Normalengleichung errechnen wir den Abstand von g und E: d = 3.

Abstandsberechnung:
$$d = \left| \left[\begin{pmatrix} 3 \\ 3 \\ 4 \end{pmatrix} - \begin{pmatrix} 0 \\ 0 \\ 4 \end{pmatrix} \right] \cdot \begin{pmatrix} 1/3 \\ 2/3 \\ 2/3 \end{pmatrix} \right| = 3$$

Übung 10
Berechnen Sie den Abstand von g und E bzw. von E und F. Weisen Sie zunächst die Parallelität nach.

a) g: $\vec{x} = \begin{pmatrix} 7 \\ -1 \\ 4 \end{pmatrix} + r \begin{pmatrix} 1 \\ 6 \\ 2 \end{pmatrix}$

   E: 6x − 2y + 3z = 7

b) g: $\vec{x} = \begin{pmatrix} 5 \\ 2 \\ 0 \end{pmatrix} + r \begin{pmatrix} -4 \\ 3 \\ 2 \end{pmatrix}$

   E: $\vec{x} = \begin{pmatrix} 0 \\ 0 \\ 5 \end{pmatrix} + s \begin{pmatrix} 1 \\ 1 \\ -4 \end{pmatrix} + t \begin{pmatrix} -1 \\ 0 \\ 2 \end{pmatrix}$

c) E: 4x + 2y − 4z = 16
   F: −2x − y + 2z = −26

d) E: 12x − 5y + 13z = −204
   F: 6x − 2,5y + 6,5z = 67

E. Der Abstand Punkt/Gerade

Der Abstand eines Punktes P von einer Geraden g ist die Länge der Lotstrecke $\overline{PF}$, die vom Punkt P auf die Gerade führt und senkrecht auf ihr steht. Wir beschreiben zunächst die Strategie.

1. Man bestimmt eine Normalengleichung derjenigen Hilfsebene H, die orthogonal auf g steht und den Punkt P enthält.
2. Man berechnet den Lotfußpunkt F als Schnittpunkt der Geraden g mit der Hilfsebene H.
3. Man bestimmt den gesuchten Abstand d als Länge des Lotvektors $\overrightarrow{PF}$.

Dreidimensionaler Fall

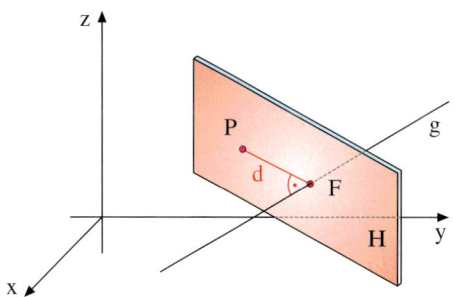

▶ **Beispiel: Abstand Punkt/Gerade im $\mathbb{R}^3$**
Gesucht ist der Abstand des Punktes $P(-1|4|5)$ von der Geraden g: $\vec{x} = \begin{pmatrix} 1 \\ 2 \\ 2 \end{pmatrix} + r \begin{pmatrix} -1 \\ 3 \\ 2 \end{pmatrix}$.

Lösung:
Wir bestimmen zunächst eine Normalengleichung der Hilfsebene H, die senkrecht zu g ist und P enthält. Als Normalenvektor von H können wir den Richtungsvektor von g verwenden und als Stützvektor den Ortsvektor von P.
Der Lotfußpunkt F des Lotes von P auf g ist der Schnittpunkt von g und H. Diesen errechnen wir durch Einsetzen der rechten Seite der Geradengleichung für den allgemeinen Ortsvektor $\vec{x}$ in der Ebenengleichung.
Resultat: $F(0|5|4)$
Abschließend bestimmen wir den gesuchten Abstand d von P und g, indem wir die Länge des Lotvektors $\overrightarrow{PF}$ ermitteln.
▶ Resultat: $d = |\overrightarrow{PF}| = \sqrt{3} \approx 1{,}73$

1. Hilfsebene H: ($H \perp g$, $P \in H$)

$H: \left[\vec{x} - \begin{pmatrix} -1 \\ 4 \\ 5 \end{pmatrix} \right] \cdot \begin{pmatrix} -1 \\ 3 \\ 2 \end{pmatrix} = 0$

2. Lotfußpunkt F:

Schnittpunkt von g und H:

$\left[\begin{pmatrix} 1 \\ 2 \\ 2 \end{pmatrix} + r \begin{pmatrix} -1 \\ 3 \\ 2 \end{pmatrix} - \begin{pmatrix} -1 \\ 4 \\ 5 \end{pmatrix} \right] \cdot \begin{pmatrix} -1 \\ 3 \\ 2 \end{pmatrix} = 0$

$-14 + 14r = 0$
$r = 1$
$\Rightarrow F(0|5|4)$

3. Abstand von P und F:

$d = |\overrightarrow{PF}| = \left| \begin{pmatrix} 0 \\ 5 \\ 4 \end{pmatrix} - \begin{pmatrix} -1 \\ 4 \\ 5 \end{pmatrix} \right| = \left| \begin{pmatrix} 1 \\ 1 \\ -1 \end{pmatrix} \right| = \sqrt{3}$

Übung 11
Gesucht ist der Abstand des Punktes P von der Geraden g im $\mathbb{R}^3$.

a) g: $\vec{x} = \begin{pmatrix} 4 \\ 0 \\ 1 \end{pmatrix} + r \begin{pmatrix} -1 \\ 1 \\ 1 \end{pmatrix}$
 $P(4|6|-2)$

b) g geht durch $A(4|2|1)$ und $B(0|6|3)$. $P(2|1|8)$

c) g geht durch $A(4|8|7)$ und $B(9|3|7)$. $P(0|0|0)$

F. Der Abstand paralleler Geraden

Die Aufgabe, den Abstand paralleler Geraden zu bestimmen, kann auf die vorherige Problematik des Abstands von Punkt und Gerade zurückgeführt werden.

Alle Punkte der Geraden h haben von der parallelen Gerade g den gleichen Abstand. Dieser Abstand kann berechnet werden, indem man den Abstand eines beliebigen Punktes der Geraden h – beispielsweise den Abstand ihres Stützpunktes P – von der Geraden g berechnet.

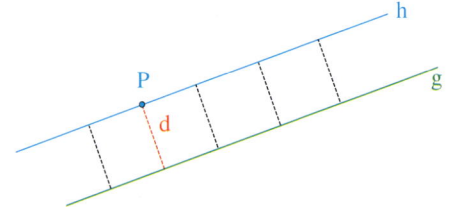

> **Beispiel: Abstand paralleler Geraden**
> Kurz nach dem Start befindet sich Flugzeug Alpha in einem geradlinigen Steigflug durch die Punkte $A(-8|5|1)$ und $B(2|-1|2)$. Gleichzeitig befindet sich Flugzeug Beta im Landeanflug durch die Punkte $C(13|-5|5)$ und $D(-7|7|3)$. (Angaben in km)
> Weisen Sie nach, dass die Flugbahnen beider Flugzeuge parallel verlaufen, und berechnen Sie den Abstand der Flugbahnen.

Lösung:
Die nebenstehende Gerade g beschreibt die Flugbahn von Flugzeug A, die Gerade h beschreibt die Flugbahn von Flugzeug B. Die Geraden g und h sind parallel, da die Richtungsvektoren kollinear sind. Wie man leicht sieht, ist der Kollinearitätsfaktor −2.

Zur Abstandsberechnung der beiden Geraden wird der Abstand des Punktes C von der Geraden g berechnet.

Die Hilfsebene H enthält den Punkt C und ist orthogonal zur Gerade g. Der Schnittpunkt F von g und H ist der Fußpunkt des Lotes von Punkt C auf die Gerade g. Der Abstand der Punkte C und F ist damit gleich dem Abstand der Geraden g und h.
▶ Er beträgt 3 km.

Gerade g: $\vec{x} = \begin{pmatrix} -8 \\ 5 \\ 1 \end{pmatrix} + r \cdot \begin{pmatrix} 10 \\ -6 \\ 1 \end{pmatrix}$

Gerade h: $\vec{x} = \begin{pmatrix} 13 \\ -5 \\ 5 \end{pmatrix} + s \cdot \begin{pmatrix} -20 \\ 12 \\ -2 \end{pmatrix}$

Hilfsebene H: $\left[\vec{x} - \begin{pmatrix} 13 \\ -5 \\ 5 \end{pmatrix} \right] \cdot \begin{pmatrix} 10 \\ -6 \\ 1 \end{pmatrix} = 0$

H: $10x - 6y + z = 165$

Schnittpunkt von g und H:
$10(-8 + 10r) - 6(5 - 6r) + 1 + r = 165$
$137r - 109 = 165$
$r = 2$

Schnittpunkt: $F(12|-7|3)$

Abstand: $d = |\overrightarrow{CF}| = \sqrt{1 + 4 + 4} = 3$

Übung 12
a) Zeigen Sie, dass die Gerade durch A und B parallel ist zur Geraden durch C und D.
   I: $A(-1|6|4)$, $B(5|-2|4)$, $C(3|9|4)$, $D(9|1|4)$
   II: $A(0|0|6)$, $B(2|4|2)$, $C(3|-6|6)$, $D(7|2|-2)$
b) Zeigen Sie, dass das Viereck ABCD mit $A(5|0|0)$, $B(9|6|1)$, $C(7|7|3)$, $D(3|1|2)$ ein Parallelogramm ist, und berechnen Sie seinen Flächeninhalt.

Übungen

13. Drachenprisma

Die Punkte A(8|1|0), B(5|5|2), C(2|4|3) und D(3|1|2) sind die Eckpunkte der Grundfläche eines Prismas ABCDEFGH. Weiterhin sei der Punkt E(10|2|2) der Deckfläche bekannt.

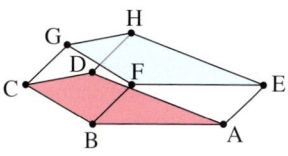

a) Bestimmen Sie die Eckpunkte F, G und H.
b) Weisen Sie nach, dass ABCD ein Drachenviereck ist.
c) Stellen Sie die Gleichung der Ebene T durch die Punkte A, C, H in Normalenform auf.
d) Bestimmen Sie den Abstand des Punktes F zur Ebene T.
e) Berechnen Sie den Abstand von Grund- und Deckfläche des Prismas und das Volumen.

14. Quadratische Pyramide

Die Punkte A(0|0|0), B(8|0|0), C(8|8|0) und D(0|8|0) sind die Eckpunkte der Grundfläche einer geraden quadratischen Pyramide ABCDS mit der Höhe h = 6. M ist der Mittelpunkt der Kante $\overline{CS}$, N der Mittelpunkt von $\overline{DS}$. Die Ebene E enthält die Punkte A, B, M, N.

a) Zeichnen Sie die Pyramide und die Ebene E im kartesischen Koordinatensystem.
b) Geben Sie eine Gleichung der Ebene E in Normalenform an.
c) Prüfen Sie, ob alle Eckpunkte der Pyramide, die nicht in der Ebene E liegen, zu E den gleichen Abstand haben.
d) Zeigen Sie, dass das Viereck CDNM ein Trapez ist, und berechnen Sie dessen Flächeninhalt, indem Sie zunächst den Abstand der Geraden CD und MN bestimmen.
e) Unter welchem Winkel schneidet die Kante $\overline{CS}$ die Ebene E?

15. Dreieckspyramide

Die Punkte A(7|3|1), B(11|1|4) und C(8|5|3) sind die Eckpunkte der Grundfläche einer Pyramide mit der Spitze S(5|1|7).

a) Zeichnen Sie die Pyramide im kartesischen Koordinatensystem.
b) Die Grundfläche der Pyramide liegt in der Ebene E. Geben Sie eine Gleichung der Ebene E in Parameter- und in Normalenform an.
c) Berechnen Sie die Höhe der Pyramide und den Fußpunkt F des Lotes von S auf E.
d) Welchen Abstand hat der Punkt C von der Seitenkante $\overline{BS}$?
e) Unter welchem Winkel schneidet die Kante $\overline{BS}$ die Ebene E?

16. Würfel

A(3|4|6), B(7|8|8), D(7|2|2) und E(5|0|10) sind Eckpunkte des Würfels ABCDEFGH.

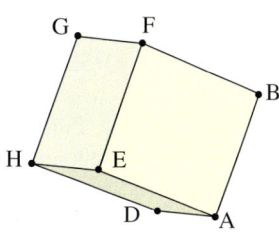

a) Bestimmen Sie die fehlenden Eckpunkte.
b) Die Ebene T enthalte die Punkte B, D und E. Stellen Sie eine Gleichung der Ebene T in Normalenform auf und berechnen Sie den Abstand des Punktes A zur Ebene T.
c) Welchen Abstand hat der Punkt B zur Geraden durch die Punkte D und E?
d) Berechnen Sie das Volumen der Pyramide ABDE. Verwenden Sie die bisherigen Ergebnisse.

17. Einparkhilfe

Bei der Entwicklung der KFZ-Einparkhilfe haben Bionikforscher das Ortungssystem der Fledermaus kopiert und entsprechende Sensoren in die hintere Stoßstange integriert. Die Sensoren sind so eingestellt, dass sie eine Abstandsunterschreitung von 0,3 m anzeigen.

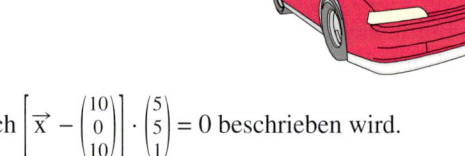

Ein Autofahrer fährt geradlinig rückwärts auf eine schräge Ebene zu, die durch $\left[\vec{x} - \begin{pmatrix}10\\0\\10\end{pmatrix}\right] \cdot \begin{pmatrix}5\\5\\1\end{pmatrix} = 0$ beschrieben wird.

a) Der der Ebene nächste Sensor befindet sich zunächst im Punkt P(6,2|6,2|0,3). Zeigen Sie, dass der Sensor noch keinen Alarm gegeben hat. Wenig später ist der Sensor im Punkt Q(6,1|6,1|0,3) angelangt. Ist inzwischen ein Alarm erfolgt?

b) An welchem Punkt R zwischen P und Q muss der Sensor Alarm geben?

18. Echolot (Tiefenmessung)

Ein Motorboot bewegt sich in einem Gewässer mit ebenem, aber leicht ansteigendem Grund. P(0|0|–20), Q(50|50|–15) und R(0|50|–15) sind Punkte der Grundebene. Das Boot besitzt einen Echolotsensor in Höhe der Wasseroberfläche.

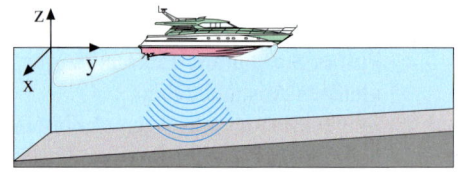

a) Erstellen Sie eine Normalengleichung der Grundebene.

b) Welcher Abstand zur Grundebene wird gemessen, wenn der Sensor sich im Punkt A(50|50|0) befindet? Etwas später sind Boot und Sensor im Punkt B(75|75|0) angelangt. Wie groß ist der Abstand hier? Wie tief ist das Wasser senkrecht unter dem Sensor?

c) Das Echolot berechnet aus den gespeicherten Daten den Abstand zum Grund voraus. Wo wird bei gleichbleibendem Kurs ein Abstand von nur noch 2 m erreicht, der aus Sicherheitsgründen mindestens erforderlich ist?

19. Radar (Höhenmessung)

Ein Helikopter fliegt bei schlechter Sicht auf ein eben ansteigendes Bergmassiv zu, welches durch die Punkte P(0|5|0), Q(5|10|2), R(10|10|2) beschrieben wird. Der Helikopter durchfliegt die Punkte A(1|6|1) und B(2|7|1) (Angaben in km).

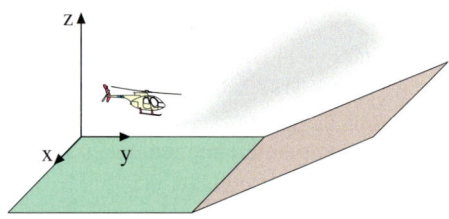

a) Erstellen Sie eine Ebenengleichung des Berghangs.

b) Bestimmen Sie den Abstand des Helikopters in A bzw. B zur Bergebene.

c) 100 m ist der erlaubte Mindestabstand. In welchem Punkt muss der Pilot spätestens auf Steigflug umstellen, um den Hang im Parallelflug zu überwinden? Wie lautet der neue Kurs?

20. Wetterfronten

Ein Wettersatellit hat eine Kaltfront polarer Luft sowie eine Warmfront tropischer Luft ausgemacht, die sich aufeinander zu bewegen, so dass mit Tiefdruck und Regen zu rechnen ist.
Die Kaltfront ist bei A(250|−230|3), während sich zur gleichen Zeit die Warmfront bei B(−95|410|4) befindet (Angaben in km). Ihre Bewegungsrichtungen werden durch $\vec{n}_A = \begin{pmatrix} -1 \\ 2 \\ 0 \end{pmatrix}$ bzw. $\vec{n}_B = \begin{pmatrix} 1 \\ -2 \\ 0 \end{pmatrix}$ beschrieben.

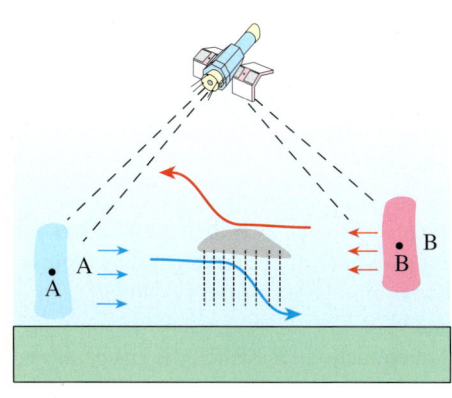

a) Welchen Abstand haben die Wetterfronten momentan?
b) Nach einer Stunde meldet der Satellit neue Standorte: A'(230|−190|3), B'(−65|350|4). Mit welcher Geschwindigkeit bewegen sich die Fronten? Welchen Abstand haben die Fronten nun voneinander? Wann werden sie voraussichtlich aufeinandertreffen?

21. Fluglärm

Zur Einschätzung einer zu erwartenden Fluglärmbelästigung für eine Siedlung in der Nähe einer geplanten Landebahn soll der Abstand der Anflugroute zur Siedlung bestimmt werden.
Die Anflugroute soll durch A(2|0|2), B(6|10|0) gehen, der Siedlungsmittelpunkt ist S(0|3,5|0,5) (Angaben in km). Bestimmen Sie den Abstand von S zur geplanten Anflugroute.

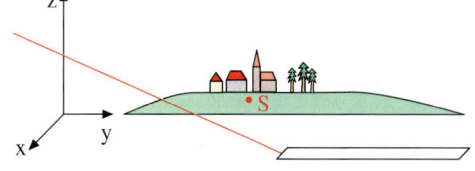

22. Parallelflugbahnen

Kunstflugmanöver müssen genau geplant und exakt ausgeführt werden, da die Flieger bei hohen Geschwindigkeiten stets auf „Tuchfühlung" fliegen.
Zwei Flieger befinden sich auf Parallelflug und durchfliegen die Strecken $\overline{AA'}$ und $\overline{BB'}$ mit (Angabe in m):

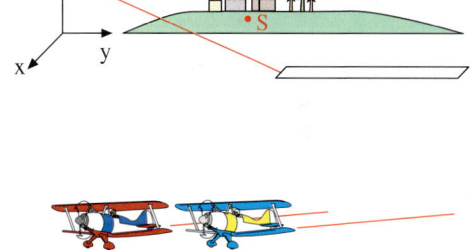
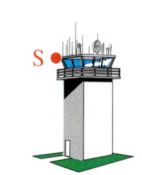

A(1220|2450|150), A'(1620|3050|100) bzw. B(1405|2760|125), B'(1605|3060|100).
a) Zeigen Sie, dass es sich tatsächlich um einen Parallelflug handelt.
b) Bestimmen Sie den Abstand der Flugbahnen.
c) Die Spannweite beträgt jeweils 14 m. Welchen Abstand haben die Flügelspitzen?
d) Die Spitze des Flugkontrollturms hat die Koordinaten S(3|638|20). Wie nah kommt das erste Flugzeug, welches die Punkte A und A' passierte, dem Kontrollturm?

G. Der Abstand windschiefer Geraden

Der Abstand windschiefer Geraden g und h ist die kürzeste Entfernung, die zwischen einem Punkt von g und einem Punkt von h existiert.
Es ist leicht einzusehen, dass eine solche kürzeste Strecke zwischen g und h sowohl auf g als auch auf h senkrecht stehen muss. Es ist eine gemeinsame Lotstrecke von g und h.
Am einfachsten lässt sich die Länge dieser Strecke als Abstand zweier paralleler Ebenen G und H bestimmen, welche jeweils eine der Geraden g bzw. h enthalten.

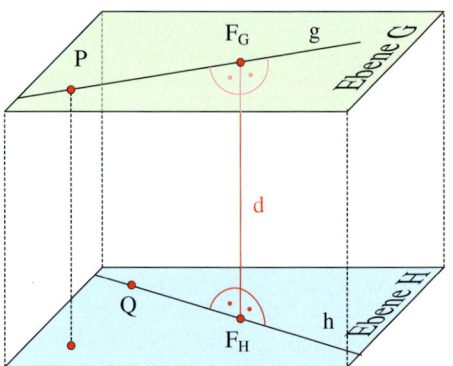

Abstand windschiefer Geraden

Folgende Überlegungen führen nun zu einer Abstandsformel für windschiefe Geraden.

Die Punkte P und Q seien Stützpunkte der Geraden g und h und $\vec{p}$ und $\vec{q}$ die Stützvektoren. $\vec{n}_0$ sei ein gemeinsamer *Normaleneinheitsvektor* von g und h, d.h., er ist orthogonal zu beiden Geraden und hat den Betrag 1.
Dann ist H: $(\vec{x} - \vec{q}) \cdot \vec{n}_0 = 0$ eine Hesse'sche Normalengleichung der Ebene H.
Der Term $d = |(\vec{p} - \vec{q}) \cdot \vec{n}_0|$ gibt folglich den Abstand des Punktes P von der Ebene H an und damit den Abstand von G zu H sowie den Abstand von g zu h.

> **Abstandsformel für windschiefe Geraden**
>
> g: $\vec{x} = \vec{p} + r \cdot \vec{m}_g$ und h: $\vec{x} = \vec{q} + s \cdot \vec{m}_h$ seien zwei windschiefe Geraden.
> $\vec{n}_0$ sei ein zu beiden Richtungsvektoren $\vec{m}_g$ und $\vec{m}_h$ orthogonaler Einheitsvektor.
> Dann besitzen g und h den Abstand
> $$d = |(\vec{p} - \vec{q}) \cdot \vec{n}_0|.$$

▶ **Beispiel: Abstand windschiefer Geraden**
Gegeben sind die windschiefen Geraden g: $\vec{x} = \begin{pmatrix} 2 \\ 2 \\ 3 \end{pmatrix} + r \begin{pmatrix} 1 \\ 2 \\ -2 \end{pmatrix}$ und h: $\vec{x} = \begin{pmatrix} 4 \\ 7 \\ 3 \end{pmatrix} + s \cdot \begin{pmatrix} -1 \\ 2 \\ 0 \end{pmatrix}$.
Berechnen Sie den Abstand von g und h.

Lösung:
Man kann leicht erkennen sowie durch Rechnung nachweisen, dass die Geraden weder parallel sind noch sich schneiden. Also sind sie windschief.

Wir bestimmen zunächst einen „Normalenvektor" $\vec{n}$, der auf beiden Richtungsvektoren senkrecht steht. Sein Skalarprodukt mit den Richtungsvektoren ist also jeweils null. Dies führt auf zwei Gleichungen mit drei Variablen.

1. Bestimmung eines Normaleneinheitsvektors:

$\vec{n} \cdot \vec{m}_g = 0,$ $\quad \vec{n} \cdot \vec{m}_h = 0$

$\begin{pmatrix} x \\ y \\ z \end{pmatrix} \cdot \begin{pmatrix} 1 \\ 2 \\ -2 \end{pmatrix} = 0,$ $\quad \begin{pmatrix} x \\ y \\ z \end{pmatrix} \cdot \begin{pmatrix} -1 \\ 2 \\ 0 \end{pmatrix} = 0$

Wir wählen x = 2 frei und errechnen y = 1 und z = 2 durch Einsetzen.
Den sich ergebenden Normalenvektor $\vec{n}$ normieren wir, indem wir ihn durch seinen Betrag dividieren. Wir erhalten einen Normaleneinheitsvektor $\vec{n}_0$.

Zur Abstandsberechnung setzen wir nun $\vec{n}_0$ sowie die Stützvektoren $\vec{p}$ und $\vec{q}$ der beiden Geraden in die Abstandsformel $d = |(\vec{p} - \vec{q}) \cdot \vec{n}_0|$ ein.

▶ Resultat: d = 3

I $\quad x + 2y - 2z = 0$
II $-x + 2y \quad\quad = 0$

z. B. $\vec{n} = \begin{pmatrix} 2 \\ 1 \\ 2 \end{pmatrix} \Rightarrow \vec{n}_0 = \frac{\vec{n}}{|\vec{n}|} = \begin{pmatrix} 2/3 \\ 1/3 \\ 2/3 \end{pmatrix}$

2. Abstandsberechnung:

$d = |(\vec{p} - \vec{q}) \cdot \vec{n}_0|$

$= \left| \left[\begin{pmatrix} 2 \\ 2 \\ 3 \end{pmatrix} - \begin{pmatrix} 4 \\ 7 \\ 3 \end{pmatrix} \right] \cdot \begin{pmatrix} 2/3 \\ 1/3 \\ 2/3 \end{pmatrix} \right| = 3$

Übung 23
Bestimmen Sie den Abstand der Geraden g: $\vec{x} = \begin{pmatrix} 9 \\ 3 \\ 8 \end{pmatrix} + r \begin{pmatrix} -6 \\ 2 \\ 1 \end{pmatrix}$ und h: $\vec{x} = \begin{pmatrix} 4 \\ 2 \\ 1 \end{pmatrix} + s \begin{pmatrix} 4 \\ 1 \\ -3 \end{pmatrix}$.

Übung 24
Zeigen Sie, dass g und h windschief sind. Berechnen Sie sodann den Abstand von g und h.

a) g: $\vec{x} = \begin{pmatrix} 0 \\ 6 \\ 0 \end{pmatrix} + r \begin{pmatrix} -2 \\ 1 \\ 0 \end{pmatrix}$, h: $\vec{x} = \begin{pmatrix} 0 \\ 3 \\ 4 \end{pmatrix} + s \begin{pmatrix} 3 \\ 3 \\ -1 \end{pmatrix}$

b) g: $\vec{x} = \begin{pmatrix} 0 \\ 3 \\ 1 \end{pmatrix} + r \begin{pmatrix} -3 \\ -2 \\ 0 \end{pmatrix}$, h: $\vec{x} = \begin{pmatrix} 4 \\ 6 \\ 9 \end{pmatrix} + s \begin{pmatrix} -3 \\ 2 \\ -2 \end{pmatrix}$

Übung 25 Rohrisolation
Über zwei Kupferrohre AB und CD, die sich windschief passieren, sollen wie abgebildet isolierende Schaumstoffumhüllungen geschoben werden.
Ist zwischen den Kupferrohren genügend Platz vorhanden, wenn die Isolationsrohre einen Außendurchmesser von 8 cm besitzen?

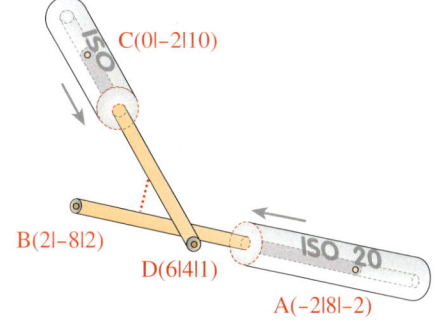

Übung 26 Abstand Punkt/Gerade, Gerade/Gerade
Berechnen Sie für die abgebildete Pyramide
a) die eingezeichnete Seitenhöhe h,
b) den Abstand der Kanten AC und BS.

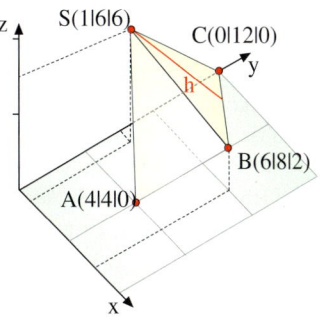

Übungen

27. Schlechtwetterfront

Die vordere Begrenzung einer 4,5 km dicken Schlechtwetterfront wird beschrieben durch die Ebene E:
$2x + 2y + z = 6$ (LE: 1 km).

a) Ein Flugzeug fliegt längs der Gerade

$g: \vec{x} = \begin{pmatrix} 3 \\ 1 \\ 1 \end{pmatrix} + s \begin{pmatrix} 1 \\ -2 \\ 2 \end{pmatrix}$. Weisen Sie

nach, dass seine Flugbahn parallel zur Schlechtwetterfront liegt. Berechnen Sie den Abstand der Flugbahn zur Schlechtwetterfront.

b) Ein Meteorologe befindet sich mit seinem Flugzeug im Punkt $P(5|5|4)$. Er möchte zu Forschungszwecken die Schlechtwetterfront orthogonal durchfliegen. In welchem Punkt A tritt sein Flugzeug in die Schlechtwetterfront ein?

c) In welchem Punkt B verlässt das Flugzeug des Meteorologen die Schlechtwetterfront? Welche Ebene F beschreibt die hintere Begrenzung der Schlechtwetterfront?

d) Zeigen Sie, dass sich die Flugbahnen der beiden Flugzeuge nicht kreuzen. Ermitteln Sie den Abstand der beiden Flugbahnen.

28. Tanne am Abhang

Ein Abhang wird beschrieben durch die Ebene E: $2x + 3y + 6z = 35$. Auf dem Abhang steht eine senkrechte Tanne, deren Spitze der Punkt $S(5|7|26)$ ist.
(LE: 1 m)

a) Wie hoch ist die Tanne?

b) In welchem Winkel steht die Tanne zum Hang?

c) Zur Sicherung der Tanne wird im Punkt $Q(5|7|17)$ ein Sicherungsseil angebracht, dass am Abhang senkrecht zu diesem verankert werden soll. Ermitteln Sie den Punkt P der Verankerung.

d) Auf dem Abhang soll in 30 m Höhe ein Wanderweg angelegt werden. Geben Sie die Gleichung der Geraden an, welche den Verlauf dieses Weges beschreibt.

e) Ein Blitz trifft die Tanne, worauf diese zerbricht. Ihre Spitze fällt auf den Abhang im Punkt $A(1|-1|6)$. In welcher Höhe ist die Tanne abgeknickt?

3. Untersuchung geometrischer Objekte im Raum

A. Würfel, Pyramiden und Quader

> **Beispiel: Ebenen und Geraden in einem Würfel**
> Auf einem Würfel der Kantenlänge 6 liegen die Punkte P(6|0|4), Q(6|4|0) und R(0|2|6).
> a) Ermitteln Sie die Gleichung der Ebene E durch die Punkte P, Q und R, die Gleichung der Geraden g durch die Punkte O(0|0|0) und G(6|6|6), sowie den Schnittpunkt S von E und g.
> b) Bestimmen Sie die Größe des Winkels QPR und den Flächeninhalt des Dreiecks PQR.
> c) Leiten Sie die Koordinatenform der Ebene E her und weisen Sie nach, dass die Gerade h: $\vec{x} = \begin{pmatrix} 3 \\ 3 \\ 3 \end{pmatrix} + t \cdot \begin{pmatrix} 3 \\ -1 \\ -1 \end{pmatrix}$ ganz in E liegt.
> d) In welchem Punkt Y schneidet die Ebene E die y-Achse?
> e) Bestimmen Sie den Abstand der Geraden QP und RY.

Lösung zu a):
Für die Ebene E wird der Punkt P als Stützpunkt gewählt. Die Vektoren $\overrightarrow{PQ}$ bzw. $\overrightarrow{PR}$ dienen als Richtungsvektoren.
Die Geradengleichung für g wird mit Hilfe der Zweipunkteform aufgestellt.

Gleichsetzen der rechten Seiten von Ebenen- und Geradengleichung liefert ein lineares Gleichungssystem, dessen Lösung am einfachsten mit einem Rechner ermittelt wird. Aus der Lösung r = s = t = 0,5 ergibt sich der Geradenparameterwert t = 0,5. Dieser liefert durch Einsetzen in die Gleichung von g den Schnittpunkt S(3|3|3) von E und g.

Lösung zu b):
Das Skalarprodukt der Richtungsvektoren $\overrightarrow{PQ}$ und $\overrightarrow{PR}$ ist gleich null.
Die Vektoren sind daher orthogonal. Das Dreieck PQR ist rechtwinklig bei P.

1. Gleichungen von E und g:

E: $\vec{x} = \overrightarrow{OP} + r \cdot \overrightarrow{PQ} + s \cdot \overrightarrow{PR}$

$\vec{x} = \begin{pmatrix} 6 \\ 0 \\ 4 \end{pmatrix} + r \cdot \begin{pmatrix} 0 \\ 4 \\ -4 \end{pmatrix} + s \cdot \begin{pmatrix} -6 \\ 2 \\ 2 \end{pmatrix}$

g: $\vec{x} = t \cdot \begin{pmatrix} 6 \\ 6 \\ 6 \end{pmatrix}$

2. Schnittpunkt von E und g:

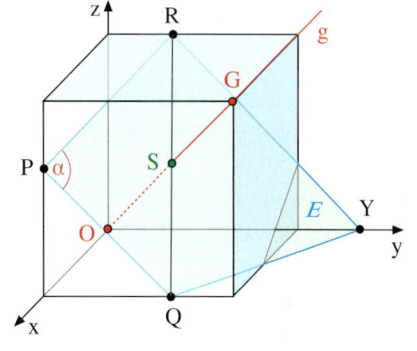

$\Rightarrow t = \frac{1}{2} \Rightarrow$ Schnittpunkt S(3|3|3)

3. Rechtwinkligkeitsnachweis:

$\overrightarrow{QP} \cdot \overrightarrow{QR} = \begin{pmatrix} 0 \\ 4 \\ -4 \end{pmatrix} \cdot \begin{pmatrix} -6 \\ 2 \\ 2 \end{pmatrix} = 0 + 8 - 8 = 0$

Der Flächeninhalt A eines rechtwinkligen Dreiecks kann stets elementargeometrisch mithilfe seiner beiden Kantenlängen ermittelt werden. Resultat: A ≈ 18,76

4. Flächeninhalt des Dreiecks PQR:
$A = \frac{1}{2} \cdot |\overrightarrow{PQ}| \cdot |\overrightarrow{PR}| = \frac{1}{2} \cdot \sqrt{32} \cdot \sqrt{44} \approx 18{,}76$

Lösung zu c:
Zunächst bestimmen wir einen Normalenvektor der Ebene E, der zu beiden Richtungsvektoren senkrecht steht.

5. Normalenvektor der Ebene E:
$\vec{n} \cdot \begin{pmatrix} 0 \\ -4 \\ 4 \end{pmatrix} = 0, \; \vec{n} \cdot \begin{pmatrix} -6 \\ 2 \\ 2 \end{pmatrix} = 0, \; \vec{n} = \begin{pmatrix} 2 \\ 3 \\ 3 \end{pmatrix}$

Die Koeffizienten der linken Seite der Koordinatengleichung sind die Koordinaten des Normalenvektors.
Die rechte Seite der Koordinatengleichung erhalten wir durch Einsetzen des Punktes P in diese Gleichung.

6. Koordinatengleichung von E:
E: $2x + 3y + 3z = d$

Einsetzen des Punktes P: d = 24
E: $2x + 3y + 3z = 24$

Beim Einsetzen der Koordinaten von h in E ergibt sich eine Identität. Damit erfüllen alle Punkte der Gerade h die Gleichung von E, d. h. die Gerade h liegt in der Ebene E.

7. Einsetzen von h in E:
$2(3 + 3t) + 3(3 - t) + 3(3 - t) = 24$
$6 + 6t + 9 - 3t + 9 - 3t = 24$
$24 = 24$

Lösung zu d:
Im Schnittpunkt der Ebene E mit der y-Achse gilt x = 0 und z = 0. Damit erhalten wir aus der Koordinatenform y = 8, d. h. Y(0|8|0).

8. Schnittpunkt mit der y-Achse:
$x = 0, \; z = 0 \Rightarrow 3y = 24$
$y = 8 \Rightarrow Y(0|8|0)$

Lösung zu e:
Zunächst stellen wir die Gleichungen der Geraden PQ und RY auf. An den Richtungsvektoren erkennen wir, dass die Geraden parallel verlaufen.

9. Geraden PQ und RY:
$g_{PQ} = \begin{pmatrix} 6 \\ 0 \\ 4 \end{pmatrix} + r \begin{pmatrix} 0 \\ 4 \\ -4 \end{pmatrix}, \; h_{RY}: \begin{pmatrix} 0 \\ 2 \\ 6 \end{pmatrix} + s \begin{pmatrix} 0 \\ 6 \\ -6 \end{pmatrix}$

Weiter benötigen wir die Gleichung der Hilfsebene H, die den Punkt Y enthält und senkrecht zur Geraden PQ liegt. Also kann der Richtungsvektor der Geraden PQ als Normalenvektor von H verwendet werden.

10. Hilfsebene H:
$\left(\vec{x} - \begin{pmatrix} 0 \\ 8 \\ 0 \end{pmatrix} \right) \cdot \begin{pmatrix} 0 \\ 4 \\ -4 \end{pmatrix} = 0$

Der Schnittpunkt von H mit der Geraden PQ ist der Punkt T(6|6|−2).

11. Schnittpunkt von H mit g_{PQ}:
$\left(\begin{pmatrix} 6 \\ 0 \\ 4 \end{pmatrix} + r \begin{pmatrix} 0 \\ 4 \\ -4 \end{pmatrix} - \begin{pmatrix} 0 \\ 8 \\ 0 \end{pmatrix} \right) \cdot \begin{pmatrix} 0 \\ 4 \\ -4 \end{pmatrix} = 0$
$4(4r - 8) - 4(4 - 4r) = 0 \Rightarrow r = 1{,}5; \; T(6|6|-2)$

Der Abstand der Geraden PQ und RY ist gleich der Länge der Strecke $\overline{YT}$.
▶ Ergebnis: d ≈ 6,63.

12. Abstand YT:
$d = \sqrt{36 + 4 + 4} = \sqrt{44} \approx 6{,}63$

Übung 1 Quader

Im rechts abgebildeten 6×4×5-Quader sind die Punkte R(6|0|2), S(6|4|4) und T(2|0|5) bekannt.
a) Bestimmen Sie eine Parameter- und eine Normalenform der Ebene E, welche die Punkte R, S und T enthält.
b) Wie groß ist der Winkel RST?
c) Wie groß ist der Abstand des Punktes B von der Ebene E?
d) Berechnen Sie den Abstand des Koordinatenursprungs O(0|0|0) zur Geraden RS.

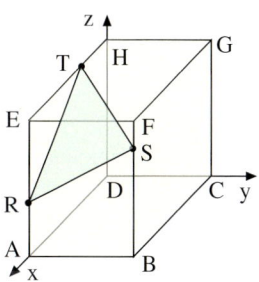

▶ **Beispiel: Schräge Pyramide**

Die Punkte A(8|0|0), B(8|8|0), C(0|8|0) und D(0|0|0) sind die Eckpunkte der Grundfläche einer quadratischen Pyramide, deren Spitze im Punkt S(2|2|6) liegt.
a) Geben Sie eine Gleichung der Ebene E, in der das Dreieck BCS liegt, in Parameter- und in Koordinatenform an.
b) Berechnen Sie die Größe des Winkels SBC.
c) Ein Lichtstrahl durch den Punkt P(−2|11|6) in Richtung $\vec{v} = \begin{pmatrix} 2 \\ -2 \\ -1 \end{pmatrix}$ trifft die Ebene E im Punkt T. Ermitteln Sie die Koordinaten von T. Liegt der Punkt T im Dreieck BCS?
d) Stellen Sie eine Gleichung der Ebene F durch die Punkte A, B und T auf. Ermitteln Sie eine Gleichung der Schnittgeraden der Ebenen E und F.

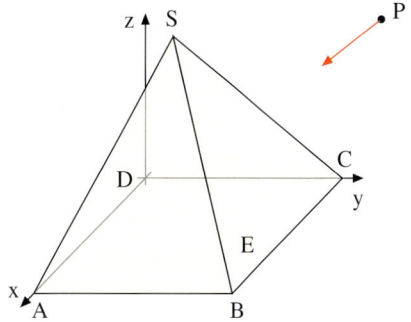

Lösung zu a:
Als Stützvektor wählen wir den Ortsvektor zum Punkt B und als Richtungsvektoren $\vec{BC}$ und $\vec{BS}$. Damit erhalten wir die nebenstehende Parameterform von E.
Einen Normalenvektor für E kann man direkt erkennen oder mit dem nebenstehenden LGS schnell berechnen.
Durch den Normalenvektor sind die Koeffizienten der linken Seite der Koordinatengleichung festgelegt.
Durch Einsetzen eines der drei bekannten Ebenenpunkte, z. B. A(8|8|0) ergibt sich der Wert 8 für die rechte Seite.

1. Parametergleichung für E:

$$E: \vec{x} = \begin{pmatrix} 8 \\ 8 \\ 0 \end{pmatrix} + r \begin{pmatrix} -8 \\ 0 \\ 0 \end{pmatrix} + s \begin{pmatrix} -6 \\ -6 \\ 6 \end{pmatrix}$$

2. Koordinatengleichung für E:

$\begin{pmatrix} -8 \\ 0 \\ 0 \end{pmatrix} \cdot \vec{n} = 0 \Rightarrow -8n_1 = 0 \Rightarrow n_1 = 0$

$\begin{pmatrix} -6 \\ -6 \\ 6 \end{pmatrix} \cdot \vec{n} = 0 \Rightarrow -6n_2 + 6n_3 = 0 \Rightarrow n_2 = n_3$

Mögliche Lösung: $n_1 = 0$, $n_2 = n_3 = 1$
Koordinatengleichung: E: $y + z = 8$

Lösung zu b:
Der Winkel bei B im Dreieck BCS wird mit der Kosinusformel berechnet.

3. Winkel SBC:
$$\cos \alpha = \frac{\vec{BC} \cdot \vec{BS}}{|\vec{BC}| \cdot |\vec{BS}|} = \frac{(-8) \cdot (-6)}{8 \cdot 6\sqrt{3}} = \frac{1}{\sqrt{3}} \approx 0{,}577$$
$\alpha \approx 54{,}7°$

Lösung zu c:
Die Geradengleichung für g kann direkt aufgestellt werden, da ein Punkt und ihre Richtung bekannt sind.

4. Gleichung von g:
$$g: \vec{x} = \begin{pmatrix} -2 \\ 11 \\ 6 \end{pmatrix} + t \cdot \begin{pmatrix} 2 \\ -2 \\ -1 \end{pmatrix}$$

Der Schnittpunkt von E und g wird ermittelt durch Einsetzen der Gleichung von g in die Koordinatenform von E.

5. Schnittpunkt von E und g:
$(11 - 2t) + (6 - t) = 8$
$17 - 3t = 8$
$t = 3 \Rightarrow T(4|5|3)$

Nun ist zu prüfen, ob der Punkt T im Dreieck BCS liegt. Dazu setzen wir die Koordinaten von T in die Parametergleichung für E ein. Die Gleichung wird erfüllt für $r = \frac{1}{8}$ und $s = 0{,}5$. Beide Werte liegen zwischen 0 und 1 und sind in Summe kleiner 1. Damit liegt T im Dreieck BCS.

6. Nachweis: T liegt im Dreieck BCS:
$$\begin{pmatrix} 4 \\ 5 \\ 3 \end{pmatrix} = \begin{pmatrix} 8 \\ 8 \\ 0 \end{pmatrix} + r \begin{pmatrix} -8 \\ 0 \\ 0 \end{pmatrix} + s \begin{pmatrix} -6 \\ -6 \\ 6 \end{pmatrix}$$
z-Koordinate: $2 = 6s \Rightarrow s = 0{,}5$
x-Koordinate: $4 = 8 - 8r - 3 \Rightarrow r = \frac{1}{8}$

Lösung zu d:
Zunächst wird ein Normalenvektor der Ebene F bestimmt.
Mit Hilfe des Punktes A erhalten wir dann die Koordinatengleichung von F.

7. Koordinatengleichung von F:
$$\vec{u} = \begin{pmatrix} 0 \\ 8 \\ 0 \end{pmatrix}, \vec{v} = \begin{pmatrix} -4 \\ 5 \\ 3 \end{pmatrix} \Rightarrow \vec{n} = \begin{pmatrix} 3 \\ 0 \\ 4 \end{pmatrix}$$
Koordinatengleichung F: $3x + 4z = 24$

Die Schnittgerade h der Ebenen E und F ergibt sich am einfachsten aus der Überlegung, dass die Punkte B und T in beiden Ebenen liegen. h ist die Gerade BT.

8. Schnittgerade h von E und F:
$$h: \vec{x} = \begin{pmatrix} 8 \\ 8 \\ 0 \end{pmatrix} + t \cdot \begin{pmatrix} -4 \\ -3 \\ 3 \end{pmatrix}$$

Übung 2 Pyramiden und Geraden

Die Ebene E schneidet die Koordinatenachsen in den Punkten A(12|0|0), B(0|6|0) und C(0|0|6).
a) Fertigen Sie ein Schrägbild der Ebene E an.
b) Geben Sie eine Parametergleichung und eine Normalengleichung für die Ebene E an.
c) Weisen Sie nach, dass der Punkt P(2|3|2) in der Ebene E liegt.
d) Wie groß ist der Winkel zwischen den Kanten AB und AC?
e) Wie lautet die Gleichung der Spurgeraden von E in der x-y-Ebene?
f) Punkt C der Ebene E wird verschoben nach $C_a(0|0|a)$. Wie muss a gewählt werden, damit der Abstand $|AC_a|$ gleich 13 ist?
g) Wie muss a gewählt werden, damit das Volumen der Pyramide ABC_aO (O: Koordinatenursprung) gleich 36 ist?
h) Weisen Sie nach, dass die Gerade g für jede Wahl von C_a einen Schnittpunkt mit der Ebene ABC_a hat. Ermitteln Sie die Koordinaten des Schnittpunktes.
$$g: \vec{x} = \begin{pmatrix} 12 \\ -1 \\ -2 \end{pmatrix} + t \cdot \begin{pmatrix} -2 \\ 1 \\ 1 \end{pmatrix}$$

Übungen

3. Schiefe Pyramide mit rechteckiger Grundfläche
Die Punkte A(−4|−2|0), B(3|−2|0), C(3|3|0) und D(−4|3|0) sind die Eckpunkte der Grundfläche einer Pyramide, deren Spitze der Punkt S(0|0|6) ist.
a) Zeichnen Sie ein Schrägbild der Pyramide.
b) Weisen Sie nach, dass der Punkt P(1|1|4) auf der Kante CS liegt. Ergänzen Sie die Zeichnung um den Punkt P.
c) Die Ebene E enthält die Kante AB sowie den Punkt P. Wie lautet die Ebenengleichung in Parameterform und in Koordinatenform?
d) Ermitteln Sie den Schnittpunkt Q der Ebene E mit der Geraden DS.
e) M_1 sei der Mittelpunkt der Strecke $\overline{AB}$. Begründen Sie, dass der Punkt $M_2(-0{,}5|1|4)$ auf der Strecke $\overline{PQ}$ liegt. Weisen Sie nach, dass $\overline{M_1M_2}$ orthogonal zu $\overline{AB}$ liegt.
f) Begründen Sie, dass das Viereck ABPQ ein Trapez ist. Ermitteln Sie den Flächeninhalt des Trapezes.

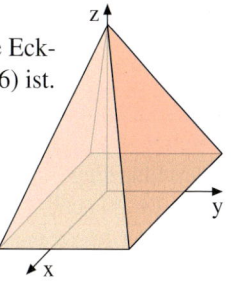

4. Pyramide
Die Punkte A(12|0|0), B(12|12|0), C(0|12|0) und D(0|0|0) sind die Eckpunkte der Grundfläche einer Pyramide mit der Ecke S(0|0|12) als Spitze. Die Ebene E enthält die Punkte F(6|0|6), G(0|6|6) und H(0|0|3).
a) Zeichnen Sie ein Schrägbild der Pyramide sowie der Ebene E.
b) Bestimmen Sie eine Gleichung der Ebene E. Ermitteln Sie eine Geradengleichung für die Gerade BS.
c) In welchem Punkt I schneiden sich die Ebene E und die Gerade BS?
d) Weisen Sie nach, dass FG und HI orthogonal zueinander liegen. Ermitteln Sie den Schnittpunkt T der Geraden FG und HI. Welchen Flächeninhalt hat das Viereck GHFI?
e) Welchen Abstand hat der Punkt S von der Geraden FG?
f) Die Gerade g schneidet die Grundfläche der Pyramide senkrecht in ihrem Mittelpunkt. Welcher Punkt der Geraden g hat von allen Eckpunkten der Pyramide den gleichen Abstand?

5. Haus mit Walmdach
Betrachtet wird das rechts dargestellte Haus mit Walmdach.
a) Ermitteln Sie die Koordinaten der fehlenden Eckpunkte des Hauses. (Maße in Metern)
b) Geben Sie eine Gleichung der Ebene FGS an. Begründen Sie, dass die Dachfläche FGTS ein Trapez ist.
c) Wie groß sind die Innenwinkel der dreieckigen Dachfläche EFS?
d) Bestimmen Sie den Mittelpunkt M der Strecke EF. Weisen Sie nach, dass die Strecken EF und MS orthogonal sind. Welchen Flächeninhalt hat das Dreieck EFS?

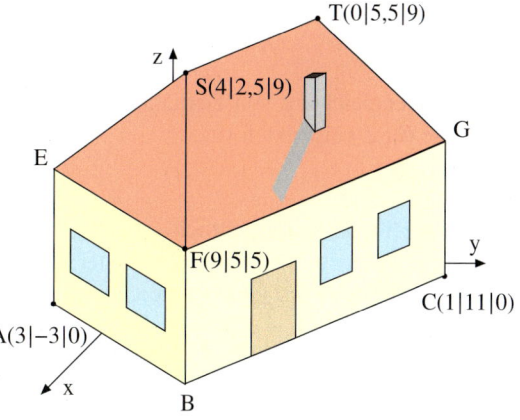

B. Bewegte Objekte

Nun werden Aufgabenstellungen angesprochen, bei denen vektorgeometrische Methoden im Zusammenhang mit bewegten Objekten wie z. B. Flugbahnen zum Einsatz kommen.
Die folgenden drei Beispiele sprechen typische Problemstellungen an.

> **Beispiel: Steigflug**
> Das Flugzeug F befindet sich im Steigflug, als es vom Kontrollturm T(−10|10|0) um 14.00 Uhr in A(8|8|4) und noch einmal um 14.02 Uhr in B(4|12|6) gesichtet wird. Später verschwindet es in der horizontalen Wolkenschicht, die in 9 km Höhe beginnt und in 10 km Höhe endet. Direkt beim Austritt aus der Wolkenschicht geht das Flugzeug vom Steigflug in den Horizontalflug über, ohne weitere Richtungsänderungen vorzunehmen (Angaben in km).
> Es wird angenommen, dass die Ebene, in der gestartet wird, auf der Höhe null befindet.
>
>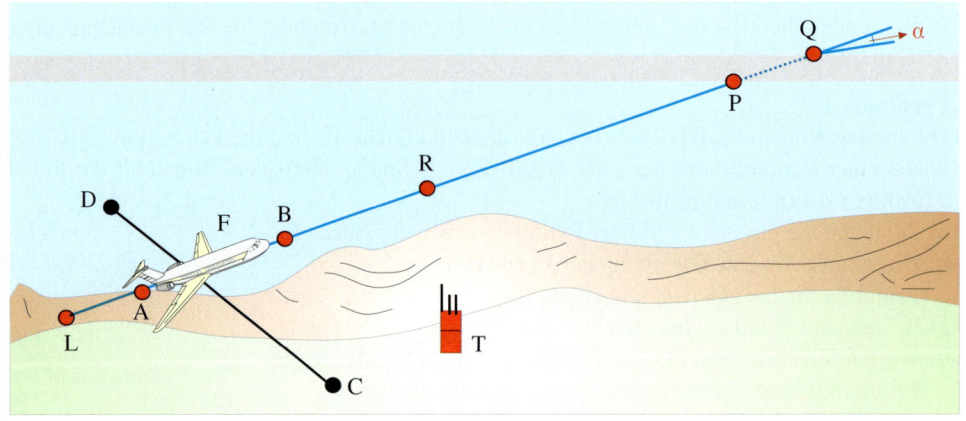
>
> a) Bestimmen Sie eine Parametergleichung der Flugbahn f des Flugzeuges.
> b) In welchem Punkt L ist das Flugzeug gestartet?
> c) Berechnen Sie die Fluggeschwindigkeit in km/min und in km/h.
> d) In welcher Positionen P und Q wird die Wolkendecke erreicht und wieder verlassen?
> e) Wie groß ist der Korrekturwinkel α beim Einschwenken in den Horizontalflug?

Lösung zu a:
Die Geradengleichung von f erhalten wir mit Hilfe der Zweipunkteform.

1. Gleichung von f
$$f: \vec{x} = \begin{pmatrix} 8 \\ 8 \\ 4 \end{pmatrix} + r \begin{pmatrix} -4 \\ 4 \\ 2 \end{pmatrix}$$

Lösung zu b:
Das Flugzeug ist offensichtlich auf der Nullhöhe z = 0 gestartet. Wir setzen daher die z-Koordinate in der Geradengleichung von f gleich 0, d.h. 4 + 2r = 0. Daraus folgt r = −2, woraus sich der Startpunkt L(16|0|0) ergibt.

2. Startpunkt
z = 0
4 + 2r = 0
r = −2
L(16|0|0)

3. Untersuchung geometrischer Objekte im Raum

Lösung zu c:
Die Strecke von A nach B hat die Länge
|AB| = 6 km. Diese Strecke wird in zwei
Minuten zurückgelegt. Die Geschwindigkeit beträgt also 3 km/min, d. h. 180 km/h.

3. Fluggeschwindigkeit

$$|\overrightarrow{AB}| = \left|\begin{pmatrix}-4\\4\\2\end{pmatrix}\right| = \sqrt{36} = 6$$

$$v = \frac{s}{t} = \frac{6\,km}{2\,min} = 3\,\frac{km}{min} = 180\,\frac{km}{h}$$

Lösung zu d:
Die Wolkendecke wird erreicht in der
Höhe z = 9. Setzen wir die z-Koordinate
der Geradengleichung gleich 9, so erhalten
wir den unteren Durchstoßungspunkt
P(−2|18|9). Setzen wir sie gleich 10, so
erhalten wir den oberen Durchstoßungspunkt Q(−4|20|10).

4. Durchstoßung der Wolkendecke

z = 9   z = 10
4 + 2r = 9   4 + 2r = 10
r = 2,5   r = 3
P(−2|18|9)   Q(−4|20|10)

Lösung zu e:
Die Korrekturwinkel α ist – wie die Abbildung zeigt, der Winkel zwischen dem ursprünglichen Richtungsvektor $\vec{m}_1$ und dem
neuen Richtungsvektor $\vec{m}_2$, die sich nur in
der z-Koordinate unterscheiden.
Wir berechnen α mit der Kosinusformel.
Resultat: α ≈ 19,47°.
Um diesen Winkel muss der Steigflug abgesenkt werden.

5. Korrekturwinkel α

$$\cos\alpha = \frac{\vec{m}_1 \cdot \vec{m}_2}{|\vec{m}_1| \cdot |\vec{m}_2|} = \frac{\begin{pmatrix}-4\\4\\2\end{pmatrix} \cdot \begin{pmatrix}-4\\4\\0\end{pmatrix}}{\left|\begin{pmatrix}-4\\4\\2\end{pmatrix}\right| \cdot \left|\begin{pmatrix}-4\\4\\0\end{pmatrix}\right|} = \frac{32}{\sqrt{36} \cdot \sqrt{32}} \approx 0{,}9428$$

$$\Rightarrow \alpha \approx \arccos 0{,}9428 \approx 19{,}47°$$

▶ **Beispiel: Minimaler Abstand**
Wir untersuchen die Flugbewegung aus dem vorhergehenden
Beispiel weiter. In welchem Punkt R seiner Flugbahn f kommt das
Flugzeug dem Kontrollturm T(−10|10|0) am nächsten?
Wie groß ist die minimale Entfernung?

$$f: \vec{x} = \begin{pmatrix}8\\8\\4\end{pmatrix} + r\begin{pmatrix}-4\\4\\2\end{pmatrix}$$

Lösung zu f:
In der nebenstehenden Zeichnung ist das
Lot von T auf die Fluggerade g als rote Strecke eingezeichnet.
Gesucht ist der Fußpunkt R des Lotes auf
der Flugbahngeraden f. Wir wenden das
Lotfußpunktverfahren zur Bestimmung des
Abstandes Punkt/Gerade an.
Wir bestimmen die Gleichung einer Hilfsebene H, die den Punkt T enthält und senkrecht zu f steht. Sie hat also den Punkt T als
Stützpunkt und wir können den Richtungsvektor $\vec{m}$ von f als Normalenvektor von H
verwenden.
Die Gleichung von H in Koordinatenform
lautet H: −4x + 4y + 2z = 80.

1. Fußpunkt des Lotes von T auf f

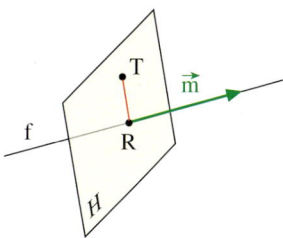

Bestimmung der Hilfsebene H:
H: $[\vec{x} - \vec{a}] \cdot \vec{n} = 0$

$$H: \left[\begin{pmatrix}x\\y\\z\end{pmatrix} - \begin{pmatrix}-10\\10\\0\end{pmatrix}\right] \cdot \begin{pmatrix}-4\\4\\2\end{pmatrix} = 0$$

H: −4x + 4y + 2z = 80

Nun bestimmen wir den gesuchten Lotfußpunkt R als Schnittpunkt von f und H, indem wir die Koordinaten von f in die Gleichung von H einsetzen.
Resultat: R = R (0|16|8).

Schnittpunkt von H und f:
$-4(8 - 4r) + 4(8 + 4r) + 2(4 + 2r) = 80$
$8 + 36r = 80$
$r = 2$
$\Rightarrow$ R = R (0|16|8)

Der Abstand von R und T wird nach der Abstandsformel für Punkte errechnet. Er beträgt ca. 14,14 km.

2. Abstand von T und R
$d_{min} = |\overrightarrow{TR}| = \left|\begin{pmatrix}10\\6\\8\end{pmatrix}\right| = \sqrt{200} \approx 14{,}14\,km$

▶ **Beispiel: Auf Kollisionskurs?**
Im Bild auf Seite 426 ist die Flugbahn eines Hubschraubers H eingezeichnet.
Er startet um 13.59 Uhr in C(8|11|0) mit Kurs auf das Ziel D(8|2|12). Seine Geschwindigkeit beträgt durchschnittlich 150 km/h.
Kann es zu einer Kollision mit dem Flugzeug F kommen, das um 14.00 in A(8|8|4) erwartet wird und um 14.02 Punkt B(4|12|6) erreicht haben soll?

Lösung:
Wir bestimmen zunächst die Gleichungen der Flugbahnen f und h (siehe rechts).
Dann untersuchen wir, ob diese sich schneiden, indem wir die rechten Seiten der beiden Bahnen f und h gleichsetzen.
Wir erhalten so ein relativ einfaches lineares Gleichungssystem, das wir manuell oder mit dem GTR lösen.
Die Lösung r = 0 bzw. s = $\frac{1}{3}$ führt auf den Schnittpunkt S(8|8|4). Es gibt also einen theoretischen Kollisionspunkt. Es ist der Punkt A, an dem sich Flugzeug F um 14.00 Uhr befinden soll.

1. Schnittpunkt von f und h
Gleichungen von f und h:
f: $\vec{x} = \begin{pmatrix}8\\8\\4\end{pmatrix} + r\begin{pmatrix}-4\\4\\2\end{pmatrix}$; h: $\vec{x} = \begin{pmatrix}8\\11\\0\end{pmatrix} + s\begin{pmatrix}0\\-9\\12\end{pmatrix}$

Schnittuntersuchung:
I: $8 - 4r = 8$
II: $8 + 4r = 11 - 9s$
III: $4 + 2r = 12s$

Aus I: $r = 0$
In II: $8 = 11 - 9s \Rightarrow s = \frac{1}{3}$
Probe in III: $4 = 4$

Ob tatsächlich Kollisionsgefahr besteht, hängt nun noch davon ab, wann der Hubschrauber H den Punkt S erreicht.
Seine Entfernung von S ist gleich dem Abstand $|\overrightarrow{CS}|$. Wir errechnen mit der Abstandsformel 5 km.

$\Rightarrow$ Schnittpunkt S(8|8|4)

2. Entfernung von C nach S
$d = |\overrightarrow{CS}| = \left|\begin{pmatrix}0\\-3\\4\end{pmatrix}\right| = \sqrt{25} = 5\,km$

Da der Hubschrauber mit einer Geschwindigkeit von 150 km/h fliegt, d.h. mit exakt 2,5 km/min, benötigt er 2 Minuten bis zum Punkt S. Er kommt also um 14.01 Uhr dort an. Da Flugzeug F den Punkt S = A bereits um 14.00 Uhr erreicht hat, kommt es nicht
▶ zur Kollision.

3. Flugzeit von C nach S
$v = \frac{s}{t} \Rightarrow t = \frac{s}{v} = \frac{5\,km}{150\,km/h} = \frac{1}{30}h = 2\,min$

6. Segelflugmanöver

Ein Segelflieger bewegt sich auf geradliniger Bahn f im Sinkflug mit 2 km/min auf den Tafelberg mit dem Grat $\overline{PQ}$ zu.

Im Punkt S erreicht er eine senkrechte Ebene E, in der Auftrieb herrscht. Der Segelflieger nutzt diesen Auftrieb. Er schraubt sich beim Erreichen der Ebene E im Punkt S mit einer Steiggeschwindigkeit von 100 m/min zehn Minuten lang nach oben bis zum Punkt T, der exakt senkrecht über S liegt.

Dort verlässt er die Auftriebsebene E und fliegt mit 1 km/min in Richtung des neuen Zielpunktes Z (Koordinatenangaben in km).

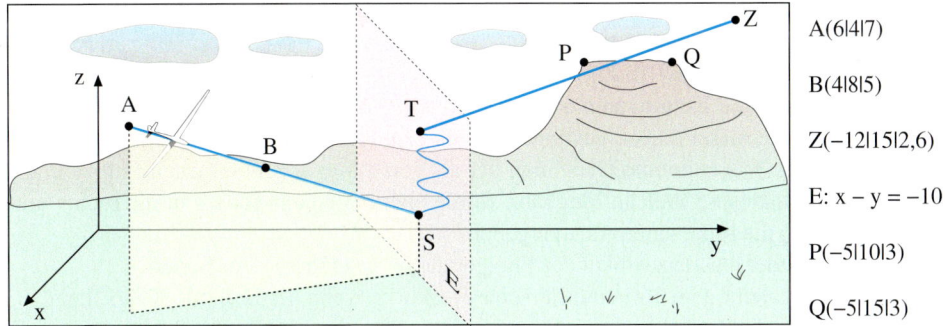

A(6|4|7)

B(4|8|5)

Z(−12|15|2,6)

E: x − y = −10

P(−5|10|3)

Q(−5|15|3)

a) Stellen Sie die Gleichung der Flugbahn f auf.
b) Wo liegen die Punkte S und T?
c) Wie lautet die Gleichung der Route h von T nach Z?
d) Gelingt es dem Flieger, den Tafelberg zu überfliegen?
e) Wie dicht kommt er an den Grat $\overline{PQ}$ heran?
f) Wie lange dauert das gesamte Flugmanöver?

7. Ein Flugzeug startet im Punkt A(0|0|0) und fliegt mit 324 km/h geradlinig in Richtung $\vec{v} = \begin{pmatrix} 84 \\ 30 \\ 12 \end{pmatrix}$.

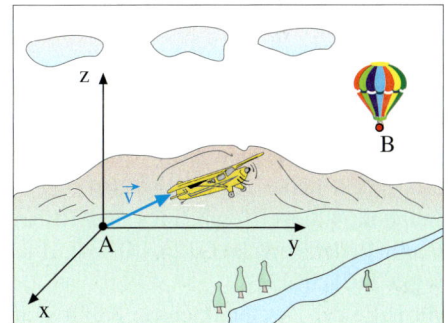

Gleichzeitig befindet sich ein Heißluftballon im Punkt B(10 180|3400|1240). Es herrscht Windstille, so dass der Ballonfahrer seine Position exakt halten kann, um seinen Passagieren Gelegenheit zur Beobachtung der Landschaft zu geben (Alle Längenangaben in m).

a) Rechnen Sie die Geschwindigkeit des Flugzeugs in m/s um.
b) Welche Bedeutung hat $|\vec{v}|$?
c) An welcher Flugposition F kommt das Flugzeug dem Ballon am nächsten? Wie groß ist der dann erreichte minimale Abstand d_{min}?
d) Wie lange nach dem Start wird der minimale Abstand aus b) erreicht?
e) Der Ballon driftet durch aufkommenden Wind in Richtung des Vektors $\vec{w} = \begin{pmatrix} -16 \\ -230 \\ 212 \end{pmatrix}$ ab. Besteht nun eine theoretische Kollisionsgefahr?

VI. Winkel und Abstände

Die folgende Aufgabe steht stellvertretend für komplexe Anwendungssituationen in realen räumlichen Umgebungen und für Bewegungsaufgaben im Raum.

▶ **Beispiel: Fußball**
Bei einem Fußballspiel wird ein Freistoß gegeben. Es liegen folgende Daten vor:
Länge des Platzes 100 m, Breite 60 m.
Breite des Tores 7,2 m, Höhe 2,4 m.
Durchmesser des Balles 0,2 m.
Der Ball berührt den Boden beim Freistoß – bezogen auf das eingezeichnete Koordinatensystem – im Punkt R(10|40|0).

a) Bestimmen Sie die Koordinaten der vier Eckpunkte A, B und P, Q des Tores.
b) Der Spieler, der den Freistoß ausführt, möchte exakt in den rechten oberen Eckwinkel des Tores treffen. Wie lautet die Gleichung der als geradlinig angenommenen Flugbahn g des Ballmittelpunktes S? Welche Flugbahn würde sich bei einem Schuss in die rechte untere Ecke bzw. in die linke untere Ecke ergeben?
c) Wie groß ist der Anstiegswinkel der Fluggeraden g gegenüber dem Boden?
d) Welche Zeit bleibt dem Tormann für seine Reaktion, wenn der Ball mit 30 m/s fliegt?
e) Wie groß ist die Teilstrecke der 16 m-Linie, welche die auf der 16 m-Linie aufgestellte Verteidigungsmauer abdecken muss, um das zu verhindern?

Lösung zu a:
Die rechte obere Eckfahne steht im Ursprung O(0|0|0). Die Mitte der Grundlinie und der Torlinie ist also bei M(30|0|0). Die unteren Eckpunkte A und B liegen 3,6 m weiter links bzw. rechts, die oberen Eckpunkte zusätzlich 2,4 m hoch.

Punktkoordinaten:
Ursprung O(0|0|0),
Grundlinienmitte: M(30|0|0)
Untere Torecken: A(33,6|0|0), B(26,4|0|0)
Obere Torecken: P(33,6|0|2,4),
Q(26,4|0|2,4)

Lösung zu b:
Der Ball berührt den Rasen im Punkt R(10|40|0). Er hat einen Durchmesser von 20 cm. Sein Mittelpunkt S befindet sich also 10 cm höher bei S(10|40|0,1). Sein Zielpunkt T liegt 10 cm links und 10 cm unterhalb der Torecke Q(26,4|0|2,4), d.h. es gilt T(26,5|0|2,3).
Mit Hilfe der Zweipunkteform ergibt sich nun die rechts dargestellte Flugbahn g.

Bei einem Schuss in die rechte untere Ecke müsste man als Zielpunkt U(26,5|0|0,1) verwenden. Dann ergibt sich die Gerade h.
Bei einem Schuss in die linke untere Ecke V(33,5|0|0,1) ergibt sich die Gerade k.

Gleichung der Fluggeraden g des Balles:
Startpunkt: S(10|30|0,1)
Zielpunkt: T(26,5|0|2,3)

Flugbahn: $g: \vec{x} = \begin{pmatrix} 10 \\ 30 \\ 0,1 \end{pmatrix} + r \cdot \begin{pmatrix} 16,5 \\ -30 \\ 2,2 \end{pmatrix}$

Gleichung der Fluggeraden h und k:
Start: S(10|30|0,1)   Ziel: U(26,5|0|0,1)

Flugbahn: $h: \vec{x} = \begin{pmatrix} 10 \\ 30 \\ 0,1 \end{pmatrix} + r \cdot \begin{pmatrix} 16,5 \\ -30 \\ 0 \end{pmatrix}$

Start: S(10|30|0,1)   Ziel: V(33,5|0|0,1)

Flugbahn: $k: \vec{x} = \begin{pmatrix} 10 \\ 30 \\ 0,1 \end{pmatrix} + r \cdot \begin{pmatrix} 23,3 \\ -30 \\ 0 \end{pmatrix}$

Lösung zu c:
Das Bild zeigt, dass der Anstiegswinkel α der Winkel zwischen den Vektoren $\vec{ST}$ und $\vec{SU}$ ist, wobei U(26,5|0|0,1) der Zielpunkt für einen Schuss in die untere rechte Ecke ist.
Wir verwenden die Kosinusformel:
$\cos\alpha = \frac{|\vec{ST} \cdot \vec{SU}|}{|\vec{ST}| \cdot |\vec{SU}|} \approx \frac{1172{,}25}{34{,}31 \cdot 34{,}24} \approx 0{,}9979$
$\Rightarrow \alpha = \arccos 0{,}9979 \approx 3{,}7°$

Lösung zu d:
Wir berechnen die Länge der Flugstrecke $\overline{ST}$ als Abstand der Punkte S und T.
Wir erhalten $|\overline{ST}| = 34{,}31$ m.

Eine Strecke von 34,31 m wird bei einer Geschwindigkeit von 30 m/s in ca. 1,14 s zurückgelegt. Nur diese kurze Zeitspanne bleibt dem Tormann für seine Reaktion.

Lösung zu e:
Wir berechnen die Punkte U′ und V′ der Geraden h und k aus Aufgabenteil b), welche die y-Koordinate 16 besitzen, also exakt über der 16 m-Linie liegen.
Der Ansatz y = 16 liefert uns U′(17,7|16|0,1) und V′(20,97|16|0,1). Die x-Koordinaten von A und B haben den Abstand d = 3,27 m.
▶ Diese Länge muss abgedeckt werden.

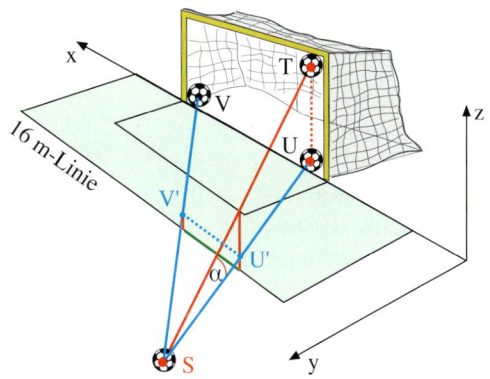

Länge der Flugstrecke $\overline{ST}$:
$|\overline{ST}| = \sqrt{(26{,}5-10)^2 + (0-30)^2 + (2{,}3-0{,}1)^2}$
$= \sqrt{1177{,}09} \approx 34{,}31$ m

Dauer des Fluges:
Flugdauer : t ≈ 34,31 m : 30 m/s ≈ 1,14 s

Berechnung der Abwehrstrecke über der 16 m-Linie

Ansatz für U′:	Ansatz für V′:
y = 0 (Gerade h)	y = 0 (Gerade k)
30 − 30r = 16	30 − 30r = 16
r = 7/15	r = 7/15
U′(17,7|16|0,1)	V′(20,97|16|0,1)

Länge: d = 20,97 m − 17,7 m = 3,27 m

Übung 8 Flugbahnen
Ein Luftschiff l startet auf dem Flughafen L(24|52|0) und wird kurz danach in P(20|42|2) geortet.
Ein Hubschrauber h bewegt sich etwa zur gleichen Tageszeit in geradlinigem Steigflug vom Fliegerhorst F(20|−8|0) in Richtung der Bergspitze S(−4|32|16).
Die Front einer Nebelwand wird durch die Ebene E_{ABC} mit A(16|0|0), B(0|16|0), C(0|0|16) beschrieben.

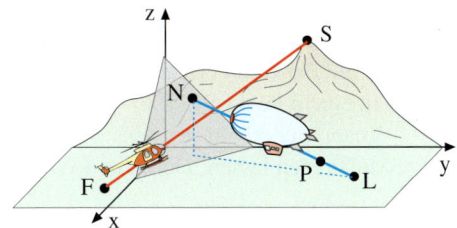

a) Gibt es eine mögliche Kollisionsposition T der Bahnen von Luftschiff und Hubschrauber? Wie groß ist der Schnittwinkel der Flugbahnen von l und h in dieser Position T?
b) Im weiteren Flugverlauf tritt das Luftschiff bei N in die Nebelwand ein. Bestimmen Sie N.
c) Fertigen Sie eine genaue Zeichnung der Objekte und Flugbahnen im Schrägbild an.

9. Die Bahnen zweier Flugzeuge werden als geradlinig angenommen, die Flugzeuge werden als Punkte angesehen. Das erste Flugzeug bewegt sich von $A(0|-50|20)$ nach $B(0|50|20)$. Das zweite Flugzeug nimmt den Kurs von Punkt $C(-14|46|32)$ auf Punkt $D(50|-18|0)$. Eine Einheit entspricht 1 km.

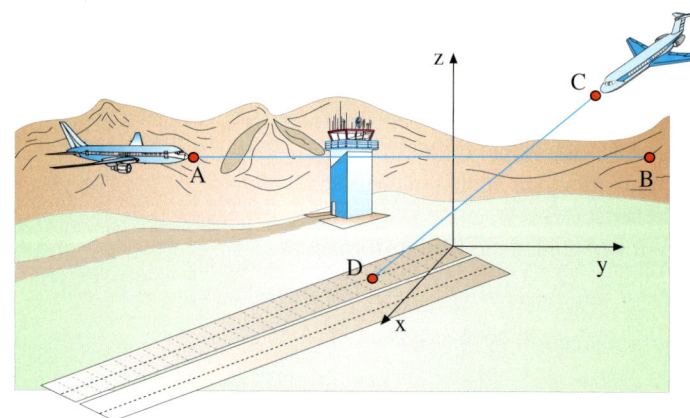

a) Untersuchen Sie, ob die beiden Flugzeuge bei gleichbleibenden Kursen zusammenstoßen könnten. (Die Geschwindigkeiten der Flugzeuge bleiben unberücksichtigt.)

b) Das 2. Flugzeug ändert nach der Hälfte der Strecke $\overline{CD}$, in dem Punkt M, seinen Kurs, da ein Nebel aufkommt. Das 2. Flugzeug fliegt nun von M aus über $T(0|25|20)$ nach D. Berechnen Sie die Länge des durch den neuen Kurs entstandenen Umweges.

c) Untersuchen Sie, ob die beiden Flugzeuge auf dem neuen Kurs zusammenstoßen könnten (ohne Berücksichtigung der Geschwindigkeiten).

d) Untersuchen Sie, ob es dem 2. Flugzeug gelungen ist, rechtzeitig vor der schmalen Nebelfront, die sich durch die Ebene $E: 2x - 2y - z = 20{,}8$ beschreiben lässt, seinen Kurs zu ändern.

10. Drachenflug

Ein von der Flugüberwachung kontrollierter Luftraum wird von einer Ebene E begrenzt. Sie enthält die Punkte $A(0|500|0)$, $B(100|500|0)$ und $C(0|600|100)$ (alle Angaben in m). Die Erdoberfläche liegt in der x-y-Ebene.

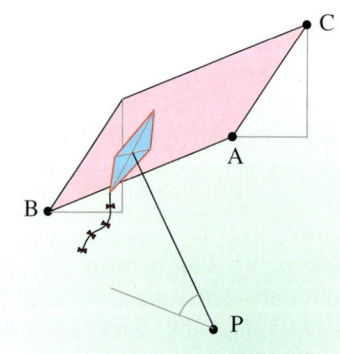

a) Bestimmen Sie eine Ebenengleichung von E in Normalenform.

b) Welchen Winkel schließt die Ebene E mit der Erdoberfläche ein?

c) In einem Punkt $P(2500|750|25)$ knapp außerhalb des überwachten Flugraums befinden sich Kinder, die einen Drachen aufsteigen lassen. Durch den Wind stellt sich die Schnur in Richtung des Vektors $\vec{w} = \begin{pmatrix} -10 \\ -50 \\ 25 \end{pmatrix}$. Ab welcher Schnurlänge gelangt der Drachen in den überwachten Flugraum?

d) Der Wind dreht, so dass sich die Schnur in Richtung $\vec{u} = \begin{pmatrix} 10 \\ 50 \\ z \end{pmatrix}$ stellt und mit der Erde einen Winkel von 45° bildet. Berechnen Sie zunächst den Wert des Parameters z. Bestimmen Sie dann den Winkel zwischen der alten und der neuen Lage der Drachenschnur.

VI. Winkel und Abstände 213

Überblick

Schnittwinkel zweier Geraden: Schneiden sich die beiden Geraden mit den Richtungsvektoren $\vec{m}_1$ und $\vec{m}_2$, so gilt für den Schnittwinkel γ der Geraden:
$$\cos \gamma = \frac{|\vec{m}_1 \cdot \vec{m}_2|}{|\vec{m}_1| \cdot |\vec{m}_2|}$$

Schnittwinkel von Gerade und Ebene: Schneidet die Gerade mit dem Richtungsvektor $\vec{m}$ die Ebene mit dem Normalenvektor $\vec{n}$, so gilt für den Schnittwinkel γ von Gerade und Ebene:
$$\sin \gamma = \frac{|\vec{m} \cdot \vec{n}|}{|\vec{m}| \cdot |\vec{n}|} \quad \text{bzw.} \quad \cos(90° - \gamma) = \frac{|\vec{m} \cdot \vec{n}|}{|\vec{m}| \cdot |\vec{n}|}$$

Schnittwinkel zweier Ebenen: Schneiden sich die beiden Ebenen mit den Normalenvektoren $\vec{n}_1$ und $\vec{n}_2$, so gilt für den Schnittwinkel γ der Ebenen:
$$\cos \gamma = \frac{|\vec{n}_1 \cdot \vec{n}_2|}{|\vec{n}_1| \cdot |\vec{n}_2|}$$

Hesse'sche Normalengleichung einer Ebene: $E: (\vec{x} - \vec{a}) \cdot \vec{n}_0 = 0$

$\vec{x}$: allgemeiner Ortsvektor der Ebene E
$\vec{a}$: Stützvektor der Ebene E
$\vec{n}_0$: Normalenvektor der Ebene E mit $|\vec{n}_0| = 1$

Abstand Punkt-Ebene: Der Punkt P mit dem Ortsvektor $\vec{p}$ hat von der Ebene E mit der Hesse'schen Normalenform $E: (\vec{x} - \vec{a}) \cdot \vec{n}_0 = 0$ den Abstand $d = |(\vec{p} - \vec{a}) \cdot \vec{n}_0|$.

Abstand Gerade-Ebene und Ebene-Ebene: Der Abstand einer Geraden g zu einer parallelen Ebene E ist gleich dem Abstand eines Punktes P der Geraden g (z. B. des Stützpunktes) zu der Ebene E. Er kann daher mit der Abstandsformel Punkt-Ebene berechnet werden.

Der Abstand einer Ebene E_1 zu einer parallelen Ebene E_2 ist gleich dem Abstand eines Punktes P der Ebene E_1 (z. B. des Stützpunktes) zu der Ebene E_2. Er kann daher mit der Abstandsformel Punkt-Ebene berechnet werden.

Abstand Punkt-Gerade: Der Abstand eines Punktes P zu einer Geraden $g: \vec{x} = \vec{a} + r \cdot \vec{m}$ wird mit einem operativen **Lotfußpunktverfahren** berechnet:
1. Man stellt die Gleichung einer Hilfsebene H auf, die orthogonal zu g ist und den Punkt P als Stützpunkt enthält:
 $H: (\vec{x} - \vec{p}) \cdot \vec{m} = 0$.
2. Man berechnet den Schnittpunkt F von g und H.
3. Man berechnet den gesuchten Abstand als Abstand von P und F.

Abstand windschiefer Geraden: Sind $g: \vec{x} = \vec{p} + r \cdot \vec{m}_g$ und $h: \vec{x} = \vec{q} + s \cdot \vec{m}_h$ windschiefe Geraden und $\vec{n}_0$ ein zu beiden Richtungsvektoren $\vec{m}_g$ und $\vec{m}_h$ orthogonaler Einheitsvektor, dann besitzen g und h den Abstand
$d = |(\vec{p} - \vec{q}) \cdot \vec{n}_0|$.

Werkzeug zur Raumgeometrie

Die Lagebeziehungen von Punkten, Geraden und Ebenen können mit Hilfe von 3-D-Geometriesoftware anschaulich gemacht werden. Darüber hinaus liefern solche Programme Schnittpunkte bzw. Schnittgeraden sowie Abstände und Winkel.

In den voranstehenden Kapiteln zu den Themen Vektoren, Geraden und Ebenen wurden in den Mathematischen Streifzügen Programme vorgestellt, mit denen man die speziellen Aufgabenstellungen des jeweiligen Themas bearbeiten kann. Es gibt verschiedene Computerprogramme, die als universelle Werkzeuge zur analytischen Geometrie des dreidimensionalen Raumes dienen. Damit können Punkte, Geraden und Ebenen graphisch dargestellt und Lagebeziehungen zwischen diesen Objekten untersucht werden. Zudem können mit Hilfe dieser Werkzeuge gegebenenfalls Schnittpunkte, Schnittgeraden und Schnittwinkel oder Abstände berechnet werden.

Die folgende Abbildung zeigt die Anwendung eines solchen Programms auf die Untersuchung der Lagebeziehung zweier Ebenen. Dieser Fall kann alternativ auch mit dem auf Seite 177 vorgestellten Medienelement bearbeitet werden. Dazu öffnet man die Internetseite www.cornelsen.de/webcodes und gibt dort den Webcode MBK041914-394-2 ein.

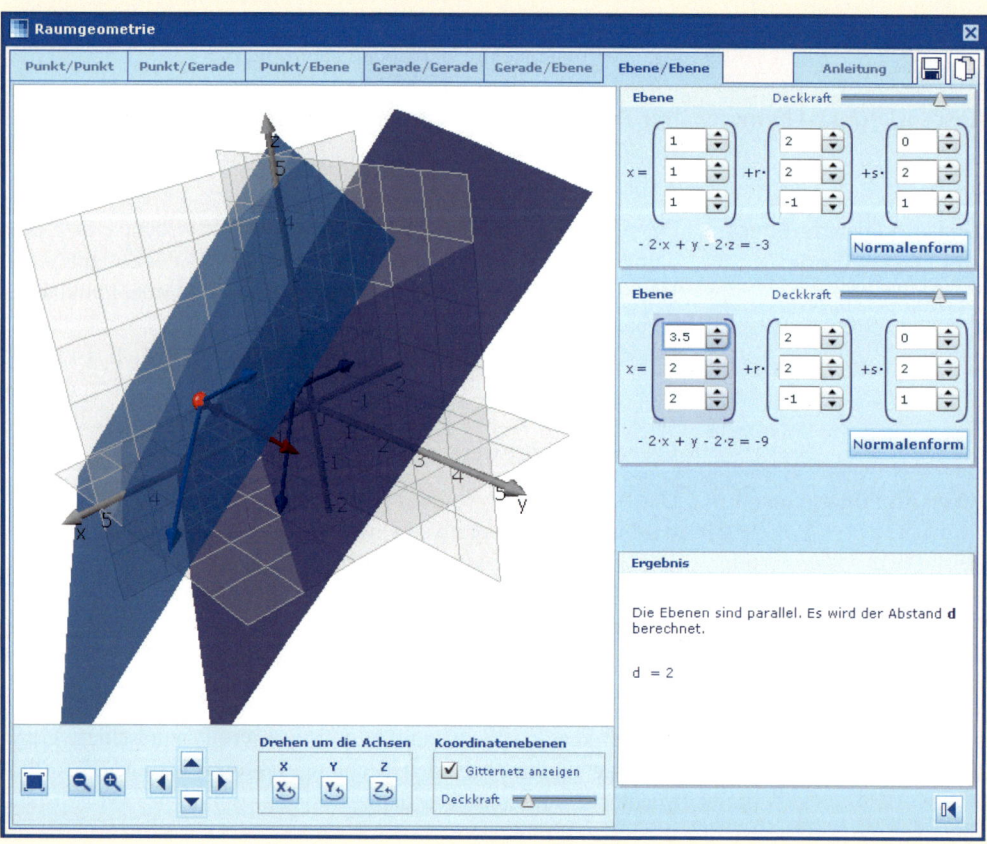

Werkzeug zur Raumgeometrie

Im Folgenden wird ein Werkzeug bei einem der letzten in diesem Kapitel behandelten Probleme angewendet, bei dem es um den Abstand zweier windschiefer Geraden geht. Gegeben sind dabei die beiden zu untersuchenden Geraden

$$g: \vec{x} = \begin{pmatrix} 2 \\ 2 \\ 3 \end{pmatrix} + r \cdot \begin{pmatrix} 1 \\ 2 \\ -2 \end{pmatrix} \quad \text{und} \quad h: \vec{x} = \begin{pmatrix} 4 \\ 7 \\ 3 \end{pmatrix} + r \cdot \begin{pmatrix} -1 \\ 2 \\ 0 \end{pmatrix}.$$

Man erhält als Ergebnis, dass die Geraden windschief sind und den Abstand 3 haben.

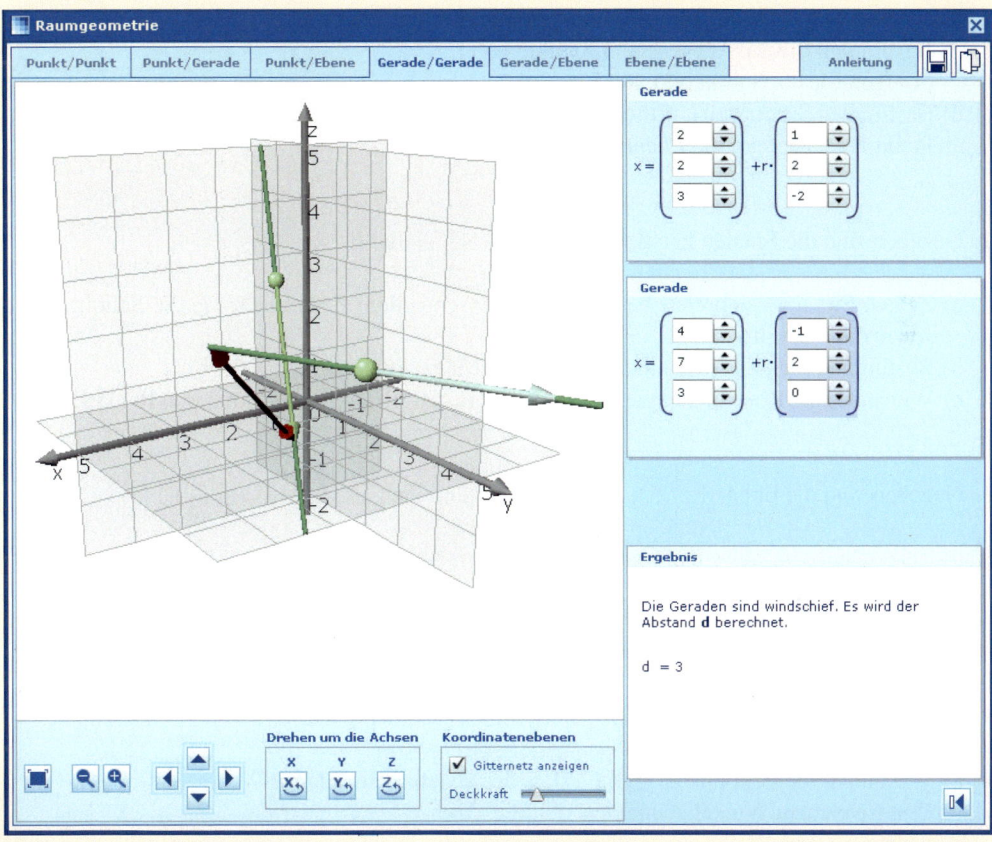

Diese Fragestellung kann auch mit dem auf Seite 137 präsentierten Medienelement bearbeitet werden. Dazu gibt man auf der Internetseite www.cornelsen.de/webcodes den Webcode MBK041914-326-2 ein.

Übungen

Bearbeiten Sie ausgewählte Übungen zu Lagebeziehungen von Punkten, Geraden und Ebenen sowie zur Bestimmung von Schnittelementen sowie zu Schnittwinkel- und Abstandsberechnungen mit Hilfe eines beliebigen Geometrie-Werkzeuges.

Test

Winkel und Abstände

1. Gegeben sind in einem kartesischen Koordinatensystem die Punkte A(2|2|−1), B(0|3|1) und C(4|1|1). Die Ebene E enthält die Punkte A, B und C.
   a) Stellen Sie eine Hesse'sche Normalengleichung der Ebene E auf.
   b) Für welches $a \in \mathbb{R}$ liegt der Punkt P(−a|2a|1) in der Ebene E?
   c) Bestimmen Sie die Achsenschnittpunkte von E.
       Fertigen Sie ein Schrägbild von E an.
   d) Bestimmen Sie eine zu E orthogonale Gerade g, die den Punkt Q(4|6|3) enthält. In welchem Punkt F schneidet g die Ebene E?

2. Gegeben sind die Ebenen $E_1: \vec{x} = \begin{pmatrix}1\\1\\2\end{pmatrix} + r\begin{pmatrix}-4\\1\\3\end{pmatrix} + s\begin{pmatrix}4\\2\\-3\end{pmatrix}$ und $E_2: x - 2y + z = 4$.
   a) Zeigen Sie, dass sich die Ebenen E_1 und E_2 schneiden. Bestimmen Sie die Schnittgerade sowie den Schnittwinkel.
   b) Bestimmen Sie den Abstand des Punktes P(6|3|7) von E_1.
   c) Wie lautet die Koordinatengleichung der zu E_1 parallelen Ebene durch den Punkt P?

3. Gegeben sind die Ebene $E: \left[\vec{x} - \begin{pmatrix}4\\-3\\2\end{pmatrix}\right] \cdot \begin{pmatrix}3\\-4\\6\end{pmatrix} = 0$ und die Gerade $g: \vec{x} = \begin{pmatrix}8\\-6\\2\end{pmatrix} + r\begin{pmatrix}2\\3\\2\end{pmatrix}$.
   a) Zeigen Sie, dass sich g und E schneiden. Bestimmen Sie den Schnittpunkt sowie den Schnittwinkel.
   b) Bestimmen Sie den Abstand des Punktes P(9|6|0) von der Geraden g.
   c) Der Punkt P(9|6|0) wird an der Geraden g gespiegelt. Bestimmen Sie die Koordinaten des Spiegelpunktes P′.
   d) Bestimmen Sie den Abstand der windschiefen Geraden g und $h: \vec{x} = \begin{pmatrix}3\\-5\\8\end{pmatrix} + s\begin{pmatrix}0\\3\\1\end{pmatrix}$.

4. a) Wie lauten die Eckpunkte A, B, C, D, E des abgebildeten Hauses?
   b) Unter welchem Winkel schneiden sich die Dachflächen am First?
   c) Wie hoch ragt der Schornstein aus der sichtbaren Dachfläche heraus? Höhe der Spitze S: 6 m.
   d) Wie lang ist der Schatten des Schornsteins, den das Sonnenlicht in Richtung des Vektors $\vec{v}$ auf dem Dach erzeugt?
   e) Wie hoch sind die Materialkosten für den Anstrich des dreieckigen Giebels, wenn ein Eimer Farbe für 4 m² Anstrich 30 Euro kostet?

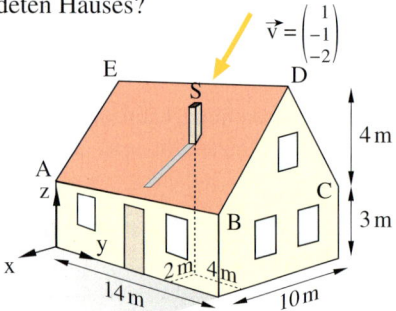

Lösungen: S. 352

VII. Wahrscheinlichkeitsrechnung

1. Grundbegriffe der Wahrscheinlichkeitsrechnung

Glücksspiele haben die Menschen seit jeher fasziniert. Schon Richard de Fournival (1201–1260) beschäftigte sich in seinem Gedicht „De Vetula" mit der Häufigkeit der Augensummen beim Werfen von drei Würfeln. Doch erst Galileo Galilei (1564–1642) gelang die Lösung dieses Problems. Die systematische Mathematik des Zufalls – die Wahrscheinlichkeitsrechnung – entwickelte sich im 17. Jahrhundert. Antoine Gombaud (1607–1684) – auch Chevalier de Méré genannt – traktierte den berühmten Mathematiker Blaise Pascal (1623–1662) mit Würfelproblemen. Schließlich trat Pascal in einen Briefwechsel mit Pierre de Fermat (1601–1665) ein, in dem beide mehrere Probleme lösten und systematische Methoden zur Kalkulation des Zufalls fanden.

Das Grundgesetz der Wahrscheinlichkeitstheorie – das Gesetz der großen Zahl – entdeckte 1688 der Mathematiker Jakob Bernoulli (1654–1705). Seine legendäre Abhandlung, die „Ars conjectandi", wurde 1713 veröffentlicht, acht Jahre nach Bernoullis Tod. Ars conjectandi steht hier für die Kunst des vorausschauenden Vermutens. Heute ist diese Kunst ein Teilgebiet der Mathematik, das als *Stochastik* bezeichnet wird und in die *Wahrscheinlichkeitsrechnung* und die *Statistik* unterteilt ist. Die Stochastik befasst sich mit dem Beurteilen von zufälligen Prozessen und mit Prognosen für den Ausgang solcher Prozesse.

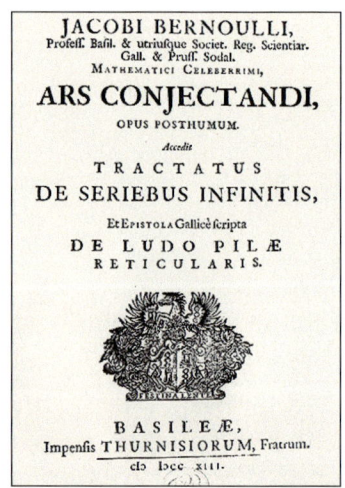

Zunächst muss man festlegen, was unter einem *Zufallsprozess*, einem *Zufallsversuch* bzw. unter einem *Zufallsexperiment* zu verstehen ist.

Es ist ein Vorgang, dessen Ausgang ungewiss ist, auch im Falle der Wiederholung. Dabei ist es völlig unerheblich, aus welchem Grund der Ausgang des Experiments nicht vorhersagbar ist. Es spielt keine Rolle, ob der Ausgang des Experiments prinzipiell nicht vorhersagbar ist oder nur deshalb nicht, weil es dem Experimentator an Wissen über den Zufallsprozess mangelt.

Typische Beispiele für Zufallsprozesse sind der Münzwurf, der Würfelwurf, das Werfen eines Reißnagels, aber auch die Abgabe eines Lottotipps, die Durchführung einer Wahl, das Testen eines neuen Medikaments.

Übung 1 Spiel

Hans und Peter werfen jeweils einen Würfel. Hans erhält einen Punkt, wenn er die höhere Augenzahl hat. Peter erhält einen Punkt, wenn seine Augenzahl Teiler der Augenzahl von Hans ist. Stellen Sie durch 50 Spiele mit Ihrem Nachbarn fest, wer von beiden die bessere Chance hat. Werten Sie die Ergebnisse der gesamten Klasse aus.

A. Ergebnisse und Ereignisse

Das Resultat eines Zufallsversuchs – d.h. sein Ausgang – wird als *Ergebnis* bezeichnet. Die Menge aller möglichen Ergebnisse bildet den *Ergebnisraum* Ω eines Zufallsexperiments. Nebenstehend werden diese Begriffe am Beispiel des Würfelns mit einem Würfel verdeutlicht. Hierbei sind die Ergebnisse so festzulegen, dass beim Durchführen des Experiments genau ein Ergebnis auftritt.

Ein wichtiger wahrscheinlichkeitstheoretischer Begriff ist der des Ereignisses. Ein *Ereignis* kann als Zusammenfassung einer Anzahl möglicher Ergebnisse zu einem Ganzen aufgefasst werden.

> Mathematisch gesehen ist ein *Ereignis* E also nichts anderes als eine Teilmenge des Ergebnisraumes Ω: **E ⊆ Ω**.

Bei der Durchführung eines Zufallsexperiments tritt ein Ereignis E genau dann ein, wenn eines seiner Ergebnisse eintritt.
Besondere Ereignisse sind das *unmögliche Ereignis* **E = ∅**, das nicht eintreten kann, da es keine Ergebnisse enthält, sowie das *sichere Ereignis* **E = Ω**, das stets eintritt, da es alle Ergebnisse enthält.
Außerdem werden die einelementigen Ereignisse als *Elementarereignisse* bezeichnet.

Erläuterungen am Beispiel „Würfeln"

Zufallsexperiment: Würfelwurf

Beobachtetes Merkmal: Augenzahl

Mögliche Ergebnisse: Augenzahlen 1, 2, 3, 4, 5, 6

Ergebnisraum: Ω = {1, 2, 3, 4, 5, 6}

Beim Würfelwurf lässt sich das Ereignis E: „Es fällt eine gerade Zahl" durch die Ergebnismenge E = {2, 4, 6} ⊆ Ω darstellen.

E: „gerade Zahl" ⇔ E = {2, 4, 6}

Das Ereignis „gerade Zahl" tritt genau dann ein, wenn eine der Zahlen 2, 4 oder 6 als Ergebnis kommt.

Die Elementarereignisse beim Würfeln mit einem Würfel sind die einelementigen Ereignisse {1}, {2}, {3}, {4}, {5} und {6}.

Sie entsprechen den Ergebnissen, sind allerdings im Gegensatz dazu Mengen.

Übung 2

Ein Glücksrad mit 10 gleich großen Sektoren 0, …, 9 wird einmal gedreht.
a) Aus welchen Gründen ist dies ein Zufallsexperiment?
b) Geben Sie einen geeigneten Ergebnisraum an.
c) Stellen Sie das Ereignis E: „Es kommt eine gerade Zahl" als Ergebnismenge dar.
d) Beschreiben Sie die Ereignisse
   E_1 = {1, 3, 5, 7, 9}, E_2 = {0, 3, 6, 9} und
   E_3 = {2, 3, 5, 7} verbal.

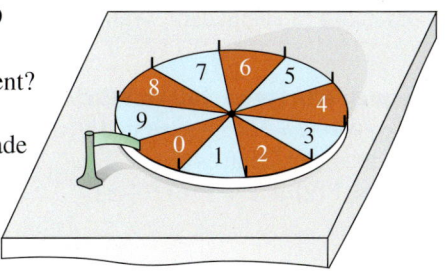

B. Relative Häufigkeit und Wahrscheinlichkeit

Das empirische Gesetz der großen Zahlen

Die Tabelle zeigt die Ergebnisse (Kopf K oder Zahl Z) einer Serie von Münzwürfen. Dabei bedeutet n die Anzahl der Würfe, $a_n(K)$ die *absolute Häufigkeit* und $h_n(K) = \frac{a_n(K)}{n}$ die *relative Häufigkeit* des Ergebnisses Kopf in n Versuchen. Der Graph zeigt das *Häufigkeitsdiagramm*.

Urliste	n	$a_n(K)$	$h_n(K)$
K Z Z Z K	5	2	0,40
K K K K K	10	7	0,70
K Z K Z K	15	10	0,67
K Z K K K	20	14	0,70
Z Z Z Z Z	25	14	0,56
K K K K K	30	19	0,63
K K K Z K	35	23	0,66
Z K Z Z Z	40	24	0,60
K Z Z Z Z	45	25	0,56
Z K Z Z K	50	27	0,54

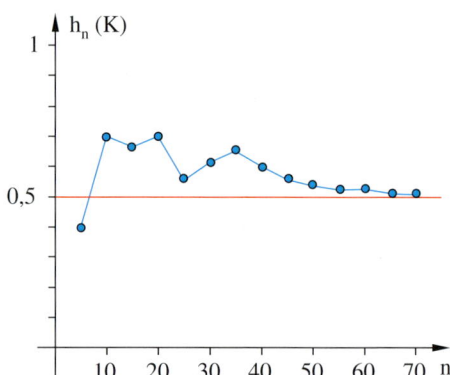

Die relative Häufigkeit $h_n(K)$ des Ergebnisses Kopf stabilisiert sich mit wachsender Versuchszahl n bei dem Wert 0,5.
Die Stabilisierung der relativen Häufigkeit mit wachsender Versuchszahl bezeichnet man als das *empirische Gesetz der großen Zahlen*. Es wurde von Jakob Bernoulli 1688 entdeckt.
Den *Stabilisierungswert* der relativen Häufigkeiten eines Ereignisses bezeichnet man als *Wahrscheinlichkeit* des Ereignisses.

> **Definition: Wahrscheinlichkeit und Wahrscheinlichkeitsverteilung**
> Gegeben sei ein Zufallsexperiment mit dem Ergebnisraum $\Omega = \{e_1; ...; e_m\}$.
> Eine Zuordnung P, die jedem Elementarereignis $\{e_i\}$ genau eine reelle Zahl $P(e_i)$ zuordnet, heißt **Wahrscheinlichkeitsverteilung**, wenn folgende Bedingungen gelten:
>
> I. $P(e_i) \geq 0$ für $1 \leq i \leq m$
> II. $P(e_1) + ... + P(e_m) = 1$
>
> Die Zahl $P(e_i)$ heißt dann **Wahrscheinlichkeit** des Elementarereignisses $\{e_i\}$.

Beispiel: Wurf eines fairen Würfels
Setzen wir $\Omega = \{1, 2, ..., 6\}$ und $P(i) = \frac{1}{6}$ für $i = 1, ..., 6$, so erhalten wir eine zulässige Häufigkeitsverteilung, denn es gilt:
I. $P(1) = P(2) = ... = P(6) = \frac{1}{6} \geq 0$ II. $P(1) + P(2) + ... + P(6) = 1$.

C. Rechenregeln für Wahrscheinlichkeiten

Wir übertragen nun den Begriff der Wahrscheinlichkeit auf beliebige Ereignisse.
Es liegt nahe, als Wahrscheinlichkeit eines Ereignisses E die Summe der Wahrscheinlichkeiten der Elementarereignisse zu nehmen, aus denen sich E zusammensetzt.

> **Satz: Summenregel**
> Gegeben sei ein Zufallsexperiment mit dem Ergebnisraum Ω. $E = \{e_1, e_2, \ldots, e_k\}$ sei ein beliebiges Ereignis. Dann gilt für die Wahrscheinlichkeit von E:
>
> $$P(E) = P(e_1) + P(e_2) + \ldots + P(e_k).$$
>
> Sonderfall: $\quad P(E) = 0$, falls $E = \emptyset$ (das unmögliche Ereignis) ist.
> $\qquad\qquad\quad P(E) = 1$, falls $E = \Omega$ (das sichere Ereignis) ist.

Zu zwei beliebigen Ereignissen E_1 und E_2 sind oft auch die *Vereinigung* $E_1 \cup E_2$ bzw. der *Schnitt* $E_1 \cap E_2$ zu betrachten. Ebenfalls wird neben einem Ereignis E auch das *Gegenereignis* $\overline{E}$ untersucht, das genau dann eintritt, wenn E nicht eintritt.

Die Erläuterungen dieser Ereignisse sind in der folgenden Tabelle zusammenfassend dargestellt.

Symbol	Beschreibung	Mengenbild
$E_1 \cup E_2$	tritt ein, wenn wenigstens eines der beiden Ereignisse E_1 **oder** E_2 eintritt	
$E_1 \cap E_2$	tritt ein, wenn sowohl E_1 als auch E_2 eintritt (E_1 **und** E_2)	
$\overline{E} = \Omega \backslash E$	tritt ein, wenn E **nicht** eintritt	

Zwischen der Wahrscheinlichkeit eines Ereignisses E und der Wahrscheinlichkeit des Gegenereignisses $\overline{E}$ ($P(\overline{E})$ bezeichnet man auch als *Gegenwahrscheinlichkeit*) besteht ein wichtiger Zusammenhang.

> **Satz: Gegenwahrscheinlichkeit**
> Die Summe der Wahrscheinlichkeit eines Ereignisses $\qquad P(E) + P(\overline{E}) = 1$
> E und der des Gegenereignisses $\overline{E}$ ist gleich 1.

Betrachtet man beispielsweise beim einfachen Würfelwurf mit $\Omega = \{1, 2, 3, 4, 5, 6\}$ das Ereignis E: „Es fällt eine Primzahl", also $E = \{2, 3, 5\}$, dann ist $\overline{E} = \Omega \backslash E = \{1, 4, 6\}$ das Gegenereignis „Es fällt keine Primzahl". Damit gilt:

$P(E) = \frac{1}{2}, \quad P(\overline{E}) = \frac{1}{2}, \quad$ also $\quad P(E) + P(\overline{E}) = 1.$

D. Laplace-Wahrscheinlichkeiten

▶ **Beispiel:** Bei einem Würfelspiel werden zwei Würfel gleichzeitig einmal geworfen. Ist die Augensumme 6 oder die Augensumme 7 wahrscheinlicher?

Lösung:
Beide Würfel können die Augenzahlen 1 bis 6 zeigen.
Die Augensumme 6 ergibt sich aus den Augenzahlen als 1 + 5, 2 + 4 und 3 + 3. Die Augensumme 7 ergibt sich aus den Augenzahlen als 1 + 6, 2 + 5 und 3 + 4. Da es jeweils 3 Kombinationen gibt, könnte man vermuten, dass die Augensummen 6 und 7 beide mit der gleichen Wahrscheinlichkeit eintreten.
Aber die einzelnen Kombinationen sind nicht gleich wahrscheinlich. Wir denken uns die beiden Würfel farbig (z. B. rot und schwarz) und damit unterscheidbar und notieren die möglichen Augensummen tabellarisch, wie rechts dargestellt. Jeder der 36 möglichen Ausgänge in der Tabelle ist nun gleich wahrscheinlich. Anhand der Tabelle erkennen wir, dass sich die Augensumme 6 in 5 von 36 möglichen Ausgängen ergibt, die Augensumme 7 aber in 6 von 36 möglichen Ausgängen.
Somit tritt die Augensumme 6 mit der Wahrscheinlichkeit $P(\text{„Summe 6"}) = \frac{5}{36}$ ein, die Augensumme 7 mit der Wahrscheinlichkeit $P(\text{„Summe 7"}) = \frac{6}{36}$.
Die Augensumme 7 ist also wahrscheinlicher.

Summe 6: 1 + 5, 2 + 4, 3 + 3

Summe 7: 1 + 6, 2 + 5, 3 + 4

W_1 \ W_2	1	2	3	4	5	6
1	2	3	4	5	6	7
2	3	4	5	6	7	8
3	4	5	6	7	8	9
4	5	6	7	8	9	10
5	6	7	8	9	10	11
6	7	8	9	10	11	12

$P(\text{„Summe 6"}) = \frac{5}{36}$

$P(\text{„Summe 7"}) = \frac{6}{36}$

Resultat:
Die Augensumme 7 ist wahrscheinlicher.

Die Ergebnisse dieses Zufallsexperimentes sind Zahlenpaare. Eine „1" auf dem ersten Würfel und eine „5" auf dem zweiten Würfel können als (1 ; 5) dargestellt werden.
Dann besteht der Ergebnisraum Ω aus 36 gleich wahrscheinlichen Ergebnissen:
Ω = {(1 ; 1), (1 ; 2), ..., (2 ; 1), (2 ; 2), ..., (6 ; 6)}. Die für die Augensumme 6 in Frage kommenden, sog. günstigen Ergebnisse sind die Ausgänge (1 ; 5), (2 ; 4), (3 ; 3), (4 ; 2) und (5 ; 1), also 5 von 36 möglichen Ergebnissen. Hierbei tritt z. B. die Kombination 1 + 5 in zwei Fällen ein, nämlich bei (1 ; 5) und (5 ; 1), während 3 + 3 nur in einem Fall eintritt. Die für die Augensumme 7 günstigen Ergebnisse sind die Ausgänge (1 ; 6), (2 ; 5), (3 ; 4), (4 ; 3), (5 ; 2) und (6 ; 1), also 6 ▶ von 36 möglichen Ergebnissen. Diese Überlegungen bestätigen unsere obigen Wahrscheinlichkeiten.

Die Festlegung der möglichen Ergebnisse eines Zufallsexperiments bereitete den Mathematikern im 17. und 18. Jahrhundert manchmal erhebliche Schwierigkeiten. Beispielsweise unterschied man beim Wurf mit 2 Würfeln Ausgänge wie (1 ; 5) und (5 ; 1) nicht, was zu Problemen führte. Wie das obige Beispiel zeigt, lassen sich Zufallsexperimente leichter handhaben, wenn alle möglichen Ausgänge gleich wahrscheinlich sind.

Derartige Zufallsexperimente, bei denen alle Elementarereignisse gleich wahrscheinlich sind, werden zu Ehren des französischen Mathematikers *Pierre Simon de Laplace* (1749–1827) auch als sogenannte *Laplace-Experimente* bezeichnet.

Bei Laplace-Experimenten liegt als Wahrscheinlichkeitsverteilung eine sogenannte *Gleichverteilung* zugrunde, die jedem Elementarereignis exakt die gleiche Wahrscheinlichkeit zuordnet.

Besteht also bei einem Laplace-Experiment der Ergebnisraum $\Omega = \{e_1, \ldots, e_m\}$ aus m Ergebnissen, so besitzt jedes einzelne Elementarereignis die Wahrscheinlichkeit $P(e_i) = \frac{1}{m}$. Für ein zusammengesetztes Ereignis $E = \{e_1, \ldots, e_k\}$ gilt dann $P(E) = k \cdot \frac{1}{m}$.

Satz: Wahrscheinlichkeit bei Laplace-Experimenten
Bei einem Laplace-Experiment sei $\Omega = \{e_1, \ldots, e_m\}$ der Ergebnisraum und $E = \{e_{i_1}, \ldots, e_{i_k}\}$ ein beliebiges Ereignis. Dann gilt für die Wahrscheinlichkeit dieses Ereignisses:

$$P(E) = \frac{|E|}{|\Omega|} = \frac{k}{m} \qquad P(E) = \frac{\text{Anzahl der für E günstigen Ergebnisse}}{\text{Anzahl aller möglichen Ergebnisse}}$$

▶ **Beispiel:** Aus einer Urne mit elf Kugeln, die mit 1 bis 11 nummeriert sind, wird eine Kugel gezogen. Mit welcher Wahrscheinlichkeit hat sie eine Primzahlnummer?

Lösung:
Es liegt ein Laplace-Experiment vor, da jede Kugel die gleiche Chance hat, gezogen zu werden. Jedes Ergebnis, also jede der Nummern 1 bis 11, hat die gleiche Wahrscheinlichkeit $\frac{1}{11}$. Für das Ereignis E: „Primzahl", d.h. $E = \{2, 3, 5, 7, 11\}$, sind fünf der elf möglichen Ergebnisse günstig. Daher gilt $P(E) = \frac{5}{11} \approx 0{,}45$. Also ist in ca. 45 % aller Ziehungen mit einer
▶ Primzahlnummer zu rechnen.

Viele Glücksautomaten bestehen aus Glücksrädern, die in mehrere gleich große Sektoren mit verschiedenen Symbolen, Zahlen oder Farben unterteilt sind. Kennt man diese Belegung, so kann man sich die Gewinnchancen ausrechnen (vorausgesetzt, die Räder werden zufällig angehalten).

▸ **Beispiel:** Ein Glücksrad enthält 8 gleich große Sektoren. Vier der Sektoren sind rot, drei sind weiß und einer ist schwarz.
Laut Auszahlungsplan erhält man für
  Rot   : 0,00 €,
  Weiß   : 0,50 €,
  Schwarz : 2,00 €.
Der Einsatz für ein Spiel beträgt 0,50 €. Ist hier langfristig mit einem Gewinn für den Automatenbetreiber oder für den Spieler zu rechnen?

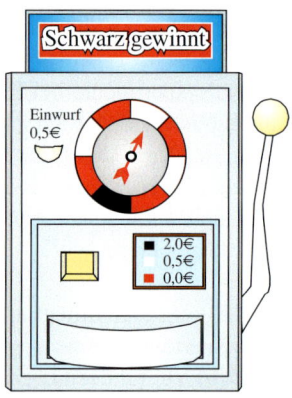

Lösung:
Jedem der 8 Sektoren wird die zugehörige Auszahlung als Zahlenwert zugeordnet. Eine solche Zuordnung bezeichnet man als *Zufallsgröße X*.
In unserem Fall kann X die Zahlenwerte $x_1 = 0$, $x_2 = 0{,}5$ und $x_3 = 2$ annehmen. Zu jeder dieser drei Zahlen x_i wird die Wahrscheinlichkeit $P(X = x_i)$ bestimmt, mit der dieser Zahlenwert angenommen wird.
Diese Zuordnung bezeichnet man als *Wahrscheinlichkeitsverteilung von X*.
Die langfristig zu erwartende Auszahlung pro Spiel ist die Summe der Produkte aus dem Zahlenwert x_i und der Wahrscheinlichkeit $P(X = x_i)$ mit der x_i eintritt.
Diese Summe heißt *Erwartungswert von X*.

Zufallsgröße X:

Ergebnis	Auszahlung X
roter Sektor	0
weißer Sektor	0,5
schwarzer Sektor	2

Wahrscheinlichkeitsverteilung von X

x_i	0	0,5	2
$P(X = x_i)$	$\frac{4}{8}$	$\frac{3}{8}$	$\frac{1}{8}$

Erwartungswert von X

$E(X) = 0 \cdot \frac{4}{8} + 0{,}5 \cdot \frac{3}{8} + 2 \cdot \frac{1}{8} \approx 0{,}44$

▸ Langfristig sind pro Spiel 6 Cent Verlust für den Spieler zu erwarten.

Definition: Zufallsgröße
Eine *Zufallsgröße X* ordnet jedem Ergebnis eines Zufallsversuchs eine Zahl x_i zu (i = 1, ..., n).
Die *Wahrscheinlichkeitsverteilung von X* gibt für jeden Wert x_i an, mit welcher Wahrscheinlichkeit $P(X = x_i)$ dieser Wert angenommen wird.
$E(X) = x_i \cdot P(X = x_1) + ... + x_n \cdot P(X = x_n)$ heißt *Erwartungswert von X*.

Übung 3
Ein Glücksrad besteht aus neun gleich großen Sektoren. Fünf der Sektoren sind mit einer „1", drei mit einer „2" und einer mit einer „3" gekennzeichnet. Laut Spielplan erhält man bei einer „3" 5,00 € und bei einer „2" 2,00 € ausgezahlt. Der Einsatz für ein Spiel beträgt 1 €. Lohnt sich das Spiel langfristig für den Spieler?

Übungen

4. Ein Wurf mit zwei Würfeln kostet 1 € Einsatz. Ist das Produkt der beiden Augenzahlen größer als 20, werden 3 € ausbezahlt. Ist das Spiel fair? Wie müsste der Einsatz geändert werden, wenn das Spiel fair sein soll?

5. Ein Holzwürfel mit roter Oberfläche wird durch 6 senkrechte Schnitte in 27 gleich große Würfel zerschnitten. Diese werden dann in eine Urne gelegt. Anschließend wird aus der Urne ein Würfel gezogen.
Berechnen Sie die Wahrscheinlichkeiten folgender Ereignisse:
E_1: „Der gezogene Würfel hat keine rote Seite."
E_2: „Der gezogene Würfel hat zwei rote Seiten."
E_3: „Der gezogene Würfel hat mindestens zwei rote Seiten."
E_4: „Der gezogene Würfel hat höchstens zwei rote Seiten."

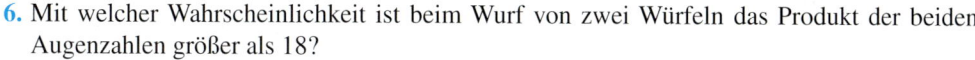

6. Mit welcher Wahrscheinlichkeit ist beim Wurf von zwei Würfeln das Produkt der beiden Augenzahlen größer als 18?

7. Ein Glücksrad besteht aus sechs gleich großen Sektoren. Drei der Sektoren sind mit einer „1", zwei mit einer „2" und einer mit einer „3" gekennzeichnet.
Laut Spielplan erhält man bei einer „3" 1,00 € und bei einer „2" 0,50 € ausgezahlt.
Wie hoch muss der Einsatz mindestens sein, damit der Automatenbetreiber die besseren Chancen hat?

8. In einer Urne liegen zwei blaue (B1, B2) und drei rote Kugeln (R1, R2, R3). Mit einem Griff werden drei der Kugeln gezogen.
Stellen Sie mit Hilfe von Tripeln eine Ergebnismenge Ω auf.
Bestimmen Sie die Wahrscheinlichkeiten folgender Ereignisse:
E_1. „Es werden mindestens 2 blaue Kugeln gezogen."
E_2: „Alle gezogenen Kugeln sind rot."
E_3: „Es werden mehr rote als blaue Kugeln gezogen."

9. Zwei Würfel mit den abgebildeten Netzen werden gleichzeitig geworfen.
a) Welche Augensumme ist am wahrscheinlichsten?
b) Mit welcher Wahrscheinlichkeit ist die Augensumme kleiner als 5?
c) Wie wahrscheinlich ist ein Pasch?

Simulationen

Viele reale Prozesse werden vom Zufall beeinflusst. Oft ist der Prozess so komplex, dass sein Ablauf auf rechnerischem Weg nicht zu ermitteln ist. In solchen Fällen simuliert man den Prozess, indem man ihn mit Hilfe von Zufallsgeräten mehrfach nachspielt, um die Wahrscheinlichkeiten möglicher Abläufe einschätzen zu können.

Die **Simulation** kann mit Hilfe von Münzen, Würfeln und Urnen erfolgen. Eine andere Möglichkeit besteht in der Verwendung einer **Tabelle mit Zufallsziffern**. Eine solche Tabelle findet man auf Seite 230. Zufallsexperimente können auch mit Computern simuliert werden.

Wir erläutern das Simulationsverfahren an einigen modellhaften Beispielen.

Entenjagd

10 absolut treffsichere Jäger schießen gleichzeitig auf 10 aufsteigende Enten. Jeder Jäger sucht sich seine Zielente rein zufällig aus.
Wie viele Enten überleben im Mittel?

Wir simulieren den Jagdprozess mit Hilfe der Zufallszifferntabelle (S. 198), deren Beginn rechts abgedruckt ist.
Wir entnehmen der Tabelle einen Zehnerblock von Ziffern, z. B. den Block 0764590952.
Für jede der zehn Enten steht eine der Ziffern 0 bis 9. Der Zehnerblock simuliert die Entenjagd. Er gibt an, welche Enten getroffen wurden. In unserem Fall wurden die Enten 0, 2, 4, 5, 6, 7 und 9 getroffen. Drei Enten 1, 3, 8 überlebten.

Diesen Simulationsvorgang wiederholen wir mehrfach, z. B. zehnmal, wie rechts dargestellt. Durchschnittlich überleben 3,4 Enten die simulierte Jagd.

Dies ist eine brauchbare Vorhersage, wenn man bedenkt, dass der exakte Mittelwert, der in diesem Fall auch durch eine theoretische Rechnung gewonnen werden kann, etwa bei 3,5 liegt.

Tabelle von Zufallsziffern (S. 198)
07645 90952 42370 88003 79743 52097 …
31397 83936 42975 15245 04124 35881 …
64147 56091 45435 95510 23115 16170 …
48942 10345 96401 03479 05768 46222 …
⋮   ⋮   ⋮   ⋮   ⋮

Simulationsergebnisse	Anzahl der überlebenden Enten
0764590952	3
4237088003	4
7974352097	3
4645916055	4
0488581676	3
3139783986	4
4297515245	4
0412435881	3
1566453920	2
5577590464	4

Durchschnittliche Zahl der überlebenden Enten: 3,4

Übung 1

Mit welcher Wahrscheinlichkeit kommen beim doppelten Würfelwurf die möglichen Augensummen 2, 3, …, 12?
a) Führen Sie das Experiment dazu 100-mal real durch.
b) Simulieren Sie das Experiment 100-mal mit der Zufallszifferntabelle. Verwenden Sie Ziffern von 1–6. Die Ziffern 0, 7, 8, 9 werden ignoriert.

Die Entenjagd steht modellhaft für Zuordnungsprobleme. Entsprechend kann das folgende Beispiel für Irrfahrtprobleme Modell stehen; mehrstufige Entscheidungsvorgänge und Molekularbewegungen sind reale Beispiele für solche Probleme.

Flucht aus dem Labyrinth

Ein einsamer Wanderer hat sich im Gängesystem des minoischen Palastes von Knossos verirrt.
Er weiß nur noch, dass er seit seinem Einstieg ins Labyrinth sieben Kreuzungen überquert hat und dass er sich stets nach Süden oder nach Westen bewegt hat.
Da der Minotaurus* schon im Anmarsch ist, hat er nur einen Fluchtversuch. Er geht genau sieben Schritte nach Norden bzw. Osten.
Wie stehen seine Chancen?

Wir könnten die Flucht durch jeweils siebenfachen Münzwurf (Kopf oder Zahl) oder Würfelwurf (gerade oder ungerade) simulieren. Die erforderlichen Wiederholungen könnten dadurch erreicht werden, dass jeder Schüler fünf derartige Fluchtsimulationen durchspielt.

Simulations-ergebnisse	Flucht gelungen?
0764590	nein
9254237	ja
0880037	nein
9743520	ja
9746459	ja
1605504	nein
8858167	nein
6313978	nein
…	…
2578845	nein
5963408	nein

Eine weitere Möglichkeit bietet wiederum die Zufallsziffertabelle. Wir entnehmen der Tabelle einen siebenstelligen Ziffernblock. Gerade Ziffer bedeutet Norden, ungerade Ziffer bedeutet Osten.
Die Flucht gelingt offenbar, wenn der siebenstellige Block genau 4 ungerade Ziffern enthält.
Auszählung der ersten 50 Siebenerblöcke der Tabelle – rechts andeutungsweise dargestellt – ergibt 13 gelungene Fluchten, d.h. eine Erfolgsquote von 26%.

Übung 2

Ein Molekül bewege sich pro Sekunde einmal in eine der vier Richtungen oben, unten, rechts, links.
Wie groß ist die Wahrscheinlichkeit, dass es sich nach 10 Sekunden noch immer im rot umrandeten Bereich aufhält?

---

* Der **Minotaurus** war der griechischen Sage nach ein menschenfressendes Ungeheuer, ein Mensch mit Stierkopf, das im Labyrinth von Knossos lebte. Der Palast wurde von König Minos um 2600 v. Chr. auf Kreta erbaut. Sir Arthur Evans, ein englischer Archäologe, rekonstruierte ihn Anfang dieses Jahrhunderts teilweise.

Man benötigt für die Durchführung von Simulationen Blöcke mit Zufallsziffern. Diese kann man der Tabelle mit Zufallsziffern entnehmen, aber auch mit dem TR/Computer zu erzeugen.

Beispiel: Simulation mit dem TR

Einem Fahrzeug der ABCD - Pannenhilfe werden von der Einsatzzentrale pro Woche exakt 70 Einsätze zugewiesen, die sich zufällig auf die Wochentage verteilen. Der Fahrer schafft pro Tag erfahrungsgemäß 10 Einsätze. Mit welcher Wahrscheinlichkeit ist er an einem Tag der Woche überlastet? Simulieren Sie zwei Wochen.

TR-Lösung:
Die 100 Einsätze werde durch die Zufallszahlen 00, 01 bis 99 repräsentiert. Wir werden mit dem TR Zweierblöcke von Zufallsziffern erzeugen. Das geht folgendermaßen:

Wir gehen in das *Run-Matrix-Menü* (Menü 1) und rufen mit der Tastenfolge **OPTN > F6 > F3 > F4 > F1** die Option *Ran#* auf. Drücken der EXE-Taste liefert nun einen Zufallszahl zwischen 0 und 1 mit 10 Nachkommastellen, z. B. 0,4642079103. Die Nachkommastellen dienen uns als Zufallsziffern.

In unserem Beispiel bedeutet eine Ziffer 4, dass der Einsatz am Tag 4 (Donnerstag) erfolgt. Die Ziffern 0,8 und 9 ignorieren wir (schwarze Ziffern).

Wir erzeugen nun mit *RAN# >EXE* einige Zufallszahlen, bis insgesamt 70 Ziffern von 1 bis 7 erreicht sind. (rote Ziffern).

Dann zählen wir aus: An drei Tagen (DI, MI, DO) kommt es zu mehr als 10 Einsätzen: Überlastung an ca. 43% der Tage.

Zufallszahlen (RAN#)
0,4642079103
0,8697563016
0,2232708854
0,7825412554
0,1450338245
0,8149147140
0,2637740958
0,5023779493
0,3280343297
0,8448013253

Auszählung:
```
MO=1:8   Normal
DI=2:11  Überlastet
MI=3:12  Überlastet
DO=4:15  Überlastet
FR=5:9   Normal
SA=6:5   Normal
SO=7:10  Normal
```

Übung 3: Das Galton-Brett

Auf einem geneigten Brett mit sechs Hindernissen, die in drei Reihen angebracht sind, rollt eine Kugel von oben nach unten und landet schließlich in einem der vier Fächer am unteren Ende des Brettes. In jeder Stufe prallt die Kugel beim Aufprall auf das Hindernis mit der Wahrscheinlichkeit 50% nach rechts oder links ab. Bestimmen Sie den Kugellauf durch Simulation für 50 Kugeln. Welche Häufigkeiten erhalten Sie für die vier Fächer? Vergleichen Sie mit den theoretischen Wahrscheinlichkeiten: 0: 12,5% ; 1: 37,5% ; 2: 37,5%; 3: 12,4%)
Anzahl der Simulationen eines Kugellaufs: n = 50
a) Natürliche Simulation durch dreifachen Münzwurf.
b) Simulation mit der Zufallszahlentabelle, Dreierblöcke.
c) Simulation mit dem TR, drei Nachkommastellen

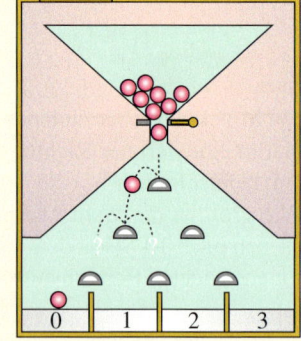

Übungen

4. Die Ziffern 1 bis 8 werden in zufälliger Reihenfolge aufgeschrieben. Mit welcher Wahrscheinlichkeit ist die entstehende achtstellige Zahl durch 11 teilbar?
Verwenden Sie zur Simulation die Zufallsziffferntabelle oder den TR, wobei die Ziffern 0 und 9 ignoriert werden. *Anzahl der Simulationen: n = 20*

5. Das Geburtstagsproblem
Der Mathekurs hat zwanzig Teilnehmer. Wie groß ist die Wahrscheinlichkeit dafür, dass mindestens zwei der Schüler am gleichen Tag des Jahres Geburtstag haben?
Simulieren Sie den Vorgang mit Hilfe von 20 dreiziffrigen Zufallszahlen. Die 365 Tage eines Jahres werden dabei durch dreistellige Ziffernblöcke 000 bis 365 dargestellt. Liegt ein der Tabelle entnommener Wert über 365, so wird dieser gestrichen oder ignoriert.
Anzahl der Simulationen: n = 10

6. Beim **Mensch-ärgere-dich-nicht** darf man zu Spielbeginn erst dann einsetzen, wenn man eine Sechs würfelt, wobei man maximal drei Versuche hat. Ansonsten muss man eine Spielrunde warten, bevor man es erneut versuchen darf.
Wie viele Spielrunden muss man im Durchschnitt warten, bis man zum ersten Mal einsetzen kann?
Simulieren Sie den Vorgang auf zwei Arten:
a) durch wiederholtes Würfelwerfen,
b) mit Zufallsziffern durch eine Serie von Dreierblöcken der Ziffern 1 bis 6. *n = 10*

7. Ameisenbären: Eine Ameise bewegt sich auf den Kanten einer Pyramide. Sie startet ihren Spaziergang in der Ecke A. An jeder Ecke entscheidet sie sich zufällig für eine der drei bzw. vier möglichen Richtungen, wobei sie auch die Richtung wählen darf, aus der sie gerade gekommen ist. An den Ecken B und C lauern Ameisenbären. Welcher Ameisenbär hat die besseren Chancen, die Ameise im Laufe ihres Spaziergangs zu erwischen? Wie groß ist die Wahrscheinlichkeit, dass Ameisenbär B das Rennen macht?
Simulieren Sie die Richtungsauswahl durch Würfelwurf, wobei nur die Augenzahlen 1 bis 3 bzw. 1 bis 4 zählen. *n = 20*

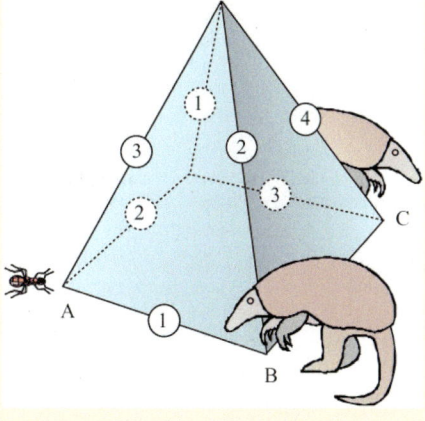

Zufallsziffern

	1	5	10	15	20	25	30	35	40	45	50
1	07645	90952	42370	88003	79743	52097	46459	16055	04885	81676
	31397	83986	42975	15245	04124	35881	15664	53920	55775	90464
	64147	56091	45435	95510	23115	16170	06393	46850	10425	89259
	53754	33122	33071	12513	01889	59215	99336	20176	76979	04594
5	48942	10345	96401	03479	05768	46222	85046	69522	54005	32464
	37474	31894	64689	88424	73861	20001	55705	09604	26055	42507
	99179	74452	25506	81901	25391	62004	64264	22578	84559	63408
	62234	17971	39047	09212	46055	80731	38530	37253	56453	08246
	47263	39592	00595	36217	59826	17513	84959	39495	97870	84070
10	50343	07552	09245	02997	14549	18742	17202	99723	47587	16011
	04180	26606	13123	97241	44903	96204	29707	66586	70883	92893
	65523	38575	57359	89671	53833	04842	08522	39690	32481	65011
	14921	03745	66451	19460	24294	97924	27028	29229	04655	24922
	47666	54402	36600	40281	99698	24368	95406	69001	45723	32642
15	53389	90663	23654	18440	41198	50491	33288	89833	07561	34458
	29883	73423	92295	41999	63830	25723	70657	62113	32100	28627
	58328	04834	99037	87550	97430	80874	36852	76025	64062	63196
	68386	86595	16926	34726	57020	57919	29875	91566	59456	76490
	17464	56909	39716	70909	86319	08319	78268	08966	26344	06330
20	64647	05554	43990	16039	10538	79943	23034	75152	85281	44003
	42700	57566	06605	46843	42676	84957	73055	92008	21956	01070
	71945	22187	85606	49873	03167	44657	68081	28139	40882	24180
	34804	54003	20917	75562	63046	54262	83141	76543	04833	53219
	38092	86678	75331	63901	25998	42271	60142	25392	67835	50109
25	66038	58229	62401	83415	09164	66738	37200	60635	59995	42039
	04574	98571	24169	35956	54385	56046	98130	96214	79993	87923
	56953	17277	58442	09497	63787	82874	99406	55418	49956	30942
	08930	19934	31919	39146	28469	63330	88164	66251	41828	77422
	31985	18177	13605	48137	39121	76912	53359	31322	63719	18854
30	77173	90099	00361	28432	47697	10270	54598	33976	16252	22205
	23071	86680	45779	68009	80926	47663	42983	00410	26957	50733
	02260	64086	56653	06361	04266	01858	03479	44435	61505	03793
	66147	29316	57742	76431	53085	21801	15059	10971	79748	06138
	12048	67702	89264	26059	15657	97893	57191	69083	31888	41524
35	55201	60907	23787	13962	59556	34239	32550	91181	03666	67288
	65297	50989	89774	95925	16367	91984	83907	45804	05238	11927
	78724	94742	16276	84764	36733	26139	74702	92004	86534	69631
	69265	91109	33203	20980	01432	19777	83142	70847	54813	03173
	29185	97004	57993	74264	26531	55522	12875	76865	68140	97891
40	47622	20458	78937	88383	69829	63251	42173	28946	76039	98510
	92695	25285	16398	45868	71608	23131	46428	34930	76094	46840
	15534	67464	25228	35098	35653	86335	59430	10052	74102	02999
	02628	34863	75458	64466	31349	52055	04460	44614	86245	47550
	55002	28861	44961	41436	65292	24242	37353	48324	62207	84665
45	29842	01077	04272	20804	57334	38200	17248	79856	36795	35928
	43728	35457	96474	75955	44498	56476	69832	44668	54767	84996
	51571	31289	90355	73338	94469	38415	34530	99878	58325	78485
	03701	48562	76472	40512	87784	57639	35528	73661	63629	46272
	07062	58925	65311	88857	73077	07846	32309	94390	12268	46819
50	25179	03789	81247	22234	17250	54858	09303	78844	44162	69696

2. Mehrstufige Zufallsversuche/Baumdiagramme

A. Baumdiagramme und Pfadregeln

Im Folgenden betrachten wir *mehrstufige Zufallsversuche*.
Ein solcher Versuch setzt sich aus mehreren hintereinander ausgeführten einstufigen Versuchen zusammen (mehrmaliges Werfen mit einem oder mehreren Würfeln, mehrmaliges Ziehen einer oder mehrerer Kugeln etc.).

Der Ablauf eines mehrstufigen Zufallsversuchs lässt sich mit *Baumdiagrammen* besonders übersichtlich darstellen.

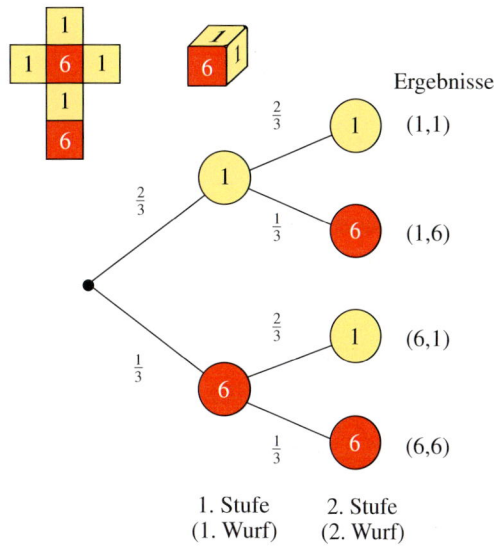

> **Beispiel: Zweifacher Würfelwurf**
> Rechts ist ein zweistufiges Experiment abgebildet, nämlich das zweimalige Werfen eines Würfels, der 4 Einsen und 2 Sechsen trägt. Gesucht ist die Wahrscheinlichkeit dafür, dass sich eine gerade Augensumme ergibt.

Lösung:
Der Baum besteht aus zwei Stufen. Er besitzt insgesamt vier *Pfade* der Länge 2. Jeder Pfad repräsentiert das an seinem Ende vermerkte Ergebnis des zweistufigen Experiments.
Für das Ereignis „Augensumme gerade" sind zwei Pfade günstig, der Pfad (1,1), dessen Wahrscheinlichkeit $\frac{2}{3} \cdot \frac{2}{3} = \frac{4}{9}$ beträgt, und der Pfad (6,6) mit der Wahrscheinlichkeit $\frac{1}{3} \cdot \frac{1}{3} = \frac{1}{9}$. Insgesamt ergibt sich damit die Wahrscheinlichkeit P(„Augensumme gerade") = $\frac{4}{9} + \frac{1}{9} = \frac{5}{9} \approx 0{,}56$.

Die Pfadregeln für Baumdiagramme

Mehrstufige Zufallsexperimente können durch Baumdiagramme dargestellt werden. Dabei stellt jeder Pfad ein Ergebnis des Zufallsexperiments dar.

I. Die **Wahrscheinlichkeit eines Ergebnisses** ist gleich dem Produkt aller Zweigwahrscheinlichkeiten längs des zugehörigen Pfades (Pfadwahrscheinlichkeit).

II. Die **Wahrscheinlichkeit eines Ereignisses** ist gleich der Summe der zugehörigen Pfadwahrscheinlichkeiten.

B. Mehrstufige Zufallsversuche

▶ **Beispiel:** In einer Urne liegen drei rote und zwei schwarze Kugeln. Es werden zwei Kugeln gezogen. Zeichnen Sie den zugehörigen Wahrscheinlichkeitsbaum und bestimmen Sie die Wahrscheinlichkeit für das Ereignis E: „Beide gezogenen Kugeln sind gleichfarbig" mit und ohne Zurücklegen der jeweils gezogenen Kugel.

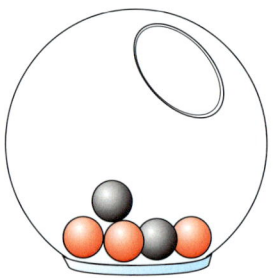

Lösung:

Ziehen mit Zurücklegen

Die erste Kugel wird gezogen und vor dem Ziehen der zweiten Kugel wieder in die Urne zurückgelegt.

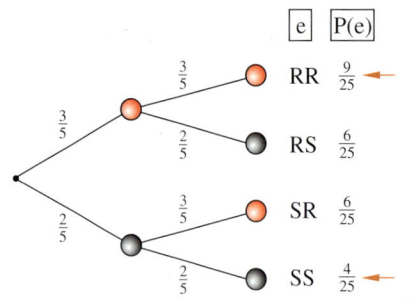

▶ $P(E) = P(RR) + P(SS) = \frac{9}{25} + \frac{4}{25} = \frac{13}{25} = 0{,}52$

Ziehen ohne Zurücklegen

Die zweite Kugel wird gezogen, ohne dass die bereits gezogene erste Kugel zurückgelegt wird.

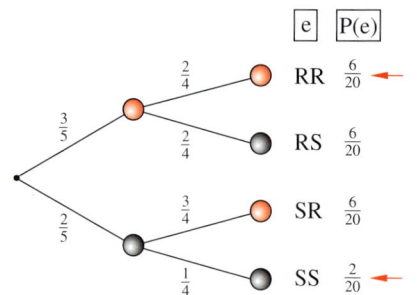

$P(E) = P(RR) + P(SS) = \frac{6}{20} + \frac{2}{20} = \frac{8}{20} = 0{,}40$

Übung 1

Ein Glücksrad hat zwei Sektoren. Der weiße Sektor ist dreimal so groß wie der rote Sektor. Das Rad wird dreimal gedreht.
Zeichnen Sie den zugehörigen Wahrscheinlichkeitsbaum und bestimmen Sie die Wahrscheinlichkeiten folgender Ereignisse:

E_1: „Es kommt dreimal Rot",
E_2: „Es kommt stets die gleiche Farbe",
E_3: „Es kommt die Folge Rot/Weiß/Rot",
E_4: „Es kommt insgesamt zweimal Weiß und einmal Rot",
E_5: „Es kommt mindestens zweimal Rot".

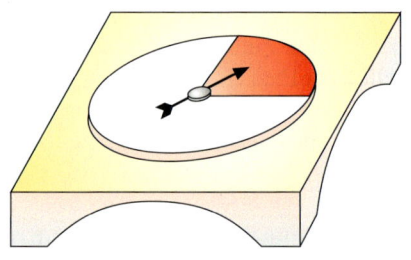

2. Mehrstufige Zufallsversuche/Baumdiagramme

In vielen Fällen ist es nicht notwendig, den gesamten Wahrscheinlichkeitsbaum eines Zufallsexperiments darzustellen. Man kann sich in der Regel auf die zu dem betrachteten Ereignis gehörenden Pfade beschränken und spricht dann von einem *reduzierten Baumdiagramm*. Dies ist insbesondere dann wichtig, wenn viele Stufen vorliegen oder die einzelnen Stufen viele Ausfälle zulassen, sodass ein vollständiges Baumdiagramm ausufernd groß wäre.

▶ **Beispiel:** Mit welcher Wahrscheinlichkeit erhält man beim dreimaligen Würfeln eine Augensumme, die nicht größer als 4 ist?

Reduzierter Baum:

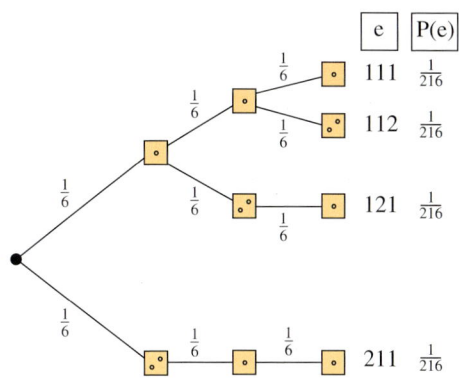

Lösung:
Bei dreimaligem Würfeln können nur die Augenzahlen 1 und 2 einen Beitrag zum betrachteten Ereignis E: „Die Augensumme ist höchstens 4" liefern.
Von den insgesamt $6^3 = 216$ Pfaden des Baumes gehören nur 4 zum Ereignis E.
Jeder hat die Wahrscheinlichkeit $\left(\frac{1}{6}\right)^3$, sodass $P(E) = \frac{4}{216} \approx 0{,}0185$ gilt. Es handelt
▶ sich also um ein 2%-Ereignis.

$P(E) = 4 \cdot \frac{1}{216} \approx 0{,}0185 \approx 2\%$

Übung 2
Die beiden Räder eines Glücksautomaten sind jeweils in 6 gleich große Sektoren eingeteilt und drehen sich unabhängig voneinander (Abbildung).
a) Mit welcher Wahrscheinlichkeit erhält man eine Auszahlung von 5 € bzw. von 2 € (siehe Gewinnplan)?
b) Der Einsatz beträgt 0,50 € pro Spiel. Lohnt sich das Spiel auf lange Sicht?

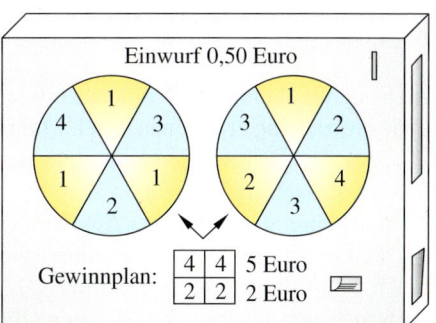

Übung 3
Ein Würfel mit dem abgebildeten Netz wird dreimal geworfen.
a) Wie groß ist die Wahrscheinlichkeit, dass alle Zahlen unterschiedlich sind?
b) Mit welcher Wahrscheinlichkeit ist die Augensumme der 3 Würfe größer als 6?
c) Mit welcher Wahrscheinlichkeit ist die Augensumme beim viermaligen Würfeln kleiner als 6?

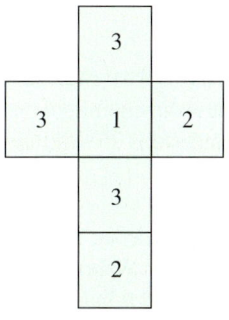

▶ **Beispiel:** Ein Glücksrad hat einen roten Sektor mit dem Winkel α und einen weißen Sektor mit dem Winkel 360° − α. Es wird zweimal gedreht. Gewonnen hat man, wenn in beiden Fällen der gleiche Sektor kommt.
a) Wie groß ist die Gewinnwahrscheinlichkeit?
b) Der Spieleinsatz betrage 5 €, die Auszahlung 8 €. Wie muss der Winkel α des roten Sektors gewählt werden, damit das Spiel fair wird?

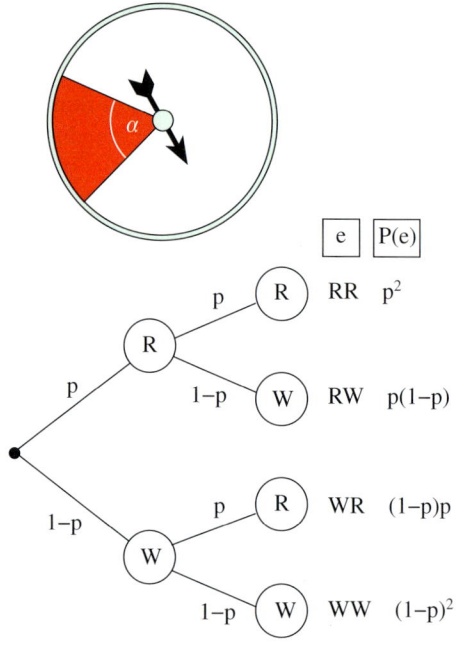

Lösung:
a) Die Wahrscheinlichkeit, dass der Zeiger des Glücksrades auf dem roten Sektor stehen bleibt, beträgt $p = \frac{\alpha}{360°}$.
Auf dem weißen Sektor kommt er mit der Gegenwahrscheinlichkeit $1 - p$ zur Ruhe. Nur die beiden äußeren Pfade des Baumdiagramms sind günstig für einen Gewinn.

Die Gewinnwahrscheinlichkeit beträgt daher: $P(\text{Gewinn}) = 2p^2 - 2p + 1$.

b) Die durchschnittlich pro Spiel zu erwartende Auszahlung erhält man durch Multiplikation des Auszahlungsbetrags mit der Gewinnwahrscheinlichkeit.
Es ist also pro Spiel mit einer Auszahlung von $(2p^2 - 2p + 1) \cdot 8 €$ zu rechnen, die gleich dem Einsatz von 5 € sein muss. Es ergibt sich eine quadratische Gleichung für p mit den Lösungen $p = \frac{3}{4}$ und $p = \frac{1}{4}$. Zu-
▶ gehörige Winkel: α = 270° bzw. α = 90°.

$P(\text{Gewinn}) = P(RR) + P(WW)$
$= p^2 + (1-p)^2$
$= 2p^2 - 2p + 1$

Durchschn. Auszahlung $\stackrel{\text{fair}}{=}$ Einsatz

$8 € \cdot (2p^2 - 2p + 1) = 5 €$
$2p^2 - 2p + 1 = \frac{5}{8}$
$p^2 - p + \frac{3}{16} = 0$

$p = \frac{1}{2} \pm \sqrt{\frac{1}{4} - \frac{3}{16}} = \frac{1}{2} \pm \frac{1}{4}$

$p = \frac{3}{4} \Rightarrow \alpha = 360° \cdot p = 270°$
$p = \frac{1}{4} \Rightarrow \alpha = 360° \cdot p = 90°$

Übung 4
Ein Sportschütze darf zwei Schüsse abgeben, um ein bestimmtes Ziel zu treffen. Wie groß muss seine Trefferwahrscheinlichkeit p pro Schuss mindestens sein, damit er mit einer Wahrscheinlichkeit von mindestens 25% mindestens einmal das Ziel trifft?

Übung 5
Peter und Paul schießen gleichzeitig auf einen Hasen. Paul hat die doppelte Treffersicherheit wie Peter. Mit welcher Wahrscheinlichkeit darf Peter höchstens treffen, damit der Hase eine Chance von mindestens 50% hat, nicht getroffen zu werden?

Übungen

6. In einer Urne liegen 12 Kugeln, 4 gelbe, 3 grüne und 5 blaue Kugeln. 3 Kugeln werden ohne Zurücklegen entnommen.
   a) Mit welcher Wahrscheinlichkeit sind alle Kugeln grün?
   b) Mit welcher Wahrscheinlichkeit sind alle Kugeln gleichfarbig?
   c) Mit welcher Wahrscheinlichkeit kommen genau zwei Farben vor?

7. In einer Schublade liegen fünf Sicherungen, von denen zwei defekt sind. Wie groß ist die Wahrscheinlichkeit, dass bei zufälliger Entnahme von zwei Sicherungen aus der Schublade mindestens eine defekte Sicherung entnommen wird?

8. Aus dem Wort ANANAS werden zufällig zwei Buchstaben herausgenommen.
   a) Mit welcher Wahrscheinlichkeit sind beide Buchstaben Konsonanten?
   b) Mit welcher Wahrscheinlichkeit sind beide Buchstaben gleich?

9. Das abgebildete Glücksrad (mit drei gleich großen Sektoren) wird zweimal gedreht.
   Mit welcher Wahrscheinlichkeit
   a) erscheint in beiden Fällen Rot,
   b) erscheint mindestens einmal Rot?

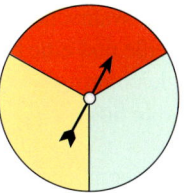

10. Sie werfen eine Münze wiederholt, bis zweimal hintereinander Kopf kommt. Mit welcher Wahrscheinlichkeit stoppen Sie exakt nach vier Würfen?

11. In einer Urne liegen 7 Buchstaben, viermal das O und dreimal das T. Es werden vier Buchstaben der Reihe nach mit Zurücklegen gezogen.
    Mit welcher Wahrscheinlichkeit
    a) entsteht so das Wort OTTO,
    b) lässt sich mit den gezogenen Buchstaben das Wort OTTO bilden?

12. Alfred zieht aus einer Urne, die zwei Kugeln mit den Ziffern 1 und 2 enthält, eine Kugel. Er legt die gezogene Kugel wieder in die Urne zurück und legt zusätzlich eine Kugel mit der Ziffer 3 in die Urne. Nun zieht Billy eine Kugel aus der Urne. Auch er legt sie wieder zurück und fügt eine mit der Ziffer 4 gekennzeichnete Kugel hinzu. Schließlich zieht Cleo eine Kugel aus der Urne.
    a) Mit welcher Wahrscheinlichkeit werden drei Kugeln mit der gleichen Nummer gezogen?
    b) Mit welcher Wahrscheinlichkeit wird mindestens zweimal die 1 gezogen?
    c) Mit welcher Wahrscheinlichkeit werden genau zwei Kugeln mit der gleichen Nummer gezogen?

13. Robinson hat festgestellt, dass auf seiner Insel folgende Wetterregeln gelten:
   (1) Ist es heute schön, ist es morgen mit 80% Wahrscheinlichkeit ebenfalls schön.
   (2) Ist heute schlechtes Wetter, so ist morgen mit 75% Wahrscheinlichkeit ebenfalls schlechtes Wetter.
   a) Heute (Montag) scheint die Sonne. Mit welcher Wahrscheinlichkeit kann Robinson am Mittwoch mit schönem Wetter rechnen?
   b) Heute ist Dienstag und es ist schön. Mit welcher Wahrscheinlichkeit regnet es am Freitag?

14. In einer Lostrommel sind 7 Nieten und 1 Gewinnlos. Jede der 8 Personen auf der Silvester-Party darf einmal ziehen. Hat die Person, die als zweite (als dritte usw. als letzte) zieht, eine größere Gewinnchance als die Person, die als erste zieht?

15. In einer Schublade liegen 4 rote, 8 weiße, 2 blaue und 6 grüne Socken. Im Dunkeln nimmt Franz zwei Socken gleichzeitig aus der Schublade.
Mit welcher Wahrscheinlichkeit entnimmt er
   a) eine weiße und eine blaue Socke,
   b) zwei gleichfarbige Socken,
   c) keine rote Socke?

16. Die drei Räder eines Glücksautomaten sind jeweils in 5 gleich große Sektoren eingeteilt und drehen sich unabhängig voneinander (Abbildung).
   a) Mit welcher Wahrscheinlichkeit gewinnt man 7 € bzw. 2 €?
   b) Lohnt sich das Spiel auf lange Sicht?

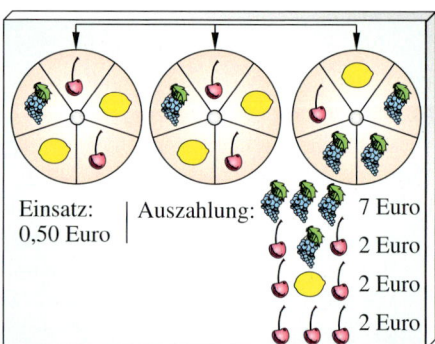

17. Eine Tontaube wird von fünf Jägern gleichzeitig ins Visier genommen. Zum Glück treffen diese nur mit den Wahrscheinlichkeiten 5%, 5%, 10%, 10% und 20%.
   a) Mit welcher Wahrscheinlichkeit überlebt die Tontaube?
   b) Mit welcher Wahrscheinlichkeit wird die Tontaube mindestens zweimal getroffen?

18. Ein Würfel mit den Maßen $4 \times 4 \times 4$, dessen Oberfläche rot gefärbt ist, wird durch Schnitte parallel zu den Seitenflächen in 64 Würfel mit den Maßen $1 \times 1 \times 1$ zerlegt. Aus diesen 64 Würfeln wird ein Würfel zufällig ausgewählt und dann geworfen.
Mit welcher Wahrscheinlichkeit ist keine seiner 5 sichtbaren Seiten rot?

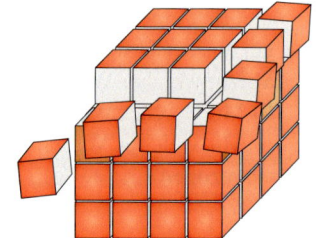

3. Exkurs: Kombinatorische Abzählverfahren

Schon bei einfachen Zufallsversuchen kann es vorkommen, dass die Ergebnismenge so umfangreich wird, dass es nicht mehr sinnvoll ist, sie als Menge oder in Form eines Baumdiagramms darzustellen. Dann verwendet man kombinatorische Abzählverfahren, die in solchen Fällen die Berechnung von Laplace-Wahrscheinlichkeiten ermöglichen.

A. Die Produktregel

▶ **Beispiel:** Ein Autohersteller bietet für ein Modell 5 unterschiedliche Motorstärken (60 kW, 65 kW, 70 kW, 90 kW, 120 kW), 6 verschiedene Farben (Rot, Blau, Weiß, Gelb, Schwarz, Orange) und 4 verschiedene Innenausstattungen (einfach, normal, luxus, super) an.
Unter wie vielen Modellvarianten kann ein Käufer auswählen?

Lösung:
Durch Kombination der 5 möglichen Motorleistungen mit den 6 möglichen Farben ergeben sich schon $5 \cdot 6 = 30$ Variationsmöglichkeiten.

Jede dieser 30 Zusammenstellungen kann mit jeweils 4 Innenausstattungen kombiniert werden.

Insgesamt erhält man so $5 \cdot 6 \cdot 4 = 120$ verschiedene Modellvarianten.

Das zugehörige – nebenstehend angedeutete – Baumdiagramm (Anzahlbaum) würde mit 120 Pfaden ausufern.

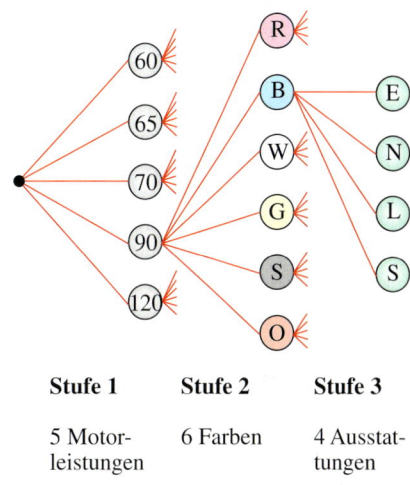

Stufe 1 — 5 Motorleistungen
Stufe 2 — 6 Farben
Stufe 3 — 4 Ausstattungen

In gleicher Weise wie im obigen Beispiel können wir bei mehrstufigen Zufallsversuchen die Anzahl der Ergebnisse immer dann als Produkt der Anzahl der Möglichkeiten pro Stufe bestimmen, wenn die Anzahl der in einer Stufe bestehenden Möglichkeiten nicht vom Ausgang anderer Stufen abhängt.

Die Produktregel
Ein Zufallsversuch werde in k Stufen durchgeführt. Die Anzahl der in einer beliebigen Stufe möglichen Ergebnisse sei unabhängig von den Ergebnissen vorhergehender Stufen.
In der ersten Stufe gebe es n_1, in der zweiten Stufe gebe es n_2, … und in der k-ten Stufe gebe es n_k mögliche Ergebnisse.
Dann hat der Zufallsversuch insgesamt $n_1 \cdot n_2 \cdot \ldots \cdot n_k$ mögliche Ergebnisse.

Übung 1
In einer Großstadt besteht das Kfz-Kennzeichen aus zwei Buchstaben, gefolgt von zwei Ziffern, gefolgt von einem weiteren Buchstaben. Wie viele Kennzeichen sind in der Stadt möglich?

B. Geordnete Stichproben beim Ziehen aus einer Urne

Mehrstufige Zufallsexperimente, die in jeder Stufe in gleicher Weise ablaufen, lassen sich gut durch sogenannte *Urnenmodelle* erfassen. In einer solchen Urne liegen n unterscheidbare Kugeln. Nacheinander werden k Kugeln *mit oder ohne Zurücklegen* gezogen. Je nachdem, ob man sich für die Reihenfolge des Auftretens der Ergebnisse interessiert oder ob die Reihenfolge keine Rolle spielt, spricht man von einer *geordneten Stichprobe* oder von einer *ungeordneten Stichprobe*. Die Anzahl der möglichen Reihenfolgen lässt sich stets durch eine Formel erfassen.

Ziehen mit Zurücklegen unter Beachtung der Reihenfolge (geordnete Stichprobe)

Aus einer Urne mit n unterscheidbaren Kugeln werden nacheinander k Kugeln *mit Zurücklegen* gezogen. Die Ergebnisse werden in der Reihenfolge des Ziehens notiert. Dann gilt für die Anzahl N der möglichen Anordnungen (k-Tupel) die Formel

$$N = n^k.$$

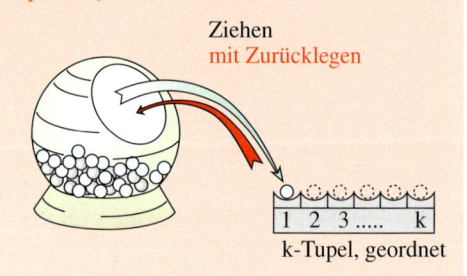

▶ **Beispiel: 13-Wette (Fußballtoto)**
Beim Fußballtoto muss man den Ausgang von 13 festgelegten Spielen vorhersagen. Dabei bedeutet 1 einen Sieg der Heimmannschaft, 0 ein Unentschieden und 2 einen Sieg der Gastmannschaft. Wie viele verschiedene Tippreihen sind möglich?

Lösung:
Man modelliert die Wette durch eine Urne, welche drei Kugeln mit den Nummern 0, 1 und 2 enthält. Man zieht eine Kugel, notiert das Ergebnis und legt die Kugel zurück. Das ganze wiederholt man 13-mal. Die Reihenfolge der Ergebnisse ist dabei wichtig. Nach obiger Formel gibt es $N = 3^{13}$ verschiedene
▶ Anordnungen (13-Tupel), d. h. 1 594 323 Tippreihen.

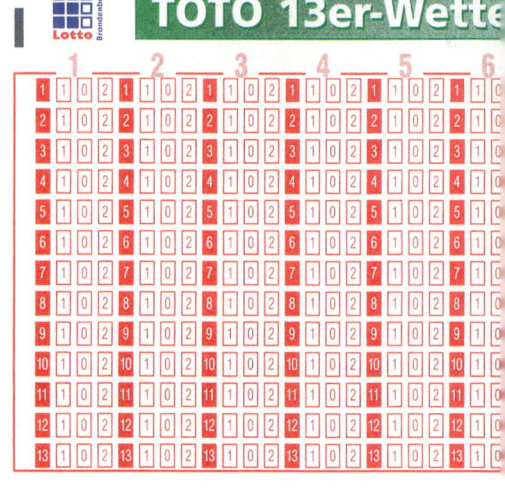

Der Beweis der vorhergehenden Regel ergibt sich aus dem Produktsatz: Bei jeder Ziehung gibt es wegen des Zurücklegens stets wieder n mögliche Ergebnisse, insgesamt also n^k Anordnungen. Zieht man allerdings ohne Zurücklegen, so gibt es bei der ersten Ziehung n Ergebnisse, bei der zweiten Ziehung nur noch n − 1 Ergebnisse usw. In diesem Fall gibt es daher nach der Produktregel insgesamt n · (n − 1) · … · (n − k + 1) Anordnungen.

Ziehen ohne Zurücklegen unter Beachtung der Reihenfolge (geordnete Stichprobe)

Aus einer Urne mit n unterscheidbaren Kugeln werden nacheinander k Kugeln **ohne Zurücklegen** gezogen. Die Ergebnisse werden in der Reihenfolge des Ziehens notiert. Dann gilt für die Anzahl N der möglichen Anordnungen (k-Tupel) die Formel

$$N = n \cdot (n-1) \cdot \ldots \cdot (n-k+1).$$

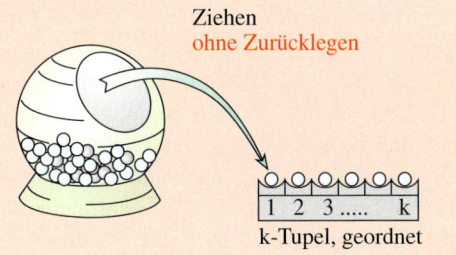

Wichtiger Sonderfall: k = n. Aus der Urne wird so lange gezogen, bis sie leer ist. Es gibt dann N = n · (n − 1) · … · 3 · 2 · 1 = n! (n-Fakultät) mögliche Anordnungen.

▶ **Beispiel: Pferderennen**
Bei einem Pferderennen mit 12 Pferden gibt ein völlig ahnungsloser Zuschauer einen Tipp ab für die Plätze 1, 2 und 3.
Wie groß sind seine Chancen, die richtige Einlaufreihenfolge vorherzusagen?

Lösung:
Man modelliert den Vorgang durch eine Urne, welche 12 Kugeln enthält, für jedes Pferd eine Kugel. Man zieht eine Kugel und notiert das Ergebnis. Das entsprechende Pferd soll also Platz 1 erreichen. Dann wiederholt man das Ganze zweimal, um die Plätze 2 und 3 zu belegen. Dabei wird nicht zurückgelegt.
Nach obiger Formel gibt es insgesamt N = 12 · 11 · 10 verschiedene Anordnungen (3-Tupel) für den Zieleinlauf, d. h. 1320 Möglichkeiten. Die Chance für den sachunkundigen Zuschauer beträgt
▶ also weniger als 1 Promille.

Übung 2
Ein Zahlenschloss besitzt fünf Ringe, die jeweils die Ziffer 0, …, 9 tragen. Wie viele verschiedene fünfstellige Zahlencodes sind möglich? Wie ändert sich die Anzahl der möglichen Zahlencodes, wenn in dem Zahlencode jede Ziffer nur einmal vorkommen darf, d. h. der Zahlencode aus fünf verschiedenen Ziffern bestehen soll? Wie ändert sich die Anzahl, wenn der Zahlencode nur aus gleichen Ziffern bestehen soll?

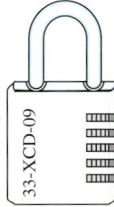

C. Ungeordnete Stichproben beim Ziehen aus einer Urne

▶ **Beispiel: Minilotto „3 aus 7"**
In einer Lottotrommel befinden sich 7 Kugeln. Bei einer Ziehung werden 3 Kugeln gezogen. Mit welcher Wahrscheinlichkeit wird man mit einem Tipp Lottokönig?

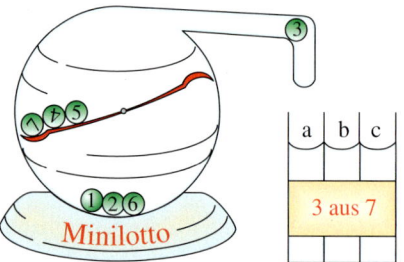

Lösung:
Das Ankreuzen der 3 Minilottozahlen ist ein Ziehen ohne Zurücklegen. Würde es dabei auf die Reihenfolge der Zahlen ankommen, so gäbe es $7 \cdot 6 \cdot 5$ unterschiedliche 3-Tupel als mögliche geordnete Tipps.

Aus einer Menge von 7 Zahlen lassen sich $7 \cdot 6 \cdot 5$ verschiedene 3-Tupel bilden.

Da es beim Lotto jedoch nicht auf die Reihenfolge der Zahlen ankommt, fallen all diejenigen 3-Tupel zu einem ungeordneten Tipp zusammen, die sich nur in der Anordnung ihrer Elemente unterscheiden.

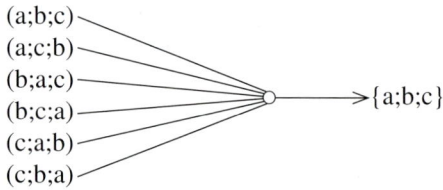

Da man aus 3 Zahlen insgesamt 3! 3-Tupel bilden kann, fallen jeweils 3! dieser geordneten 3-Tupel zu einem Lottotipp, d. h. zu einer 3-elementigen Menge zusammen.
Es gibt also $\frac{7 \cdot 6 \cdot 5}{3!} = 35$ Lottotipps.
Die Chancen, mit einem Tipp Lottokönig
▶ zu werden, stehen daher 1 zu 35.

Einer 3-elementigen Menge entsprechen jeweils 3! verschiedene 3-Tupel.

Eine Menge von 7 Zahlen besitzt genau $\frac{7 \cdot 6 \cdot 5}{3!}$ 3-elementige Teilmengen.

Beim Minilotto werden aus einer 7-elementigen Menge ungeordnete Stichproben vom Umfang 3 ohne Zurücklegen entnommen. Eine solche Stichprobe stellt eine 3-elementige Teilmenge der 7-elementigen Menge dar.
Es gibt insgesamt genau $\frac{7 \cdot 6 \cdot 5}{3!} = \frac{7 \cdot 6 \cdot 5 \cdot 4 \cdot 3 \cdot 2 \cdot 1}{3! \cdot 4 \cdot 3 \cdot 2 \cdot 1} = \frac{7!}{3! \cdot 4!} = \binom{7}{3}$ solche Teilmengen.

Verallgemeinerung:
Aus einer n-elementigen Menge kann man $\binom{n}{k} = \frac{n!}{k! \cdot (n-k)!}$ k-elementige Teilmengen (ungeordnete Stichproben vom Umfang k) bilden.
Der Term $\binom{n}{k}$, gelesen „n über k", heißt *Binomialkoeffizient*. Auf Taschenrechnern existiert eine spezielle Berechnungstaste, die nCr-Taste (engl.: n choose r; dt.: n über r).

3. Exkurs: Kombinatorische Abzählverfahren

Unsere Überlegungen lassen sich folgendermaßen als Abzählprinzip zusammenfassen:

Ziehen ohne Zurücklegen ohne Beachtung der Reihenfolge (ungeordnete Stichprobe)

Wird aus einer Urne mit n unterscheidbaren Kugeln eine ungeordnete Teilmenge von k Kugeln entnommen, so ist die Anzahl der Möglichkeiten hierfür durch folgende Formeln gegeben:*

$$\binom{n}{k} = \frac{n!}{k! \cdot (n-k)!} = \frac{n \cdot (n-1) \cdot \ldots \cdot (n-k+1)}{k!}$$

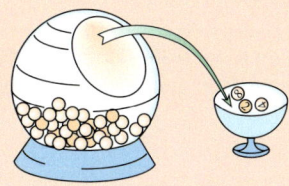

▶ **Beispiel:** Wie viele verschiedene Tipps müsste man abgeben, um im Zahlenlotto „6 aus 49" mit Sicherheit „6 Richtige" zu erzielen?

Lösung:
Beim Lotto wird aus der Menge von 49 Zahlen eine ungeordnete Stichprobe vom Umfang 6, d.h. eine Menge mit 6 Elementen, ohne Zurücklegen entnommen.
Eine 49-elementige Menge hat $\binom{49}{6} = \frac{49!}{6! \cdot 43!} = \frac{49 \cdot 48 \cdot 47 \cdot 46 \cdot 45 \cdot 44}{6 \cdot 5 \cdot 4 \cdot 3 \cdot 2 \cdot 1} = 13\,983\,816$ verschiedene
▶ 6-elementige Teilmengen. So viele Tipps sind möglich und nur einer trifft ins Schwarze.

Übung 3
a) Berechnen Sie die Binomialkoeffizienten $\binom{5}{3}, \binom{7}{6}, \binom{4}{4}, \binom{5}{0}, \binom{8}{3}, \binom{9}{2}, \binom{22}{11}, \binom{100}{20}$.

b) Wie viele 5-elementige Teilmengen hat eine 12-elementige Menge?

c) Wie viele Teilmengen mit mehr als 4 Elementen hat eine 9-elementige Menge?

d) Wie viele Teilmengen hat eine 10-elementige Menge insgesamt?

Übung 4
a) An einem Fußballturnier nehmen 8 Mannschaften teil. Wie viele Endspielkombinationen sind möglich?

b) In einer Stadt gibt es 5000 Telefonanschlüsse. Wie viele Gesprächspaarungen gibt es?

c) Aus einer Klasse mit 25 Schülern sollen drei Schüler abgeordnet werden. Wie viele Gruppenzusammenstellungen sind möglich?

Übung 5
a) Aus einem Skatspiel werden vier Karten gezogen. Mit welcher Wahrscheinlichkeit handelt es sich um vier Asse?

b) Aus den 26 Buchstaben des Alphabets werden 5 zufällig ausgewählt. Wie groß ist die Wahrscheinlichkeit, dass kein Konsonant dabei ist?

---

* Hinweise: $\binom{n}{k}$ ist nur für $0 \leq k \leq n$ definiert. Wegen $0! = 1$ gilt $\binom{n}{0} = 1$ und $\binom{n}{n} = 1$.

D. Das Lottomodell

Die Bestimmung von Tippwahrscheinlichkeiten beim Lottospiel kann als Modell für zahlreiche weitere Zufallsprozesse verwendet werden. Wir betrachten eine Musteraufgabe.

▶ **Beispiel:** Wie groß ist die Wahrscheinlichkeit, dass man beim Lotto „6 aus 49" mit einem abgegebenen Tipp genau vier Richtige erzielt?

Lösung:
Insgesamt sind $\binom{49}{6} = 13\,983\,816$ Tipps möglich. Um festzustellen, wie viele dieser Tipps günstig für das Ereignis E: „Vier Richtige" sind, verwenden wir folgende Grundidee:
Wir denken uns den Inhalt der Lottourne in zwei Gruppen von Zahlen unterteilt: in eine Gruppe von 6 roten Gewinnkugeln und ein Gruppe von 43 weißen Nieten.

Ein für E günstiger Tipp besteht aus vier roten und zwei weißen Kugeln.

Es gibt $\binom{6}{4} = 15$ Möglichkeiten, aus der Gruppe der 6 roten Kugeln 4 Kugeln auszuwählen.

Analog gibt es $\binom{43}{2} = 903$ Möglichkeiten, aus der Gruppe der 43 weißen Kugeln 2 Kugeln auszuwählen.

Folglich gibt es $\binom{6}{4} \cdot \binom{43}{2}$ Möglichkeiten, vier rote Kugeln mit zwei weißen Kugeln zu einem für E günstigen Tipp zu kombinieren.

Dividieren wir diese Zahl durch die Anzahl aller Tipps, d.h. durch $\binom{49}{6}$, so erhalten wir die gesuchte Wahrscheinlichkeit.
▶ Sie beträgt ca. 0,001.

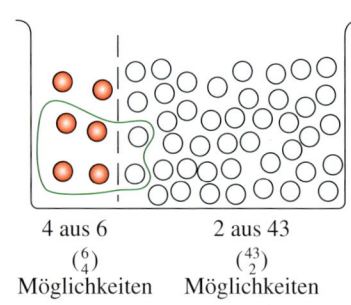

4 aus 6 $\quad$ 2 aus 43
$\binom{6}{4}$ $\quad\quad\quad$ $\binom{43}{2}$
Möglichkeiten $\quad$ Möglichkeiten

⇓

$$P(\text{„4 Richtige"}) = \frac{\binom{6}{4} \cdot \binom{43}{2}}{\binom{49}{6}}$$

$$= \frac{15 \cdot 903}{13\,983\,816} \approx 0{,}001$$

Übung 6
a) Berechnen Sie die Wahrscheinlichkeit für genau drei Richtige im Lotto 6 aus 49.
b) Mit welcher Wahrscheinlichkeit erzielt man mindestens fünf Richtige?

Übung 7
Eine Zehnerpackung Glühlampen enthält vier Lampen mit verminderter Leistung. Jemand kauft fünf Lampen. Mit welcher Wahrscheinlichkeit sind darunter
a) genau zwei defekte Lampen,
b) mindestens zwei defekte Lampen,
c) höchstens zwei defekte Lampen?

E. Das Fächermodell

Beim Lottomodell wurde die Urne für die theoretische Erklärung in zwei Fächer aufgeteilt, mit den sechs Gewinnkugeln im ersten Fach und den 43 Nieten im zweiten Fach.
Vier Richtige kommen zustande, wenn aus dem ersten Fach vier Gewinnkugeln und aus dem zweiten Fach zwei Nieten gezogen werden.

Das Lottomodell

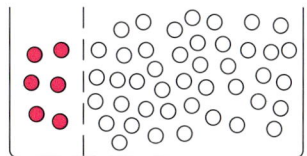

$$P(\text{„4 Richtige"}) = \frac{\binom{6}{4} \cdot \binom{43}{2}}{\binom{49}{6}}$$

Oft kommen bei einem solchen Zufallsversuch mehr als zwei Ausprägungen vor. Dann benötigt man auch mehr Fächer.

> **Beispiel: Fächermodell**
> Eine Grundschulklasse besteht aus 8 Jungen und 16 Mädchen sowie 4 Lehrern. Aus dieser Menge sollen 7 Personen zur Vorbereitung eines Jahrgangsfestes zufällig gezogen werden. Mit welcher Wahrscheinlichkeit werden genau ein Lehrer, zwei Jungen und vier Mädchen gezogen?

Lösung:
Wir arbeiten nun zur Erklärung mit einer Urne, die drei Fächer besitzt. Das erste für die 4 Lehrer, das zweite für die 8 Jungen und das dritte für die 16 Mädchen.
Nun sollen 7 der insgesamt 28 Personen gezogen werden, davon einer aus der Vierergruppe der Lehrer, 2 aus der Achtergruppe der Jungen und 4 aus der Sechzehnergruppe der Mädchen, wofür es $\binom{4}{1} \cdot \binom{8}{2} \cdot \binom{16}{4}$ Möglichkeiten gibt, die der Gesamtzahl von $\binom{28}{7}$ Möglichkeiten, 7 aus 28 zu ziehen, gegenüberstehen.
Wir erhalten als Resultat eine Wahrscheinlichkeit von ca. 17,22 %.

Das Fächermodell*

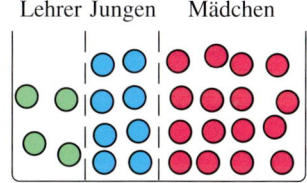

Fach 1 Fach 2   Fach 3

P(1 Lehrer, 2 Jungen, 4 Mädchen)

$$= \frac{\binom{4}{1} \cdot \binom{8}{2} \cdot \binom{16}{4}}{\binom{28}{7}}$$

$$= \frac{4 \cdot 28 \cdot 1820}{1\,184\,040} \approx 0{,}1722$$

$$\approx 17{,}22\,\%$$

Übung 8
Wie groß ist beim Lotto die Wahrscheinlichkeit für fünf Richtige mit Zusatzzahl?
Hierfür werden 6 Zahlen angekreuzt. Es gibt 6 Gewinnkugeln, 42 Nieten und 1 Zusatzzahl.

Übung 9
In der Gerätekammer des Fußballvereins liegen 50 Bälle, von denen 30 richtig, 15 zu fest und 5 zu locker aufgepumpt sind. Für das Training werden 10 Bälle zufällig entnommen.
Wie groß ist die Wahrscheinlichkeit, dass A: genau 6 den richtigen, 3 einen zu hohen Druck haben, einer aber zu schlaff ist? B: genau 5 richtig und 5 zu schwach gefüllt sind?

---
* Dieses Urnenfächermodell stimmt nicht mit dem sogenannten Kugelfächermodell überein.

Übungen

10. In einer Halle gibt es acht Leuchten, die einzeln ein- und ausgeschaltet werden können. Wie viele unterschiedliche Beleuchtungsmöglichkeiten gibt es?

11. Ein Zahlenschloss hat drei Einstellringe für die Ziffern 0 bis 9.
a) Wie viele Zahlenkombinationen gibt es insgesamt?
b) Wie viele Kombinationen gibt es, die höchstens eine ungerade Ziffer enthalten?

12. Ein Passwort soll mit zwei Buchstaben beginnen, gefolgt von einer Zahl mit drei oder vier Ziffern. Wie viele verschiedene Passwörter dieser Art gibt es?

13. Tim besitzt vier Kriminalromane, fünf Abenteuerbücher und drei Mathematikbücher.
a) Wie viele Möglichkeiten der Anordnung in seinem Buchregal hat Tim insgesamt?
b) Wie viele Anordnungsmöglichkeiten gibt es, wenn die Bücher thematisch nicht vermischt werden dürfen?

14. Trapper Fuzzi ist auf dem Weg nach Alaska. Er muss drei Flüsse überqueren. Am ersten Fluss gibt es sieben Furten, wovon sechs passierbar sind. Am zweiten Fluss sind es fünf Furten, wovon vier passierbar sind. Am dritten Fluss sind zwei der drei Furten passierbar. Fuzzi entscheidet sich stets zufällig für eine der Furten. Sollte man darauf wetten, dass er durchkommt?

15. Ein Computer soll alle unterschiedlichen Anordnungen der 26 Buchstaben des Alphabets in einer Liste abspeichern. Wie lange würde dieser Vorgang dauern, wenn die Maschine in einer Millisekunde eine Million Anordnungen erzeugen könnte?

16. Wie viele Möglichkeiten gibt es, die elf Spieler einer Fußballmannschaft für ein Foto in einer Reihe aufzustellen?

17. An einem Fußballturnier nehmen 12 Mannschaften teil. Wie viele Endspielpaarungen sind theoretisch möglich und wie viele Halbfinalpaarungen sind theoretisch möglich?

18. Acht Schachspieler sollen zwei Mannschaften zu je vier Spielern bilden. Wie viele Möglichkeiten gibt es?

19. Eine Klasse besteht aus 24 Schülern, 16 Mädchen und 8 Jungen. Es soll eine Abordnung von 5 Schülern gebildet werden. Wie viele Möglichkeiten gibt es, wenn die Abordnung
a) aus 3 Mädchen und 2 Jungen bestehen soll,
b) nicht nur aus Mädchen bestehen soll?

20. Am Ende eines Fußballspiels kommt es zum Elfmeterschießen. Dazu werden vom Trainer fünf der elf Spieler ausgewählt.
a) Wie viele Auswahlmöglichkeiten hat der Trainer?
b) Wie viele Auswahlmöglichkeiten gibt es, wenn der Trainer auch noch festlegt, in welcher Reihenfolge die fünf Spieler schießen sollen?

21. Aus einem Kartenspiel mit den üblichen 32 Karten werden vier Karten entnommen.
   a) Wie viele Möglichkeiten der Entnahme gibt es insgesamt?
   b) Wie viele Möglichkeiten gibt es, wenn zusätzlich gefordert wird, dass unter den vier Karten genau zwei Asse sein sollen?

22. Aus einer Urne mit 15 weißen und 5 roten Kugeln werden 8 Kugeln ohne Zurücklegen gezogen. Mit welcher Wahrscheinlichkeit sind unter den gezogenen Kugeln genau 3 rote Kugeln? Mit welcher Wahrscheinlichkeit sind mindestens 4 rote Kugeln dabei?

23. In einer Lieferung von 100 Transistoren sind 10 defekt. Mit welcher Wahrscheinlichkeit werden bei Entnahme einer Stichprobe von 5 Transistoren genau 2 (mindestens 3) defekte Transistoren entdeckt?

24. In einer Sendung von 80 Batterien befinden sich 10 defekte. Mit welcher Wahrscheinlichkeit enthält eine Stichprobe von 5 Batterien genau eine (genau 3, höchstens 4, mindestens eine) defekte Batterie?

25. Auf einem Rummelplatz wird ein Minilotto „4 aus 16" angeboten. Der Spieleinsatz beträgt pro Tipp 1 €. Die Auszahlungsquoten lauten 10 € bei 3 Richtigen und 1000 € bei 4 Richtigen. Mit welchem mittleren Gewinn kann der Veranstalter pro Tipp rechnen?

26. In einer Urne befinden sich 5 rote, 3 weiße und 6 schwarze Kugeln. 3 Kugeln werden ohne Zurücklegen gezogen. Mit welcher Wahrscheinlichkeit sind sie alle verschiedenfarbig (alle rot, alle gleichfarbig)?

27. Ein Hobbygärtner kauft eine Packung mit 50 Tulpenzwiebeln. Laut Aufschrift handelt es sich um 10 rote und 40 weiße Tulpen. Er pflanzt 5 zufällig entnommene Zwiebeln. Wie groß ist die Wahrscheinlichkeit, dass hiervon
   a) genau 2 Tulpen rot sind?
   b) mindestens 3 Tulpen weiß sind?

28. In einer Lostrommel liegen 10 Lose, von denen 4 Gewinnlose sind. Drei Lose werden gezogen. Mit welcher Wahrscheinlichkeit sind darunter mindestens zwei Gewinnlose?

29. Unter den 100 Losen einer Lotterie befinden sich 2 Hauptgewinne, 8 einfache Gewinne und 20 Trostpreise.
   a) Mit welcher Wahrscheinlichkeit befinden sich unter 5 gezogenen Losen genau ein Hauptgewinn und sonst nur Nieten (überhaupt kein Gewinn)?
   b) Mit welcher Wahrscheinlichkeit befinden sich unter 10 gezogenen Losen genau 2 einfache Gewinne, 3 Trostpreise und sonst nur Nieten (1 Hauptgewinn, 2 einfache Gewinne und sonst nur Nieten)?
   Anleitung: Teilen Sie die Lose in vier Gruppen ein.

4. Bedingte Wahrscheinlichkeiten/Unabhängigkeit

A. Der Begriff der bedingten Wahrscheinlichkeit

Die Wahrscheinlichkeit eines Ereignisses ist eine relative Größe. Sie kann durch *Informationen* beeinflusst werden. Wir betrachten als Beispiel einen Würfelwurf.

▶ **Beispiel:** Ein Würfel mit dem abgebildeten Netz wurde verdeckt geworfen. Betrachtet wird die Wahrscheinlichkeit für die Augenzahl 5. Wie groß ist diese Wahrscheinlichkeit? Wie hoch ist die Wahrscheinlichkeit, wenn man zusätzlich die Information erhält, dass eine grüne Fläche oben liegt?

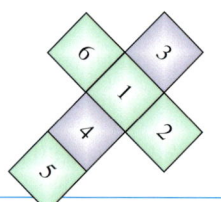

Lösung:
Die totale Wahrscheinlichkeit für die Augenzahl Fünf beträgt im Prinzip $\frac{1}{6}$, da es sechs gleichwahrscheinliche Ergebnisse 1, 2, 3, 4, 5, 6 gibt.
Hat man jedoch die Vorinformation, dass eine grüne Fläche gefallen ist, so kommen nur noch die Ergebnisse 1, 2, 5 und 6 in Frage, und man wird unter dieser Bedingung die Wahrscheinlichkeit für die Augenzahl Fünf auf $\frac{1}{4}$ taxieren.

▶ Man spricht in diesem Zusammenhang von einer *bedingten Wahrscheinlichkeit*.

Man verwendet hierfür die symbolische Schreibweise $P_B(A)$.
(gelesen: Die Wahrscheinlichkeit von A unter der Bedingung B).

Bedingte Wahrscheinlichkeiten können durch zweistufige Baumdiagramme veranschaulicht werden. Rechts ist der Zusammenhang dargestellt. In der zweiten Stufe des Baumdiagramms treten vier bedingte Wahrscheinlichkeiten auf.

Bedingte Wahrscheinlichkeiten beim Würfelwurf

A: „Es fällt eine Fünf"
B: „Es fällt eine grüne Fläche"

$P(A) = \frac{1}{6}$ $\qquad$ $P_B(A) = \frac{1}{4}$

totale Wahr- $\qquad$ bedingte Wahrscheinlichkeit $\qquad$ scheinlichkeit

Bedingte Wahrscheinlichkeiten im Baumdiagramm

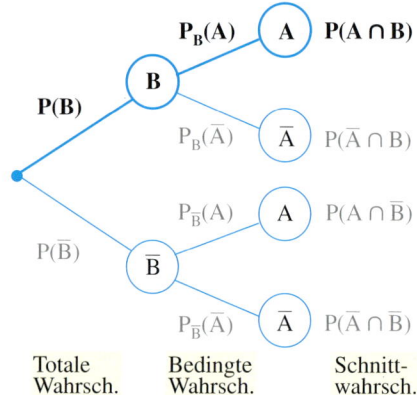

Beispielsweise gibt es für das Eintreten von A zwei bedingte Wahrscheinlichkeiten:
$P_B(A)$: Wahrscheinlichkeit, dass A eintritt, unter der Bedingung, dass B eingetreten ist.
$P_{\overline{B}}(A)$: Wahrscheinlichkeit, dass A eintritt, unter der Bedingung, dass $\overline{B}$ eingetreten ist.

4. Bedingte Wahrscheinlichkeiten/Unabhängigkeit

Der Begriff der bedingten Wahrscheinlichkeit kann durch eine Formel definiert werden:

Definition: Bedingte Wahrscheinlichkeit

$$P_B(A) = \frac{P(A \cap B)}{P(B)}, P(B) > 0$$

Satz: Multiplikationssatz
Für zwei Ereignisse A und B mit $P(B) > 0$ gilt die Formel

$$P(A \cap B) = P(B) \cdot P_B(A).$$

Zur Lösung von Aufgaben wird meistens der Multiplikationssatz herangezogen, weil er die Schnittwahrscheinlichkeit $P(A \cap B)$ auf die einfacher zu bestimmenden Wahrscheinlichkeiten $P(B)$ und $P_B(A)$ zurückführt.

▶ **Beispiel:** Aus einem Kartenspiel werden zwei Karten nacheinander gezogen. Wie groß ist die Wahrscheinlichkeit dafür, dass
a) beide Karten Buben sind,
b) beide Karten keine Buben sind?

Lösung:
Gesucht sind die Schnittwahrscheinlichkeiten $P(B_1 \cap B_2)$ und $P(\overline{B}_1 \cap \overline{B}_2)$, wobei B_1 und B_2 rechts aufgeführt sind.

B_1: „Die 1. Karte ist ein Bube"
B_2: „Die 2. Karte ist ein Bube"

4 der 32 Karten sind Buben. Daher gilt $P(B_1) = \frac{4}{32}$ und $P(\overline{B}_1) = \frac{28}{32}$.
Auch die bedingten Wahrscheinlichkeiten $P_{B_1}(B_2) = \frac{3}{31}$ und $P_{B_1}(B_2) = \frac{4}{31}$ sind leicht zu bestimmen. Hieraus ergeben sich auch noch die bedingten Wahrscheinlichkeiten $P_{B_1}(\overline{B}_2) = \frac{28}{31}$ und $P_{\overline{B}_1}(\overline{B}_2) = \frac{27}{31}$ als Gegenwahrscheinlichkeit.

Nun wird der Multiplikationssatz angewendet.

▶ Alternativ kann man die Aufgabe mit Hilfe des abgebildeten Baumdiagramms lösen.

Anwendung des Multiplikationssatzes:
$$P(B_1 \cap B_2) = P(B_1) \cdot P_{B_1}(B_2) = \frac{4}{32} \cdot \frac{3}{31}$$
$$\approx 0{,}012 = 1{,}2\,\%$$

$$P(\overline{B}_1 \cap \overline{B}_2) = P(\overline{B}_1) \cdot P_{\overline{B}_1}(\overline{B}_2) = \frac{28}{32} \cdot \frac{27}{31}$$
$$\approx 0{,}762 = 76{,}2\,\%$$

Alternativ: Lösung mit Baumdiagramm:

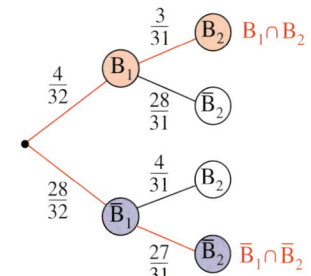

Übung 1
Otto hat fünf Schlüssel in seiner Hosentasche. Er zieht blindlings einen nach dem anderen, um in seine Wohnung zu gelangen. Wie groß ist die Wahrscheinlichkeit dafür, dass er den richtigen Schlüssel beim zweiten Griff (beim dritten Griff) zieht?

Übungen

2. Eine Urne enthält 5 rote und 4 schwarze Kugeln. Es werden zwei Kugeln nacheinander ohne Zurücklegen gezogen. Wie groß ist die Wahrscheinlichkeit dafür,
   a) dass die zweite gezogene Kugel rot ist, wenn die erste Kugel bereits rot war,
   b) dass die zweite gezogene Kugel rot ist, wenn die erste Kugel schwarz war,
   c) dass beide gezogenen Kugeln rot sind?

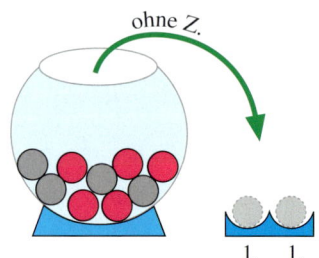

3. Die sensible Fußballmannschaft 1. FC Bosserode muss in 4 von 10 Fällen zuerst ein Gegentor hinnehmen. Tritt dieser Fall ein, wird das Spiel mit 80% Wahrscheinlichkeit verloren. Im anderen Fall werden 7 von 10 Spielen gewonnen. Es fällt mindestens ein Tor.
   a) Max setzt vor dem Spiel 40€ darauf, dass Bosserode das erste Tor schießt und das Spiel gewinnt. Moritz setzt 50€ dagegen. Wer hat die bessere Gewinnerwartung?
   b) Max setzt vor dem Spiel 10€ darauf, dass Bosserode weder das erste Tor schießt noch gewinnt. Moritz setzt 30€ dagegen. Wer hat die bessere Gewinnerwartung?

4. Bei einem Skatspiel erhält jeder der drei Spieler 10 der Karten, während die restlichen beiden Karten in den Skat gelegt werden.
   a) Felix hat genau 2 Buben und 8 weitere Karten auf der Hand und hofft, dass genau ein weiterer Bube im Skat liegt. Welche Wahrscheinlichkeit besteht hierfür?
   b) Die Buben von Felix sind Herz- und Karo-Bube. Mit welcher Wahrscheinlichkeit liegt
      b_1) genau 1 Bube, $\quad b_2$) nur der Kreuz-Bube im Skat?

5. Eine Urne enthält schwarze und rote Kugeln. Nachdem eine Kugel aus der Urne gezogen und ihre Farbe festgestellt wurde, wird sie in die Urne zurückgelegt. Danach werden die Kugeln der anderen Farbe verdoppelt und es wird erneut eine Kugel gezogen.
   a) Mit welcher Wahrscheinlichkeit ist die erste Kugel rot und die zweite Kugel schwarz? Unter welcher Bedingung ist diese Wahrscheinlichkeit gleich $\frac{1}{3}$?
   b) Mit welcher Wahrscheinlichkeit sind beide Kugeln rot?
      Unter welcher Bedingung ist diese Wahrscheinlichkeit gleich 0,1?

6. An einem Tanzwettbewerb nehmen genau 5 Paare teil. Die Paare werden durch Auslosung neu zusammengewürfelt. Wie groß ist die Wahrscheinlichkeit dafür, dass
   a) alle 5 Paare wieder zusammengeführt werden,
   b) genau 1 Paar, genau 2 Paare, genau 3 Paare, genau 4 Paare zusammengeführt werden,
   c) kein Paar zusammengeführt wird?

4. Bedingte Wahrscheinlichkeiten/Unabhängigkeit

7. Auf einem Straßenfest wird folgendes Kartenspiel angeboten: Der Spielleiter präsentiert 3 Karten, beidseitig gefärbt, die erste Karte auf beiden Seiten schwarz, die zweite Karte auf beiden Seiten rot, die dritte Karte auf der einen Seite rot und auf der anderen Seite schwarz. Diese Karten werden in eine leere Kiste gelegt und man darf blindlings eine Karte daraus ziehen, von der alle jedoch nur die Oberseite sehen. Sie zeigt Rot.

Der Spielleiter wettet nun 10 € darauf, dass die unsichtbare Unterseite dieselbe Farbe wie die Oberseite hat. Sollte man bei dieser Wette 10 € dagegen halten?

8. Eine Schachtel enthält 15 Pralinen, davon 3 mit Marzipanfüllung. Peter nimmt zwei Pralinen. Mit welcher Wahrscheinlichkeit erwischt er zwei Marzipanpralinen?

9. Eine Packung mit 50 elektrischen Sicherungen wird vom Käufer einem Test unterzogen. Er entnimmt der Packung zufällig nacheinander ohne Zurücklegen zwei Sicherungen und prüft sie auf ihre Funktionsfähigkeit. Sind beide einwandfrei, so wird die Packung angenommen, ansonsten wird sie zurückgewiesen.
Mit welcher Wahrscheinlichkeit wird eine Packung angenommen, obwohl sie 10 defekte Sicherungen enthält?

10. Eine Urne enthält 3 rote und 3 schwarze Kugeln. Eine Kugel wird aus der Urne genommen und die Farbe festgestellt. Die Kugel wird zurückgelegt und die Anzahl der Kugeln der gezogenen Farbe ver-n-facht. Anschließend wird wieder eine Kugel gezogen.
Für welches n ist die Wahrscheinlichkeit für
a) 2 verschiedenfarbige Kugeln größer als 25 %,
b) 2 gleichfarbige Kugeln größer als 90 %?

Knobelaufgabe

Bei einem Würfelspiel erhält der Spieler 5 identische sechsflächige Würfel. Beim ersten Wurf würfelt er mit allen fünf Würfeln, beim zweiten mit vier, beim dritten mit drei und beim vierten mit zwei Würfeln.
Zeigen bei einem Wurf zwei der Würfel die gleiche Augenzahl, hat der Spieler verloren. Sind alle Augenzahlen jedoch verschieden, wird daraus die Summe gebildet. Der Spieler gewinnt, wenn er jeweils die gleiche Summe würfelt.

Über die Würfel ist Folgendes bekannt:
1. Alle sechs Augenzahlen sind positive ganze Zahlen.
2. Alle sechs Augenzahlen sind verschieden.
3. Die höchste Augenzahl ist 10.
4. Die Augenzahlsumme eines Würfels ist gerade.
5. Es ist möglich zu gewinnen.
Wie lauten die 6 Augenzahlen der identischen Würfel?

B. Unabhängige Ereignisse

Durch das Eintreten eines bestimmten Ereignisses B kann sich die Wahrscheinlichkeit für das Eintreten eines weiteren Ereignisses A ändern. Ist das der Fall, so werden A und B als *abhängige Ereignisse* bezeichnet. Ändert sich die Wahrscheinlichkeit von A durch das Eintreten von B jedoch nicht, so heißen A und B *unabhängige Ereignisse*. Die exakte Definition lautet:

Definition:
Stochastische Unabhängigkeit
A und B seien zwei Ereignisse mit $P(A) \neq 0$ und $P(B) \neq 0$.
A und B heißen dann stochastisch unabhängig, wenn gilt:
$$P_B(A) = P(A)$$

Satz:
Gleichwertige Bedingungen für stochastische Unabhängigkeit sind:
(1) $P_B(A) = P(A)$
(2) $P_A(B) = P(B)$
(3) $P(A \cap B) = P(A) \cdot P(B)$

▶ **Beispiel:** Ein Würfel wird zweimal geworfen. A_n sei das Ereignis, dass die Augensumme n erzielt wird. B sei das Ereignis, dass im ersten Wurf eine Primzahl fällt. Zeigen Sie, dass A_5 und B unabhängig sind, während A_8 und B abhängig sind.

Lösung:
Der Ergebnisraum $\Omega = \{(1;1), ..., (6;6)\}$ hat 36 Elemente, von welchen 4 für A_5 und 5 für A_8 günstig sind.
Also gilt: $P(A_5) = \frac{4}{36}$ und $P(A_8) = \frac{5}{36}$.
Setzen wir voraus, dass B eingetreten ist, so schrumpft der Ergebnisraum auf den gelb markierten Bereich, also auf 18 Zahlenpaare, von denen zwei für A_5 bzw. drei für A_8 günstig sind.
Also gilt: $P_B(A_5) = \frac{2}{18}$ und $P_B(A_8) = \frac{3}{18}$.
Die Wahrscheinlichkeit von A_5 wird also durch das Eintreten von B nicht beeinflusst. A_5 und B sind unabhängig.
Die Wahrscheinlichkeit von A_8 dagegen hängt vom Eintreten des Ereignisses B ab.
▶ A_8 und B sind abhängige Ereignisse.

$\Omega = \{(1;1), (1;2), ..., (6;5), (6;6)\}$
$A_5 = \{(1;4), (2;3), (3;2), (4;1)\}$
$A_8 = \{(2;6), (3;5), (4;4), (5;3), (6;2)\}$

$P(A_5) = \frac{4}{36}$; $P_B(A_5) = \frac{2}{18} = \frac{4}{36}$

$P(A_8) = \frac{5}{36}$; $P_B(A_8) = \frac{3}{18} = \frac{6}{36}$

Übung 11
Aus einer Urne mit 6 roten und 4 schwarzen Kugeln werden zwei Kugeln gezogen.
A: Schwarze Kugel im 1. Zug
B: Schwarze Kugel im 2. Zug
Sind A und B stochastisch nunabhängig?
a) Ziehen mit   b) ohne Zurücklegen

Übung 12
Zeigen Sie, dass A und B stochastisch unabhängig sind, wenn gilt:
$$P(A \cap B) = P(A) \cdot P(B).$$

4. Bedingte Wahrscheinlichkeiten/Unabhängigkeit

Für die Praxis besonders interessant ist die Auswertung empirisch gewonnenen statistischen Datenmaterials unter dem Gesichtspunkt der Unabhängigkeit von Ereignissen.

▶ **Beispiel:** Eine Schule wird von 1036 Schülern besucht, 560 Jungen und 476 Mädchen 125 Jungen und 105 Mädchen tragen eine Brille. Hängt das Sehvermögen der Kinder vom Geschlecht ab?

Lösung:
Wir können $P(B)$ und $P_M(B)$ näherungsweise bestimmen, indem wir aus den gegebenen statistischen Daten die entsprechenden relativen Häufigkeiten errechnen.
Wir stellen fest, dass die Wahrscheinlichkeit für das Tragen einer Brille nicht vom
▶ Geschlecht abhängt.

B: „Kind trägt eine Brille"
M: „Kind ist ein Mädchen"

$P(B) = \frac{230}{1036} \approx 0{,}222 = 22{,}2\,\%$

$P_M(B) = \frac{105}{476} \approx 0{,}221 = 22{,}1\,\%$

▶ **Beispiel:** Eine Umfrage unter den Eltern der Schüler aus dem letzten Beispiel ergibt, dass bei 213 Kindern beide Elternteile Brillenträger sind. In 70 dieser Fälle trägt das Kind ebenfalls eine Brille. Ist das Sehvermögen der Kinder von dem der Eltern abhängig?

Lösung:
Unter den Kindern mit brillentragenden Eltern ist die relative Häufigkeit für das Tragen einer Brille deutlich erhöht.
Das Sehvermögen der Kinder ist sehr wahrscheinlich vom Sehvermögen der Eltern
▶ abhängig.

B: „Kind trägt eine Brille"
E: „Beide Elternteile tragen eine Brille"

$P(B) = \frac{230}{1036} \approx 0{,}222 = 22{,}2\,\%$

$P_E(B) = \frac{70}{213} \approx 0{,}329 = 32{,}9\,\%$

Übung 13
Prüfen Sie die Ereignisse A und B auf stochastische Unabhängigkeit.
a) Ein Würfel wird zweimal geworfen. A sei das Ereignis, dass im zweiten Wurf eine 1 fällt. B sei das Ereignis, dass die Augensumme 5 beträgt.
b) Ein Würfel wird zweimal geworfen. A: „Augensumme 6", B: „Gleiche Augenzahl in beiden Würfen".
c) Aus einer Urne mit 4 weißen und 6 schwarzen Kugeln werden 2 Kugeln mit Zurücklegen gezogen. A: „Im zweiten Zug wird eine weiße Kugel gezogen", B: „Im ersten Zug wird eine weiße Kugel gezogen".
d) Das Experiment aus Aufgabenteil c wird wiederholt, wobei jedoch ohne Zurücklegen gezogen wird.

Übung 14
In einer großen Ferienanlage wohnen 738 Familien. 462 Familien sind mit dem PKW angereist, die restlichen mit dem Zug. Von den 396 Familien mit zwei oder mehr Kindern reisten 121 mit dem Zug. Ist das zur Anreise benutzte Verkehrsmittel von der Kinderzahl abhängig?

Übungen

15. Prüfen Sie beim zweimaligen Würfelwurf die Ereignisse A und B auf stochastische Unabhängigkeit.
a) A: Im ersten Wurf kommt eine Sechs.   B: Im zweiten Wurf kommt keine 6.
b) A: Im ersten Wurf kommt Eins.   B: Die Augensumme der Würfe ist gerade.
c) A: Gerade Augenzahl im ersten Wurf.   B: In beiden Würfen gleiche Augenzahl.

16. Ein Würfel wird einmal geworfen. Betrachtet werden die beiden folgenden Ereignisse:
A: Die Augenzahl ist gerade.   B: Die Augenzahl ist durch 3 teilbar.
Sind die beiden Ereignisse stochastisch unabhängig?

17. Die 10 Kugeln in einer Urne sind mit den Nummern 1, …, 10 versehen. Es werden nacheinander zwei Kugeln mit Zurücklegen gezogen. Untersuchen Sie jeweils zwei der Ereignisse auf stochastische Unabhängigkeit:
A: „Es kommen zwei gleiche Nummern",   B: „Im ersten Zug kommt die Nummer 10",
C: „Die Nummernsumme ist kleiner als 8".

18. Es soll geklärt werden, ob die Regenwahrscheinlichkeit für morgen davon abhängt, ob es heute regnet oder nicht. Dazu werden das Wetter an 100 Tagen und am jeweiligen Folgetag erfasst. Die Tafel rechts enthält die Ergebnisse.
Sind H und M stochastisch unabhängig?

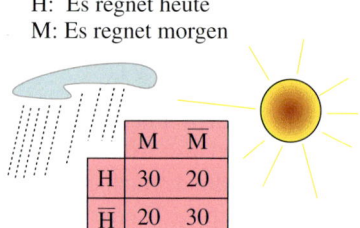

H: Es regnet heute
M: Es regnet morgen

	M	M̄
H	30	20
H̄	20	30

19. Der englische Naturforscher Sir Francis Galton (1822–1911) untersuchte den Zusammenhang zwischen der Augenfarbe von 1000 Vätern und je einem ihrer Söhne. Die Ergebnisse sind in einer Tafel dargestellt. Dabei sei V das Ereignis „Vater ist helläugig", S das Ereignis „Sohn ist helläugig". Untersuchen Sie V und S auf Unabhängigkeit.

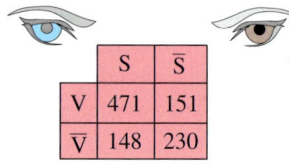

V: Vater blauäugig
S: Sohn blauäugig

	S	S̄
V	471	151
V̄	148	230

20. In einer empirischen Untersuchung wird geprüft, ob ein Zusammenhang zwischen blonden Haaren und blauen Augen bzw. blonden Haaren und dem Geschlecht besteht. Von 842 untersuchten Personen hatten 314 blonde Haare. Unter den 268 Blauäugigen waren 121 Blonde. 116 von 310 Mädchen waren blond. Überprüfen Sie die untersuchten Zusammenhänge rechnerisch.

5. Vierfeldertafeln

In der statistischen Praxis werden häufig sog. Vierfeldertafeln anstelle von Baumdiagrammen eingesetzt. Sie sind übersichtlicher in der Darstellung und einfach in der Handhabung.

Eine Vierfeldertafel ist eine zusammenfassende Darstellung zweier Merkmale mit jeweils zwei Ausprägungen (A, $\bar{A}$, B, $\bar{B}$).

	B	$\bar{B}$	
A	|A ∩ B|	|A ∩ $\bar{B}$|	|A|
$\bar{A}$	|$\bar{A}$ ∩ B|	|$\bar{A}$ ∩ $\bar{B}$|	|$\bar{A}$|
	|B|	|$\bar{B}$|	Summe

In die Tafel werden in der Regel die absoluten Häufigkeiten oder die Wahrscheinlichkeiten der vier möglichen Kombinationsereignisse A ∩ B, A ∩ $\bar{B}$, $\bar{A}$ ∩ B und $\bar{A}$ ∩ $\bar{B}$ eingetragen.

In die fünf Randfelder werden die Zeilen- und Spaltensummen eingetragen, d. h. |A|, |$\bar{A}$|, |B|, |$\bar{B}$| und die Gesamtsumme.
Mit Hilfe dieser Eintragungen können gesuchte Wahrscheinlichkeiten bestimmt werden, z. B. die Randwahrscheinlichkeit P(A) oder $P_B(A)$, d. h. die Wahrscheinlichkeit für A, wenn B bereits eingetreten ist.

Berechnung einer Randwahrscheinlichkeit:

$$P(A) = \frac{|A|}{\text{Summe}}$$

Berechnung einer bedingten Wahrscheinlichkeit:

$$P_B(A) = \frac{|A \cap B|}{|B|}$$

▶ **Beispiel: Oktoberfest**
Im Festzelt feiern 140 Touristen, die eine Lederhose tragen, sowie 60 Touristen in normaler Kleidung. Hinzu kommen 10 Münchner mit Lederhose und 40 Münchner in Alltagskleidung.
Durch die Hitze wird eine Person ohnmächtig. Sie trägt eine Lederhose. Mit welcher Wahrscheinlichkeit ist es ein Tourist?

Lösung:
Wir tragen die vier bekannten absoluten Häufigkeiten in die Vierfeldertafel ein (rote Felder).
Dann bilden wir die Zeilensummen, die Spaltensummen und schließlich die Gesamtsumme (gelbe Felder).

Gesucht ist die bedingte Wahrscheinlichkeit $P_L(T)$. Diese erhalten wir, indem wir die Anzahl der Personen im Schnittereignis T ∩ L durch die Anzahl aller Lederhosenträger teilen.
Resultat: Die ohnmächtige Person ist zu
▶ 93,33 % ein Tourist.

Bezeichnungen:
T: Tourist $\bar{T}$: Münchner
L: Lederhose $\bar{L}$: keine Lederhose

Vierfeldertafel:

	L	$\bar{L}$	
T	140	60	200
$\bar{T}$	10	40	50
	150	100	250

Berechnung der Wahrscheinlichkeit $P_L(T)$:

$$P_L(T) = \frac{|T \cap L|}{|L|} = \frac{140}{150} \approx 93{,}33\,\%$$

> **Beispiel: Alarmanlage**
> In einer gefährlichen Stadt werden 500 Häuser mit dem neuen Modell einer Alarmanlage ausgerüstet. In der ersten Nacht ergibt sich die rechts dargestellte Statistik.
>
>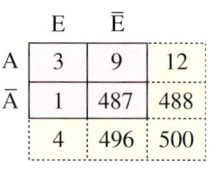
>
>
>
> A: Alarm, $\overline{A}$: kein Alarm
> E: Einbruch, $\overline{E}$: kein Einbruch
> a) Mit welcher Wahrscheinlichkeit gibt die Anlage bei einem Einbruch Alarm?
> b) Mit welcher Wahrscheinlichkeit wird ein Fehlalarm ausgelöst?
> c) Mit welcher Zahl von Einbruchsversuchen muss ein Hausbesitzer im Jahr rechnen?

Lösung zu a):
Gesucht ist die bedingte Wahrscheinlichkeit $P_E(A)$.
Da es bei 4 Einbrüchen 3-mal Alarm gab, beträgt diese Wahrscheinlichkeit 75 %.

Korrekter Alarm:
$$P_E(A) = \frac{|A \cap E|}{|E|} = \frac{3}{4} \approx 75\%$$

Lösung zu b):
Nun ist die bedingte Wahrscheinlichkeit $P_{\overline{E}}(A)$ gesucht.
Da in 496 Häusern kein Einbruch stattfand, aber dennoch 9-mal Alarm geschlagen wurde, beträgt das Risiko für einen Fehlalarm knapp 2 %.

Fehlalarm:
$$P_{\overline{E}}(A) = \frac{|A \cap \overline{E}|}{|\overline{E}|} = \frac{9}{496} \approx 1{,}81\%$$

Lösung zu c):
Die Wahrscheinlichkeit eines Einbruchs liegt für ein einzelnes Haus bei 0,8 % pro Nacht. Im Jahr muss also mit ca. 3 Einbruchsversuchen gerechnet werden, eine wahrlich gefährliche Gegend.

Einbruchswahrscheinlichkeit pro Nacht:
$$P(E) = \frac{4}{500} = 0{,}8\%$$

Erwartete Einbrüche pro Jahr und Haus:
$n = 365 \cdot 0{,}008 = 2{,}92$ Einbrüche

Übung 1 Lügendetektor

Ein neuer Lügendetektor wird einer gründlichen Testserie unterzogen.
Die Vierfeldertafel zeigt die Ergebnisse von 1200 Testläufen.
A: Detektor schlägt an
L: Person hat gelogen

	L	$\overline{L}$	
A	300	400	700
$\overline{A}$	150	350	500
	450	750	1200

a) Mit welcher Wahrscheinlichkeit bewertet der Detektor eine Lüge richtig?
b) Mit welcher Wahrscheinlichkeit wird eine wahre Antwort korrekt eingestuft?
c) Wie wahrscheinlich sind falsch-positive bzw. falsch-negative Ergebnisse?
d) Wie viele Fehler sind bei einer Person zu erwarten, der 50 Fragen gestellt werden, von denen sie 20 wahrheitsgemäß und 30 falsch beantwortet?

Übungen

2. Interventionsstudie

Ein neues Medikament gegen Akne wird an einer Gruppe von 200 Personen ausprobiert. Eine Vergleichsgruppe von 80 Personen erhält ein Placebo.
Bei 50 Personen der Interventionsgruppe wirkt das Medikament. In der Placebogruppe heilt die Krankheit bei 10 Personen ab.
(M: Medikament, P: Placebo, H: Heilung, $\bar{H}$: keine Heilung)

	H	$\bar{H}$	
M	50		200
P	10		80

a) Vervollständigen Sie die Vierfeldertafel.
b) Vergleichen Sie die Erfolgswahrscheinlichkeit der Interventionsgruppe mit der Erfolgswahrscheinlichkeit der Placebogruppe.
c) Bei Jakob heilt die Krankheit ab. Mit welcher Wahrscheinlichkeit hat er dennoch nur das Scheinmedikament erhalten?

3. Französisch

In einer Reisegruppe mit 30 Personen sprechen 16 Französisch.
60% der Teilnehmer sind weiblich. 6 Mädchen sprechen Französisch.
a) Stellen Sie eine Vierfeldertafel auf.
b) Wie viele Jungen sprechen Französisch?
c) Eines der Mädchen wird zur Sprecherin der Gruppe gewählt. Mit welcher Wahrscheinlichkeit spricht sie Französisch?

4. Safari

An einer Safari nehmen 200 Personen teil. 60% der Teilnehmer sind Touristen, der Rest besteht aus Einheimischen. 10 Einheimische haben keine Wasservorräte, 30 Touristen haben einen Wasservorrat.
a) Stellen Sie eine Vierfeldertafel auf.
b) Einer der Touristen verirrt sich in der Wüste. Mit welcher Wahrscheinlichkeit hat er keinen Wasservorrat und muss verdursten?
c) Eine Person bekommt kurz nach dem Aufbruch Angst. In einem Dorf kauft sie sich doch noch Wasser. Mit welcher Wahrscheinlichkeit handelt es sich um einen Einheimischen?

5. Großfamilie

Eine Großfamilie besteht aus Erwachsenen und Kindern. 200 Erwachsene und 100 Kinder spielen ein Instrument. Insgesamt 80 Kinder spielen kein Instrument. Die Wahrscheinlichkeit, dass ein zufällig ausgewählter Erwachsener ein Instrument spielt, beträgt 20%.
a) Aus wie vielen Personen besteht die Familie? Wie viele Kinder und wie viele Erwachsene gehören zur Familie?
b) Auf dem Fest spielt ein zufällig ausgewähltes Familienmitglied die Eröffnungsmelodie. Mit welcher Wahrscheinlichkeit handelt es sich um ein Kind?

6. Farbenblindheit

Von 1000 zufällig ausgewählten Personen einer Bevölkerung sind 420 männlich und 580 weiblich. 60 der ausgesuchten Personen sind farbenblind, darunter 40 männliche.
a) Mit welcher Wahrscheinlichkeit ist eine weibliche Person farbenblind?
b) Eine Person ist nicht farbenblind. Mit welcher Wahrscheinlichkeit ist sie männlich?

Überblick

Das empirische Gesetz der großen Zahlen:
Die relative Häufigkeit eines Ereignisses stabilisiert sich mit steigender Anzahl an Versuchen um einen festen Wert.

Wahrscheinlichkeit:
Gegeben sei ein Zufallsexperiment mit dem Ergebnisraum $\Omega = \{e_1, ..., e_m\}$.
Eine Zuordnung P, die jedem Elementarereignis $\{e_i\}$ genau eine reelle Zahl $P(e_i)$ zuordnet, heißt Wahrscheinlichkeitsverteilung, wenn die beiden folgenden Bedingungen gelten:
  I. $P(e_i) \geq 0$ für $1 \leq i \leq m$
  II. $P(e_1) + ... + P(e_m) = 1$
Die Zahl $P(e_i)$ heißt dann Wahrscheinlichkeit des Elementarereignisses $\{e_i\}$.

Laplace-Experiment:
Ein Zufallsexperiment, bei dem alle Elementarereignisse gleich wahrscheinlich sind, heißt auch Laplace-Experiment.

Laplace-Regel:
Bei einem Laplace-Experiment sei $\Omega = \{e_1, ..., e_m\}$ der Ergebnisraum und $E = \{e_{i_1}, ..., e_{i_k}\}$ ein beliebiges Ereignis. Dann gilt für die Wahrscheinlichkeit dieses Ereignisses:

$$P(E) = \frac{|E|}{|\Omega|} = \frac{k}{m} \qquad P(E) = \frac{\text{Anzahl der für E günstigen Ergebnisse}}{\text{Anzahl aller möglichen Ergebnisse}}$$

Mehrstufiger Zufallsversuch:
Ein mehrstufiger Zufallsversuch setzt sich aus mehreren, hintereinander ausgeführten, einstufigen Versuchen zusammen.

Pfadregeln für Baumdiagramme:
I. Die Wahrscheinlichkeit eines Ergebnisses ist gleich dem Produkt aller Zweigwahrscheinlichkeiten längs des zugehörigen Pfades (Pfadwahrscheinlichkeit).
II. Die Wahrscheinlichkeit eines Ereignisses ist gleich der Summe der zugehörigen Pfadwahrscheinlichkeiten.

Produktregel:
Ein Zufallsversuch werde in k Stufen durchgeführt. In der ersten Stufe gebe es n_1, in der zweiten Stufe n_2 ... und in der k-ten Stufe n_k mögliche Ergebnisse. Dann hat der Zufallsversuch insgesamt $n_1 \cdot n_2 \cdot ... \cdot n_k$ mögliche Ergebnisse.

Kombinatorische Abzählprinzipien:
Anzahl der Möglichkeiten bei k Ziehungen aus n Elementen (z. B. Kugeln)
Ziehen mit Zurücklegen unter Berücksichtigung der Reihenfolge: n^k
Ziehen ohne Zurücklegen unter Berücksichtigung der Reihenfolge: $n \cdot (n-1) \cdot ... \cdot (n-k+1)$
(Sonderfall: k = n, d. h. alle Elemente werden gezogen: $n!$)

Ziehen ohne Zurücklegen ohne Berücksichtigung der Reihenfolge: $\binom{n}{k}$

VII. Wahrscheinlichkeitsrechnung

Das Lottomodell
Beim Lottomodell hat man eine Urne mit insgesamt N Kugeln, davon A Gewinnkugeln und B Verlustkugeln (N = A + B).

Man zieht ohne Zurücklegen n Kugeln und sucht die Wahrscheinlichkeit dafür, dass sich darunter genau k Gewinnkugeln befinden.

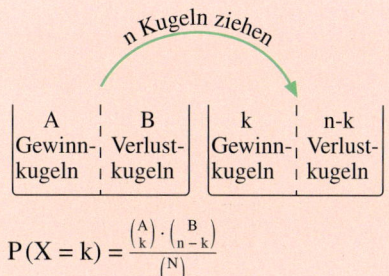

$$P(X = k) = \frac{\binom{A}{k} \cdot \binom{B}{n-k}}{\binom{N}{n}}$$

Bedingte Wahrscheinlichkeit: Für die Wahrscheinlichkeit, dass das Ereignis A eintritt unter der Bedingung, dass das Ereignis B bereits eingetreten ist, gilt: $P_B(A) = \frac{P(A \cap B)}{P(B)}$, $P(B) > 0$

Multiplikationssatz: $P(A \cap B) = P(B) \cdot P_B(A)$, $P(B) > 0$

Unabhängige Ereignisse: Ereignisse A und B mit positiver Wahrscheinlichkeit sind voneinander stochastisch unabhängig, wenn gilt:
$P_B(A) = P(A)$ bzw. $P_A(B) = P(B)$.

Vierfeldertafel:

	B	$\bar{B}$	
A	$\|A \cap B\|$	$\|A \cap \bar{B}\|$	$\|A\|$
$\bar{A}$	$\|\bar{A} \cap B\|$	$\|\bar{A} \cap \bar{B}\|$	$\|\bar{A}\|$
	$\|B\|$	$\|\bar{B}\|$	Summe

Zunächst werden die gegebenen Daten eingetragen. Alle anderen können durch summative Ergänzungen der Zeilen und Spalten errechnet werden.
Berechnung einer Randwahrscheinlichkeit:
$P(A) = \frac{|A|}{\text{Summe}}$
Berechnung einer bedingten Wahrscheinlichkeit:
$P_B(A) = \frac{|A \cap B|}{|B|}$

Das Ziegenproblem

Dass schon einfache Wahrscheinlichkeitsprobleme zu großen Diskussionen führen können, zeigt das berühmte Ziegenproblem.

Bei der Quizshow „Let's make a deal"

In der amerikanischen Quizshow „Let's make a deal" wurde u. a. folgendes Gewinnspiel gespielt: Hinter drei geschlossenen Türen stehen ein Luxusauto und zwei Ziegen. Der Kandidat wählt eine der Türen aus. Der Quizmaster Monty Hall öffnet eine der beiden anderen Türen, und zwar stets eine, hinter der eine Ziege steht. Nun wird der Kandidat gefragt, ob er bei seiner ursprünglichen Türwahl bleibt oder ob er zu der zweiten verbleibenden Tür wechseln möchte. Kann er seine Gewinnchancen erhöhen, wenn er die Tür wechselt?

Im Sommer 1991 beschäftigte alle Welt dieses Problem, nachdem Marilyn vos Savant, die angeblich klügste Frau der Welt (mit einem IQ von 228 nach dem Guinness Buch der Rekorde), in ihrer Kolumne „Ask Marilyn" in der amerikanischen Illustrierten „Parade" auf eine Anfrage von Craig Whitaker geantwortet hatte:

> „Yes, you should switch. The first door has a $\frac{1}{3}$ chance of winning, but the second door has a $\frac{2}{3}$ chance …"

Marilyn vos Savant

Marilyn erhielt daraufhin ca. 10000 Leserbriefe zum Teil mit großen Beschimpfungen. Robert Sachs, Mathematik-Professor an der George-Mason-Universität in Fairfax, schrieb:

> „You blew it! Let me explain: If one door is shown to be a loser, that information changes the probability of either remaining choice – neither of which has any reason to be more likely – to $\frac{1}{2}$. As a professional mathematician, I am very concerned with the general public's lack of mathematical skills. Please help by confessing your error and, in the future, being more careful."

Wer hat recht?

Das Magazin **DER SPIEGEL** widmete sich im Heft Nr. 34 (45. Jg.) vom 19. August 1991 in dem Artikel „Schönheit des Denkens" (Untertitel: Eine Knacknuß aus der Wahrscheinlichkeitsrechnung entzweit die US-Nation: Wer hat recht im Streit um das „Drei-Türen-Problem"?) der Auseinandersetzung um das Ziegenproblem. Auch in der Wochenzeitung **DIE ZEIT** erschienen damals zwei Artikel des Wissenschaftsjournalisten Gero von Randow, der 2004 zu dem Thema sogar ein Buch veröffentlichte (Das Ziegenproblem: Denken in Wahrscheinlichkeiten. Rowohlt). Im gleichen Jahr brachte **DIE ZEIT** in Nr. 48 einen weiteren Artikel zum „Rätsel der drei Türen".

Spiel

Spielen Sie dieses Gewinnspiel mit Ihrem Tischnachbarn 60-mal, indem Ihr Partner (der Quizmaster) sich jeweils willkürlich das Auto hinter einer der drei Türen versteckt denkt. Nach Ihrer Türwahl öffnet er eine Tür, hinter der eine Ziege steht.

a) Gehen Sie nach der Strategie 1 vor: Bleiben Sie immer bei der ursprünglichen Wahl der Tür. Notieren Sie, wie oft Sie bei den 60 Spielen das Auto gewonnen hätten.
b) Gehen Sie nun in einem 2. Durchgang nach der Strategie 2 vor: Wechseln Sie immer die Tür. Welche Strategie ist günstiger? Versuchen Sie eine Begründung zu finden.

Spielvariation:
Das Spiel wird verändert. Sie haben jetzt 100 Türen zur Auswahl. Hinter einer Tür steht ein Auto, hinter den 99 anderen Türen jeweils eine Ziege. Nach Ihrer Türwahl öffnet der Quizmaster 98 Türen, hinter denen jeweils eine Ziege steht. Überlegen Sie, ob Ihre Gewinnchance steigt, wenn Sie nun die Tür wechseln.

Test

Wahrscheinlichkeitsrechnung

1. Bei einem Schulfest soll ein Fußballspiel Schüler gegen Lehrer veranstaltet werden. Für die Schülermannschaft stehen 4 Schüler aus Klasse 10, 6 Schüler aus Klasse 11 und 5 Schüler aus Klasse 12 zur Verfügung.
   a) Wie viele Möglichkeiten gibt es, aus diesen Schülern 11 Spieler auszuwählen?
   b) Unter den aufgestellten Schülern sind 2 Torhüter, 8 Spieler für Mittelfeld und Verteidigung sowie 5 Stürmer. Die Schülerelf will das Spiel mit 3 Stürmern beginnen. Wie viele Möglichkeiten für die Auswahl der Startelf gibt es nun?
   c) Zum Einlaufen stellen sich die Schüler der ausgewählten Startmannschaft in einer Reihe auf. Wie üblich steht an der Spitze der Mannschaftskapitän und an zweiter Stelle der Torwart. Wie viele Möglichkeiten zur Aufstellung haben die restlichen Spieler?

2. In einer Umfrage werden 453 Personen nach ihrer Schulbildung (Abitur: Ja/Nein) sowie nach ihrer beruflichen Zufriedenheit (Zufrieden: Ja/Nein) befragt. Die Ergebnisse sind in der abgebildeten Vierfeldertafel dargestellt. Mit welcher Wahrscheinlichkeit wird ein Abiturient in seinem Beruf zufrieden sein? Beantworten Sie die gleiche Frage für einen Nichtabiturienten.

	zufrieden (Z)	unzufrieden ($\overline{Z}$)
Abitur (A)	64	44
kein Abitur ($\overline{A}$)	185	160

3. Bei der Herstellung hochwertiger elektronischer Bauteile beträgt der Anteil defekter Teile 20 %. Um zu vermeiden, dass zu viele defekte Bauteile in den Handel gelangen, wird vor dem Versand eine Kontrolle durchgeführt, bei der 95 % der defekten Teile ausgesondert werden. Die einwandfreien Teile kommen alle in den Handel. Ein Kunde kauft ein Bauteil. Mit welcher Wahrscheinlichkeit ist es defekt?

4. In einer empirischen Untersuchung wird geprüft, ob ein Zusammenhang zwischen der Häufigkeit der Blutgruppe und der Häufigkeit des Geschlechts besteht. Von 1850 (900 w, 950 m) untersuchten Personen hatten 738 die Blutgruppe A. Von diesen Personen waren 359 weiblich. Sind die Merkmale Geschlecht und Blutgruppe stochastisch unabhängig?

5. Urne U_1 enthält 7 rote und 3 weiße Kugeln. Urne U_2 enthält 1 rote und 4 weiße Kugeln.
   a) Jemand wählt blind eine Urne aus und zieht eine Kugel. Mit welcher Wahrscheinlichkeit zieht er eine rote Kugel?
   b) Mit welcher Wahrscheinlichkeit stammt diese dann aus U_1?

Lösungen: S. 353

VIII. Binomialverteilung

1. Diskrete Zufallsgrößen

Bereits auf Seite 224 wurden die Begriffe *Zufallsgröße*, *Wahrscheinlichkeitsverteilung einer Zufallsgröße* sowie *Erwartungswert einer Zufallsgröße* eingeführt. Im zweiten und den folgenden Abschnitten dieses Kapitels wird eine wichtige Wahrscheinlichkeitsverteilung ausführlich behandelt. Diese Zufallsgröße besitzt wie die im VII. Kapitel betrachteten Beispiele nur endlich viele Werte, sie gehört deshalb zu den sog. *diskreten Zufallsgröße*.

Zunächst werden die Definitionen der oben genannten Begriffe zusammengestellt. Dabei beschreibt der Erwartungswert die Mitte einer Verteilung. Neu sind *Varianz und Standardabweichung*, die die *Streuung* der Werte ein Zufallsgröße charakterisieren.

Definition und Eigenschaften diskreter Zufallsgrößen

Definition: Diskrete Zufallsgröße und ihre Wahrscheinlichkeitsverteilung

1. Die Ergebnismenge Ω eines Zufallsversuchs besitze endlich (oder abzählbar[1]) viele Ergebnisse. Eine Zuordnung $X: \Omega \mapsto \mathbb{R}$, die jedem Ergebnis des Zufallsversuchs eine reelle Zahl zuordnet, heißt *diskrete Zufallsgröße*[2].

2. Mit „$X = x_k$" wird das Ereignis bezeichnet, zu dem alle Ergebnisse des Zufallsversuchs gehören, deren Eintritt dazu führt, dass die Zufallsgröße X den Wert x_k annimmt.

3. Ordnet man jedem möglichen Wert x_k, den die Zufallsgröße X annehmen kann, die Wahrscheinlichkeit $p_k = P(X = x_k)$ zu, mit der sie diesen Wert annimmt, so erhält man die *Wahrscheinlichkeitsverteilung* der diskreten Zufallsgröße.

Verteilungstabelle:

x_k	x_1	x_2	x_3	...	x_n
$p_k = P(X = x_k)$	p_1	p_2	p_3	...	p_n

Definition: Erwartungswert einer diskreten Zufallsgröße
X sei eine diskrete Zufallsgröße mit der Wertemenge $x_1, ..., x_n$. Dann heißt die Zahl

$$\mu = E(X) = x_1 \cdot P(X = x_1) + x_2 \cdot P(X = x_2) + ... + x_n \cdot P(X = x_n)$$

Erwartungswert der Zufallsgröße X.

Definition: Varianz und Standardabweichung einer diskreten Zufallsgröße
X sei eine diskrete Zufallsgröße mit der Wertemenge $x_1, ..., x_n$ und dem Erwartungswert $\mu = E(X)$. Dann wird die folgende Zahl als *Varianz* der Zufallsgröße X bezeichnet:

$$V(X) = (x_1 - \mu)^2 \cdot P(X = x_1) + (x_2 - \mu)^2 \cdot P(X = x_2) + ... + (x_n - \mu)^2 \cdot P(X = x_n).$$

Die Quadratwurzel aus der Varianz V(X) heißt *Standardabweichung* der Zufallsgröße X:

$$\sigma = \sqrt{V(X)}.$$

---

[1] Man spricht von abzählbar-unendlich vielen Ergebnissen, wenn die Menge der Ergebnisse mithilfe der Menge der natürlichen Zahlen durchnummeriert werden kann: $\Omega = \{x_1, x_2, x_3, ...\}$.
[2] Anstelle von „Zufallsgrößen" spricht man manchmal auch von „Zufallsvariablen".

1. Diskrete Zufallsgrößen

Beispiel einer diskreten Zufallsgröße

Bei einer Spielshow dürfen die Teilnehmer das Spiel erst dann fortsetzen, wenn Sie einen Korbwurf erzielt haben. Höchstens 10 Würfe auf den Basketballkorb sind erlaubt. Dabei ergeben sich folgende Möglichkeiten:
Ein Teilnehmer trifft beim ersten Wurf, oder erst beim zweiten Wurf, oder erst beim dritten Wurf, …, oder erst beim zehnten Wurf, oder überhaupt nicht.

Unser Teilnehmer glaubt zu wissen, dass er nur etwa bei jedem sechsten Wurf einen Treffer erzielt. Wir simulieren deshalb den Korbwurf mithilfe eines fairen Würfels: Fällt eine 6, so zählt das als „Treffer", in den anderen 5 Fällen „geht der Wurf daneben".

▶ **Beispiel: Warten auf die erste 6**
Ein fairer Würfel wird solange geworfen, bis eine 6 erzielt wird, aber höchstens 10-mal.
a) Beschreiben Sie das Spiel durch eine Zufallsgröße X. Ermitteln Sie die Wahrscheinlichkeitsverteilung von X.
b) Berechnen Sie den Erwartungswert $\mu = E(X)$ sowie die Varianz $V(X)$ und die Standardabweichung σ der Zufallsgröße X.

Lösung zu a:
Da höchstens 10 Würfe möglich sind, kann die Zufallsgröße X die Werte 1, 2, 3, …, 10 annehmen. Die Wahrscheinlichkeit, gleich beim ersten Wurf eine 6 zu erhalten, ist $\frac{1}{6}$, also $P(X = 1) = \frac{1}{6} \approx 0{,}166666667$. Hat man erst beim zweiten Wurf Erfolg, so gilt $P(X = 2) = \frac{5}{6} \cdot \frac{1}{6} \approx 0{,}138888889$. Erhält man erst beim dritten Wurf eine 6, dann ist $P(X = 3) = \left(\frac{5}{6}\right)^2 \cdot \frac{1}{6} \approx 0{,}115740741$.
Analog erhält man für k = 4, 5, 6, 7, 8, 9:
$P(X = k) = \left(\frac{5}{6}\right)^{k-1} \cdot \frac{1}{6}$. Schließlich gilt:
$P(X = 10) = \left(\frac{5}{6}\right)^9 \approx 0{,}193806699$.
Für die Berechnungen ist die Verwendung einer **Tabellenkalkulation** sinnvoll. Das nebenstehende Bild zeigt in den Spalten A und B die Verteilungstabelle. Die Zelle B11 enthält zur Probe die Summe der Einzelwahrscheinlichkeiten.

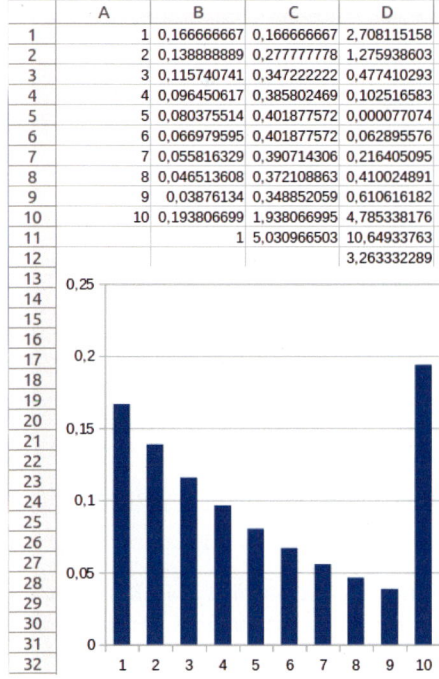

Lösung zu b:
In Spalte C erhält man: $E(X) \approx 5{,}03$;
▶ in Spalte D: $V(X) \approx 10{,}65$ und $\sigma \approx 3{,}26$.

Übung 1
Begründen Sie, dass beim vorstehenden Beispiel gilt: $P(X = k) = \left(\frac{5}{6}\right)^{k-1} \cdot \frac{1}{6}$ für k = 1, 2, ..., 9, aber $P(X = 10) = \left(\frac{5}{6}\right)^9$.

Übung 2
Die Zufallsgröße X beschreibe den Abstand der Augenzahlen – also den Betrag der Augendifferenzen – beim Würfeln mit zwei fairen Würfeln.
a) Welche Realisierungen x_k besitzt die Zufallsgröße X? Ermitteln Sie die Wahrscheinlichkeitsverteilung von X.
b) Berechnen Sie den Erwartungswert $\mu = E(X)$ sowie die Varianz $V(X)$ und die Standardabweichung σ der Zufallsgröße X.

Exkurs: Verteilungsfunktion einer Zufallsgröße

Die *Verteilungsfunktion* einer Zufallsgröße X gibt für jede reelle Zahl x die Wahrscheinlichkeit $P(X < x)$ an. Für das Beispiel einer diskreten Zufallsgröße von Seite 113 ergibt sich:

$$F_X(x) = P(X < x) = \begin{cases} 0 & \text{für } x \leq 1 \\ P(X=1) \approx 0{,}17 & \text{für } 1 < x \leq 2 \\ P(X=1) + P(X=2) \approx 0{,}31 & \text{für } 2 < x \leq 3 \\ P(X=1) + P(X=2) + P(X=3) \approx 0{,}42 & \text{für } 3 < x \leq 4 \\ P(X=1) + P(X=2) + \ldots + P(X=4) \approx 0{,}52 & \text{für } 4 < x \leq 5 \\ P(X=1) + P(X=2) + \ldots + P(X=5) \approx 0{,}60 & \text{für } 5 < x \leq 6 \\ P(X=1) + P(X=2) + \ldots + P(X=6) \approx 0{,}67 & \text{für } 6 < x \leq 7 \\ P(X=1) + P(X=2) + \ldots + P(X=7) \approx 0{,}72 & \text{für } 7 < x \leq 8 \\ P(X=1) + P(X=2) + \ldots + P(X=8) \approx 0{,}77 & \text{für } 8 < x \leq 9 \\ P(X=1) + P(X=2) + \ldots + P(X=9) \approx 0{,}81 & \text{für } 9 < x \leq 10 \\ P(X=1) + P(X=2) + \ldots + P(X=10) = 1 & \text{für } x > 10 \end{cases}$$

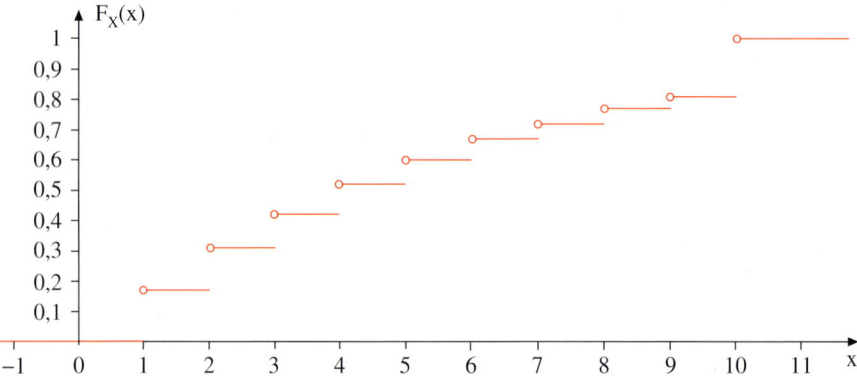

Übung 3
Ermitteln Sie die Verteilungsfunktion F_X zur Übung 2. Skizzieren Sie den Graphen.

Übung 4
Beim Skatspiel werden je 10 Karten an drei Spieler verteilt. Die Zufallsgröße X gibt die Anzahl der Buben an, die ein bestimmter Spieler erhält.
a) Ermitteln Sie die Wahrscheinlichkeitsverteilung von X.
b) Veranschaulichen Sie die Wahrscheinlichkeitsverteilung graphisch.
c) Berechnen Sie den Erwartungswert $\mu = E(X)$ sowie die Varianz $V(X)$ und die Standardabweichung σ der Zufallsgröße X.

2. Bernoulli-Ketten und Binomialverteilung

Die Formel von Bernoulli*

Ein Zufallsversuch wird als *Bernoulli-Versuch* bezeichnet, wenn es nur zwei Ausgänge E und $\overline{E}$ gibt. E wird als Treffer (Erfolg) und $\overline{E}$ als Niete (Misserfolg) bezeichnet. Die Wahrscheinlichkeit p für das Eintreten von E wird als Trefferwahrscheinlichkeit bezeichnet.

Beispiele:
Beim Werfen einer Münze: „Kopf" oder „Zahl"
Beim Werfen eines Würfels: „Sechs" oder „keine Sechs"
Beim Werfen eines Reißnagels: „Kopflage" oder „Schräglage"
Beim Ziehen aus einer Urne: „rote Kugel" oder „keine rote Kugel"
Beim Überprüfen eines Bauteils: „defekt" oder „nicht defekt"

Wiederholt man einen Bernoulli-Versuch n-mal in exakt gleicher Weise, so spricht man von einer *Bernoulli-Kette* der Länge n mit der Trefferwahrscheinlichkeit p.

> **Beispiel: Bernoulli-Kette der Länge n = 4**
> Ein Würfel wird viermal geworfen. X sei die Anzahl der dabei geworfenen Sechsen. Wie groß ist die Wahrscheinlichkeit für das Ereignis X = 2, d. h. für genau zwei Sechsen.

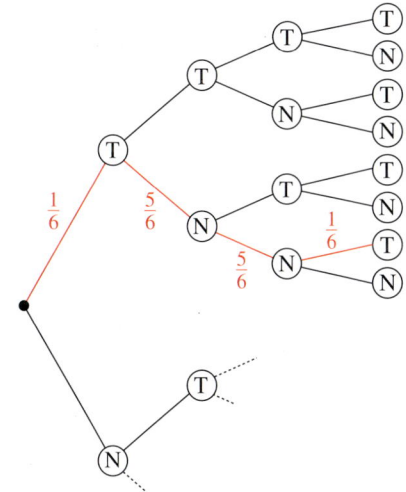

Lösung:
Es ist eine Bernoulli-Kette der Länge n = 4 mit der Trefferwahrscheinlichkeit $p = \frac{1}{6}$.
Das Diagramm veranschaulicht die Kette als mehrstufigen Zufallsversuch.

Die Wahrscheinlichkeit eines Weges mit genau zwei Treffern und zwei Nieten beträgt nach der Produktregel $\left(\frac{1}{6}\right)^2 \cdot \left(\frac{5}{6}\right)^2$.

Es gibt $\binom{4}{2}$ solcher Pfade, da man $\binom{4}{2}$ Möglichkeiten hat, die beiden Treffer auf die vier Plätze eines Pfades zu verteilen.
Die gesuchte Wahrscheinlichkeit lautet:
▶ $P(X = 2) = \binom{4}{2} \cdot \left(\frac{1}{6}\right)^2 \cdot \left(\frac{5}{6}\right)^2 \approx 0{,}1157$

Übung 1
In einer Urne befinden sich zwei rote und eine weiße Kugel. Aus der Urne wird sechsmal eine Kugel mit Zurücklegen gezogen. Mit welcher Wahrscheinlichkeit kommt genau viermal eine rote Kugel?

---
*Jakob Bernoulli (1654–1705), Schweizer Mathematiker

Verallgemeinert man die Rechnung aus dem vorhergehenden Beispiel, so erhält man die folgende Formel zur Bestimmung von Wahrscheinlichkeiten bei Bernoulli-Ketten.

> **Satz: Die Formel von Bernoulli**
> Liegt eine Bernoulli-Kette der Länge n mit der Trefferwahrscheinlichkeit p vor, so wird die Wahrscheinlichkeit für genau k Treffer mit B(n; p; k) bezeichnet.
> Sie kann mit der rechts dargestellten Formel berechnet werden. (Tabelle S. 286–287)
>
> $$P(X = k) = B(n; p; k) = \binom{n}{k} \cdot p^k \cdot (1-p)^{n-k}$$

Begründung:
$p^k \cdot (1-p)^{n-k}$ ist die Wahrscheinlichkeit eines Pfades der Länge n mit k Treffern und n – k Nieten. $\binom{n}{k}$ ist die Anzahl der Pfade dieser Art.

▶ **Beispiel: Multiple-Choice-Test**
Ein Test enthält vier Fragen mit jeweils drei Antwortmöglichkeiten. Er gilt als bestanden, wenn mindestens zwei Fragen richtig beantwortet werden.
Ein ganz und gar ahnungsloser Zeitgenosse versucht den Test durch zufälliges Ankreuzen zu bestehen. Wie groß sind seine Chancen?

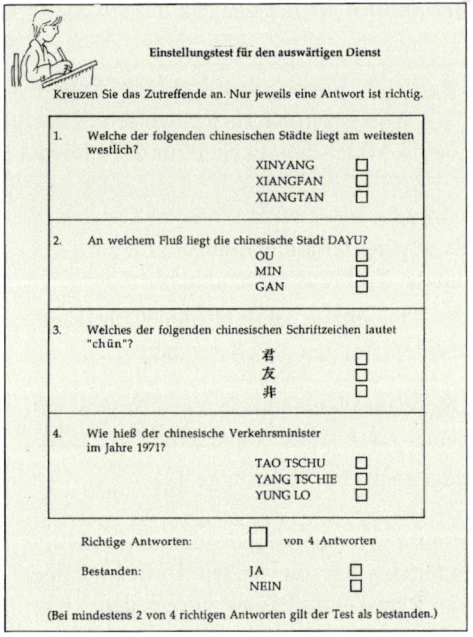

Lösung:
Der Test kann als Bernoulli-Kette der Länge n = 4 betrachtet werden. Das korrekte Beantworten einer Frage zählt als Treffer.
Die Trefferwahrscheinlichkeit ist $p = \frac{1}{3}$.
X sei die Anzahl der Treffer. Dann gilt:

$P(X = 2) = \binom{4}{2} \cdot \left(\frac{1}{3}\right)^2 \cdot \left(\frac{2}{3}\right)^2 = \frac{24}{81} \approx 0{,}2963$

$P(X = 3) = \binom{4}{3} \cdot \left(\frac{1}{3}\right)^3 \cdot \left(\frac{2}{3}\right)^1 = \frac{8}{81} \approx 0{,}0988$

$P(X = 4) = \binom{4}{4} \cdot \left(\frac{1}{3}\right)^4 \cdot \left(\frac{2}{3}\right)^0 = \frac{1}{81} \approx 0{,}0123$

Addiert man diese Einzelwahrscheinlichkeiten, so erhält man die gesuchte Ratewahrscheinlich-
▶ keit für das Bestehen des Tests. Sie beträgt $P(X \geq 2) = 0{,}4074 \approx 40\%$.

Übung 2
Ein Spieler kreuzt einen Totoschein der 13er-Wette (vgl. S. 238) rein zufällig an. Wie groß ist seine Chance, mindestens 10 Richtige zu erzielen?

2. Bernoulli-Ketten und Binomialverteilung

Binomialverteilte Zufallsgrößen

Wird ein Zufallsexperiment durch eine Bernoulli-Kette der Länge n mit der Trefferwahrscheinlichkeit p gebildet, so wird dadurch eine Zufallsgröße X mit den Realisierungen k = 0, 1, …, n definiert. Man sagt: Die Zufallsgröße X ist *binomialverteilt mit den Parametern n und p*.

> **Definition: Binomialverteilung**
> Es sei n eine natürliche Zahl und $p \in [0;1]$ eine reelle Zahl. Eine Zufallsgröße X heißt *Binomialverteilung mit den Parametern n und p*, wenn für k = 0, 1, 2, …, n gilt:
> $$P(X = k) = B(n;p;k) = \binom{n}{k} \cdot p^k \cdot (1-p)^{n-k}.$$

Der Faktor $\binom{n}{k} = \frac{n \cdot (n-1) \ldots (n-k+1)}{n!}$ heißt *Binomialkoeffizient*, weil Terme dieser Form als Koeffizienten im *binomischen Lehrsatz* $(a+b)^n = \binom{n}{0}a^n + \binom{n}{1}a^{n-1}b + \binom{n}{2}a^{n-2}b^2 + \ldots + \binom{n}{n}b^n$ auftreten. Daraus leitet sich der Name „Binomialverteilung" ab. Die Binomialverteilung ist die wichtigste diskrete Wahrscheinlichkeitsverteilung.

Ein oft verwendetes Modell, bei dem die betrachtete diskrete Zufallsgröße eine Binomialverteilung besitzt, besteht im k-maligen Ziehen einer Kugel aus einer Urne mit insgesamt n Kugeln, die zwei verschiedene Farben – etwa grün und rot – haben. Nach dem Notieren der Farbe wird die Kugel stets zurückgelegt. Damit ist gewährleistet, dass bei jeder Ziehung die Wahrscheinlichkeit p, eine grüne Kugel zu erhalten, gleich bleibt.

▶ **Beispiel: Ziehung aus einer Urne mit Zurücklegen**
Aus einer Urne mit zwei grünen und drei roten Kugeln werden nacheinander (mit Zurücklegen) vier Kugeln gezogen. Die Zufallsgröße X gibt die Anzahl der gezogenen grünen Kugeln an.
Begründen Sie: X ist binomialverteilt.
Bestimmen Sie die Parameter n und p.
Berechnen Sie P(X = k) für k = 0, …, 4.

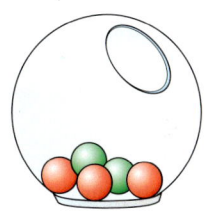

Lösung:
Es handelt sich um eine Bernoulli-Kette der Länge n = 4, die Trefferwahrscheinlichkeit ist $p = \frac{2}{5} = 0,4$; also ist X binomialverteilt mit den Parametern n = 4 und $p = \frac{2}{5} = 0,4$.
Es gilt: P(X = 0) = 0,1296; P(X = 1) = 0,3456; P(X = 2) = 0,3456; P(X = 3) = 0,1536 und
▶ P(X = 4) = 0,0256.

Übung 3
Ein Glücksrad mit zwei Sektoren, wobei der weiße dreimal so groß wie der rote ist, wird dreimal gedreht. Die Zufallsgröße X gibt die Anzahl des Eintretens von „rot" an.
Begründen Sie, dass X binomialverteilt ist.
Bestimmen Sie die Parameter n und p.
Berechnen Sie P(X = k) für k = 0, 1, 2, 3.

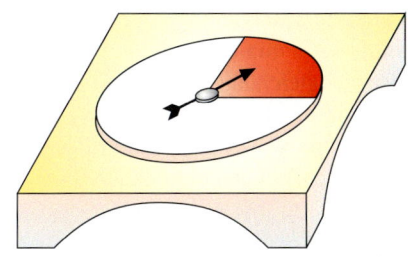

Es folgen zwei weitere typische Problemstellungen, die oft als Teilaufgabe auftreten.

> **Beispiel: Stichproben aus einer großen Gesamtheit**
> Blumenzwiebeln werden in Großpackungen von 1000 Stück an Gärtnereien geliefert. Im Durchschnitt treiben 20% der Zwiebeln nicht aus. Ein Gärtner verkauft zehn Zwiebeln. Mit welcher Wahrscheinlichkeit wird hiervon höchstens eine Zwiebel nicht austreiben?

Lösung:
Hier wird eine Stichprobe vom Umfang $n = 10$ entnommen. Diese kann als zehnmaliges Ziehen ohne Zurücklegen interpretiert werden.
Die Trefferwahrscheinlichkeit ändert sich wegen der großen Zahl von Zwiebeln in der Packung von Zug zu Zug nur geringfügig, so dass *angenähert* eine Bernoulli-Kette mit den Kenngrößen $n = 10$ und $p = 0{,}2$ angenommen werden kann.
Die Rechnung rechts liefert das Näherungsresultat $P(X \leq 1) \approx 37{,}58\%$. Das exakte Resultat wäre $37{,}46\%$.

X: Anzahl der unbrauchbaren Zwiebeln in der Stichprobe

$P(X \leq 1) \approx P(X = 0) + P(X = 1)$
$= B(10; 0{,}2; 0) + B(10; 0{,}2; 1)$
$= \binom{10}{0} \cdot 0{,}2^0 \cdot 0{,}8^{10} + \binom{10}{1} \cdot 0{,}2^1 \cdot 0{,}8^9$
$= 0{,}1074 + 0{,}2684$
$= 0{,}3758$

> **Beispiel: Bestimmung der Länge einer Bernoulli-Kette**
> Ein Glücksrad hat vier gleich große Sektoren, drei weiße und einen roten. Wie oft muss man das Glücksrad *mindestens* drehen, wenn mit einer Wahrscheinlichkeit von *mindestens* 95% *mindestens* einmal ROT auftreten soll?

Lösung:
Es handelt sich um eine typische *mindestens – mindestens – mindestens – Aufgabe*, die auch im Zusammenhang mit komplexen Problemstellungen häufig auftritt.

Da die Wahrscheinlichkeit für das Auftreten mindestens eines Treffers 0,95 oder größer sein soll, verwenden wir den Ansatz $P(X \geq 1) \geq 0{,}95$.
Hiervon ausgehend, berechnen wir nach nebenstehender Rechnung, wie lang die Bernoulli-Kette mindestens sein muss, um die Ansatzungleichung zu erfüllen.
Das Resultat lautet: Die Kette muss wenigstens die Länge $n = 11$ haben. So oft muss also das Glücksrad gedreht werden.

n: Anzahl der Wiederholungen
X: Häufigkeit des Auftretens von ROT bei n Wiederholungen

Ansatz: $P(X \geq 1) \geq 0{,}95$
$1 - P(X = 0) \geq 0{,}95$
$P(X = 0) \leq 0{,}05$
$B(n; 0{,}25; 0) \leq 0{,}05$
$\binom{n}{0} \cdot 0{,}25^0 \cdot 0{,}75^n \leq 0{,}05$

$0{,}75^n \leq 0{,}05$
$n \cdot \log(0{,}75) \leq \log(0{,}05)$
$n \geq 10{,}41$

Übungen

4. 51,4 % aller Neugeborenen sind Knaben. Berechnen Sie die Wahrscheinlichkeit dafür, dass eine Familie genauso viele Mädchen wie Jungen hat, für eine Familie mit 2 Kindern, eine Familie mit 4 Kindern und eine Familie mit 6 Kindern.

5. Der Marktanteil von Smartphones lag im Jahr 2011 bei 23 %. Wie groß war die Wahrscheinlichkeit, dass unter 6 zufällig ausgewählten Personen höchstens 2 ein Smartphone besaßen?

6. Der Anteil der Haushalte mit Internet-Anschluss ist auf 73 % angewachsen. Wie groß ist die Wahrscheinlichkeit, dass von 10 zufällig ausgewählten Haushalten mindestens 8 einen Internet-Anschluss haben?

7. 70 % aller Schäferhunde werden 10 Jahre oder älter. Wie groß ist die Wahrscheinlichkeit, dass von den 12 Schäferhunden eines Züchters mindestens 7, aber höchstens 10 dieses Alter erreichen?

8. 30 % der Deutschen sind in einem Verein. Wie groß ist die Wahrscheinlichkeit, dass unter 12 Personen mehr als 3 in einem Verein sind?

9. Wie oft muss ein Würfel mindestens geworfen werden, damit mit einer Wahrscheinlichkeit von mindestens 98 % mindestens einmal die Sechs fällt?

10. Nach Angaben der Post erreichen 90 % aller Inlandsbriefe den Empfänger am nächsten Tag. Johanna verschickt acht Einladungen zu ihrem Geburtstag. Mit welcher Wahrscheinlichkeit
    a) sind alle Briefe am nächsten Tag zugestellt?
    b) sind mindestens sechs Briefe am nächsten Tag zugestellt?

11. Die Mitglieder der deutschen Tischtennis-Nationalmannschaft gewinnen gegen chinesische Spitzenspieler 15 % der Spiele.
    a) Mit welcher Wahrscheinlichkeit gewinnt von 6 Nationalspielern genau einer sein Spiel?
    b) Mit welcher Wahrscheinlichkeit gewinnen die Deutschen von 10 Einzelspielen mehr als 2?

3. Eigenschaften von Binomialverteilungen

A. Verteilungsdiagramme

Wir wollen nun untersuchen, welchen prinzipiellen Einfluss die Parameter n und p auf die Wahrscheinlichkeit $P(X = k) = B(n; p; k)$ in einer Bernoullikette haben.

Wir betrachten als Beispiel eine Bernoullikette der Länge $n = 4$ mit der Trefferwahrscheinlichkeit $p = 0{,}4$, wie rechts als Baumdiagramm angedeutet.

Die Zufallsgröße X beschreibt die Anzahl der Treffer. Sie kann bei $n = 4$ Versuchen die Werte $k = 0$ bis $k = 4$ annehmen.

Bernoullikette:

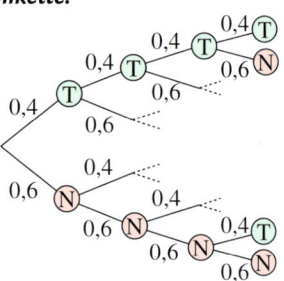

Wir können die Wahrscheinlichkeiten für diese Trefferzahlen mit der Bernoulliformel $P(X = k) = B(4; 0{,}4; k)$ für $k = 0$ bis 4 errechnen, z. B. gilt:

$B(4; 0,4; 0) = \binom{4}{0} \cdot 0{,}4^0 \cdot 0{,}6^4 = 0{,}1296$.

Auf diese Weise entsteht die rechts abgebildete Verteilungstabelle.

Tabelle der Verteilung:

k	P(X = k)
0	0,1296
1	0,3456
2	0,3456
3	0,1536
4	0,0256

Stellen wir die Tabelle als Säulendiagramm dar, so erhalten wir das Diagramm rechts, welches auf einen Blick die Verteilung der Wahrscheinlichkeiten zeigt.

Auf der horizontalen Achse wird die Trefferzahl k abgetragen, auf der vertikalen Achse die zugehörige Wahrscheinlichkeit $P(X) = k$.
Die Verteilung ist hier leicht „linkslastig", was daran liegt, dass $p < 0{,}5$ gilt.

Säulendiagramm der Verteilung:

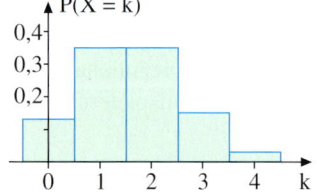

Übung 1
Stellen Sie die Wahrscheinlichkeitsverteilungstabelle der Binomialverteilung $B(n; p; k)$ für $n = 3$ und $p = 0{,}5$ auf. Zeichnen Sie anschließend das zugehörige Säulendiagramm.
Wie erklärt sich die Symmetrie des Diagramms?

Übung 2
Zu welcher Binomialverteilung $B(n; p; k)$ gehört das rechts abgebildete Säulendiagramm? Bestimmen Sie n und p.

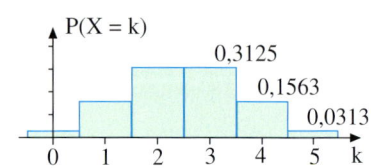

B. Der Einfluss der Parameter n und p auf die Binomialverteilung

Die Parameter n (Länge der Bernoullikette) und p (Trefferwahrscheinlichkeit) beeinflussen die Anzahl der Treffer entscheidend. Dieser Einfluss wird anschaulich besonders greifbar, wenn man das Säulendiagramm der Verteilung betrachtet.

1. Einfluss der Trefferwahrscheinlichkeit p

p wird bei einer Bernoullikette der festen Länge n = 5 variiert.

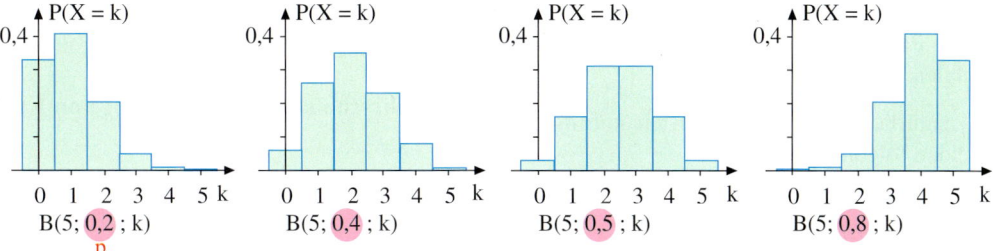

Man erkennt, dass p folgendermaßen Einfluss nimmt:

(1) Je größer p, umso weiter rechts liegt das Maximum der Verteilung.
   Grund: Mit wachsendem p werden höhere Trefferzahlen wahrscheinlicher.
(2) für p < 0,5 ist die Verteilung linkslastig, für p > 0,5 rechtslastig.
(3) B(n; p; k) und B(n; 1 − p; k) sind spiegelsymmetrisch zueinander.

2. Einfluss der Kettenlänge n

n wird bei einer Bernoullikette mit der festen Trefferwahrscheinlichkeit p = 0,4 variiert.

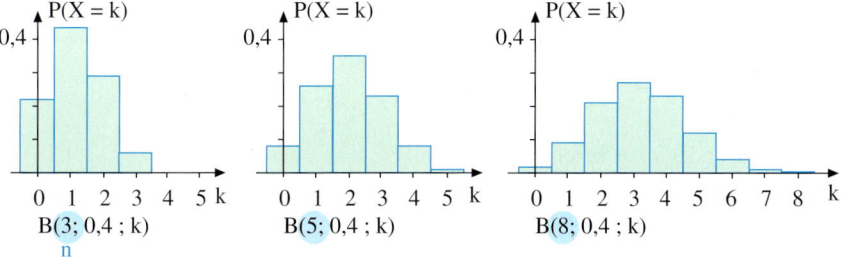

Man erkennt, dass n folgendermaßen Einfluss nimmt:

(1) Je größer n, umso flacher wird die Verteilung.
   Grund: Je größer n ist, umso mehr Möglichkeiten für die Trefferzahl k gibt es. Die einzelne Trefferzahl hat daher eine kleinere Wahrscheinlichkeit.
(2) Mit wachsendem n werden die Verteilungen symmetrischer.
   Grund: Die Links- oder Rechtslastigkeit verteilt sich breiter – d.h. auf eine größere Zahl von Säulen – und ist daher optisch weniger auffällig.

C. Erwartungswert und Standardabweichung von binomialverteilten Zufallsgrößen

Das Diagramm auf der rechten Seite zeigt die *Wahrscheinlichkeitsverteilung* der Trefferzahl X in einer Bernoulli-Kette mit der Länge n = 10 und der Trefferwahrscheinlichkeit p = 0,4. Die Zufallsgröße X ist binomialverteilt.
Die Breite der einzelnen Säulen ist 1, die Höhe der Säule k ist die Wahrscheinlichkeit P(X = k). Die Gesamtfläche aller Säulen ist 1.

In natürlicher Weise stellen sich nun die beiden folgenden Fragen.

Frage 1: Mit welcher Trefferzahl kann man im Mittel rechnen?

Da man 10 Versuche macht und die Trefferwahrscheinlichkeit jeweils 0,4 beträgt, wird man im Mittel mit 4 Treffern rechnen können. Der *Erwartungswert* für die Trefferzahl X beträgt 4, d. h. $\mu = E(X) = 4$.

Satz: Erwartungswert von X
X sei die Trefferzahl in einer Bernoulli-Kette der Länge n mit der Trefferwahrscheinlichkeit p. Dann gilt:

$$\mu = E(X) = n \cdot p.$$

Frage 2: Wie stark streuen die Trefferzahlen um den Erwartungswert?

Als Streuungsmaß verwendet man in der Regel die sog. *Standardabweichung* $\sigma(X)$. Sie wird nach folgendem Satz berechnet, den wir hier nicht beweisen können. Für unser Beispiel ist
$\sigma(X) = \sqrt{10 \cdot 0,4 \cdot 0,6} \approx 1,55$.

Satz: Standardabweichung von X
X sei die Trefferzahl in einer Bernoulli-Kette der Länge n mit der Trefferwahrscheinlichkeit p. Dann gilt:

$$\sigma = \sigma(X) = \sqrt{n \cdot p \cdot (1-p)}.$$

Drehen eines Glücksrades:

Versuchsanzahl: n = 10
Treffer: Es kommt ROT
Trefferwahrsch.: p = 0,4

Beobachtete Zufallsgröße X:
X = Anzahl der Treffer

Wahrscheinlichkeitsverteilung von X:

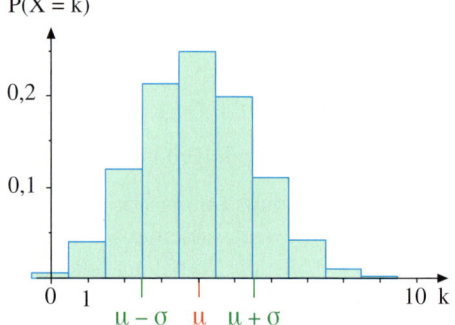

Erwartungswert von X:
$E(X) = n \cdot p = 10 \cdot 0,4 = 4$

Standardabweichung von X:
$\sigma(X) = \sqrt{n \cdot p \cdot (1-p)}$
$ = \sqrt{10 \cdot 0,4 \cdot 0,6} \approx 1,55$

Bedeutung der Parameter μ und σ:
Die Anzahl der Treffer bei n = 10 Versuchen beträgt im Mittel $\mu = 4$.

Die Standardabweichung 1,55 beschreibt die Streuung um den Mittelwert. Sie ist relativ groß bezogen auf den Versuchsumfang von n = 10. Ihre anschauliche Bedeutung wird im folgenden Abschnitt präzisiert.

3. Eigenschaften von Binomialverteilungen

Übungen

3. Der Würfel mit dem abgebildeten Netz wird 6-mal geworfen. X sei die Anzahl der geworfenen Zweier (Treffer).
   a) Tabellieren Sie $P(X = k)$ für $k = 0, …, 6$ und stellen Sie die Wahrscheinlichkeitsverteilung der Zufallsgröße X grafisch dar.
   b) Wie groß ist der Erwartungswert von X?

4. Eine Münze wird 10-mal geworfen. X sei die Anzahl der Kopfwürfe.
   a) Berechnen Sie den Erwartungswert von X.
   b) Mit welcher Wahrscheinlichkeit wird bei einer korrekten Durchführung des Experimentes die Trefferzahl gleich dem Erwartungswert sein?

5. Carl füllt einen Multiple-Choice-Test auf gut Glück aus. (10 Fragen, jeweils 5 Antworten, jeweils eine richtig)
   a) Mit wie vielen richtigen Antworten kann Carl rechnen?
   b) Mit welcher Wahrscheinlichkeit erreicht Carl höchstens 30% richtige Antworten?

6. Ein Autohersteller bestellt Scheinwerferlampen. Erfahrungsgemäß sind 4% der Lampen fehlerhaft.
   a) Wie viele fehlerhafte Lampen sind in einer Lieferung von 5000 Lampen zu erwarten?
   b) Der Autohersteller benötigt im Mittel mindestens 6000 fehlerfreie Lampen. Wie viele Lampen soll er bestellen, um 6000 fehlerfreie Lampen zu erwarten?

7. Pollen können Heuschnupfen auslösen. Ein Nasenspray wirkt in 70% aller Anwendungsfälle lindernd.
   a) 20 Patienten nehmen das Mittel gegen ihre Beschwerden ein. Bei wie vielen Patienten ist eine Linderung zu erwarten?
   b) Wie groß ist die Wahrscheinlichkeit, dass das Mittel exakt bei der erwarteten Anzahl von Patienten wirkt?

8. Aus der abgebildeten Urne werden n Kugeln mit Zurücklegen gezogen. X sei die Anzahl der gezogenen roten Kugeln, Y die Anzahl der gezogenen gelben Kugeln.
   a) Es sei $n = 5$. Skizzieren Sie das Verteilungsdiagramm von X. Berechnen Sie $E(X)$.
   b) Wieder sei $n = 5$. Mit welcher Wahrscheinlichkeit werden genau 3 rote Kugeln gezogen?
   c) Wie viele Kugeln müssen mindestens gezogen werden, damit der Erwartungswert von Y größer als 5 ist?

9. Ein Sportschütze trifft die Wurfscheiben mit einer Wahrscheinlichkeit von 90%. Eine Serie besteht aus 10 Schüssen. Mit welcher Wahrscheinlichkeit treten die folgenden Ereignisse ein?
   A: Alle Schüsse der Serie sind Treffer.
   B: Nur der dritte Schuss ist kein Treffer.
   C: Die Serie wird mit genau 8 Treffern beendet.
   D: Mindestens 9 Treffer werden erreicht.

10. Die Gewinnwahrscheinlichkeit bei einem Glücksspiel liegt bei 20%.
    a) Mit welcher Wahrscheinlichkeit gewinnt man bei 10 Spielen genau einmal?
    b) Mit welcher Wahrscheinlichkeit gewinnt man mindestens zweimal bei 10 Spielen?

11. An einem Taxistand sind 10 Taxen stationiert. Ein Fahrzeug steht pro Stunde durchschnittlich 12 Minuten auf dem Stand.
    a) Mit welcher Wahrscheinlichkeit ist zu einem bestimmten Zeitpunkt mindestens ein Taxi anzutreffen?
    b) Welche Zahl von Taxen ist am häufigsten anzutreffen?
    c) Mit welcher Wahrscheinlichkeit sind gleich mehrere Taxen am Stand anzutreffen?

12. 80% aller Gäste eines Hotels mit 30 Betten buchen den Aufenthalt mit Halbpension.
    a) Für ein Wochenende ist das Hotel ausgebucht. Wie viele Gäste mit Halbpension sind zu erwarten?
    b) Wie groß ist die Wahrscheinlichkeit, dass höchstens 2 Gäste ohne Halbpension gebucht haben?

13. Petra ist Eiskunstläuferin. Die Wahrscheinlichkeit, dass sie eine Trainingseinheit auf dem Eis ohne Sturz absolviert, liegt bei 10%. Pro Woche absolviert Petra 12 Trainingseinheiten.
    Berechnen Sie die Wahrscheinlichkeiten der folgenden Ereignisse.
    A: Mindestens eine Trainingseinheit übersteht Petra ohne Sturz.
    B: Nur die 3. und die 10. Trainingseinheit waren ohne Sturz.

14. Sven möchte Fußballprofi werden. Seine Treffsicherheit beim Schießen von Elfmetern ist p.
    a) Wie groß muss p mindestens sein, damit er sich bei 10 Elfmetern mit 60% Wahrscheinlichkeit keinen Fehlschuss leistet?
    b) Nun sei p = 0,5. Liegt die Wahrscheinlichkeit, dass der Spieler höchstens 3 der 10 Freischüsse verschießt, über 20%?

4. Anwendungen und Tabellen der Binomialverteilung

Der Rechenaufwand bei der Kalkulation von Bernoulliketten nimmt mit der Kettenlänge zu. Das Vorgehen nur mit der Bernoulliformel dauert dann zu lange. Schneller geht es mit Tabellen zur Binomialverteilung, wie sie auf den Seiten 286 ff. dargestellt sind.

A. Tabellen zur Binomialverteilung: B (n; p; k)

▶ **Beispiel: Würfelwurf**
Ein fairer Würfel wird zehnmal geworfen.
Wie groß ist die Wahrscheinlichkeit, dass genau viermal die Sechs kommt?

Lösung mit der Formel:
X sei die Anzahl der Sechsen bei n = 10 Würfen. Gesucht ist $P(X = 4) = B\left(10; \frac{1}{6}; 4\right)$.

Die nebenstehende, mit Hilfe des Taschenrechners durchgeführte Rechnung liefert das Resultat: Die gesuchte Wahrscheinlichkeit beträgt ca. 5,43 %.

Anwendung der Bernoulli-Formel:

$$P(X = 4) = B\left(10; \frac{1}{6}; 4\right)$$
$$= \binom{10}{4} \cdot \left(\frac{1}{6}\right)^4 \cdot \left(\frac{5}{6}\right)^6$$
$$\approx 210 \cdot 0{,}000\,772 \cdot 0{,}334\,898$$
$$\approx 0{,}0543 = 5{,}43\,\%$$

Lösung mit der Tabelle:
In der Tabelle auf den Seiten 286 und 287 ist die einfache Binomialverteilung für n = 2 bis n = 10, n = 15 und n = 20 dargestellt. Die Wahrscheinlichkeit $P(X = 4) = B\left(10; \frac{1}{6}; 4\right)$ bestimmen wir wie folgt:

Schritt 1: Wir suchen am linken Seitenrand in der Spalte für die Versuchszahl n den Tabellenblock für n = 10 auf. Es ist der erste Block auf Seite 287.

$B\left(10; \frac{1}{6}; 4\right)$

n	k	0,02	0,03	0,04	0,05	0,10	1/6	0,20	0,25	0,30	1/3	0,40	0,50	n
	0	0,8171	7374	6648	5987	3487	1615	1074	0563	0282	0173	0060	0010	10
	1	1667	2281	2770	3151	3874	3230	2684	1877	1211	0867	0403	0098	9
	2	0153	0317	0519	0746	1937	2907	3020	2816	2335	1951	1209	0439	8
	3	0008	0026	0058	0105	0574	1550	2013	2503	2668	2601	2150	1172	7
	4		0001	0004	0010	0112	0543	0881	1460	2001	2276	2508	2051	6
10	5				0001	0015	0130	0264	0584	1029	1366	2007	2461	5	10
	6					0001	0022	0055	0162	0368	0569	1115	2051	4
	7						0002	0008	0031	0090	0163	0425	1172	3
	8							0001	0004	0014	0030	0106	0439	2
	9									0001	0003	0016	0098	1
	10											0001	0110	0

Schritt 2: Innerhalb dieses Blocks suchen wir die Zelle auf, die zur Spalte $p = \frac{1}{6}$ und zur Zeile k = 4 gehört. In dieser Zelle steht der Eintrag 0543, der die ersten vier Nachkommastellen des Ergebnisses angibt und daher als 0,0543 zu interpretieren ist.

▶ Resultat: $P(X = 4) = B\left(10; \frac{1}{6}, 4\right) \approx 0{,}0543$.

Anwendung der Tabelle für p > 0,5:

Man kann immer dann wie im vorigen Beispiel vorgehen, wenn wie dort p ≤ 0,5 gilt.
Für p > 0,5 muss man anstelle der am linken und oberen Tabellenrand positionierten Eingänge für n, k und p die am rechten und unteren Rand angeordneten Eingänge verwenden, die zusätzlich auch blau unterlegt sind.

Diese platzsparende Möglichkeit beruht auf der Symmetrie der Binomialverteilung bzw. präziser ausgedrückt auf der Gleichung B(n; p; k) = B(n; 1 − p; n − k).

▶ **Beispiel: Glücksrad**
Durch neunmaliges Drehen des abgebildeten Glücksrades entsteht eine neunstellige Zahl. Mit welcher Wahrscheinlichkeit enthält sie sieben Primzahlziffern?

Lösung:
X sei die Anzahl der getroffenen Primzahlen.
Wir suchen P(X = 7) = B(9; 0,6; 7):
Wir suchen am rechten Rand der Tabelle den blauen Block für n = 9. In diesem Block suchen wir die Zelle, die zu den „blauen" Parametern p = 0,60 und k = 7 gehört.
Dort steht der Eintrag 1612. Daher gilt:
▶ P(X = 7) = B(9; 0,6; 7) ≈ 0,1612 = 16,12%

Anwendung der Tabelle für p = 0,6:
P(X = 7) = B(9; 0,6; 7)
= 0,1612
= 16,12%

Übung 1
15 Personen warten auf den Bus. Wie groß ist die Wahrscheinlichkeit dafür, dass unter den Wartenden genau doppelt so viele Männer wie Frauen sind, wenn man annimmt, dass im statistischen Durchschnitt der Frauenanteil an Haltestellen 50% (40%) beträgt?

Übung 2
Ein Betrieb produziert elektronische Bauelemente. Erfahrungsgemäß sind 10% der produzierten Bauteile defekt. Der laufenden Produktion werden 9 Bauteile entnommen.
a) Wie groß ist die Wahrscheinlichkeit dafür, dass genau zwei der 9 Bauteile defekt sind?
b) Mit welcher Wahrscheinlichkeit ist höchstens eines der 9 Bauteile defekt?

Übung 3
Eine medizinische Therapie schlägt im Mittel in 70% aller Anwendungsfälle an. Eine Klinik behandelt 20 Patienten. Es ist also statistisch zu erwarten, dass die Therapie in genau 14 Fällen wirkt. Wie wahrscheinlich ist es, dass dieser Ausgang tatsächlich eintritt?

B. Tabellen zur kumulierten Binomialverteilung: F(n; p; k)

In den obigen Beispielen wurde in der Regel die Wahrscheinlichkeit P(X = k) für eine einzige Trefferzahl k berechnet. Im Folgenden geht es um die Wahrscheinlichkeit dafür, dass die Trefferzahl einen gegebenen Wert k nicht übersteigt, also um die Intervallwahrscheinlichkeit P(X ≤ k). Dafür müssten die Wahrscheinlichkeiten P(X = 0), P(X = 1), …, P(X = k) berechnet werden, was für großes k einen enormen Arbeitsaufwand darstellen würde. Hierfür gibt es aber auch eine tabellarische Lösung, die Tabelle zur sog. *kumulierten Binomialverteilung* (s. S. 288 ff.).

▶ **Beispiel: Spiel**
Bei einem Spiel wird 20-mal eine faire Münze geworfen.
Man gewinnt, wenn man höchstens fünfmal Kopf wirft.
a) Wie groß ist die Gewinnwahrscheinlichkeit?
b) Der Einsatz beträgt 1 €, im Gewinnfall erhält man 30 €. Ist das Spiel fair?

Lösung zu a):
X sei die Anzahl der Kopfwürfe bei n = 20 Münzwürfen. Zunächst bestimmen wir die Gewinnwahrscheinlichkeit P(X ≤ 5).

Diese Wahrscheinlichkeit kann man als Summe der sechs Punktwahrscheinlichkeiten P(X = 0), P(X = 1), …, P(X = 5) berechnen, die man einzeln mit der Bernoulliformel oder mit der Tabelle für die Binomialverteilung B(20; 0,5; k) bestimmen müsste.

Es geht aber auch mit weniger Aufwand, indem wir die F-Tabelle für die sog. kumulierte Binomialverteilung verwenden. Hier müssen wir nur einen Wert ablesen, nämlich F(20; 0,5; 5) (s. S. 292).
So erhalten wir:
$P(X \leq 5) = F\left(20; \frac{1}{2}; 5\right) = 0{,}0207 = 2{,}07\,\%$.

Lösung zu b):
Bei 100 Spielen wird man im Mittel nur 2 gewinnen. Also würden 100 € Einsatz nur 60 € Gewinn gegenüberstehen. Das Spiel
▶ ist also ungünstig für den Spieler.

Lösung von a) mit der B-Tabelle:
$P(X = 0) = B\left(20; \frac{1}{2}; 0\right) = 0{,}0000$
$P(X = 1) = B\left(20; \frac{1}{2}; 1\right) = 0{,}0000$
$P(X = 2) = B\left(20; \frac{1}{2}; 2\right) = 0{,}0002$
$P(X = 3) = B\left(20; \frac{1}{2}; 3\right) = 0{,}0011$
$P(X = 4) = B\left(20; \frac{1}{2}; 4\right) = 0{,}0046$
$P(X = 5) = B\left(20; \frac{1}{2}; 5\right) = 0{,}0148$
—————————
$P(X \leq 5) = 0{,}0207 = 2{,}07\,\%$

Lösung von a) mit der F-Tabelle:
$P(X \leq 5) = F\left(20; \frac{1}{2}; 5\right) = 0{,}0207 = 2{,}07\,\%$

Lösung von b):
Einsatz bei 100 Spielen: 100 €
Auszahlung bei 100 Spielen: 60 €
—————————
Verlust bei 100 Spielen: 40 €
Verlust pro Spiel: 0,40 €

Übung 4
Eine Fabrik produziert Autoreifen: Im Durchschnitt weisen 10 % der Reifen eine Unwucht auf, die bei der Montage korrigiert wird. Ein Montagebetrieb erhält eine Lieferung von 50 Reifen. Mit welcher Wahrscheinlichkeit enthält die Lieferung höchstens sechs Reifen mit Unwucht?

Die Tabelle zur kumulierten Binomialverteilung kann auch dann angewendet werden, wenn für die zu Grunde liegende Trefferwahrscheinlichkeit die Ungleichung p > 0,5 gilt. Man kann sich dann der blau unterlegten Tabelleneingänge bedienen. Allerdings liefern diese Eingänge nicht die gesuchte Wahrscheinlichkeit, sondern die Gegenwahrscheinlichkeit.

▶ **Beispiel:** Eine Gärtnerei in Alaska verkauft Ananassamen. Die Keimfähigkeit wird mit 80% beziffert. Ein Liebhaber kauft 18 Samen. Mit welcher Wahrscheinlichkeit entwickeln sich nur 10 oder weniger Samen zu einem Ananasbaum?

Lösung:
X sei die Anzahl der keimfähigen unter den 18 gekauften Samen.
Gesucht ist die Wahrscheinlichkeit $P(X \leq 10) = F(18; 0{,}8; 10)$.

Wegen p > 0,5 verwenden wir in der Tabelle zur kumulierten Binomialverteilung die blau unterlegten Eingänge.
Die den „blauen Parametern" n = 18, p = 0,8 und k = 10 zugeordnete Zelle enthält den Eintrag 9837.
Also ist 0,9837 die Gegenwahrscheinlichkeit der gesuchten Wahrscheinlichkeit.
Daher gilt:
$F(18; 0{,}8; 10) \approx 1 - 0{,}9837 = 0{,}0163$.
Die Wahrscheinlichkeit, dass sich höchstens 10 Samen entwickeln, beträgt nur ca.
▶ 1,63%.

Gesuchte Wahrscheinlichkeit:
$F(18; 0{,}8; 10)$

Blaue Eingänge verwenden (wegen p > 0,5)!
n = 18; p = 0,8; k = 10

Abgelesener Tabellenwert:
0,9837

Resultat:
$F(18; 0{,}8; 10) \approx 1 - 0{,}9837 = 0{,}0163$

Begründen kann man dieses Verfahren folgendermaßen: Gesucht sei F(n; p; k) mit p > 0,5. Gehört eine Zelle zu den „blauen Eingangsparametern" n, p und k, so gehört sie, wovon man sich durch einen Blick überzeugen kann, zu den „weißen Eingangsparametern" n, 1 − p, n − k − 1. Daher steht in dieser Zelle die Wahrscheinlichkeit F(n; 1 − p; n − k − 1).
Nun aber gilt:
F(n; p; k) = P(Trefferzahl ≤ k) = 1 − P(Trefferzahl ≥ k + 1) = 1 − P(Nietenzahl ≤ n − (k + 1))
= 1 − F(n; 1 − p; n − k − 1).

Also stellt der aus der Zelle entnommene Wahrscheinlichkeitswert gerade die Gegenwahrscheinlichkeit der gesuchten Wahrscheinlichkeit dar.

Übung 5
Eine Münze ist derart gefälscht, dass die Wahrscheinlichkeit für Kopf auf 70% erhöht ist.
a) Wie groß ist die Wahrscheinlichkeit, dass bei 20 Würfen dennoch höchstens 10-mal Kopf kommt?
b) Einem Spieler wird angeboten, bei einem Einsatz von 2€ die Münze 50-mal zu werfen. 20€ werden ausgezahlt, wenn es ihm gelingt, nicht mehr als 30-mal Kopf zu werfen. Ist das Spiel günstig für diesen Spieler?
c) Das Spiel aus Teilaufgabe b soll fair werden. Wie muss die Höhe des Einsatzes festgelegt werden?

C. Binomialverteilung mit TR

Einige Taschenrechner ermöglichen die Berechnung sowohl der Funktionswerte B(n;p;k) der Binomialverteilung als auch der Werte F(n;p;k) der kumulierten Binomialverteilung. Es ist nicht erforderlich, diese Funktionen über die Aufsummierung von Produkten aus Binomialkoeffizienten und Potenzen von p und 1 − p nach der Formel von Bernoulli zu berechnen. Die Verwendung von Tabellen zur Binomialverteilung erübrigt sich damit. Im folgenden wird die Verwendung eines Computer-Algebra-Systems (CAS) demonstriert.

> **Beispiel: Binomialverteilung**
> Bestimmen Sie die Wahrscheinlichkeit, dass bei einem Test mit 100 Fragen und jeweils 6 Antwortmglichkeiten durch zufälliges Ankreuzen genau 20 Fragen korrekt beantwortet sind (bzw. höchstens 30, mindestens 30, mindestens 3 und höchstens 8).

Lösung:
Der Versuch kann als Bernoulli-Kette aufgefasst werden, da sich bei zufälligem Ankreuzen die Wahrscheinlichkeit nicht ändert. Das Problem kann also durch die Berechnung von entsprechenden Funktionswerten von B(n;p;k) bzw. F(n;p;k) gelst werden.

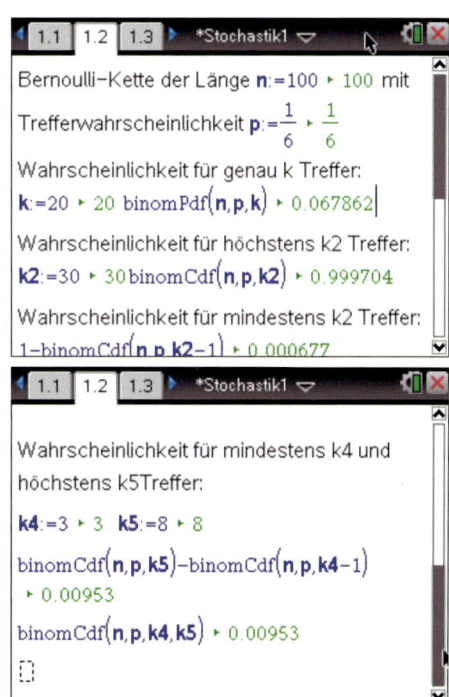

Auf Notes- oder Calculator-Seiten verwendet man für die Binomialverteilung die folgenden Funktionen:
binomPdf(n,p,k) zur Berechnung von
$P(X = k) = B(n;p;k)$,
binomCdf(n,p,k) zur Berechnung von
$P(X \leq k) = \sum_{i=0}^{k} B(n;p;i)$ bzw.
binomCdf(n,p,a,b) zur Berechnung von
$P(a \leq X \leq b) = \sum_{i=a}^{b} B(n;p;i)$.
Beide Funktionen kann man direkt eingeben oder mit (menu) Wahrscheinlichkeit ▶ Verteilungen oder im Katalog bei den Funktionen auswählen.
Im vorliegenden Fall hat die Bernoulli-Kette die Länge 100 und die Trefferwahrscheinlichkeit $p = \frac{1}{6}$.
Ergebnis:
$P(X = 20) \approx 6{,}8\%$, $P(X \leq 30) \approx 99{,}97\%$,
▶ $P(X \geq 30) \approx 0{,}07\%$, $P(3 \leq X \leq 8) \approx 0{,}95\%$.

Übung 6

Ein Ikosaeder, dessen Oberfläche aus 20 kongruenten gleichseitigen Dreiecken besteht, sei mit den Zahlen von 1 bis 10 beschriftet, wobei die 6 und die 10 jeweils sechsmal vorkommen. Dieser „Würfel" wird fünfhundertmal geworfen. Es soll die Wahrscheinlichkeit der folgenden Ereignisse bestimmt werden: a) Genau hundertmal wird die 10, b) mindestens zehnmal die 1, c) mehr als 70-mal die 7, d) zwischen 80- und 120-mal die 6 geworfen.

▶ **Beispiel: Erwartungswert und Standardabweichung bei einer Binomialverteilung**
Auf einem Glücksrad gibt es sieben gleich große Felder, vier sind weiß, zwei rot und eins schwarz. Wie oft ist die Farbe rot zu erwarten, wenn das Glücksrad hundertmal gedreht wird? Geben Sie auch die Standardabweichung an.

Lösung:
Der Erwartungswert $m = E(X) = n \cdot p$ und die durch $\sigma(X) = \sqrt{n \cdot p \cdot (1-p)}$ definierte Standardabweichung einer mit den Parametern n und p binomialverteilten Zufallsgröße X können als Funktionen my(n,p) und sigma(n,p) im CAS definiert und anschließend verwendet werden. Für $n = 100$ und $p = \frac{2}{7}$ erhält man den Erwartungswert 28,5714 und die Standardabweichung 4,51754. Es ist also ca. 29-mal bei
▶ 100 Versuchen die Farbe rot zu erwarten.

Übung 7
Bei einer speziellen Sorte von Tulpensamen beträgt die Keimfähigkeit 93 %. In einer Tüte befinden sich 87 Samen, die alle in einem Park ausgesät werden. Wie viele Tulpenpflanzen sind zu erwarten? Geben Sie auch die Standardabweichung an.

Beliebt ist die Frage, wie oft man einen Bernoulli-Versuch *mindestens* wiederholen müsste, um mit einer vorgegebenen Wahrscheinlichkeit von z. B. *mindestens* 95 % *mindestens* einen Treffer mit einer vorgegebenen Trefferwahrscheinlichkeit p zu erzielen. Das Gegenereignis dazu, mindestens einen Treffer zu erzielen, ist genau null Treffer zu erzielen. Die Wahrscheinlichkeit des Gegenereignisses ist leicht zu bestimmen: $P(X = 0) = B(n, p, 0) = \binom{n}{0} \cdot p^0 \cdot (1-p)^{n-0} = (1-p)^n$.
Folglich muss gelten: $(1-p)^n \leq 1 - 0{,}95 = 0{,}05$.

▶ **Beispiel: „Mindestens-mindestens-mindestens-Aufgabe"**
Wie oft müsste man einen Bernoulli-Versuch mindestens wiederholen, um mit einer Wahrscheinlichkeit von mindestens 95 % mindestens einen Treffer bei einer Trefferwahrscheinlichkeit von $p = \frac{1}{4}$ zu erzielen?

Lösung:
Nach den vorstehenden Überlegungen ergibt sich für unser Problem die Ungleichung $(1-p)^n \leq 1 - a$ mit $a = 0{,}95$.
Auf einer Notes-Seite kann man die Eingabe der Werte für $a = 0{,}95$ und $p = \frac{1}{4}$ und die Berechnung der unteren Schranke für n in Math-Boxen einfgen.
▶ Das CAS liefert $n \geq 10{,}4133$, also $n \geq 11$.

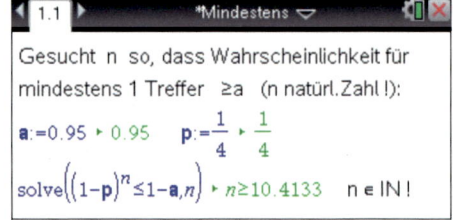

D. Anwendungsaufgaben

In den vorhergehenden Beispielen dieses Abschnitts wurden stets Wahrscheinlichkeiten der Form $P(X \leq k)$ bestimmt. Dieser Fall ist in der Tabelle zur kumulierten Binomialverteilung erfasst. Diverse anders strukturierte Fälle lassen sich ohne Schwierigkeiten auf diesen einen tabellierten Fall zurückführen. Wir zeigen dies anhand eines Beispiels.

▶ **Beispiel:** Ein Multiple-Choice-Test besteht aus 20 Fragen mit jeweils 5 Antwortmöglichkeiten, von denen stets genau eine richtig ist. Der Kandidat absolviert den Test, indem er zu jeder Frage auf gut Glück eine der Antwortmöglichkeiten ankreuzt.
Mit welcher Wahrscheinlichkeit erzielt er
1. höchstens 8 richtige Antworten,
2. genau 4 richtige Antworten,
3. mindestens 6 richtige Antworten,
4. 3 bis 8 richtige Antworten?

Lösung:
X sei die Anzahl der Fragen, die der Kandidat richtig beantwortet. Die Trefferwahrscheinlichkeit beträgt $p = 0{,}2$.

1. Gesucht ist die Wahrscheinlichkeit $P(X \leq 8)$ für ein **linksseitiges Intervall**. Dies ist der Standardfall. Wir können die gesuchte Wahrscheinlichkeit unmittelbar aus der Tabelle zur kumulierten Binomialverteilung entnehmen (S. 292).

$$P(X \leq 8) = F(20; 0{,}2; 8)$$
$$\approx 0{,}9900$$
$$= 99\%$$

2. Gesucht ist die **Wahrscheinlichkeit** $P(X = 4)$. Wir können diese unmittelbar aus der Tabelle zur Binomialverteilung (S. 287) als $B(20; 0{,}2; 4)$ ablesen. Wir können sie aber auch als Differenz zweier aufeinander folgender kumulierter Wahrscheinlichkeiten aus der Tabelle von S. 292 bestimmen.

$$P(X = 4) = B(20; 0{,}2; 4)$$
$$\approx 0{,}2182 = 21{,}82\%$$

oder

$$P(X = 4) = F(20; 0{,}2; 4) - F(20; 0{,}2; 3)$$
$$\approx 0{,}6296 - 0{,}4114$$
$$= 0{,}2182 = 21{,}82\%$$

3. Gesucht ist die Wahrscheinlichkeit $P(X \geq 6)$ für ein **rechtsseitiges Intervall**. Wir können diese Wahrscheinlichkeit als Gegenwahrscheinlichkeit von $P(X \leq 5)$ bestimmen.

$$P(X \geq 6) = 1 - P(X \leq 5)$$
$$= 1 - F(20; 0{,}2; 5)$$
$$\approx 1 - 0{,}8042$$
$$= 0{,}1958 = 19{,}58\%$$

4. Gesucht ist die Intervallwahrscheinlichkeit $P(3 \leq X \leq 8)$. Wir können diese Wahrscheinlichkeit wiederum als Differenz zweier kumulierter Wahrscheinlichkeiten aus der Tabelle (S. 292) bestimmen.

$$P(3 \leq X \leq 8) = P(X \leq 8) - P(X \leq 2)$$
$$= F(20; 0{,}2; 8) - F(20; 0{,}2; 2)$$
$$\approx 0{,}9900 - 0{,}2061$$
$$= 0{,}7839 = 78{,}39\%$$

◀

Übungen

8. Auf Robinsons Insel ist täglich entweder schönes oder schlechtes Wetter. Mit einer Wahrscheinlichkeit von 80% scheint die Sonne. Die Regenwahrscheinlichkeit beträgt 20%. Donald besucht Robinson für eine Woche. Mit welcher Wahrscheinlichkeit ist
 a) der erste Tag verregnet?
 b) die ganze Woche schönes Wetter?
 c) genau ein Tag verregnet?
 d) an genau zwei Tagen Regenwetter?
 e) an mindestens zwei Tagen Regenwetter?
 f) an höchstens zwei Tagen Regenwetter?
 g) Donald hat auf 20 Tage Urlaub verlängert. Mit welcher Wahrscheinlichkeit erlebt er mehr Sonnen- als Regentage?
 h) Für wie viele Tage müsste er mindestens buchen, um die Wahrscheinlichkeit für mindestens einen schönen Tag auf mindestens 99,99% zu sichern?

9. Der Torwart von FC Sieglos kann von 10 Elfmetern durchschnittlich 3 abwehren.
Bei einem Elfmeterschießen werden 8 Elfmeter auf das Tor der Siegloser Mannschaft geschossen. Berechnen Sie die Wahrscheinlichkeit dafür, dass mehr Schüsse treffen als abgewehrt werden können.

10. Die Einsatzbereitschaft jeder der 10 Feuerwehrwachen einer Stadt beträgt 60%. Berechnen Sie die Wahrscheinlichkeit, dass beim Ausbruch eines Großbrandes
 a) genau drei Wachen einsatzbereit sind,
 b) mindestens acht Wachen einsatzbereit sind,
 c) weniger als drei Wachen einsatzbereit sind,
 d) nur die drei Wachen am Südtor, am Bahnhof und am Hühnerberg einsatzbereit sind.

11. Eine neue Diät soll mit einer Wahrscheinlichkeit von 80% zu einer Gewichtsabnahme von mindestens 10 kg innerhalb eines Monats führen.
Die 20 übergewichtigen Mitglieder des Schützenvereins wenden die Diät an.
Bestimmen Sie die Wahrscheinlichkeit dafür, dass
 a) mindestens ein Mitglied das Ziel nicht schafft,
 b) höchstens 10 Mitglieder Erfolg haben,
 c) mindestens 13, aber weniger als 18 das Ziel erreichen.
 d) Johannes, Thomas und eines der beiden Mitglieder namens Günther es nicht schaffen.

12. Beim 18-maligen Werfen eines fairen Würfels erwartet man im Mittel dreimal die Sechs.
   a) Wie wahrscheinlich ist es, dass dieser Erwartungswert tatsächlich eintritt bzw. dass er nicht eintritt bzw. dass er überschritten wird?
   b) Wie wahrscheinlich ist es, dass die Anzahl der Sechsen den Erwartungswert um höchstens 1 unterschreitet (um höchstens 1 überschreitet)?
   c) Wie wahrscheinlich ist eine Unterschreitung um mindestens 2 (eine Überschreitung um mindestens 2)?
   d) Lösen Sie die Fragen a bis c für den Fall, dass der Würfel 12-mal geworfen wird.
   e) Lösen Sie die Fragen a bis c für den Fall, dass der Würfel 50-mal geworfen wird.

13. Ein medizinisches Haarwaschmittel enthält Selen-(IV)-Sulfid. Dieser Inhaltsstoff führt bei ca. 3 % der Patienten zu einer nicht erwünschten Nebenwirkung in Form einer lokalen allergischen Reaktion. Ein Arzt behandelt pro Jahr durchschnittlich 10 Patienten mit diesem Mittel.
   a) Wie groß ist die Wahrscheinlichkeit, dass der Arzt innerhalb eines Jahres wenigstens einen Patienten sieht, der allergisch reagiert?
   b) Der Arzt glaubt, sich erinnern zu können, die besagte Allergie innerhalb der letzten 8 Jahre bei insgesamt 80 Anwendungsfällen ca. 4-mal bis 7-mal beobachtet zu haben. Ist es wahrscheinlich, dass diese Angaben den tatsächlichen Gegebenheiten entsprechen?

14. Das Spiel Superhirn – auch Mastermind genannt – ist ein interessantes Denk- und Taktikspiel für zwei Personen. Mit vier Farben wird vom ersten Spieler mithilfe von Plastikknöpfen ein vierstelliger Farbcode gebildet, wobei die Reihenfolge eine Rolle spielt. Es ist erlaubt, ein- und dieselbe Farbe mehrfach zu verwenden. Der zweite Spieler muss den Code herausfinden (die richtigen Farben an den richtigen Positionen). Dazu macht er in der ersten Runde einen simplen Rateversuch.

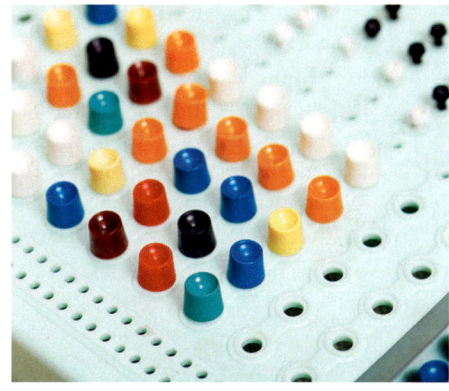

   a) Wie groß ist die Wahrscheinlichkeit, dass er bei diesem Rateversuch die richtige Kombination auf Anhieb errät?
   b) Welche Anzahl von richtig erratenen Stellen ist am wahrscheinlichsten?
   c) Wie wahrscheinlich ist es, dass der zweite Spieler zwei bis drei Stellen richtig rät?

15. Otto und Egon werfen 20-mal zwei Münzen mit einem Wurf. Otto wettet 10 €, dass das Ergebnis „doppelter Kopfwurf" dreimal bis viermal kommt. Egon setzt 20 € dagegen.
   a) Wessen Gewinnerwartung ist günstiger?
   b) Wie lautet das Resultat, wenn beide Münzen 50-mal geworfen werden?

16. 30% aller Schüler haben schadhafte Zähne. Der Schulzahnarzt untersucht an einem Tag die 20 Schüler der dritten Klasse.

a) Berechnen Sie die Wahrscheinlichkeiten der folgenden Ereignisse:
A: Keiner der Schüler hat Zahnschäden.
B: Nur die ersten vier untersuchten Schüler haben Zahnschäden.
C: Mindestens einer, aber höchstens fünf Schüler haben Zahnschäden.

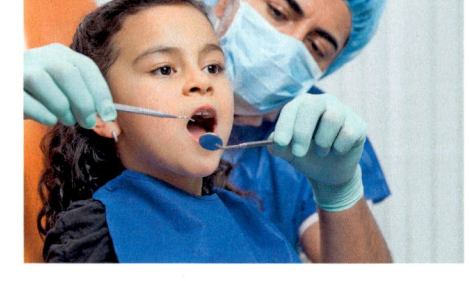

b) Welche Zahl von Schülern mit schadhaften Zähnen wird bei der Untersuchung der 20 Schüler am wahrscheinlichsten aufgefunden?

c) Wie viele Schüler muss der Arzt mindestens untersuchen, damit er mit einer Wahrscheinlichkeit von mindestens 90% wenigstens einen Schüler mit Zahnschäden findet?

17. Im Stadtrat wird über ein wichtiges Projekt abgestimmt. Der Rat hat 20 Mitglieder. Das Projekt wird durchgeführt, wenn mehr als die Hälfte der Mitglieder dafür stimmen.

a) Alle Mitglieder des Stadtrates sind unentschieden. Mit welcher Wahrscheinlichkeit wird das Projekt angenommen?

b) Drei Mitglieder des Stadtrates haben sich abgesprochen. Sie wollen das Projekt unbedingt durchsetzen. Alle anderen sind unentschieden. Mit welcher Wahrscheinlichkeit kommt das Projekt nun zur Durchführung?

18. Beim „Mensch ärgere dich nicht" darf derjenige, der an der Reihe ist, zu Beginn dreimal würfeln. Wenn dabei eine Sechs fällt, darf der Spieler seine Figur auf das Spielbrett setzen. Wie oft muss man mindestens an der Reihe sein, damit die Wahrscheinlichkeit für das Aufsetzen auf mindestens 95% steigt.

19. Knut Bolz schießt auf eine Torwand. Man weiß, dass er im Mittel bei den zwei Schüssen eines Durchgangs zunächst mit 25% oben und dann zu 40% unten trifft.

a) Mit welcher Wahrscheinlichkeit trifft er bei einem Durchgang
  A: oben und unten,
  B: genau einmal,
  C: gar nicht?
b) Nun macht Knut 10 Durchgänge. Mit welcher Wahrscheinlichkeit
  D: trifft er genau zweimal sowohl das obere als auch das untere Loch,
  E: trifft er bei genau 5 Durchgängen weder oben noch unten,
  F: trifft er bei höchstens 2 Durchgängen beide Öffnungen,
  G: Das obere Loch 4-mal bis 6-mal?
c) Wie viele Durchgänge müsste Knut machen, um mit einer Wahrscheinlichkeit von mindestens 99,99% mindestens einmal beide Löcher zu treffen?

20. Der Basketballspieler Dirk Nowitzki trifft von der Freiwurflinie mit einer Wahrscheinlichkeit von 95%. Seine Treffsicherheit bei 3-Punkt-Würfen liegt bei 30%.

a) In einem Spiel bekommt Nowitzki nach Fouls 15 Freiwürfe. Mit welcher Wahrscheinlichkeit punktet er
  A: bei allen Freiwürfen,
  B: bei weniger als 13 Würfen?
b) Mit welcher Wahrscheinlichkeit trifft Dirk bei zehn 3-Punkt-Würfen
  C: mindestens viermal,
  D: höchstens zweimal,
  E: nur beim 8. Versuch?
c) Wie viele 3-Punkt-Würfe benötigt Dirk, um mit mindestens 99% Sicherheit mindestens einmal zu treffen?

21. Nach einem Kälteeinbruch ist die Pünktlichkeit der Züge einer Bahngesellschaft auf 80% gesunken.
a) Wie groß ist die Wahrscheinlichkeit, dass
  A: der Zug eines Pendlers an allen 5 Arbeitstagen einer Woche pünktlich ist,
  B: von 20 Zügen mindestens 14 und höchstens 17 pünktlich sind?
b) Wie viele Züge müssen mindestens geprüft werden, damit mit 99% Wahrscheinlichkeit mindestens einer davon verspätet ist?

Binomialverteilung

$$B(n; p; k) = \binom{n}{k} p^k (1-p)^{n-k}$$

n	k	0,02	0,03	0,04	0,05	0,10	1/6	0,20	0,25	0,30	1/3	0,40	0,50		n
2	0	0,9604	9409	9216	9025	8100	6944	6400	5625	4900	4444	3600	2500	2	2
	1	0392	0582	0768	0950	1800	2778	3200	3750	4200	4444	4800	5000	1	
	2	0004	0009	0016	0025	0100	0278	0400	0625	0900	1111	1600	2500	0	
3	0	0,9412	9127	8847	8574	7290	5787	5120	4219	3430	2963	2160	1250	3	3
	1	0576	0847	1106	1354	2430	3472	3840	4219	4410	4444	4320	3750	2	
	2	0012	0026	0046	0071	0270	0694	0960	1406	1890	2222	2880	3750	1	
	3			0001	0001	0010	0046	0080	0156	0270	0370	0640	1250	0	
4	0	0,9224	8853	8493	8145	6561	4823	4096	3164	2401	1975	1296	0625	4	4
	1	0753	1095	1416	1715	2916	3858	4096	4219	4116	3951	3456	2500	3	
	2	0023	0051	0088	0135	0486	1157	1536	2109	2646	2963	3456	3750	2	
	3		0001	0002	0005	0036	0154	0256	0469	0756	0988	1536	2500	1	
	4				0001	0001	0008	0016	0039	0081	0123	0256	0625	0	
5	0	0,9039	8587	8154	7738	5905	4019	3277	2373	1681	1317	0778	0313	5	5
	1	0922	1328	1699	2036	3281	4019	4096	3955	3602	3292	2592	1563	4	
	2	0038	0082	0142	0214	0729	1608	2048	2637	3087	3292	3456	3125	3	
	3	0001	0003	0006	0011	0081	0322	0512	0879	1323	1646	2304	3125	2	
	4					0005	0032	0064	0146	0284	0412	0768	1563	1	
	5						0001	0003	0010	0024	0041	0102	0313	0	
6	0	0,8858	8330	7828	7351	5314	3349	2621	1780	1176	0878	0467	0156	6	6
	1	1085	1546	1957	2321	3543	4019	3932	3560	3025	2634	1866	0938	5	
	2	0055	0120	0204	0305	0984	2009	2458	2966	3241	3292	3110	2344	4	
	3	0002	0005	0011	0021	0146	0536	0819	1318	1852	2195	2765	3125	3	
	4				0001	0012	0080	0154	0330	0595	0823	1382	2344	2	
	5					0001	0006	0015	0044	0102	0165	0369	0938	1	
	6							0001	0002	0007	0014	0041	0156	0	
7	0	0,8681	8080	7514	6983	4783	2791	2097	1335	0824	0585	0280	0078	7	7
	1	1240	1749	2192	2573	3720	3907	3670	3115	2471	2048	1306	0547	6	
	2	0076	0162	0274	0406	1240	2344	2753	3115	3177	3073	2613	1641	5	
	3	0003	0008	0019	0036	0230	0781	1147	1730	2269	2561	2903	2734	4	
	4			0001	0002	0026	0156	0287	0577	0972	1280	1935	2734	3	
	5					0002	0019	0043	0115	0250	0384	0774	1641	2	
	6						0001	0004	0001	0036	0064	0172	0547	1	
	7								0001	0002	0005	0016	0078	0	
8	0	0,8508	7837	7214	6634	4305	2326	1678	1001	0576	0390	0168	0039	8	8
	1	1389	1939	2405	2793	3826	3721	3355	2670	1977	1561	0896	0313	7	
	2	0099	0210	0351	0515	1488	2605	2936	3115	2965	2731	2090	1094	6	
	3	0004	0013	0029	0054	0331	1042	1468	2076	2541	2731	2787	2188	5	
	4		0001	0002	0004	0046	0260	0459	0865	1361	1707	2322	2734	4	
	5					0004	0042	0092	0231	0467	0683	1239	2188	3	
	6						0004	0011	0038	0100	0171	0413	1094	2	
	7							0001	0004	0012	0024	0079	0313	1	
	8									0001	0002	0007	0039	0	
9	0	0,8337	7602	6925	6302	3874	1938	1342	0751	0404	0260	0101	0020	9	9
	1	1531	2116	2597	2985	3874	3489	3020	2253	1556	1171	0605	0176	8	
	2	0125	0262	0433	0629	1722	2791	3020	3003	2668	2341	1612	0703	7	
	3	0006	0019	0042	0077	0446	1302	1762	2336	2668	2731	2508	1641	6	
	4		0001	0003	0006	0074	0391	0661	1168	1715	2048	2508	2461	5	
	5					0008	0078	0165	0389	0735	1024	1672	2461	4	
	6					0001	0010	0028	0087	0210	0341	0743	1641	3	
	7						0001	0003	0012	0039	0073	0212	0703	2	
	8								0001	0004	0009	0035	0176	1	
	9										0001	0003	0020	0	
n		0,98	0,97	0,96	0,95	0,90	5/6	0,80	0,75	0,70	2/3	0,60	0,50	k	n

Für p ≥ 0,5 verwendet man den blau unterlegten Eingang.

Binomialverteilung

$$B(n; p; k) = \binom{n}{k} p^k (1-p)^{n-k}$$

n	k	0,02	0,03	0,04	0,05	0,10	1/6	0,20	0,25	0,30	1/3	0,40	0,50		n
10	0	0,8171	7374	6648	5987	3487	1615	1074	0563	0282	0173	0060	0010	10	10
	1	1667	2281	2770	3151	3874	3230	2684	1877	1211	0867	0403	0098	9	
	2	0153	0317	0519	0746	1937	2907	3020	2816	2335	1951	1209	0439	8	
	3	0008	0026	0058	0105	0574	1550	2013	2503	2668	2601	2150	1172	7	
	4		0001	0004	0010	0112	0543	0881	1460	2001	2276	2508	2051	6	
	5				0001	0015	0130	0264	0584	1029	1366	2007	2461	5	
	6					0001	0022	0055	0162	0368	0569	1115	2051	4	
	7						0002	0008	0031	0090	0163	0425	1172	3	
	8							0001	0004	0014	0030	0106	0439	2	
	9									0001	0003	0016	0098	1	
	10											0001	0010	0	
15	0	0,7386	6333	5421	4633	2059	0649	0352	0134	0047	0023	0005	0000	15	15
	1	2261	2938	3388	3658	3432	1947	1319	0668	0305	0171	0047	0005	14	
	2	0323	0636	0988	1348	2669	2726	2309	1559	0916	0599	0219	0032	13	
	3	0029	0085	0178	0307	1285	2363	2501	2252	1700	1299	0634	0139	12	
	4	0002	0008	0022	0049	0428	1418	1876	2252	2186	1948	1268	0417	11	
	5			0001	0002	0006	0105	0624	1032	1651	2061	2143	1859	0916	10	
	6					0019	0208	0430	0917	1472	1786	2066	1527	9	
	7					0003	0053	0138	0393	0811	1148	1771	1964	8	
	8						0011	0035	0131	0348	0574	1181	1964	7	
	9						0002	0007	0034	0116	0223	0612	1527	6	
	10							0001	0007	0030	0067	0245	0916	5	
	11								0001	0006	0015	0074	0417	4	
	12									0001	0003	0016	0139	3	
	13											0003	0032	2	
	14												0005	1	
	15													0	
20	0	0,6676	5438	4420	3585	1216	0261	0115	0032	0008	0003	0000	0000	20	20
	1	2725	3364	3683	3774	2702	1043	0576	0211	0068	0030	0005	0000	19	
	2	0528	0988	1458	1887	2852	1982	1369	0669	0278	0143	0031	0002	18	
	3	0065	0183	0364	0596	1901	2379	2054	1339	0716	0429	0123	0011	17	
	4	0006	0024	0065	0133	0898	2022	2182	1897	1304	0911	0350	0046	16	
	5		0002	0009	0022	0319	1294	1746	2023	1789	1457	0746	0148	15	
	6			0001	0003	0089	0647	1091	1686	1916	1821	1244	0370	14	
	7					0020	0259	0545	1124	1643	1821	1659	0739	13	
	8					0004	0084	0222	0609	1144	1480	1797	1201	12	
	9					0001	0022	0074	0270	0654	0987	1597	1602	11	
	10						0005	0020	0099	0308	0543	1171	1762	10	
	11						0001	0005	0030	0120	0247	0710	1602	9	
	12							0001	0008	0039	0092	0355	1201	8	
	13								0002	0010	0028	0146	0739	7	
	14									0002	0007	0049	0370	6	
	15										0001	0013	0148	5	
	16											0003	0046	4	
	17												0011	3	
	18												0002	2	
	19													1	
	20													0	
n		0,98	0,97	0,96	0,95	0,90	5/6	0,80	0,75	0,70	2/3	0,60	0,50	k	n

Für p ≥ 0,5 verwendet man den blau unterlegten Eingang.

Kumulierte Binomialverteilung

$$F(n; p; k) = B(n; p; 0) + \ldots + B(n; p; k) = \binom{n}{0}p^0(1-p)^{n-0} + \ldots + \binom{n}{k}p^k(1-p)^{n-k}$$

n	k	\ p 0,02	0,03	0,04	0,05	0,10	1/6	0,20	0,25	0,30	1/3	0,40	0,50		n
2	0	0,9604	9409	9216	9025	8100	6944	6400	5625	4900	4444	3600	2500	1	2
	1	9996	9991	9984	9975	9900	9722	9600	9375	9100	8889	8400	7500	0	
3	0	0,9412	9127	8847	8574	7290	5787	5120	4219	3430	2963	2160	1250	2	3
	1	9988	9974	9953	9928	9720	9259	8960	8438	7840	7407	6480	5000	1	
	2			9999	9999	9990	9954	9920	9844	9730	9630	9360	8750	0	
4	0	0,9224	8853	8493	8145	6561	4823	4096	3164	2401	1975	1296	0625	3	4
	1	9977	9948	9909	9860	9477	8681	8192	7383	6517	5926	4752	3125	2	
	2		9999	9998	9995	9963	9838	9728	9492	9163	8889	8208	6875	1	
	3					9999	9992	9984	9961	9919	9877	9744	9375	0	
5	0	0,9039	8587	8154	7738	5905	4019	3277	2373	1681	1317	0778	0313	4	5
	1	9962	9915	9852	9774	9185	8038	7373	6328	5282	4609	3370	1875	3	
	2	9999	9997	9994	9988	9914	9645	9421	8965	8369	7901	6826	5000	2	
	3					9995	9967	9933	9844	9692	9547	9130	8125	1	
	4						9999	9997	9990	9976	9959	9898	9688	0	
6	0	0,8858	8330	7828	7351	5314	3349	2621	1780	1176	0878	0467	0156	5	6
	1	9943	9875	9784	9672	8857	7368	6554	5339	4202	3512	2333	1094	4	
	2	9998	9995	9988	9978	9842	9377	9011	8306	7443	6804	5443	3438	3	
	3				9999	9987	9913	9830	9624	9295	8999	8208	6563	2	
	4					9999	9993	9984	9954	9891	9822	9590	8906	1	
	5						9999	9998	9993	9986	9959	9959	9844	0	
7	0	0,8681	8080	7514	6983	4783	2791	2097	1335	0824	0585	0280	0078	6	7
	1	9921	9829	9706	9556	8503	6698	5767	4450	3294	2634	1586	0625	5	
	2	9997	9991	9980	9962	9743	9042	8520	7564	6471	5706	4199	2266	4	
	3			9999	9998	9973	9824	9667	9294	8740	8267	7102	5000	3	
	4					9998	9980	9953	9871	9712	9547	9037	7734	2	
	5						9999	9996	9987	9962	9931	9812	9375	1	
	6								9999	9998	9995	9984	9922	0	
8	0	0,8508	7837	7214	6634	4305	2326	1678	1001	0576	0390	0168	0039	7	8
	1	9897	9777	9619	9428	8131	6047	5033	3670	2553	1951	1064	0352	6	
	2	9996	9987	9969	9942	9619	8652	7969	6786	5518	4682	3154	1445	5	
	3			9999	9998	9996	9950	9693	9457	8862	8059	7414	5941	3633	4	
	4					9996	9954	9896	9727	9420	9121	8263	6367	3	
	5						9996	9988	9958	9887	9803	9502	8555	2	
	6							9999	9996	9987	9974	9915	9648	1	
	7									9999	9998	9993	9961	0	
9	0	0,8337	7602	6925	6302	3874	1938	1342	0751	0404	0260	0101	0020	8	9
	1	9869	9718	9222	9288	7748	5427	4362	3003	1960	1431	0705	0195	7	
	2	9994	9980	9955	9916	9470	8217	7382	6007	4628	3772	2318	0898	6	
	3			9999	9997	9994	9917	9520	9144	8343	7297	6503	4826	2539	5	
	4					9991	9911	9804	9511	9012	8552	7334	5000	4	
	5					9999	9989	9969	9900	9747	9576	9006	7461	3	
	6						9999	9997	9987	9957	9917	9750	9102	2	
	7								9999	9996	9990	9962	9805	1	
	8	Nicht aufgeführte Werte sind (auf 4 Dez.) 1,0000.									9999	9997	9980	0	
n		0,98	0,97	0,96	0,95	0,90	5/6	0,80	0,75	0,70	2/3	0,60	0,50	k	n

Bei blau unterlegtem Eingang, d. h. $p \geq 0{,}5$ gilt: $F(n; p; k) = 1 -$ abgelesener Wert.

Kumulierte Binomialverteilung

$$F(n; p; k) = B(n; p; 0) + \ldots + B(n; p; k) = \binom{n}{0}p^0(1-p)^{n-0} + \ldots + \binom{n}{k}p^k(1-p)^{n-k}$$

n	k	0,02	0,03	0,04	0,05	0,10	1/6	0,20	0,25	0,30	1/3	0,40	0,50		n
10	0	0,8171	7374	6648	5987	3487	1615	1074	0563	0282	0173	0060	0010	9	10
	1	9838	9655	9418	9139	7361	4845	3758	2440	1493	1040	0464	0107	8	
	2	9991	9972	9938	9885	9298	7752	6778	5256	3828	2991	1673	0547	7	
	3		9999	9996	9990	9872	9303	8791	7759	6496	5593	3823	1719	6	
	4				9999	9984	9845	9672	9219	8497	7869	6331	3770	5	
	5					9999	9976	9936	9803	9527	9234	8338	6230	4	
	6						9997	9991	9965	9894	9803	9452	8281	3	
	7							9999	9996	9984	9966	9877	9453	2	
	8									9999	9996	9983	9893	1	
	9											9999	9990	0	
11	0	0,8007	7153	6382	5688	3138	1346	0859	0422	0198	0116	0036	0005	10	11
	1	9805	9587	9308	8981	6974	4307	3221	1971	1130	0751	0302	0059	9	
	2	9988	9963	9917	9848	9104	7268	6174	4552	3127	2341	1189	0327	8	
	3		9998	9993	9984	9815	9044	8389	7133	5696	4726	2963	1133	7	
	4				9999	9972	9755	9496	8854	7897	7110	5328	2744	6	
	5					9997	9954	9883	9657	9218	8779	7535	5000	5	
	6						9994	9980	9925	9784	9614	9006	7256	4	
	7						9999	9998	9989	9957	9912	9707	8867	3	
	8									9994	9986	9941	9673	2	
	9									9999		9993	9941	1	
	10												9995	0	
12	0	0,7847	6938	6127	5404	2824	1122	0687	0317	0138	0077	0022	0002	11	12
	1	9769	9514	9191	8816	6590	3813	2749	1584	0850	0540	0196	0032	10	
	2	9985	9952	9893	9804	8891	6774	5583	3907	2528	1811	0834	0193	9	
	3	9999	9997	9990	9978	9744	8748	7946	6488	4925	3931	2253	0730	8	
	4			9999	9998	9957	9637	9274	8424	7237	6315	4382	1938	7	
	5					9995	9921	9806	9456	8822	8223	6652	3872	6	
	6						9987	9961	9857	9614	9336	8418	6128	5	
	7						9998	9994	9972	9905	9812	9427	8062	4	
	8							9999	9996	9983	9961	9847	9270	3	
	9									9998	9995	9972	9807	2	
	10											9997	9968	1	
	11												9998	0	
13	0	0,7690	6730	5882	5133	2542	0935	0550	0238	0097	0051	0013	0001	12	13
	1	9730	9436	9068	8646	6213	3365	2336	1267	0637	0385	0126	0017	11	
	2	9980	9938	9865	9755	8661	6281	5017	3326	2025	1387	0579	0112	10	
	3	9999	9995	9986	9969	9658	8419	7473	5843	4206	3224	1686	0461	9	
	4			9999	9997	9935	9488	9009	7940	6543	5520	3520	1334	8	
	5					9991	9873	9700	9198	8346	7587	5744	2905	7	
	6					9999	9976	9930	9757	9376	8965	7712	5000	6	
	7						9997	9988	9943	9818	9653	9023	7095	5	
	8							9998	9990	9960	9912	9679	8666	4	
	9								9999	9993	9984	9922	9539	3	
	10									9999	9998	9987	9888	2	
	11											9999	9983	1	
	12	Nicht aufgeführte Werte sind (auf 4 Dez.) 1,0000.											9999	0	
n		0,98	0,97	0,96	0,95	0,90	5/6	0,80	0,75	0,70	2/3	0,60	0,50	k	n

Bei blau unterlegtem Eingang, d. h. $p \geq 0{,}5$ gilt: $F(n; p; k) = 1 -$ abgelesener Wert.

Kumulierte Binomialverteilung

$$F(n; p; k) = B(n; p; 0) + \ldots + B(n; p; k) = \binom{n}{0}p^0(1-p)^{n-0} + \ldots + \binom{n}{k}p^k(1-p)^{n-k}$$

n	k	0,02	0,03	0,04	0,05	0,10	1/6	0,20	0,25	0,30	1/3	0,40	0,50		n
14	0	0,7536	6528	5647	4877	2288	0779	0440	0178	0068	0034	0008	0001	13	14
	1	9690	9355	8941	8470	5846	2960	1979	1010	0475	0274	0081	0009	12	
	2	9975	9923	9823	9699	8416	5795	4481	2812	1608	1053	0398	0065	11	
	3	9999	9994	9981	9958	9559	8063	6982	5214	3552	2612	1243	0287	10	
	4			9998	9996	9908	9310	8702	7416	5842	4755	2793	0898	9	
	5					9985	9809	9561	8884	7805	6898	4859	2120	8	
	6					9998	9959	9884	9618	9067	8505	6925	3953	7	
	7						9993	9976	9898	9685	9424	8499	6047	6	
	8						9999	9996	9980	9917	9826	9417	7880	5	
	9								9998	9983	9960	9825	9102	4	
	10									9998	9993	9961	9713	3	
	11										9999	9994	9935	2	
	12											9999	9991	1	
	13												9999	0	
15	0	0,7386	6333	5421	4633	2059	0649	0352	0134	0047	0023	0005	0000	14	15
	1	9647	9270	8809	8290	5490	2596	1671	0802	0353	0194	0052	0005	13	
	2	9970	9906	9797	9638	8159	5322	3980	2361	1268	0794	0271	0037	12	
	3	9998	9992	9976	9945	9444	7685	6482	4613	2969	2092	0905	0176	11	
	4		9999	9998	9994	9873	9102	8358	6865	5155	4041	2173	0592	10	
	5				9999	9978	9726	9389	8516	7216	6184	4032	1509	9	
	6					9997	9934	9819	9434	8689	7970	6098	3036	8	
	7						9987	9958	9827	9500	9118	7869	5000	7	
	8						9998	9992	9958	9848	9692	9050	6964	6	
	9							9999	9992	9963	9915	9662	8491	5	
	10								9999	9993	9982	9907	9408	4	
	11									9999	9997	9981	9824	3	
	12											9997	9963	2	
	13												9995	1	
	14													0	
16	0	0,7238	6143	5204	4401	1853	0541	0281	0100	0033	0015	0003	0000	15	16
	1	9601	9182	8673	8108	5147	2272	1407	0635	0261	0137	0033	0003	14	
	2	9963	9887	9758	9571	7892	4868	3518	1971	0994	0594	0183	0021	13	
	3	9998	9989	9968	9930	9316	7291	5981	4050	2459	1659	0651	0106	12	
	4		9999	9997	9991	9830	8866	7982	6302	4499	3391	1666	0384	11	
	5				9999	9967	9622	9183	8103	6598	5469	3288	1051	10	
	6					9995	9899	9733	9204	8247	7374	5272	2272	9	
	7					9999	9979	9930	9729	9256	8735	7161	4018	8	
	8						9996	9985	9925	9743	9500	8577	5982	7	
	9							9998	9984	9929	9841	9417	7728	6	
	10								9997	9984	9960	9809	8949	5	
	11									9997	9992	9951	9616	4	
	12										9999	9991	9894	3	
	13											9999	9979	2	
	14												9997	1	
	15	Nicht aufgeführte Werte sind (auf 4 Dez.) 1,0000.												0	
n		0,98	0,97	0,96	0,95	0,90	5/6	0,80	0,75	0,70	2/3	0,60	0,50	k	n

Bei blau unterlegtem Eingang, d. h. $p \geq 0{,}5$ gilt: $F(n; p; k) = 1 -$ abgelesener Wert.

Kumulierte Binomialverteilung

$$F(n; p; k) = B(n; p; 0) + \ldots + B(n; p; k) = \binom{n}{0}p^0(1-p)^{n-0} + \ldots + \binom{n}{k}p^k(1-p)^{n-k}$$

n	k	0,02	0,03	0,04	0,05	0,10	1/6	0,20	0,25	0,30	1/3	0,40	0,50		n
	0	0,7093	5958	4996	4181	1668	0451	0225	0075	0023	0010	0002	0000	16	
	1	9554	9091	8535	7922	4818	1983	1182	0501	0193	0096	0021	0001	15	
	2	9956	9866	9714	9497	7618	4435	3096	1637	0774	0442	0123	0012	14	
	3	9997	9986	9960	9912	9174	6887	5489	3530	2019	1304	0464	0064	13	
	4		9999	9996	9988	9779	8604	7582	5739	3887	2814	1260	0245	12	
	5				9999	9953	9496	8943	7653	5968	4777	2639	0717	11	
	6					9992	9853	9623	8929	7752	6739	4478	1662	10	
	7					9999	9965	9891	9598	8954	8281	6405	3145	9	
17	8						9993	9974	9876	9597	9245	8011	5000	8	17
	9						9999	9995	9969	9873	9727	9081	6855	7	
	10							9999	9994	9968	9920	9652	8338	6	
	11								9999	9993	9981	9894	9283	5	
	12									9999	9997	9975	9755	4	
	13											9995	9936	3	
	14											9999	9988	2	
	15												9999	1	
	0	0,6951	5780	4796	3972	1501	0376	0180	0056	0016	0007	0001	0000	17	
	1	9505	8997	8393	7735	4503	1728	0991	0395	0142	0068	0013	0001	16	
	2	9948	9843	9667	9419	7338	4027	2713	1353	0600	0326	0082	0007	15	
	3	9996	9982	9950	9891	9018	6479	5010	3057	1646	1017	0328	0038	14	
	4		9999	9994	9985	9718	8318	7164	5187	3327	2311	0942	0154	13	
	5				9998	9936	9347	8671	7175	5344	4122	2088	0481	12	
	6					9988	9794	9487	8610	7217	6085	3743	1189	11	
	7					9998	9947	9837	9431	8593	7767	5634	2403	10	
18	8						9989	9957	9807	9404	8924	7368	4073	9	18
	9						9998	9991	9946	9790	9567	8653	5927	8	
	10							9998	9988	9939	9856	9424	7597	7	
	11								9998	9986	9961	9797	8811	6	
	12									9997	9991	9943	9519	5	
	13									9999	9999	9987	9846	4	
	14											9998	9962	3	
	15												9993	2	
	16												9999	1	
	0	0,6812	5606	4604	3774	1351	0313	0144	0042	0011	0005	0001	0000	18	
	1	9454	8900	8249	7547	4203	1502	0829	0310	0104	0047	0008	0000	17	
	2	9939	9817	9616	9335	7054	3643	2369	1113	0462	0240	0055	0004	16	
	3	9995	9978	9939	9868	8850	6070	4551	2631	1332	0787	0230	0022	15	
	4		9998	9993	9980	9648	8011	6733	4654	2822	1879	0696	0096	14	
	5			9999	9998	9914	9176	8369	6678	4739	3519	1629	0318	13	
	6					9983	9719	9324	8251	6655	5431	3081	0835	12	
	7					9997	9921	9767	9225	8180	7207	4878	1796	11	
19	8						9982	9933	9713	9161	8538	6675	3238	10	19
	9						9996	9984	9911	9674	9352	8139	5000	9	
	10						9999	9997	9977	9895	9759	9115	6762	8	
	11								9995	9972	9926	9648	8204	7	
	12								9999	9994	9981	9884	9165	6	
	13									9999	9996	9969	9682	5	
	14										9999	9994	9904	4	
	15											9999	9978	3	
	16												9996	2	
	17	Nicht aufgeführte Werte sind (auf 4 Dez.) 1,0000.												1	
n		0,98	0,97	0,96	0,95	0,90	5/6	0,80	0,75	0,70	2/3	0,60	0,50	k	n

Bei blau unterlegtem Eingang, d. h. p ≥ 0,5 gilt: F(n; p; k) = 1 − abgelesener Wert.

Kumulierte Binomialverteilung

$$F(n; p; k) = B(n; p; 0) + \ldots + B(n; p; k) = \binom{n}{0}p^0(1-p)^{n-0} + \ldots + \binom{n}{k}p^k(1-p)^{n-k}$$

n	k	0,02	0,03	0,04	0,05	0,10	1/6	0,20	0,25	0,30	1/3	0,40	0,50		n
20	0	0,6676	5438	4420	3585	1216	0261	0115	0032	0008	0003	0000	0000	19	20
	1	9401	8802	8103	7358	3917	1304	0692	0243	0076	0033	0005	0000	18	
	2	9929	9790	9561	9245	6769	3287	2061	0913	0355	0176	0036	0002	17	
	3	9994	9973	9926	9841	8670	5665	4114	2252	1071	0604	0160	0013	16	
	4		9997	9990	9974	9568	7687	6296	4148	2375	1515	0510	0059	15	
	5			9999	9997	9887	8982	8042	6172	4164	2972	1256	0207	14	
	6					9976	9629	9133	7858	6080	4793	2500	0577	13	
	7					9996	9887	9679	8982	7723	6615	4159	1316	12	
	8					9999	9972	9900	9591	8867	8095	5956	2517	11	
	9						9994	9974	9861	9520	9081	7553	4119	10	
	10						9999	9994	9961	9829	9624	8725	5881	9	
	11							9999	9990	9949	9870	9435	7483	8	
	12								9998	9987	9963	9790	8684	7	
	13									9997	9991	9935	9423	6	
	14										9998	9984	9793	5	
	15											9997	9941	4	
	16												9987	3	
	17												9998	2	
50	0	0,3642	2181	1299	0769	0052	0001	0000	0000	0000	0000	0000	0000	49	50
	1	7358	5553	4005	2794	0338	0012	0002	0000	0000	0000	0000	0000	48	
	2	9216	8108	6767	5405	1117	0066	0013	0001	0000	0000	0000	0000	47	
	3	9822	9372	8609	7604	2503	0238	0057	0005	0000	0000	0000	0000	46	
	4	9968	9832	9510	8964	4312	0643	0185	0021	0002	0000	0000	0000	45	
	5	9995	9963	9856	9622	6161	1388	0480	0070	0007	0001	0000	0000	44	
	6	9999	9993	9964	9882	7702	2506	1034	0194	0025	0005	0000	0000	43	
	7		9999	9992	9968	8779	3911	1904	0453	0073	0017	0000	0000	42	
	8			9999	9992	9421	5421	3073	0916	0183	0050	0002	0000	41	
	9				9998	9755	6830	4437	1637	0402	0127	0008	0000	40	
	10					9906	7986	5836	2622	0789	0284	0022	0000	39	
	11					9968	8827	7107	3816	1390	0570	0057	0000	38	
	12					9990	9373	8139	5110	2229	1035	0133	0002	37	
	13					9997	9693	8894	6370	3279	1715	0280	0005	36	
	14					9999	9862	9393	7481	4468	2612	0540	0013	35	
	15						9943	9692	8369	5692	3690	0955	0033	34	
	16						9978	9856	9017	6839	4868	1561	0077	33	
	17						9992	9937	9449	7822	6046	2369	0164	32	
	18						9998	9975	9713	8594	7126	3356	0325	31	
	19						9999	9991	9861	9152	8036	4465	0595	30	
	20							9997	9937	9522	8741	5610	1013	29	
	21							9999	9974	9749	9244	6701	1611	28	
	22								9990	9877	9576	7660	2399	27	
	23								9997	9944	9778	8438	3359	26	
	24								9999	9976	9892	9022	4439	25	
	25									9991	9951	9427	5561	24	
	26									9997	9979	9686	6641	23	
	27									9999	9992	9840	7601	22	
	28										9997	9924	8389	21	
	29										9999	9966	8987	20	
	30											9986	9405	19	
	31											9995	9675	18	
	32											9998	9836	17	
	33											9999	9923	16	
	34												9967	15	
	35												9987	14	
	36												9995	13	
	37												9998	12	
n		0,98	0,97	0,96	0,95	0,90	5/6	0,80	0,75	0,70	2/3	0,60	0,50	k	n

Nicht aufgeführte Werte sind (auf 4 Dez.) 1,0000.

Bei blau unterlegtem Eingang, d. h. $p \geq 0{,}5$ gilt: $F(n; p; k) = 1 -$ abgelesener Wert.

Kumulierte Binomialverteilung

$$F(n; p; k) = B(n; p; 0) + \ldots + B(n; p; k) = \binom{n}{0}p^0(1-p)^{n-0} + \ldots + \binom{n}{k}p^k(1-p)^{n-k}$$

n	k	0,02	0,03	0,04	0,05	0,10	1/6	0,20	0,25	0,30	1/3	0,40	0,50	n
	0	0,1986	0874	0382	0165	0002	0000	0000	0000	0000	0000	0000	0000	79
	1	5230	3038	1654	0861	0022	0000	0000	0000	0000	0000	0000	0000	78
	2	7844	5681	3748	2306	0107	0001	0000	0000	0000	0000	0000	0000	77
	3	9231	7807	6016	4284	0353	0004	0000	0000	0000	0000	0000	0000	76
	4	9776	9072	7836	6289	0880	0015	0001	0000	0000	0000	0000	0000	75
	5	9946	9667	8988	7892	1769	0051	0005	0000	0000	0000	0000	0000	74
	6	9989	9897	9588	8947	3005	0140	0018	0001	0000	0000	0000	0000	73
	7	9998	9972	9853	9534	4456	0328	0053	0002	0000	0000	0000	0000	72
	8		9993	9953	9816	5927	0672	0131	0006	0000	0000	0000	0000	71
	9		9999	9987	9935	7234	1221	0287	0018	0001	0000	0000	0000	70
	10			9997	9979	8266	2002	0565	0047	0002	0000	0000	0000	69
	11			9999	9994	8996	2995	1006	0106	0006	0001	0000	0000	68
	12				9998	9462	4137	1640	0221	0015	0002	0000	0000	67
	13					9732	5333	2470	0421	0036	0005	0000	0000	66
	14					9877	6476	3463	0740	0079	0012	0000	0000	65
	15					9947	7483	4555	1208	0161	0029	0000	0000	64
	16					9979	8301	5664	1841	0302	0063	0001	0000	63
	17					9992	8917	6707	2636	0531	0126	0003	0000	62
	18					9997	9348	7621	3563	0873	0237	0007	0000	61
	19					9999	9629	8366	4572	1352	0418	0016	0000	60
	20						9801	8934	5597	1978	0693	0035	0000	59
	21						9899	9340	6574	2745	1087	0072	0000	58
	22						9951	9612	7447	3627	1616	0136	0000	57
	23						9978	9783	8180	4579	2282	0245	0001	56
	24						9990	9885	8761	5549	3073	0417	0002	55
	25						9996	9942	9195	6479	3959	0675	0005	54
	26						9998	9972	9501	7323	4896	1037	0011	53
	27						9999	9987	9705	8046	5832	1521	0024	52
80	28							9995	9834	8633	6719	2131	0048	51	80
	29							9998	9911	9084	7514	2860	0091	50
	30							9999	9954	9412	8190	3687	0165	49
	31								9978	9640	8735	4576	0283	48
	32								9990	9789	9152	5484	0464	47
	33								9995	9881	9455	6363	0728	46
	34								9998	9936	9665	7174	1092	45
	35								9999	9967	9803	7885	1571	44
	36									9984	9889	8477	2170	43
	37									9993	9940	8947	2882	42
	38									9997	9969	9301	3688	41
	39									9999	9985	9555	4555	40
	40									9999	9993	9729	5445	39
	41										9997	9842	6312	38
	42										9999	9912	7118	37
	43										9999	9953	7830	36
	44											9976	8428	35
	45											9988	8907	34
	46											9994	9272	33
	47											9997	9535	32
	48											9999	9717	31
	49											9999	9835	30
	50												9908	29
	51												9951	28
	52												9976	27
	53												9988	26
	54												9995	25
	55												9998	24
	56	Nicht aufgeführte Werte sind (auf 4 Dez.) 1,0000.											9999	23
n		0,98	0,97	0,96	0,95	0,90	5/6	0,80	0,75	0,70	2/3	0,60	0,50	k	n

Bei blau unterlegtem Eingang, d. h. $p \geq 0{,}5$ gilt: $F(n; p; k) = 1 - $ abgelesener Wert.

Kumulierte Binomialverteilung

$$F(n; p; k) = B(n; p; 0) + \ldots + B(n; p; k) = \binom{n}{0}p^0(1-p)^{n-0} + \ldots + \binom{n}{k}p^k(1-p)^{n-k}$$

n	k	0,02	0,03	0,04	0,05	0,10	1/6	0,20	0,25	0,30	1/3	0,40	0,50		n
	0	0,1326	0476	0169	0059	0000	0000	0000	0000	0000	0000	0000	0000	99	
	1	4033	1946	0872	0371	0003	0000	0000	0000	0000	0000	0000	0000	98	
	2	6767	4198	2321	1183	0019	0000	0000	0000	0000	0000	0000	0000	97	
	3	8590	6472	4295	2578	0078	0000	0000	0000	0000	0000	0000	0000	96	
	4	9492	8179	6289	4360	0237	0001	0000	0000	0000	0000	0000	0000	95	
	5	9845	9192	7884	6160	0576	0004	0000	0000	0000	0000	0000	0000	94	
	6	9959	9688	8936	7660	1172	0013	0001	0000	0000	0000	0000	0000	93	
	7	9991	9894	9525	8720	2061	0038	0003	0000	0000	0000	0000	0000	92	
	8	9998	9968	9810	9369	3209	0095	0009	0000	0000	0000	0000	0000	91	
	9		9991	9932	9718	4513	0213	0023	0000	0000	0000	0000	0000	90	
	10		9998	9978	9885	5832	0427	0057	0001	0000	0000	0000	0000	89	
	11			9993	9957	7030	0777	0126	0004	0000	0000	0000	0000	88	
	12			9998	9985	8018	1297	0253	0010	0000	0000	0000	0000	87	
	13				9995	8761	2000	0469	0025	0001	0000	0000	0000	86	
	14				9999	9274	2874	0804	0054	0002	0000	0000	0000	85	
	15					9601	3877	1285	0111	0004	0000	0000	0000	84	
	16					9794	4942	1923	0211	0010	0001	0000	0000	83	
	17					9900	5994	2712	0376	0022	0002	0000	0000	82	
	18					9954	6965	3621	0630	0045	0005	0000	0000	81	
	19					9980	7803	4602	0995	0089	0011	0000	0000	80	
	20					9992	8481	5595	1488	0165	0024	0000	0000	79	
	21					9997	8998	6540	2114	0288	0048	0000	0000	78	
	22					9999	9370	7389	2864	0479	0091	0001	0000	77	
	23						9621	8109	3711	0755	0164	0003	0000	76	
	24						9783	8686	4617	1136	0281	0006	0000	75	
	25						9881	9125	5535	1631	0458	0012	0000	74	
	26						9938	9442	6417	2244	0715	0024	0000	73	
	27						9969	9658	7224	2964	1066	0046	0000	72	
	28						9985	9800	7925	3768	1524	0084	0000	71	
	29						9993	9888	8505	4623	2093	0148	0000	70	
	30						9997	9939	8962	5491	2766	0248	0000	69	
	31						9999	9969	9307	6331	3525	0398	0001	68	
	32							9985	9554	7107	4344	0615	0002	67	
	33							9993	9724	7793	5188	0913	0004	66	
100	34							9997	9836	8371	6019	1303	0009	65	100
	35							9999	9906	8839	6803	1795	0018	64	
	36								9948	9201	7511	2386	0033	63	
	37								9973	9470	8123	3068	0060	62	
	38								9986	9660	8630	3822	0105	61	
	39								9993	9790	9034	4621	0176	60	
	40								9997	9875	9341	5433	0284	59	
	41								9999	9928	9566	6225	0443	58	
	42									9960	9724	6967	0666	57	
	43									9979	9831	7635	0967	56	
	44									9989	9900	8211	1356	55	
	45									9995	9943	8689	1841	54	
	46									9997	9969	9070	2421	53	
	47									9999	9983	9362	3087	52	
	48										9991	9577	3822	51	
	49										9996	9729	4602	50	
	50										9998	9832	5398	49	
	51										9999	9900	6178	48	
	52											9942	6914	47	
	53											9968	7579	46	
	54											9983	8159	45	
	55											9991	8644	44	
	56											9996	9033	43	
	57											9998	9334	42	
	58											9999	9557	41	
	59												9716	40	
	60												9824	39	
	61												9895	38	
	62												9940	37	
	63												9967	36	
	64												9982	35	
	65												9991	34	
	66												9996	33	
	67												9998	32	
	68												9999	31	
n		0,98	0,97	0,96	0,95	0,90	5/6	0,80	0,75	0,70	2/3	0,60	0,50	k	n

Nicht aufgeführte Werte sind (auf 4 Dez.) 1,0000.

Bei blau unterlegtem Eingang, d. h. $p \geq 0{,}5$ gilt: $F(n; p; k) = 1 -$ abgelesener Wert.

5. Normalverteilung

A. Die Standardisierung der Binomialverteilung

Um nicht wiederholt identische umfangreiche Rechnungen durchführen zu müssen, hat man im 19. Jahrhundert Tafelwerke zu Binomialverteilungen erstellt. Auch wenn diese Tafelwerke umfangreich waren, konnten in ihnen nur ausgewählte Werte der Stichprobenlänge n und der Trefferwahrscheinlichkeit p berücksichtigt werden.

Deshalb suchte man nach einer Möglichkeit, die Werte aller kumulierten Binomialverteilungen bei genügend großem Stichprobenumfang n näherungsweise durch Funktionswerte einer einzigen Funktion darzustellen.

Das Auffinden einer solchen Funktion erscheint auf den ersten Blick kaum möglich zu sein. Denn die Histogramme von binomialverteilten Zufallsgrößen hängen stark von den Parametern n und p ab.

Diese beiden Parameter bestimmen die Anzahl und die Höhe der Säulen sowie die Position der höchsten Säule.

Beispielsweise rückt mit wachsendem n die höchste Säule des Histogramms immer weiter nach rechts.
Der Erwartungswert $\mu = E(X) = n \cdot p$ wird also mit wachsendem n ebenfalls größer.

Weiter nimmt mit wachsendem n die Anzahl der Säulen zu und das Histogramm wird zunehmend breiter und flacher.

Die Streuung, d. h. die Standardabweichung $\sigma(X) = \sqrt{n \cdot p \cdot (1-p)}$ wird mit wachsendem n immer größer.

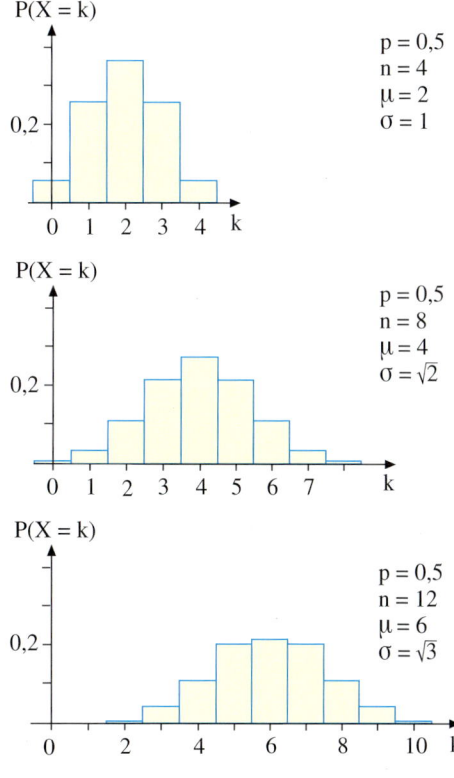

k	$B(10;0,25;k)$
0	0,0563135
1	0,1877117
2	0,2815676
3	0,2502823
4	0,1459980
5	0,0583992
6	0,0162220
7	0,0030899
8	0,0003862
9	0,0000286
10	0,0000010

So unterschiedlich die Histogramme zu Binomialverteilungen auch aussehen, so kann man doch feststellen, dass sie alle bei genügend großem Stichprobenumfang angenähert die Form einer „Glockenkurve" annehmen.

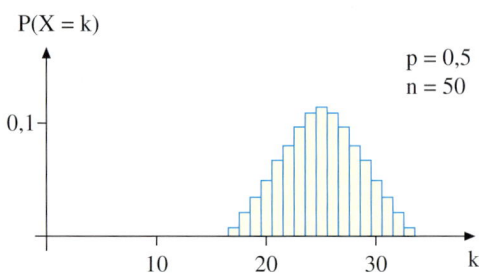

Daher kann man eine sogenannte Standardisierung durchführen. Dabei werden die Histogramme durch geeignete Transformationen in eine einheitliche Form und Lage überführt, wodurch sie sich bei genügend großem Stichprobenumfang n und unabhängig von der Trefferwahrscheinlichkeit p ein und derselben „Glockenkurve" anpassen.

Im Folgenden erläutern wir diesen wichtigen Stadardisierungsprozess.

Der Standardisierungsprozess

Schritt 1: Durch einen ersten Übergang von der Zufallsgröße X zur Zufallsgröße $Y = X - \mu$ wird der Erwartungswert nach 0 verschoben. Das mit wachsendem n zu beobachtende Auswandern des Histogramms nach rechts wird vermieden.

Schritt 2: Anschließend sorgt ein weiterer Übergang zu $Z = \frac{X - \mu}{\sigma}$ dafür, dass die Standardabweichung auf 1 normiert wird. Der wesentliche Teil des Histogramms bleibt dann unabhängig von n stets etwa gleich breit.

Die Streifenbreiten verändern sich allerdings von 1 auf $\frac{1}{\sigma(X)}$.

Der Erwartungswert wird nicht weiter beeinflusst. Er bleibt bei 0.

Schritt 3: Zum Ausgleich der Streifenbreitenänderung werden die Streifenhöhen mit $\sigma(X)$ multipliziert.
Dadurch erreicht man, dass die Streifenflächeninhalte gleich bleiben, sodass Streifen Nr. k auch in der standardisierten Form den Flächeninhalt B(n; p; k) besitzt.

Die rechts dargestellte Bildfolge verdeutlicht das Verhalten einer standardisierten Zufallsvariablen für wachsendes n.

Die unten dargestellten Histogramme sind die standardisierten Formen der auf der vorherigen Seite abgebildeten Histogramme. Beachten Sie die mit wachsendem n eintretende Annäherung an die eingezeichnete Glockenkurve.

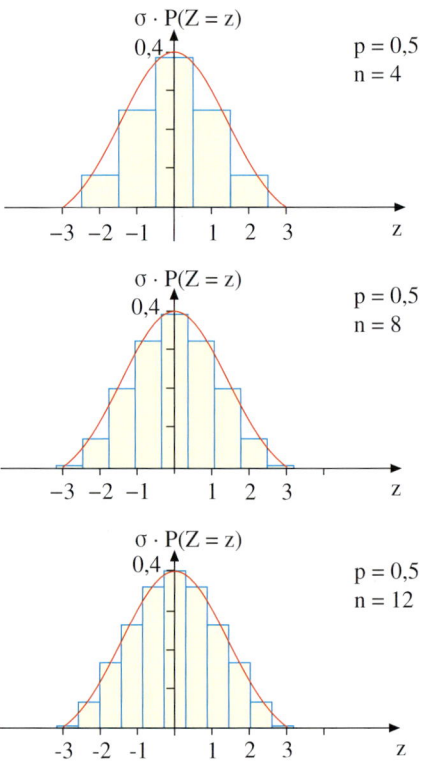

B. Die Näherungsformel von Laplace und de Moivre

Jede binomialverteilte Zufallsgröße X kann in der beschriebenen Weise standardisiert werden. Das Histogramm der zugehörigen standardisierten Zufallsgröße Z kann in jedem Fall durch ein und dieselbe Glockenkurve approximiert (angenähert) werden. Es handelt sich um die sogenannte *Gauß'sche Glockenkurve*.

Sie ist nach dem Mathematiker und Astronomen *Carl Friedrich Gauß* (1777–1855) benannt, der sie im Zusammenhang mit der Fehlerrechnung entdeckte.

Ihr Graph ist rechts abgebildet. Ihre Funktionsgleichung lautet:

Gauß'sche Glockenkurve

$$\varphi(t) = \frac{1}{\sqrt{2\pi}}\, e^{-\frac{1}{2}t^2}$$

Mithilfe der Funktion φ kann das Histogramm einer binomialverteilten Zufallsvariablen mit hoher Genauigkeit angenähert werden, wenn die sogenannte *Laplace-Bedingung* erfüllt ist:

Laplace-Bedingung

$$\sigma = \sqrt{n \cdot p \cdot (1-p)} > 3$$

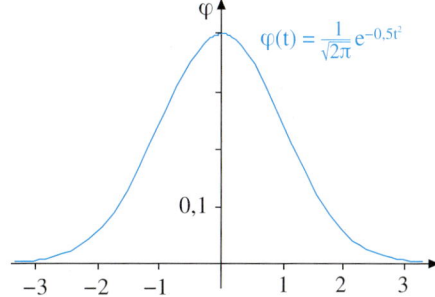

Satz: Die lokale Näherungsformel von Laplace und De Moivre

Die binomialverteilte Zufallsgröße X erfülle die Laplace-Bedingung $\sigma = \sqrt{n \cdot p \cdot (1-p)} > 3$. Dann gilt die folgende Näherungsformel für $B(n; p; k)$, wobei $\mu = n \cdot p$ der Erwartungswert und $\sigma = \sqrt{n \cdot p \cdot (1-p)}$ die Standardabweichung von X sind:

$$P(X = k) = B(n; p; k) \approx \frac{1}{\sigma \cdot \sqrt{2\pi}}\, e^{-\frac{1}{2}z^2} = \frac{1}{\sigma} \cdot \varphi(z) \text{ mit } z = \frac{k-\mu}{\sigma}$$

C. Die globale Näherungsformel von Laplace und de Moivre

Eine Zufallsgröße, deren Wahrscheinlichkeitsverteilung die Gauß'sche Glockenkurve ist, wird als *normalverteilte Zufallsgröße* bezeichnet. Binomialverteilte Zufallsgrößen sind für großes n annähernd normalverteilt.

Im Folgenden betrachten wir die kumulierte Binomialverteilung.
$F(n; p; k)$ kann wegen
$F(n; p; k) = B(n; p; 0) + \ldots + B(n; p; k)$
als Summe der Flächeninhalte der Säulen Nr. 0 bis Nr. k der Binomialverteilung gedeutet werden.

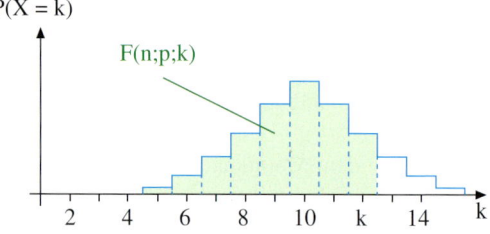

Man kann aber auch die entsprechenden Säulen der zugehörigen standardisierten Form verwenden, da diese inhaltsgleich sind (siehe auch Seite 296).

Diese Fläche wiederum kann durch diejenige Fläche unter der Gauß'schen Glockenkurve approximiert werden, die sich von $t = -\infty$ bis $t = z$ erstreckt, wobei $z = \frac{k - \mu + 0{,}5}{\sigma}$ der rechte Randwert der standardisierten Säule Nr. k ist.

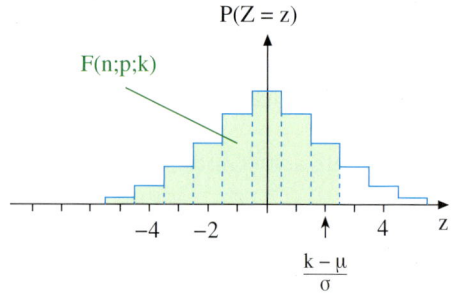

Der angegebene Wert der Hilfsgröße z ergibt sich, wenn zur Mitte der k-ten Säule – also zu $\frac{k-\mu}{\sigma}$ – die halbe Säulenbreite $\frac{1}{2\sigma}$ addiert wird. Diese Stetigkeitskorrektur ist notwendig, um die Fläche der k-ten Säule vollständig zu berücksichtigen.

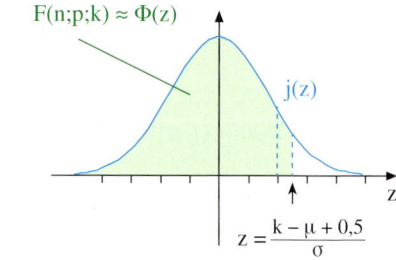

Den Flächeninhalt kann man als Integral von φ berechnen. Für das entsprechende Integral von $-\infty$ bis z verwendet man abkürzend die Bezeichnung $\Phi(z)$.
Die Funktion Φ heißt *Gauß'sche Integralfunktion*.

Gauß'sche Integralfunktion

$$\Phi(z) = \frac{1}{\sqrt{2\pi}} \int_{-\infty}^{z} e^{-\frac{1}{2}t^2} dt$$

Für die Funktion Φ gibt es keine integralfreie Darstellung, d.h. sie kann nicht durch eine elementare Funktion ausgedrückt werden. Daher sind die Werte dieser wichtigen Funktion auf der nächsten Seite als „Normalverteilung" tabelliert.
Die Tabelle erfasst nur Werte $z \geq 0$, denn wegen der Symmetrie der Funktion φ bezüglich der y-Achse gilt für $z < 0$: $\Phi(z) = 1 - \Phi(-z)$.
Man kann also negative Argumente auf die positiven Argumente der Tabelle zurückführen.

Tabelle der Normalverteilung

$\Phi(z) = 0, \ldots$
$\Phi(-z) = 1 - \Phi(z)$

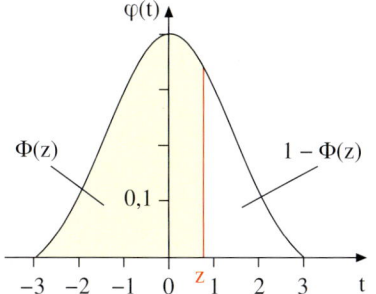
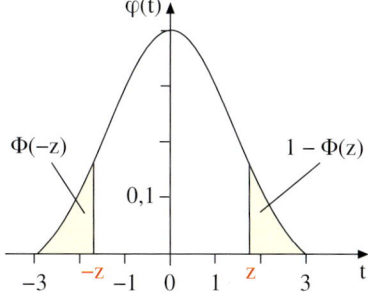

z	0	1	2	3	4	5	6	7	8	9
0,0	5000	5040	5080	5120	5160	5199	5239	5279	5319	5359
0,1	5398	5438	5478	5517	5557	5596	5636	5675	5714	5753
0,2	5793	5832	5871	5910	5948	5987	6026	6064	6103	6141
0,3	6179	6217	6255	6293	6331	6368	6406	6443	6480	6517
0,4	6554	6591	6628	6664	6700	6736	6772	6808	6844	6879
0,5	6915	6950	6985	7019	7054	7088	7123	7157	7190	7224
0,6	7257	7291	7324	7357	7389	7422	7454	7486	7517	7549
0,7	7580	7611	7642	7673	7703	7734	7764	7794	7823	7852
0,8	7881	7910	7939	7967	7995	8023	8051	8078	8106	8133
0,9	8159	8186	8212	8238	8264	8289	8315	8340	8365	8389
1,0	8413	8438	8461	8485	8508	8531	8554	8577	8599	8621
1,1	8643	8665	8686	8708	8729	8749	8770	8790	8810	8830
1,2	8849	8869	8888	8907	8925	8944	8962	8980	8997	9015
1,3	9032	9049	9066	9082	9099	9115	9131	9147	9162	9177
1,4	9192	9207	9222	9236	9251	9265	9279	9292	9306	9319
1,5	9332	9345	9357	9370	9382	9394	9406	9418	9429	9441
1,6	9452	9463	9474	9484	9495	9505	9515	9525	9535	9545
1,7	9554	9564	9573	9582	9591	9599	9608	9616	9625	9633
1,8	9641	9649	9656	9664	9671	9678	9686	9693	9699	9706
1,9	9713	9719	9726	9732	9738	9744	9750	9756	9761	9767
2,0	9772	9778	9783	9788	9793	9798	9803	9808	9812	9817
2,1	9821	9826	9830	9834	9838	9842	9846	9850	9854	9857
2,2	9861	9864	9868	9871	9875	9878	9881	9884	9887	9890
2,3	9893	9896	9898	9901	9904	9906	9909	9911	9913	9916
2,4	9918	9920	9922	9925	9927	9929	9931	9932	9934	9936
2,5	9938	9940	9941	9943	9945	9946	9948	9949	9951	9952
2,6	9953	9955	9956	9957	9959	9960	9961	9962	9963	9964
2,7	9965	9966	9967	9968	9969	9970	9971	9972	9973	9974
2,8	9974	9975	9976	9977	9977	9978	9979	9979	9980	9981
2,9	9981	9982	9982	9983	9984	9984	9985	9985	9986	9986
3,0	9987	9987	9987	9988	9988	9989	9989	9989	9990	9990
3,1	9990	9991	9991	9991	9992	9992	9992	9992	9993	9993
3,2	9993	9993	9994	9994	9994	9994	9994	9995	9995	9995
3,3	9995	9995	9996	9996	9996	9996	9996	9996	9996	9997
3,4	9997	9997	9997	9997	9997	9997	9997	9997	9997	9998

Beispiele für den Gebrauch der Tabelle:

$\Phi(2,37) = 0,9911$; $\Phi(-2,37) = 1 - \Phi(2,37) = 1 - 0,9911 = 0,0089$;
$\Phi(z) = 0,7910 \Rightarrow z = 0,81$; $\Phi(z) = 0,2090 = 1 - 0,7910 \Rightarrow z = -0,81$

Möchte man für eine binomialverteilte Zufallsgröße mit Hilfe der Tabelle der Normalverteilung näherungsweise berechnen, geht man nach folgendem Rezept vor.

> **Satz: Die globale Näherungsformel für Binomialverteilungen**
> 1. Prüfe, ob die Laplace-Bedingung $\sigma = \sqrt{n \cdot p \cdot (1-p)} > 3$ erfüllt ist.
> 2. Bestimme die obere Integrationsgrenze $z = \dfrac{k - \mu + 0{,}5}{\sigma} = \dfrac{k - n \cdot p + 0{,}5}{\sqrt{n \cdot p \cdot (1-p)}}$.
> 3. Lies aus der Tabelle den Funktionswert $\Phi(z)$ ab.
>   Dann gilt die Näherung: $P(X \leq k) = F(n; p; k) \approx \Phi(z)$.

Anhand eines typischen Beispiels erläutern wir die Anwendung dieses Rezeptes.

▶ **Beispiel: Die globale Näherungsformel für Binomialverteilungen**
Berechnen Sie, mit welcher Wahrscheinlichkeit bei 100 Würfen mit einer fairen Münze höchstens 52-mal Kopf fällt. Benutzen Sie die Tabelle zur Normalverteilung.

Lösung:
X sei die Anzahl der Kopfwürfe beim 100-maligen Münzwurf. X ist binomialverteilt mit den Parametern n = 100 und p = 0,5.

Gesuchte Wahrscheinlichkeit:
X = Anzahl der Kopfwürfe bei 100 Würfen
$P(X \leq 52) = F(100; 0{,}5; 52)$

Gesucht ist $P(X \leq 52) = F(100; 0{,}5; 52)$. Die Näherungsformel ist anwendbar, da die Bedingung $\sigma > 3$ erfüllt ist.

Anwendbarkeit der Näherungsformel:
$\sigma = \sqrt{100 \cdot 0{,}5 \cdot 0{,}5} = \sqrt{25} = 5 > 3$

Also ist die gesuchte Wahrscheinlichkeit annähernd gleich $\Phi(z)$, wobei der Wert des Arguments z mithilfe der angegebenen Formel errechnet werden muss.
Wir erhalten z = 0,50.
Nun lesen wir aus der Tabelle von Seite 299 den Funktionswert $\Phi(0{,}50)$ ab und erhalten folgendes Endresultat:
$P(X \leq 52) \approx \Phi(0{,}50) \approx 0{,}6915 = 69{,}15\,\%$

Bestimmung der Hilfsgröße z:
$z = \dfrac{k - \mu + 0{,}5}{\sqrt{n \cdot p \cdot (1-p)}} = \dfrac{52 - 50 + 0{,}5}{\sqrt{100 \cdot 0{,}5 \cdot 0{,}5}} = \dfrac{2{,}5}{5} = 0{,}50$

Bestimmung von mittels Tabelle:
$\Phi(0{,}50) \approx 0{,}6915$

Das Ergebnis stimmt fast mit dem per TR gewonnen Ergebnis überein:
▶ $F(100; 0{,}5; 52) \approx 0{,}6914$

Vergleich mit TR:
binomCdf(100,0.5,0,52) = 0,6914

Durch den Einsatz moderner Hilfsmittel – Computer oder TR – ist es möglich, Werte der kumulierten Binomialverteilung ohne Beschränkungen für n und p zu berechnen.
Daher hat die beschriebene Standardisierung an praktischer Bedeutung verloren, wenn man diese Hilfsmittel zur Verfügung hat. Sie ist jedoch nicht nur historisch interessant, sondern für des Verständnis von Berechnungen an stetigen Zufallsgrößen sehr hilfreich.
Außerdem spielt sie im Bereich der theoretischen Mathematik eine sehr große Rolle.

Übungen

Approximation der Binomialverteilung durch die Normalverteilung

1. Eine Reißnagelsorte fällt mit Wahrscheinlichkeiten von $\frac{2}{3}$ in Kopflage und von $\frac{1}{3}$ in Seitenlage. Es werden 100 Reißnägel geworfen.
   a) Mit welcher Wahrscheinlichkeit wird genau 66-mal die Kopflage erreicht?
   b) Mit welcher Wahrscheinlichkeit wird die Kopflage genau 50-mal erreicht?

Approximation der kumulierten Binomialverteilung durch die Normalverteilung

2. Wie groß ist die Wahrscheinlichkeit dafür, dass bei 6000 Würfelwürfen höchstens 950-mal die Augenzahl Sechs fällt?

3. Eine Maschine produziert Schrauben. Die Ausschussquote beträgt 5%.
   a) Wie groß muss eine Stichprobe sein, damit die Normalverteilung anwendbar ist?
   b) Mit welcher Wahrscheinlichkeit befinden sich in einer Stichprobe von 500 Schrauben mindestens 30 defekte Schrauben?
   c) Mit welcher Wahrscheinlichkeit sind weniger als 20 defekte Schrauben in der Probe?

4. Die Wahrscheinlichkeit einer Knabengeburt beträgt ca. 51,4%. Mit welcher Wahrscheinlichkeit befinden sich unter 500 Neugeborenen mehr Mädchen als Knaben?

5. Bei einem gefälschten Würfel ist die Wahrscheinlichkeit für eine Sechs auf 12% reduziert. Wie groß ist die Wahrscheinlichkeit, dass dieser Würfel bis 150 Wurfversuchen dennoch mehr Sechsen zeigt als bei einem fairen Würfel zu erwarten wären?

6. Eine Münze wird 1000-mal geworfen.
   a) Wie groß sind Erwartungswert und Standardabweichung der Anzahl X der Kopfwürfe?
   b) Wie groß ist die Wahrscheinlichkeit dafür, dass die Abweichung der Kopfzahl X vom Erwartungswert nach oben/unten höchstens die einfache Standardabweichung beträgt?

7. Ein Multiple-Choice-Test enthält 100 Fragen mit jeweils drei Antwortmöglichkeiten, wovon stets genau eine richtig ist. Befriedigend wird bei mindestens 50 richtigen Antworten vergeben. Ausreichend wird bei mindestens 40 richtigen Antworten vergeben.
   Ein Proband rät nur. Mit welcher Wahrscheinlichkeit besteht er den Test mit Befriedigend bzw. besteht er nicht bzw. erzielt er 28 bis 38 richtige Antworten?

8. Ein Reifenfabrikant garantiert, dass 95% seiner Reifen keine Unwucht aufweisen. Ein Großhändler nimmt 500 Reifen ab.
   a) Wie groß sind Erwartungswert und Standardabweichung für die Anzahl X der unwuchtigen Reifen?
   b) Mit welcher Wahrscheinlichkeit weisen höchstens zehn der Reifen eine Unwucht auf? Mit welcher Wahrscheinlichkeit beträgt die Anzahl der unwuchtigen Reifen 20 – 30?

Überblick

Bernoulli-Versuch/Bernoulli-Experiment
Ein Bernoulli-Versuch ist ein Experiment mit genau zwei Ausgängen E (Treffer/Erfolg) und $\overline{E}$ (Niete/Misserfolg).
Die Trefferwahrscheinlichkeit ist: $p = P(E)$.

Bernoulli-Kette der Länge n
Eine Bernoulli-Kette der Länge n ist die n-fache Wiederholung eines Bernoulliversuchs unter gleichen Bedingungen.

Formel von Bernoulli
Formel zur Berechnung der Wahrscheinlichkeit, in einer Bernoulli-Kette der Länge n mit der Trefferwahrscheinlichkeit p genau k Treffer zu erzielen.

$$P(X = k) = B(n; p; k) = \binom{n}{k} \cdot p^k \cdot (1-p)^{n-k}$$

Binomialverteilung
Verteilung einer Zufallsgröße X, welche die Anzahl k der Treffer in einer Bernoulli-Kette der Länge n mit der Trefferwahrscheinlichkeit p darstellt.
Tabelle: S. 286–287

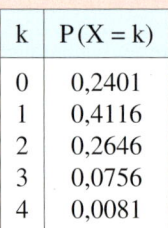

k	P(X = k)
0	0,2401
1	0,4116
2	0,2646
3	0,0756
4	0,0081

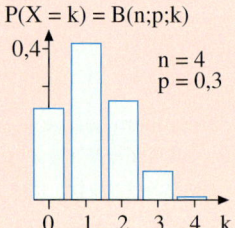

Erwartungswert
von $X \sim B_{n,p}$:

$$\mu = E(X) = n \cdot p$$

Standardabweichung
von $X \sim B_{n,p}$:

$$\sigma(X) = \sqrt{n \cdot p \cdot (1-p)}$$

Kumulierte Binomialverteilung
Summe der Wahrscheinlichkeiten der Trefferzahlen 0, 1, ..., k in einer Bernoulli-Kette der Länge n mit der Trefferwahrscheinlichkeit p:
Tabelle: S. 288–294

$P(X \leq k)$
$= F(n; p; k)$
$= B(n; p; 0) + B(n; p; 1) + ... + B(n; p; k)$

Berechnung von Bernoulli-Wahrscheinlichkeiten

Wahrscheinlichkeit: $P(X = k) = B(n; p; k) = \binom{n}{k} \cdot p^k \cdot (1-p)^{n-k}$

Linksseitige Intervallwahrscheinlichkeit: $P(X \leq k) = F(n; p; k) = B(n; p; 0) + ... + B(n; p; k)$

Rechtsseitige Intervallwahrscheinlichkeit: $P(X \geq k) = 1 - P(X \leq k-1) = 1 - F(n; p; k-1)$

Intervallwahrscheinlichkeit: $P(a \leq X \leq b) = P(X \leq b) - P(X \leq a-1)$

VIII. Binomialverteilung

Näherung der Biniomialverteilung durch die Standardnormalverteilung

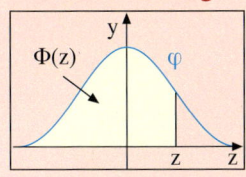

$$\Phi(z) = \frac{1}{\sqrt{2\pi}} \cdot \int_{-\infty}^{z} e^{-\frac{1}{2}t^2} dt$$

X sei eine binomialverteilte Zufallsgröße.
Falls die Laplace-Bedingung $\sigma = \sqrt{n \cdot p \cdot (1-p)} > 3$ gilt, so gilt die globale Näherungsformel $P(X \leq k) = F(n,p,k) \approx \Phi(z)$.
Dabei wird die Hilfsgröße z berechnet als $z = \frac{k - \mu + 0{,}5}{\sigma}$.

Verwendung der Φ-Tabelle zur Standardnormalverteilung:
Berechnung von z, Ablesen von $\Phi(z)$ aus der Tabelle.

Dichtefunktion einer normalverteilten Zufallsgröße

X sei normalverteilt mit dem Erwartungswert μ und der Standardabweichung σ. Dann besitzt X die folgende Dichtefunktion:

$$\varphi_{\mu,\sigma}(x) = \frac{1}{\sigma \cdot \sqrt{2\pi}} \cdot e^{-\left(\frac{x-\mu}{\sigma}\right)^2}$$

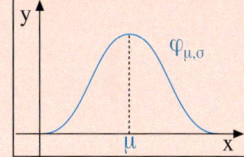

Intervallwahrscheinlichkeit bei einer normalverteilten Zufallsgröße

X sei normalverteilt mit dem Erwartungswert μ und der Standardabweichung σ. Dann gilt:

$$P(a \leq X \leq b) = \frac{1}{\sigma \cdot \sqrt{2\pi}} \cdot \int_{a}^{b} e^{-\left(\frac{t-\mu}{\sigma}\right)^2} dt$$

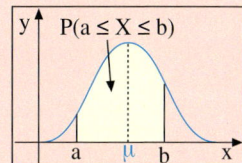

Das Galton-Brett

Sir Francis Galton wurde am 16. Februar 1822 in Birmingham geboren. Er war ein Cousin des berühmten Vererbungsforschers Charles Darwin (1809 bis 1882). Er unternahm Forschungsreisen auf den Balkan, nach Ägypten und Afrika. 1857 ließ Galton sich in London nieder. 1883 gründete er dort das Galton-Laboratorium, das mit Mathematik, Biologie, Physik und Chemie befasst war. Hier entwickelte Galton für die Auswertung von Statistiken das **Galton-Brett**, mit dem man Binomialverteilungen mechanisch erzeugen kann.

Das Galton-Brett besteht – wie unten abgebildet – aus einem geneigten Brett mit Nagelreihen, die so angeordnet sind, dass aus einem Trichter senkrecht auf den ersten Nagel fallende Kugeln jeweils mit der Wahrscheinlichkeit 0,5 nach links oder nach rechts abgelenkt werden. Bei günstiger Anordnung der Nägel trifft die Kugel wieder senkrecht auf einen Nagel der nächsten Reihe. Die Kugeln fallen schließlich in Fächer. Nummeriert man die Fächer mit 0 bis n, wobei n die Anzahl der Nagelreihen ist, so gibt die Nummer die Anzahl der Rechtsablenkungen der Kugeln an, die hier landen. Lässt man viele Kugeln durch das Brett laufen, entsteht in den Fächern angenähert die Binomialverteilung. Der Zusammenhang zwischen den Pfaden der Bernoulli-Kette im Baumdiagramm und dem Galtonbrett ergibt sich durch folgende Gegenüberstellung.

Bernoullikette: n = 4, p = 0,5

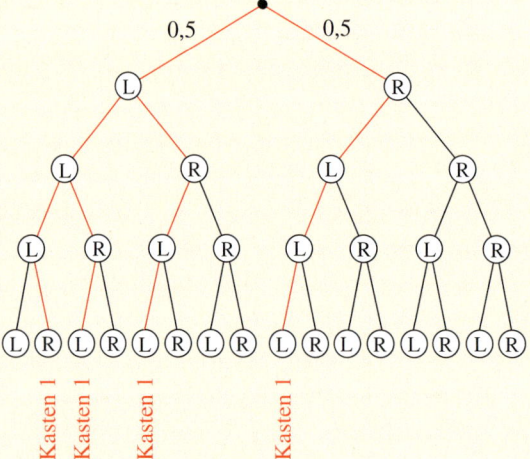

Galton-Brett: n = 4, p = 0,5

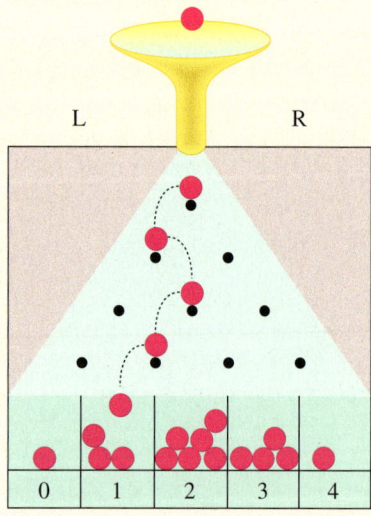

Der Baum besteht aus insgesamt 16 Pfaden. Die vier rot gezeichneten Pfade enthalten jeweils genau einen Treffer (hier: R). Sie führen auf dem Galton-Brett alle in den Kasten Nr. 1.

Alle Pfade mit genau einem Treffer (Rechtsablenkung R) werden in Kasten Nr. 1 gelenkt.

Das Galton-Brett

Übung 1 Galton-Brett mit drei Stufen, Lauf einer Kugel
Das abgebildete Galton-Brett hat n = 3 Stufen. Die Wahrscheinlichkeit für eine Rechtsablenkung betrage p = 0,5. Eine einzelne Kugel durchläuft das Brett.
a) Wie viele Pfade gibt es insgesamt?
b) Wie viele Pfade führen zum Kasten Nr. 2?
c) Bestimmen Sie die Wahrscheinlichkeiten, mit welchen die Kugel im Kasten Nr. 0 bzw. Nr. 1 bzw. Nr. 2 bzw. Nr. 3 landet.
d) Mit welcher Wahrscheinlichkeit landet eine Kugel nicht in den beiden mittleren Kästen?
e) Durch Neigung des Brettes nach rechts wird die Wahrscheinlichkeit für eine Rechtsablenkung auf p = 0,6 gesteigert. Lösen Sie c) und d) für diesen Fall.

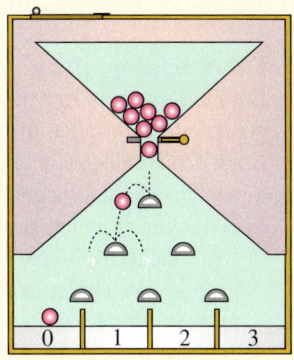

Übung 2 Galton-Brett mit drei Stufen, Lauf mehrerer Kugeln
Betrachtet wird wieder das oben abgebildete Galton-Brett mit n = 3 und p = $\frac{1}{2}$. Allerdings werden nun der Reihe nach m = 10 Kugeln über das Brett geschickt.
a) Mit welcher Wahrscheinlichkeit landet eine einzelne Kugel im Kasten Nr. 2?
b) Mit welcher Wahrscheinlichkeit landen genau 4 der 10 Kugeln im Kasten Nr. 2?
c) Mit welcher Wahrscheinlichkeit landen höchstens drei Kugeln im Kasten Nr. 2?
d) Wie wahrscheinlich sind die folgenden Ereignisse?
   A: „Genau 2 Kugeln landen im Kasten Nr. 0"
   B: „Alle Kugeln landen in den Kästen 1, 2 oder 3"

Übung 3 Arme Maus
Eine Maus irrt zu Versuchszwecken durch das abgebildete Labyrinth. Sie hat einen leichten Rechtsdrall und entscheidet sich an Abzweigungen mit einer Wahrscheinlichkeit von $\frac{2}{3}$ für rechts.

Teil I: Lauf einer Maus
a) Wie viele mögliche Wege existieren?
b) Mit welcher Wahrscheinlichkeit erreicht die Maus die Karotte bzw. die Walnuss?
c) Mit welcher Wahrscheinlichkeit wird die Erdbeere erreicht? Mit welcher Wahrscheinlichkeit findet die Maus überhaupt Futter?

Teil II: Lauf mehrerer Mäuse
a) 10 Mäuse passieren nun das Labyrinth.
   Mit welcher Wahrscheinlichkeit finden mindestens 5 Mäuse die Erdbeere?
b) Wie viele Mäuse muss man mindestens durch das Labyrinth schicken, wenn mit mindestens 99% Wahrscheinlichkeit sichergestellt werden soll, dass mindestens eine Maus die Erdbeere erreicht?

Test

Binomialverteilung und Normalverteilung

1. Führerscheinprüfung

Ein Führerschein-Test besteht aus 6 Fragen mit je 3 Antwortmöglichkeiten, von denen jeweils genau eine richtig ist. Eine Testperson beantwortet jede Frage auf gut Glück.
X sei die Zufallsgröße, die die Anzahl der richtig beantworteten Fragen beschreibt.
a) Stellen Sie die Wahrscheinlichkeitsverteilung tabellarisch und graphisch dar.
b) Berechnen Sie den Erwartungswert und die Varianz der Verteilung.
c) Mit welcher Wahrscheinlichkeit besteht ein Kandidat den Test, wenn er auf gut Glück jeweils eine Antwort ankreuzt? Der Test gilt als bestanden, wenn mindestens 4 Fragen richtig beantwortet sind.

2. Münzwurfspiel

Ein Spieler rückt auf dem abgebildeten Spielfeld vom Startpunkt ausgehend nach rechts vor, wenn er mit einer Münze Kopf wirft. Wirft er Zahl, rückt er nach links vor. Nach vier Münzwürfen kommt er in einer der Positionen A bis E an, womit das Spiel endet.

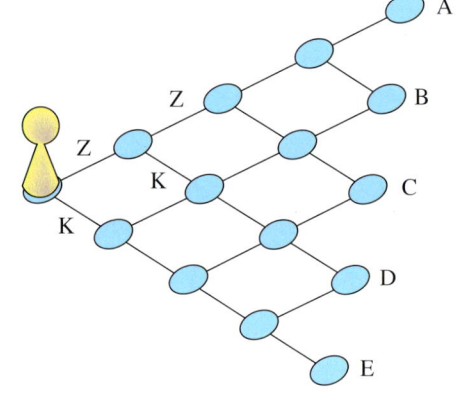

a) Welche Wurfserien führen zur Position A, welche Wurfserien führen zur Position C?
b) Berechnen Sie die Wahrscheinlichkeiten der folgenden Ereignisse:
 E_1: „Der Spieler erreicht A"
 E_2: „Der Spieler erreicht C"
 E_3: „Der Spieler erreicht C oder D."
c) Ein Spieler führt 10 Spiele durch. Mit welcher Wahrscheinlichkeit erreicht er genau dreimal Position C?
d) Wie viele Spiele muss der Spieler mindestens machen, wenn mit einer Wahrscheinlichkeit von mindestens 90% mindestens einmal Position A erreicht werden soll?

3. Brausepulver

Eine Brausetüte enthält Brausepulver mit einem Nenngewicht von 5,8 g.
Die Befüllungsmaschine wird ein Mittelwert von $\mu = 5{,}8$ g einjustiert.
Die unvermeidliche Streuung führt zu einer Standardabweichung von $\sigma = 0{,}1$ g.
a) Mit welcher Wahrscheinlichkeit enthält eine Tüte weniger als 5,6 g?
b) Mit welcher Wahrscheinlichkeit ist eine Tüte mit 5,7 bis 5,9 g befüllt?
c) Welche Mindestfüllmenge kann mit 99% Wahrscheinlichkeit garantiert werden?
d) Gesucht ist ein zu $\mu = 5{,}8$ g symmetrisches Intervall, in das 50% aller Füllgewichte fallen.
e) Wie groß ist die Wahrscheinlichkeit, dass eine Tüte exakt 6,0 g enthält?

Lösungen: S. 353

IX. Schätzen von Wahrscheinlichkeiten

In der beurteilenden Statistik werden Ausprägungen bestimmter Merkmale innerhalb einer *statistischen Gesamtheit* – z. B. der Bevölkerung eines Staates – untersucht. Ziel ist es, die Wahrscheinlichkeit p, mit der ein Element der Grundgesamtheit das betreffende Merkmal aufweist, anhand von Daten aus einer *Stichprobe* zu schätzen. Im folgenden werden die betrachteten Merkmale stets mit Hilfe binomialverteilter Zufallsgrößen beschrieben.

Wir gehen zunächst davon aus, dass p bekannt ist und ziehen daraus Schlüsse über die Ausprägung eines Merkmales innerhalb einer hinreichend umfangreichen Stichprobe.

1. σ-Umgebungen des Erwartungswertes

Die Standardabweichung σ ist ein Maß dafür, wie stark Werte einer Zufallsgröße X um ihren Erwartungswert μ streuen. Für binomialverteilte Zufallsgrößen besitzt die Standardabweichung eine ganz besonders anschauliche Bedeutung, die wir nun herausarbeiten werden.

▶ **Beispiel:** Eine Münze werde 50-mal geworfen. X sei die Anzahl der Kopfwürfe. Bestimmen Sie, wie wahrscheinlich es ist, dass X einen Wert annimmt, der höchstens um σ bzw. um 2σ bzw. um 3σ vom Erwartungswert μ abweicht.

Lösung:
Die Anzahl der Kopfwürfe X beim 50-maligen Münzwurf besitzt den Erwartungswert μ = 25 und die Standardabweichung σ ≈ 3,54, was man leicht nachrechnen kann (μ = n · p, σ = $\sqrt{n \cdot p \cdot (1-p)}$). Gesucht ist zunächst die Wahrscheinlichkeit dafür, dass X vom Erwartungswert μ = 25 um höchstens σ ≈ 3,54 nach oben oder nach unten abweicht. Wir bestimmen die Wahrscheinlichkeit mit Hilfe der Tabelle zur kumulierten Binomialverteilung (S. 292):

P(|X − μ| ≤ σ)
 = P(|X − 25| ≤ 3,54)
 = P(22 ≤ X ≤ 28)
 = P(X ≤ 28) − P(X ≤ 21)
 ≈ 0,8389 − 0,1611
 = 0,6778
 ≈ 68 %

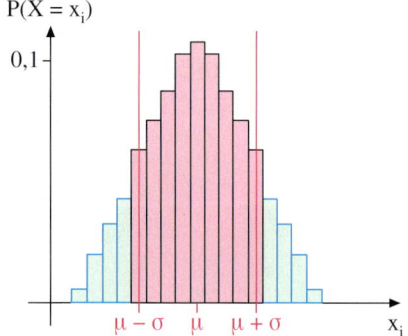

Analoge Rechnungen liefern:

P(|X − μ| ≤ 2σ) = P(|X − μ| ≤ 7,08)
     ≈ 0,9672.
P(|X − μ| ≤ 3σ) = P(|X − μ| ≤ 10,62)
     ≈ 0,9974.

X fällt mit ca. 68% Wahrscheinlichkeit in eine σ-Umgebung von μ.

Anschaulich heißt dies, dass die Zufallsgröße „X = Anzahl der Kopfwürfe" mit einer Wahrscheinlichkeit von ca. 68% in ein Intervall mit dem Radius σ um den Erwartungswert μ fällt. Man bezeichnet dieses Intervall als *σ-Umgebung des Erwartungswertes μ*.
Mit einer Wahrscheinlichkeit von ca. 96% fällt sie in eine 2σ-Umgebung von μ und mit einer
▶ Wahrscheinlichkeit von ca. 99,7% in eine 3σ-Umgebung von μ.

Übung 1
Bestimmen Sie die Wahrscheinlichkeit, mit welcher die Zufallsgröße „X = Anzahl der Sechsen beim 50-maligen Werfen eines Würfels" in eine σ-Umgebung des Erwartungswertes μ fällt. Berechnen Sie ebenfalls die Wahrscheinlichkeiten für die 2σ-Umgebung und die 3σ-Umgebung des Erwartungswertes. Vergleichen Sie Ihre Ergebnisse mit den Resultaten aus obigem Beispiel.

> **Beispiel:** X sei die Anzahl der Kopfwürfe beim n-maligen Münzwurf. Berechnen Sie die Wahrscheinlichkeit, dass X in eine σ-Umgebung des Erwartungswertes μ fällt, für n = 50, 80 und 100. Lösen Sie die gleiche Aufgabenstellung auch für 2σ- und 3σ-Umgebungen. Stellen Sie Ihre Ergebnisse in einer Tabelle zusammen.
> Legen Sie eine entsprechende Tabelle auch für den Fall an, dass X die Anzahl der Sechsen beim n-maligen Würfelwurf ist.

Lösung:
Die einzelnen Rechnungen führen wir analog zur Rechnung im vorhergehenden Beispiel durch. Wir erhalten folgende tabellarisch zusammengestellten Ergebnisse:

Münzwurf

n	$P(|X - \mu| \leq \sigma)$	$P(|X - \mu| \leq 2\sigma)$	$P(|X - \mu| \leq 3\sigma)$
50	67,78 %	96,72 %	99,74 %
80	68,57 %	94,33 %	99,76 %
100	72,87 %	96,48 %	99,82 %
1000	67,8 %	95,4 %	99,7 %

Würfelwurf

n	$P(|X - \mu| \leq \sigma)$	$P(|X - \mu| \leq 2\sigma)$	$P(|X - \mu| \leq 3\sigma)$
50	65,98 %	94,54 %	99,77 %
80	70,79 %	96,61 %	99,74 %
100	71,84 %	95,70 %	99,65 %
1000	69,2 %	95,4 %	99,7 %

Wir stellen etwas Interessantes fest:
Die Wahrscheinlichkeit, dass eine binomialverteilte Zufallsgröße X in einer σ-Umgebung ihres Erwartungswerts μ fällt, ist fast unabhängig von der Länge n und der Trefferwahrscheinlichkeit p der Bernoulli-Kette. Sie beträgt rund 68 %. Entsprechendes gilt für die Wahrscheinlichkeit der 2σ- und 3σ-Umgebungen. Diese betragen etwa 95,5 % bzw. 99,7 %. Je länger die Kette ist, umso genauer gilt diese Aussage (vgl. Faustregel unten).

Wahrscheinlichkeiten von σ-Umgebungen

X sei eine binomialverteilte Zufallsgröße. μ sei der Erwartungswert und σ die Standardabweichung von X. Dann fallen die Werte von X zu etwa

68,3 % ins Intervall [μ − σ; μ + σ],
95,5 % ins Intervall [μ − 2σ; μ + 2σ],
99,7 % ins Intervall [μ − 3σ; μ + 3σ],

wenn die sogenannte Laplace-Bedingung $\sigma = \sqrt{n \cdot p \cdot (1 - p)} > 3$ erfüllt ist (Faustregel).

Übung 2
a) Geben Sie an, wie groß n sein muss, damit die Laplace-Bedingung $\sigma = \sqrt{n \cdot p \cdot (1 - p)} > 3$ für den n-maligen Münzwurf bzw. für den n-maligen Würfelwurf erfüllt ist.
b) Wie lang muss eine Bernoulli-Kette mit einer Trefferwahrscheinlichkeit p zwischen 0,1 und 0,9 mindestens sein, damit die Laplace-Bedingung auf jeden Fall erfüllt ist?

Schluss von der Gesamtheit auf die Stichprobe

Ist die Trefferwahrscheinlichkeit p in einer Gesamtheit bekannt, so kann man eine Prognose über die Trefferzahl X in einer hinreichend umfangreichen Stichprobe stellen, indem man sowohl eine Umgebung des Erwartungswertes μ der Trefferzahl angibt als auch die Wahrscheinlichkeit, mit der die Trefferzahl in diese Umgebung des Erwartungswertes fallen wird. Diese Wahrscheinlichkeit wird *Vertrauenswahrscheinlichkeit* der Prognose genannt.

Besonders gebräuchlich ist es, 2σ-Umgebungen (95,5 %) und 3σ-Umgebungen (99,7 %) zu verwenden, da deren Vertrauenswahrscheinlichkeiten von vornherein bekannt sind.

▶ **Beispiel:** Eine Großgärtnerei bestellt 800 Samen einer wertvollen Pflanze mit einer Keimfähigkeit von 15 %. Um genauer kalkulieren zu können, möchte der Gärtner von seinem Samenlieferanten eine Prognose darüber, wie viele Samen aufgehen werden. Außerdem verlangt er, dass diese Prognose mit einer Sicherheit von über 95 % eintritt.

Lösung:
Die Grundgesamtheit besteht hier aus allen Samen der Pflanzenart. Die Wahrscheinlichkeit, dass ein einzelnes Samenkorn keimfähig ist, beträgt p = 0,15. Die Stichprobe besteht aus 800 Samen. X sei die Anzahl der keimfähigen unter den n = 800 Samen. Erwartungswert und Standardabweichung von X sind $\mu = n \cdot p = 120$ bzw. $\sigma = \sqrt{n \cdot p \cdot (1-p)} \approx 10{,}1$.

Nach den Regeln über σ-Umgebungen – die angewandt werden dürfen, da wegen $\sigma > 3$ die Laplace-Bedingung erfüllt ist – ergibt sich nun folgende Prognose:
X fällt mit rund 95,5 % Vertrauenswahrscheinlichkeit in eine 2σ-Umgebung von μ. Also werden
▶ mit einer Wahrscheinlichkeit von ca. 95 % zwischen 100 und 140 Samen aufgehen.

Beurteilung von Stichprobenergebnissen

Mit Hilfe der Wahrscheinlichkeitsregeln für σ-Umgebungen lassen sich statistische Daten ganz besonders leicht beurteilen, da weder aufwendige Rechnungen anfallen noch umfangreiche Tabellen benötigt werden, die für große Stichprobenumfänge schließlich auch gar nicht zur Verfügung stehen.

▶ **Beispiel:** Jemand behauptet, dass er beim 1000-maligen Wurf einer Münze 560-mal Kopf geworfen habe. Ist das glaubwürdig?

Lösung:
Die Zufallsgröße „X = Anzahl der Kopfwürfe beim 1000-maligen Münzwurf" hat den Erwartungswert $\mu = n \cdot p = 500$ und die Standardabweichung $\sigma = \sqrt{n \cdot p \cdot (1-p)} \approx 15{,}8$.
Mit einer Wahrscheinlichkeit von 99,7 % fällt X in eine 3σ-Umgebung um den Erwartungswert μ, d. h. in das Intervall [453; 547].
Da das Beobachtungsergebnis X = 560 außerhalb dieses Intervalls liegt, lautet unser Urteil, wenn wir es vorsichtig formulieren: Das Auftreten des behaupteten Beobachtungsergebnisses ist ver-
▶ gleichsweise wenig wahrscheinlich!

1. σ-Umgebungen des Erwartungswertes

Im folgenden Beispiel wird nun in gewisser Umkehrung der bisherigen Fragestellung eine Stichprobe erhoben, um die Verhältnisse in der Grundgesamtheit beurteilen zu können.

> **Beispiel:** Ein Großhändler erhält von einem Fabrikanten eine preisgünstige Lieferung von etwa 20 Millionen Schrauben. Der Großhändler möchte die Herstellerangabe, dass der Ausschussanteil nicht mehr als 1% betrage, überprüfen.
> Zu diesem Zweck lässt er der Lieferung eine Stichprobe entnehmen, die genau überprüft wird. Er urteilt nach folgender Regel: Fällt die Anzahl X der ausschüssigen Schrauben in der Stichprobe in eine einfache σ-Umgebung des Erwartungswertes μ von X, so vertraut er der Herstellerangabe. Andernfalls reklamiert er die Lieferung.
>
> a) Wie groß muss der Umfang der Stichprobe mindestens sein?
> b) Wie lautet die Entscheidung des Großhändlers, wenn sich in einer Stichprobe vom Umfang n = 2000 Schrauben genau 31 ausschüssige Schrauben befinden?

Lösung zu a:
Die Anwendung der Regeln über σ-Umgebungen setzt voraus, dass die Laplace-Bedingung $\sigma = \sqrt{n \cdot p \cdot (1-p)} > 3$ erfüllt ist.
Da hier die Trefferwahrscheinlichkeit den Wert 0,01 besitzt, folgt nach nebenstehend ausgeführter Rechnung ein Mindestumfang n der Stichprobe von rund 910 Schrauben.

Stichprobenumfang:
Trefferwahrscheinlichkeit: p = 0,01
Laplace-Bedingung:
$\sigma = \sqrt{n \cdot p \cdot (1-p)} > 3$
$\sqrt{n \cdot 0{,}01 \cdot 0{,}99} > 3$
$n \cdot 0{,}01 \cdot 0{,}99 > 9$
$n > 909{,}09$

Lösung zu b:
Es ergeben sich die Umgebungen [15,55; 24,45] (68%), [11,1; 28,9] (95,5%) und [6,65; 33,35] (99,7%).
Die beobachtete Anzahl von Ausschussschrauben liegt rechts außerhalb der 2σ-Umgebung des Erwartungswertes μ = 20.
▶ Die Herstellerangabe wird bezweifelt.

Beurteilung der Stichprobe:
$\mu = n \cdot p = 2000 \cdot 0{,}01 = 20$
$\sigma = \sqrt{n \cdot p \cdot (1-p)}$
$\quad = \sqrt{2000 \cdot 0{,}01 \cdot 0{,}99} \approx 4{,}45$

Bemerkung:
Es ist üblich, Abweichungen des Stichprobenergebnisses vom Erwartungswert, die außerhalb einer 2σ-Umgebung des Erwartungswertes liegen und daher nur in rund 4,5% aller Fälle auftreten, als *signifikante Abweichungen* zu bezeichnen.

Liegen Stichprobenergebnisse außerhalb einer 3σ-Umgebung des Erwartungswertes, was nur in rund 0,3% aller Fälle eintritt, so spricht man von *hochsignifikanten Abweichungen*.

Signifikante Abweichungen können rein zufälligen Ursprungs sein, sie können aber auch bedeuten, dass für die Trefferwahrscheinlichkeit p ein den tatsächlichen Verhältnissen nicht oder nur ungenau entsprechender Wert zu Grunde gelegt wurde.

Übungen

3. X sei die Anzahl der Zahlwürfe beim 5000-maligen Werfen einer Münze. Geben Sie ein Intervall an, in dem die Werte von X mit einer Wahrscheinlichkeit von mindestens 68% liegen.

4. Ein Würfel wird 6000-mal geworfen. Es erscheint nur 952-mal eine Sechs. Kann mit wenigstens 95,5% Sicherheit behauptet werden, dass der Würfel gefälscht ist?

5. Eine Losbude wirbt mit dem Versprechen: **Jedes dritte Los gewinnt!** Zur Überprüfung der Aussage werden von einem misstrauischen Konkurrenten 100 Lose gekauft, unter ihnen sind nur 20 Gewinne.
Beurteilen Sie das Ergebnis des Testkaufs durch Untersuchung der k · σ-Umgebungen (k = 1, 2, 3) des Erwartungswertes.

6. Angaben des statistischen Bundesamtes (Zahlenkompass 1986) zur Bevölkerung Deutschlands:

Alter	unter 6	6 bis unter 15	15 bis unter 65	65 und mehr
1960	9%	12%	68%	11%
1984	6%	9%	70%	15%

Männer	ledig	verheiratet	verwitwet und geschieden
1960	45%	52%	4%
1984	44%	50%	6%

Frauen	ledig	verheiratet	verwitwet und geschieden
1960	39%	46%	15%
1984	35%	47%	18%

Geben Sie eine Intervallabschätzung für die Anzahl der Personen, die in einer repräsentativen Kleinstadt mit 10 000 Einwohnern leben und der jeweiligen Gruppe angehören. (Vertrauenswahrscheinlichkeit 95,5%)

7. Bei einer Meinungsumfrage zur Beliebtheit von Politikern wird eine repräsentative Stichprobe der Bevölkerung befragt. Da die Mitwirkung der Betroffenen freiwillig ist, wird angenommen, dass nur 65% der Befragten antworten werden.
Es werden 3000 Personen zur Befragung vorgesehen. Mit wie vielen Antworten kann gerechnet werden (Vertrauenswahrscheinlichkeit 68%)?

8. Tulpenzwiebeln einer bestimmten Sorte lassen sich zu 80% erfolgreich anpflanzen.
  a) Eine Gärtnerei bezieht 10 000 Stück. Wie viele Tulpen stehen zum Verkauf zur Verfügung (99,7% Vertrauenswahrscheinlichkeit)?
  b) An Privatpersonen werden die Tulpenzwiebeln in Packungen zu 100 Stück abgegeben. Welche Mindestgarantie kann auf 68% Vertrauensniveau gegeben werden?

1. σ-Umgebungen des Erwartungswertes

σ-Umgebungen bei vorgegebener Vertrauenswahrscheinlichkeit

In der Praxis wendet man die „krummen" Vertrauenswahrscheinlichkeiten von 68,3 %, 95,5 % und 99,7 % selten an. Man bevorzugt vielmehr glatte ganzzahlige Vertrauenswahrscheinlichkeiten von 90 % (ziemlich sicher), 95 % (sicher) und 99 % (sehr sicher). Der folgende Satz gibt Auskunft über die entsprechenden *Umgebungsradien*.

> **Satz: Ganzzahlige Vertrauenswahrscheinlichkeiten (90 %, 95 %, 99 %)**
>
> X sei eine binomialverteilte Zufallsgröße mit dem Erwartungswert $\mu = n \cdot p$ und der Standardabweichung $\sigma = \sqrt{n \cdot p \cdot (1-p)}$. Die Laplace-Bedingung $\sigma > 3$ sei erfüllt.
>
> Dann liegt die Trefferanzahl X mit einer Wahrscheinlichkeit
>
> … von 90 % im Intervall
> $\mu - 1,64\,\sigma \leq X \leq \mu + 1,64\,\sigma$
>
> … von 95 % im Intervall
> $\mu - 1,96\,\sigma \leq X \leq \mu + 1,96\,\sigma$
>
> … von 99 % im Intervall
> $\mu - 2,58\,\sigma \leq X \leq \mu + 2,58\,\sigma$

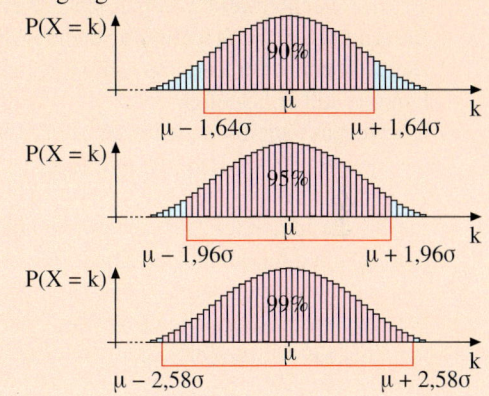

Je größer n ist und je näher p bei 0,5 liegt, umso genauer ist die Näherung.

▶ **Beispiel: 95 %- Sicherheitsintervall**
Johann plant, 100-mal eine Münze zu werfen. Er möchte das Intervall, in das die Zahl X seiner Kopfwürfe fällt, mit 95 % Sicherheit voraussagen. Welches Intervall sollte er angeben?

Lösung:
Wir berechnen zunächst μ und σ.
Wir erhalten $\mu = 50$ und $\sigma = 5$.

1. Berechnung von μ und σ
$\mu = n \cdot p = 100 \cdot 0,5 = 50$
$\sigma = \sqrt{n \cdot p \cdot (1-p)} = \sqrt{25} = 5$

Die Grenzen für das Intervall mit 95 % Vertrauenswahrscheinlichkeit lauten dann
$$40,2 \leq X \leq 59,8$$
Es empfiehlt sich, dieses nichtganzzahlige Intervall nach *außen* zu runden. Dann ist man jedenfalls auf der sicheren Seite. Also:
$$40 \leq X \leq 60$$

2. Grenzen des Intervalls
$\mu - 1,96\,\sigma = 50 - 9,8 = 40,2$
$\mu + 1,96\,\sigma = 50 + 9,8 = 59,8$

3. Intervall
$40,2 \leq X \leq 59,8$
$40 \leq X \leq 60$ (nach *außen* gerundet)

Eine Kontrollrechnung ergibt, dass tatsächlich 96,4 % aller Ergebnisse in dieses Intervall fallen, also über 95 %.

4. Kontrollrechnung
$P(40 \leq X \leq 60)$
$P(X \leq 60) - P(X \leq 39) = 0,964$

▶ Resultat: $40 \leq X \leq 60$

Übungen

9. a) Eine Schule hat 1000 Schüler. Mit welcher Wahrscheinlichkeit hat ein zufällig ausgewählter Schüler am Sonntag Geburtstag? Stellen Sie auf dem 2σ-Niveau eine Prognose auf über die zu erwartende Zahl von am Sonntag geborenen Schülern.
b) Der Mathematik-Kurs hat 21 Schüler. Nikolaus erzählt: „In unserem Mathekurs sind 8 Sonntagskinder!". Ist die Aussage glaubhaft?

10. Ein Autohersteller bestellt Scheinwerferlampen für sein Standardmodell, das schon länger hergestellt wird. Erfahrungsgemäß sind 4% der Lampen fehlerhaft.
a) Wie viele fehlerhafte Lampen sind in einer Lieferung von 5000 Lampen zu erwarten? Berechnen Sie die Standardabweichung.
b) Der Autohersteller benötigt im Mittel mindestens 6000 fehlerfreie Lampen. Wie viele Lampen soll er bestellen?
c) In welchem Intervall liegt die Anzahl der fehlerhaften Lampen mit 99,7% Sicherheit, wenn die Lieferung 3000 Lampen umfasst?

11. Lösen Sie die folgenden Aufgaben mit den Sigmaregeln.
a) In welchem Intervall um den Erwartungswert µ liegt die Zahl der Sechsen beim 60-maligen Werfen eines fairen Würfels mit 90%-iger Vertrauenswahrscheinlichkeit?
b) Welche Ergebnisbereiche für die Anzahl der Kopfwürfe kann man beim 100-fachen Werfen einer Münze mit 99%-iger (90%) Sicherheit auschließen?
c) Ein Fußballspieler hat im Training beim Elfmeterschießen eine Trefferquote von 80%. In welchem Bereich wird die Anzahl der Erfolge bei seinen nächsten 100 Elfmetern mit einer Vertrauenswahrscheinlichkeit von 90% (95%, 99%) liegen?
d) Bei der Produktion von Brillengläsern hat im Mittel jedes 40-te Glas einen optischen Fehler. Ein Hersteller produziert täglich 1500 Gläser. Welche Aussage macht dann die 2σ-Regel?

12. In einer Urne befinden sich 4 rote, 6 gelbe und 10 blaue Kugeln. Es werden n Kugeln mit Zurücklegen gezogen. Die Zufallsgröße X beschreibt die Anzahl der roten Kugeln und die Zufallsgröße Y die Anzahl der gelben Kugeln unter den gezogenen Kugeln.

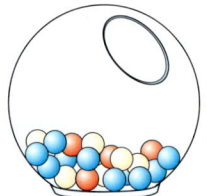

a) Sei n = 8.
Stellen Sie die zugehörige Binomialverteilung der Zufallsgröße X grafisch dar. Berechnen Sie den Erwartungswert und die Standardabweichung von X. Mit welcher Wahrscheinlichkeit überschreitet der Wert von X den Erwartungswert E(X)?
b) Wie viele Kugeln müssen mindestens gezogen werden, damit der Erwartungswert der Zufallsgröße Y größer als 5 ist? Wie groß ist dann die Standardabweichung von Y?
c) Wie viele Kugeln müssen mindestens gezogen werden, damit der Erwartungswert von X mindestens gleich 1 ist?
d) Wie viele Kugeln müssen mindestens gezogen werden, wenn mit mindestens 90% Wahrscheinlichkeit mindestens eine rote Kugel unter den gezogenen Kugeln ist?

2. $\frac{\sigma}{n}$-Umgebungen der Trefferwahrscheinlichkeit

Im vorhergehenden Abschnitt wurden absolute Häufigkeiten geschätzt. Es wurden Abweichungen der absoluten Trefferzahl X in einer Bernoulli-Kette der Länge n vom Erwartungswert µ untersucht.

Nun wollen wir uns mit der Schätzung von relativen Häufigkeiten beschäftigen. Es geht also um Abweichungen der relativen Trefferhäufigkeit $\frac{X}{n}$ in einer Bernoulli-Kette der Länge n von der Trefferwahrscheinlichkeit p.

Die nebenstehende Äquivalenzbetrachtung zeigt, dass bei Bernoulli-Ketten die relative Trefferhäufigkeit genau dann in einer $\frac{\sigma}{n}$-Umgebung der Trefferwahrscheinlichkeit p liegt, wenn die absolute Trefferzahl X in einer σ-Umgebung des Erwartungswertes µ liegt.

X liegt in einer σ-Umgebung von µ
$\Leftrightarrow |X - \mu| \leq \sigma$
$\Leftrightarrow |X - n \cdot p| \leq \sigma$
$\Leftrightarrow \left|\frac{X}{n} - p\right| \leq \frac{\sigma}{n}$
$\Leftrightarrow \frac{X}{n}$ liegt in einer $\frac{\sigma}{n}$-Umgebung von p

Die entsprechenden Wahrscheinlichkeiten sind also gleich.

Daher ergeben sich aus den im vorigen Abschnitt entwickelten Wahrscheinlichkeitsregeln für σ-Umgebungen von µ die nebenstehend aufgeführten Wahrscheinlichkeitsregeln für $\frac{\sigma}{n}$-Umgebungen von p. Natürlich muss auch hier die Laplace-Bedingung $\sigma = \sqrt{n \cdot p \cdot (1 - p)} > 3$ erfüllt sein.

Wahrscheinlichkeiten von $\frac{\sigma}{n}$-Umgebungen

Die Werte von $\frac{X}{n}$ fallen zu etwa

68 % ins Intervall $\left[p - \frac{\sigma}{n}; p + \frac{\sigma}{n}\right]$,

95,5 % ins Intervall $\left[p - 2\frac{\sigma}{n}; p + 2\frac{\sigma}{n}\right]$,

99,7 % ins Intervall $\left[p - 3\frac{\sigma}{n}; p + 3\frac{\sigma}{n}\right]$.

▶ **Beispiel:** Eine Münze wird 1000-mal geworfen. Prognostizieren Sie mit einer Vertrauenswahrscheinlichkeit von 95,5 %, in welches Intervall um den erwarteten Wert p = 0,5 die relative Häufigkeit für „Kopf" fallen wird.

Lösung:
X sei die Anzahl der Kopfwürfe bei n = 1000 Münzwürfen.
Die Standardabweichung von X beträgt rund 15,8 und damit ist die Laplace-Bedingung erfüllt.

X = Anzahl der Kopfwürfe bei 1000 Münzwürfen

$\sigma = \sqrt{1000 \cdot 0,5 \cdot 0,5} \approx 15,8 > 3$

Die relative Häufigkeit für die Anzahl der Kopfwürfe bei n = 1000 Münzwürfen liegt mit einer Wahrscheinlichkeit von 95,5 % in einer $2\frac{\sigma}{n}$-Umgebung um die Trefferwahrscheinlichkeit p = 0,5, also im Intervall
▶ [0,4684; 0,5316].

$2\frac{\sigma}{n} \approx \frac{31,6}{1000} = 0,0316$
$\left[p - 2\frac{\sigma}{n}; p + 2\frac{\sigma}{n}\right]$
$\approx [0,5 - 0,0316; 0,5 + 0,0316]$
$\approx [0,4684; 0,5316]$

▶ **Beispiel:** Zwei Würfel besitzen jeweils 10 Flächen, welche die Zahlen 1 bis 10 tragen. Die Würfel werden gleichzeitig geworfen. Man gewinnt, wenn die Augensumme größer als 17 ist.
a) Geben Sie eine Schätzung für die relative Gewinnhäufigkeit nach 2000 Spielen (Vertrauenswahrscheinlichkeit: 99,7%) an.
b) Wie viele Spiele sind erforderlich, wenn bei gleicher Vertrauenswahrscheinlichkeit die relative Gewinnhäufigkeit von der theoretischen Gewinnwahrscheinlichkeit p höchstens um 0,01 abweichen soll?

Lösung zu a:
Wir berechnen zunächst die Gewinnwahrscheinlichkeit p nach Laplace, indem wir jeden Ausgang als Zahlenpaar darstellen. Wir erhalten p = 0,06.

Mögliche Ergebnisse sind die 100 Augenzahlpaare (1; 1), (1; 2), …, (10; 10).
Zum Gewinn führen 6 Paare (8; 10), (9; 9), (9; 10), (10; 8), (10; 9), (10; 10).

X sei die Anzahl der Gewinne bei n = 2000 Spielen.
X hat die Standardabweichung $\sigma \approx 10{,}62$.

X = Anzahl der Gewinnspiele bei 2000 Spielen
$\sigma = \sigma(X) = \sqrt{2000 \cdot 0{,}06 \cdot 0{,}94} \approx 10{,}62$

Die relative Häufigkeit für die Anzahl der Gewinnspiele bei n = 2000 Spielen liegt mit einer Wahrscheinlichkeit von 99,7% in einer $3\frac{\sigma}{n}$-Umgebung der Gewinnwahrscheinlichkeit p, also in dem Intervall [0,044; 0,076].

$3\frac{\sigma}{n} \approx \frac{31{,}86}{2000} = 0{,}0159$

$\left[p - 3\frac{\sigma}{n}; p + 3\frac{\sigma}{n}\right]$

$\approx [0{,}06 - 0{,}0159;\ 0{,}06 + 0{,}159]$

$\approx [0{,}044;\ 0{,}076]$

Lösung zu b:
Wir verwenden wiederum eine $3\frac{\sigma}{n}$-Umgebung der Gewinnwahrscheinlichkeit p = 0,06. Nur müssen wir diesmal dafür sorgen, dass $3\frac{\sigma}{n} \leq 0{,}01$ gilt.
▶ Dies ist für n ≥ 5076 der Fall.

$3\frac{\sigma}{n} \leq 0{,}01$

$3\frac{\sqrt{n \cdot 0{,}06 \cdot 0{,}94}}{n} \leq 0{,}01$

$\frac{0{,}5076 \cdot n}{n^2} \leq 0{,}0001$

$n \geq 5076$

▶ **Beispiel:** Bei der maschinellen Fertigung von einfachen Gummidichtungen beträgt die auch vom Auftraggeber tolerierte Ausschussquote 10%. In bestimmten Abständen werden der Produktion Stichproben vom Umfang n = 1000 entnommen. Bestimmen Sie mit einer Vertrauenswahrscheinlichkeit von ca. 95%, in welchem Bereich der Ausschussanteil in der Stichprobe variieren kann, ohne dass ein Grund zur Beunruhigung vorliegt.

Lösung:
Die Zufallsgröße „X = Anzahl der Ausschussstücke in der Stichprobe" hat die Standardabweichung $\sigma \approx 9{,}5$. Mit einer Wahrscheinlichkeit von rund 95,5% findet man in der Stichprobe einen Anteil ausschüssiger Dichtungen zwischen $0{,}1 - 2\frac{\sigma}{n} \approx 0{,}081$ und $0{,}1 + 2\frac{\sigma}{n} \approx 0{,}119$, also etwa zwischen 8,1% und 11,9%. Ausschussanteile innerhalb dieses Bereiches können daher toleriert
▶ werden.

Übungen

1. In der Endkontrolle eines Motorenherstellers waren von 8350 Motoren einer Wochenproduktion 7348 in Ordnung, bei den übrigen war zusätzliche Einstellarbeit notwendig. Eine Aufschüsselung nach Wochentagen ergab folgendes Bild:

Tag	Mo	Di	Mi	Do	Fr
Anzahl	1800	1640	1880	1720	1310
ohne Beanstandung	1556	1440	1645	1513	1194

Untersuchen Sie, ob es auf 95,5% Vertrauensniveau an einigen Wochentagen signifikante Abweichungen der relativen Häufigkeiten der einwandfreien Motoren gab.

2. a) Nach einer Meinungsumfrage unter n = 1450 Personen kann die Partei DMP mit 5,5% der Stimmen rechnen. Ist der Einzug ins Parlament mit einer Vertrauenswahrscheinlichkeit von wenigstens 68% gewährleistet?
b) Bei welchem Stichprobenumfang n (bei sonst gleichen Voraussetzungen) könnte mit einer Vertrauenswahrscheinlichkeit von 95,5% mit einem Einzug ins Parlament gerechnet werden?

3. Die Aussagekraft der Ergebnisse statistischer Untersuchungen hängt vom Stichprobenumfang ab. Das zu untersuchende Merkmal besitze die Eintrittswahrscheinlichkeit p ($0 \leq p \leq 1$). X sei die Anzahl der Treffer in der Stichprobe vom Umfang n. Wie groß muss n gewählt werden, damit $P\left(\left|\frac{X}{n} - p\right| < 0,01\right) > 0,997$ gilt? Beantworten Sie die Frage für
a) p = 0,2, b) p = 0,5, c) p = 0,95.

4. Eine Maschine produziert seit längerer Zeit mit einem Ausschussanteil von 9%. Zur Kontrolle werden wöchentlich in einer Stichprobe n = 250 Teile entnommen. Der prozentuale Ausschussanteil p_1 in der Stichprobe wird festgestellt. Welche Abweichungen von p lassen sich mit einer Vertrauenswahrscheinlichkeit von 68% als rein zufällig erklären?

5. 38% aller Erwerbstätigen besitzen mindestens eine Kunden- oder Kreditkarte. Eine Befragung ergibt:

Gruppe	Anzahl der Befragten	Anzahl der Karteninhaber
Flugreisende	413	193
Hotelgäste	39	23
Discobesucher	105	35

Gibt es in den einzelnen Gruppen Abweichungen vom 38%-Anteil, deren Wahrscheinlichkeit geringer als 0,3% beträgt, d. h. hochsignifikante Abweichungen?

6. Der Hersteller beliefert seine Kunden mit Kartons, in denen jeweils 400 Teile aus einer Produktion abgepackt sind. Welche Garantie kann er geben, wenn er mit 5% Ausschuss produziert und Reklamationen wegen zu vieler unbrauchbarer Teile praktisch ausschließen möchte (99,7% Vertrauenswahrscheinlichkeit)?

3. Konfidenzintervalle

In der statistischen Praxis wird man oft mit der Tatsache konfrontiert, dass die Trefferwahrscheinlichkeit p für das Eintreten eines bestimmten Ereignisses völlig unbekannt ist. Um einen Schätzwert für p zu erhalten, wird der zu Grunde liegenden Gesamtheit eine Stichprobe vom Umfang n entnommen und die relative Trefferhäufigkeit h_n in der Stichprobe bestimmt. Sie stellt einen mehr oder weniger guten Schätzwert für p dar, wobei kleinere Abweichungen mit hoher Wahrscheinlichkeit auftreten, große Abweichungen aber nicht ausgeschlossen sind. Die Güte des Schätzwertes für p wird durch *Vertrauensintervalle* – sog. *Konfidenzintervalle* – bestimmt, die die unbekannte Wahrscheinlichkeit p mit hoher Vertrauenswahrscheinlichkeit enthalten.

Bestimmung von Konfidenzintervallen

> **Beispiel:** Von einem Würfel ist nicht bekannt, ob er gefälscht ist. Die Wahrscheinlichkeit für das Fallen der Sechs soll mit einer Vertrauenswahrscheinlichkeit von 99,7% abgeschätzt werden. Dazu wird der Würfel 5000-mal geworfen, wobei genau 800-mal die Sechs fällt. Beurteilen Sie das Resultat in Bezug auf die Möglichkeit der Fälschung des Würfels.

Lösung:
Die Testwürfe ergeben eine Bernoulli-Kette der Länge n = 5000.
Im 2. Abschnitt dieses Kapitels (Seite 315) wurden zu der Vertrauenswahrscheinlichkeit 99,7% Abweichungen zwischen der in einer Stichprobe zu erwartenden relativen Häufigkeit und der bekannten Wahrscheinlichkeit p abgeschätzt:
Es galt $\left|\frac{X}{n} - p\right| \leq 3\frac{\sigma}{n}$.
Nun ist die Situation entsprechend: Mit einer Sicherheit von 99,7% soll die Abweichung zwischen der bekannten relativen Häufigkeit – sie beträgt in unserer Stichprobe $\frac{X}{n} = \frac{800}{5000} = 0{,}16$ – und einer jetzt unbekannten Wahrscheinlichkeit p abgeschätzt werden.
Wieder gilt $\left|\frac{X}{n} - p\right| \leq 3\frac{\sigma}{n}$,
mit anderen Worten, es ist zu erwarten, dass p in einer $3\frac{\sigma}{n}$-Umgebung der relativen Häufigkeit $\frac{X}{n} = 0{,}16$ liegt.

Ein solches Schätzintervall für p nennt man **Konfidenzintervall für p zum Vertrauensniveau 0,997**.

Bezeichungen:
n: Länge der Bernoulli-Kette
X: Anzahl der Sechsen in der Stichprobe
h_n: relative Häufigkeit der Sechs
p: unbekannte Wahrscheinlichkeit für Sechs

$3\frac{\sigma}{n}$-Umgebung von p: **p ist bekannt**

Für $h_n = \frac{X}{n}$ wird ein Konfidenzintervall gesucht. Das Intervall, in dem h_n mit 99,7% Sicherheit liegt, lautet:
$\frac{X}{n} \in \left[p - 3\frac{\sigma}{n};\, p + 3\frac{\sigma}{n}\right]$.

Konfidenzintervall: $h_n = \frac{X}{n}$ **ist bekannt**

Für die unbekannte Wahrscheinlichkeit p wird ein Konfidenzintervall gesucht.
Das Intervall, in dem p mit 99,7% Wahrscheinlichkeit liegt, lautet:

$p \in \left[\frac{X}{n} - 3\frac{\sigma}{n};\, \frac{X}{n} + 3\frac{\sigma}{n}\right]$.

3. Konfidenzintervalle

Aus der Ungleichung
$$|0{,}16 - p| \leq 3 \cdot \frac{\sigma}{n} = 3 \cdot \frac{\sqrt{5000 \cdot p \cdot (1-p)}}{5000}$$
erhalten wir durch Quadrieren eine quadratische Ungleichung für p, deren Randwerte wir mit Hilfe der p-q-Formel bestimmen.
Wir erhalten mit nebenstehender Rechnung das Intervall [0,1450; 0,1762] als Vertrauensintervall für p mit 99,7% Sicherheit.
Da die Wahrscheinlichkeit $\frac{1}{6}$ für Sechs eines Laplace-Würfels im Konfidenzintervall für p liegt, kann die Annahme, dass der untersuchte Würfel echt ist, nicht abgelehnt
▶ werden.

Berechnung der Intervallgrenzen:

$$\left|\frac{X}{n} - p\right| \leq 3\frac{\sigma}{n}$$

$$|0{,}16 - p| \leq 3 \cdot \frac{\sqrt{5000 \cdot p \cdot (1-p)}}{5000}$$

$$(0{,}16 - p)^2 \leq 9 \cdot \frac{p \cdot (1-p)}{5000}$$

$$128 - 1600p + 5000p^2 \leq 9p - 9p^2$$

$$p^2 - \frac{1609}{5009}p + \frac{128}{5009} \leq 0$$

$$|p - 0{,}1606| \leq 0{,}0156$$

Randwerte der Ungleichung:
$p_1 \approx 0{,}1450,\ p_2 \approx 0{,}1762$

Konfidenzintervall für p:
$0{,}1450 \leq p \leq 0{,}1762$

▶ **Beispiel:** Der Prozentsatz p der Fernsehzuschauer, die eine beliebte Show regelmäßig sehen, soll mit einer Vertrauenswahrscheinlichkeit von 95,5% abgeschätzt werden. Zu diesem Zweck wird eine Stichprobe von 1200 Zuschauern befragt. 840 Befragte sehen die Show regelmäßig.

Lösung:
In Anbetracht der riesigen Zahl von Zuschauern kann die Entnahme der Stichprobe als Bernoulli-Kette der Länge n = 1200 gedeutet werden.
Wegen der geforderten Vertrauenswahrscheinlichkeit von 95,5% verwenden wir eine $2\frac{\sigma}{n}$-Umgebung von p.

Die Stichprobe liefert die relative Trefferhäufigkeit $h_n = \frac{X}{n} = \frac{840}{1200} = 0{,}7$.

Mit einer Wahrscheinlichkeit von 95,5% gilt: $\left|\frac{X}{n} - p\right| \leq 2\frac{\sigma}{n}$,
d.h. $|0{,}7 - p| \leq 2 \cdot \frac{\sqrt{1200 \cdot p \cdot (1-p)}}{1200}$.

Mit einer dem vorhergehenden Beispiel entsprechenden Rechnung erhalten wir das Intervall [0,673; 0,726] als Konfidenzintervall für p.

Ergebnis:
Mit einer Vertrauenswahrscheinlichkeit von 95,5% liegt der Prozentsatz der Zuschauer, welche die Show regelmäßig se-
▶ hen, zwischen 67,3% und 72,6%.

Intervallgrenzen:

$$\left|\frac{X}{n} - p\right| \leq 2\frac{\sigma}{n}$$

$$|0{,}7 - p| \leq 2 \cdot \frac{\sqrt{1200 \cdot p \cdot (1-p)}}{1200}$$

$$(0{,}7 - p)^2 \leq 4 \cdot \frac{p \cdot (1-p)}{1200}$$

$$301p^2 - 421p + 147 \leq 0$$

$$p^2 - \frac{421}{301}p + \frac{147}{301} \leq 0$$

Randwerte der Ungleichung:
$p_1 \approx 0{,}673,\ p_2 \approx 0{,}726$

Konfidenzintervall für p:
$0{,}673 \leq p \leq 0{,}726$

Übung 1
Von einem Würfel sei nicht bekannt, ob er gefälscht ist. Zur Probe wird er 8000-mal geworfen, wobei 1700-mal die Sechs fällt. Bestimmen Sie ein 99,7%-Konfidenzintervall für die Wahrscheinlichkeit der Sechs.

Übung 2
Eine Münze wird 3500-mal geworfen, wobei 1710-mal „Kopf" erscheint. Entscheiden Sie mit einer Vertrauenswahrscheinlichkeit von 95,5%, ob die Münze echt ist.

Übung 3
Der Marktanteil p eines Waschmittels soll festgestellt werden. Von 500 zufällig ausgewählten Haushalten verwenden 168 Haushalte das Waschmittel.
Bestimmen Sie ein 68%-Konfidenzintervall für p.

> **Beispiel:** Eine Meinungsumfrage unter 1800 Personen dient der Untersuchung der Beliebtheit von lokalen Radiosendern. Als ihren bevorzugten Sender bezeichnen 720 Personen Sender 1 und 756 Personen Sender 2.
> Daraufhin nimmt Sender 2 für sich den Titel des beliebtesten Senders im Stadtgebiet in Anspruch. Prüfen Sie diesen Anspruch auf einem Vertrauensniveau von 0,955.

Lösung:
Auf den ersten Blick erscheint der Anspruch von Sender 2 völlig plausibel zu sein. Sicherer allerdings ist es, für jede der Wahrscheinlichkeiten p_1 und p_2, dass Sender 1 bzw. Sender 2 der beliebteste Sender ist, ein 95,5%-Vertrauensintervall zu berechnen. Wir gehen dabei technisch wie in den vorhergehenden Beispielen vor.

Sender 1

$$h_n = \frac{X}{n} = \frac{720}{1800} = 0{,}40$$

$$|0{,}4 - p_1| \leq 2 \cdot \frac{\sqrt{1800 \cdot p_1 \cdot (1-p_1)}}{1800}$$

$$(0{,}4 - p_1)^2 \leq 4 \cdot \frac{p_1 \cdot (1-p_1)}{1800}$$

$$0{,}16 - 0{,}80\,p_1 + p_1^2 \leq 4 \cdot \frac{p_1 \cdot (1-p_1)}{1800}$$

$$451\,p_1^2 - 361\,p_1 + 72 \leq 0$$

$$p_1^2 - \tfrac{361}{451}p_1 + \tfrac{72}{451} \leq 0$$

Resultat: $0{,}377 \leq p_1 \leq 0{,}423$

p_1 liegt mit einer Wahrscheinlichkeit von ca. 95,5% im Intervall [0,377; 0,423].

Sender 2

$$h_n = \frac{X}{n} = \frac{756}{1800} = 0{,}42$$

$$|0{,}42 - p_2| \leq 2 \cdot \frac{\sqrt{1800 \cdot p_2 \cdot (1-p_2)}}{1800}$$

$$(0{,}42 - p_2)^2 \leq 4 \cdot \frac{p_2 \cdot (1-p_2)}{1800}$$

$$0{,}1764 - 0{,}84\,p_2 + p_2^2 \leq 4 \cdot \frac{p_2 \cdot (1-p_2)}{1800}$$

$$451\,p_2^2 - 379\,p_2 + 79{,}38 \leq 0$$

$$p_2^2 - \tfrac{379}{451}p_2 + \tfrac{79{,}38}{451} \leq 0$$

Resultat: $0{,}397 \leq p_2 \leq 0{,}443$

p_2 liegt mit einer Wahrscheinlichkeit von ca. 95,5% im Intervall [0,397; 0,443].

▶ Die beiden Konfidenzintervalle überschneiden sich. Dies bedeutet, dass sich der Anspruch von Sender 2 auf dem hohen Vertrauensniveau von 0,955 nicht aufrechterhalten lässt.

3. Konfidenzintervalle

Ein Näherungsverfahren zur Bestimmung von Konfidenzintervallen

Die rechnerische Bestimmung eines Konfidenzintervalls für eine unbekannte Wahrscheinlichkeit p ist wesentlich einfacher, wenn man mit einer Näherungslösung zufrieden ist.

▶ **Beispiel:** Bei einer Befragung von 2400 Personen geben 1080 Personen an, regelmäßige Leser einer bekannten Illustrierten zu sein. Mit welchem Marktanteil kann der Verlag rechnen, wenn eine Vertrauenswahrscheinlichkeit von 95,5% zu Grunde gelegt wird?

Näherungslösung:

In Zeile 2 der nebenstehenden exakten Lösung ersetzen wir unter der Wurzel p durch die ermittelte relative Häufigkeit $h_n = \frac{X}{n} = 0{,}45$:

$$\left|\frac{X}{n} - p\right| \leq 2\frac{\sigma}{n}$$

$$|0{,}45 - p| \leq 2 \cdot \frac{\sqrt{2400 \cdot h_n \cdot (1 - h_n)}}{2400}$$

$$|0{,}45 - p| \leq 2 \cdot \frac{\sqrt{2400 \cdot 0{,}45 \cdot 0{,}55}}{2400}$$

$$|0{,}45 - p| \leq 0{,}0203$$

Konfidenzintervall für p (Näherung):
$0{,}4297 \leq p \leq 0{,}4703$

Exakte Lösung der Ungleichung:

$$\left|\frac{X}{n} - p\right| \leq 2\frac{\sigma}{n}$$

$$|0{,}45 - p| \leq 2 \cdot \frac{\sqrt{2400 \cdot p \cdot (1 - p)}}{2400}$$

$$601 p^2 - 541 p + 121{,}5 \leq 0$$

$$p^2 - \frac{541}{601}p + \frac{121{,}5}{601} \leq 0$$

Randwerte der Ungleichung:
$p_1 \approx 0{,}4298,\ p_2 \approx 0{,}4704$

Konfidenzintervall für p (exakt):
$0{,}4298 \leq p \leq 0{,}4704$

▶ Das Näherungsverfahren liefert fast das gleiche Konfidenzintervall wie die exakte Lösung.

Wir untersuchen nun, unter welchen Bedingungen die Anwendung des Näherungsverfahrens erlaubt und sinnvoll ist.
Beim Näherungsverfahren wird im Prinzip nur der Term $f(p) = \sqrt{p \cdot (1 - p)}$ abgeändert. Da der Graph dieses Terms zwischen $p = 0{,}3$ und $p = 0{,}7$ sehr flach verläuft, führt das Ersetzen des Arguments p durch einen (auch schwächeren) Näherungswert $h_n \in [0{,}3;\ 0{,}7]$ zu einem praktisch vernachlässigbar kleinen Unterschied zwischen den Werten $f(h_n)$ und $f(p)$.

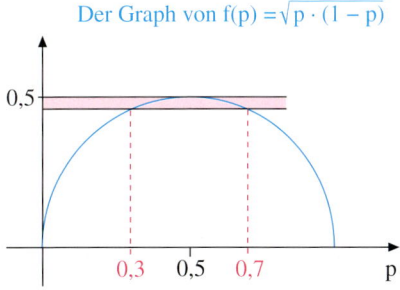

Der Graph von $f(p) = \sqrt{p \cdot (1 - p)}$

Man kann also folgende **Faustregel** formulieren: Liegt die relative Trefferhäufigkeit $h_n = \frac{X}{n}$ in einer Stichprobe vom Umfang n zwischen 0,3 und 0,7, so kann das Näherungsverfahren zur Bestimmung eines Konfidenzintervalls für die unbekannte Trefferwahrscheinlichkeit p in der Regel ohne Bedenken angewandt werden.

Übung 4
Vor einer Wahl möchte ein hoffnungsvoller Kandidat seine Wahlchancen testen. Von 2500 befragten Personen wollen 1400 für ihn stimmen. Kann er auf einem Vertrauensniveau von 0,997 mit der absoluten Stimmenmehrheit rechnen?
Bestimmen Sie das Konfidenzintervall für seinen Stimmenanteil p
a) mit exakter Rechnung,
b) näherungsweise.

Abschließend betrachten wir eine interessante Anwendung und Variation des Arbeitens mit Konfidenzintervallen, deren praktische Bedeutung offensichtlich ist.

▶ **Beispiel:** Steinböcke gehören zu den gefährdeten Wildarten. Um den Bestand in einer bestimmten Alpenregion abschätzen zu können, wurden dort 180 Tiere eingefangen, mit einer Markierung versehen und wieder freigelassen. Nach einiger Zeit wurden 150 Tiere in freier Wildbahn beobachtet. 30 Tiere waren markiert.
Geben Sie ein 95,5%-Konfidenzintervall für den unbekannten Tierbestand N an.

Lösung:

X sei die Anzahl der markierten Tiere unter den n = 150 beobachteten Tieren und p die Wahrscheinlichkeit, dass ein beobachtetes Tier markiert ist.

Die relative Häufigkeit für das Auftreten einer Markierung in der Gruppe der beobachteten Tiere beträgt 0,2.

Damit erhalten wir für die Markierungswahrscheinlichkeit p das 95,5%-Konfidenzintervall $0,1579 \leq p \leq 0,25$.

Da der Erwartungswert $\mu = N \cdot p$ der Anzahl der markierten Tiere im Gesamtbestand N von vornherein bekannt ist, nämlich gleich 180, gilt die Formel:

$N = \frac{180}{p}$.

Setzen wir hier die Randwerte für p ein, so erhalten wir ein 95,5%-Konfidenzintervall für N.
Der Bestand an Steinböcken liegt mit einer Wahrscheinlichkeit von 95,5% zwischen
▶ N = 660 und N = 1260 Tieren.

X = Anzahl der markierten Tiere unter den n = 150 beobachteten Tieren
p = Wahrscheinlichkeit, dass ein beobachtetes Tier markiert ist

Konfidenzintervall für p:

$h_n = \frac{X}{n} = \frac{30}{150} = 0,2$

$|0,2 - p| \leq 2 \cdot \frac{\sqrt{150 \cdot p \cdot (1-p)}}{150}$

$77p^2 - 32p + 3 \leq 0$

$p^2 - \frac{32}{77}p + \frac{3}{77} \leq 0$

$0,1428 \leq p \leq 0,2728$

Konfidenzintervall für N:

$\mu = N \cdot p, 180 = N \cdot p, N = \frac{180}{p}$

$\frac{180}{0,2728} \leq N \leq \frac{180}{0,1428}$

$660 \leq N \leq 1260$

Übungen

5. Zur Abschätzung, welche unmittelbaren Auswirkungen aktuelle politische Ereignisse auf das Ansehen der politischen Parteien haben, stellen Meinungsforscher die sogenannte „Sonntagsfrage":

> Wenn am nächsten Sonntag Wahl wäre, welcher Partei würden Sie Ihre Stimme geben?

Der Vergleich des Umfrageergebnisses mit den letzten Wahlergebnissen zeigt die aktuellen Veränderungen. Es werden 3650 Personen befragt.
  a) 1533 der Befragten entscheiden sich für Partei A. Ist die Abweichung vom letzten Wahlergebnis (44,1 %) hochsignifikant (Vertrauenswahrscheinlichkeit 99,7 %)?
  b) 219 Personen stimmen für Partei B. Kann sich die Partei sicher sein, dass ihr momentanes Wählerpotential noch über 5 % liegt (Vertrauensniveau 0,997)?
  c) Für Partei C votieren 1679 Personen. Kann sich die Partei sicher sein, dass sie momentan in der Wählergunst vor den anderen Parteien liegt (Näherungslösung, Vertrauenswahrscheinlichkeit 95,5 %)?

6. Der Erfolg einer Werbekampagne wird getestet. Das Ergebnis einer Umfrage soll darüber entscheiden, ob eine Zusatzprämie gezahlt wird (Vertrauensniveau 0,955).
  a) Der Vertrag sieht vor, dass die Prämie gezahlt wird, wenn „garantiert" über 70 % der Bevölkerung das Produkt kennen. 1780 von 2500 Befragten kannten das Produkt.
  b) Die Prämie wird gezahlt, wenn möglicherweise 70 % der Bevölkerung das Produkt kennen. Muss die Prämie bei diesen Bedingungen gezahlt werden, wenn nur 1644 von 2400 Befragten das Produkt kennen?

7. Der Hersteller garantiert seinen Kunden, dass höchstens 10 % seiner Artikel Mängel aufweisen. Bei einer vom Kunden durchgeführten Stichprobe zeigen tatsächlich nur 8 % der Ware Mängel. Kann der Kunde bei 95,5 % Vertrauenswahrscheinlichkeit davon ausgehen, dass die Behauptung des Herstellers zutrifft, wenn der Umfang der Stichprobe
  a) $n = 50$,   b) $n = 200$,   c) $n = 2000$ betrug?

8. Durch Geldmangel in der Gemeindekasse muss die ursprüngliche Planung für ein kombiniertes Hallen-/Freibad abgeändert werden.

> **Meinungsumfrage**
> Ich bin dafür, dass ein
> **Freibad** ☐
> **Hallenbad** ☐
> gebaut wird!

Auf 2236 von 4416 abgegebenen Stimmzetteln ist die Option Freibad angekreuzt. Kann sich der Gemeinderat (bei 68 % Vertrauenswahrscheinlichkeit) sicher sein, dass die Mehrheit der Bevölkerung ein Freibad wünscht?
Lösen Sie diese Aufgabe sowohl exakt als auch mit Hilfe des Näherungsverfahrens.

9. Der Anglerverein „Petri Heil" möchte den Fischbestand schätzen. Es werden 600 markierte Forellen ausgesetzt. Beim Wettangeln werden 98 markierte und 252 unmarkierte Fische gefangen. Schätzen Sie den Gesamtbestand mit einer Vertrauenswahrscheinlichkeit von 95,5 %.

Das BERNOULLI'SCHE Gesetz der großen Zahlen

Bei nahezu allen Zufallsexperimenten kann man beobachten, dass die relative Häufigkeit eines Ergebnisses sich bei einer sehr großen Zahl von Versuchsdurchführungen weitgehend stabilisiert. Man nennt diesen Erfahrungssatz das empirische Gesetz der großen Zahlen. Wir sind nun in der Lage, dieses Gesetz für BERNOULLI-Experimente auch theoretisch zu begründen.

Auf der Seite 315 wurde herausgearbeitet, dass die relative Häufigkeit der Trefferzahl $\frac{X}{n}$ in einer BERNOULLI-Kette der Länge n mit einer Wahrscheinlichkeit von rund 99,7 % in eine $3\frac{\sigma}{n}$-Umgebung der Trefferwahrscheinlichkeit p fällt. Für Bernoulli-Ketten der Länge n gilt

$$3\frac{\sigma}{n} = 3\frac{\sqrt{n \cdot p \cdot (1-p)}}{n} = 3 \cdot \sqrt{\frac{p \cdot (1-p)}{n}} \to 0 \quad \text{für} \quad n \to \infty,$$

und zwar bei einer gleich bleibenden Sicherheitswahrscheinlichkeit von 99,7 %. Allgemein gilt:

> Der Radius des Intervalls, in das die relativen Häufigkeiten für die Trefferzahl mit einer vorgegebenen Sicherheitswahrscheinlichkeit fallen, strebt mit wachsender Länge n der BERNOULLI-Kette gegen null.

Trägt man die $3\frac{\sigma}{n}$-Umgebungen in einem Koordinatensystem über n auf, so ergibt sich der abgebildete Trichter, der mit wachsendem n immer schmaler wird.

Die anschauliche Bedeutung des Trichters kann man folgendermaßen beschreiben:
Für jedes feste n enden rund 99,7 % aller Versuchsreihen der Länge n im Trichter.

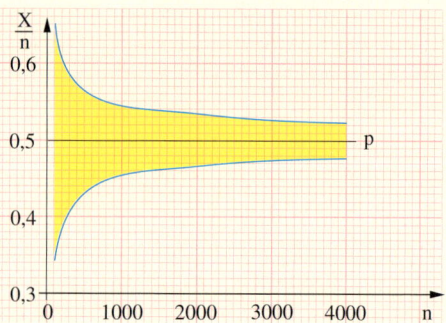

Verwendet man an Stelle von $3\frac{\sigma}{n}$-Umgebungen – wie oben dargestellt – nun $4\frac{\sigma}{n}$-Umgebungen, $5\frac{\sigma}{n}$-Umgebungen usw., so erhält man Trichter mit gegen 100 % wachsenden Sicherheitswahrscheinlichkeiten. Damit ist folgender Sachverhalt anschaulich begründet:

Legt man um die Wahrscheinlichkeit p einen Umgebungsstreifen mit dem Radius ε, und sei er auch noch so schmal, so steigt mit wachsendem n die Wahrscheinlichkeit, dass die relative Trefferhäufigkeit von Versuchsreihen der Länge n in diesen ε-Streifen fällt. Für $n \to \infty$ strebt diese Wahrscheinlichkeit gegen eins. Dies ist das BERNOULLI'sche Gesetz der großen Zahlen.

Hiermit hat sich ein Kreis geschlossen: Das Grundphänomen der Stabilisierung einer relativen Häufigkeit bei einer großen Zahl von Versuchsdurchführungen hat – zumindest für BERNOULLI-Experimente – eine eindrucksvolle theoretische Bestätigung erfahren.

> **Bernoulli-Gesetz der großen Zahlen**
>
> X sei die Anzahl der Treffer in einer BERNOULLI-Kette der Länge n.
> Dann gilt für jedes $\varepsilon > 0$:
>
> $$\lim_{n \to \infty} P\left(\left|\frac{X}{n} - p\right| < \varepsilon\right) = 1$$

IX. Schätzen von Wahrscheinlichkeiten

Überblick

Wahrscheinlichkeiten von σ-Umgebungen

X sei die Anzahl der Treffer in einer Bernoulli-Kette der Länge n. µ sei der Erwartungswert und s die Standardabweichung von X.
Dann fallen die Werte von X zu etwa

   68% ins Intervall [µ – σ; µ + σ],
   90% ins Intervall [µ – 1,64σ; µ + 1,64σ]
   95% ins Intervall [µ – 1,96σ; µ + 1,96σ]
95,5% ins Intervall [µ – 2σ; µ + 2σ],
   99% ins Intervall [µ – 2,58σ; µ + 2,58σ]
99,7% ins Intervall [µ – 3σ; µ + 3σ],

wenn die sogenannte Laplace-Bedingung $\sigma = \sqrt{n \cdot p \cdot (1-p)} > 3$ erfüllt ist (Faustregel).
Der Wert k in einer Umgebung [µ – k · σ; µ + k · σ] zur Vertrauenswahrscheinlichkeit p, wird als **Umgebungsradius** bezeichnet.

Wahrscheinlichkeiten von $\frac{\sigma}{n}$-Umgebungen

Die Werte von $\frac{X}{n}$ fallen zu etwa

   68% ins Intervall $\left[p - \frac{\sigma}{n}; p + \frac{\sigma}{n}\right]$,

95,5% ins Intervall $\left[p - 2\frac{\sigma}{n}; p + 2\frac{\sigma}{n}\right]$,

99,7% ins Intervall $\left[p - 3\frac{\sigma}{n}; p + 3\frac{\sigma}{n}\right]$.

Konfidenzintervall für eine unbekannte Wahrscheinlichkeit p

Die relative Häufigkeit $h_n = \frac{X}{n}$ als Schätzwert für eine unbekannte Wahrscheinlichkeit p sei gegeben. Dann liegt p

– mit **68%** Wahrscheinlichkeit im Intervall $\left[h_n - \frac{\sigma}{n}; h_n + \frac{\sigma}{n}\right]$,

– mit **95,5%** Wahrscheinlichkeit im Intervall $\left[h_n - 2 \cdot \frac{\sigma}{n}; h_n + 2 \cdot \frac{\sigma}{n}\right]$,

– mit **99,7%** Wahrscheinlichkeit im Iintervall $\left[h_n - 3 \cdot \frac{\sigma}{n}; h_n + 3 \cdot \frac{\sigma}{n}\right]$.

Präzisierung des empirischen Gesetzes der großen Zahlen für Bernoulli-Ketten

Der Radius des Intervalls, in das die relativen Häufigkeiten für die Trefferzahl mit einer vorgegebenen Sicherheitswahrscheinlichkeit fallen, strebt mit wachsender Kettenlänge n gegen Null.

Bernoulli-Gesetz der großen Zahlen

X sei die Anzahl der Treffer in einer Bernoulli-Kette der Länge n.
Dann gilt für jedes ε > 0:

$$\lim_{n \to \infty} P\left(\left|\tfrac{X}{n} - p\right| < \varepsilon\right) = 1$$

Test

Schätzen von Wahrscheinlichkeiten

1. a) Formulieren Sie die Wahrscheinlichkeitsregeln für die k · σ-Umgebungen (k = 1, 2, 3) des Erwartungswertes μ.
   b) Beurteilen Sie mit diesen Regeln die folgenden Aussagen:
      i) 500 Würfe mit einem Laplace-Würfel ergaben 101 Sechsen.
      ii) 23 % der Produktion sind 1. Wahl. Von 200 getesteten Stücken werden 50 als 1. Wahl eingestuft.

2. An einem Glücksspielautomat beträgt die Gewinnwahrscheinlichkeit p = 0,35.
   a) Geben Sie ein Intervall an, in dem mit 95,5 % Vertrauenswahrscheinlichkeit die relative Gewinnhäufigkeit bei 200 Spielen liegen wird.
   b) Wie viele Spiele sind notwendig, wenn mit 99,7 % Vertrauenswahrscheinlichkeit die relative Gewinnhäufigkeit von der theoretischen Gewinnwahrscheinlichkeit (35 %) höchstens um 1 % abweichen soll?
   c) Die Gewinnwahrscheinlichkeit des Automaten wird verringert. Sind jetzt zur Beantwortung des in Aufgabenteil b gestellten Problems mehr oder weniger Spiele notwendig, als dort berechnet? Begründen Sie die Antwort.

3. a) Die Sehbeteiligung der täglich von einem bekannten Fernsehsender ausgestrahlten Serie „Wir über uns" soll ermittelt werden. In der Umfrage geben 1152 von 3200 befragten Personen zu, dass sie die Serie regelmäßig sehen.
   Ermitteln Sie zur Vertrauenswahrscheinlichkeit von 95,5 % das Konfidenzintervall für die unbekannte Sehbeteiligung.
   b) Es wird überlegt, ob weitere Folgen der Serie gedreht werden sollen. Es wird entschieden: Neue Folgen werden gedreht, wenn sich bei einer erneuten Umfrage herausstellt, dass zur Vertrauenswahrscheinlichkeit von 99,7 % alle Werte des Konfidenzintervalls – und daher mit der geforderten Sicherheit auch die unbekannte Sehbeteiligung – über 40 % liegen.
   Die Umfrage ergibt: 1204 von 2800 befragten Personen sind Zuschauer der Serie.
   Wie lautet die Entscheidung?
   Arbeiten Sie mit einer Näherungslösung.

Lösungen: S. 354

X. Testen von Hypothesen

Eine *statistische Gesamtheit* – also z. B. die Bevölkerung eines Staates, der Produktionsausstoß einer Maschine, der Inhalt einer Schraubenschachtel – kann Merkmale besitzen, deren Häufigkeitsverteilung nicht genau bekannt ist, über die man aber Vermutungen besitzt.

Durch *Erhebung einer Stichprobe* aus der Gesamtheit kann man mit relativ geringem Aufwand die Frage entscheiden, welche der verschiedenen Vermutungen – die man auch als Hypothesen bezeichnet – wohl zutreffend ist.

Allerdings kann ein solches Verfahren zum *Prüfen von Hypothesen* zu Fehleinschätzungen führen, da eine Zufallsstichprobe durchaus ein falsches Bild der tatsächlichen Verhältnisse liefern kann. Im Folgenden wird das Risiko solcher Fehleinschätzungen für verschiedene Verfahren zum Testen von Hypothesen untersucht.

Wir behandeln zwei der wichtigsten Testverfahren, den Alternativtest und den Signifikanztest.

1. Alternativtest

In diesem Abschnitt werden die grundlegenden Begriffe der statistischen Entscheidungstheorie an einem besonders einfachen Beispiel eingeführt.
Der sogenannte *statistische Alternativtest* wird – wie der Name schon sagt – zur Entscheidung zwischen zwei zueinander alternativen Vermutungen, die man auch als alternative Hypothesen bezeichnet, verwendet.

A. Einführendes Beispiel zum Alternativtest

> **Beispiel:** Ein Großhändler erhält eine Importlieferung von Kisten, die sehr viele Schrauben enthalten. Ein Teil der Kisten ist 1. Wahl, d. h. der Anteil der Schrauben, die die Maßtoleranzen überschreiten, beträgt 10%. Die restlichen Kisten sind 2. Wahl, der Ausschussanteil beträgt hier 30%. (*Alternativen*)
>
> Da alle Kisten gleich aussehen und nicht beschriftet sind, soll durch Entnahme von Stichproben getestet werden, welche Qualität jeweils vorliegt.
>
> Einer zu testenden Kiste werden zu diesem Zweck 20 Schrauben entnommen. (*Zufallsstichprobe*)
> Sind höchstens 2 Schrauben Ausschuss, so wird die Kiste als 1. Wahl eingestuft, andernfalls als 2. Wahl. (*Entscheidungsregel*)
>
> Dieses Verfahren kann natürlich zu Fehleinschätzungen führen.
>
> Mit welcher Wahrscheinlichkeit wird eine Kiste, die tatsächlich 2. Wahl ist, aufgrund einer Stichprobe als 1. Wahl eingestuft? (*Irrtumswahrscheinlichkeit*)

1. Alternativtest

Lösung:
p sei der Anteil der ausschüssigen Schrauben in der zu testenden Kiste.
X sei die Anzahl der ausschüssigen Schrauben in der Stichprobe (*Prüfgröße*).

Handelt es sich um eine Kiste 2. Wahl, so gilt p = 0,3.

Die Zufallsvariable X, die hier als Prüfgröße dient, ist dann näherungsweise binomialverteilt mit den Parametern n = 20 und p = 0,3.

In einer Stichprobe von n = 20 Schrauben sind im Mittel 6 ausschüssige Schrauben zu erwarten, aber es können zufallsbedingt auch nur 2 oder weniger sein.

Die Wahrscheinlichkeit P(X ≤ 2) wird mit dem TR oder der Tabelle bestimmt:
F(20; 0,3; 2) = 0,0355 = 3,55 %.

▶ Eine Kiste 2. Wahl wird also nur recht selten als 1. Wahl eingestuft.

X ist binomialverteilt mit n = 20, p = 0,3.

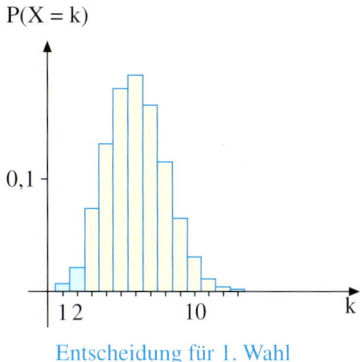

Entscheidung für 1. Wahl

P(Kiste 2. Wahl wird als 1. Wahl eingestuft)
 = P(X ≤ 2)
 = F(20; 0,3; 2)
 ≈ 0,0355   = 3,55 %

Außer dieser ersten Art von Fehlentscheidung, die sich für unseren Schraubengroßhändler geschäftsschädigend auswirken könnte, hat er noch eine zweite Fehlentscheidungsmöglichkeit, deren Inanspruchnahme seinen Kunden Freude bereiten dürfte:

▶ **Beispiel:** Das Entscheidungsverfahren aus dem vorherigen Beispiel kann zu einer zweiten Art von Fehlentscheidung führen: Eine Kiste 1. Wahl könnte irrtümlich als 2. Wahl eingestuft werden. Wie wahrscheinlich ist dies?

Lösung:

Ist die zu testende Kiste tatsächlich 1. Wahl, so gilt p = 0,1.
Die Prüfgröße X ist binomialverteilt mit den Parametern n = 20 und p = 0,1.

Die Wahrscheinlichkeit für die Einstufung der Kiste als 2. Wahl ist gleich
P(X > 2) = 1 − P(X ≤ 2) = 1 − F(20; 0,1; 2)
 ≈ 1 − 0,6769
 = 0,3231 = 32,31 %.

▶ Diesen Fehler wird unser Entscheidungsverfahren also recht häufig produzieren.

X ist binomialverteilt mit n = 20, p = 0,1.

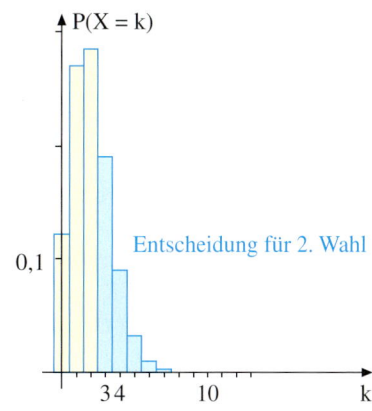

Entscheidung für 2. Wahl

B. Fachsprachliche Grundbegriffe des Hypothesentestens

Wir führen nun anhand des statistischen Alternativtests einige wichtige Fachbegriffe ein. Wir veranschaulichen diese Begriffe hier, indem wir sie durch eine Gegenüberstellung direkt auf unser Einführungsbeispiel beziehen.

Über eine *statistische Gesamtheit* gibt es zwei Vermutungen, die man Hypothesen nennt, die *Nullhypothese* H_0 sowie die *Alternativhypothese* H_1.

Diese Hypothesen schließen einander aus, sie sind in diesem Sinne Alternativen.
Sie können verbal oder in einer formelhaften Kurzform dargestellt werden.

Durch einen Test soll entschieden werden, welche der beiden Hypothesen als zutreffend angenommen werden soll.
Dieser *Hypothesentest* besteht darin, dass der vorliegenden statistischen Gesamtheit eine *Stichprobe* vom Umfang n entnommen wird.

Durch das Stichprobenergebnis wird der Wert einer Zufallsvariablen X, der sogenannten *Prüfgröße* festgelegt.

Mit Hilfe der Prüfgröße wird die *Entscheidungsregel* formuliert: Übersteigt der Wert der Prüfgröße in der Stichprobe die sogenannte kritische Zahl K nicht, so wird diejenige Hypothese angenommen, die niedrigeren Werten der Prüfgröße entspricht.

Die *kritische Zahl K* wird vor der Entnahme der Stichprobe unter mehr oder weniger subjektiven Gesichtspunkten festgelegt.
K gehört zum Annahmebereich von H_1.

Sie unterteilt die Wertemenge der Prüfgröße X in zwei Bereiche:
den *Verwerfungsbereich* von H_0, der zugleich Annahmebereich von H_1 ist, und den *Annahmebereich* von H_0, der zugleich Verwerfungsbereich von H_1 ist.

Statistische Gesamtheit:
Menge der Schrauben in der Kiste

Hypothesen:
H_0: Die Kiste ist 2. Wahl.
H_1: Die Kiste ist 1. Wahl.

Kurzdarstellung der Hypothesen:
H_0: p = 0,3
H_1: p = 0,1

p = Anteil der ausschüssigen Schrauben in der Kiste

Stichprobe:
Der Kiste wird eine Zufallsstichprobe von n = 20 Schrauben entnommen.

Prüfgröße:
X = Anzahl der ausschüssigen Schrauben in der Stichprobe

Entscheidungsregel:
kritische Zahl: K = 2

$X \leq 2$: Entscheidung für H_1 (1. Wahl)
$X > 2$: Entscheidung für H_0 (2. Wahl)

Wahl der kritischen Zahl:
K klein: geringes Risiko, dass 2. Wahl als 1. Wahl eingestuft wird
K groß: geringes Risiko, dass 1. Wahl als 2. Wahl eingestuft wird

Annahmebereich/Verwerfungsbereich:

$X \in \{0, 1, 2\}$: H_1 annehmen
H_0 verwerfen

$X \in \{3, \ldots, 20\}$: H_0 annehmen
H_1 verwerfen

1. Alternativtest

Die Entscheidungsregel kann wegen der Zufälligkeit des Stichprobenergebnisses zu Fehlentscheidungen führen.
Man unterscheidet zwei Fehlerarten und die zugehörigen Wahrscheinlichkeiten:

Fehler 1. Art:
Die Nullhypothese wird verworfen (abgelehnt), obwohl sie tatsächlich wahr ist.

Fehler 2. Art:
Die Nullhypothese wird angenommen, obwohl sie tatsächlich falsch ist.

Irrtumswahrscheinlichkeit 1. Art:
Wahrscheinlichkeit, mit der die gewählte Entscheidungsregel zu einem Fehler 1. Art führt (wird auch α-*Fehler* genannt). Sie hängt von der Wahrscheinlichkeitsverteilung der Prüfgröße X und der Wahl der kritischen Zahl K ab.

Entsprechend ist die *Irrtumswahrscheinlichkeit 2. Art (β-Fehler)* als Wahrscheinlichkeit eines Fehlers 2. Art definiert.

Diese Irrtumswahrscheinlichkeiten lassen sich in gewisser Weise als bedingte Wahrscheinlichkeiten interpretieren:

P(Fehler 1. Art) = P_{H_0}(Entscheidung für H_1)

P(Fehler 2. Art) = P_{H_1}(Entscheidung für H_0)

Im Allgemeinen geht man bei der Festlegung der Hypothesen H_0 und H_1 so vor, dass der Fehler 1. Art für den Anwender des Tests die dramatischeren Konsequenzen hat.
Der Test ist tauglich, wenn es gelingt, durch geeignete Wahl des Stichprobenumfanges n (Kostenfrage) und der kritischen Zahl K das Risiko des Fehlers 1. Art hinreichend klein zu halten, ohne dass die Wahrscheinlichkeit eines Fehlers 2. Art unvertretbar groß wird.

Fehlentscheidungen:

Fehlerarten	H_0 ist wahr	H_1 ist wahr
Entscheidung für H_0		Fehler 2. Art
Entscheidung für H_1	Fehler 1. Art	

Irrtumswahrscheinlichkeiten:
Die Zufallsgröße X (Anzahl der ausschüssigen Schrauben) ist annähernd binomialverteilt, da die Stichprobe klein ist im Verhältnis zur Gesamtheit, sodass sich der Ausschussanteil p durch die Entnahme der Stichprobe praktisch nicht ändert.

Im Falle des Fehlers 1. Art ist H_0 wahr (p = 0,3). Die Prüfgröße ist dann binomialverteilt mit n = 20 und p = 0,3.

α-Fehler = P(Fehler 1. Art)
$\qquad = P_{H_0}$(Entscheidung für H_1)
$\qquad = P(X \leq 2)$, n = 20, p = 0,3
$\qquad = F(20; 0,3; 2)$
$\qquad \approx 0,0355$
$\qquad = 3,55\%$

Testtauglichkeit:
Unter dem subjektiven Gesichtspunkt, dass der Schraubengroßhändler wegen seines guten Rufs nach Möglichkeit vermeiden möchte, dass 2. Wahl als 1. Wahl eingestuft wird, ist das Testverfahren recht brauchbar, weil das Risiko hierfür nur 3,55% beträgt.

Allerdings muss er in Kauf nehmen, dass recht häufig Kisten 1. Wahl unter Wert als 2. Wahl verkauft werden (32,31%).

C. Weitere Beispiele zum Alternativtest

Der Testkonstrukteur wird bei statistischen Alternativtests mit unterschiedlichen Aufgabenstellungen konfrontiert: Bei gegebenem Entscheidungsverfahren sind Irrtumswahrscheinlichkeiten zu berechnen und bei gegebenen Irrtumswahrscheinlichkeiten sind passende Entscheidungsverfahren zu entwickeln. Im Folgenden demonstrieren wir die wesentlichen Variationen.

> **Beispiel: Berechnung der Irrtumswahrscheinlichkeiten bei gegebener kritischer Zahl**
> Ein Spieler besitzt gefälschte Münzen, bei welchen die Wahrscheinlichkeit p für Kopf auf 20 % erniedrigt ist. Dem Spieler ist entfallen, ob die Münze in seiner Hosentasche fair oder gefälscht ist, und er testet sie daher durch 12 Probewürfe. Fällt dabei mehr als viermal Kopf, so stuft er die Münze als fair ein, andernfalls als gefälscht.
> Wie groß sind die Irrtumswahrscheinlichkeiten (α-Fehler bzw. β-Fehler)?

Lösung:
Als alternative Hypothesen legen wir fest:
H_0: Die Münze ist fair.
H_1: Die Münze ist gefälscht.

Die Kurzdarstellung der Hypothesen ist:
H_0: p = 0,5
H_1: p = 0,2
Dabei ist p die Wahrscheinlichkeit, mit der die Münze Kopf liefert.

Als Prüfgröße X wählen wir die Anzahl der Kopfwürfe bei 12 Probewürfen.
Die Entscheidungsregel lautet:
X > 4 ⇒ Entscheidung für H_0
X ≤ 4 ⇒ Entscheidung für H_1

X ist exakt binomialverteilt. Die Parameter sind n = 12 und p = 0,5, falls H_0 gilt, bzw. n = 12 und p = 0,2, falls H_1 gilt.

Faire Münze wird als gefälscht eingestuft:
α-Fehler = P(Fehler 1. Art)
$= P_{H_0}$ (Entscheidung für H_1)
$= P(X \leq 4)$, n = 12, p = 0,5
$= F(12; 0,5; 4)$
$\approx 0{,}1938$
$= 19{,}38\,\%$

Gefälschte Münze wird als fair eingestuft:
β-Fehler = P(Fehler 2. Art)
$= P_{H_1}$ (Entscheidung für H_0)
$= P(X > 4)$, n = 12, p = 0,2
$= 1 - F(12; 0,2; 4)$
$\approx 1 - 0{,}9274$
$= 0{,}0726$
$= 7{,}26\,\%$

Damit ergeben sich die in der rechten Spalte berechneten Irrtumswahrscheinlichkeiten, die nicht sehr groß sind, sodass das Testverfahren als bedingt geeignet erscheint.

Übung 1

Ein Gärtner übernimmt einen Posten von großen Behältern mit Blumensamen. Der Inhalt einiger Behälter ist zu 70 % keimfähig, der Inhalt der restlichen jedoch nur zu 40 %. Es ist aber nicht bekannt, um welche Behälter es sich jeweils handelt. Um dies festzustellen, wird jedem Behälter eine Stichprobe von 10 Samen entnommen und einem Keimversuch unterzogen. Geht mehr als die Hälfte der Samen an, wird dem Samen im entsprechenden Behälter eine Keimfähigkeit von 70 % zugeordnet, andernfalls nur eine von 40 %. Welche Irrtümer können auftreten, welche Konsequenzen haben diese Irrtümer und wie groß sind die Irrtumswahrscheinlichkeiten?

1. Alternativtest

Nehmen wir an, dass der Spieler aus dem vorhergehenden Beispiel ein Falschspieler ist. Dann möchte er das Risiko, eine faire Münze als gefälscht einzustufen, möglichst gering halten. Das kann er bei sonst gleichen Bedingungen durch eine Abänderung der Entscheidungsregel erreichen.

> **Beispiel: Berechnung der kritischen Zahl bei gegebener Irrtumswahrscheinlichkeit**
> Wie muss im vorherigen Beispiel – bei sonst gleichen Voraussetzungen – das Entscheidungsverfahren abgeändert werden, damit eine faire Münze mit nicht mehr als 10% Wahrscheinlichkeit irrtümlich als gefälscht eingestuft wird

Lösung:
Die Entscheidungsregel lautet nunmehr:

$X > K \Rightarrow$ Entscheidung für H_0
$X \leq K \Rightarrow$ Entscheidung für H_1

mit einer zunächst noch unbestimmten kritischen Zahl K.

Die Forderung, dass die Wahrscheinlichkeit eines Fehlers 1. Art höchstens 10% betragen darf, führt auf die kritische Zahl K = 3.

Diesen Wert kann man, wie rechts dargestellt, durch Probieren mit dem TR oder der Tabelle (S. 289) ermitteln.

Nachteil: Der Fehler 2. Art steigt auf stolze 20,54% an.
Verringert man die Irrtumswahrscheinlichkeit 1. Art, so erhöht sich bei gleichem Stichprobenumfang die Irrtumswahrscheinlichkeit 2. Art.

Bestimmung der kritischen Zahl K:

P(Fehler 1. Art) $\leq 0{,}10$
P_{H_0}(Entscheidung für H_1) $\leq 0{,}10$
$F(12; 0{,}5; K) \leq 0{,}10$

Berechnung von $F(12; 0{,}5; k)$:
$F(12; 0{,}5; 2) = 0{,}0193$
$F(12; 0{,}5; 3) = 0{,}0730$
$F(12; 0{,}5; 4) = 0{,}1938$

Daraus folgt: K = 3 ist geeignet.

Irrtumswahrscheinlichkeit 2. Art:

P(Fehler 2. Art) = $1 - F(12; 0{,}2; 3)$
$\approx 1 - 0{,}7946$
$= 0{,}2054$
$= 20{,}54\%$

Übung 2
Die Münze aus dem letzten Beispiel soll durch 50 Probewürfe getestet werden.
Welche Entscheidungsregel ist zu wählen, damit in diesem Test eine faire Münze mit nicht mehr als 5% Wahrscheinlichkeit irrtümlich als gefälscht eingestuft wird?

Übung 3
Der Gärtner aus Übung 1 strebt an, dass einem Behälter mit Samen niedriger Keimfähigkeit (40%) mit nur geringer Wahrscheinlichkeit α irrtümlich eine hohe Keimfähigkeit (70%) zugeordnet wird. Wie muss er seine Entscheidungsregel abändern, damit α ≤ 5% gilt?
Welche Wahrscheinlichkeit ergibt sich nun für die irrtümliche Zuordnung einer niedrigen Keimfähigkeit zu einem Behälter mit tatsächlich hoher Keimfähigkeit? Ist das Testverfahren brauchbar?

Übungen

4. Ein Spieler behauptet, seine Geschicklichkeit sei so groß, dass seine Chancen, einen Pasch zu erzielen und damit zu gewinnen, bei 30% liegen (H_1). Seine Freunde beschließen: Gewinnt er von 50 Testspielen mindestens 10, so wollen sie ihm glauben.

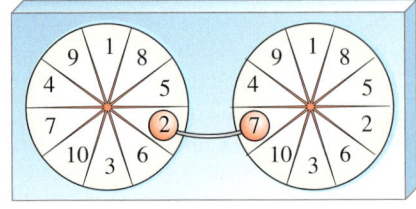

   a) Welche Fehler können durch die Anwendung der Regel auftreten und wie groß sind die Fehlerwahrscheinlichkeiten?
   b) Die Entscheidungsregel wird geändert: Dem Spieler wird seine angebliche Geschicklichkeit nur geglaubt, wenn er in 100 Spielen mindestens 20 Erfolge verbuchen kann. Welche Auswirkung hat diese Regeländerung auf die Fehlerwahrscheinlichkeiten? Ist der Gesamtfehler, d. h. die Summe von α-Fehler und β-Fehler, gegenüber Aufgabenteil a kleiner geworden?

5. Das Spielkasino bekommt aus Insiderkreisen einen „heißen Tipp": Es wurden gefälschte Würfel eingeschmuggelt, die die Sechs mit einer Wahrscheinlichkeit von 25% produzieren (H_0). Das Kasino beschließt, alle Würfel durch 100 Testwürfe zu prüfen.

   a) Die Entscheidungsregel lautet: Bei mehr als 20 Sechsen wird der Würfel als gefälscht eingestuft. Wie groß sind α- und β-Fehler?
   b) Wie muss die Entscheidungsregel lauten, wenn die Wahrscheinlichkeit, dass ein gefälschter Würfel nicht erkannt wird, unter 3% liegen soll?

6. Für eine Lotterie werden Losmischungen vorbereitet:

   Mischung 1: Lose für 1,00 €/Stück;   Anteil an Gewinnlosen: 20%,
   Mischung 2: Lose für 0,50 €/Stück;   Anteil an Gewinnlosen: 5%.

   Leider wurde es versäumt, die Mischungen zu kennzeichnen. Zur Einstufung wird ein Alternativtest angewandt. Dabei sollen aus einer Mischung 20 Lose gezogen werden. Wie muss die Entscheidungsregel lauten, damit die Summe von α-Fehler und β-Fehler minimal ist?

7. Der Fliesenleger vermutet, dass ihm vom Hersteller irrtümlich statt Kacheln 1. Wahl (10% Ausschuss) Kacheln 3. Wahl (30% Ausschuss) geliefert wurden. Er testet eine Packung mit 50 Kacheln. Wie muss die Entscheidungsregel lauten, wenn der Fehler, dass eine Packung 3. Wahl als 1. Wahl eingestuft wird, unter 10% liegen soll?

2. Signifikanztest

Mit Hilfe von statistischen Testverfahren wird aus Beobachtungen auf eine unbekannte Wahrscheinlichkeit p geschlossen.

Im vorigen Abschnitt ging es um den Fall, dass für p nur zwei ganz bestimmte, bekannte Werte p_1 und p_2 in Frage kamen, zwischen denen mit Hilfe des statistischen Alternativtests entschieden wurde.

In den meisten Fällen liegen die Dinge insofern etwas komplizierter, als dass man über den Wert von p nur eine Vermutung hat, die durch einen statistischen Test entweder bestätigt oder widerlegt werden soll. Einen solchen Test nennt man einen *Signifikanztest*.

A. Einführendes Beispiel zum Signifikanztest

▶ **Beispiel: Bestimmung der Irrtumswahrscheinlichkeiten**
Ein Pharma-Hersteller hat ein neues Medikament gegen Schlaflosigkeit entwickelt.
Das beste bereits auf dem Markt eingeführte Medikament mit vergleichbar geringen Nebenwirkungen zeigt in 50% der Anwendungsfälle eine ausreichende Wirkung.
Erste Anwendungen lassen die Forscher die Hypothese aufstellen, dass das neue Medikament in einem noch größeren Anteil der Anwendungsfälle ausreichend wirkt.
Dies soll in einer Studie an 50 Patienten überprüft werden. Die Forscher sind vorsichtig und legen fest, dass die Hypothese nur dann angenommen werden soll, wenn das Medikament bei mindestens K = 31 Patienten ausreichend wirkt.
Mit welcher Wahrscheinlichkeit wird dem Medikament eine bessere Wirkung als dem alten Medikament zugesprochen, wenn dieser Sachverhalt in Wirklichkeit gar nicht zutrifft?

Lösung:
Wir verwenden die nebenstehend aufgeführten Festlegungen.

p: Erfolgswahrscheinlichkeit des neuen Medikaments

Es ist üblich, die Forschungshypothese nicht als Nullhypothese H_0, sondern als Gegenhypothese H_1 zur Nullhypothese zu formulieren.
Die Nullhypothese ist eine *einfache*, nur aus dem Wahrscheinlichkeitswert p = 0,5 bestehende Hypothese, während die Gegenhypothese *zusammengesetzt* ist aus unendlich vielen Werten p, nämlich $0{,}5 < p \leq 1$.

X: Anzahl der Patienten, bei welchen das Medikament ausreichend wirkt

H_0: Das neue Medikament ist nur genauso gut wie das alte Medikament: $\boxed{H_0: p = 0{,}5}$

H_1: Das neue Medikament ist besser als das alte Medikament: $\boxed{H_1: p > 0{,}5}$

Die Entscheidungsregel wird mit Hilfe der Prüfgröße X formuliert. Ist $X \geq 31$, so wird das neue Medikament als das wirksamere Medikament eingestuft.

Entscheidungsregel:

$X < 31 \Rightarrow H_0$ wird angenommen
$X \geq 31 \Rightarrow H_0$ wird verworfen

Die Prüfgröße ist annähernd binomialverteilt, da der Stichprobenumfang n = 50 klein ist im Vergleich zur gesamten Bevölkerung.

Die Irrtumswahrscheinlichkeit 1. Art, d.h. den α-Fehler bestimmt man mit dem TR oder der Tabelle (S. 292). Sie beträgt ca. 5,95 %. Das Risiko, dass die Forschungshypothese angenommen wird, obwohl sie falsch ist, ist daher gering.

Der Test ist also in diesem Sinne recht gut. Man sagt auch, dass sein Signifikanzniveau 5,95 % betrage.

Die Irrtumswahrscheinlichkeit 2. Art, d.h. der β-Fehler lässt sich beim Signifikanztest im Gegensatz zum Alternativtest nicht eindeutig bestimmen, da die Hypothese H_1 zusammengesetzt ist. Selbst wenn wir annehmen, dass H_1 zutrifft, kennen wir den tatsächlichen Wert von p nicht, sondern können nur p > 0,5 annehmen.
Je größer p ist, desto geringer ist die Irrtumswahrscheinlichkeit 2. Art.
Das heißt, je wirksamer das Medikament ist, umso geringer ist das Risiko, dass es zu ▶ Unrecht als unwirksam eingestuft wird.

Irrtumswahrscheinlichkeit 1. Art:

$$\begin{aligned}
\alpha\text{-Fehler} &= P(\text{Fehler 1. Art}) \\
&= P_{H_0}(\text{Entscheidung für } H_1) \\
&= P(X \geq 31), n = 50, p = 0,5 \\
&= 1 - P(X \leq 30) \\
&= 1 - F(50; 0,5; 30) \\
&\approx 1 - 0,9405 \\
&= 0,0595 \\
&= 5,95\%
\end{aligned}$$

Signifikanzniveau des Tests:

$$\alpha = 5,95\%$$

Irrtumswahrscheinlichkeit 2. Art:

$$\begin{aligned}
\beta\text{-Fehler} &= P(\text{Fehler 2. Art}) \\
&= P_{H_1}(\text{Entscheidung für } H_0) \\
&= P(X < 31) \\
&= P(X \leq 30); n = 50, p > 0,5 \\
&= F(50; p; 30)
\end{aligned}$$

$$\approx \begin{cases} 0,5535 = 55,35\%, \text{ falls } p = 0,6 \\ 0,0848 = 8,48\%, \text{ falls } p = 0,7 \\ 0,0009 = 0,09\%, \text{ falls } p = 0,8 \end{cases}$$

Da neue Medikamente oft nur noch geringe Fortschritte bringen, ist die Wahrscheinlichkeit, dass sie im Signifikanztest durchfallen, in der Regel relativ groß.

Übung 1
Die Behauptung H_1, dass mehr als 20 % aller ABC-Schützen Linkshänder sind, soll anhand einer Stichprobe von 80 Kindern getestet werden. Findet man mehr als 20 Linkshänder, so wird H_1 als zutreffend eingestuft.
a) Wie groß ist das Signifikanzniveau des Tests (α-Fehler)?
b) Mit welcher Wahrscheinlichkeit wird die Behauptung verworfen, wenn der wahre Anteil von Linkshändern unter allen ABC-Schützen 30 % beträgt?

B. Weitere Beispiele zum Signifikanztest

In unserem einführenden Beispiel war die Entscheidungsregel gegeben und das Signifikanzniveau in Gestalt des α-Fehlers gesucht.

In der Praxis ist es meistens genau umgekehrt: Man gibt das Signifikanzniveau α vor und konstruiert die zugehörige Entscheidungsregel, indem man Annahme- und Verwerfungsbereich für die Nullhypothese geeignet festlegt.

Signifikanzniveau α eines Tests:

vorgegebene obere Schranke für die Irrtumswahrscheinlichkeit 1. Art bei einem Signifikanztest

häufig verwendete Signifikanzniveaus:
α = 5%, α = 1%

▶ **Beispiel: Vorgabe des Signifikanzniveaus, einseitiger Test**
Der Pharma-Hersteller aus dem vorherigen Beispiel möchte in einer 50 Patienten umfassenden Studie testen, ob sein neues Schlafmittel wirklich – wie seine Forscher vermuten – besser ist als die besten marktgängigen Produkte, die in 50% aller Fälle helfen.
Er möchte dieser Vermutung Glauben schenken, wenn das Medikament bei mindestens K der 50 Patienten wirkt.
Er ist recht vorsichtig und verlangt daher, dass die kritische Zahl K so bestimmt werden soll, dass der Test ein 1-Signifikanzniveau besitzt, d. h., die Wahrscheinlichkeit dafür, dass das neue Medikament zu Unrecht als den alten Medikamenten überlegen eingestuft wird, darf maximal 1% betragen.

Lösung:
Wir verwenden die in der Lösung zum vorhergehenden Beispiel verwendeten Bezeichnungen. In diesem Fall handelt es sich um einen *einseitigen Test*, weil der Ablehnungsbereich für H_0, der so genannte kritische Bereich, aus einem einzigen Intervall besteht.

Der Ansatz P(Fehler 1. Art) ≤ 0,01 führt nach nebenstehend aufgeführter Rechnung auf K = 34.

Die Entscheidungsregel lautet daher:
Dem neuen Medikament wird eine bessere Wirksamkeit als den alten Medikamenten zugesprochen, wenn es bei mindestens 34
▶ der 50 Patienten wirkt.

Einseitiger Signifikanztest:

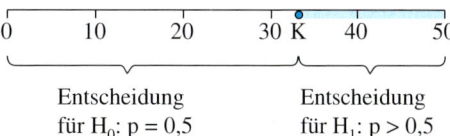

Entscheidung für H_0: p = 0,5   Entscheidung für H_1: p > 0,5

Bestimmung von K:

P(Fehler 1. Art) ≤ 0,01

⇔ P_{H_0}(Entscheidung für H_1) ≤ 0,01

⇔ $\qquad$ P(X ≥ K) ≤ 0,01

⇔ $\qquad$ P(X < K) ≥ 0,99

⇔ $\qquad$ F(50; 0,5; K − 1) ≥ 0,99

Nach Tabelle oder TR:
K − 1 ≥ 33, also K = 34.

▶ **Beispiel: Linksseitiger Signifikanztest**
In einer Studie werden die nächsten 50 Elfmeter von linksfüßig schießenden Bundesligaspielern registriert.
Wenn dabei höchstens 30 Treffer erzielt werden, soll das Gerücht, dass „Linksfüßer" die schlechteren Elfmeterschützen sind, als bestätigt gelten.
a) Wie groß ist der α-Fehler des Tests?
b) Wie groß ist der β-Fehler für p = 0,6 bzw. p = 0,5, wobei p die Trefferwahrscheinlichkeit eines Linksfüßers ist.

Sportteil
Elfmeterschützen haben in der Bundesliga eine Trefferquote von 70%. Es wird oft behauptet, dass linksfüßig schießende Schützen eine schlechtere Trefferquote aufweisen.
In einer Studie mit 50 Schützen soll dieses Gerücht nun untersucht werden.

Lösung zu a:
Wir stellen zunächst alle bekannten Daten und Bezeichnungen zusammen.

Der α-Fehler tritt ein, wenn für H_1 entschieden wird, obwohl H_0 vorliegt.
Das ist der Fall, wenn die Linksfüßer genauso begabt sind wie alle Elfmeterschützen (p = 0,7), aber in der 50er Serie zufällig zu selten treffen, also höchstens 30-mal statt zu der zu erwartenden Zahl von 35 Treffern.
Die Wahrscheinlichkeit für diesen Fall beträgt ca. 8,48%.
Das ist ein akzeptabler Wert. Für ein Fußballproblem reicht es allemal.
Der Test ist allerdings nicht signifikant auf dem 5%-Niveau. Um dieses Niveau zu erreichen, müßte man die kritische Zahl K = 30 auf K = 29 erniedrigen.

Lösung zu b:
Der β-Fehler hängt ganz von der tatsächlichen Trefferwahrscheinlichkeit der Linksfüßer ab. Ist diese nur wenig kleiner als der Durchschnitt p_0 = 0,7, so wird er hoch sein. Ist sie erheblich kleiner als p_0 = 0,7, so wird er niedrig sein.
Für p = 0,6 erhalten wir einen β-Fehler von b = 44,65%.
Analog erhalten wir für p = 0,5 einen β-Fehler von b = 1 − F(50, 0,5, 30) = 5,95%.
Beim linksseitigen Test gilt: Je kleiner p,
▶ umso kleiner ist der β-Fehler.

Bezeichnungen:
n = 50: Umfang der Stichprobe
p_0 = 0,7: Trefferwahrscheinlichkeit aller Elfmeterschützen
p: Trefferwahrscheinlichkeit eines Linksfüßers
X: Anzahl der Treffer in der Stichprobe
Hypothesen: H_0: p = 0,7
H_1: p < 0,7

Entscheidungsregel:
X > 30: Entscheidung für H_0
X ≤ 30: Entscheidung für H_1

α-Fehler:
$$\begin{aligned}\alpha\text{-Fehler} &= P(\text{Fehler 1. Art}) \\ &= P_{H_0}(\text{Entscheidung für } H_1) \\ &= P(X \leq 30) \text{ für } n = 50, p = 0,7 \\ &= F(50; 0,7; 30) \\ &\approx 0,0848 = 8,48\%\end{aligned}$$

β-Fehler für p = 0,6:
$$\begin{aligned}\beta\text{-Fehler} &= P(\text{Fehler 2. Art}) \\ &= P_{H_1}(\text{Entscheidung für } H_0) \\ &= P(X > 30) \text{ für } n = 50, p = 0,6 \\ &= 1 - P(X \leq 30) \\ &= 1 - F(50; 0,6; 30) \\ &\approx 1 - 0,5535 = 0,4465 = 44,65\%\end{aligned}$$

2. Signifikanztest

▶ **Beispiel:**
Zweiseitiger Signifikanztest (p = 0,5)
In der Berliner Münze soll die Vermutung getestet werden, ob eine neue Prägemaschine Münzen mit unausgeglichener Gewichtsverteilung herstellt, so genannte unfaire Münzen.
Zu diesem Zweck wird eine der produzierten Münzen 100-mal geworfen und die Anzahl der Kopfwürfe gezählt. Weicht das Zählergebnis wenigstens um 10 vom erwarteten Wert 50 ab, so wird die Münze als unfair eingestuft.
Welches Signifikanzniveau ergibt sich?

Lösung:
Wir verwenden die nebenstehenden Bezeichnungen.

Ist die Münze fair, so gilt $p = 0{,}5$.
Ist die Münze unfair, so gilt entweder $p > 0{,}5$ oder $p < 0{,}5$, d.h. $p \neq 0{,}5$.

Der Verwerfungsbereich für H_0 setzt sich diesmal aus zwei Intervallen zusammen:
$0 \leq X \leq 40$ und $60 \leq X \leq 100$.

Ein Test, dessen kritischer Bereich aus zwei Intervallen besteht, wird als ein *zweiseitiger Test* bezeichnet.

Wir bestimmen nun das Signifikanzniveau des Tests, indem wir den α-Fehler errechnen.

▶ Resultat: $\alpha \approx 5{,}68\,\%$

Stichprobenumfang: $n = 100$
p: Wahrscheinlichkeit für Kopf
X: Anzahl der Kopfwürfe bei 100 Würfen

H_0: Die Münze ist fair: $p = 0{,}5$
H_1: Die Münze ist unfair: $p \neq 0{,}5$

```
0                40  50  60              100
└──────┬──────┘          └──────┬──────┘
   Entscheidung              Entscheidung
   für H₁                    für H₁
```

$\alpha = P(\text{Fehler 1. Art})$
$ = P_{H_0}(\text{Entscheidung für } H_1)$
$ = P(X \leq 40) + P(X \geq 60),\ p = 0{,}5$
$ = F(100;\ 0{,}5;\ 40) + 1 - F(100;\ 0{,}5;\ 59)$
$ \approx 0{,}0284 + 0{,}0284$
$ = 0{,}0568$

Übung 2
a) Welches Signifikanzniveau ergibt sich im obigen Beispiel für $n = 80$?
b) Wie groß ist im obigen Beispiel der β-Fehler, wenn $p = 0{,}4$ bzw. $p = 0{,}7$ gilt?
c) Wie kann durch Abänderung der im obigen Beispiel verwendeten Entscheidungsregel der α-Fehler auf maximal $1\,\%$ gedrückt werden?

Im vorhergehenden Beispiel wurden die beiden Intervalle des zweigeteilten kritischen Bereichs gleich groß und symmetrisch zum Erwartungswert für die Prüfgröße angelegt.

Dies war sicher zweckmäßig, da wegen H_0: p = 0,5 eine symmetrische Verteilung vorlag.

Ist die Verteilung nicht symmetrisch (z. B. H_0: p = 0,4), so ist es üblich, die beiden Intervalle des kritischen Bereichs so zu wählen, dass der α-Fehler sich jeweils etwa zur Hälfte auf die beiden Intervalle verteilt.

Kritischer Bereich beim zweiseitigen Test:

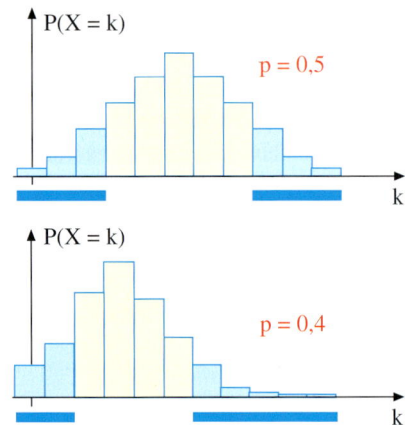

> **Beispiel: Zweiseitiger Signifikanztest (p ≠ 0,4)**
> Der Abgeordnete Karlo Mann hat bei der letzten Wahl 40% der Stimmen erhalten. Er möchte nun wissen, ob sich dieser Stimmanteil inzwischen verändert hat. Also lässt er 100 Personen aus seinem Wahlkreis befragen. Sollten dabei erheblich weniger oder erheblich mehr als 40 Personen für ihn votieren, so wird er annehmen, dass sein Stimmanteil sich verändert hat. Er möchte das Risiko, dass er aus dem Ergebnis der Umfrage irrtümlich auf einen veränderten Stimmanteil schließt, auf maximal 20% begrenzen. Welche Entscheidungsregel sollte er bei der Auswertung des Umfrageergebnisses befolgen?

Lösung:
Unter Verwendung der rechts aufgeführten Bezeichnungen gilt:

Der kritische Bereich (Verwerfungsbereich für H_0) setzt sich aus zwei Intervallen zusammen: $[0; K_1]$ und $[K_2; 100]$.

Wir wählen die kritischen Zahlen K_1 und K_2 derart, dass gilt:

1) $P(X \leq K_1) \leq \frac{\alpha}{2}$:
$P(X \leq K_1) \leq 0{,}1 \Leftrightarrow F(100; 0{,}4; K_1) \leq 0{,}1$
gilt für $K_1 = 33$.

2) $P(X \geq K_2) \leq \frac{\alpha}{2}$:
$P(X \geq K_2) \leq 0{,}1 \Leftrightarrow 1 - F(100; 0{,}4; K_2 - 1) \leq 0{,}1$
gilt für $K_2 - 1 \geq 46$, $K_2 \geq 47$.

Stichprobenumfang: n = 100

p: Anteil der Wahlberechtigten, die für Herrn Mann stimmen würden

X: Anzahl der befragten Personen, die für Herrn Mann stimmen würden

H_0: Stimmanteil unverändert: p = 0,4
H_1: Stimmanteil verändert: p ≠ 0,4

Entscheidungsregel:

$X \leq K_1$ ⇒ Entscheidung für H_1
$X \geq K_2$ ⇒ Entscheidung für H_1
$K_1 < X < K_2$ ⇒ Entscheidung für H_0

Resultat:
$K_1 = 33$ und $K_2 = 47$

▶ Abgeordneter Mann geht also nur dann von einem veränderten Stimmanteil aus, wenn er in der Umfrage höchstens 33 oder mindestens 47 Stimmen erhält.

Übungen

3. Der Marktanteil der Kaugummimarke Airwaves lag im vergangenen Quartal bei p = 25%. Durch eine Umfrage soll festgestellt werden, ob der Marktanteil im neuen Quartal konstant geblieben ist (H_0: p = 0,25) oder ob er nun über 25% liegt (H_1: p > 0,25).
Es wird festgelegt: Wenn von 100 befragten Personen 30 oder mehr der Marke Airwaves den Vorzug geben gegenüber anderen Marken, soll H_0 abgelehnt werden.
Mit welchem Signifikanzniveau (α-Fehler) arbeitet der Test?

4. Eine Elektronikfirma produziert Platinen mit Speicherbausteinen. Der normale Ausschussanteil beträgt 10% (H_0: p = 0,1). Aufgrund von Kundenbeschwerden wird vermutet, dass die Ausschussquote unbemerkt gestiegen ist (H_1: p > 0,1).
Der Anteil der defekten Platinen soll durch eine Stichprobe vom Umfang n = 100 getestet werden. Wenn weniger als 15 Platinen der Stichprobe defekt sind, wird H_0 noch als zutreffend eingestuft.

a) Bestimmen Sie das Signifikanzniveau, d.h. den α-Fehler des Tests.
b) Mit welcher Wahrscheinlichkeit wird H_1 verworfen, obwohl der Ausschussanteil auf exakt 20% gestiegen ist?

5. Die Fernsehserie „Chicago Connection" hatte im Vorjahr eine Einschaltquote von p = 40%. Es soll geprüft werden, ob sich die Einschaltquote im neuen Jahr verändert hat, d.h. ob nun p ≠ 40% gilt.
a) Es werden 50 Personen befragt. Das Risiko, aus der Befragung irrtümlich auf eine veränderte Einschaltquote zu schließen, soll auf 10% begrenzt werden. Formulieren Sie die Entscheidungsregel eines zweiseitigen Tests, der H_0: p = 0,4 gegen H_1: p ≠ 0,4 testet.
b) Die erste Untersuchung hat ergeben, dass die Einschaltquote sich vermutlich erhöht hat. Daher wird erwogen, weitere neue Folgen der Serie einzukaufen. Sicherheitshalber werden nun 100 Personen befragt, um die Hypothesen H_0: p = 0,4 und H_1: p > 0,4 gegeneinander zu testen.
Der zuständige Redakteur legt fest: Es werden neue Folgen gekauft, wenn mehr als 48 von 100 befragten Personen regelmäßige Zuschauer der Serie sind. Wie groß ist die Irrtumswahrscheinlichkeit 1. Art (α-Fehler). Welche Auswirkungen hätte ein solcher Irrtum?
Mit welcher Wahrscheinlichkeit werden keine neuen Folgen gekauft, obwohl die Einschaltquote auf mindestens 60% gestiegen ist?

6. Spendierfreudigkeit

Nur 20% der Einwohner einer Stadt spenden gelegentlich für einen guten Zweck. Die Lokalzeitung startet daraufhin eine Werbungskampagne, die den Anteil der Spendenfreudigen erhöhen soll. Um den Erfolg der Kampagne zu kontrollieren, werden 100 zufällig ausgewählte Personen befragt. Getestet werden sollen die folgenden Hypothesen:

H_0: Die Spendenfreudigkeit ist gleichgeblieben.
H_1: Die Spendenfreudigkeit hat sich verbessert.

a) Wie wahrscheinlich ist es, dass mindestens 22 Personen aus der Stichprobe spendenfreudig sind, wenn das Verhalten der Menschen sich nicht verändert hat?
b) Es wird vermutet, dass die Kampagne erfolgreich war. Diese Hypothese soll auf einem Signifikanzniveau von $\alpha = 10\%$ getestet werden. Entwickeln Sie die Entscheidungsregel.
c) Die Entscheidungsregel soll folgendermaßen lauten: Geben weniger als 27 der 100 Befragten an, dass sie spenden wollen, so wird für H_0 entschieden, andernfalls für H_1.
Wie groß ist der α-Fehler? Wie groß ist der β-Fehler, wenn die Spendenfreudigkeit durch die Kampagne auf 30% gesteigert werden konnte?

7. Münztest

Ein Zauberer verwendet für einen Trick eine Münze. Um dem Verdacht nachzugehen, dass sie nicht wie vom Zauberer behauptet fair ist und zu oft Kopf liefert, wird folgender Test durchgeführt: Die Münze wird 20-mal geworfen. Kommt mindestens 13-mal Kopf, so wird sie als gefälscht eingestuft (Hypothese H_1), andernfalls als fair (H_0).

a) Wie groß ist die Irrtumswahrscheinlichkeit 1. Art, d.h. der α-Fehler des Tests?
b) Wie groß ist die Wahrscheinlichkeit für einen Fehler 2. Art, wenn die Münze so gefälscht ist, dass die Wahrscheinlichkeit für Kopf bei $p = 0{,}60$ liegt?
c) Verbessern Sie den Test nun so, dass der α-Fehler nur noch maximal 5% beträgt, ohne den Stichprobenumfang zu erhöhen. Wie lautet die neue Entscheidungsregel?

X. Testen von Hypothesen

Überblick

Alternativtest
Es wird eine Entscheidung getroffen zwischen den beiden alternativen Hypothesen $H_0: p = p_0$ und $H_1: p = p_1$.

Entscheidungsregel
Ist $p_0 < p_1$ und gibt die Prüfgröße X die Anzahl an, mit der das zu untersuchende Merkmal in der Stichprobe vom Umfang n auftritt, so wird die Entscheidungsregel wie folgt aufgestellt:
$X < K \Rightarrow \quad H_0$ wird angenommen
$X \geq K \Rightarrow \quad H_1$ wird angenommen

Annahmebereich von H_0
Nimmt die Prüfgröße X einen Wert aus dem Annahmebereich von H_0 an, so wird die Hypothese H_0 angenommen. Mit der oben aufgestellten Entscheidungsregel ist der Annahmebereich von H_0 die Menge $\{0, 1, ..., K-1\}$. Der Ablehnungsbereich ist die Menge $\{K, K+1, ..., n\}$.

Kritische Zahl K
Die kritische Zahl K trennt den Annahmebereich der Hypothese H_0 von ihrem Ablehnungsbereich, der zugleich Annahmebereich von H_1 ist; sie gehört zum Annahmebereich von H_1.

Fehler 1. Art (α-Fehler)
Die Hypothese H_0 ist richtig, die Entscheidung fällt aufgrund des Stichprobenergebnisses für die falsche Hypothese H_1.

Fehler 2. Art (β-Fehler)
Die Hypothese H_1 ist richtig, die Entscheidung fällt aufgrund des Stichprobenergebnisses für die falsche Hypothese H_0.

Rechtsseitiger Signifikanztest
Die Nullhypothese $H_0: p = p_0$ wird gegen die Hypothese $H_1: p > p_0$ getestet. Der Annahmebereich von H_0 ist eine Menge $\{0, 1, ..., K-1\}$. (Linksseitiger Test analog)

Zweiseitiger Signifikanztest
Die Nullhypothese $H_0: p = p_0$ wird gegen die Hypothese $H_1: p \neq p_0$ getestet, d.h. $H_1: (p < p_0$ oder $p > p_0)$. Der Annahmebereich von H_0 ist mit den kritischen Zahlen K_1, K_2 eine Menge der Gestalt $\{K_1+1, K_1+2, ..., K_2-1\}$.

Signifikanzniveau α
Den Fehler 1. Art oder α-Fehler eines Signifikanztests bezeichnet man als Signifikanzniveau des Tests.
Bei zweiseitigen Signifikanztests besteht der Ablehnungsbereich von H_0 aus zwei Teilen, der Menge $\{0, 1, ..., K_1\}$ und der Menge $\{K_2, ..., n\}$ die zusammen den α-Fehler bestimmen. Die beiden kritischen Zahlen K_1 und K_2 ergeben sich aus den Bedingungen $P(X \leq K_1) = \frac{\alpha}{2}$ und $P(X \geq K_2) = \frac{\alpha}{2}$.

Der Sequentialtest

Statistische Hypothesentests können recht kostspielig sein. In der industriellen Qualitätskontrolle ist das dann der Fall, wenn die bei der Stichprobe gezogenen Objekte aufwändigen Prüfungen unterzogen werden müssen oder wenn sie bei der Prüfung zerstört werden.

Im Zweiten Weltkrieg entwickelte der Statistiker Abraham Wald ein raffiniertes Testverfahren, das mit einer erheblich erniedrigten Zahl von Prüfvorgängen auskommt, weil es den Trend berücksichtigt.

Dies wird dadurch erreicht, dass beim **Wald'schen Quotiententest** die Objekte einzeln gezogen werden und nach jeder Ziehung geprüft wird, ob die Ergebnisse bereits ausreichen, um zwischen den Hypothesen entscheiden zu können, oder ob das Verfahren fortgesetzt werden soll.

Das Grundprinzip des sequentiellen Quotiententests

Auf einem Jahrmarkt werden Lose angeboten. In der Lostrommel befindet sich eine große Zahl von Losen, Gewinnlose (1) und Nieten (0). Der Schausteller wirbt damit, dass der Anteil p der Gewinnlose 60 % betrage, während ein Konkurrent behauptet, dass es nur 30 % seien.

Ein Jahrmarktbesucher zieht der Reihe nach einzelne Lose. Er möchte anhand des Trends entscheiden, ob die Hypothese des Schaustellers (H_1: p = 0,6) oder die Hypothese des Konkurrenten (H_0: p = 0,3) zutrifft.
Er erhält eine Folge von Zwischenergebnissen S_1 bis S_{10}.

Berechnen Sie für jede Teilsequenz S_n die Wahrscheinlichkeit $W_1 = P_{H_1}(S_n)$ des Auftretens dieser Sequenz unter der Annahme, dass H_1 gilt.
Berechnen Sie jeweils auch die Wahrscheinlichkeiten $W_0 = P_{H_0}(S_n)$. Berechnen Sie anschließend für jede Teilsequenz die sogenannten Wald'schen Quotienten W_1/W_0 und interpretieren Sie diese.

Eine Sequenz der Länge 10 und ihre Teilsequenzen:

S_1 = 1
S_2 = 10
S_3 = 100
S_4 = 1001
S_5 = 10011
S_6 = 100110
S_7 = 1001101
S_8 = 10011011
S_9 = 100110111
S_{10} = 1001101111

1. Berechnung der Quotienten W_1/W_0

Jede *Teilsequenz* S_n ($1 \leq n \leq 10$) stellt im Prinzip eine *Bernoulli-Kette* der Länge n dar.

Enthält eine solche Teilsequenz m Einsen und folglich n – m Nullen, so tritt sie mit der Wahrscheinlichkeit $p^m \cdot (1-p)^{n-m}$ ein, wobei p die Trefferwahrscheinlichkeit für eine Eins ist.

Beispielsweise ergeben sich damit für die Teilsequenz S_5 folgende Wahrscheinlichkeiten:

falls die Hypothese H_1 gilt,

$W_1 = P_{H_1}(S_5) = 0{,}6^3 \cdot 0{,}4^2 = 0{,}03456$,

falls die Hypothese H_0 gilt,

$W_0 = P_{H_0}(S_5) = 0{,}3^3 \cdot 0{,}7^2 = 0{,}01323$.

Der Quotient dieser Wahrscheinlichkeiten beträgt $W_1/W_0 \approx 2{,}6$.

Der *Wald'sche Quotient* W_1/W_0 wird nach jeder Ziehung berechnet. Die Tabelle enthält die Ergebnisse für die Teilsequenzen S_1 bis S_{10}.

Der Quotiententest:

n	$W_1 = P_{H_1}(S_n)$	$W_0 = P_{H_0}(S_n)$	$\dfrac{W_1}{W_0}$
1	0,6	0,3	2,00
2	0,24	0,21	1,14
3	0,096	0,147	0,65
4	0,0576	0,0441	1,31
5	0,03456	0,01323	2,61
6	0,013824	0,009261	1,49
7	0,0082944	0,0027783	2,99
8	0,00497664	0,00083349	5,97
9	0,002985984	0,000250047	11,94
10	0,001791590	0,000075014	23,88

2. Interpretation der Tabelle:

Der Waldsche Quotient W_1/W_0 steigt in unserem Beispiel mit zunehmender Zahl von Ziehungen an.

Nach der neunten Ziehung beträgt er schon mehr als 11. Das Auftreten der beobachteten Sequenz S_9 ist also unter der Hypothese H_1 mehr als 11-mal so wahrscheinlich wie unter H_0.

Dieser *Trend* spricht für die Gültigkeit der Hypothese H_1.

Entscheidungsregel und Fehlerschranken

Für den Quotiententest verwendet man die nebenstehende Entscheidungsregel.

Wählt man in unserem Beispiel für die beiden kritischen Zahlen $K_\alpha = 10$ und $K_\beta = 10$, so würde die Entscheidung nach der neunten Ziehung für die Hypothese H_1: p = 0,6 fallen, deren Gültigkeit nach dieser Ziehung mehr als 10-mal so wahrscheinlich ist wie die Hypothese H_0, da der Wald'sche Quotient W_1/W_0 erstmals die kritische Zahl $K_\alpha = 10$ überschreitet.

Die Wahrscheinlichkeit einer Fehlentscheidung würde dann maximal 10% betragen.

Entscheidungsregel des Wald'schen Quotiententests:

Vorgegeben seien zwei sogenannte kritische Zahlen K_α und K_β.
- Erreicht oder übersteigt bei einer Ziehung der Quotient W_1/W_0 die kritische Zahl K_α erstmals, so entscheide für H_1.
- Erreicht oder übersteigt dagegen der Quotient W_1/W_0 die kritische Zahl K_β erstmals, so entscheide für H_0.

Fehlerschranken:

Die Kehrwerte der kritischen Zahlen stellen Fehlerschranken dar:

α-Fehler $\leq 1/K_\alpha$ $\qquad$ β-Fehler $\leq 1/K_\beta$

Test

Testen von Hypothesen

1. Eine Urne enthält schwarze und weiße Kugeln. Es ist bekannt, dass der Anteil der weißen Kugeln entweder 40% oder 50% beträgt, d.h.: H_0: p = 0,40 und H_1: p = 0,50. Die Hypothese H_0 soll durch eine Stichprobe vom Umfang n = 100 getestet werden, d.h. n = 100 Kugeln werden mit Zurücklegen gezogen.
   a) Die folgende Entscheidungsregel wird benutzt: Sind von den 100 gezogenen Kugeln höchstens 45 weiß, so fällt die Entscheidung für H_0.
   Beschreiben Sie die bei der Anwendung der Regel möglichen Fehler und berechnen Sie deren Wahrscheinlichkeiten.
   b) Der α-Fehler soll höchstens 5% betragen. Wie muss die Entscheidungsregel nun lauten?

2. Der Stimmenanteil einer Partei A lag bisher bei 30%. Nun soll getestet werden, ob sich der Anteil der Partei verändert hat. Dazu wird die Hypothese H_0: p = 0,3 gegen eine Hypothese H_1 getestet, was im Rahmen einer Stichprobenbefragung von n = 100 Personen geschieht.
   a) Wie lautet bei dieser Ausgangslage die Gegenhypothese H_1?
   b) Wenn von den 100 Personen mindestens 25 und höchstens 36 für Partei A votieren, wird von einem unveränderten Stimmanteil ausgegangen. Mit welchem α-Fehler arbeitet der Test?
   c) Der Vorstand der Partei A geht davon aus, dass der Stimmenanteil der Partei keinesfalls gestiegen ist. Wie lautet jetzt die Gegenhypothese H_0? Bestimmen Sie zu einem vorgegebenen Signifikanzniveau von α = 2% den Annahmebereich von H_0.

3. In einer Schatztruhe eines Königs befinden sich viele Golddukaten und viele Silberlinge. Der Anteil der Golddukaten liegt bei 60% (H_0: p = 0,6).
   a) Für ein Festbankett werden der Schatztruhe willkürlich 400 Geldstücke entnommen. Mit welcher Wahrscheinlichkeit sind darunter mindestens 230 und höchstens 245 Golddukaten?
   b) Der König hat den Verdacht, dass sein Hofmarschall heimlich einen Teil der Golddukaten durch Silberlinge ersetzt hat. Der König entschließt sich zu folgendem Testverfahren:
   Der Schatzkiste werden willkürlich 200 Geldstücke entnommen. Wenn unter diesen mindestens 110 Golddukaten sind, will er dem Hofmarschall weiter sein Vertrauen schenken.
   b_1) Wie groß ist die Gefahr, dass der König nach dem Ergebnis der Stichprobe seinen Hofmarschall fälschlicherweise des Betrugs bezichtigt?
   b_2) Wie muss die Entscheidungsregel lauten, wenn der König die Gefahr der falschen Anschuldigung auf höchstens 1% begrenzen will?

Lösungen: S. 355

Testlösungen

Testlösungen zum Kapitel I (Seite 28)

1. a) Das LGS ist eindeutig lösbar: $x = -2$, $y = 3$, $z = 5$.
   b) Das LGS hat keine Lösung.
   c) Das LGS hat unendlich viele Lösungen; genauer: es gibt eine einparametrige Lösung:
   $x = \frac{8-5c}{3}$, $y = \frac{7-c}{3}$, $z = c \in \mathbb{R}$.

2. a) $L = \{(16 - 5c | 11 - 4c | c); c \in \mathbb{R}\}$ b) $L = \left\{\left(-1 + \frac{1}{3}c \Big| 10 - \frac{4}{3}c \Big| c\right); c \in \mathbb{R}\right\}$

3. a) Äquivalenzumformungen führen auf $(-6a + 6)y = -2b + 10$.
   Für $a = 1$ und $b \neq 5$ unlösbar; $L = \{\}$
   Für $a = 1$ und $b = 5$ unendlich viele Lösungen; $L = \{(5 - 3c | c); c \in \mathbb{R}\}$
   Für $a \neq 1$ eindeutig lösbar; $L = \left\{\left(\frac{b-5a}{1-a} \Big| \frac{5-b}{3-3a}\right)\right\}$
   b) Äquivalenzumformungen führen auf $(-6 + a)y = a$.
   Für $a = 6$ unlösbar; $L = \{\}$
   Für $a \neq 6$ eindeutig lösbar; $L = \left\{\left(\frac{-2-2a}{a-6} \Big| \frac{a}{a-6} \Big| \frac{2}{a-6}\right)\right\}$

4. $\left.\begin{array}{r} g + e + k = 100 \\ 5g + 3e + \frac{1}{3}k = 100 \end{array}\right\}$ führt auf $4k = 3g + 300$. Damit muss g durch 4 teilbar sein.

   Es gibt folgende drei Möglichkeiten:

g	4	8	12
e	18	11	4
k	78	81	84

5. Die Ziffern der gesuchten Zahl seien x, y, z.
   $\left.\begin{array}{r} x + y + z = 16 \\ x + y = z + 2 \\ x + 2y = 2z \end{array}\right\}$ Lösung: $x = 4$; $y = 5$; $z = 7$.   Die gesuchte Zahl ist 457.

6. Die gesuchten Mengen seien A, B, C.
   $\left.\begin{array}{r} 3A + 5B + 13C = 500 \\ 9A + 10B + 4C = 900 \\ A + B + C = 100 \end{array}\right\}$ Lösung: $A = 40$; $B = 50$; $C = 10$ (Einheit von A, B, C: g)

Testlösungen zum Kapitel II (Seite 70)

1. $\vec{a} = \begin{pmatrix} 2 \\ -2 \end{pmatrix}$, $\vec{b} = \begin{pmatrix} 3 \\ 2 \end{pmatrix}$, $\vec{c} = \begin{pmatrix} 2 \\ 0 \end{pmatrix}$, $\vec{d} = \begin{pmatrix} 0 \\ -2 \end{pmatrix}$
   a) $\begin{pmatrix} 2 \\ -2 \end{pmatrix} + \begin{pmatrix} 3 \\ 2 \end{pmatrix} + \begin{pmatrix} 0 \\ -2 \end{pmatrix} = \begin{pmatrix} 5 \\ -2 \end{pmatrix}$
   b) $\begin{pmatrix} 1 \\ -1 \end{pmatrix} - \begin{pmatrix} 6 \\ 4 \end{pmatrix} + \begin{pmatrix} 0 \\ -8 \end{pmatrix} = \begin{pmatrix} -5 \\ -13 \end{pmatrix}$
   c) $\begin{pmatrix} 2 \\ -2 \end{pmatrix} + \begin{pmatrix} 6 \\ 4 \end{pmatrix} - \begin{pmatrix} 8 \\ 0 \end{pmatrix} + \begin{pmatrix} 0 \\ -2 \end{pmatrix} = \begin{pmatrix} 0 \\ 0 \end{pmatrix} = \vec{0}$

2. a) $\begin{pmatrix} 6 \\ -2 \\ -1 \end{pmatrix} = 4\begin{pmatrix} 3 \\ 1 \\ 2 \end{pmatrix} - 3\begin{pmatrix} 2 \\ 2 \\ 3 \end{pmatrix}$

   b) Die Vektoren sind linear unabhängig, denn das homogene Gleichungssystem
   $$\begin{cases} 2x + y + 5z = 0 \\ x + 2y + 4z = 0 \\ -3x + 4y + z = 0 \end{cases}$$ hat nur die triviale Lösung (0|0|0).

3. a) $\overrightarrow{AB} = \begin{pmatrix} -2 \\ -3 \\ -6 \end{pmatrix}$, $\overrightarrow{AC} = \begin{pmatrix} -4 \\ 3 \\ -3 \end{pmatrix}$, $\overrightarrow{BC} = \begin{pmatrix} -2 \\ 6 \\ 3 \end{pmatrix}$

   $|\overrightarrow{AB}| = 7$, $|\overrightarrow{AC}| = \sqrt{34}$, $|\overrightarrow{BC}| = 7$
   △ABC ist gleichschenklig, aber nicht gleichseitig.

   b) △ABC zeigt nebenstehendes Bild.

   c) $\vec{d} = \vec{c} + \overrightarrow{AB} = \begin{pmatrix} 2 \\ 10 \\ 6 \end{pmatrix} + \begin{pmatrix} -2 \\ -3 \\ -6 \end{pmatrix} = \begin{pmatrix} 0 \\ 7 \\ 0 \end{pmatrix}$

   Weiterer Punkt: D(0|7|0)
   bzw. D(4|13|12) bzw. D(8|1|6)

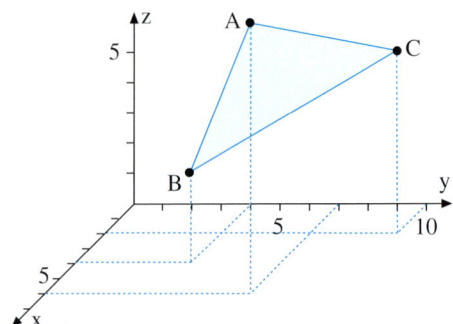

4. a) Innenwinkel der Schnittfläche ABC:

   $\alpha = \cos^{-1} \dfrac{\begin{pmatrix} -2 \\ 0 \\ 4 \end{pmatrix} \cdot \begin{pmatrix} 0 \\ -5 \\ 4 \end{pmatrix}}{\left|\begin{pmatrix} -2 \\ 0 \\ 4 \end{pmatrix}\right| \cdot \left|\begin{pmatrix} 0 \\ -5 \\ 4 \end{pmatrix}\right|} = \cos^{-1} \dfrac{16}{\sqrt{20} \cdot \sqrt{41}} = \cos^{-1} \dfrac{16}{\sqrt{820}} \approx 56{,}0°$,

   $\beta = \cos^{-1} \dfrac{\begin{pmatrix} 2 \\ -5 \\ 0 \end{pmatrix} \cdot \begin{pmatrix} 2 \\ 0 \\ -4 \end{pmatrix}}{\left|\begin{pmatrix} 2 \\ -5 \\ 0 \end{pmatrix}\right| \cdot \left|\begin{pmatrix} 2 \\ 0 \\ -4 \end{pmatrix}\right|} = \cos^{-1} \dfrac{4}{\sqrt{29} \cdot \sqrt{20}} = \cos^{-1} \dfrac{4}{\sqrt{580}} \approx 80{,}4°$,

   $\gamma = \cos^{-1} \dfrac{\begin{pmatrix} 0 \\ 5 \\ -4 \end{pmatrix} \cdot \begin{pmatrix} -2 \\ 5 \\ 0 \end{pmatrix}}{\left|\begin{pmatrix} 0 \\ 5 \\ -4 \end{pmatrix}\right| \cdot \left|\begin{pmatrix} -2 \\ 5 \\ 0 \end{pmatrix}\right|} = \cos^{-1} \dfrac{25}{\sqrt{41} \cdot \sqrt{29}} = \cos^{-1} \dfrac{25}{\sqrt{1189}} \approx 43{,}5°$,

   Inhalt der Schnittfläche ABC:

   $A = \tfrac{1}{2} \cdot \overline{CB} \cdot \overline{CA} \cdot \sin\gamma = \tfrac{1}{2} \cdot \sqrt{29} \cdot \sqrt{41} \cdot \sin\gamma \approx 11{,}87$

   b) Bei dem abgetrennten Eckstück handelt es sich um eine dreiseitige Pyramide. Der Einfachheit halber betrachten wir nicht die Schnittfläche ABC als Grundfläche, sondern das rechtwinklige Dreieck BCE, wobei E die „abgetrennte Ecke" des Quaders ist. Diese dreieckige Grundfläche ist rechtwinklig und hat den Inhalt $\dfrac{(8-3) \cdot (4-2)}{2}$. Die auf dem Kopf stehende dreiseitige Pyramide BCEA mit der Spitze A hat die Höhe 4.

   $V = \tfrac{1}{3} \cdot G \cdot h = \tfrac{1}{3} \cdot \dfrac{(8-3) \cdot (4-2)}{2} \cdot 4 = \tfrac{1}{3} \cdot 5 \cdot 4 = \tfrac{20}{3} \approx 6{,}67$

5. a) $\overrightarrow{AB} = \begin{pmatrix} 2 \\ 4 \\ 1 \end{pmatrix}$, $\overrightarrow{AC} = \begin{pmatrix} -3 \\ 6 \\ 3 \end{pmatrix}$, $\overrightarrow{BC} = \begin{pmatrix} -5 \\ 2 \\ 3 \end{pmatrix}$, $\overrightarrow{AB} \cdot \overrightarrow{AC} = 21$, $\overrightarrow{AB} \cdot \overrightarrow{BC} = 0 \Rightarrow \sphericalangle ABC = 90°$

b) $n = \begin{pmatrix} -2 \\ 3 \\ -8 \end{pmatrix}$

6. a) $\begin{pmatrix} 3 \\ 4 \\ t \end{pmatrix} \cdot \begin{pmatrix} 2 \\ -2 \\ 1 \end{pmatrix} = 6 - 8 + t = 0 \Rightarrow t = 2$

b) $\begin{pmatrix} 3 \\ 4 \\ t \end{pmatrix} \cdot \begin{pmatrix} 0 \\ 0 \\ 1 \end{pmatrix} = \left\| \begin{pmatrix} 3 \\ 4 \\ t \end{pmatrix} \right\| \left\| \begin{pmatrix} 0 \\ 0 \\ 1 \end{pmatrix} \right\| \cos 45° \Rightarrow t = \sqrt{25 + t^2} \cdot 1 \cdot \frac{1}{\sqrt{2}} \Rightarrow t = 5 \; (t > 0)$

c) 1. Art: $\vec{n} = \begin{pmatrix} 3 \\ 4 \\ 1 \end{pmatrix} \times \begin{pmatrix} 2 \\ -2 \\ 1 \end{pmatrix} = \begin{pmatrix} 6 \\ -1 \\ -14 \end{pmatrix}$

2. Art: Ansatz $\begin{pmatrix} 3 \\ 4 \\ 1 \end{pmatrix} \cdot \begin{pmatrix} x \\ y \\ z \end{pmatrix} = 0$ und $\begin{pmatrix} 2 \\ -2 \\ 1 \end{pmatrix} \cdot \begin{pmatrix} x \\ y \\ z \end{pmatrix} = 0 \Rightarrow \begin{cases} 3x + 4y + z = 0 \\ 2x - 2y + z = 0 \end{cases}$

Das unterbestimmte homogene LGS wird erfüllt beispielsweise von $\begin{pmatrix} x \\ y \\ z \end{pmatrix} = \begin{pmatrix} -6 \\ 1 \\ 14 \end{pmatrix} = \vec{n}$.

Testlösungen zum Kapitel III (Seite 110)

1. a) $A + C = \begin{pmatrix} 3 & -1 & 6 \\ 4 & -2 & 7 \end{pmatrix}$ b) $A + 2(C - A) = \begin{pmatrix} 0 & -5 & 3 \\ 5 & 8 & 8 \end{pmatrix}$ c) $A \cdot B = \begin{pmatrix} 11 & 15 \\ -7 & 14 \end{pmatrix}$

d) $X = C - 3A = \begin{pmatrix} -5 & -5 & -6 \\ 0 & 14 & -1 \end{pmatrix}$

2. a) Spaltenzahl von A gleich Zeilenzahl von B
   b) $A^{-1} \cdot A = A \cdot A^{-1} = E$
   c) Die Spaltensummen müssen jeweils 1 ergeben.
   d) $\vec{x}$ heißt Fixvektor von A, wenn $A \cdot \vec{x} = \vec{x}$ gilt.
   e) Richtig
   f) Falsch

3. a) $A^{-1} = \begin{pmatrix} 5 & -2 \\ -2 & 1 \end{pmatrix}$ b) $A^{-1} = \begin{pmatrix} 0 & -2 & 1 \\ 0 & 3 & -1 \\ 1 & -1 & -1 \end{pmatrix}$

4. a)

nach/von	D	F	I
D	0,8	0,2	0,2
F	0,1	0,6	0,2
I	0,1	0,2	0,6

b) $M \cdot \begin{pmatrix} 40 \\ 40 \\ 20 \end{pmatrix} = \begin{pmatrix} 44 \\ 32 \\ 24 \end{pmatrix}$ beschreibt die Veränderung nach einem Jahr.

$M \cdot \begin{pmatrix} 44 \\ 32 \\ 24 \end{pmatrix} = \begin{pmatrix} 46,4 \\ 28,4 \\ 25,2 \end{pmatrix}$ beschreibt die Veränderung nach zwei Jahren.

$M \cdot \vec{x} = \vec{x}$: $-2x + 2y + 2z = 0$
$x - 4y + 2z = 0$
$x + y + z = 1$, $x = \frac{1}{2}$; $y = z = \frac{1}{4}$

Der Personalbestand stabilisiert sich zu 50 % der Beschäftigten in Deutschland und je 25 % in Frankreich und Italien.

c) $M^{-1} \cdot M = \begin{pmatrix} 1 & 0 & 0 \\ 0 & 1 & 0 \\ 0 & 0 & 1 \end{pmatrix}$, $M^{-1} \cdot \begin{pmatrix} 2392 \\ 1336 \\ 1272 \end{pmatrix} = \begin{pmatrix} 2320 \\ 1420 \\ 1260 \end{pmatrix}$

Im Vorjahr waren in Deutschland 2320, in Frankreich 1420 und in Italien 1260 Personen beschäftigt.

d) $M \cdot \begin{pmatrix} 2000 \\ 0 \\ 0 \end{pmatrix} = \begin{pmatrix} 1600 \\ 200 \\ 200 \end{pmatrix}$, $M^2 \cdot \begin{pmatrix} 2000 \\ 0 \\ 0 \end{pmatrix} = \begin{pmatrix} 1360 \\ 320 \\ 320 \end{pmatrix}$, $M^{30} \cdot \begin{pmatrix} 2000 \\ 0 \\ 0 \end{pmatrix} \approx \begin{pmatrix} 1000 \\ 500 \\ 500 \end{pmatrix}$

Von 2000 Deutschen arbeiten nach 1 Jahr 200 in Italien, nach 2 Jahren sind es 320, langfristig arbeiten 500 in Italien.

Testlösungen zum Kapitel IV (Seite 138)

1. a) g: $\vec{x} = \begin{pmatrix} 3 \\ 0 \\ 1 \end{pmatrix} + r \begin{pmatrix} -3 \\ 6 \\ 3 \end{pmatrix}$

b) $\begin{pmatrix} 1 \\ 4 \\ 3 \end{pmatrix} = \begin{pmatrix} 3 \\ 0 \\ 1 \end{pmatrix} + r \begin{pmatrix} -3 \\ 6 \\ 3 \end{pmatrix}$ gilt für $r = \frac{2}{3}$. Wegen $0 < r < 1$ liegt P auf der Strecke $\overline{AB}$.

2. a) g = h: $r = \frac{1}{3}$, $s = -2$, $S(3|4|4)$
   b)
   c) g: $S_{xy}(-1|-4|0)$, $S_{xz}(1|0|2)$, $S_{yz}(0|-2|1)$
      h: $S_{xy}(7|8|0)$, $S_{xz}(-1|0|8)$, $S_{yz}(0|1|7)$

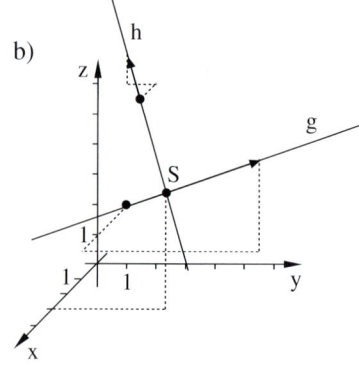

3. a) Alle Geraden der Schar haben denselben Stützpunkt $A(0|0|2)$. Ihre Richtungsvektoren drehen sich um A und spannen dabei eine Ebene auf. Die Endpunkte der Richtungsvektoren für $r = 1$ liegen auf der Geraden

   k: $\vec{x} = \begin{pmatrix} 0 \\ 2 \\ 2 \end{pmatrix} + a \begin{pmatrix} 1 \\ 0 \\ 2 \end{pmatrix}$.

   b) g_6 enthält $P(3|1|8)$ ($r = 0{,}5$).
   c) g_a ist für kein a parallel zu h.
   d) Schnittpunkt $S(-5|-1|-8)$ für $a = 10$.

zu 3.

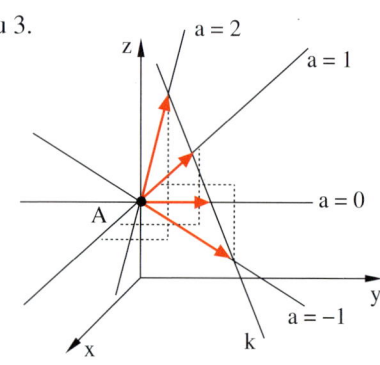

4. a) g: $\vec{x} = \begin{pmatrix} 4 \\ 0 \\ 6 \end{pmatrix} + r \begin{pmatrix} 1 \\ 3 \\ -1{,}5 \end{pmatrix}$, $z = 0 \Rightarrow r = 4$
   $P(8|12|0)$, der Anflug dauert 4 min.

   b) aus a) $4 + r = 6$ ergibt $r = 2$, $y = 6$ und $z = 3$
   Mittelpunkt bei 2,9; Rand bei 2,92
   d. h. 80 m Sicherheitsabstand nach unten

   c) h: $\vec{x} = \begin{pmatrix} 12 \\ 0 \\ 0 \end{pmatrix} + s \begin{pmatrix} -14 \\ 14 \\ 7 \end{pmatrix}$; h = g : $r = 2$, $s = 3/7$; Kollisionskurs mit $S(6|6|3)$

   Der Flieger ist nach 2 min bei S, der Hubschrauber nach $5 \cdot \frac{3}{7} = \frac{15}{7} = 2\frac{1}{7}$ min, also $\frac{1}{7}$ min später, also keine Kollision.

Testlösungen zum Kapitel V (Seite 178)

1. a) $E: \vec{x} = \begin{pmatrix} 0 \\ 2 \\ 3 \end{pmatrix} + r \begin{pmatrix} 4 \\ 0 \\ -3 \end{pmatrix} + s \begin{pmatrix} 2 \\ 1 \\ -3 \end{pmatrix}$, $\left(\vec{x} - \begin{pmatrix} 0 \\ 2 \\ 3 \end{pmatrix}\right) \cdot \begin{pmatrix} 3 \\ 6 \\ 4 \end{pmatrix} = 0$, $3x + 6y + 4z = 24$

   b) $P \notin E$

   c) $X(8|0|0), Y(0|4|0), Z(0|0|6)$

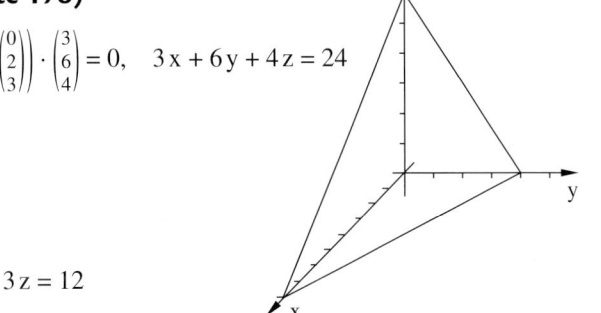

2. a) $E: \left(\vec{x} - \begin{pmatrix} 3 \\ 2 \\ 0 \end{pmatrix}\right) \cdot \begin{pmatrix} 2 \\ 3 \\ 3 \end{pmatrix} = 0$, $2x + 3y + 3z = 12$

   b) $\begin{pmatrix} -3 \\ 2 \\ 0 \end{pmatrix} \cdot \begin{pmatrix} 2 \\ 3 \\ 3 \end{pmatrix} = 0 \Rightarrow g \parallel E$, $P(3|2|1) \notin E \Rightarrow$ g liegt nicht in E, g ist echt parallel zu E.

   c) $y = 0: 2 + 2t = 0, t = -1, S(6|0|1)$

3. a) $\vec{n} = \begin{pmatrix} 1 \\ -2 \\ 1 \end{pmatrix}, \begin{pmatrix} 1 \\ -2 \\ 1 \end{pmatrix} \cdot \begin{pmatrix} -4 \\ 1 \\ 3 \end{pmatrix} = -3 \neq 0 \Rightarrow E_1$ nicht parallel zu E_2

   $1 - 4r + 4s - 2 - 2r - 4s + 2 + 3r - 3s = 4, r = -1 - s$,

   $\vec{x} = \begin{pmatrix} 5 \\ 0 \\ -1 \end{pmatrix} + s \begin{pmatrix} 8 \\ 1 \\ -6 \end{pmatrix}$

   b) $y = 0: 1 + r + 2s = 0, r = -1 - 2s, g_{xz}: \vec{x} = \begin{pmatrix} 5 \\ 0 \\ -1 \end{pmatrix} + s \begin{pmatrix} 12 \\ 0 \\ -9 \end{pmatrix}$

4. a) Ansatz: und Koeffizientenvergleich liefert einen Widerspruch, $F \notin E_a$

   b) E_a parallel zur x-Achse: $3 + a = 0, a = -3, E_{-3}: 2y - 3z = 14$ ist parallel zur x-Achse
      Punktprobe: $a = 4, E_4: 7x + 2y + 4z = 14$ enthält den Punkt P

   c) $\begin{pmatrix} 2 \\ 1 \\ -1 \end{pmatrix} \cdot \begin{pmatrix} 3+a \\ 2 \\ a \end{pmatrix} = 8 + a = 0$, d.h. $E_{-8}: -5x + 2y - 8z = 14$ verläuft parallel zu g.

   d) $E_0 \cap E_1: g: \vec{x} = \begin{pmatrix} 0 \\ 7 \\ 0 \end{pmatrix} + r \begin{pmatrix} 2 \\ -3 \\ -2 \end{pmatrix}$, $E_a \cap g: 14 = 14$, g liegt in E_a für alle a

   e) $(3 + a)(3 + 2r - 2s) + 2(1 + 3s) + a(r + 2s) = 14, r(a + 2) = 1 - a$
      Für $a = -2$ folgt $0 = 3$, ein Widerspruch, E_{-2} und G verlaufen also parallel.

   f) Einsetzen der Koordinaten von h in die Koordinatengleichung von E_a liefert
      $t(4a - 2) = -19 - 10a$, für $a = 0,5$ erhält man $0 = -24$, Widerspruch, $h \parallel$ zu $E_{0,5}$
      Für $a \neq 0,5$ schneidet h die Ebene E_a in genau einem Punkt $\left(t = \frac{-19 - 10a}{4a - 2}\right)$.

Testlösungen zum Kapitel VI (Seite 216)

1. a) $E: \vec{x} = \begin{pmatrix} 2 \\ 2 \\ -1 \end{pmatrix} + r \begin{pmatrix} -2 \\ 1 \\ 2 \end{pmatrix} + s \begin{pmatrix} 2 \\ -1 \\ 2 \end{pmatrix}$, $E: \frac{1}{\sqrt{5}} \left(\vec{x} - \begin{pmatrix} 2 \\ 2 \\ -1 \end{pmatrix} \right) \cdot \begin{pmatrix} 1 \\ 2 \\ 0 \end{pmatrix} = 0$

   b) P in E einsetzen liefert a = 2.

   c) $E: x + 2y = 6$; $X(6|0|0)$, $Y(0|3|0)$, kein Schnittpunkt mit z-Achse, E parallel zur z-Achse.

   d) $g: \vec{x} = \begin{pmatrix} 4 \\ 6 \\ 3 \end{pmatrix} + r \begin{pmatrix} 1 \\ 2 \\ 0 \end{pmatrix}$, $g \cap E: r = -2$, $F(2|2|3)$

2. a) $E_1 \cap E_2: (1 - 4r + 4s) - 2(1 + r + 2s) + (2 + 3r - 3s) = 4$, $s = -1 - r$

   Schnittgerade $g: \vec{x} = \begin{pmatrix} -3 \\ -1 \\ 5 \end{pmatrix} + r \begin{pmatrix} -8 \\ -1 \\ 6 \end{pmatrix}$

   Schnittwinkel: $\vec{n}_1 = \begin{pmatrix} 3 \\ 0 \\ 4 \end{pmatrix}$, $\vec{n}_2 = \begin{pmatrix} 1 \\ -2 \\ 1 \end{pmatrix}$, $\cos \gamma = \frac{\left| \begin{pmatrix} 3 \\ 0 \\ 4 \end{pmatrix} \cdot \begin{pmatrix} 1 \\ -2 \\ 1 \end{pmatrix} \right|}{\sqrt{25 \cdot 6}} = \frac{7}{\sqrt{150}}$, $\gamma \approx 55{,}14°$

   b) $E_1: \left(\vec{x} - \begin{pmatrix} 1 \\ 1 \\ 2 \end{pmatrix} \right) \cdot \begin{pmatrix} 3/5 \\ 0 \\ 4/5 \end{pmatrix} = 0$, $d = \left| \left(\begin{pmatrix} 6 \\ 3 \\ 7 \end{pmatrix} - \begin{pmatrix} 1 \\ 1 \\ 2 \end{pmatrix} \right) \cdot \begin{pmatrix} 3/5 \\ 0 \\ 4/5 \end{pmatrix} \right| = 7$

   c) $F: \left(\vec{x} - \begin{pmatrix} 6 \\ 3 \\ 7 \end{pmatrix} \right) \cdot \begin{pmatrix} 3 \\ 0 \\ 4 \end{pmatrix} = 0$, $3x + 4z = 46$

3. a) $g \cap E: r = -4$, $S(0|-18|-6)$, $\sin \gamma = \frac{\left| \begin{pmatrix} 2 \\ 3 \\ 2 \end{pmatrix} \cdot \begin{pmatrix} 3 \\ -4 \\ 6 \end{pmatrix} \right|}{\sqrt{17 \cdot 61}} = \frac{6}{\sqrt{17 \cdot 61}}$, $\gamma \approx 10{,}74°$

   b) $H \perp g$, $P \in H: \left(\vec{x} - \begin{pmatrix} 9 \\ 6 \\ 0 \end{pmatrix} \right) \cdot \begin{pmatrix} 2 \\ 3 \\ 2 \end{pmatrix} = 0$, $H \cap g: r = 2$, $F(12|0|6)$, $d = \left| \begin{pmatrix} 12 \\ 0 \\ 6 \end{pmatrix} - \begin{pmatrix} 9 \\ 6 \\ 0 \end{pmatrix} \right| = \sqrt{81} = 9$

   c) P' liegt auf der Lotgeraden durch P und F und hat zum Punkt F ebenfalls den Abstand 9 (vgl. b). Daher gilt: $\overrightarrow{OP'} = \overrightarrow{OP} + 2 \cdot \overrightarrow{PF} = \begin{pmatrix} 9 \\ 6 \\ 0 \end{pmatrix} + 2 \cdot \begin{pmatrix} 3 \\ -6 \\ 6 \end{pmatrix} = \begin{pmatrix} 15 \\ -6 \\ 12 \end{pmatrix}$, $P'(15|-6|12)$

   d) Gleichsetzen der Terme von g und h liefert einen Widerspruch, die Richtungsvektoren sind nicht kollinear, also sind g und h windschief.

   $\vec{n} = \begin{pmatrix} 3 \\ 2 \\ -6 \end{pmatrix}$, $\vec{n}_0 = \frac{1}{7} \begin{pmatrix} 3 \\ 2 \\ -6 \end{pmatrix}$, $d = |(\vec{p} - \vec{q}) \cdot \vec{n}_0| = \left| \left(\begin{pmatrix} 8 \\ -6 \\ 2 \end{pmatrix} - \begin{pmatrix} 3 \\ -5 \\ 8 \end{pmatrix} \right) \cdot \begin{pmatrix} 3 \\ 2 \\ -6 \end{pmatrix} \cdot \frac{1}{7} \right| = 7$

4. a) $A(0|0|3)$, $B(0|14|3)$, $C(-10|14|3)$, $D(-5|14|7)$, $E(-5|0|7)$

   b) $\overrightarrow{BD} = \begin{pmatrix} -5 \\ 0 \\ 4 \end{pmatrix}$, $\overrightarrow{CD} = \begin{pmatrix} 5 \\ 0 \\ 4 \end{pmatrix}$, $\cos \gamma = \frac{-9}{41} \approx -0{,}22$, $\gamma \approx 102{,}7°$

   c) $E_{ABD}: \vec{x} = \begin{pmatrix} 0 \\ 0 \\ 3 \end{pmatrix} + r \begin{pmatrix} 0 \\ 14 \\ 0 \end{pmatrix} + s \begin{pmatrix} -5 \\ 0 \\ 4 \end{pmatrix}$, $g_S: \vec{x} = \begin{pmatrix} -2 \\ 10 \\ 0 \end{pmatrix} + t \begin{pmatrix} 0 \\ 0 \\ 1 \end{pmatrix}$

   $E = g$ liefert $r = \frac{5}{7}$, $s = 0{,}4$, $t = 4{,}6$, $T(-2|10|4{,}6)$, Er ragt 1,6 m heraus.

   d) Lichtgerade durch s: $h: \vec{x} = \begin{pmatrix} -2 \\ 10 \\ 6 \end{pmatrix} + t \begin{pmatrix} 1 \\ -1 \\ -2 \end{pmatrix}$

   Schnittpunkt mit E_{ABD}: $s = \frac{1}{6}$, $t = \frac{7}{6}$, $r = \frac{53}{6 \cdot 53}$, $P\left(-\frac{5}{6} \Big| \frac{53}{6} \Big| \frac{22}{6} \right)$, $l \approx \sqrt{3{,}59} \approx 1{,}90 \,\text{m}$

   e) $A = 20$, $K = 5 \cdot 30 = 150$ Euro

Testlösungen zum Kapitel VII (Seite 260)

1. a) $N = \binom{15}{11} = 1365$ Möglichkeiten für eine 11er Auswahl aus 15 Schülern

   b) $N = \binom{2}{1} \cdot \binom{5}{3} \cdot \binom{8}{7} = 160$ Möglichkeiten

   c) Es gibt noch $9! = 362\,880$ Möglichkeiten.

2. $P_A(Z) = \frac{64}{108} \approx 59{,}3\%$, $P_{\overline{A}}(Z) = \frac{185}{345} \approx 53{,}6\%$

3. A: Bauteil ist defekt, $P(A) = 0{,}2$
   K: Bauteil bei Kontrolle ausgesondert
   H: Bauteil kommt in den Handel, $P(H) = 0{,}81$
   gesuchte Wahrscheinlichkeit: $\frac{1}{81} \approx 0{,}012$

	A	$\overline{A}$	
K	$0{,}2 \cdot 0{,}95 = 0{,}19$	0	0,19
$\overline{K}$	$0{,}2 \cdot 0{,}05 = 0{,}01$	0,8	$1 - 0{,}19 = 0{,}81$
	0,2	0,8	1

4. $P_A(W) = \frac{P(A \cap W)}{P(A)} = \frac{359}{738} \approx 0{,}486$, $P(W) = \frac{900}{1850} \approx 0{,}486$,

   Geht man davon aus, dass der Anteil der weiblichen Personen etwa 50% beträgt, so ist kein wesentlicher Unterschied festzustellen. Die Blutgruppe ist also nicht vom Geschlecht abhängig.

5. $P(R) = 0{,}5 \cdot 0{,}7 + 0{,}5 \cdot 0{,}2 = 0{,}45$

   $P(U_1 \cap R) = 0{,}5 \cdot 0{,}7 = 0{,}35$

   $P_R(U_1) = \frac{0{,}35}{0{,}45} \approx 0{,}78 = 78\%$

Testlösungen zum Kapitel VIII (Seite 306)

1. $n = 6$; $p = \frac{1}{3}$

   a)
x_i	0	1	2	3	4	5	6
$P(X = x_i)$	0,0878	0,2634	0,3292	0,2195	0,0823	0,0165	0,0014

   b) $E(X) = 2$; $V(X) = \frac{4}{3}$ c) $P(X \geq 4) = 1 - P(X \leq 3) \approx 0{,}1001$

2. a) Wurfserie zu A: ZZZZ
   Wurfserien zu C: ZZKK ZKZK ZKKZ KZZK KZKZ KKZZ

   b) $P(E_1) = \frac{1}{16}$; $P(E_2) = \frac{6}{16}$; $P(E_3) = \frac{10}{16}$

   c) $n = 10$; $k = 3$; $p = \frac{3}{8}$; $P(X = 3) = \binom{10}{3} \cdot \left(\frac{3}{8}\right)^3 \cdot \left(\frac{5}{8}\right)^7 = \frac{253\,125\,000}{2^{30}} \approx 0{,}2357$

   d) P(Spieler erreicht nie A bei n Spielen) $= \left(\frac{15}{16}\right)^n$
   P(Spieler erreicht mindestens einmal A bei n Spielen) $= 1 - \left(\frac{15}{16}\right)^n$
   $1 - \left(\frac{15}{16}\right)^n \geq 0{,}9 \Leftrightarrow \left(\frac{15}{16}\right)^n \leq 0{,}1$, $n \geq \frac{\ln 0{,}1}{\ln \frac{15}{16}} \approx 35{,}68$
   Der Spieler muss mindestens 36-mal spielen.

3. X: Füllmenge der Brausetüte; stetige Zufallsvariable, die normalverteilt ist
   a) $P(X \leq 5{,}6) \approx 0{,}0228 = 2{,}28\%$
   b) $P(5{,}7 \leq X \leq 5{,}9) \approx 0{,}6827 = 68{,}27\%$
   c) Gegeben: Sicherheitswahrscheinlichkeit $p = 0{,}99$.
      Gesucht: Intervall $[0, a]$, für das $P(X \leq a) = 0{,}99$ gilt. Man erhält: $a = \approx 6{,}03\,g$
      99% aller Füllmengen betragen maximal 6,03 g.
   d) Gesucht ist eine Zahl a, für die $P(\mu - a \leq X \leq \mu + a) = 0{,}50$ gilt.
      50% der Messwerte liegen also im Intervall $[\mu - a, \mu + a]$. Dann liegen 50% der Messwerte außerhalb des Intervalls und somit wegen der Symmetrie 25% linksseitig des Intervalls. Also muß gelten: $P(X \leq a) = 0{,}25$. Man erhält: $a = \approx 5{,}73\,g$
      Im Intervall [5,73; 5,87] liegen also ca. 50% aller Messwerte.
   e) Es gibt unendlich viele mögliche Meßwerte. $X = 6{,}0$ kann auftreten, aber $P(X = 6{,}0) = 0$.

Testlösungen zum Kapitel IX (Seite 326)

1. a) In einer Bernoulli-Kette der Länge n sei X die Anzahl der Treffer, μ bzw. σ seien der Erwartungswert bzw. die Standardabweichung von X.
      Dann fallen die Werte von X zu etwa 68% ins Intervall $[\mu - \sigma; \mu + \sigma]$, 95,5% in $[\mu - 2\sigma; \mu + 2\sigma]$ und 99,7% in $[\mu - 3\sigma; \mu + 3\sigma]$, falls $\sigma > 3$ ist.
   b) i) $n = 500$; $\mu = \frac{500}{6} \approx 83{,}3$; $\sigma \approx 8{,}3$
      Der behauptete Wert $X = 101$ liegt nur in der 3σ-Umgebung von μ, es liegt eine signifikante Abweichung vor.
      i) $n = 200$; $\mu = 46$; $\sigma = 5{,}95$
      Der beobachtete Wert $X = 50$ liegt in der σ-Umgebung um μ.

2. a) $p = 0{,}25$, $n = 200$
      $\sigma = 6{,}745 \Rightarrow 2\frac{\sigma}{n} = 0{,}0675 \Rightarrow [p - 2\frac{\sigma}{n}; p + 2\frac{\sigma}{n}] = [0{,}2825; 0{,}4175]$
      $\Rightarrow 28{,}25\% \leq h_n \leq 41{,}75\%$
   b) $3\frac{\sigma}{n} \leq 0{,}01 \Leftrightarrow 3 \cdot \sqrt{\frac{0{,}35 \cdot 0{,}65}{n}} \leq 0{,}01 \Rightarrow n \geq 20475$
   c) Je kleiner p wird, desto kleiner wird auch der Faktor $p(1-p)$.
      Daher sind zur Beantwortung von b) weniger Spiele nötig.

3. a) $h_n = \frac{X}{n} = 0{,}36$; $|0{,}36 - p| \leq 2 \cdot \sqrt{\frac{3200 \cdot p \cdot (1-p)}{3200}}$; $(0{,}36 - p)^2 \leq 4 \cdot \frac{p \cdot (1-p)}{3200}$
      $p^2 - 0{,}72035\,p + 0{,}1294382 \leq 0$; $|p - 0{,}3602| \leq 0{,}017$
      $34{,}32\% \leq p \leq 37{,}72\%$
   b) $h_n = \frac{X}{n} = 0{,}43$; $|0{,}43 - p| \leq 3 \cdot \sqrt{\frac{0{,}43 \cdot 0{,}57}{2800}} \approx 0{,}028$
      $\Rightarrow 40{,}2\% \leq p \leq 45{,}8\%$
      Die Zuschauerquote liegt mit 99,7% Sicherheit bei über 40%.
      Es werden vermutlich weitere Folgen der Serie gedreht.

Testlösungen zum Kapitel X (Seite 346)

1. a) α-Fehler: Der Anteil der weißen Kugeln liegt bei 40%, es wird aber vermutet, dass er bei 50% liegt.
   β-Fehler: Der Anteil der weißen Kugeln liegt bei 50%, es wird aber vermutet, dass er bei 40% liegt.
   $\alpha = P_{H_0}(\text{Entscheidung für } H_1) = P(X > 45) = 1 - P(X \leq 45)$
   $\approx 1 - 0{,}8689 = 0{,}1311, \quad n = 100, \quad p = 0{,}4$
   $\beta = P_{H_1}(\text{Entscheidung für } H_0) = P(X \leq 45) \approx 0{,}1841, \quad n = 100, p = 0{,}5$

   b) Entscheidungsregel: $X < K \Rightarrow$ Entscheidung für H_0
   $\qquad\qquad\qquad\quad X \geq K \Rightarrow$ Entscheidung für H_1
   $\alpha = P_{H_0}(\text{Entscheidung für } H_1) = 1 - P(X \leq K - 1) \leq 0{,}05$
   $\Leftrightarrow \quad P(X \leq K - 1) \geq 0{,}95, \quad n = 100, \quad p = 0{,}4$
   Die Bedingung wird erfüllt für $K \geq 49$, d.h. $K = 49$ wird als kritische Zahl gewählt.

2. a) p = gegenwärtiger Stimmenanteil der Partei A
   Hypothese: H_0: $p = 0{,}3$, Gegenhypothese: H_1: $p \neq 0{,}3$

   b) X = Anzahl der Personen unter 100 Befragten, die für A votieren
   Entscheidungsregel: $25 \leq X \leq 36 \Rightarrow$ Entscheidung für H_0
   $\qquad\qquad\qquad\quad X < 25$ oder $x > 36 \Rightarrow$ Entscheidung für H_1
   P(Fehler 1. Art) $= P_{H_0}(\text{Entsch. für } H_1) = P(X < 25 \text{ oder } x > 36), n = 100, p = 0{,}3$
   $= P(X < 25) + P(X > 36) = P(X \leq 24) + 1 - P(X \leq 36)$
   $= F(100; 0{,}3; 24) + 1 - F(100; 0{,}3; 36) = 0{,}1136 + 1 - 0{,}9201$
   $= 0{,}1935 = 19{,}35\%$

   c) H_0: $p = 0{,}3$; H_1: $p < 0{,}3$
   Entscheidungsregel: $X > K \Rightarrow$ Entscheidung für H_0, $\quad X \leq K \Rightarrow$ Entscheidung für H_1
   $\alpha = P_{H_0}(\text{Entscheidung für } H_1)$
   $= P(X \leq K) \leq 0{,}02, \quad n = 100, p = 0{,}3$
   Die Bedingung wird erfüllt für $K \leq 20$, d.h. $K = 20$ wird als kritische Zahl gewählt.

3. a) $P(B) = P(230 \leq X \leq 245) = F(400; 0{,}6; 245) - F(400; 0{,}6; 229)$
   Hilfsgrößen $z_1 = \dfrac{245 - 400 \cdot 0{,}6 + 0{,}5}{\sqrt{96}} \approx 0{,}56$, $z_2 = \dfrac{229 - 400 \cdot 0{,}6 + 0{,}5}{\sqrt{96}} \approx -1{,}07$
   $P(B) = \Phi(0{,}56) - \Phi(-1{,}07) = \Phi(0{,}56) - (1 - \Phi(1{,}07))$
   $= 0{,}7123 - 1 + 0{,}8577 = 0{,}57 = 57\%$

   b_1) H_0: $p = 0{,}6$, H_1: $p < 0{,}6$, X: Anzahl der Goldstücke
   $X \geq 110 \Rightarrow$ Entscheidung für H_0, $\quad X < 110 \Rightarrow$ Ent. für H_1
   α-Fehler: $n = 200$, $p = 0{,}6$, $\quad P_{H_0}(\text{Ent. für } H_1) = P(X < 110) = P(X \leq 109) \approx \Phi(z)$
   $z = \dfrac{109 - 200 \cdot 0{,}6 + 0{,}5}{\sqrt{200 \cdot 0{,}6 \cdot 0{,}4}} \approx -1{,}52$, $P_{H_0}(\text{E. für } H_1) \approx \Phi(-1{,}52) = 1 - \Phi(1{,}52) = 0{,}0643 = 6{,}43\%$

   b_2) $P_{H_0}(\text{Entscheidung für } H_1) = P(X \leq K - 1) \approx \Phi(z) \leq 0{,}01$
   bzw. $\Phi(-z) \geq 0{,}99$, $-z \geq 2{,}33$, $z \leq -2{,}33$
   $z = \dfrac{K - 1 - 200 \cdot 0{,}6 + 0{,}5}{\sqrt{200 \cdot 0{,}6 \cdot 0{,}4}} \approx -2{,}33$, $K \leq 1 - 16{,}14 + 200 \cdot 0{,}6 - 0{,}5 \approx 104{,}36$
   $K = 104$ ist geeignet.

Stichwortverzeichnis

Abbildungsgleichungen 82
Abbildungsmatrix 82 ff.
abhängige Ereignisse 250
Abstand
– Gerade-Ebene 192
– paralleler Ebenen 192
– paralleler Geraden 194
– Punkt/Ebene 186 ff.
– Punkt-Ebene 188
– Punkt-Gerade 193
– windschiefer Geraden 198
– zweier Punkte 30 f.
Abstandsformel 188
Abzählverfahren 237 ff.
Achsenabschnitte einer Ebene 147 f.
Achsenabschnittsgleichung einer Ebene 148
Achsenabschnittsgleichung einer Geraden 112
Addition durch Vektorzug 45
Addition von Matrizen 73
Additionsverfahren 12
Alternativen 328
Alternativhypothese 330
Alternativtest 328 ff.
Annahmebereich 330
Anwendungen der Binomialverteilung 275 ff.
Anwendungen des Rechnens mit Vektoren 54 ff.
Anwendungen des Skalarprodukts 62 ff.
Anzahl der Lösungen eines LGS 13
Äquivalenzumformungen 12
Arbeit 58, 66
Assoziativgesetz 41, 61

Baumdiagramm 231 ff.
bedingte Wahrscheinlichkeit 246 ff.

Bernoulli, Jakob 220, 265, 324
Bernoulli'sches Gesetz der großen Zahlen 324
Bernoulli-Kette 265 ff.
Bernoulli-Versuch/Bernoulli-Experiment 265
Betrag eines Vektors 36, 62
bewegte Objekte 206 ff.
Binomialkoeffizient 241
binomialverteilte Zufallsgröße 267
Binomialverteilung 265 ff.

CAS 105
chemische Reaktionsgleichungen 26 f.
Chiffrieren 108 f.

Differenz von Vektoren 40
Direktbedarfsmatrix 90
diskrete Zufallsgröße 262
Distributivgesetz 61
Drehmatrix 83
Drehung 83
Dreiecksregel 40
Dreieckssytem, Dreiecksform 16 f.
Dreipunktegleichung einer Ebene 141
Drittelung einer Strecke 45

Ebenen 140 ff.
Ebenengleichungen 140 ff.
eindeutig lösbar 13
einfache Nullhypothese 335
Einheitsmatrix 78
einparametrige unendliche Lösung 19
einseitiger Signifikanztest 337 f.
Einsetzungsverfahren 11
Elementarereignis 219

elementargeometrische Beweise mit dem Skalarprodukt 68
empirisches Gesetz der großen Zahlen 220, 324
Entscheidungsregel 328, 330
Ereignis 219
Ergebnis 219
Ergebnisraum 219
Erwartungswert 224, 262
– einer binomialverteilten Zufallsgröße 272

Fächermodell 243
Fehler 1. und 2. Art 331
Fixvektor 96
Formel von Bernoulli 266
Formel von Laplace 223

Galton, Sir Francis 304
Galton-Brett 304 f.
Gauß, Carl Friedrich 16, 297
Gauß'sche Glockenkurve 297
Gauß'sche Integralfunktion 297
Gauß'scher Algorithmus 16 ff., 79
Gegenereignis 221
Gegenvektor 42
Gegenwahrscheinlichkeit 221
geometrische Abbildungen 82 ff.
geometrische Objekte im Raum 201 ff.
geordnete Stichprobe 238 f.
Geraden 112 ff.
Geradenparameter 113 ff.
Geradenschar 126
Gesamtbedarfsmatrix 91
Gleichsetzungsverfahren 11

Gleichungssysteme 10 ff.
Gleichverteilung 223
Gozintograph 90
Grenzmatrix 96

Halbräume 190
Hesse, Ludwig Otto 187
Hesse'sche Normalenform (HNF) 187
Höhensatz 68
homogenes lineares Gleichungssystem 49
Hypothesentest 328 ff.

Input-Output-Analyse 72
instabile Prozesse 102 f.
Intervallwahrscheinlichkeit 281
inverse Matrix 78 ff.
Irrtumswahrscheinlichkeiten 328, 330

kartesische Koordinaten 30
Kathetensatz 68
kombinatorische Abzählverfahren 237 ff.
Kommutativgesetz 41, 61
Konfidenzintervalle 318 ff.
Koordinaten 30
– eines Vektors 34
Koordinatendifferenz 35
Koordinatenform des Skalarprodukts 59
Koordinatengleichung einer Ebene 146
Koordinatengleichung einer Geraden 112
Kosinusform des Skalarprodukts 58
Kosinusformel 58
Kriterium für lineare Abhängigkeit/Unabhängigkeit 49
kritische Zahl 330
kumulierte Binomialverteilung 277

Lagebeziehungen
– Ebene-Ebene 163
– Gerade-Dreieck 156
– Gerade-Ebene 153
– Gerade-Gerade 119 ff.
– Punkt-Dreieck 152
– Punkt-Ebenen 150
– Punkt-Gerade 118
– Punkt-Strecke 118
– von drei Ebenen und Lösungsmenge des zugehörige LGS 172 f.
Länge einer Bernoulli-Kette 265, 268
Laplace, Pierre Simon 223
Laplace-Bedingung 297, 309
Laplace-Experiment 223
Laplace-Wahrscheinlichkeit 222 ff.
Leontief, Wassily 72
lineare Abbildung 85
lineare Abhängigkeit und Unabhängigkeit 49 ff.
lineares Gleichungssystem (LGS) 10 ff.
Linearkombination von Vektoren 47
lösbar 13
Lösbarkeitsuntersuchungen 19 ff.
Lösen linearer Gleichungssysteme mit Matrizen 80
Lösung eines LGS 10
Lösungsmenge des eines (3;3)-LGS und die Lagebeziehungen der zugehörigen drei Ebenen 172 f.
Lösungsverfahren von Gauß 16 ff., 79
Lot, Lotgerade 157
Lotfußpunkt 157
Lotfußpunktverfahren 186
Lottomodell 242

Mathematische Streifzüge 26, 68, 108, 136, 176, 214, 258, 304, 324, 344

Matrizen 72 ff.
mehrstufige Prozesse 88
mehrstufiger Zufallsversuch 231 ff.
Multiplikation von Matrizen 74 f.
Multiplikationssatz 247

Näherungsformeln von Laplace und De Moivre 297, 300
nicht eindeutig lösbar 13, 19
Normaleneinheitsvektor 187
Normalenform der Ebenengleichung 143
Normalengleichung einer Ebene 143
Normalenvektor 65
Normalform 10
normalverteilte Zufallsgröße 298
Normalverteilung 295 ff.
n-Tupel 10
Nullhypothese 330
Nullmatrix 73, 78
Nullvektor 41
Nullzeile 19

Orthogonalität 157
– von Ebenen 166
– von Vektoren 64
Orthogonalitätskriterium 64
Ortsvektor 35

parallele Geraden 119 f.
Parallelenschar 126
Parallelität 157
Parallelogrammregel 41
Parameter der Binomialverteilung 271
Parametergleichung einer Ebene 140
Parametergleichung einer Geraden 113
Pfadregeln 231
physikalische Anwendungen von Vektoren 54 ff.
physikalische Arbeit 58, 66

Populationswachstum 101 ff.
Potenzierung einer Matrix 76
Produkt von Matrizen 74 f.
Produktionsprozesse 88 ff.
Produktionsvektor 91
Produktregel für einen k-stufigen Zufallsversuch 237
Projektion auf eine Gerade 84
Prozesse, mehrstufige 88
Prozesse, zyklische 101
Prüfen von Hypothesen 328
Prüfgröße 329 f.
Punktprobe 150 f.,
Punktrichtungsgleichung einer Ebene 140
Punktrichtungsgleichung einer Geraden 113
Punktwahrscheinlichkeit 281
Pythagoras 69

quadratische Matrix 78
Quotiententest 344

Randwahrscheinlichkeit 253
Rechengesetze für das Skalarprodukt 61
Rechenregeln für Wahrscheinlichkeiten 221
Rechnen mit Matrizen 73 ff
Rechnen mit Vektoren 40 ff.
Rechnereinsatz bei Matrizen 105
rechtwinkliges Dreieck 64
reduziertes Baumdiagramm 233
relative Häufigkeit 220
Richtungsvektor 113 f.
Rückeinsetzung 16

Satz des Pythagoras 69
Satz des Thales 69
Schar paralleler Geraden 126

Schätzen von Wahrscheinlichkeiten 308 ff.
schneidende Geraden 119 f.
Schnitt von Ereignissen 221
Schnittwinkel
– Ebene-Ebene 182 f.
– Gerade-Ebene 180 f.
– Gerade-Gerade 180
Schrägbild 30
Sequentialtest 344 f.
sicheres Ereignis 219
σ/n-Umgebungen der Trefferwahrscheinlichkeit 315 ff.
σ-Regeln 309 ff.
σ-Umgebungen des Erwartungswertes 308 ff.
Signifikanz von Abweichungen 311
Signifikanzniveau 336
Signifikanztest 335 ff.
Simulationen 226 ff.
skalare Multiplikation 43
Skalarprodukt 58 ff.
– und Orthogonalität 64
Spannvektor 140
Spiegelung 82, 157
Spurgeraden 167
Spurpunkte einer Geraden 128 ff.
Stabilisierungswert 220
Standardabweichung 262
– einer binomialverteilten Zufallsgröße 272
Standardisierung 295 f.
Startvektor 94
stationärer Gleichgewichtszustand 95
statistische Gesamtheit 308, 328
statistischer Alternativtest 328
Stichprobe 308, 328
Stochastik 218 ff.
stochastisch unabhängig 250
stochastische Matrix 96
Streckung, zentrische 83
Stufenform 17

Stützvektor 113 f.
Summe von Vektoren 40
Summenregel für Wahrscheinlichkeiten 221

Tabelle(n)
– der Binomialverteilung 275 ff., 286 ff.
– der kumulierten Binomialverteilung 277 ff., 288 ff.
– der Normalverteilung 299
– von Zufallsziffern 230
Teilebedarfsrechnung 88 ff.
Testen von Hypothesen 328 ff.
Thales 69
Trefferwahrscheinlichkeit 265
triviale Lösung 49
überbestimmtes LGS 20

Übergangsgraph 94
Übergangsmatrix 94
Umrechnung von Ebenengleichungen 144 ff.
unabhängige Ereignisse 250
unendlich viele Lösungen 13
ungeordnete Stichprobe 240 f.
unlösbar 13, 19
unmögliches Ereignis 219
unterbestimmtes LGS 20
Untersuchung geometrischer Objekte im Raum 201 ff.
Urne 232

Varianz 262
Vektoren 33 ff.
– in physikalischen Aufgaben 54
vektorielle Parametergleichung einer Ebene 140
vektorielle Parametergleichung einer Geraden 113 ff.

Stichwortverzeichnis

Vektorrechnung 30 ff.
Vektorzug 45
vereinfachte Normalengleichung 143
Vereinigung von Ereignissen 221
Verkettung von Abbildungen 84
Verteilungsdiagramm 270
Verteilungstabelle 262
Vertrauensintervalle 318
Vertrauensniveau 318
Vertrauenswahrscheinlichkeit 310
Vervielfachung von Matrizen 73
Verwerfungsbereich 330
Vielfaches eines Vektors 43
Vierfeldertafeln 253 ff.

Wahrscheinlichkeit 220
Wahrscheinlichkeiten von σ/n-Umgebungen 315
Wahrscheinlichkeiten von σ-Umgebungen 309
Wahrscheinlichkeitsrechnung 218 ff.
Wahrscheinlichkeitsverteilung 220, 262
Wald, Abraham 344
Wald'scher Quotiententest 344 f.
Widerspruchszeile 19
windschiefe Geraden 119 ff.
Winkel im Dreieck 63
Winkel zwischen Vektoren 62
Winkelberechnungen 62 ff.

Ziegenproblem 258 f.
Ziehen mit/ohne Zurücklegen 232
Zufallsexperiment/Zufallsversuch 218
Zufallsgröße 224, 262
Zufallsstichprobe 328
Zufallsziffern 226 ff.
zusammengesetzte Nullhypothese 335
Zustandsänderungen 94 ff.
Zustandsvektor 94
zweiparametrige unendliche Lösung 20
Zweipunktegleichung 113, 116
zweiseitiger Signifikanztest 339
zyklische Prozesse 101

Bildnachweis

Titelfoto Titelfoto shutterstock/1eyeshut; **9** Fotolia/mojolo; **10** Fotolia/Luciamus; **16**, **26** akg-images; **27** Fotolia/U. Gernhoefer; **29** Fotolia/travelpeter; **33** MayaBrandl, Berlin; **53** Fotolia/Michael Rosskothen; **57** laif/SZ Photo/Scherl; **71** Fotolia/Fotolyse; **72** picture alliance/dpa; **82** Fotolia/the_lightwriter; **92** Fotolia/womue; **93** Fotolia/Gerhard Seybert; **98** shutterstock/Andrei Stanescu; **99-1** shutterstock/Dodrov Vitaliy; **99-2**, **99-3** shutterstock/Marynka Mandarinka; **99-4** shutterstock/tr3gin; **100-1** shutterstock/Master1305; **100-2** shutterstock/Everett Historical; **101**, **102** picture alliance/WILDLIFE; **104-1** shutterstock/Patrick Foto; **104-2** shutterstock/Tsekhmister; **108** shutterstock/360b; **109** akg-images; **111** Fotolia/mojolo; **134** shutterstock/southmind; **139** picture alliance/ZB/euroluftbi; **179** Fotolia/galijatovic; **187** Deutsches Museum, München; **200** Fotolia/dk-fotowelt; **217** Fotolia/Sergey Novikov; **218-1** shutterstock/Maridav; **218-2** picture-alliance/Leemage; **222** shutterstock/Marynchenko Oleksandr; **223** Fotolia/Georgios Kollidas; **229-1** shutterstock/Pressmaster; **229-2** Jürgen Wolff, Wildau; **238-1** shutterstock/Keith Bell; **238-2** Jürgen Wolff, Wildau; **239** shutterstock/Cheryl Ann Quigley; **247** Jürgen Wolff, Wildau; **255** Fotolia/EcoView; **258-1** FremantleMedia Ltd.; **258-2** picture-alliance/dpa/Berg; **261** Fotolia/Peter Heimpel; **263** Fotolia/Syda Productions; **268** Fotolia/Susanne Landbauer; **269** Glow images; **273-1** Agentur LPM/Henrik Pohl; **273-2** Stadt Zutphen (NL); **274-1** shutterstock/laura.h; **274-2** Fotolia/anoli; **274-3** shutterstock/BRG.photography; **275** Agentur LPM/Henrik Pohl; **277** shutterstock/DenisNata; **282-1** Agentur Bridgeman Images/www.bridgemanart.com; **282-2** picture alliance/dpa/Feuerwehr Bad Waldsee; **283** Fotolia/vvoe; **284-1** shutterstock/Santiago Cornejo; **284-2** VISUM/Michael Staudt; **284-3** Fotolia/Daniela Stark; **285-1** shutterstock/phoelix DE; **285-2** Fotolia/Maxisport; **285-3** Fotolia/Fulcanelli; **297** akg-images; **301** f1online/Dietrich; **304** picture alliance/Leemage; **307** Fotolia/kameramaeleon; **327** Fotolia/ Michael Möller; **334** Picture Press/Klaus Westermann; **338** Fotolia/pict rider; **339** shutterstock/Marques; **341** shutterstock/Audrius Merfeldas; **342** Fotolia/auremar; **344** Fotolia/Björn Wylezich.

Im Material wurde der Casio fx-CG 20 verwendet. Das Produkt ist eingetragenes Warenzeichen von Casio.
Im Material wurde der TI-NspireTM CX verwendet. Das Produkt ist eingetragenes Warenzeichen von Texas Instruments.